KB044396

지구과학교육론

Earth Science Education: Theory and Practice

김찬종 · 곽영순 · 김종희 · 김형범 · 남윤경
박영신 · 신동희 · 안유민 · 윤마병 · 이기영
이효녕 · 정덕호 · 정 철 지음

북스힐

머리말

기후위기와 같은 글로벌 지구환경 문제의 증가, 큰 피해를 주는 자연재해의 증가, 에너지와 광물 자원의 고갈 등은 인류의 앞날에 중대한 도전으로 다가오고 있다. 이러한 심각한 문제들은 지구시스템에 심대한 영향을 미치는 인간의 집합적인 활동 때문에 발생하고 있다. 따라서 이제 누구나 지구에서 일어나는 현상과 과정을 지구시스템적으로 이해하고 사회와 개인의 활동을 변화시켜야 하는 시대가 되었다. 이를 위해서는 모든 사람들이 지구에 대한 소양을 갖추어야 하며, 이는 지구과학교육을 통해서 이루어질 수 있다.

최근 교육 현상을 바라보는 이론적 렌즈의 발전과 확장이 빠르게 일어나고 있다. 구성주의와 같이 개인의 앎과 역량의 함양에 초점을 두는 것에서, 점차 개인과 사회의 바람직한 변화를 이끌어내는 주체가 되는 변혁적 학습으로 중심이 이동하고 있다. 또한 IT테크놀로지의 급속한 발전에 의한 과학 탐구 방법과 상호작용의 변화에 기반을 둔 새로운 교수학습 접근의 대두, 학습자에 초점을 맞추는 국가와 교육청 수준의 교육 정책 변화도 빠르게 일어나고 있으며, 이러한 흐름에 발맞추어 지구과학교육학의 분야도 발전하고 있다.

이러한 상황에서 전국의 중등 지구과학교육 전공자들이 뜻을 모아서 새로운 교재를 편찬하게 되었다. 여기에는 지구과학교육의 내용을 포괄하면서, 새로운 이론적 발전도 균형 있게 담고자 하였다. 교재의 주요 내용과 특징은, 지구과학의 본성은 지구과학사의 실제 사례를 통해서 이해할 수 있도록 구성하였으며, 다양한 지구과학 탐구 방법을 체계적으로 소개하고, 최근 연구 성과까지 반영하였다. 지구과학 교육과정은 교육사조와 외국의 주요 교육과정을 배경으로 우리나라 2015교육과정을 충실히 이해할 수 있도록 집필하였다. 지구과학 학습이론은 인지적 구성주의와 학생들의 지구과학 대체개념, 그리고 사회문화적 구성주의를 균형 있게 다루었다. 지구과학 교수학습 모형으로는 탐구학습, 순환학습, 개념변화학습 모형과 함께 과학-기술-사회(STS)학습 모형 및 과학기술 관련 사회적 쟁점(SSI) 학습모형까지 폭넓게 소개하였다. 지구과학 교수-학습 전략으로는 문제해결 중심, 상호작용 중심, 비유, 수업 매체 활용, 실험실습, 야외학습, 융합 수업과 같이 크게 7개 영역으로 나누어 제시하였다. 그동안 중요하게 다루어온 실험실습, 야외학습, 상호작용 중심 전략에 더해서, IT 테크놀로지의 급격한 발달로 인해서 대두된 교육공학적 수업매체 활용과 블렌디드 러닝, 플립러닝을 소개하여 새로운 기술 발전으로 인한 맥락에서 접근할 수 있도록 하였다. 또한 최근 강조되고 있는 융합수업 전략도 체계적으로 도입하였다. 지구과학 학습평가에서는 학습평가의 이해와 지필평가에 이어서 수행평가의 이론과 실제를 다루어서 교육부의 과정중심평가 도입 정책을 반영하도록 하였다.

이 책은 국내외 지구과학교육 연구 문헌과 실제 적용 결과를 바탕으로 집필하였으며, 독자들의 이해를 돕기 위해서 풍부한 예시와 내용에 대한 심화 기회를 각 장의 말미에 제공하고자 하였다. 아무쪼록 이 책이 지구과학 예비교사와 교사를 포함한 지구과학 교육의 실천과 연구에 관심을 가진 분들에게 도움이 되기를 바란다.

2022. 02.

저자 일동

차례

CHAPTER 01 지구과학의 본성 및 철학

CHAPTER 02 지구과학교육과정

CHAPTER 03 지구과학 학습 이론

CHAPTER 04 지구과학 교수-학습 모형

CHAPTER 05 지구과학 교수-학습 전략

CHAPTER 06 지구과학 교육 평가

CHAPTER 01

지구과학의 본성 및 철학

1 지구과학의 본성

1.1 지구과학의 특성

지구과학은 물리학, 화학, 생명과학과 같은 기초 과학의 토대 위에 지구와 우주의 사물과 현상들을 탐구하는 종합(통합) 과학 또는 응용 과학의 성격을 띠는 학문이다. 20세기를 지나면서 지구과학은 자연과학 내의 하나의 학문으로 자리매김했다. 미항공우주국(NASA)은 1978년 지구의 종합적 이해를 강조하면서 '지구시스템과학(Earth System Science)'이라는 용어를 처음으로 제안한 후, 지구환경 문제와 연관하여 지구시스템과학의 중요성이 더욱 강조되는 시대가 되었다(김경렬, 2009).

지구과학은 탐구 대상에 따라 다음과 같은 세부 학문 분야로 구분될 수 있다(브리태니커 백과, 2021)

- 지구 표면이나 그 위의 물과 공기를 다루는 분야이다. 이 분야에는 지표나 지하의 물을 탐구하는 수문학(hydrology), 빙하나 얼음을 탐구하는 빙하학(glaciology), 해양과 그 현상을 탐구하는 해양학(oceanography), 대기와 그 현상을 탐구하는 기상학(meteorology), 지구 기후를 다루는 기후학(climatology)이 포함된다.

- 고체 지구의 물리적-화학적 구성과 관련된 학문 분야이다. 이 분야에는 광물을 다루는 광물학(mineralogy), 3가지 종류의 암석학인 화성암석학(igneous petrology), 퇴적암석학(sedimentary petrology), 변성암석학(metamorphic petrology), 암석의 화학인 지구화학(geochemistry), 암석의 구조를 다루는 구조지질학(structural geology), 지구의 표면과 내부 암석의 물리적 성질을 다루는 지구물리학(geophysics)을 포함한다.

- 지구 표면의 모습을 기술하고 생성 과정을 분석하는 분야이다. 이 분야에는 지형을 연구하는 지형학(geomorphology)이 포함된다.

- 지구의 지질학적 역사를 다루는 분야이다. 이 분야에는 화석과 화석 기록을 연구하는 고생물학(paleontology), 수백만 년 동안 쌓여 형성된 퇴적 지층을 연구하는 층서학

(stratigraphy), 동위 원소 화학과 암석의 연대 측정을 다루는 지구연대학(geochronology)이 포함된다.

- 사회에 유익한 실용적인 적용을 다루는 응용 지구과학 분야이다. 이 분야에는 화석연료(석유, 천연가스, 석탄); 석유 저장소; 광상; 전기와 열원을 위한 지열 에너지; 교량, 도로, 댐, 고층건물, 기타 빌딩 건설 장소 기반암의 구조와 성분; 산사태, 화산 분화, 지진, 터널 붕괴와 같은 지질 재해; 해안 밑 토양 침식이 포함된다.
- 달과 행성 및 이들의 위성의 암석 기록을 연구하는 천문지질학(astrogeology) 분야이다. 이 분야에는 텍타이트(운석 충돌에 의해 생성된 유리질 물질)와 운석공(운석 충돌구) 연구가 포함된다.

편의상 위와 같이 구분하고는 있지만 사실 지구과학 세부 학문 분야간 경계가 흐릿할 뿐만 아니라 물리학, 화학, 생물학, 수학, 그리고 공학과도 경계가 흐릿해지고 있어 연구자들은 문제에 접근함에 있어 다재다능해야 한다. 그러므로 지구과학 교육에서 중요한 것은 이러한 지구과학의 다학문적 본성(multidisciplinary nature)을 인식하는 것이다.

한편, 표는 박원미(2020)의 연구 결과를 토대로 지구과학의 특성(특징)을 4개의 범주로 구분하여 정리한 것이다.

범주	특성/특징
탐구 대상	• 탐구 대상의 다양성 • 거대한 시공간적 규모(예: 천문 우주 관측) • 접근 불가능성, 통제 불가능성, 복잡성(예: 자연재해 분석 및 예측) • 실험 불가능(예: 천문학의 우주론 등)
탐구 방법(실행)	• 역사학적(historical) 탐구(지질학 등 현재 증거를 바탕으로 과거의 역사 재구성) • 자연 환경 및 경험 중심 • 실제 조작의 어려움 또는 불가능 • 영역에 따른 관찰 기술의 차이(예: 지질학과 천문학) • 정확한 측정과 반복적인 관찰, 측정기기의 중요성 강조, 연속된 흐름 관측을 위한 국제적인 네트워크의 필요성, 역사적 과정의 규명보다는 미래 예측 중시(예: 대기과학과 해양학)

정체성 및 관계성	• 천문학, 지질학, 해양학, 대기과학 등을 교과의 성격으로 통합 • 물질과학, 생명과학, 우주과학 등을 묶는 통합자 • 다른 과학 영역과의 연결(예: 물리해양학, 암석화학, 우주생물학 등) • 역사성, 상호작용, 변화의 원리를 중심으로 하위 개념들을 통해 다른 과학 영역과 연결 • 인류 문제의 사회적 측면 중시(기후 변화, 환경, 자원, 에너지, 우주/해양 개발 등)
지식에 대한 관점	• 시스템적 관점에서 분절하지 않은 전체로서 대상 이해 • 시스템 존재론(system ontology) • 이론과 실재의 유기적 관계 중시

1) 지구과학의 탐구 대상

지구과학의 탐구 대상은 한마디로 지구와 우주에 관한 모든 것들로, 이들이 가지는 시간 규모는 매우 짧은 것에서부터 매우 긴 것에 이르기까지 다양하다. 운석의 충돌과 같은 현상은 순식간에 일어나지만, 속성작용을 통한 암석의 고화 등은 오랜 시간 동안 매우 느리게 이루어진다. 특히 긴 시간 규모로 매우 느리게 발생하는 지구과학적 현상은 그 시작과 끝을 모두 관찰하기 어렵다는 특징을 지닌다. 오늘날 우리는 지구의 표면과 내부가 비록 느리지만 1년에 수mm~수cm 속도로 움직이고 있다는 사실을 알고 있다. 우리는 이러한 움직임을 직접 관찰할 수는 없지만 수천~수백만년 후에는 수천km가 이동하게 될 것이라는 것을 예측할 수 있다(Meissner, 2006).

지구과학의 탐구 대상은 여러 가지 이유로 인해 직접 관찰할 수 없는 것들이 많다.

첫째, 공간 규모가 너무 크기 때문에 관찰할 수 없는 대상들이 있다(예: 우리 은하계, 우주의 구조 등). 지구과학 교과서에 실린 우리 은하의 모습이 우주 바깥에서 우리 은하를 관찰하여 얻어진 것이 아님을 우리는 너무나 잘 알고 있다.

둘째, 인간이 직접 갈 수 없는 곳들이 많다(예: 지구의 핵과 맨틀, 우주의 끝 등). 예컨대, 지구 내부에 철과 니켈의 혼합물로 된 핵이 존재함은 잘 알려진 사실이지만 지구 내부의 고온·고압 환경으로 인해 현재까지 핵의 물질을 직접 채취하여 조사한 예는 없다. 즉, 많은 지구과학 지식은 탐구 대상의 직접 관찰보다는 간접 관찰을 통하여 만들어진 것들이라는 특징이 있다.

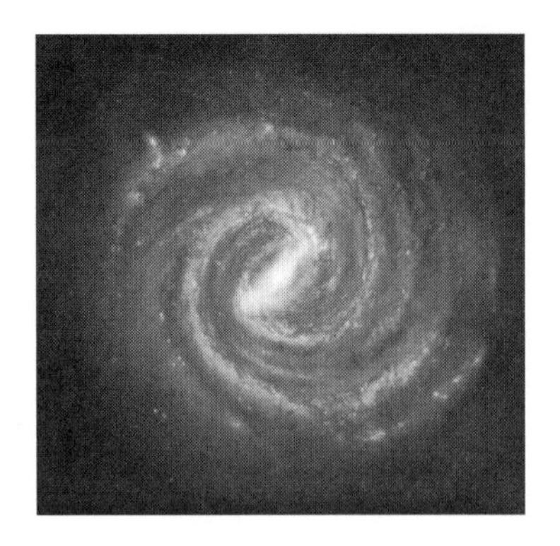

우리 은하의 모습

화산 분출물을 통한 지구 내부 물질 채취

셋째, 애초에 관찰이 불가능한 것들이 있다(암흑 물질, 암흑 에너지, 블랙홀 등). 예를 들어 암흑 물질과 암흑 에너지는 여러 가지 관측 증거들로 그 존재를 추정할 수 있을 뿐 현재의 기술로는 관찰할 수 없다. 하지만, 블랙홀처럼 관측이 불가능했다고 여겨지던 것들이 기술의 발전으로 직접 관찰은 아니지만 간접적이나마 그 모습을 관측하게 된 경우도 있다. 2019년 세계를 떠들썩하게 했던 8대의 전파망원경을 이용해 얻어진 M87 거대 은하 중심부 블랙홀 모습이 하나의 사례이다.

넷째, 시간적으로 과거에 일어난 일들이 많다(예: 우주의 탄생과 진화, 지구의 역사). 우리가 알고 있는 지구과학적 지식들은 과거에 일어난 사건을 대상으로 얻어진 것들이 많다. 약 138억년의 우주의 탄생과 진화 과정, 약 46억년 지구의 역사가 모두 과거에 일어난 것이어서 현재의 우리가 관찰한다는 것이 애초에 불가능하다.

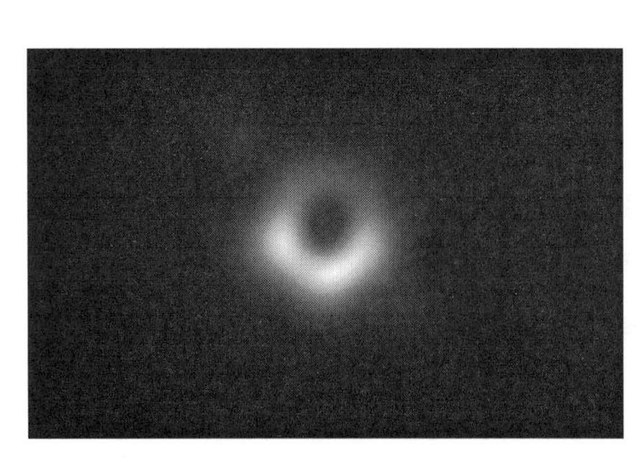

M87 거대 은하 중심부 블랙홀의 실제 모습

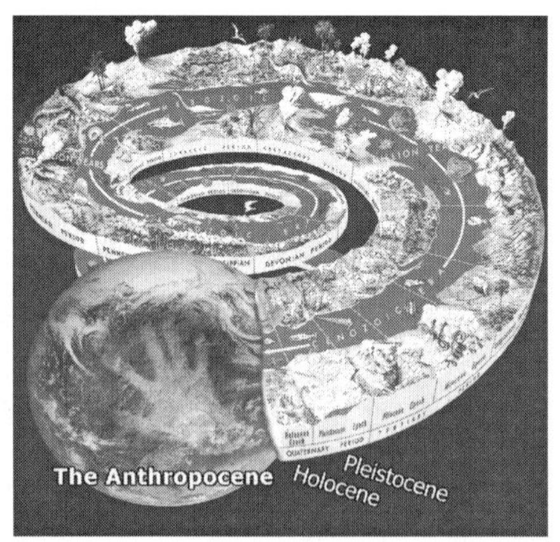

지구의 역사

2) 지구과학의 탐구 방법

지구과학의 탐구 방법은 세부 학문 분야에 따라 확연하게 다르게 나타난다. 지질학이나 천문학과 같은 분야는 현재에 발견되는 증거들을 토대로 과거의 역사를 규명하는 회고적(retrospective)인 성격을 가지는 반면, 대기과학이나 해양학 분야는 역사적 과정의 규명보다는 미래 예측을 중시하는 장래적(prospective) 성격을 가진다.

지층 기록을 통한 지구의 역사 탐구

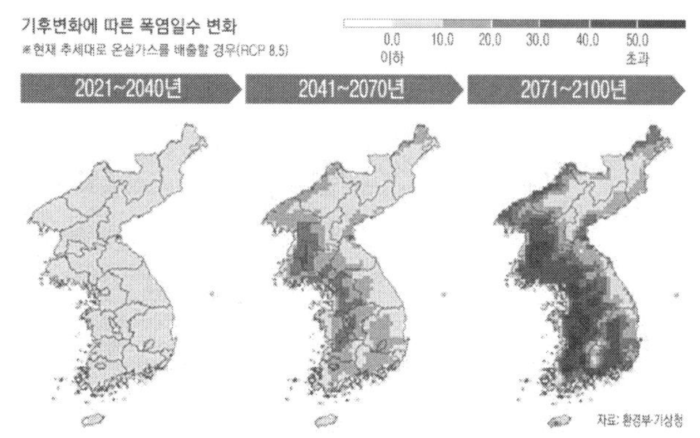

미래 한반도 기후 변화 예측

한편, 지구과학의 탐구 대상은 다른 과학 분야와 비교할 때 공간적으로는 넓고 시간적으로는 길다는 특징을 가진다. 이와 같은 상대적인 특징때문에 지구과학 탐구에서는 정확한 측정과 반복적인 관찰이 이루어져야 하며, 전지구를 대상으로 하는 광범위한 관측을 위해 국제적인 네트워크 구축이 필요하다. 네트워크 구축을 통해 얻어진 관측 자료들은 고품질, 자동 갱신이라는 특성을 가지며 전 세계 연구자들이 실시간으로 공유하게 된다.

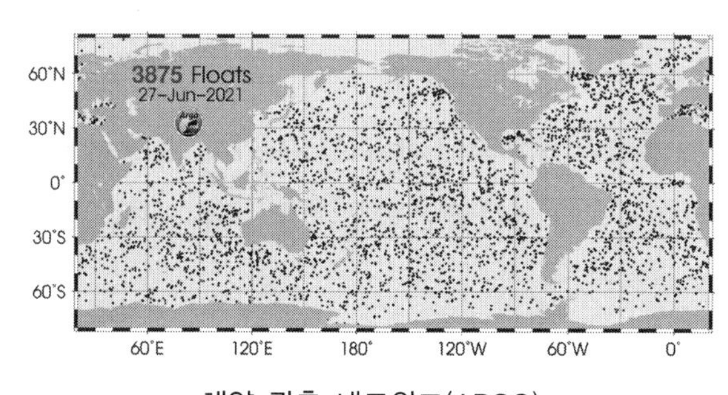

해양 관측 네트워크(ARGO)

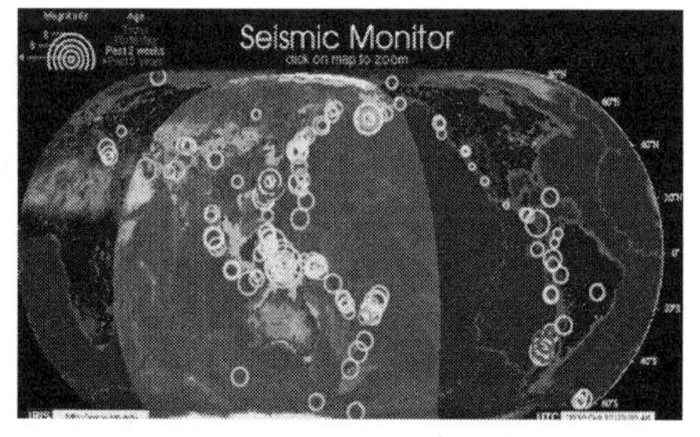

실시간 지진 모니터링 네트워크(IRIS)

3) 지구과학의 정체성 및 관계성

지구과학은 물리학, 화학, 생물학과 같이 단일 학문(discipline)으로의 의미보다는 천문학, 지질학, 대기과학, 해양학 등의 학문 분야를 통합한 교과(subject matter)로서의 성격이 강하다. 또한, 역사성, 상호작용, 변화라는 원리를 중심으로 하위 개념들을 통해 다른 과학 영역과 연결되는 통합자로서의 역할을 한다. 예를 들어 해양학 분야에서 해수의 운동과 순환이라는 시공간적 '변화'를 이해하기 위해 '물리해양학'이라는 학문으로 통합되었으며, 지질학 분야에서 지층의 연대 측정을 통해 지질시대의 '역사성'을 규명하기 위해 '암석화학'이라는 학문으로 통합되었다.

또한 우주생물학(astrobiology)은 생물의 탄생과 진화의 과정을 규명하여 지구 이외의 천체에서 생명체가 존재할 가능성을 밝혀내고, 이를 토대로 외계 생물의 존재 여부와 이런 생물들의 생명 유지 활동이 일어나는 기작에 대하여 예측하는 학문으로(출처: 위키백과), 천문학과 생물학이 통합된 새로운 학문 분야이다.

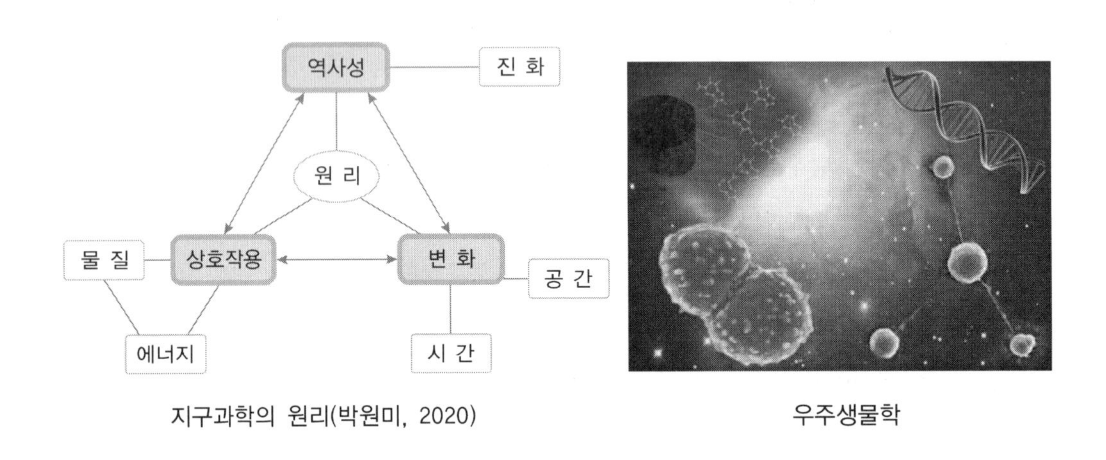

지구과학의 원리(박원미, 2020)

우주생물학

현대 사회에서 부각되는 다양한 사회-과학적(socio-scientific) 쟁점들 중 지구과학과 관련된 것들이 많다. 기후 변화와 탄소 배출 문제가 대표적인 예가 될 수 있다. 일상생활에서 지구과학과 관련된 많은 사회-과학적 문제에 대해 과학적 소양을 갖춘 민주 시민으로서 합리적이고 비판적으로 의사결정 할 수 있어야 한다.

4) 지구과학 지식에 관한 관점

지구과학 지식에 관한 관점으로 크게 존재론적(ontological) 관점과 인식론적(epistemological) 관점으로 구분할 수 있다. 지식에 관한 존재론적 관점은 합의된 지식으로 개인에게 국한된 것이 아니라 구성원들이 동의하는 개념을 의미하며, 시스템 존재론으로 명명될 수 있다. 즉, 대상을 분절하지 않고 전체로서 대상을 이해한다는 의미이다. 지식에 관한 인식론적 관점은 지식의 본질에 대한 것으로, 이론(theory)과 실재(reality)와의 관계에 관한 것을 포함한다. 그림 (a)는 과학적 실재론(scientific realism)[1] 관점에서 지구과학 탐구를 표상한 것이다. 위의 선명한 지구 모습이 '실재'에 해당되며, 물 위에 비친 지구의 모습이 '이론'에 해당된다. 하지만 반실재론(anti-realism)[2] 관점에서 보면 관측불가능한 영역에 대해 실재론과는 상반된 입장을 취한다. 실재론에서는 관측불가능한 영역까지도 이론을 세워서 경험적으로 검증하면 이론 전체가 옳다고 주장하는 반면, 반실재론에서는 경험적으로 직접 검증할 수 있는 것만 믿자고 주장한다.

(a) 실재론 관점에서 지구과학 탐구

(b) 능동적 실재주의 관점에서의 지구과학 탐구

---

1) 이론은 실재를 표상한다(represent). 여기서의 실재는 관측할 수 없는 대상도 포함한다. 실재론적 과학의 목표는 표상하는 이론들을 잘 발전시켜 실재와 가능한 한 똑같이 하는 것. 즉, 과학적 진리를 추구하는 것이다.

2) 과학의 임무는 경험적으로 검증할 수 있는 지식만 추구하는 것이고, 관측 불가능한 것에 대한 이론은 영원한 가설이거나 편리한 사고의 도구일 뿐이다.

앞서 언급하였지만 여러 가지 이유로 관측불가능한 영역이 많은 지구과학 탐구는 실재론과 반실재론 중 어떤 입장을 취해야 하는가? 이와 관련하여 장하석(2015)은 '능동적 실재주의'라고 하는 새로운 입장을 제안한다. 그림 (b)는 능동적 실재주의 관점에서 지구과학 탐구를 표상한 것이다. 여기서는 이론과 실재가 거꾸로이다. 우리가 아는 '실재'는 물위에 비친 지구 모습처럼 흐릿하지만 '이론'은 선명하게 할 수 있다는 것이다. 단순하게 만들어 놓은 이론(선명한 지구)은 관측 내용과 정확히 맞지 않을 뿐만 아니라 실재(흐릿한 지구)를 그대로 보여준다고도 할 수 없지만 인간의 사고와 이해를 돕기 때문에 매우 유용하다는 것이다. 이러한 철학적 관점에서 볼 때 능동적 실재주의를 추구하는 것이 지구과학 탐구의 본질이 되어야 할 것이다.

1.2 (지구)과학의 본성

과학의 본성(NOS) 교육은 과학교육의 주요 목표 중 하나로, 과학의 실체론적 지식을 배우는 것과 더불어 과학에 대하여 배우는 것(learning about science)이다. 과학의 본성(NOS)이란 결국 과학이란 무엇이며, 과학을 한다는 것은 무엇이며, 과학자 및 과학자 공동체의 특성은 무엇인지 등등과 관련된 것이어서, 과학에 대한 담론, 즉 과학철학의 변화에 따라 그 의미가 달라진다. 과학철학이란 과학이란 담론을 규정하고 탐구하는 분야로, 과학지식을 생산하는 방법, 즉 과학탐구의 특징을 분석하는 작업이기도 하다.

Popper(1959), Kuhn(1962), Lakatos(1970), Feyerabend(1975), Laudan(1977), Giere (1988) 등과 같은 과학철학자들이 제시해온 서로 다른 과학담론에 대한 설명에 따라 NOS에 대한 인식도 시대와 맥락에 따라 달라져왔다. 예컨대 귀납주의, 비판적 합리주의의 가설연역 등등과 같은 과학철학적 입장에 따라 다양한 NOS 관점으로 연결된다. 즉, 과학 지식의 잠정성 못지않게 NOS 개념과 외연도 변해왔으며, 따라서 NOS 교육의 목표도 유동적, 가변적 특성을 지닌다.

1) 과학소양 교육과 NOS 교육

과학을 배우는 목표 세 가지는 과학을 배우고, 과학에 대하여 배우고, 과학을 하는 방법을 배우는 것이다(Hodson, 1992). 먼저 과학을 배운다는 것은 먼저 과학의 개념,

이론 등과 같은 실체론적 지식을 배우는 것을 의미하며, 과학을 하는 방법을 배운다는 것은 과학의 구문론적 지식인 과학탐구를 배운다는 것이다. 과학교육의 또 다른 핵심 목표 중 하나는 과학에 대하여 배우는 것, 즉 과학의 본성과 과학의 작동 방식을 이해하는 것이다(McComas, 1998).

- 과학을 배우는 것(learning science)은 학생들이 과학의 개념적, 이론적 지식을 습득하고 발전시키는 것이다(Hodson, 1992, p. 548).
- 과학을 하는 방법을 배우는 것(learning to do science)은 학생들이 과학적 탐구와 문제해결 과정에 참여하여 그 전문적 기술을 발전시키는 것이다(Hodson, 1992, p. 549).
- 과학에 대하여 배우는 것(learning about science)은 학생들이 과학의 본성과 방법에 대한 이해를 발전시키고, 과학과 사회 사이의 복잡한 상호작용을 깨닫는 것이다(Hodson, 1992, p. 549).

과학의 작동 방식, 즉 과학의 고유한 본성에 대한 이해는 1990년대 이래로 과학교육 공동체의 주요 관심사였으며, 많은 연구자들이 과학의 본성(Nature of Science, 이하 NOS)이라는 개념을 정립하기 위해 이론적, 경험적으로 노력해왔다(Abd-El-Khalick et al., 1998; Bianchini et al., 2002; Matthews, 2012).

특히 1980년대 이래로 '모든 이를 위한 과학교육(Science for All)'의 목표로 등장한 '과학소양' 교육의 일환으로 과학의 본성(NOS) 교육이 강조되었다. 과학소양이란 과학과 관련하여 소양(literacy) 수준으로 의사소통에 참여하기 위해 반드시 가져야 할 최소한의 읽고 쓸 수 있는 능력을 의미한다(Miller, 1983). 이는 초·중등학교 교육을 통해 학생들이 과학에 대한 기본적인 문해력, 즉 소양을 습득하도록 교육한다는 것을 의미한다.

과학교육의 목표로 과학소양 교육을 추구한 아래로 과학소양이라는 개념을 정립하기 위한 다양한 논의가 전개되었다(전승준, 2017; Hodson, 2014; Millar, 2006; Roth, 2003). 과학소양이란 개방적이고 항상 변하는 개념으로(DeBoer, 2000), 때로는 과학 교과영역과 관련된 학문적 내용을 강조하였고, 때로는 과학적 방법과 과학의 규범(NOS)에 대한 이해, 과학, 기술 및 사회(STS)의 상호관련성에 대한 인식과 이해, 과학과 사회적 쟁점에 대한 개인적인 의사결정 능력 등을 강조하였다(AAAS, 1993; Miller, 1983, 2006; NRC, 1996, OECD, 1999). 전세계 학생들을 대상으로 역량을 평가하는 국제학업성취도평가

(PISA)를 시행하는 OECD에서는 과학적 소양을 '자연 세계를 이해하고, 인간이 과학을 통하여 만들어내는 변화를 이해하며, 현명한 의사결정을 내리기 위하여 과학 지식을 사용하며, 질문을 형성하며, 근거를 바탕으로 결론을 내릴 수 있는 능력'으로 정의한다(OECD, 2004). 한편, 과학소양인 양성을 위한 과학교육의 목표를 통해 과학소양이 갖추어야 할 과학소양의 구성영역을 짐작할 수 있다(표 1.1 참조).

표 1.1 미국 과학교육표준에 제시된 과학소양의 구성영역

과학교육표준(NRC, 1996)	과학소양표준(AAAS, 1993)	차세대 과학교육표준 (NGSS Lead States, 2013)
• 과학적 개념과 과정의 통합 • 탐구로서의 과학 • 물상 과학 • 생명 과학 • 지구 및 우주 과학 • 과학과 기술 • 개인적, 사회적 관점에서의 과학 • 과학의 역사와 본성	• 과학의 본성 • 기술의 본성 • 물리적 환경 • 생태 환경 • 신체의 조직 • 인간 사회 • 설계된 세계 • 수학적 세계 • 역사적 관점 • 공통적 주제 • 사고 습관	• 범주 I: 과학 지식의 본성 • 범주 II: 과학적 탐구의 본성 • 범주 III: 과학적 사고의 본성 • 범주 IV: 과학, 기술, 사회 상호작용의 본성

선행연구에 따르면, 과학소양인은 과학(지식)의 본성을 이해하는 사람으로 정의된다(Hodson, 2009; Pella et al., 1966),

과학소양의 구성영역으로는 과학 지식 이해, 과학, 기술 및 사회(STS)의 상호관련성에 대한 이해, 과학적 방법과 규범(NOS)에 대한 이해 등등이 있다. 이 중에서 과학적 방법과 규범에 대한 이해, 즉 NOS에 대한 이해를 다른 과학소양의 구성영역들보다 강조하는 경향이 발견된다(조은진, 2019; DeBoer, 1991; Miller, 1983). 이렇듯 미국의 과학교육표준(AAAS, 1993; NRC, 1996)을 비롯하여 국내외의 과학과 교육과정 표준에서도 과학소양 교육의 핵심요소로 NOS 이해를 강조하고 있다(Lederman, 2000; Millar와 Osborne, 1998).

요컨대 NOS는 식견을 갖춘 과학적 소양인이 갖추어야 할 핵심요소 중 하나이며, 과학내용과 과학적 세계관 학습에서 주요 역할을 하기 때문에 NOS는 과학과 교수-학습에서

필수적이다. 따라서 국제학업성취도 평가는 물론 세계 각국의 과학과 교육과정과 표준에서도 NOS의 역할을 중시한다(AAAS, 1993; NRC, 1996, 2012; OECD, 2016).

우리나라 과학과 교육과정의 목표에 NOS 교육이 처음 등장한 것은 제3차 교육과정 시기이며(교육부, 1994; 권성기와 박승재, 1995; 홍행화와 박종원, 2014), 그 이후로도 NOS에 대한 이해는 과학적 소양을 함양하기 위한 핵심 교육내용의 하나로 강조되어왔다(조은진, 2019).

2) 과학교육에서 NOS 개념의 변천
: 과학교육 현장에서 NOS의 무엇을 어떻게 다루어야 하는가?

NOS를 학습한다는 것은 과학의 산물이나 생성 과정을 직접 다루는 것이 아니라, 메타적으로 과학 자체의 본질 및 그 가치를 이해하는 것으로서, 학생들의 바람직한 NOS 이해를 이끄는 것은 과학교육의 근본 목적 중 하나이다(조은진, 2019; Matthew, 2002). 과학소양 교육의 일환인 NOS 교육을 통해 학생들의 과학 학습을 향상시키고, 과학에 대한 관심을 갖도록 하며, 사회·과학적 쟁점(socio-scientific issue, SSI)에 대해 정보에 근거한 결정을 내리는 능력을 개발할 수 있다(Driver et al. 1996). NOS에 대한 이해와 개념화의 필요성을 살펴보면 다음과 같다.

첫째, NOS를 이해함으로써 과학 지식이 어떻게 생성되는지, 과학 지식의 구조 내에서 사실, 개념, 이론, 법칙이 무엇을 의미하는지를 이해할 수 있다.

둘째, 과학적 방법, 즉 과학적 탐구의 특성을 이해할 수 있다. 과학적 연구가 의미하는 것은 무엇인지, 과학과 비과학의 차이는 무엇인지, 과학의 영향력과 한계는 무엇인지 등을 이해할 수 있다.

셋째, 과학 지식과 과학 지식의 발달 과정에 내재된 가치를 이해할 수 있다. 즉, 과학이 갖는 인본주의적 특성과, 과학이 사회와 문화에 미치는 영향을 인식하여 합리적 의사결정을 내릴 수 있다(Driver et al., 1996).

NOS에 대한 개념화는 결국 과학이란 무엇인가에 대한 답을 구하려는 과정으로 볼 수 있다. Lederman(1992)은 NOS를 '과학의 인식론, 앎의 방식으로서의 과학 또는 과학 지식과 그 발달에 내재된 가치와 신념'이라고 정의하였다(Abd-El-Khalick et al., 2008;

Abd-El-Khalick와 Lederman, 2000). 연구자에 따라 조금씩 다르지만, NOS란 과학이 무엇이며, 과학(지식)이 어떻게 발전해가고, 사회적 집단의 하나인 과학자들은 어떻게 활동하며, 과학이 사회와 어떻게 상호작용하는지 등에 대한 인식론적, 사회학적 관점이라는 점 등을 공유한다(Akerson et al., 2017; McComas와 Oslon, 1998). 미국의 NGSS (Lead States, 2013)에서는 과학의 규칙과 게임의 법칙을 나타내기 위해 NOS라는 용어를 사용하였다(조은진, 2019).

과학의 본성(NOS)을 다시 과학 지식의 본성(nature of scientific knowledge, NOSK)과 과학 탐구의 본성(nature of scientific inquiry, NOSI)으로 구분하기도 한다. 여기서 과학적 탐구의 본성(nature of scientific inquiry, NOSI)이란 "과학지식의 생성 과정에 관련된 특성으로서, 과학적 지식의 발달, 수용 및 효용과 관련된 관습(Schwartz, 2004, p. 8)"을 의미한다. 본서에서는 합의-NOS에 과학지식의 본성(NOSK)은 물론 과학탐구의 본성(NOSI)을 포괄하는 보편적이고 일반화된 그리고 합의된 NOS에 대한 관점을 나타내는 것으로 사용하고자 한다.

과학소양 교육의 핵심요소 중 하나로 강조되는 NOS의 경우 과학과 교육과정의 패러다임 전환 등에 따라 구체적인 NOS 개념의 구성요소와 특성 등이 조금씩 바뀌어왔다(AAAS, 1993; McComas와 Olson, 1998; Osborne et al., 2003). 이 중에서 합의-NOS와 대안적 NOS를 중심으로 NOS 개념과 특성을 살펴보고자 한다.

① 합의 NOS

과학소양 교육에 대한 강조(AAAS, 1989), 과학지식 습득으로부터 과학의 탐구 방법과 과정의 강조(Schwab, 1962), 과학적 방법 교육의 강조(Hurd, 1960) 등과 함께 NOS 개념을 정립하기 위한 수많은 연구들이 수행되었다(Kimball, 1968; Showalter, 1974; Abd-El-Khalick, 2000; Lederman, 1992; Lederman et al., 2002; McComas et al., 1998; Osborne et al., 2003).

예컨대 연구자들은 NOS를 개념화한 선행연구들을 종합하거나 과학교육 관계자를 대상으로 한 델파이 조사 등을 통해 NOS에 대한 논의에서 중첩되는 내용들을 모아서 '합의-NOS(consensus NOS, 이하 합의-NOS)'라는 이름하에 NOS의 특성을 담은 리스트를 제안해왔다(Elfin et al., 1999; McComas et al., 2000; Lederman et al., 2002).

합의-NOS란 세계 여러 나라의 과학교육표준이나 교육과정에서 NOS 교수-학습에 적용되어 온 NOS 관련 내용 지식이나 하위 구성요소들을 말한다. '합의'란 용어는 많은 과학교육 연구자들의 NOS 개념화에서 발견되는 NOS 하위요소들의 유사성에서 비롯된 것이다. 요컨대 합의-NOS란 국내외의 NOS 개념화를 위한 연구성과를 토대로, 학교 과학교육에 적용하기 위해 일반화된 과학 지식의 본성(nature of scientific knowledge)을 도출한 것이다. 즉, 합의-NOS는 과학 지식의 보편성과 학습자의 학습가능성을 고려할 때, 학교 과학교육에 적용하기 위해 '어느 정도 일반화'하여 도출한 과학에 대한 인식론과 과학 지식의 본성(NOS)을 의미한다. 합의-NOS의 구체적인 내용을 살펴보기 이전에 과학소양 교육의 주창자인 미국 과학교육표준에 제시된 NOS 관련 내용을 먼저 살펴보면 다음과 같다.

먼저, 미국과학진흥협회(American Association for the Advancement of Science, 이하 AAAS)가 발간한 '모든 미국인을 위한 과학(Science for All Americans, 이하 SFAA)'에서는 NOS를 과학적 세계관, 과학적 탐구, 과학 활동의 세 가지 범주로 구분하여 제시하였다(AAAS, 1990). AAAS에서는 이후 과학소양표준(Benchmarks for Science Literacy)을 발간하였다(AAAS, 1993). 미국 전미연구평의회(National Research Council, 이하 NRC)에서는 1996년에 국가과학교육표준(National Science Education Standards, 이하 NSES)을 발간하였고, 그 후 2013년에 차세대과학교육표준(Next Generation Science Standards, 이하 NGSS)을 발간하였다(NGSS Lead States, 2013). 미국 과학교육표준에 제시된 NOS 관련 진술의 특징을 살펴보면 다음과 같다.

첫째, 일련의 미국 과학교육표준에 제시된 NOS는 기존 합의-NOS와 내용 측면에서 정합성이 발견된다(Bell et al., 2016; 조은진, 2019에서 재인용).

둘째, NGSS에서는 과학탐구를 과학적 실천(scientific practices)으로 표현하면서 과학적 실천의 하위요소로 NOS를 제시한다. NOS와 과학 탐구의 관계에 대해서는 과학교육표준 문서에 따라 조금씩 다른 입장을 취하지만, NOS와 과학탐구의 밀접한 관련성을 모두 강조한다. NGSS에서는 과학탐구의 핵심요소 중 하나로 NOS를 제시하고 있다(NGSS Lead States, 2013).

표 1.2 미국 과학교육표준에 제시된 NOS

Science for All Americans (AAAS, 1990) 및 Benchmarks for Science Literacy (AAAS, 1993)	National Science Teachers Association (NSTA, 2000)	Next Generation Science Standards (NGSS Lead States, 2013)
1. 과학적 세계관 • 과학 개념들은 변화한다. • 과학 지식은 영속성이 있다. • 과학이 모든 문제에 완벽한 답을 제시할 수는 없다. 2. 과학적 탐구 • 과학은 증거를 요구한다. • 과학은 논리와 상상력의 조화이다. • 과학은 설명하고 예측한다. • 과학자들은 편견을 피하기 위해서 노력한다. • 과학은 권위적이지 않다. 3. 과학 활동 • 과학은 복잡한 사회적 활동이다. • 과학은 여러 학문의 집합체이고 다양한 기관에서 운영된다. • 과학 활동에는 일반적으로 통용되는 윤리적 원칙이 있다. • 과학자들은 전문가이면서 동시에 시민으로서 공공의 문제에 참여한다.	1. 과학지식은 잠정적이다. 2. 단 하나의 단계별 과학적 방법이란 없다. 3. 창의성은 과학 지식 생산의 필수 요소이다. 4. 과학은 과학지식 생산에서 초자연적 요소를 배제한다. 5. 법칙은 현상을 기술하는 것인 반면에, 이론은 그에 대한 설명이다. 6. 과학은 협력적으로 수행된다. 7. 과학은 기존 과학지식 및 사회·문화적 맥락의 영향을 받는다. 8. 과학은 진화적 그리고 격변적으로 변해왔다. 9. 기초 과학연구는 실천적 성과와 직결되지 않는다.	1. 과학적 탐구는 다양한 방법을 사용한다. 2. 과학적 지식은 경험적 증거에 기반을 둔다. 3 과학적 지식은 새로운 증거에 의해 수정된다. 4. 과학적 모델, 법칙, 메커니즘, 이론은 자연 현상을 설명한다. 5. 과학은 앎의 방식이다. 6. 과학적 지식은 자연적 시스템의 질서와 일관성을 가정한다. 7. 과학은 인간적 노력의 결과물이다. 8. 과학은 자연과 물질세계에 대한 질문을 다룬다.

※출처(조은진, 2019: 34-36)

한편 OECD에서 주관하는 국제학업성취도평가(Programme for International Student Assessment, 이하 PISA)에서는 전(全) 세계의 만 15세 학생들을 대상으로 의무교육 종료시점에서 과학적 소양 수준을 평가한다. PISA에서는 과학소양을 '사고력을 갖춘 시민으로서 과학 관련 쟁점과 과학적 아이디어에 관련된 담화에 참여할 수 있는 능력'으로 정의하면서, 과학소양 평가틀의 구성영역을 과학 내용 지식, 절차적 지식, 인식론적 지식 등과 같은 세 가지로 설정하였다(OECD, 2015). PISA 평가틀의 절차적 지식(procedural knowledge)과 인식론적 지식(epistemic knowledge)에서 NOS 관련 내용을 집중적으로 다루고 있다. 여기서 절차적 지식이란 과학자들이 과학 지식을 확립하기 위해 사용하는 절차와 방법에 대한 지식으로 과학자들이 오류를 최소화하고 불확실성을 줄이기 위해 실시하는 반복 측정, 변인 통제, 자료 표현과 소통을 위한 표준적 절차 등에 대한 지식을 포함한다(Millar et al., 1995). 인식론적 지식이란 과학적 실천과 실행을 이해하기 위해 필수적인 지식으로, 과학적 관찰, 사실, 가설, 모델 및 이론의 본성, 과학의 목적, 과학의 가치, 추론의 본성 등과 같은 과학의 구인과 특성뿐만 아니라, 과학지식 확립에서 다양한 경험적 탐구의 기능 등과 같은 과학지식 정당화에서 과학적 구인과 특성의 역할 등을 포함한다(Duschl, 2007).

우리나라 과학과 교육과정에서도 합의-NOS를 반영하여 제3차 교육과정 이래로 최근의 2015개정 교육과정에 이르기까지 과학소양교육의 핵심 목표 중 하나로 NOS 교육을 강조해오고 있다.

요컨대, 합의-NOS란 국내외 과학교육표준, 국제학업성취도평가 등에서 일관되게 공통으로 다루고 있는 NOS 관련 내용 지식과 구성요소를 뜻한다. 이러한 합의-NOS는 국내외 과학교육표준에 반영해야 할 만큼 교육적 가치를 지니는 것으로, 과학사, 과학철학 및 과학사회학(history, philosophy, sociology of science, 이하 HPSS) 전문가들의 합의된 관점과 일관된 것이다(Abd-El-Khalik, 2012; Hodson, 2014; Lederman, 2007).

현재 널리 통용되고 있는 NOS 개념은 Lederman(2007)이 제안한 7가지 항목으로 구성된 '합의-NOS'라고 불리는 것이다(조은진, 2019). Lederman(2007)은 과학교육과정에 적용 가능한 NOS의 내용을 결정하기 위해, 학생들이 이해 가능한가, NOS의 내용에 대해 일반적 합의가 이루어지는가, 모든 시민이 그러한 NOS를 이해하는 것이 유용한가 등과 같은 3가지 기준에 근거하여 7가지 항목으로 구성된 합의-NOS의 내용 요소를 제시하였다.

여기서는 합의-NOS를 중심으로 과학(지식)의 본성과 그 특성을 살펴보고자 한다. 널리 통용되는 Lederman(2007)의 합의-NOS와 미국 차세대 과학교육표준(NGSS)에 제시된 합의-NOS를 제시하면 다음과 같다.

표 1.3 합의-NOS 예시

<table>
<tr><th>합의-NOS
(Lederman, 2007)</th><th colspan="2">NGSS의 NOS(Lead States, 2013)</th></tr>
<tr><td rowspan="4">1. 관찰과 추론은 다르다.
2. 법칙과 이론은 서로 다른 지식 유형이다.
3. 과학 지식은 자연 관찰에 기반을 두기 때문에 경험적이다.
4. 과학 지식은 인간의 상상력과 창의력을 포함한다.
5. 과학 지식은 주관적이다.
6. 과학 지식은 사회적 맥락의 영향을 받는다.
7. 과학 지식은 잠정적이고 변할 수 있다.</td><td>범주 I :
과학 지식의 본성</td><td>1. 과학은 사실, 개념, 법칙, 이론 등의 내용 분야 체계를 갖는다.
2. 과학 지식은 자연을 설명하고 예상한다.
3. 과학 지식은 잠정적이지만 내구성을 갖는다.
4. 과학에는 서로 다른 유형의 지식이 존재한다.
5. 과학적 탐구의 과정을 통해 새로운 과학 지식이 생성된다.</td></tr>
<tr><td>범주II:
과학적 탐구의 본성</td><td>1. 과학은 경험적 증거에 기반을 둔다.
2. 과학은 관찰과 추론에 의존한다.
3. 과학에는 다양한 방법이 존재한다.
4. 실험은 과학 과정 기술을 사용하여 아이디어를 테스트하는데 중요하다.</td></tr>
<tr><td>범주III:
과학적 사고의 본성</td><td>1. 과학에서 추론과 상상력(창의성)은 중요하다.
2. 과학자들은 전적으로 객관적인 것은 아니지만, 편견을 피하고자 노력한다.
3. 과학 지식은 해석에 기반을 둔다.
4. 과학 지식은 그 역사와 함께 발전한다.
5. 회의주의와 비판은 과학적 사고에서 결정적 역할을 한다.</td></tr>
<tr><td>범주IV:
과학, 기술, 사회 상호작용의 본성</td><td>1. 과학은 사회에서 긍정적으로 혹은 부정적으로 사용될 수 있다.
2. 과학과 기술은 서로 영향을 주고 받지만 같은 것은 아니다.
3. 과학은 복잡한 사회 활동이다.
4. 과학은 사회문화적 영향을 받는다.
5. 과학과 그 방법이 사회 내 모든 문제를 해결할 수는 없다.
6. 과학은 공동적으로 실시된다.
7. 과학에는 윤리적 문제가 존재한다.
8. 과학자들은 공공의 문제에 과학자로서 그리고 시민의 입장에서도 참여한다.</td></tr>
</table>

※출처(조은진, 2019: 34-36)

합의-NOS라는 형태로 어느 정도 합의에 도달한 공통된 NOS 내용요소는 과학교육의 NOS 관련 연구에 폭넓게 사용되었으며, 국내외 과학교육표준의 NOS 교육 내용 및 평가의 대상으로 자리잡았다.

② NOS 검사도구에서 드러나는 NOS 개념화

NOS 개념화를 위해 NOS 검사도구를 고찰하는 것이 중요하다. 이는 NOS의 내용을 무엇이라고 생각하는지, NOS에서 중점을 두는 영역은 무엇인지 등이 가장 잘 드러나는 것이 NOS 이해수준을 조사하기 위한 검사도구이기 때문이다. 즉, NOS 검사도구에 반영된 NOS 개념을 고찰함으로써 과학교육을 통해 추구해야 할 NOS 구성영역을 파악할 수 있다.

지난 60여 년 동안 NOS 개념 정립을 위한 노력과 함께 NOS 이해수준 측정을 위한 다양한 검사도구 개발이 진행되었다. NOS 검사도구는 과학이란 무엇인가, 과학지식의 특성은 무엇인가, 과학적 실천과 실행에서 과학은 어떤 모습을 지니는가 등에 대한 이해수

표 1.4 NOS 검사도구의 구성영역 예시(Lederman와 Lederman, 2014)

과학적 탐구의 본성	과학 지식의 본성
1. 모든 과학적 탐구는 질문을 제기하여 시작하지만, 반드시 가설을 시험하는 것은 아니다. 2. 유일한 과학적 방법은 존재하지 않는다. 모든 과학적 탐구는 한 가지 일련의 단계를 밟지 않는다. 3. 탐구 과정은 탐구 문제에 의해 안내된다. 4. 모든 과학자들이 동일한 과정을 수행한다 해도 동일한 결론을 얻게 되는 것은 아니다. 5. 탐구 과정은 그 결과에 영향을 미칠 수 있다. 6. 연구 결과는 수집된 자료에 모순되지 않아야 한다. 7. 과학적 자료와 증거는 다르다. 8. 수집된 자료와 이미 알려진 것을 종합하여 설명을 구성한다.	1. 관찰과 추론은 다르다. 2. 법칙과 이론은 서로 다른 지식 유형이다. 3. 자연 세계에 대한 관찰로부터 유도되거나 기반을 두기 때문에 과학 지식은 경험적이다. 4. 과학 지식은 인간의 상상력과 창의력을 포함한다. 5. 과학 지식은 주관적이다. 6. 과학 지식은 사회적 맥락의 영향을 받는다. 7. 과학 지식은 절대적이거나 확실한 것이 아니라, 잠정적이고 변할 수 있다.

※출처(조은진, 2019: 145)

준을 조사하기 위한 문항들로 구성된다.

과학적 탐구란 과학을 하는 문법이면서 과학이라는 학문을 구성하는 구문론적 지식이어서, 과학의 실체론적 지식과 함께 과학교육의 두 축을 이룬다. 과학적 탐구는 '과학 지식을 생성하는 과정에 필수적인 일반적인 과학의 과정적, 절차적 역량과 전통적인 과학의 내용, 창의력, 비판적 사고의 혼합'으로 정의되기도 한다(Lederman, 2009).

③ 합의–NOS의 한계

한편, 합의-NOS 이후에도 NOS의 정의 또는 경계 설정의 문제들은 여전히 상존하였다(Alters, 2013). 일부 HPSS 연구자들은 NOS 표준화는 불가능하다고 주장하기도 하였다(Alters, 1997). 합의-NOS가 교육연구 및 교육과정 수립에서 막강한 영향력을 행사하면서 이에 대한 다양한 비판과 대안들이 제기되었다. Matthews(2001)는 합의-NOS를 검토한 후, 진정으로 NOS 교수-학습에 도움이 되려면 "철학적으로 또한 역사적으로 상당히 정교화하고 발전시켜야" 한다고 주장하였다(p. 12). 합의-NOS에 제기된 비판과 쟁점을 살펴보면 다음과 같다.

첫째, 과학의 잠정성은 진정한 과학의 모습을 왜곡할 수 있다. 과학의 잠정성을 글자그대로 해석함으로써 지금까지 인류가 구축한 과학지식을 학생들이 과소평가하거나, 과학과 기술의 발달적 특성을 오도할 수 있다는 점이다(Harding와 Hare, 2000). 실제로 과학자들은 잠정적인 기존 지식에 기반을 두지 않으면 앞으로 나아가지 못하기 때문에(Hodson, 2017), 이러한 관점은 진정한 과학의 모습을 왜곡할 수 있다.

둘째, 법칙과 이론 및 관찰과 추론 사이의 구분과 관련성의 경우, 관찰과 추론의 구분 및 관찰의 이론 의존성 등은 실제 과학적 실천을 이해하거나 과학자의 역할을 수행하는 데 필요한 역량 이해와는 거리가 있다. 새로운 이론이 등장하거나 더 나은 기술을 사용하게 될 때, 관찰에 해당하는 것과 추론에 해당하는 것을 구분하기 어려우며(Hodson, 2014), 관찰 언어와 이론적 용어의 차이점도 명료하지 않다는 것이다(Feyerabend, 1962). 한편, 관찰은 오로지 상대적으로 신뢰성이 높을 때, 즉 계산, 질문이나 추론을 거칠 필요 없이 우리가 빠르게 동의할 수 있는 사건과 현상에 대한 것이고, 이론이란 필연적으로 직관적 관찰에 바탕을 둔 것이므로, 우리가 관찰과 추론의 경계를 구분할 때는 과학 지식의 정교함, 지식에 대한 자신감, 연구되는 경험이나 현상에 익숙한 정도 등을 반영하게 된다.

즉, 이론이 이미 정립되어 당연하게 받아들여질 때 이론적인 언어는 관찰 언어로 간주되며, 진정한 의미의 원자료(raw data)라든가 혹은 이론으로부터 자유로운 관찰은 없다는 의미이다.

셋째, 합의-NOS는 정적인 과학의 결과에 치중하여 각 과학 분야별 접근 방식에 존재하는 차이점을 간과한다(Hodson, 2009, 2014). 이는 과학의 전 분야에 공통적으로 적용 가능한 과학의 방법이나 요소들이 존재하지 않음에도, NOS '일반화'를 목표로 개념화하는 것은 여러 과학 분야의 개별적 속성을 간과하는 것이라는 비판이다. 예컨대 가설 설정, 변인통제 등과 같은 전통적 실험이 거의 불가능한 천문학이나 지질학 등과 관련된 과학적 실천을 포함하지 못한다는 것이다. 또한, 과학 탐구에서 이론에 기반을 둔 관찰, 새로운 기술 및 이론의 발달이 가져온 관찰의 본성 변화 등과 같은 현대적 과학탐구의 특성을 교육할 수 있도록 과학지식의 인식론적 측면에 추가하여 과학탐구에 대한 지식(NOSI)을 합의-NOS에 포함시켜야 한다는 것이다(Hodson, 2009). 달리 말해서 과학지식의 잠정성뿐만 아니라, 탐구 방법 및 지식 평가 기준의 변경도 포괄할 수 있도록 합의-NOS가 바뀌어야 한다는 것이다.

넷째, 과학 지식의 사회적 구성 등과 같은 현대 과학의 특성을 포함하지 않는다(Hodson, 2014). 즉 과학 지식이 어떻게 생성되고 검증되는가에 대한 것(Lakatos, 1970)도 합의-NOS에 포함해야 한다는 주장이다. 합의-NOS의 결점 중 하나는 역설적이게도 비공식적 협의에 근거한 것이라는 점이다(Osborne et al., 2003). 즉 내용의 정당성, HPSS 내에서 현재 진행 중인 쟁점 등을 점검하지 않은 채 실용적 목적으로 단지 합의에 근거하여 채택하였다는 점이다. 따라서 합의-NOS의 한계를 극복하기 위해서는 이를 철학적으로 점검함과 동시에, 현대적 과학 실천과 탐구에 대한 진정성 있는 설명으로 보완해야 한다는 것이다.

합의-NOS에 대한 다양한 비판과 함께 NOS 연구에서는 대안적 NOS 관점들이 제안되었다. 예컨대 비판적 NOS 관점(Clough, 2007), 총체적 과학 관점(Allchin, 2011), 과학의 특성 관점(Matthews, 2012), NOS에 대한 가족 유사성 접근(Irzik와 Nola(2014) 등이 합의-NOS에 대한 대안으로 제안되었다.

④ 대안적 NOS 관점

합의-NOS에 대해 제기된 다양한 대안적 NOS 관점들을 살펴보면 다음과 같다.

먼저, 비판적 사고력 함양에 초점을 둔 NOS가 제안되었다(Clough, 2007; Yacoubian, 2015). 이는 학생 스스로 NOS 관점에 대해 비판적으로 사고하고, 획득한 NOS에 대한 이해를 사용하여 사회·과학적 쟁점(SSI)에 대한 의사결정력을 기르는 데 중점을 둔다.

비판적 NOS에서는 질문 형태의 NOS 내용을 논증활동의 중심 주제로 활용함으로써 학생들로 하여금 비판적으로 사고하고 말하도록 이끄는 것이 진정한 NOS 교수-학습이라고 주장하였다(Clough, 2007). 비판적 NOS는 NOS 교수와 SSI 교육에서 논증(argumentation)의 역할과 과학에 대한 반성적 담화의 중요성을 강조한다(Kötter와 Hammann, 2017).

Matthews(1994)는 합의-NOS 관점을 '과학인식에 대한 수준 낮은 어느 정도의 합의'라고 표현하면서, 기존 NOS를 좀 더 포괄적인 과학의 특성(Features of Science, FOS) 관점으로 대체할 것을 제안하였다. 과학의 특성(FOS) 관점에서는 좀 더 포괄적, 다면적, 이질적이며, 맥락성을 존중하는 전반적인 과학의 특징을 포괄하는 방향으로 NOS 교육을 전환해야 한다고 주장하였다(Matthews, 2012).

또 다른 대안적 NOS 관점은 NOS에 대한 가족 유사성 접근(family resemblance approach, 이하 FRA)이다. 이는 비트겐슈타인(L. J. Wittgenstein)의 가족 유사성 아이디어를 NOS에 적용하여 과학철학적 '가족 유사성 기반 NOS' 개념화를 시도한 것이다. 가족 유사성(family resemblance) 개념은 일찍이 비트겐슈타인(L. J. Wittgenstein)이 기술한

> 네 가지 특성을 갖는 집합 {A, B, C, D}를 고려하면, (A & B & C) 또는 (B & C & D), 또는 (A & B & D), 또는 (A & C & D)와 같이 4가지 특성 중 3가지를 공유하는 4개 세트를 상상할 수 있다. 마찬가지로 '전체 특성 중 일부인 다수의 공통성을 갖는(polythetic)' 경우는 다음과 같이 일반화된다. n가지의 특성을 갖는 집합 S를 취하면, 어떤 개인이라도 S의 n가지 특성 전부, 또는 (n−1)가지, 또는 임의의 (n−2)가지, 또는 (n−3)가지 등의 공통성이 있는 경우에만 가족의 구성원이 된다. …… 중략 …… 이러한 공통 요소의 최대값이나 최소값을 사례별 조사로서 남겨두어 임의의 한계를 부과하지 않는 것을 가족 유사성 접근(FRA)의 아이디어에 부합하는 것으로 보았다.
>
> ※출처(Irzik와 Nola, 2014: 1011)

것으로, 다음과 같은 의미를 지닌다.

비트겐슈타인의 철학적 가족 유사성 아이디어를 NOS에 적용한 '가족 유사성 기반 NOS'란 과학의 다양한 분야들을 공통성과 특이성을 소유한 하나의 가족으로 간주하여, 과학의 영역 전체적 특성은 물론, 영역 특이적인 특성들을 과학이라는 가족이 소유한 특성으로 모두 수용하는 것을 뜻한다(Irzik와 Nola, 2014). 가족 유사성-NOS는 먼저 과학의 유사성을 포착하고, 더 나아가서 다양성에 집중하도록 이끌 수 있는 NOS 모델이다(Erduran와 Dagher, 2014). 이렇게 함으로써 과학의 여러 분야들이 공유하는 유사성과 공통성을 기준으로 과학을 체계적이고 포괄적으로 기술할 뿐만 아니라, 개별 과학 분야가 지니는 영역특이성을 통해 과학의 맥락성도 기술할 수 있다. 예컨대, 많은 과학 영역들은 실험에 의존하지만, 천문학이나 지질학 등의 영역은 실험이 불가능한 경우가 많기 때문에, 이들 영역의 맥락적 특성도 NOS의 영역특이성 요소로 다룰 수 있다.

이렇듯 NOS에 대한 가족 유사성 접근에서는 과학의 공통성은 물론 다양성을 포괄함으로써 NOS의 맥락적 특성을 강조한다는 측면에서도 보편성을 추구하는 합의-NOS와 차별성을 갖는다. 또한, 과학적 주장의 생성과 확증에 영향을 미치는 과학 외부의 사회적 영향력을 간과하는 합의-NOS와는 달리, NOS에 대한 가족 유사성 접근에서는 과학문화의 구성 방식과 과학문화가 과학 지식 발전에 기여하는 방식에 대한 이해를 강조한다.

가족 유사성 기반 NOS는 여러 차례 수정을 거쳤으며, 재개념화를 거친 확장된 가족 유사성 접근은 2개 시스템과 11가지 범주로 구성된다. 즉, NOS에 대한 가족 유사성 접근에서는 과학을 '인지-인식적 시스템(cognitive-epistemic system)'과 '사회-제도적 시스템(social- institutional system)'으로 구분하고, 그 하위 요소로서 11가지 범주를 포함하여 과학의 총체적 특성을 기술하였다(Erduran와 Dagher, 2014).

표 1.5 NOS에 대한 가족 유사성 접근의 구성(Erduran와 Dagher, 2014, pp. 41-159 재구성)

시스템과 범주		내용
인지-인식적 시스템	탐구의 과정	• 질문 제기, 자료 수집과 분석, 실험 설계, 가설 설정, 이론과 모델 생성, 다른 이론 및 모델과 비교 등
	목표와 가치	• 목표와 가치: 예측성, 설명력, 일관성, 단순성, 비옥함 • 목적: 생존력(viability), 시험가능성, 경험적 적합성, 이론 선택의 공유된 기준
	과학적 방법과 방법론적 규범	• 과학자들이 신뢰할 수 있는 지식을 얻는 데 사용하는 다양한 체계적인 접근법과 규준 • 접근법: 귀납적, 연역적, 귀추적 추론 등의 전략 • 방법론적 규범: 이론 선택의 기준, 실험 설계의 기준
	과학 지식	• 법칙, 이론, 모델, 관찰 보고서, 실험 자료 등 과학적 활동의 결과물
사회-제도적 시스템	과학자의 전문적 활동	• 과학자의 소통과 관련된 활동, 예를 들면, 학회 참석, 저술, 재정 지원을 얻기 위한 연구 제안서 작성 등
	과학 윤리	• 과학자들이 준수하는 일련의 규범, 예를 들면, Merton(1942, 1973)의 규범들, 즉 보편주의, 회의주의, 이해중립성, 공유주의 및 Resnik (2007)의 윤리적 규준, 즉 정직, 연구 대상자 존중, 환경 존중 등
	사회적 확증과 과학 지식의 전파	• 예를 들면, "동료 검토에 포함되는 시험, 증거 관계 및 방법론 검토 등, 연구의 질과 관련된 인식적 제어 메커니즘을 상위하는 사회적 제어 메커니즘(Irzik와 Nola, 2014, p. 1014)"
	사회적 가치	• 예를 들면, "경제적 발전, 인간의 건강 및 삶의 질 개선 등에 영향을 미치는 자유, 환경 존중, 사회적 효용 측면의 가치(Irzik와 Nola, 2014, p. 1014)"
	사회적 조직과 상호작용	• 예를 들면, 고용인 또는 고용주로서 과학자의 지위, 즉 기관의 구조, 역학, 정책 등이 조직 내 과학자들 사이의 상호작용에 미치는 영향
	정치권력 구조	• 예를 들면, 과학에 대한 정치적 영향력, 자연에 대한 설명 구축, 과학 지식 생성과 같은 이상적인 과학의 목표를 뛰어넘어 과학이 정치적 목적을 포함하는 방식
	재정 체계	• 예를 들면, 과학자들의 행동과 과학에서의 자원 분배를 지배하는 경제력, "과학은 경제적 순환 내 지식 체계(Salomon, 1985, p. 79)"라는 관점, "제품 생산 조절 메커니즘과 유사한 정치, 경제 논리가 지배하는 과학자 공동체(Polanyi, 1969, 2002, p. 465)", 과학의 상품화 및 상업화

※출처(조은진, 2019: 63)

기존 합의-NOS와 비교할 때 NOS에 대한 가족 유사성 접근을 통해 NOS 교육을 개선할 수 있는 방안과 가족 유사성 접근에서 다루는 NOS 내용구성의의 특징을 살펴보면 다음과 같다(Dagher와 Erduran, 2016; 조은진, 2019: 65, 재인용).

첫째, 가족 유사성-NOS에서는 과학의 산물은 물론 과학적 실천 범주를 포함하여 다룸으로써 지식과 실천의 발전적 역동성을 교육할 수 있다. 따라서 합의-NOS가 과학지식의 본성만을 포함하기 때문에 발생하는 문제점을 해결할 수 있다.

둘째, 가족 유사성-NOS에서는 '과학과 사회문화적 시스템 사이의 상호작용'을 사회적 조직과 상호작용, 정치권력 구조, 재정 체계 등과 같은 7가지 범주로 제시하였다. 즉, 가족 유사성-NOS에서는 학교 과학을 통해 학생들이 과학 문화의 구성 방식, 과학 문화가 과학 지식의 발전에 기여하는 방식 등을 이해하는 것을 강조한다.

또한, NOS에 대한 가족 유사성 접근의 인지-인식적 시스템 및 사회-제도적 시스템이라는 2가지 범주를 통해 폭넓은 의미의 과학인식에 대한 사고를 이끌 수 있다. NOS에 대한 가족 유사성 접근은 비판적 사고력 함양을 위한 NOS 접근법에 부합한다. 즉, NOS에 대한 가족 유사성 접근의 핵심은 질문 형태를 옹호하며, 학습에 비판적 사고과정을 포함하는 것이다.

가족 유사성-NOS를 비롯한 대안적 NOS 관점들은 공통적으로 과학실천의 맥락성, 역동성 및 사회와의 상호작용, 메타적 사고, 비판적 사고 등을 강조하면서 총체론적 NOS 모델, 즉 과학을 총체적 시스템으로 묘사한다. 이러한 다양한 대안적 NOS 관점들은 정적인 과학이 아니라 역동적인 과학, 과학을 둘러싼 여러 사회문화적 요인과 상호작용하는 과학, 인간이 수행하는 활동이기 때문에 포함할 수 있는 모든 철학적, 실증적 특성들이 투영된 과학을 지향한다.

대안적 NOS 관점들에서는 NOS를 설명하는 다양한 과학철학적 관점들을 점검함으로써 좀 더 타당한 과학에 대한 인식 기준을 제공할 필요가 있다고 주장하였다. 즉, 학교수업에서 수행하는 전통적 과학실험에서부터 사회적 합의에 의한 과학 지식의 생성 과정 등을 아우를 수 있는 다차원적 NOS를 통해 과학을 총체적으로 묘사할 필요가 있다(Allchin, 2013).

⑤ NOS 이해: 합의-NOS vs. 가족 유사성 기반 NOS

과학교육에서 NOS 교육의 가장 큰 장애물로 언급된 것은 NOS의 논쟁적 본성으로 인해 NOS 교육이 동적인 목표에 해당한다는 것이다. 즉, NOS에 대한 인식 자체가 가변적이어서 과학교육에서는 변화하는 NOS 개념의 다양성에 집중해온 것이 사실이다(Alters,1997).

NOS 연구에서 다양한 대안적인 NOS 관점들이 제안되면서, NOS 교육에서도 이러한 대안적 관점을 반영하여 과학의 맥락성과, 지식 및 실행의 다양성을 고려하는 다원성(plurality)을 향해 이동하고 있다(Bazzul, 2017). NOS 교육에서 다원성이란 서로 다른 NOS 관점들의 다원성 내에서 보편성을 찾아가는 것이라고 할 수 있다. 특히 현대적 NOS 교육은 과학 지식의 생성과 정당화에 관여하는 과학자 공동체의 내부 및 외부 사회와의 상호작용의 강조와 같은 다원적 NOS 관점들을 고려해야 한다고 주장한다. 하지만, NGSS(2013)를 비롯하여 과학교육표준에서 가치중립적이며 정적인 과학지식의 본성만을 제공한다는 비판이 제기되었다.

NOS에 대한 인식 자체가 가변적, 유동적이어서 NOS에 대한 완벽한 합의를 기대하기는 어렵지만(Osborne et al., 2003), 현대적 과학소양 교육을 위해 NOS 내용으로 무엇을 표준화하여 적용할 것인가에 대한 최소한의 합의를 필요로 한다. 이러한 NOS 교육내용 표준화의 필요성에서 제안된 것이 상보적 NOS 모델이다.

〈상보적 NOS 모델〉

과학 자체의 다원성(plurality)은 물론 NOS 다원성에 대한 논쟁을 반영한 현대적 NOS 교육을 위한 이론적 모델 중 하나로, 합의-NOS에 담긴 보편적인 과학지식의 본성, 보편적인 과학탐구의 본성, 과학의 다양성과 복잡성을 반영할 수 있는 NOS에 대한 가족 유사성 접근 등 NOS에 대한 다양한 관점들을 서로 보완하며 통합한 것이 상보적 NOS 모델(complementary nature of science model)이다.

NOS에 대한 다원적인 논쟁들, 즉 합의-NOS, 과학탐구에 대한 보편적 NOS, 가족 유사성-NOS 등을 상보적으로 통합하여 NOS 교육을 위한 NOS 내용 지식을 구성한 것이 상보적-NOS 모델이다. 다양한 NOS 관점이 공유하는 최소한의 보편성을 추출한 것이 보편적 NOS이다.

기존 연구들에서 NOS로 통용되던 합의-NOS에 보편적인 과학지식의 본성이라는 지위를 부여하고, 과학탐구의 본성과 관련된 NOS를 명시적으로 추가하며, 이에 부족한 과학

표 1.6 상보적 NOS 모델 (Kampourakis, 2016, p. 677 수정 및 보완)

보편적 NOS (출발 지점)	가족 유사성 기반 NOS (목표 지점)
<과학 지식의 본성> 1. 관찰과 추론은 다르다. 2. 법칙과 이론은 서로 다른 형태의 지식이다. 3. 과학 지식은 경험적이다. 4. 과학 지식은 인간의 상상력과 창조성을 포함한다. 5. 과학 지식은 주관적이다. 6. 과학 지식은 사회문화적 맥락의 영향을 받는다. 7. 과학 지식은 잠정적이며, 변하기 마련이다. **<과학적 탐구의 본성>** 1. 모든 과학적 탐구는 질문 제기에서 시작하지만, 반드시 가설을 시험하는 것은 아니다. 2. 모든 과학적 탐구에 적용 가능한 유일한 방법이나 일련의 단계는 없다. 3. 탐구 과정은 주어진 질문에 의해 안내된다. 4. 모든 과학자들이 동일한 과정을 수행하더라도, 동일한 결론을 얻는 것은 아니다. 5. 탐구 과정은 그 결과에 영향을 미칠 수 있다. 6. 연구 결과는 수집된 자료에 모순되지 않아야 한다. 7. 과학적 자료와 증거는 다르다. 8. 수집된 자료와 이미 알려진 것을 종합하여 설명을 구축한다.	1. 탐구의 과정: 탐구 문제 제기, 관찰 수행, 자료 수집과 분석, 실험 설계, 가설 설정, 이론과 모델 생성, 대안적 이론과 모델 비교 2. 목표와 가치: 예측 가능성, 설명 제공, 일관성, 간결성, 비옥함, 생존력, 확실성, 시험 가능성, 경험적 적합성 3. 과학적 방법과 방법론적 규범: 시험 가능한 가설·이론·모델 구성, 이론에 대한 임시방편적 수정 회피, 설명력을 기준으로 한 이론 선택, 모순된 이론 거부, 이론의 단순성 추구, 기존 과학적 결과를 설명할 수 있는 경우에 한하여 이론 수용, 인과적 가설을 시험할 때 통제 실험 사용, 인간 피험자에 대한 실험 수행 시 항상 은폐법 적용 4. 과학 지식: 법칙, 이론, 모델, 관찰 자료 수집, 실험 자료 수집 5. 과학자의 전문적 활동·학회 참석, 연구 결과 공표 및 발간, 다른 과학자의 연구 검토 및 제안 승인, 연구 프로젝트 제안서 작성 및 재정 지원 추구, 자문에 응답, 대중에게 필요한 과학 정보 제공 6. 과학 윤리: 정직성, 성실성 추구, 연구 피험자 존중, 환경 존중, 자유 존중, 개방성 추구 7. 사회적 확증과 과학 지식의 전파: 동료 검토, 공동체의 시험/검사 8. 과학의 사회적 가치: 자유 존중, 환경 존중, 사회적 효용 9. 사회적 조직과 상호작용: 과학자 공동체의 내부 및 외부 사회 조직에 걸쳐 발생하는 상호작용에 영향을 미치는 제도적 구조, 역학 및 정치의 영향 10. 정치권력 구조: 과학과 정치 내·외적 관계 11. 재정 체계: 과학의 경제적 차원, 경제 세력이 과학자의 행동과 과학 자원 배분에 미치는 영향

※출처(조은진, 2019: 79)

의 다양성과 사회성 등을 가족 유사성-NOS로 보완한 것이 상보적-NOS 모델이다. 즉, 상보적 NOS 모델이란 보편적 NOS와 가족 유사성-NOS의 내용들을 상보적으로 활용하여 NOS 교수를 위한 학습 경로(learning pathway)의 기반으로 삼은 것이다.

상보적 NOS에 근거한 NOS 교육내용 표준화, 즉 과학교육표준 등에서 NOS 내용으로 무엇을 포함해야 하는지를 살펴보면 다음과 같다.

첫째, 과학지식의 본성 및 과학탐구의 본성을 통합하여 다룬다. 예컨대 관찰과 추론의 차이, 과학의 방법과 과정 등과 같은 과학의 인식론적 측면을 포함한다. 과학의 과정을 이해하고, SSI에 대해 정보에 근거한 결정을 내리며, 과학이 현대 문화에서 갖는 중요성을 인식할 수 있도록 과학 지식 및 탐구의 본성을 통합하여 NOS 교육내용으로 다룬다.

둘째, 가족 유사성-NOS에 포함된 사회-제도적 시스템으로서의 과학의 본성 측면을 과학이 지닌 과학 외부의 사회성 측면을 다룬다. 예컨대 과학의 역시적 측면, 과학 지식의 사회적 구성 등과 같은 과학의 내부 사회학, 사회에 대한 과학의 영향, 사회적 이슈와 의사결정 등과 같은 과학의 외부 사회학을 포함한다. 즉, 과학의 인지적·인식적 차원뿐만 아니라, 과학을 둘러싼 사회-제도적 시스템 차원도 다룬다.

상보적으로 NOS 개념들을 통합하려는 이러한 시도는 현대적 과학소양 교육에서 NOS 내용으로 무엇을 다룰 것인지에 대한 표준화에 대한 필요 때문이다. 상보적 NOS 프레임을 적용한다는 것은 NOS의 보편적 측면과 가족 유사성 측면을 연속적, 상보적으로 활용하여 NOS 교수를 위한 학습 경로로 삼으려는 것이다.

물론 과학 소양 개념이 변천하듯이, NOS 역시 과학에 대한 시대적 요구를 반영하면서 변해갈 것이므로, 상보적, 포괄적 NOS 프레임도 시대별 과학적 소양인 양성 목표에 부합하는 완벽한 해답은 될 수 없을 것이다. 그럼에도 불구하고, 상보적 NOS 모델은 다양한 NOS 관점들을 서로 보완하면서 과학의 보편적 특성에서부터 영역특이성까지 과학의 다양성과 내재적 상관관계를 담아내려는 시도라는 점에서 중요한 의의를 지닌다.

⑥ 과학의 본성(NOS) 교육

NOS 교육에서 과학지식의 본성과 과학탐구의 본성을 통합 또는 분리해야 한다는 논쟁은 결국 학생들이 탐구를 수행하는 것만으로도 자연스레 과학탐구의 본성을 습득할 수 있을 것이라는 암묵적 가정에 대한 논란 때문이다. 학생들이 과학수업에서 탐구에 참여하는 것만으로는 과학탐구에 대한 올바른 인식을 습득하기 어렵다는 입장에서는 과학지식의 본성과 함께, 과학탐구의 본성을 NOS 교육에 명시적으로 포함해야 한다고 주장한다(Hodson, 2009). 특히 지난 수십 년간 과학교육에서 '과정으로서의 과학'이 중시되면서, 과학탐구의 본성도 학교 과학수업에서 명시적으로 교육해야 한다는 주장이 줄기차게 제기되었다. 특히, 과학에 대한 이해에는 반드시 과학자들의 실천이 갖는 특성을 포함해야 한다고 강조하였다(Hodson, 2009).

현재 학교에서 진행되는 탐구 활동은 과학자 집단에서 수행하는 복잡한 추론, 과학적 의미에 대한 다양한 협상 등이 빠져있어서 실제 과학과의 유사성을 찾아볼 수 없으며(Chinn와 Malhotra, 2002), 더 나아가서 과학자들이 실제로 수행하는 탐구 활동은 매우 복잡하여 현실적으로 일반 학교 교실에서 과학 연구를 수행하는 실제 경험을 학생들에게 제공하기 어렵다는 것이다(Schwartz et al., 2004), 따라서 과학의 방법을 직·간접적으로 경험하는 것만으로는 학생들이 '탐구란 무엇인가'에 대한 올바른 인식을 학습하기 어려우므로, 과학탐구의 본성을 명시적으로 교수-학습의 내용으로 포함해야 한다는 것이다. 과학수업을 통해 과학의 과정이나 과학탐구의 본성을 이해하기 어렵다는 것이다.

요컨대 NOS에 대한 이해는 단지 '과학 하기(doing science)'의 경험을 통해 암묵적으로 학습되는 것이 아니라, 명시적이며 반성적인 수업을 통해서 최선의 학습 결과를 얻을 수 있다고 주장하는 NOS 교육 연구자들은 '명시적이면서도 반성적인 요소를 포함한 접근'을 과학과 교수-학습에 포함하는 것이 NOS 이해를 증진할 수 있는 최선의 방법이라고 주장한다(Abd-El-Khalick와 Lederman, 2000; Lederman, 2007). 여기서 명시적이라는 것은 과학 수업에서 특정 NOS 내용 이해를 학습 목표에 명시하며, 그 내용을 분명하게 의도적으로 가르치는 것을 말한다.

2 과학철학과 지구과학사

"과학은 철학 없이 가르칠 수 없다. 왜냐하면 과학 그 자체가 전 역사를 통해 철학적이었기 때문이다."

Matthews(1990)

2.1 과학교육에서 과학사와 과학철학의 필요성

과학교육에서 과학사와 과학철학이 왜 필요한가? 라는 근본적 질문에 대한 답을 찾기 위해서는 먼저 역사적 배경을 살펴볼 필요가 있다.

과학교육에 과학사와 과학철학을 접목시키고자 한 노력은 19세기 중엽부터 이루어졌다고 볼 수 있다. 1855년 영국 과학진흥협회(BAAS) 회장인 아질(Argyll)이 과학교육에서 "단순한 결과뿐만 아니라 과학의 방법, 무엇보다도 과학사를 가르쳐야 한다."고 제안한 이후, 상대론의 탄생과 논리 실증주의 운동에 결정적인 역할을 한 마흐(E. Mach) 등에 의해서도 과학교육에 과학사 도입의 필요성이 주장되어 왔다(양승훈 외, 1996).

20세기 들어오면서 과학교육에 과학사를 도입할 것을 주장하는 목소리가 커지기 시작하였는데, 그 대표적인 인물이 1947년 당시 하버드 대학 총장이었던 코난트(J. Conant)였다. 코난트는 과거의 과학적 사건에 대한 사례를 통한 과학 학습은 '과학의 전략과 기술'을 배울 수 있는 이점이 있다고 주장하였다. 이러한 그의 제안은 토마스 쿤, 코헨(B. Cohen) 등 여러 학자들에게 영향을 주어 과학사가 과학교육에 중요한 역할을 할 수 있다는 주장이 더욱 확장되었다. 이 영향으로 과학교육자들이 과학사가들, 과학철학자들과 협력하여 하버드 프로젝트 물리학(Harvard Project Physics, HPP), 생명과학 커리큘럼 연구(Biological Science Curriculum study, BSCs) 등을 개발함으로써 과학교육에서 과학사적인 접근과 과학

하버드 프로젝트 물리학(표지)

철학적인 접근을 시도하였으나, 1960년대 학문 중심 교육 사조의 영향으로 그리 오래 지속되지 못하였다.

1980년대 이후 미국과 영국을 중심으로 과학교육개혁의 일환으로 과학사 및 과학철학(History and Philosophy of Science, HPS)을 과학교육에 도입하려는 노력이 활발하게 일어났다. 영국 과학교육과정에서 HPS가 교육과정의 약 5%를 차지하였으며(NCC, 1989), 미국의 과학교육개혁 '프로젝트 2061'에서도 HPS의 도입을 강력히 추천하였다. 또한, 덴마크에서는 물리 교육과정의 일부를 아예 역사적 맥락에 따라 만들기도 하였다(Nielson과 Thomson, 1990). 21세기 들어서도 매튜(M. Mattews) 등을 중심으로 HPS를 과학교육에 도입하기 위한 노력들이 계속되고 있다(그림 참조).

이처럼 과학교육에 과학사와 과학철학을 도입하기 위한 노력은 오래 전부터 지속적으로 이루어져 왔으며 여전히 현재 진행형이다.

과학사와 과학철학은 과학 지식의 변화와 관련된 인식론적 원리 이해라는 과학교육의 목표를 달성하기 위해 꼭 필요한 존재이다. 학문을 이해하는 것뿐만 아니라 학문에 관한 어떤 것, 즉 방법론이나 가정, 한계, 역사를 알게 하는 방법으로 학문적 교과를 포함한

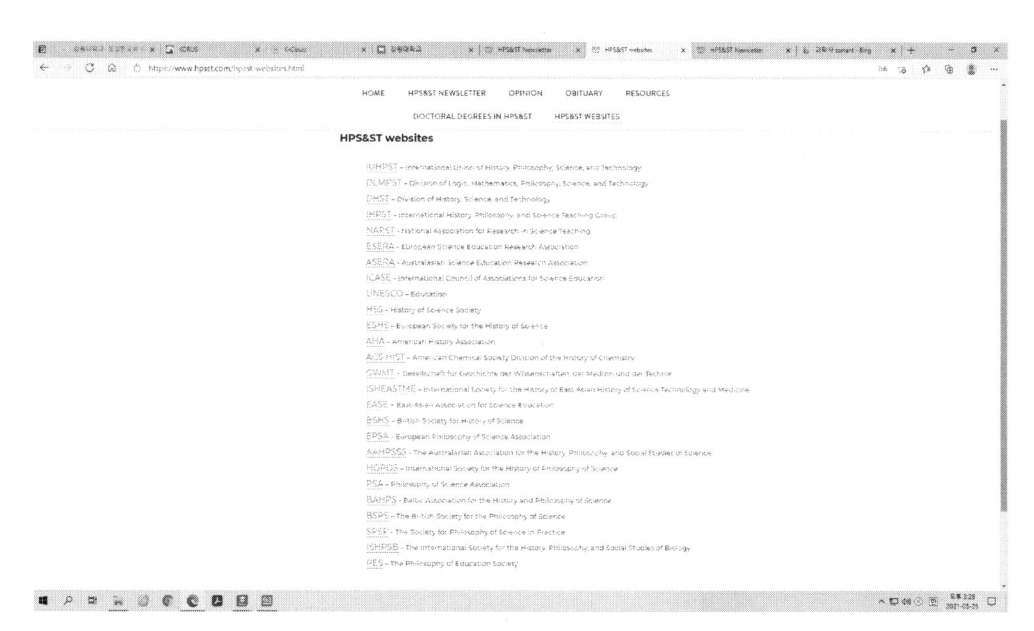

HPS&ST 홈페이지와 관련 학회들
(매월 뉴스레터를 발행하여 전세계 7,900여명의 관련 학자들에게 배포하고 있다.)

문화의 정수를 학생들에게 가르칠 필요가 있다. 또한 특별한 학문 영역들 사이의 관계와 그리고 이들과 윤리학, 종교, 문화, 경제학, 정치학이라는 넓은 영역과의 관계를 가능한 크고 적절하게 이해시키고 탐구하게 해야 한다는 것이다(Mattews, 1994).

과학사와 과학철학은 다음과 같은 몇 가지 측면에서 과학교육에 기여할 수 있다(권성기 외, 2014)

첫째, 과학사 및 과학철학은 과학을 인간화하며 과학을 개인적, 윤리적, 문화적, 정치적 문제와 관련시킨다.

둘째, 과학사 및 과학철학은 과학 수업을 좀 더 적극적이고 도전적으로 만들며 합리적이고 비판적인 사고력을 강화시킨다.

셋째, 과학사 및 과학철학은 과학 내용을 완전히 이해하게 하는데 기여한다.

넷째, 과학사 및 과학철학은 교사로 하여금 지적, 사회적 관계 속에서 과학의 위치에 대해 좀더 풍부하고 확실한 이해를 발달시키는 데 도움을 줌으로써 교사 교육에 이바지할 수 있다.

다섯째, 과학사 및 과학철학은 과학의 발전이나 개념 변화에서 나타난 역사적인 난점을 일깨워주기 때문에 학생들이 겪는 학습 문제를 인식하는 데 도움을 준다.

여섯째, 과학사 및 과학철학은 과학 교사와 교육과정 개발자들이 관여하는 수많은 교육 논쟁을 명쾌하게 평가하는 데 도움을 줄 수 있다.

한편, 과학교육에서는 과학 지식(knowledge)과 과학 실행(practice)의 인식론적 본성을 탐색하여 교육과정 및 교수-학습에 반영해야 할 필요가 있다. 이를 통해 학생들이 다음과 같은 3가지 차원의 물음에 답할 수 있도록 도와주어야 한다(Duschl, 1990).

- 우리가 알고 있는 것이 정확히 무엇인가?
- 우리가 알고 있는 것을 어떻게 알았는가?
- 왜 그것을 믿는가?

위 물음들은 지식 주장의 구성과정 및 세계와 이론을 구분하는 존재론적(ontological) 국면에 대한 물음뿐만 아니라 역사적 및 사회적 맥락에서 이론의 인식론적(epistemological)

지위를 평가하는 국면 역시 중심적인 물음으로 함축되어 있으며, 나아가 과학적 진보와 관련된 과학의 합리성 및 객관성에 대한 물음도 포함한다. 과학교육은 마땅히 이러한 과학의 인지-사회적 및 구성적 본성에 기반한 인식론과 존재론적 이해를 시민의 과학적 소양 및 학생들의 과학 학습과 연관지어 고려해야 한다(송호장, 2011).

2.2 과학사와 과학 교수-학습

과학사는 각각 다른 학문 분야의 역사를 다루는 분야사(disciplinary history)들로 나누어진다. 지구과학의 경우를 예로 들면, 지질학사, 천문학사, 기상학사, 해양학사와 같은 분야사들이 각각 따로 존재한다. 이러한 분야사를 연구하는 목적은 해당 분야의 역사 그 자체에 대한 흥미 이외에도 개념, 이론, 방법 등이 변천되어온 경로를 살펴봄으로써 현재의 과학에서의 개념과 이론 등을 더 깊이 이해하기 위함이다.

과학사를 과학 교수에 도입하는 방법에는 내적접근법(internal approach)과 외적접근법(external approach)이 있다. 내적접근법은 과학의 변천을 과거 과학자들이 남긴 과학 문헌을 바탕으로 그 내용의 논리적 전개 과정에서 이해하려는 방법이다. 반면, 외적접근법은 과학의 내용이나 사상의 외적 배경(과학을 둘러싼 사회적, 경제적 여건 등)과 과학의 관계와 그 상호 영향을 이해하려는 방법이다. 하지만 이 두 가지 접근법은 서로 상반된 것이 아닌 상보적인 것으로, 과학의 변천을 제대로 이해하기 위해서는 과학의 내용의 배경뿐만 아니라 사회, 경제 등의 외적 요소도 함께 살펴보아야 한다(김영식, 2008).

과학 교수에서는 이 두 가지 접근법 중 어느 하나만 강조될 수 없으며 조화롭게 어우러져야 개념에 대한 심층적 이해 및 과학 본성의 이해라는 과학사를 과학 교수에 도입하는 본연의 목적을 성취할 수 있을 것이다.

한편, 토마스 쿤(T. Kuhn)은 과학사를 크게 '교과서 과학사(textbook history of science)'와 '고유의 과학사(history of science proper)'로 구분하였다. 그는 과학 실행을 위한 조건으로서 교과서의 회고적(retrospective) 과학사의 의미를 강조하였으며, 이때 교과서 과학사는 새로운 패러다임을 구축하고 확장하는데 도구적 역할을 한다고 하였다. 반면, 고유의 과학사는 과학교육에서가 아닌 일반(보통) 교육의 한 부분으로 가르쳐져야 한다고 주장하였다.

쿤은 그의 저서 「과학 혁명의 구조」에서 과학 교과서의 역할에 대해 다음과 같이 언급하고 있다.

"과학 교과서에는 과학사가 도입 부분과, 참조 형태로 곳곳에 산재되어 아주 조금 포함되어 있다. 이러한 참조들로부터 학생들과 전문가들은 오랜 역사적 전통의 참여자처럼 느끼게 된다. 일부는 선택을 통해, 일부는 왜곡을 통해 암묵적으로 지난날의 과학자들은 같은 문제들에 매달려온 것처럼 표현되며, 최근의 과학 이론과 방법의 혁명이 과학적으로 보이는데 부합되도록 표현된다. 과학 혁명 후에 교과서와 역사적 전통이 다시 쓰여지는 것은 이상할 것이 없다."

쿤의 주장은 다음과 같이 요약된다.

- 교과서는 과학교육에서 도구적 역할을 한다.
- 과학사는 교과서에 포함됨으로써 과학교육에 이바지한다.
- 교과서 과학사는 실제 역사의 대용물(substitute)이며, 과학의 전통을 만든다.
- 교과서 과학사는 과학자들이 다루었던 과학의 방법과 문제들이 항상 최근의 과학 혁명이 정당하게 보이게 하는 데 부합되도록 표현하는 것에 목표를 둔다.

과학 교과서에는 대개 도입 부분이나 읽을거리, 부록에서 그 과목과 관련된 과학사를 소개한다. 여기에는 위대한 업적, 발견 일시, 그리고 위대한 인물(과학자)에 대한 경의가 주로 포함된다. 하지만 이 부분은 과목 내용과 연계되지 못 하고 있으며 잘 가르쳐지지도 않는다. 대부분의 교사들은 이 부분에 시간을 할애하지 않고 그냥 넘어간다. 한마디로 과학 교과서에 포함된 과학사 내용은 학생들을 가르치는 데 별로 기여하지 못하고 있다는 것이다. 대부분의 과학 교사들은 과학사가 수업 자료로서 잠재적 자원이란 생각에는 동의한다(Becker, 2000; Wang와 Cox-Petersen, 2002). 하지만 개인적인 관심이 없는 한 과학 교사들은 과학사를 선뜻 도입하려 하지 않는다. 또한 과학사가 과학 교수에 유의미한 공헌을 한다는 많은 연구들이 있지만, 이것이 대부분의 과학 교사들에게 자신의 수업에서 과학사를 자료로 사용하도록 설득하지는 못하고 있다(Wandersee, 1992). 교사들은 전통적인 교육과정을 고수하며 그것을 바꾸려 하지 않는다(Rutherford, 2001).

과학 교수에서 과학사의 이용은 과학 교사가 과학사를 얼마나 많이 알고 있느냐 뿐만 아니라 교과에 적절한 수업 전략에 어떻게 과학사를 적용시키느냐의 문제이다.

과학사에 대한 교사의 지식은 과학사학자들의 지식과는 달라야 한다. 이러한 관점에서 과학 교사는 과학사에 대한 교수법 지식을 가지고 있어야 한다. 교수법 지식과 연계되지 않은 과학사 지식은 과학 교사들이 그들의 수업에 과학적 자료를 적용하는 것을 머뭇거리게 만드는 요인이다(Monk와 Osborne, 1997; Galili와 Hazan, 2001).

과학 교실의 현실과 학생의 학습을 반영한 전통적인 교육과정과는 달리 과학사와 관련된 교육과정은 과학의 본성(NOS)과 과학에서의 흥미라는 관점에서 차이가 있다. Seker와 Welsh(2006)는 전통적인 교육과정과는 다른 과학사를 도입한 세 가지의 교육과정을 제안하였다.

(a) 과학 지식의 역사적 발달과 관련된 교육과정
(b) 과학사에서 과학자들이 수행한 과학적 방법과 관련된 교육과정
(c) 위대한 과학자들의 일생과 관련된 교육과정

이것은 Wang와 Cox-Petersen(2002)가 제시하였던 과학사를 활용한 수업 실천에서 세 영역인 개념 영역(conceptual domain), 과정 영역(procedural domain), 맥락 영역(contextual domain)과 일맥상통한다.

한편, 박세기 외(2011)은 Seker(2007)와 Wang(1998) 등의 연구를 바탕으로 과학 교사의 과학사 자료 활용에 초점을 둔 4가지 '수업 맥락(context of instruction)'을 제안하였다. 이들 연구에서는 대부분의 과학사 자료 유형에 대한 연구들이 과학사 자료와 교수법 지식의 적절한 연계가 없는 교수법적 접근을 제안하고 있음을 지적하고 과학사 자료와 연계 맥락으로 흥미 맥락, 개념적 맥락, 사회-문화적 맥락, 인식론적 맥락을 제안하였다. 표는 4가지 연계 맥락에 대한 설명과 지구과학사의 예시를 정리한 것이다.

맥락	설명	예시
흥미 (Interest)	과학 교과서에 도입된 과학사 자료가 과학적 개념이나 과학의 본성과 관련되지 않고, 과학자들의 삶에 대한 간단한 이야기로 구성되거나, 과학학습 동기를 유발할 수 있는 역사적 사건 등을 활용한다. 과학 교사는 이러한 과학사를 활용하여 학생들이 과학 지식을 형성하는 과학자가 아닌 개인으로서의 과학자의 경험에 초점을 맞출 수 있도록 하며, 과학의 인간적인 측면을 강조하여 학생들이 과학 수업에 흥미를 갖도록 한다.	자신이 만든 망원경으로 하늘을 관측하던 갈릴레이는 토성을 관측하다가 깜짝 놀랐다. 토성의 양쪽에 무엇인가가 대칭적으로 삐쭉 튀어나와 있었던 것이다. 당시 망원경의 성능 때문에 그것의 정체가 무엇인지 알아내지는 못했지만 갈릴레이는 '토성이 귀를 가지고 있다.'고 기록하였다.
개념적 (Conceptual)	개념적 맥락의 과학사 자료는 학생들이 기존에 학습하지 않았던 과학적 개념이나 지식을 배우는 데 도움이 될 수 있다. 과학사가 어려운 과학적 개념을 가르치는 데 효과적이라는 주장은 이미 여러 사람들에 의해 지적되었다(양승훈 외, 1996). 또한 학생들의 대체 개념(alternative concepts)은 과학사에서 나타난 개념과 유사성이 있기 때문에 과학사 자료를 통해 학생들의 오개념을 과학적 개념으로 변화시킬 수도 있다(Stinner와 Williams, 1993). 과학 교사는 인식론적 맥락의 목적과는 달리, 개념적 맥락의 과학사 자료를 활용하여 학습주제에서의 과학적 개념이나 지식에 초점을 두어 학생들의 학습을 효과적으로 유도한다.	토리첼리는 물보다 비중이 14배 정도 큰 수은을 이용하면 높이가 낮아질 것이라고 생각하여 유리관에 수은을 채운 후 거꾸로 세웠는데, 놀랍게도 약 76cm에서 수은 기둥이 멈추었다. 이 실험으로 토리첼리는 대기압에 의해 수은 기둥의 높이가 유지된다는 결론을 내렸으며, 대기압이 변하면 수은 기둥의 높이가 달라질 것이라고 생각하였다. 이 생각은 1648년 파스칼의 퓌드돔 산 아래와 정상에서의 수은 기압계 측정 실험에 의해 증명되었다.
사회-문화적 (Socio-cultural)	사회-문화적 맥락은 역사적으로 과학이 사회나, 문화 등과 상호작용을 하는 것을 드러내는 과학사 자료를 의미한다. 여기서의 과학사 자료는 과학이 사람들에 의해 생성된 사회적 산물이며 다른 한편으로는 역사적 산물이라는 것을 드러낸다. 따라서 과학 교사는 이 수업맥락의 과학사를 활용하여 과학적 노력이 사회나 문화의 일부분임을 학생들이 인식할 수 있도록 한다.	근대 지질학의 창시자로 불리워지는 제임스 허튼은 암석이나 지층에 나타난 변화의 흔적은 오랜 세월 동안 꾸준하게 진행된 지각 변동에 의해 만들어진 것이라 주장하였다. 그러나 당시의 사람들은 성경에 나타난 노아의 홍수와 같은 급격한 변화에 의해 암석과 지층이 한꺼번에 만들어진 것으로 믿고 있었다. 그래서 허튼을 교회에 대한 이단아로 취급하였다.

인식론적 (Epistemological)	인식론적 맥락은 자연을 바라보는 과거 과학자들의 다양한 관점이나 과학적 방법을 바탕으로 과학 지식이 어떻게 구성되는 지를 제시하여, 학생들에게 과학의 본성의 한 측면을 학습하게 하는 것을 목적으로 한다. 더 나아가 수업 맥락의 과학사 자료를 활용하여 학생들로 하여금 과학지식의 가변적이고 잠정적인 본성을 이해할 수 있게 한다.	1912년 발표된 베게너의 주장은 여러 가지 증거에도 불구하고 당시 지질학계에 받아들여지지 못하였다. 왜냐하면 거대한 대륙을 움직이게 하는 원동력에 대한 설명이 부족하였기 때문이었다. 하지만 1950년대 들어오면서 대륙을 이동시키는 근원적인 힘에 대한 여러 가지 이론과 새 증거들이 발표되면서 베게너의 대륙이동설은 다시 주목을 받게 되었다.

2.3 귀납주의와 지구과학사

1) 귀납주의

귀납주의는 일반인들이 가장 널리 받아들이는 과학관으로, 베이컨(F. Bacon)이 아리스토텔레스의 방법을 대신할 수 있는 '새로운 방법(Novum Organum)'[3]으로 제안한 것이다. 베이컨의 방법론은 관찰과 귀납이라는 두 개의 기둥에 근거한다. 관찰은 편견이나 선입견 없이 행하는 것으로 간주되며, 감각적 경험에 관한 결과들은 관찰언명들(observation statements)이라 부르는 것으로 표현된다. 귀납은 특정한 개별 사례들을 수집한 전체 모집군으로부터 하나의 결론을 이끌어내는 보편적 일반화(universal generalization)하는 추리 형식을 의미한다.

귀납주의에 따르면, 다양한 범위의 조건들 하에서 X에 대한 대규모 집단 관찰이 행해졌고, 모든 X들이 Y라는 속성을 가지고 있는 것으로 발견되고, 보편적 일반화인 "모든 X들인 Y 속성을 가지고 있다."와 상충되는 어떠한 사례도 발견되지 않았을 경우 적법하게 된다는 것이다. 이것을 '귀납의 원리'라고 부른다. 귀납주의자들은 우리들이 그런 방식으로 행한다면 그 방식은 과학적 방법을 따르는 것이 되며 이로부터 결과하는 우리들의 믿음은 정당화될 것이라고 설명한다. 또한, 우리가 귀납적으로 일반화하게 되면 이 방법은 법칙

3) 라틴어로 새로운(Novum) 도구(Organum)란 뜻임.

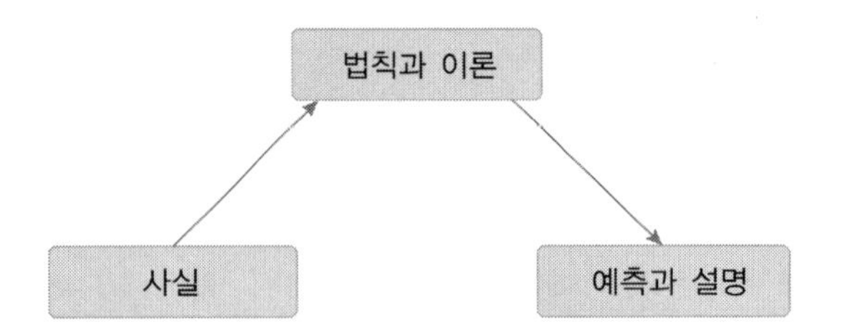

이나 이론이라고 간주할 수 있도록 만드는 특성이 있을 것으로 전제하고 있다(Ladyman, 2002)

그림은 귀납의 원리를 도식화한 것으로, 관찰 언명(사실)로부터 과학법칙이나 이론으로 보편적 일반화하며, 보편 언명들(법칙이나 이론)로부터 예측이나 설명이라고 하는 추론 결과를 연역할 수 있다.

2) 귀납주의의 한계

귀납주의의 문제점으로는 크게 관찰 언명의 진실성과 귀납 추론의 내적 불완전성을 들 수 있다.

관찰 언명의 진실성 문제는 이른바 '관찰의 이론의존성(theory-ladenness of observation)'이라고 불리는 것으로, 어떠한 편견 없이 객관적으로 관찰하는 것이 가능한가에 대한 의문에서 출발한다. 관찰자가 보는 것은 그가 과거에 겪은 경험, 그의 지식, 그의 기대에 영향을 받으므로 우리의 경험이 확실한 근거가 될 수 없으며 이론에 독립적인 관찰은 존재할 수 없다는 것이다. 과학사의 예를 들어 설명하여 보자.

그림은 17세기 초반에 갈릴레오가 자신이 만든 망원경으로 달을 스케치한 것이다. 17세기 이전 유럽 천문학자들은 아리스토텔레스의 이론을 추종하여 모든 천체들은 완벽한 구형이라고 믿고 있었다. 따라서 달의 표면이 울퉁불퉁한 갈릴레오의 관측 결과를 받아들이지 않았다. 하물며 콜롬베(L. Colombe)와 같은 학자는 갈릴레오의 관찰에 대해 다음과 같이 말하기도 했다.

> "갈릴레오가 망원경으로 본 달의 울퉁불퉁한 표면 위에는 완벽하게 매끈하고 투명한 구형의 표면이 있다. 그러므로 갈릴레오가 본 산과 분화구는 달의 내부구조일 뿐이다."

위의 사례에서 볼 수 있듯 관찰자가 지닌 이론에는 관찰 자체를 바꾸어버리거나 관찰 내용에 대한 해석을 좌지우지할 수 있는 힘이 있다.

이와 같은 관찰의 이론의존성에는 4가지 원인이 있는 것으로 설명된다(장하석, 2015).

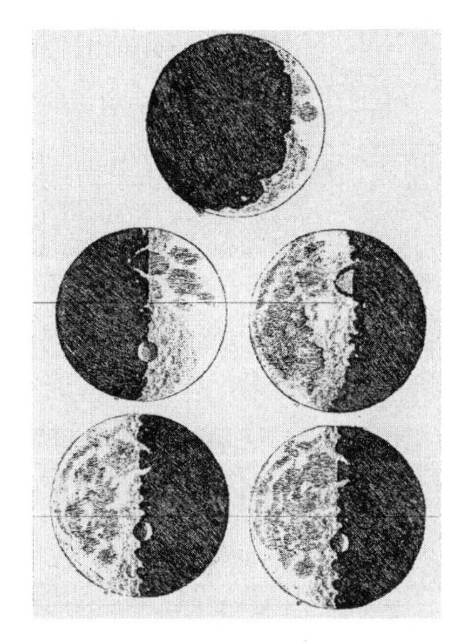
갈릴레오가 망원경으로 관찰한 달의 모습

첫째, 선입견이 지각 자체에 영향을 줄 수 있다.
둘째, 똑같이 감지한 것도 이론적 배경이 다른 사람들은 서로 다르게 해석할 수 있다.
셋째, 관찰 결과의 해석까지 가지 않아도, 어떤 실험 기구에 의한 관찰이라면 그 기구의 작동 원리 안에 이미 특정 이론이 포함되어 있다.
넷째, 이론적 해석이나 이론적 기구에 의존하는 것을 제쳐놓고라도, 많은 경우 우리는 자신이 믿는 이론에 맞지 않는 관찰 사실을 아예 받아들이지 않고 거부한다.

귀납주의의 두 번째 문제점은 귀납 추론의 내적 불완전성으로 소위 '귀납의 문제(the problem of induction)'라고 불리워지는 것이다. 귀납의 문제는 흄(D. Hume)에 의해 제기된 것으로, 믿을 만한 관찰 결과는 많이 모았다하더라도 그것을 증거로 하여 과학 이론을 입증할 수 없다는 것이다. 다시 말해 많은 경우(many cases)를 모든 경우(all cases)로 일반화하는 과정에서 논리적 비약이 발생한다는 것이다. 포퍼(K. Popper)는 이 귀납의 문제를 들어 17세기 과학혁명을 주도했던 사람들이 신봉했던 귀납주의는 증명할 수 없는 것을 증명하려는 무모한 철학이라고 비판하였다.

귀납의 문제와 관련된 사례로는 러셀(B. Russell)의 칠면조 이야기를 들 수 있다. 지금까지 매일 모이를 먹었기 때문에 앞으로도 계속 모이를 먹을 것이라고 믿고 있는 칠면조가 추수감사절 전날에 자신을 요리하기 위해 다가온 주인에 대해 이전의 믿음에 근거하여 오늘도 주인이 모이를 줄 것이라고 믿는 사고 방식이 귀납적 추론 방식 이다. 내일도 태양이 동쪽 하늘에서 떠오를 것이라고 믿는 우리들의 사고 방식 또한 칠면조와 같은 성격이라는 것이다(Ladyman, 2002).

이와 관련하여 흄은 귀납적 사고는 논리적으로 정당화되진 않지만 우리가 비릴 수 없고 어쩔 수도 없는 인생의 관습이라고 하였다(장하석, 2015).

그렇다면 귀납의 문제는 어떻게 해결할 수 있을까? 철학자들은 귀납의 문제를 해결하기 위해 몇가지 전략을 제시하였다(Ladyman, 2002).

① 귀납은 확률론에 의해 정당화된다. 확률론 또는 개연적 지식으로의 후퇴는 귀납주의가 정교화되는 과정으로, 귀납의 원리는 다음과 같이 수정된다.

많은 수의 A가 다양한 조건의 변화 아래서 관찰되었고, 관찰된 A가 모두 예외 없이 B라는 성질을 가지고 있다면, 모든 A는 B라는 성질을 가지고 있다.

↓

많은 수의 A가 다양한 조건의 변화 아래서 관찰되었고, 관찰된 A가 모두 예외 없이 B라는 성질을 가지고 있다면, **아마도(probably)** A는 B라는 성질을 가지고 있을 것이다.

② 귀납은 실제로는 최선의 설명으로의 추론으로 정당화된다. '백조가 모두 하얗다.'거나 '태양은 매일 동쪽에서 떠오른다.'는 최선의 설명으로서 의미가 있다는 것이다. 다시 말해, 귀납적으로 추론한 내용을 결론으로 여기지 말고 계속 시험해봐야 할 가설로 간주하자는 말이다.

③ 귀납도 결국 귀납적으로 정당화될 수 있다. 연역이 순환론적인(연역적인) 정당화만이 가능하듯 귀납도 귀납적으로만 정당화가 가능하다는 의미이다.

3) 귀납주의를 지지하는 지구과학사 사례

귀납주의를 지지하는 지구과학사의 대표적인 사례로 케플러의 행성의 운동에 관한 법칙의 발견을 들 수 있다. 그림은 케플러의 법칙 발견의 역사적 과정을 귀납의 원리에 따라 도식한 것이다.

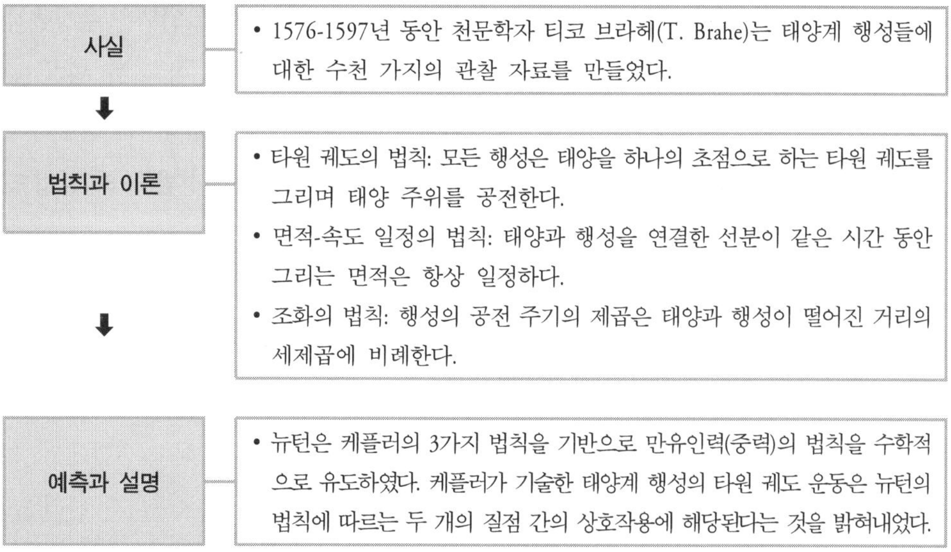

사실	• 1576-1597년 동안 천문학자 티코 브라헤(T. Brahe)는 태양계 행성들에 대한 수천 가지의 관찰 자료를 만들었다.
⬇	
법칙과 이론	• 타원 궤도의 법칙: 모든 행성은 태양을 하나의 초점으로 하는 타원 궤도를 그리며 태양 주위를 공전한다. • 면적-속도 일정의 법칙: 태양과 행성을 연결한 선분이 같은 시간 동안 그리는 면적은 항상 일정하다. • 조화의 법칙: 행성의 공전 주기의 제곱은 태양과 행성이 떨어진 거리의 세제곱에 비례한다.
⬇	
예측과 설명	• 뉴턴은 케플러의 3가지 법칙을 기반으로 만유인력(중력)의 법칙을 수학적으로 유도하였다. 케플러가 기술한 태양계 행성의 타원 궤도 운동은 뉴턴의 법칙에 따르는 두 개의 질점 간의 상호작용에 해당된다는 것을 밝혀내었다.

수학 교사였던 케플러는 티코 브라헤의 요청으로 프라하로 와서 그의 조수로 일하였으며, 티코가 사망하자 케플러는 티코의 놀랍도록 정확한 측정을 모두 배웠고 이를 더해 관측 자료를 분석하기 시작하였다. 첫 번째 법칙의 발견에는 운이 작용하였다. 공전 궤도 이심률이 가장 큰 화성부터 연구한 덕분에 원 궤도 아닌 타원 궤도임을 밝히기가 수월하였던 것이다. 두 번째 법칙의 발견에는 티코가 항성과 항성의 영역을 가로지르는 행성의 운동 지도를 작성하는데 사용된 관측 도구인 각도 측정기가 큰 역할을 하였다. 첫 번째와 두 번째 법칙에 비해 세 번째 법칙이 나오기까지는 좀 더 시간이 걸렸고, 케플러는 1619년에 되어서야 법칙을 발표하였다(Macinnis, 2011).

귀납주의를 지지하는 또 하나의 지구과학사 사례로는 해수 염분비 일정의 법칙 발견이 있다.

해수의 염분은 고대 그리스의 철학자 엠페도클래스(Empedocles, 490-430BC)와 아리스토텔레스(Aristotle, 384-322BC)를 거쳐 로마의 세네카(Lucius Seneca, 3BC-65AD)에 이르기까지 끊임없는 호기심의 대상이었다.

해수의 염분에 대한 최초의 과학적 연구는 1674년 영국의 저명한 화학자 보일(R. Boyle)에 의해 수행되었는데, 그는 자신의 수행 결과를 『바다의 염분에 대한 관찰과 실험』이라는 책으로 출판하였다. 보일은 영국 해협의 표층 해수의 염분 변화에 대한 상당한 데이터를 측정하고 이를 축적하였다. 또한 직접 증발을 통해 남은 고체 성분으로 염분을 추정했지만 결과에 만족하지 못하고, 밀도를 염분의 지표로 사용하기도 하였다. 이후 한 세기 동안 염분에 대한 체계적인 연구가 이루어지지 못하다가 18세기 후반에 들어와서야 라부아지에(A. Lavoisier)와 게이-뤼삭(J. Gay-Lussac) 등에 의해 다시 증발과 적정법 등의 방법으로 염분 측정이 활발하게 수행되기 시작하였다.

염분(salinity)이라는 개념은 1865년 덴마크의 화학자 포츠해머(J. Forchhammer)에 의해 최초로 도입되었다. 포츠해머는 해수에 녹아 있는 모든 원소를 정량적으로 측정하려고 시도하지 않고, 염소, 황산, 마그네시아, 석회, 칼륨 및 소다와 같은 주요 염류를 정밀하게 추정하고자 하였다. 이 과정에서 포츠해머는 다양한 곳에서 채취해온 해수 샘플에서 주요 염분의 비율이 일정하다는 것을 발견하게 된다. 이 일정한 비율은 '포츠해머의 원리 또는 일정 성분비의 원리'로 알려져 있다. 그의 가장 흥미로운 과학적 연구 중 하나인 "다양한 깊이와 위도에서의 해수의 구성 성분"(1863)은 해양 화학의 역사에서 한 시대를 열었다.

약 10년 후인 1884년 독일의 디트마(W. Dittmar)는 챌린저호 항해(1872-1876)에서 화학자 부차난(E. Buchanan)에 의해 채취된 전세계 해양의 해수 77개 샘플을 정밀하게 분석하여 포츠해머가 옳았음을 증명하였고, 이를 통해 염분비 일정의 법칙을 확립하였다. 표는 디트마가 작성한 해수 염분에 관한 보고서인데, 여러 해수 샘플의 염소(chlorine) 성분의 비율이 약 55.4% 정도로 일정함을 알 수 있다. 다음은 디트마가 챌린저호 항해에서 해수 성분에 대해 작성한 보고서의 일부를 제시한 것이다.

TABLE XXXVI

Report of the composition of ocean-water from the Challenger Expedition by Dittmar

Chal-lenger No.	*Date*	*Station*	*Latitude*	*Longitude*	*D*		*Per 100 grams of total*	
							sea water	*chlorine*
962	July 12	252	37°35′N	160°17′W	2740	850	2911.3	55.431
963	July 12	252	37°52′N	160°17′W	2740	B-100	2940.0	55.450
1151	July 16	–	–	–	–	200	2873.8	55.519
–	July 17	254	35°13′N	154°43′W	3025	–	–	–
–	July 27	260	21°11′N	157°25′W	310	–	–	–
907	July 28	–	–	–	–	B	2895.5	55.281
1100	Sept. 2	269	5°54′N	147° 2′W	2550	25	2862.1	55.412
1106	Sept. 2	269	5°54′N	147° 2′W	2550	B	2900.6	55.549
1155	Sept. 16	276	13°28′S	149°30′W	2350	B	2861.7	55.437
1221	Oct. 14	285	32°36′S	137°43′W	2375	B	2858.3	55.440
1259	Oct. 25	290	39°16′S	124° 7′W	2300	B	2897.1	55.478
1300	no	295	38° 7′S	94° 4′W	1500	B	2873.5	55.424
Mean								55.414
Mean, excluding Number 871 (Chall. No.)								55.420

20세기 들어 덴마크의 크누센(M. Knudsen)은 해수 중 한 가지 성분의 양만 알면 각 염류의 구성비를 알 수있다는 원리를 이용하여 질산은($AgNO_3$) 용액으로 염소(Cl)의 양을 알아냄으로써 해수의 염분을 수식 S = (1.805Cl+0.03)‰으로 계산하였다. 이 방법은 0.01‰의 오차로 염분을 측정할 수 있었다. 1960년대 이후 전기 전도도를 이용하는 기술이 개발되면서 해수의 염분을 0.004‰의 오차로 정밀하게 측정할 수 있게 되었다. 1978년부터는 염분 측정에 실용 염분 척도(Practical Salinity Scale-1978, PSS-1978)을 사용하고 있는데, 염분 35(psu)의 표준 해수를 1kg의 용액 속에 KCl 32.4356g이 녹아 있는 KCl 용액과 1기압 15℃에서 전기전도도의 비가 1.0이 되는 바닷물로 정의한다.

$$S = 0.0080 - 0.1692K_{15}^{1/2} + 25.3851K_{15} + 14.0941K_{15}^{3/2} - 7.0261K_{15}^{2} + 2.7081K_{15}^{5/2}$$

K_{15} = 해수 시료의 전기전도도 / 표준 KCl 용액의 전기전도도 (1기압, 15℃ 상태)

이와 같은 역사적 과정을 귀납의 원리에 적용하여 도식으로 나타내면 그림과 같다.

단계	내용
사실	• 1865년 포츠해머는 다양한 곳에서 채취해온 해수 샘플에서 해수에 녹아 있는 모든 원소를 정량적으로 측정하려고 시도하지 않고, 주요 염류를 정밀하게 측정하였다. • 1884년 독일의 디트마(W. Dittmar)는 챌린저호 항해(1872-1876)에서 채취된 전세계 해양의 해수 77개 샘플을 정밀하게 분석하였다.
⬇	
법칙과 이론	• 포츠해머는 다양한 곳에서 채취해온 해수 샘플에서 주요 염분의 비율이 일정하다는 것으로부터 '포츠해머의 원리 또는 일정 성분비의 원리'를 발견하였다. • 디트마는 여러 해수 샘플의 염소(chlorine) 성분의 비율이 약 55.4% 정도로 일정함을 알아내었고, 이를 통해 '염분비 일정의 법칙'을 확립하였다.
⬇	
예측과 설명	• 20세기 들어 덴마크의 크누센(M. Knudsen)은 염분비 일정의 법칙을 이용하여 질산은($AgNO_3$) 용액으로 염소(Cl)의 양을 알아냄으로써 해수의 염분을 수식 S = (1.805Cl+0.03)‰으로 계산하였다.

2.4 포퍼의 반증주의와 지구과학사

1) 반증주의

포퍼는 귀납의 문제를 해결할 수 있는 방편으로 반증주의(falsificationism)를 제시하면서, 과학적 지식이 참임을 경험적으로 정당화할 수는 없지만 그것이 거짓임은 경험에 의해 논리적으로 확정할 수 있다고 주장하였다(이상욱, 2016).

포퍼는 보편적인 일반화에 관한 확증(confirmation)과 반증(falsification) 간에는 논리적 비대칭성(asymmetry)이 존재한다고 지적하면서, 귀납의 문제는 하나의 일반화에 관한 긍정적이고 실증적인 사례들이 아무리 많이 관찰되었을지라도 미래의 관찰 사례들이 그 일반화를 반증할 가능성이 항상 열려 있기 때문에 나타나는 것이라고 생각하였다(Ladyman, 2002).

그러므로 반증주의에 의하면 과학 이론은 검증(verify)할 수 있는 것이 아니라 오직 반증(falsify)만이 가능하다. 백조의 사례를 예로 들어보자. '모든 백조가 희다.'는 일반화는 아무리 많은 흰 백조를 관찰한다 하더라도 입증될 수 있는 것이 아니지만, 하얗지 않은 백조 한 마리만 관찰된다면 반증된다는 것이다. 다시 말해, 모든 과학적 법칙은 관찰 결과와 일치하는 범위 내에서 작업 가설(working hypotheses)에 지나지 않으며, 이론의 증명은 아무리 많은 사례가 나와도 완전히 증명되지는 않는다. 그러나 하나의 사례만으로도 충분히 반증되는 것이다.

그림 1.1 네덜란드의 탐험가 플라밍(W. de Vlamingh)이 1679년 호주에서 관찰한 검은 백조

2) 반증가능성

포퍼는 과학과 비과학을 구분할 수 있는 기준으로 반증가능성(falsifiability)을 제시하였다. 반증가능성이란, 어떤 이론이 과학적이려면 경험으로부터 반박되거나 수정될 수 있는 가능성을 가지고 있어야 한다는 것을 뜻한다(곽영순, 2019). 즉, 과학적 이론이란 반증 가능해야 하며, 반증 가능성이 높은 이론이 좋은 이론이라는 것이다.

포퍼가 말하는 반증이란 경험적 증거로 이론이 틀렸음을 보여준다는 의미이다(장하석, 2015). 포퍼는 어떤 것이 더 반증 가능한가를 알아보기 위하여 가설들을 비교할 수 있을 것이라고 믿었다. 예를 들어 다음 두 개 가설을 비교하여 보자.

- 가설(1): 모든 행성은 태양을 중심으로 타원 궤도 운동을 한다.
- 가설(2): 화성은 태양을 중심으로 타원 궤도 운동을 한다.

가설(1)은 가설(2)보다 더 반증 가능하다, 왜냐하면 가설(1)이 더 많은 관찰 언명과 불일치할 수 있기 때문이다. 이 경우 가설(2)의 모든 가능한 반증자(falsifier)들의 집합은 가설(1)의 모든 가능한 반증자들의 집합의 부분집합이 된다(Ladyman, 2002).

포퍼에 의하면, 좋은 과학 이론이란 잠재적 반증자(potential falsifier)가 많으면서 아직까지 반증되지 않은 이론이다. 또한, 이론이 포괄적일수록 반증 가능성이 높으며, 이론이 명확할수록 반증 가능성이 높다. 그러므로 좋은 과학 이론이란 진리의 확보가 아니라 대담한 추측을 포함하는 이론이며, 과학의 발전은 어떤 이론을 검증하는 사실들의 수집보다는 잠재적 반증자가 많이 포함된 대담하고 모험적인 이론의 창조를 통해 가능하다고 본다.

3) 반증주의의 문제

포퍼의 반증주의 과학 철학은 몇 가지 문제로 비판을 받았다.

먼저, 실제 과학사를 살펴보면 반증주의와 부합되지 않는 사례가 많다는 것이다. 즉, 과학자들은 때때로 반증을 무시한다는 것이다. 예컨대 19세기 뉴턴 역학으로 예측된 천왕성의 공전 궤도가 실제로 다르게 관측되었으나, 그 당시 뉴턴 이론을 신봉하는 대부분의 과학자들은 뉴턴 이론이 반증된 것으로 간주하지 않고 수치를 대입하여 계산하는 매개변수들 중 하나가 잘못되었을 것이라고 가정하였고, 어떤 과학자는 알려진 자료들을 그대로 인정하고 그에 맞추어 계산할 수 있는 새로운 행성의 존재를 제안하기도 하였다. 소위 임시 변통적(ad hoc)[4] 가설을 만들어냄으로써 반증을 피해가려 했던 것이다.

이처럼 과학사에서는 기존 이론을 반증하는 관찰 사례가 나타났음에도 이를 묵인하고 종전의 이론을 고수했던 경우가 나타난다.

한편, 과학에는 중심적인 원리이면서 반증될 수 없는 방법론적 원리들이 있으며, 그럼에도 불구하고 여전히 과학적 지식의 일부분으로 간주된다. 예를 들어, 뉴턴의 만유인력 이론의 경우 물체 사이에 작용하는 인력을 전제하면서 공간 속에서 이 힘이 어떻게 전달되는가에 대해 전혀 설명하지 못하고 있다는 것이다. 또한, 확률적인 언명들이나 존재론적 언명들도 반증될 수 없는 것들이 있다. 예를 들어, 반감기를 말할 때, 1회의 반감기가 지나면 방사성 원자가 1/2의 질량 크기로 자연 붕괴하거나, 방사성 원소가 처음 질량의 1/2로 붕괴될 확률이 매우 높다는 것을 의미하는데, 실험을 통해서는 확정된 결과가 나올 것이므로 이 언명은 반증될 수 없다. 존재론적 언명들도 마찬가지이다. 블랙홀, 암흑물질 등과 같이 존재를 주장하는 언명들이 그에 해당되는 사물을 발견하지 못했다고 해서 반증되지는 않는다(Ladyman, 2002).

4) 반증주의를 지지하는 지구과학사

반증주의를 지지하는 대표적인 지구과학사 사례로는 아인슈타인(A. Einstein)의 일반상대성 이론에 대한 에딩턴(A. Eddington)의 검증을 들 수 있다.

1916년 아인슈타인은 일반상대성 이론을 발표하고 질량이 매우 큰 물체 근처를 지나가는 빛이 중력에 의해 휘어질 것이라고 예측하였다. 질량이 큰 물체가 있으면 주위의 시공간 자체가 휘어버리기 때문에 빛은 그런 시공간에서 가장 짧은 거리로 진행하므로 경로가 휘어진다는 것이었다. 아인슈타인의 일반상대성 이론은 그 당시 과학계를 지배하던 뉴턴 역학에 명백히 위배되는 비주류적 의견이었다. 하지만, 아인슈타인은 자신의 이러한 예측에 대한 반증이 제시된다면 자신의 이론을 폐기하겠다고 자신 있게 공언하였다.

아인슈타인의 이론에 검증을 시도한 사람은 영국 왕립천문대장이었던 에딩턴이었다.

---

4) ad hoc은 '이것에 대응해서'라는 뜻을 가진 라틴어 구절임.

그는 개기일식을 이용하는 기발한 아이디어를 착안하고 1919년 5월 29일 개기일식 때 포르투갈령의 서아프리카 프린시페(Principe) 섬에서 태양 주위의 별(황소자리 히아데스 성단)을 관측하여 6개월 전에 관측했던 동일한 별과 비교함으로써 별빛의 경로가 휘어진다는 것을 확인하였다. 1916년 아인슈타인이 계산한 예측값은 1.74초였는데, 에딩턴의 결과는 1.61±0.40초로 95% 신뢰도 안에서 아인슈타인의 예측과 일치하였다.[5] 이 사건은 당시 영국 신문에 <뉴턴의 생각이 뒤집히다>라는 제목으로 대서특필되었으며(그림), 이로써 당시 주류 이론이었던 뉴턴 역학이 반증되고 아인슈타인의 상대성 이론은 새로운 주요 이론으로 자리잡게 된다.

1919년 비엔나에서 아인슈타인의 강연에 참석한 청년 포퍼는 아인슈타인의 과학적 태도에 많은 감명을 받게 되고 이 경험을 통해 후에 반증주의 철학을 정립하게 된다. 포퍼는 아인슈타인이야말로 뉴턴의 고전 역학과 전혀 다른 새로운 물리학을 제안하면서 새로운 관찰과 실험을 유도한 비판적 합리성의 전형으로 보았다. 또한, 일반상대성 이론이 대단히 창의적인 사고실험(thought experiment)과 가설의 제시로 구성되었으며, 높은 반증가능성에 기초하고 있으므로 좋은 과학 이론의 실례라고 주장하였다. 이러한 역사적 과정은 과학을 '끝없는 추측과 반증의 과정'이라고 본 포퍼의 생각에 정확하게 부합하는 사례인 것이다.

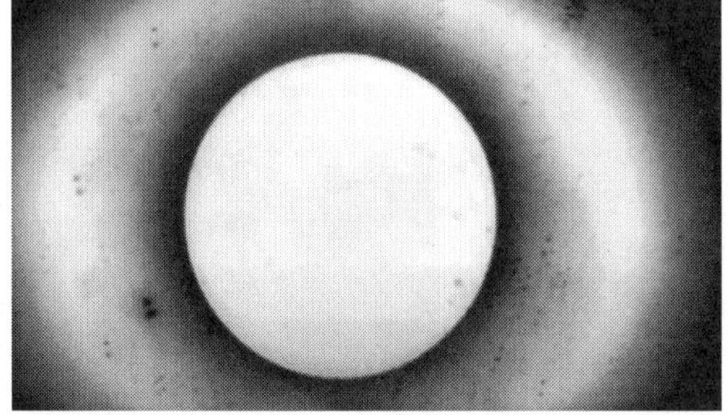

그림 1.2 2008년 영국 BBC에서 제작한 영화 '아인슈타인과 에딩턴'의 한 장면. 좌: 1919년 11월 6일 에딩턴이 런던 학회에서 뉴턴 과학자들 앞에서 자신의 관측 결과를 시연하는 모습, 우: 6개월 간격으로 촬영한 사진 건판을 겹쳤을 때 태양 주위의 별들의 위치가 차이가 난 모습(안타깝게도 당시 사진 건판들은 현재 모두 유실되었다고 함).

---

5) 1919년 영국 천문대는 에딩턴 팀 이외에 크로멜린(A. Crommelin)이 이끄는 또 하나의 관측팀을 브라질의 소브랄(Sobral)로 파견하여 관측하게 하였는데, 그 결과 또한 1.98±016초로 에딩턴 팀과 비슷하게 나타났다.

THE ILLUSTRATED LONDON NEWS, Nov. 22, 1919.—815

"STARLIGHT BENT BY THE SUN'S ATTRACTION": THE EINSTEIN THEORY.

THE CURVATURE OF LIGHT: EVIDENCE FROM BRITISH OBSERVERS' PHOTOGRAPHS AT THE ECLIPSE OF THE SUN.

아인슈타인과 에딩턴의 역사적 만남(1930년 영국 케임브리지 천문대 앞 벤치)

2.5 쿤의 과학 혁명과 지구과학사

1) 쿤의 과학 혁명

쿤은 과학은 누적적으로 진보한다는 기존의 전통적 과학관을 부정하고 과학 진보의 혁명적 성격에 초점을 맞추고, 과학 이론은 기존 이론을 부정하는 근본적으로 새로운 아이디어로부터 발전한다고 주장하였다. 또한, 과학에서 일어난 여러 가지 학명들이 과학적 방법에 관한 귀납주의자들과 반증주의자들의 통상적인 설명에 의해서는 해명될 수 없다고 주장하였다. 쿤은 그의 저서 '과학 혁명의 구조(The structure of scientific revolution, 1962)'에서 과학의 방법론과 지식에 관해서 기존의 방식과는 근본적으로 다른 새로운 사유 방식을 제안하였고, 과학사의 실제 전개 과정을 근본적으로 다르게 바라보도록 시각 자체를 변화시켰다(Ladyman, 2002).

쿤은 과학 혁명의 구조에서 패러다임(paradigm)이란 용어를 사용하였는데, 과학을 사회라고 간주하고 어떤 과학자 사회가 공통적으로 인정하고 받아들이는 가정, 규칙, 연구 방법을 패러다임으로 정의하였다. 패러다임은 학문의 매트릭스(disciplinary matrix) 또는 모범사례(exemplar)로 사용되는데, 쿤은 어떤 과학자가 탁월한 연구 성과를 한 가지 올리면 다들 그것을 본받아서 모방하고 그 과정에서 어떤 과학적 전통이 생겨난다고 말하면서 이것을 패러다임이란 용어로 은유적으로 표현하였다(장하석, 2015).

쿤은 그림과 같은 모형으로 과학 혁명의 구조를 설명하는데, 그 과정을 전과학 → 정상과학 → 변칙사례 등장 → 위기 → 과학 혁명 → 새로운 패러다임 → 새로운 정상과학… 순으로 제시하고 있다.

쿤의 모형

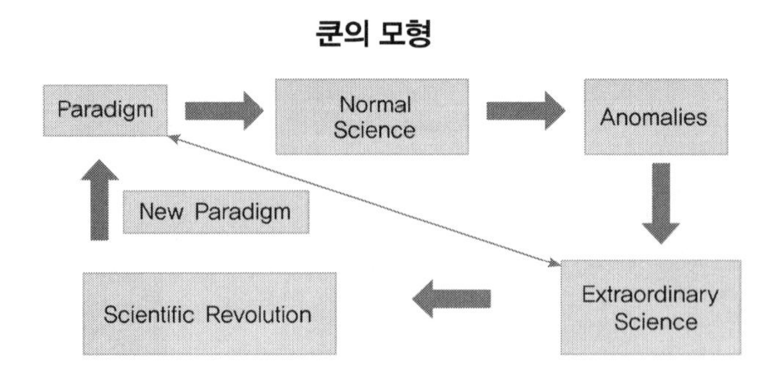

① 전과학(prescience)

과학 이전의 단계로, 근본적인 것에 대해 전적으로 의견의 일치를 보지 못하여 끊임없이 토론을 계속하는 단계이다. 상대적으로 잘 체계화되지 못한 미성숙한 단계로서 패러다임이 부재한 상태이다.

② 정상과학(normal science)

패러다임이 존재하는 단계로서, 과학자들은 패러다임에 충실히 따라 기초적인 논의와 논란은 접어두고 패러다임 특이적 사고방식으로 세부적인 문제들을 해결해 나간다. 정상과학 단계에서는 패러다임의 규칙을 잘 따른 과학자들의 퍼즐 풀이(puzzle solving) 활동이 이루어지며. 패러다임에 무비판적이어야 한다. 패러다임 내에서 제기된 문제에 대한 해결 방식은 패러다임이 제공하며, 만일 문제에 대한 해결이 실패할 경우 이것은 패러다임의 문제가 아닌 과학자의 실수이거나 변칙 사례로 간주된다.

쿤은 정상과학 하에서 과학 연구의 목적을 기존의 패러다임을 비판하는 것이 아니라 그 패러다임의 틀 안에서 새로운 것을 밝혀내는 것이라고 주장하였다(장하석, 2015).

③ 위기(crisis)

정상과학 시기에 변칙 사례가 증가하게 되면 패러다임의 중심부가 흔들리게 되는데 이것을 '패러다임의 위기'라고 부른다. 변칙 사례는 기존 패러다임의 예측을 깨는 '발견들(findings)'이나 풀릴 것 같으면서도 잘 풀리지 않는 '문제들(problems)'로 구성된다.

패러다임의 위기에 과학자들은 형이상학적 논쟁을 벌이기 시작하고 기존 패러다임에 대한 불만을 토로하며 더 나아가 이론적 혁신을 주장한다. 이때 변칙사례를 해결해 줄 것으로 보이는 새로운 과학 이론이 나타나게 되면 기존 패러다임과 경쟁하게 되는데, 이러한 위기 상황을 비통상적 과학(extraordinary science)이라고 한다(곽영순, 2019). 비통상적 과학에서 과학자들은 기존 패러다임의 틀 밖에서 생각하게 되며, 이를 통해 몇몇 성과들이 가능해진다.

④ 과학 혁명(scientific revolution)

과학 혁명이란 패러다임의 전환(shift)을 의미하는 것으로, 비통상적 과학에서 새로운 과학 이론으로 넘어가는 것은 종교적 개종과도 같은 것이다. 쿤에 의하면 과학 혁명은 새로운 패러다임이 이용 가능할 때, 그리고 동료들에게 새로운 상을 명확하게 설명할 수 있는 개별 과학자들이 존재할 때만 일어난다. 다시 말해, 패러다임은 부분들이 변화하면서 점진적으로 변하는 것이 아니라 세계에 대해서 이전과 전혀 다른 방식으로 사유하도록 하는 전면적인 전환에 의해 과학 혁명이 일어난다(Ladyman, 2002).

2) 불가공약성

쿤은 패러다임의 전환이 발생했을 때 기존 패러다임과 새로운 패러다임을 비교할 수 있는 상위의 기준은 없다고 주장하고, 이를 불가공약성 또는 공약불가능성(incommensurability)이라고 표현하였다. 불가공약성은 수학에서 빌려온 용어로, '공통 기준에 의해 측정할 수 없음'을 의미한다. 쿤은 관련 공동체의 합의 이외에 경쟁하는 이론을 비교하는 한 차원 높은 기준이란 있을 수 없으며, 경쟁하는 패러다임 중 하나를 선택하는 것은 서로 비교할 수 없는 기준이 존재하지 않는 유형의 공동체 생활 중에서 어느 하나를 선택하는 것과 같다고 주장하였다(Ladyman, 2002). 이러한 쿤의 주장은 상대주의(relativism) 논쟁을 불러왔으며, 다른 과학철학자들로부터 상대주의자라는 비판의 빌미를 제공하게 된다.

"I'm afraid you've had a paradigm shift."

3) 쿤의 과학 혁명에 대한 비판

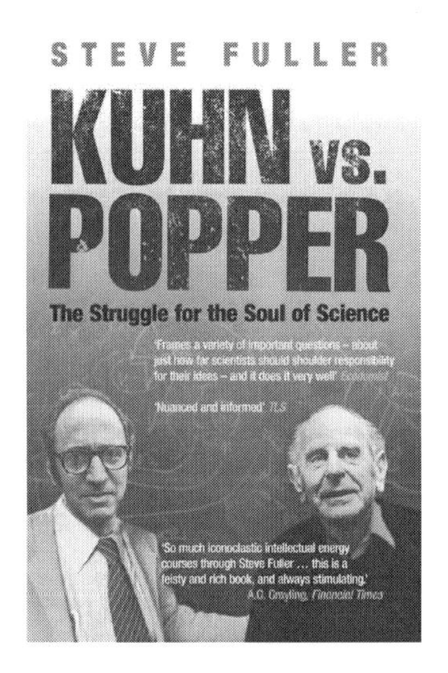

쿤의 정상과학 개념은 많은 철학자들로부터 비판의 대상이 되었는데, 그 중심에 있는 인물이 포퍼(K. Popper)와 파이어아벤트(P. Feyerabend)였다. 특히 1960년대와 1970년대에 걸친 포퍼와 쿤의 첨예한 대립은 과학철학계를 떠들썩하게 했다. 1965년 런던에서 열린 학회에서 포퍼는 '정상과학과 그 위험성'이란 제목으로 논문을 발표했는데, 여기서 포퍼는 과학자들이 실제 쿤이 말하는 정상과학을 실행하기도 하지만 그것은 과학의 진보를 저해할 뿐만 아니라 우리 문명 자체를 자체를 위협하는 일이라고 강하게 비판하였다. 같은 학회에서 발표한 파이어벤트 또한 패러다임에 따라 퍼즐을 푸는 것이 과학이라면 체계적인 신학이나 특정 학파의 철학도 모두 과학으로 인정할 수 밖에 없으며, 기존 패러다임에 순종하여 조직적으로 활동하는 정상과학자들의 행태를 조폭과 별반 다름이 없다고 조롱하였다(장하석, 2015).

한편, 쿤은 자신의 후반기 연구에서 과학 진보에서 합리성의 역할을 인정하지 않는 극단적인 입장으로부터 거리를 두고자 노력하였으며, 모든 패러다임들에 공통적으로 존재하는 5가지 핵심 가치를 주장함으로써 비합리주의자라는 비난을 피하였다(Ladyman, 2002):

- 이론은 그 분야 내에서 경험적으로 정확해야 한다.
- 이론은 수용된 다른 이론들과 모순되지 않고 일관되어야 한다.
- 이론은 그 활동 범위가 광범위해야 하고, 처음에 설명하려고 계획하였던 사실들 이외의 것에도 적용될 수 있을 정도로 융통성을 가져야 한다.
- 이론은 가능한 복잡하지 않고 단순해야(simple) 한다.
- 이론은 진행되고 있는 연구에 대해 구조 체계를 제공한다는 의미에서 유용해야 한다.

4) 쿤의 과학 혁명을 지지하는 지구과학사

천동설에서 지동설로, 수성론에서 화성론으로의 패러다임 전환 같은 큰 규모는 아니지만 중간 규모의 과학 혁명에 해당되는 사례로 지구 수축설에서 대륙이동설로의 전환을 들 수 있다.

① 정상과학: 지구 수축설(contraction theory)

19세기 지질학의 주요한 과학적 질문 중의 하나는 산들의 기원에 대한 것이었다. 그들이 어떻게 형성되었는가? 무슨 과정이 암석을 압축했고 습곡지게 했는가? 무엇이 지구의 표면을 움직이게 만드는가? 대부분의 학자들은 힘의 원천으로 지구적 수축을 생각했다. 지구는 뜨겁게 형성되었고 백열의 몸체로 지질학적 시간의 시작 이래로 꾸준히 식고 있음을 넓게 믿고 있었다. 왜냐하면 대부분의 물질은 냉각됨에 따라 수축되기 때문이다. 지구가 냉각되어짐에 따라 수축이 일어나고 있음을 생각하는 것은 논리적이었다. 지구가 수축됨에 다라 지구 표면은 변형된 생성물인 산을 가질 수 있었다는 것이다. 이러한 생각의 대표적인 지질학자로 쥐스(E. Suess)가 있다.

유럽에서 오스트리아 지질학자 쥐스는 지구의 이미지를 말라가는 사과로 대중화시켰다. 행성이 수축함에 따라 행성 표면은 줄어든 표면적에 적응하기 위해 주름이 잡혔다. 쥐스는 지구의 최초 지각은 연속적이었지만 내부적으로 오그라듦에 따라 분리되어 갈라졌다고 가정했다. 내려앉은 부분은 해양분지를 형성했고, 남아서 들어 올려진 부분은 대륙을 형성했다. 계속적으로 냉각됨과 함께 최초의 대륙들은 불안정해졌고 다음 세대의 해저 바닥을 형성하기 위해 내려앉았다. 전에 해양이었던 곳은 지금 건조한 땅이 되었다. 지질학적 역사의 과정 위에 대륙과 해양의 계속적인 상호 변화와 땅덩어리의 주기적 재정렬이 있었을 것이다.

쥐스

쥐스는 또한 대륙 간 화석 및 암석 계열의 유사성을 설명하기 위해 곤드와나 대륙(Gondwanaland) 이론을 제안했다. 그것은 커다란 슈퍼대륙이 대륙과 해양분지 형태로

쥐스가 생각한 초기 곤드와나 대륙

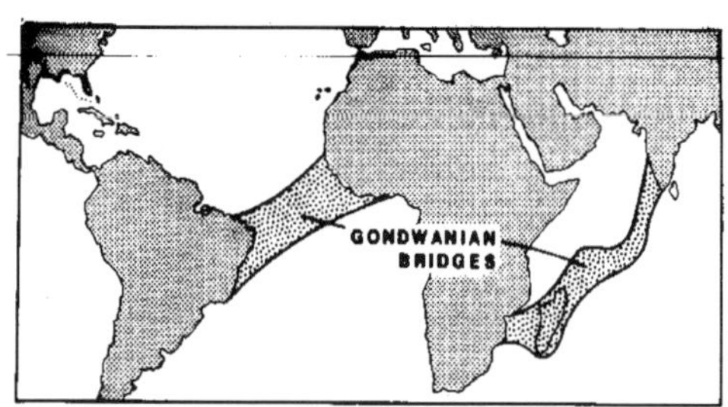

FIGURE 5 Land bridges used to be the paleontologists' explanation for the geographic dispersion of species across regions that are now deep oceans. Shown here are the land bridges proposed in Wegener's time.

분리되어 쪼개지기 전에 많은 부분 또는 지구 전체 표면을 한때 덮고 있었다는 것이다. 이 이론에 근거하여 제시된 것이 소위 육교설(theory of land bridge)이다.

② 퍼즐 풀이

쥐스의 이론은 유럽을 중심으로 폭넓게 논의되었고 받아들여졌다. 미국의 지질학자 다나(J. Dana)는 쥐스의 지구 수축설에 기반하여 지구가 굳어진 후에도 지속적으로 수축함에 따라 그 표면은 변형이 일어났으며, 대륙과 해양 사이 경계들은 대부분 압력을 받았다고 주장하였다 또한, 산은 대륙 가장자리를 따라서 형성되기 시작하였으며 계속적인 수축으로 변형되었는데 대륙과 해양의 상대적 위치는 항상 같았다고 주장하였다. 이러한 다나의 견해는 수축의 견해를 가졌을지라도 대륙과 해양이 변하지 않는 구조로 판단했기 때문에 영구설(permanence theory)이라는 이름으로 알려져 왔다.

다나

다나의 영구설은 지향사 이론(theory of geosynclines)으로 연결되었다. 이 아이디어는 뉴욕의 고생물학자이고 아메리카의 지질학회의 초대 화장인 홀(J. Hall)에 의해 최초로 발전되었다. 홀은 삼림으로 덮인 바로 아래를 주목했다. 애팔래치아 산은 수천 피트 두께의 천해 퇴적물 습곡층으로 이루어져 있는데, 어떻게 천해 퇴적물 형성이 연속적으로

홀

이루어졌을까? 어떻게 그들이 접혀졌고 산으로 들어올려졌을까? 홀은 대륙이 침식된 광물질들이 이웃 변두리 퇴적분지에 축적되었음을 제안했다. 함몰은 더 많은 퇴적물이 축적될 수 있게 하고 더 많은 함몰이 야기된다. 마침내 퇴적물의 무게는 퇴적물에 열을 발생시키고 암석으로 변하고, 그런 다음 산으로 들어올려졌음을 제안했다. 이후 다나는 이것을 '지향사(geosyncline)'라고 명명하였으며, 지각을 뒤틀리게 하는 원인이 아닌 결과로 설명하였다.

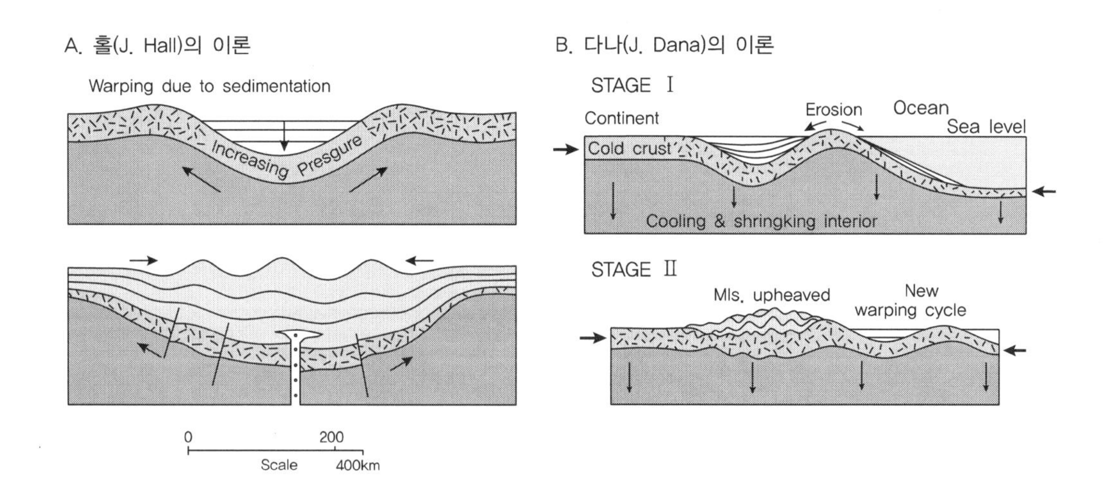

③ 패러다임의 위기

20세기 초에 지구 수축설은 세 가지 원인으로 인해 위기를 맞게 된다.

첫 번째 위기는 산맥의 생성에 대한 설명 문제였다. 19세기 지질학자들은 특별히 스위스 알프스와 북아메리카 애팔래치아 산맥의 구조를 결정하기 위해 크고 상세하게 작업했다. 그들은 이들 지역에서 연속적으로 습곡된 암석을 그렸을 때 습곡된 암석을 펼칠 수 있다면 암석층을 백마일로 확장할 수 있을 만큼 매우 광범위한 습곡을 발견했다. 지구 수축으로는 불가능한 거대한 양을 관련시켜야만 했다. 지질학자들은 수축이론으로 산맥의 생성을 설명하는 것을 의심하기 시작했다.

두 번째 위기는 지각평형설 관련된 문제였다. 야외 지질학자들이 알프스와 애팔래치아의 구조를 해명하고 있는 동안 지도 제작자들은 인도의 뛰어난 삼각측량으로 영국 식민지 점유를 위한 정확한 지도를 만들기 위해 기하학적 측정을 하고 있었다. 1850년대 초에 인도의 일반측량사 에베레스트(G. Everest)는 두 위치 사이에 측정된 거리에서 모순을 발견했다. 칼리아나와 칼리안푸르는 약 625km 떨어져 있다. 측량기사의 삼각측량에 기초해서 측정했을 때 그 위도 차이는 천문학적 관찰을 바탕으로 해서 계산되었을 때보다 5초 더 컸다. 에베레스트는 이 차이에 대하여 측량기사 추의 살짝 밀림이 히말라야의 인력으로 끌어당김에 기인했을지도 모른다고 생각했다. 미국의 프래트(J. Pratt)는 그 문제를 조사하기 위해 협력했다. 프래트는 산의 인력 효과를 예상했고 계산했는데, 불일치는 그것이 가질 수 있는 것보다 더 작게 발견되었다. 프래트는 지각평형설(isostasy)로 알려져 온 아이디어를 적용하여 이것을 설명하고자 하였는데, 산맥의 초과 질량만큼 지각 밀도가 작아지는 보상작용이 있다면 관찰된 효과를 설명할 수 있음을 제안했다.

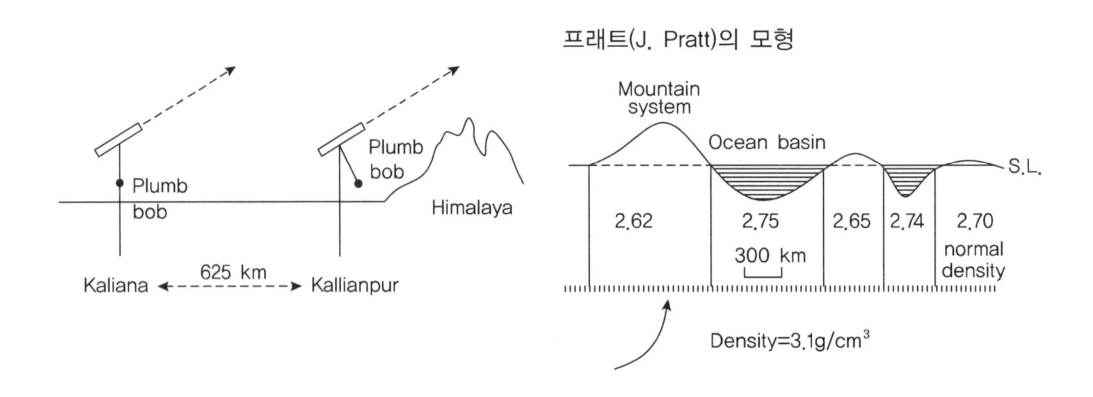

세 번째 위기는 물리학자가 방사능에 의해 생기는 열을 발견한 것인데, 이는 수축설을 부정하는 가장 결정적인 역할을 했다. 물리학자들은 지구가 끊임없이 식고 있었다는 수축 이론의 가장 기본적인 가정을 부인했다. 수축은 더 이상 가정하지 않았다. 그들은 변형에 대한 다른 추진력을 찾기 위해 움직였다.

이 위기들에 대해 쥐스의 이론을 받아들였던 유럽 지질학자들이 가장 민감하게 느꼈고 미국 지질학자들 또한 궁지에 직면했음을 느꼈다. 많은 과학자들은 대륙의 분열과 이동에 대해 진보적인 대안 이론을 내놓기 시작했다.

④ 새로운 패러다임의 등장

여러 이론 중 베게너의 이론이 가장 넓게 논의되었고 가장 중요했다. 베게너(A. Wegener)는 지각평형설과 함께 지질학 역사를 조정하기 위한 방법으로서 대륙이동설을 명확하게 제시했다. 만일 대륙이 바다와 같은 물질로 되어 있지 않다면 쥐스가 가정한 것처럼 대륙과 바다는 지각의 임의적 붕괴에 의해 상호 교체될 수 없음을 알았다. 베게너는 자신의 이론이 그때까지 존재하는 모든 데이터와 설명들을 종합한 것이라고 생각하면서 다음과 같이 주장했다.

> '만일 대륙이동설을 기초로 받아들인다면 육교설과 영구설이 요구하는 모든 합법적인 요구 조건을 만족할 수 있다. 대륙은 나중에 가라앉은 중간 대륙에 의해 연결된 것이 아니다. 각각의 해양이나 대륙이 아닌 전체의 해양 지역과 대륙 지역을 볼 때 영구성이 있다고 할 수 있다.'

베게너는 대륙들이 한때 연결되어 있었다는 고생물학적 증거를 제시하였고, 다른 한편으로는 유럽의 수축설 학자들이 현재 가라앉은 지각을 가정한 방법으로는 대륙들이 연결될 수 없는 기하학적 증거들을 제시하며 대륙들이 측면으로 이동함에 의해 재연결될 수 있다고 주장하였다. 그러나 베게너의 이론은 1920년에서 1930년 초에 넓게 논의되었지만, 미련한 과학자라는 불명예를 달아 특히 미국 지질학자들에게 잔인하게 거절당했다. 대륙이동의 메커니즘 부족과 설명이 잘못되었다는 것이다.

한편, 정상 과학에서 퍼즐 풀이의 대표적인 사례로 해왕성의 발견을 들 수 있다(장하석, 2015).

1781년 천왕성이 발견된 이후 천문학자들이 수년간 천왕성을 관측한 결과 궤도가 뉴턴의 이론(만유인력의 법칙)으로 설명되지 않았다. 포퍼의 관점으로는 뉴턴 이론이 반증된 것으로 볼 수 있지만 뉴턴 이론을 신봉하는 천문학자들은 뉴턴 이론이라는 패러다임을 포기하지 않고 퍼즐을 푸는 작업을 계속했다. 이 작업의 대표적인 천문학자가 영국의 애덤스(J. Adams)와 프랑스의 르베리에(U. Le Verrier)였다. 1843년과 1845년 두 사람은 제각기 천왕성 바깥쪽에 발견되지 않은 새로운 행성이 있다는 가설을 만들고, 뉴턴의 만유인력 법칙을 이용하여 천왕성의 움직임을 설명하려고 하였다. 관측

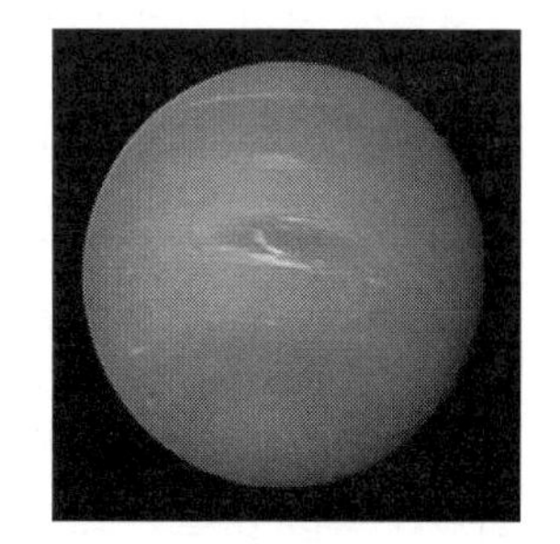
해왕성

애덤스　　르베리에　　갈레

된 만큼 천왕성의 궤도를 흔들려면 미지의 행성이 어느 정도의 질량을 가지고 어떤 궤도로 움직여야 하는지 뉴턴 역학으로 계산하려고 했던 것이다. 그 결과로 두 천문학자가 거의 유사한 위치에서 미지의 행성을 예측했고, 1846년 독일의 갈레(J. Galle)가 애덤스와 르베리에의 예측한 위치에서 해왕성을 발견했다.

이것은 결과론이긴 하지만 뉴턴 이론이 반증되었다는 증거처럼 보였던 관측 결과를 뉴턴 학파 과학자들의 끈질긴 퍼즐 풀이를 통해 뉴턴 역학 패러다임의 승리로 돌린 사례인 것이다.

2.6 라카토스의 연구 프로그램과 지구과학사

1) 라카토스의 연구 프로그램

포퍼와 쿤의 철학에서 좋은 점만 따오려는 시도를 했던 헝가리 태생의 철학자 라카토스(I. Lakatos)는 어떤 방법을 쓰든 중심적 가정(핵)을 보호하는 것이 과학적 연구 프로그램(scientific research program)의 본질이라고 인정한 후, 그 과정에서 새로운 사실을 발견해 진보해야 한다고 주장했다(장하석, 2015).

라카토스는 포퍼의 반증주의를 개선하고 반증주의가 가지고 있는 난점을 극복하기 위해서 그의 이론을 전개하였는데, 과학 이론과 위배되는 경험적 증거가 나올 때 반증시켜 버리기 보다는 그 이론이 잠재력을 발휘할 수 있도록 기다려줄 필요가 있다고 주장하였다.

이런 의미에서 라카토스의 연구 프로그램은 '세련된 반증주의'로 평가된다.

라카토스의 과학적 연구 프로그램은 그림과 같은 도식으로 나타낼 수 있다(곽영순, 2019).

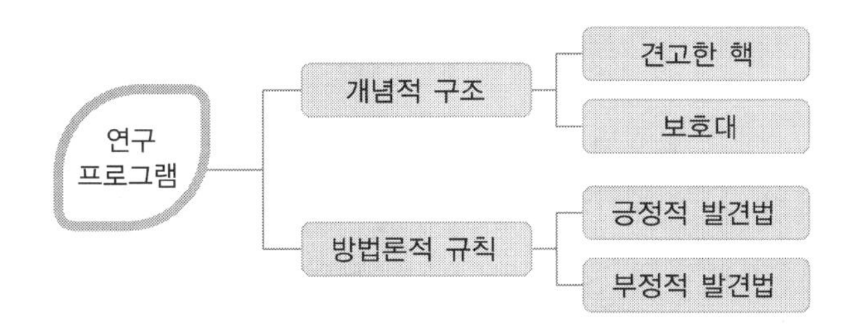

① 견고한 핵과 보호대

라카토스의 연구 프로그램은 개념적 구조로서 견고한 핵과 보호대로 구분된다. 견고한 핵(hard core)은 매우 일반적인 이론적인 가설의 형태를 취하고 있으며, 그 프로그램이 전개되어 나갈 때 기본 원리의 구실을 한다. 예를 들어, 코페르니쿠스의 이론에서 견고한 핵은 "행성은 고정된 태양을 중심으로 회전하고, 지구는 지축을 중심으로 하루에 한번 자전한다."이다. 특정 연구 프로그램은 지지자들의 결단에 의해 반증 불가하다.

보호대(protective belt)는 견고한 핵이 가진 본질적 구조가 관찰 사실들에 의해 반증되지 않도록 보호하는 역할을 하며 다양한 보조 가설, 초기 조건 등으로 구성된다. 특정 연구 프로그램에서 이루어지는 연구는 다양한 가설을 추가하거나 명확하게 함으로써 보호대를 확장하거나 수정하는 과정으로 본다.

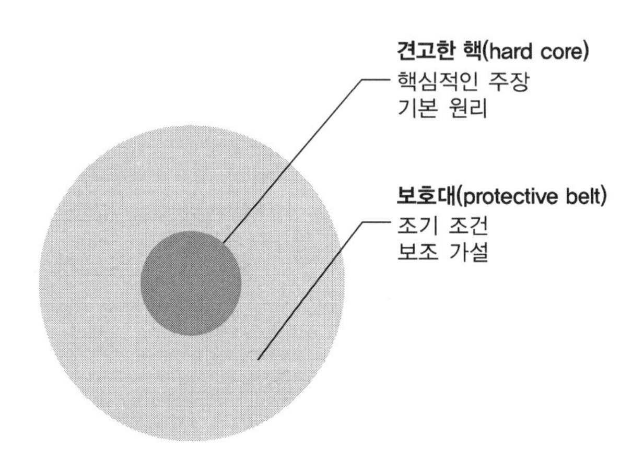

② 긍정적 발견법과 부정적 발견법

라카토스의 연구 프로그램은 핵이 보호되는 두 가지 방법으로 긍정적 발견법(positive heuristic)과 부정적 발견법(negative heuristic)을 제시한다.

긍정적 발견법은 연구자들이 '해야 하는 것'으로, 보조 가설의 추가, 용어의 의미론적 재해석 등과 같은 보호대의 확장과 수정을 통해 핵을 반증으로부터 보호하는 것을 의미한다(곽영순, 2019). 긍정적 발견법의 대표적인 예로는 19세기 해왕성의 발견 과정에서 뉴턴 이론 지지자들이 보인 태도이다. 천왕성의 이상 궤도라는 뉴턴 역학으로 설명되지 않는 사례에 대해 반증을 통해 견고한 핵을 포기하지 않고 천왕성 공전 궤도 바깥쪽에 미지의 행성의 존재라는 보조 가설을 추가함으로써 뉴턴 이론을 고수하려고 했다.

이와는 달리 부정적 발견법은 연구자들이 '하지 말아야 할 것'으로 연구 프로그램의 기본 원리인 핵을 반증하거나 수정할 수 없다는 규칙을 의미한다. 즉, 핵과 일치하지 않는 사실을 발견하더라도 이를 근거로 핵을 부정하거나 수정해서는 안된다는 것이다(곽영순, 2019). 부정적 발견법의 대표적인 예로는, 17세기 갈릴레이의 망원경을 이용한 달 관측 결과에 대해 아리스토텔레스 이론 지지자들이 보인 태도이다. '모든 천체는 완벽한 구이다.'라는 핵과 일치하지 않는 갈릴레이가 관측한 울퉁불퉁한 달 관측 결과에 대해 아리스토텔레스 이론 지지자들은 달이 완벽하게 매끈하고 투명한 표면을 가지고 있고 갈릴레이가 관측한 것은 달의 내부 구조일 뿐이라고 주장함으로써 핵을 포기하지도 수정하지도 않았다.

위의 예시에서도 알 수 있듯이 긍정적 발견법과 부정적 발견법은 '연구자가 해야 하는 것'과 '연구자가 하지 말아야 할 것'을 이분법적으로 구분하는 것이라기보다는 동전의 양면과 같은 성격을 가진다.

③ 연구 프로그램의 전진과 퇴행

라카토스의 세련된 반증주의에서는 더 많은 경험적 확증을 강조한다. 이론이 살아남기 위해서는 확증할 수 있는 새로운 현상을 예측할 수 있어야 한다는 것이다. 이러한 관점에서 새로운 불일치 현상에 대한 보호대의 대응 양상에 따라 연구 프로그램은 '전진적(progressive)'과 '퇴행적(degenerative)'으로 판별된다.

'전진적' 연구 프로그램은 19세기 해왕성의 발견 사례와 같이 기존 이론의 문제점을 피해가지 않고 보조 가설의 생성을 통해 새로운 현상을 예측하고 설명하면서 과학 지식을 성장(진보)시키는 경우이다. 반면, '퇴행적' 연구 프로그램은 17세기 아리스토텔레스 이론이 갈릴레이의 달 관측 결과와 같이 이론에 불일치하는 문제점에 대해 '완벽하게 매끈하고 투명한 표면'이라는 임시변통적(ad hoc) 가설을 세움으로써, 불일치 현상에 대해 보호대가 적절하게 대응하지 못하는 경우이다.

2) 라카토스 연구 프로그램을 지지하는 지구과학사

① 격변설과 동일과정설

라카토스의 연구 프로그램을 지지하는 첫 번째 지구과학사 사례로 지질학사에서 가장 뜨거웠던 논쟁 중의 하나였던 격변설과 동일과정설을 들 수 있다.

이 지구과학사 사례의 핵심을 라카토스의 연구 프로그램 도식으로 표현하면 그림과 같다.

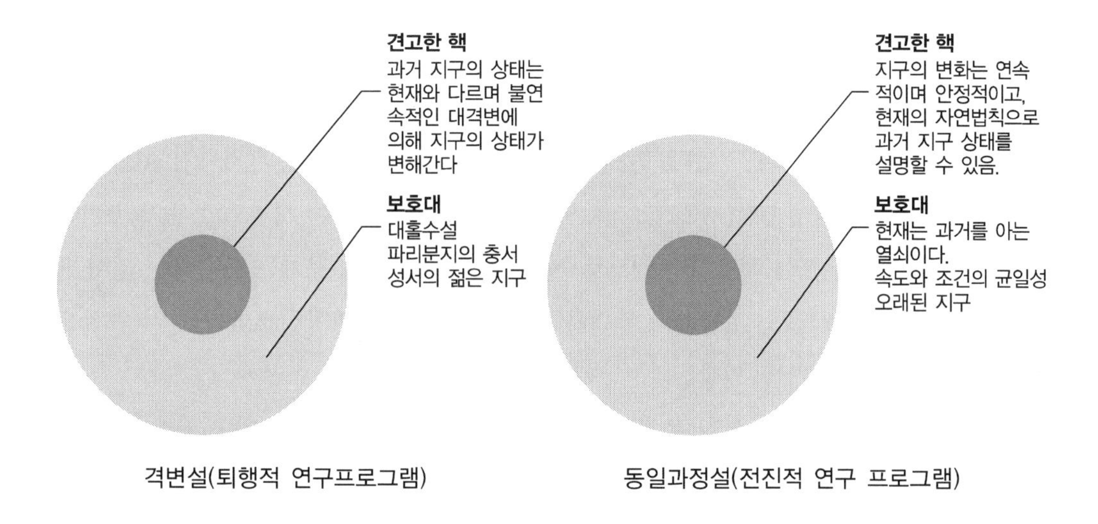

격변설(퇴행적 연구프로그램) 동일과정설(전진적 연구 프로그램)

동일과정설(uniformitarianism)이란 "현재는 과거를 아는 열쇠이다." (The present is the key to the past) 라는 기치 아래 만물의 기원과 발달은 현재의 자연법칙이나 현재의 진행 과정과 같은 관점으로 설명되어질 수 있다고 주장하는 가설이다. 1790~1830년

라이엘

영국의 허튼(J. Hutton), 라이엘(C. Lyell), 스미스(W. Smith) 등에 의해 기초가 세워진 이론이며, '오늘날과 같은 점진적인 퇴적과 침식과정이 과거에도 동일한 비율로 있었고, 이러한 점진적인 과정에 의해 지층은 수억 년의 장구한 세월에 의해 생성되었다.'라고 주장하며, 과거에 대격변이 일어났었다는 것을 전면적으로 부인하고 있다. 이 가설은 허튼에 의해 처음 소개되어 라이엘에 의해 일반화되었다가, 다윈의 생각과 업적에 크게 영향을 끼쳤다. 이 학설은 현대지질학의 근간을 이루어 왔으며, 이에 근거하여 지구의 나이가 수십억 년 되었다는 가정을 낳게 된다.

동일과정설의 핵심 개념은 연속성(continuity)와 안정성(equilibrium)이다. 현재 과정에서 관찰되는 화산, 지진 등과 같은 불연속성은 지질학 현상의 본질을 나타내지 못한다고 주장한다. 라이엘은 현존 지구의 안정성을 믿었다. 물론 다른 종들이 창조될 때 어떤 종들은 사라지지만 어떻게든지 유사한 형태로 대체되었기 때문에 이러한 안정성은 시대가 바뀌어도 변하지 않는 특질이라고 주장하였다.

동일과정설은 개념적으로 이중적 의미를 포함하고 있다. 첫 번째는 내용적 또는 실체론적(substantive) 동일과정설 개념으로 지질 현상의 변화 속도(rate)와 물질 조건(condition)의 동일성을 의미한다. 다시 말해 현재에 관찰되는 속도와 조건을 과거까지 외삽하는 것이다. 두 번째는 방법론적(syntactic; methodological) 동일과정설 개념으로, 동일과정설은 과학의 내재적 본성에 해당되는 것으로 지질학에만 국한되는 문제는 아니라는 것이다. 즉, 자연의 법칙은 시공을 초월하여 불변하기 때문에 현재를 관찰함으로써 자연 법칙을 확립하고, 이것을 과거에 외삽한다는 의미이다.

동일과정설에는 2가지 과학적 문제가 있었다. 첫 번째는 경험적 문제(empirical problem)로, 지구상의 생물과 관련하여 동일 과정의 원리를 적용하는 것이었다. 동일과정론자들은 진화론을 부인하고 인류는 최근에 나타난 것으로 치부하였으며, 무생물 세계와는 달리 생물 세계에 신을 개입시키기도 하였다. 이러한 경험적 문제는 다윈의 '종의 기원'으로 해결되는데 다윈은 동일과정설을 생물계로 확장하여 진화론을 정립하고, 라이엘이 진화론을 수용하여 그것을 인류의 기원까지 적용토록 하였다. 두 번째는 개념적 문제(conceptual problem)로 켈빈(W. Kelvin)에 의하면 동일과정설의 전제가 열역학적 법칙을 무시하고 있다는 것이었다. 과거나 현재가 같은 종류의 작용이 동일한 속도로 진행되어 왔다는 동일과정설은 영원한 운동을 하는 하나의 열기관을 함축하고 있기 때문에 열역학 법칙과 정면으로 배치된다는 주장이다. 또한, 과거로부터 현재까지 조산운동과 화산활동이 끊임없이 있었기 때문에 지구는 계속적으로 에너지를 소모하고 있는 것이고, 지구의 역사를 통제하는 상태방정식의 초기 조건이 변하므로 역사는 똑같이 반복되지 않는다는 것이다.

격변설(catastrophism)은 창조론에서 주장하고 있는 이론으로, 프랑스의 고생물학자 퀴비에(J. Cuvier)가 주장한 가설이다. 퀴비에는 파리 분지의 중생대 상부 백악기층과 신생대 제3기 등 여러 층의 척추동물 화석을 비교한 결과 그것들이 공통종을 거의 포함하고 있지 않으므로 동물군의 급격한 절멸과 새로운 분포가 지각 변동에 의해 일어났다고 주장했다. 현재의 지층과 화석, 지표면의 모양은 과거에 일어난 전 지구적 규모의 대홍수와 지층의 융기와 침강과 같은 대격변에 의해 단기간 동안에 갑작스럽게 형성되었다는 이론이다. 그러므로 지층 속에서 발견되는 화석은 진화 계열과는 아무런 관계가 없으며, 단지 홍수 때 매몰되었던 순서에 불과하고, 지층은 수억 년의 장구한 세월에 걸쳐서 생성된 것이 아니라, 매우 짧은 기간 안에 생성되었음을 주장한다.

퀴비에

지구의 역사성을 중시하여 과거 지구의 상태는 현재의 그것과 다르며 불연속적인 몇몇 대격변에 의하여 지구의 상태가 변해간다는 격변설은 19세기 하나의 연구전통으로 자리잡게 되는데, 허튼의 자연의 무한 순환성을 비판하면서 수성론의 입장에서 성경의 연대기를 증명하고자 하였다.

벅랜드

퀴비에와 더불어 격변설의 대표적인 학자로 벅랜드(W. Buckland)를 들 수 있는데, 벅랜드는 퀴비에의 이론을 바탕으로 화성론자들이 수성론의 반증으로 제시했던 과학적 증거와 비판을 수용하면서 체계화된 홍수설을 내놓고 지질학적 사실이 성서의 창세기와 일치함을 보이기 위해 노력하였다(송호장, 1995). 하지만, 벅랜드는 동일과정론자들의 비판과 공격에 타격을 받고 격변설의 가장 중요한 격변인 대홍수설을 포기하게 된다. 이로써 1930년대의 후기 격변설은 보다 광범위하고 종합적인 지사학의 대안으로써 격변설을 토대로 한 지구 역사의 진보적 천이설(progressive succession)로 나타나게 되었다(박영욱, 1990).

② 대홍수설과 빙하설

라카토스의 연구 프로그램을 지지하는 두 번째 지구과학사 사례로 유럽 지방 곳곳에서 발견되던 전석(boulder stone, 암반에서 떨어진 바위 덩어리)의 생성 원인에 대한 논쟁을 들 수 있다(Imbrie, 2015).

이 지구과학사 사례의 핵심을 라카토스의 연구 프로그램 도식으로 표현하면 그림과 같다.

스위스 곳곳에서 그림과 같이 면이 평탄하고 긁힌 자국이 있는 전석에 발견되었는데, 여기에 대해 당시 학자들은 두 가지 서로 다른 이론으로 설명하고 있었다.

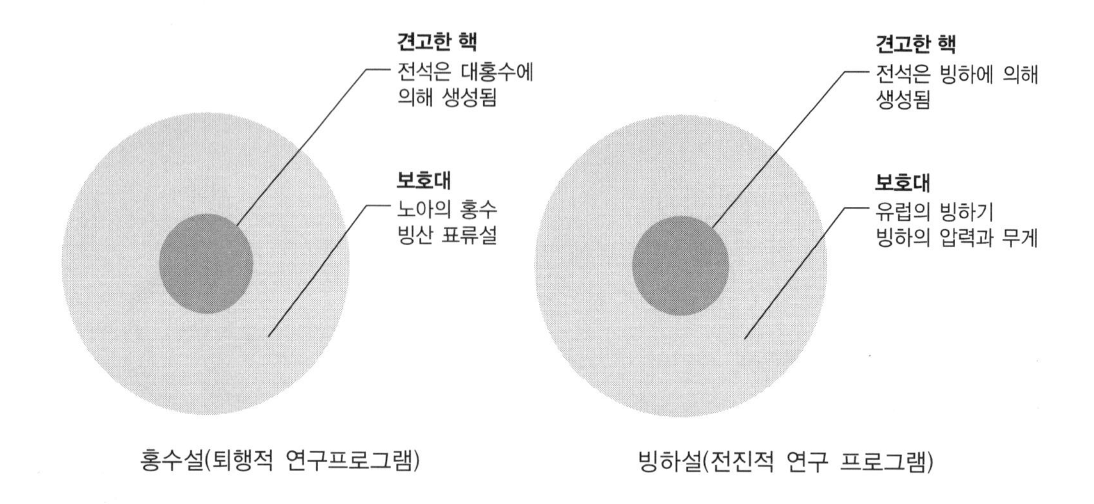

첫 번째 이론은, 성경에 기초한 대홍수설로 성경에 나오는 노아의 홍수 때 이러한 돌덩어리들도 같이 운반되었다고 주장한다. 당시처럼 종교가 지배하던 시대에는 과학자나 일반인 모두가 성서에 나오는 노아 홍수가 엄청난 물과 진흙으로 돌덩어리들을 운반한

것이 당연하다고 믿었다. 1833년 영국의 지질학자 라이엘은 대홍수설에 기반하여 빙산표류설(ice-raft theory)을 주장하였는데, 노아 대홍수 때 바위를 품은 빙산이 유빙 조각이 되어 떠다니면서 바위를 옮겼다는 것이다. 당대 저명한 과학자들은 라이엘이 주장하고 성격이 뒷받침하는 대홍수에 의한 빙산표류설을 확고하게 믿고 있었다.

유럽 전역에서 발견된 긁힌 자국을 가진 전석

반면, 대홍수설과는 달리 과거에 빙하기가 있어 유럽 전 지역을 덮었고 이 빙하의 무게와 압력으로 단단한 바위에 긁힌 자국이 만들어졌다는 이른바 빙하설이다. 빙하설을 주장한 대표적인 학자는 스위스 출신의 아가시(L. Agassiz)였다. 아가시는 그림과 같은 지역에서 나타나는 암석의 표면을 빙하설의 증거로 제시하였다. 그러나 당시 전석이 대홍수의 산물이라는 생각이 깊숙이 뿌리박힌 실정이어서 빙하설을 널리 퍼뜨리지 못하였다. 빙하설이 받아들여지기까지는 25년에 걸친 여러 학자의 연대적인 노력이 필요하였다.

영국에는 홍수설을 강력하게 지지하는 벅랜드 목사가 있었는데, 그는 1820년부터 옥스

아가시

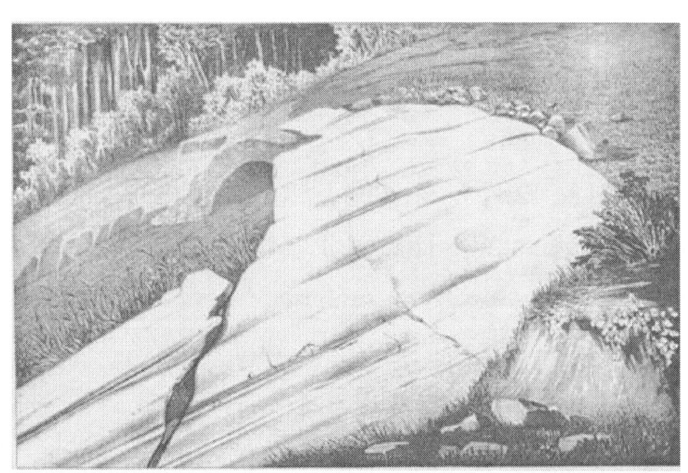

1840년 아가시가 빙하설의 증거로 제시한 스위스 지역의 기반암

퍼드 대학교에서 광물학 및 지질학 교수직을 맡고 있던 영국에서 가장 존경받는 지질학자였다. 라이엘을 비롯한 영국을 이끄는 대부분의 지질학자들 모두가 스스로 벅랜드의 제자라고 칭할 만큼 존경받는 학자였으며 대표적인 격변론자이기도 하였다. 아가씨는 벅랜드를 설득하면 빙하설이 힘을 얻을 수 있을 것이란 판단 하에 1840년 북잉글랜드와 스코틀랜드 답사 여행을 통해 벅랜드를 홍수론자에서 빙하론자로 전향시키게 된다. 전향한 벅랜드는 바로 라이엘을 설득하여 빙하론자로 전향시켰으며 이로써 빙하설은 제철을 맞게 되었다. 그러나 영국 지질학자들 대부분이 빙하설을 받아들이는 데는 20년이라는 시간이 더 필요했다.

빙하론자로 전향한 벅랜드

빙하설의 수용을 지체했던 요인 중 하나는 표류토(drift)였다. 해양 생물 화석을 포함한 '패각 표류토'라는 것이 발견됨으로써 아가시를 비롯한 빙하론자들을 곤란하게 만들었다. 홍수론자들은 이 표류토가 빙하에 의해 운반된 것이 아니고 홍수로 떠다니던 빙산에 의해 이동되었다는 추가적인 증거라고 주장하였다. 그러던 중 1865년 스코틀랜드의 크롤(J. Croll)이 패각 표류토가 빙하가 얕은 바다를 훑고 지나감으로써 생성된다는 설명을 내놓았다.

빙하설의 수용을 지체했던 또 다른 요인은 지질학자들이 전반적으로 빙하라는 것을 몰랐다는 점이다.

빙하설은 제기된 지 약 30년이 흐른 1860년대 중반에서야 대서양 양편 모두에서 확고하게 자리잡게 되었다. 여전히 산발적인 반대의 목소리는 있었지만 아가시의 이론을 뒷받침하는 증거에 대항할 수는 없었다.

③ 진공의 존재와 공기의 무게에 관한 논쟁

라카토스의 연구 프로그램을 지지하는 세 번째 지구과학사 사례로 자연에서 진공의 존재와 공기의 무게와 관련된 17세기의 논쟁을 들 수 있다(Mattews, 1994).

이 논쟁의 핵심을 라카토스 연구 프로그램의 구조로 나타내면 그림과 같다.

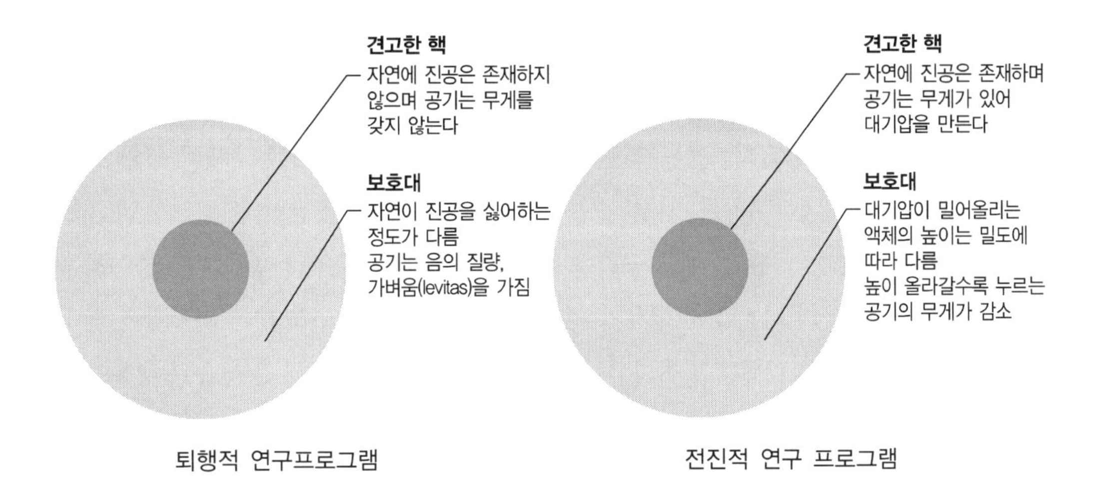

퇴행적 연구프로그램 　　　　　　　　전진적 연구 프로그램

아리스토텔레스는 매일 겪게 되는 경험에 의해 움직이는 물체의 속도(V)는 가해지는 힘(F)에 비례하고, 물체가 움직이는 동안 매질의 저항에 반비례한다고 주장하였다.

$$V = K \times F/R$$

진공상태에서 R은 0이 되며, 한번 힘이 가해진 물체는 무한한 속도로 운동한다. 그러면 두 지점 사이를 움직이는시간이 0초가 될 것이고 따라서 진공 상태에서는 운동이 없다는 것이다. 하지만, 운동은 어디서나 발견되기 때문에 근본적으로 진공은 불가능하다. 자연 상태에서 진공이 존재할 수 없다는 이 기본적인 신념이 천년이 넘는 시간동안 물리학을 지배하게 된다.

토리첼리의 실험

고대인들은 풍차, 돛단배, 방광주머니 등을 관찰하여 공기가 비어있는 것이 아니라 어떤 것을 담고 있다고 생각하였다. 그러나 무게를 가지는 것이 아니라 위로 올라가는 성질 때문에 음의 질량을 가진 것으로 생각했다. 아리스토텔레스는 돌과 같은 물체는 자연적 위치가 지구 중심이고 내려가려 하므로 엄숙함(gravitas)을 갖는

반면, 공기는 자연적 위치가 위쪽이어서 올라가려고 하므로 엄숙함이 없고 가벼움(levitas)을 가진다고 주장하였다.

1643년 갈릴레이의 제자였던 토리첼리(E. Torricelli)는 수은과 유리관을 이용한 실험을 통해 진공의 존재를 증명하려 하였다. 이 실험에 의해 언뜻 진공의 존재가 증명된 것처럼 보였으나 아리스토텔레스 학파는 유리관 빈 공간이 생긴 이유에 대해 액체의 증발 또는 액체의 정령(spirit) 때문이라는 임시 변통적(ad hoc) 가설을 내놓았다.

파스칼(B. Pascal)은 기압계 내의 공간을 채우는 것이 액체로부터 방출되는 증기라는 아리스토텔레스 학파의 가설을 시험하기 위해 하나의 실험을 고안하였다. 파스칼은 미리 결과를 예상하여 아리스토텔레스 학파 사람들을 초대하여 공개적으로 실험을 수행하였다. 그는 물과 와인 두 가지로 실험하였는데, 아리스토텔레스 학파 사람들은 와인이 더 아래쪽으로 내려갈 것이라 예상했다. 그러나 결과는 그들의 예상처럼 되지 않았다. 왜냐하면 와인의 무게가 물의 무게보다 덜 나가기 때문에 공기로부터 동일한 힘을 받으면 위쪽으로 더 많이 밀릴 수 있기 때문이다. 이 실험으로 인해 액체 증발 가설은 버려지거나 재구성되어야 했다.

한편, 파스칼의 실험 후 아리스토텔레스 학파는 '자연이 진공을 싫어하는 정도에 따라 액체의 높이가 달라진다.'라는 또 다른 임시변통적 가설을 내놓고 액체 기둥의 높이는 용기에 작용하는 기압을 측정한 것이 아니라 자연이 진공을 싫어하는 정도를 측정한

퓌드돔에서 수은 기압계로 실험하는 페리에

것이라고 주장하였다.

1646년 파스칼은 프랑스 클레르몽페랑의 해발고도 1,465m의 퓌드돔(Puy-de-Dome)에서 결정적인 시험을 하기로 하였다. 그러나 파스칼은 건강한 체질이 아니어서 극심한 소화불량과 불면증에 시달리고 있었다. 퓌드돔은 매우 가파른 경사를 가지고 있었기에 그가 올라간다는 것은 불가능했다. 퓌드돔 실험은 1648년 9월 19일에 페리에(F. Perier)에 의해 대신 수행되었다. 페리에는 유명한 성직자와 평신도 몇 명을 그의 고장으로 초대하여 실험을 함께했다. 먼저 그들은 산 아래 지표면에 기압계를 설치하여 수은주의 높이를 측정하였는데 정확히 28인치였다(당시 프랑스에서 사용하던 길이의 단위 1인치는 2.7cm였다). 그런 다음 페리에와 일부 사람들은 퓌드돔의 정상으로 올라가서 정상에 다른 기압계를 설치하였다. 정상에서 수은 기압계의 눈금은 24.7인치를 가리켰다. 하지만 아리스토텔레스 학파들은 파스칼의 결정적 실험에 대해서도 고도가 높아질수록 자연이 진공을 싫어하는 정도가 줄어들기 때문이라는 임시변통적 가설을 주장하였다.

3 지구과학 탐구 방법

과학적 문제해결은 문제해결의 과정에서 과학적 논리를 중심으로 과학적 탐구기능과 지식을 사용하여 문제를 해결하는 것을 의미한다. 과학적 탐구는 과학적 문제해결의 대표적인 방법이다. 과학적 탐구는 과학자들이 자연의 현상을 연구하고 이를 통해 얻어진 증거를 중심으로 설명을 제안하는 방법을 의미한다. (지구)과학에서 사용되는 경험적 증거에 근거하여 결론을 도출하는 추론 또는 탐구의 방법에는 귀납적 방법과 가설연역적 방법 등이 있다. 여기서는 지구과학 탐구 방법으로 귀납적, 연역적, 귀추적 그리고 가설연역적 탐구 방법을 알아보고, 모델기반 추론에 근거한 과학적 모델링에 대해 살펴본다.

3.1 귀납적 방법

지구과학을 포함한 과학과의 대표적인 탐구 방법은 귀납과 연역이다. 이러한 탐구 방법은 다시 과학논술로 연결된다. 과학논술이란 증거와 주장을 연결하는 추론 방식을 적용한 과학적 논증의 방식에 따라 작성한 글을 가리킨다.

먼저 연역은 아리스토텔레스가 취하는 형식이다. 전제와 결론 사이의 관계에서 필연적인 것을 주장하는 것이 연역이고, 전제와 결론 사이에서 개연적이고 확률적인 것을 주장하는 것이 귀납이다. 이 밖에도 질적귀납이라고 불리는 귀추법과 여러 가지 추론방법을 연계하거나 변용한 가설연역이 있다.

귀납적 탐구는 대부분의 경우 대상 현상에 대한 이론이나 모델을 알지 못할 때 현상 자체를 이해하거나 설명하기 위한 탐구에 활용된다. 귀납적 탐구는 ① 어떠한 이론적 선입견에도 물들지 않은 순수한 관찰과 실험으로부터 출발하여, ② 귀납적으로 가설(=일반화)을 도출하고, ③ 그 가설을 다시 귀납적 절차에 따라 검증함으로써, ④ 법칙이나 이론으로 확립하는 것이다.

예컨대 수박을 사는 사람이 맛이 있는 수박을 고를 수 있는 이론이 없을 때 시식을 통한 소수의 경험적 사례로부터 일반화하여 판매자의 수박이 모두 맛있을 것이라는 결론을 도출하는 것처럼, 귀납적 탐구는 현상을 설명하는 이론이 없을 때 현상을 이해하거나 설명하는 목적으로 사용된다. 과학탐구에 활용되는 대표적인 귀납적 탐구는 열거적 귀납과 확률적 귀납이다.

- 뉴턴의 이러한 주장은 『프린시피아』에서 제시한 4가지 규칙 중 마지막 규칙에 잘 나타나 있다.
- 뉴턴은 '실험 물리학에서 우리는, 현상으로부터 귀납을 통해서 이끌어낸 정리는 반대되는 전제가 존재하지 않는 한 다른 현상—이것에 의해서 그 정리가 더 큰 정확성을 얻거나 예외에 부딪히게 되는—이 나타날 때까지 정확하게, 그렇지 않으면 아주 근사하게 진리라고 생각해야 한다.' 라고 주장하였다.

[관찰] 지도책을 보면, 남아메리카의 동쪽 해안선과 아프리카의 서쪽 해안선이 퍼즐 조각처럼 꼭 맞는 것을 볼 수 있습니다.

[가설 도출] 1912년, 독일의 기상학자 베게너(A. Wegener)는 '대륙 이동설'이라는 이론을 발표했습니다. 이 이론에 따르면, 남아메리카와 아프리카의 해안선이 일치하는 것처럼 보이는 것은 예전에 이것들이 하나의 거대한 대륙이었다가 쪼개져서 분리되었기 때문입니다.

[검증] 이 이론은 두 대륙에서 발견된 암석과 화석이 서로 비슷하다는 점을 통해서도 입증되었습니다.

[일반화] 그래서 오늘날에는 모든 과학자들이 대륙 이동설을 당연하게 받아들입니다. 그러나 처음 발표된 후 50여 년 동안, 이 이론을 진지하게 받아들인 과학자는 거의 없었습니다. 대륙을 움직일 만한 힘이 무엇인지를 설명하기가 쉽지 않았기 때문입니다. 그런데 1960년대에 들어서 '판 구조론'이라는 새로운 이론이 등장했습니다. 이 새로운 이론은 대륙의 이동과 그와 관련된 여러 가지 현상을 명쾌하게 설명해 냈습니다.

※출처: Jonas(1998: 151-152)

열거적 귀납(enumerative induction)은 적은 수의 경험적 자료에 근거해서 전체에 대한 원리나 성질 등으로 일반화하는 탐구이다. 열거적 귀납법은 적은 수의 경험인 전제가 논리적으로 반드시 일반화한 결론을 보증해주지 않으므로 도출된 결론이 거짓일 수 있다는 한계를 지닌다. 그럼에도 불구하고 일상생활은 물론 과학탐구에서도 위험부담을 안고 열거적 귀납법을 사용한다. 즉, 귀납적 탐구의 한계를 인정하고 언제든지 반증에 열려있다는 가능성을 묵시적으로 인정하면서 사용한다.

확률적 귀납은 소수의 사례에 대한 확률적 결과를 통해 확률적 결론을 도출하는 탐구 방법이다. 확률적 귀납의 경우 전제를 조건으로 결론을 조건부 확률로 도출하는 탐구 방법으로, 귀납의 한계를 명시적으로 인정한 것이다. 열거적 귀납이 사례 전체에서 공통으로 나타나는 특성이나 규칙성을 분석하여 일반화하는 데 반해서, 확률적 귀납은 관찰된 특징이나 규칙성이 관찰 사례에서 어떤 비율로 보이는지를 분석해서 전체에서도 표본에서 보이는 비율과 오차 범위 내에서 동일하게 규칙성을 찾을 수 있다고 일반화하는 귀납적 탐구이다. 즉, 확률을 일반화하는 논증인 것이다. 하지만 학교 과학에서 다루는 주제들은 확률을 일반화하는 확률적 귀납을 거의 요구하지 않는다. 열거적 귀납 탐구의 과정을 중심으로 귀납적 탐구의 과정을 예시하면 다음과 같다.

단계	탐구 활동
도입	연구 대상이 되는 현상의 전체적인 범위 제시
사례 수집	대상 현상의 구체적인 사례들을 수집
자료 정리	사례의 특징 또는 규칙성을 관찰하여 서술
자료 분석	탐구 주제에 맞추어 사례의 특징을 비교하거나 규칙성을 분석하여 제시
논의	사례의 분석결과를 전체 현상에 일반화하여 결론 제시

관찰의 이론의존성을 비롯한 귀납적 탐구 방법이 지닌 문제점과 한계에도 불구하고, 귀납적 탐구는 우리의 지식을 확장해준다는 장점을 지닌다. 즉, 좋은 귀납추리를 통해 전제에 포함되지 않은 새로운 결론을 도출한다는 점에서 귀납은 확장추리에 해당한다.

3.2 연역적 방법

연역은 아리스토텔레스가 취하는 형식이다. 연역추리에서 결론은 전제를 분석[6]하면 필연적으로 도출되는 것이므로 전제와 결론의 관계는 결론이 전제 속에 논리적으로 포함된 관계라고 말할 수 있다. 아리스토텔레스에 따르면, '전체에 대하여 참인 것은 부분에 대하여서도 참'이므로 만일 전제가 결론을 논리적으로 포함하고 있다면, 전제가 참일 경우에는 결론도 반드시 참이 되어야만 한다. 타당한 연역추리의 경우, 결론은 전제에 포함되지 않은 내용을 주장하지 않는다. 예컨대 삼단논법에서 소크라테스는 죽는다는 결론은 소크라테스가 경험적으로 사람이기 때문에 죽는 것이 아니라, 사람이라는 개념이

6) 모든 참된 명제는 분석적이다. 분석 판단이란 주어를 분석하면 술어가 나오는 것이다.

다루고 있는 집합의 부분집합이기 때문에 죽는 것이다. 결국 연역추리에서 주장이란 대전제와 소전제에 나온 내용이 단순히 재배치되는, 동어반복적인 주장에 불과하다.

그러나 여기서 전제의 진위는 별개의 문제이다. 연역추론에서 대전제나 소전제의 진위는 상관할 바가 아니며, 더 나아가서 결론의 진위도 전제와의 관계를 떠나서 문제삼을 필요가 없다. 연역추론에서 결론이 참이라면 그것은 전제와의 논리적 관계로 인해 그런 것이지, 사실에 부합하기 때문에 참인 것은 아니다. 이와 같이 전제와의 논리적 관계만으로 필연적으로 결론이 도출되는 추론을 연역추론이라 한다.

표 1.7 귀납추리 vs. 연역추리

귀납추리	연역추리
• 결론을 끄집어내기에 충분한 데이터(전제)가 있으면 결론은 합당하다(plausibility). • 설령 주어진 전제들이 모두 참이라고 하더라도, 결론의 참을 보증하지 못하고, 결론의 우연성만을 보증할 뿐이다. • 좋은 귀납추리에서 결론은 전제에 포함되지 않는 새로운 내용을 주장한다는 점에서 확장추리이다. 상당수의 과학적 지식은 이러한 귀납적 비약을 통해 구성된 것이다.	• 전체와 결론 사이의 관계에서 필연적인 것을 도출한다(예: 삼단논법). • 전제의 참이 결론의 참을 보증하는 타당한 추리이다. • 타당한 연역추리의 경우, 결론은 전제에 포함되지 않은 내용을 주장하지 않으며, 단지 대전제와 소전제에 나온 내용을 단순히 재배치하는 동어반복적인 주장에 불과하다.

과학교육에서 연역추론은 과학이론이나 상위법칙에서 특수한 법칙이나 구체적인 현상을 이끌어내는 데 사용한다. 즉, 보편법칙, 일반이론, 또는 초기조건을 전제로 삼아 필연적인 결론을 이끌어내는 과정이다. 과학교실에서 학생들은 과학개념이나 이론, 법칙을 먼저 배우고 이를 입증할 수 있는 관찰이나 실험결과를 연역적 추론을 통해 이끌어낸다. 연역추론을 활용한 대표적인 과학과 교수-학습활동은 확인실험 활동(confirmation activity)으로, 이는 학생들이 갖고 있는 지식과 이해를 강화하는 목적으로 주로 활용된다. 확인실험의 경우 전제가 참일시 그로부터 도출되는 결론도 참일 수밖에 없는 진리보전적인 구조를 활용한 것으로, 관찰이나 실험을 통해 예측된 결과를 확인하는 형태이다. 여기서 문제점은 그릇된 전제로부터 잘못된 결론이 유도될 수 있다는 것이다.

한편, 귀납적 추론이 가진 문제점에 대한 해결책으로 포퍼(K. Popper)는 연역추론인 반증을 제시하였다. 참임을 검증하는 것(verification)은 거짓을 통한 반증(falsification)과 성격이 매우 다르다. 거짓을 통한 반증은 하나의 사례(=반례)만 있어도 충분한 기능을 한다. 하나의 반례를 드는 것은 연역에 가깝다. 즉, 하나의 근거로부터 반례를 제기하는 것은 연역적 구조를 가지는 것이어서 100% 확실하다. 쿤(T. Kuhn)은 과학은 발전이 아니라 변화할 뿐이라고 말하지만 포퍼(K. Popper)는 발전한다고 말한다. 포퍼는 가설을 세우고 추측을 한다. 가설은 반증되기 전까지는 이론으로 인정을 받는다. 반례가 나와서 이 추측을 반박하면, 그 반례까지 포함해서 설명하는 새로운 추측을 내놓는다. 그 추측이 또 다른 반박을 불러일으키면 그 반복을 흡수하는 추측이 나오는 형태로 과학은 발전한다고 포퍼는 말한다. 즉, 포퍼가 말하는 과학의 발전 방식은 추측과 반박의 과정을 통해 반례까지 해결할 수 있는 새로운 이론으로 나아가므로 과학이론은 참에 점점 가까이 다가간다(박진성, verisimilitude)는 것이다.

3.3 귀추적 방법

귀추적 탐구 방법은 질적 귀납법이라고도 불린다. 표본을 기반으로 일반화로 나아가거나 수학적 확률을 기반으로 이루어지는 양적 귀납법과는 달리, 귀추법은 증거를 기반으로 여러 가설들을 구성하고 테스트를 통해 쓸모없는 가설들을 제거함으로써 가장 그럴듯하고 가치가 있는 가설을 추론하는 가설구성적, 질적 귀납법이기도 하다(김경훈, 2018). 요컨대 귀추는 연역과 협력하여 가설의 형태를 구성하고, 그리고 귀납과 협력하여 실제 사실에서 이를 확인하는 것이다.

귀추법(abduction, retro-duction)은 역추법, 가추법, 상정논법 등으로 불리며, 표현 그대로 귀추법이란 가설을 선택하는 추론이다. 귀추법에 의한 논증은 주어진 특정한 관찰결과(effect)에서 출발하여 그러한 결과를 초래한 가장 그럴듯한 혹은 최선의 설명(=가설)을 추론하는 것이다. 달리 말해서 어떤 결과가 주어졌을 때, 적절한 규칙(rule)을 생각해내고, 그로부터 그러한 결과를 초래하였다고 간주되는 경우(cause, condition)를 이끌어내는 추론 방법이다. 이는 후건긍정식에 해당하며, '불가능한 것들을 모두 지워버렸을 때'에는 타당한 것으로 강한 설득력을 지닌다. 귀추법에서 결론은 전제에 들어있는 내용이 아니고, 새롭게 추측해낸, 질적으로 확장된 지식이다. 즉, 귀추법은 이미 일어났지만 아직

〈귀추법, ((p → q) ∩ q) → p, 후건긍정식〉	
① [결과] 어떤 놀라운 현상 q가 관찰되었다.	• [그 당시 지구중심체계(천동설)에서] 정상적으로 원운동을 가지던 화성이 갑자기 뒤로 방향을 바꾸어 비정상적인 움직임(=역행)으로 전환하였다.
② [인과법칙] 만약 p가 참이면 q가 설명될 것이다.	• 코페르니쿠스는 정지되어 있는 것은 태양이고, 지구를 포함한 행성들이 태양을 중심으로 회전한다는 가설을 제안하였다[태양중심체계(지동설)].
③ [사례(원인)] 따라서 p가 참이라고 생각할 이유가 있다.	• 역행과 같은 화성의 괴상한 운동은, 지구의 위치가 시시각각 바뀜에 따라 화성을 관찰할 수 있는 위치가 달라져 마치 화성이 뒤로 갔다가 다시 앞으로 나아가듯 보이는 것을 합리적으로 설명할 수 있을 것이다.

모르는 사실을 알려준다.

귀추법은 문제 상황에 직면한 과학자들이 문제해결을 위해 새로운 가설을 형성할 때 동원된다. 과학자는 귀추법을 활용하여 어떤 현상을 경험한 후 그 현상을 설명할 수 있는 특정한 사실, 원리, 법칙, 경험 등을 추리해내고 그것을 규칙으로 삼아 해당 현상을 설명한다. 예컨대 탐정 홈즈의 추리소설에서는 누군가의 죽음에서 출발하여, 그러한 죽음을 초래할 수 있는 여러 가설들을 형성하고, 그 중에서 가장 그럴듯한 가설을 통해 죽음의 원인을 밝혀내는 것이다. 즉, 귀추법을 통해 발생한 사건의 원인을 밝혀내는 것이다.

특히 관찰과 통제된 실험이 불가능한 환경에서 발생하는 현상의 원인을 추정해야 하는 지구과학 관련 탐구에서는 귀추적 방법을 통해 설득력 있는 가설을 제안하는 '창조적 귀추'가 매우 중요하다. 창조적 귀추(creative abduction)란 설명할 규칙을 새로 발명해야 하는 경우를 가리킨다. 예컨대 코페르니쿠스가 태양중심설에 대한 직관을 가졌을 때, 또는 탐정 홈즈가 범죄를 해결할 때가 바로 이러한 창조적 귀추법이 쓰이는 경우이다.

하지만 귀추법을 통해 도출된 결론의 진실성은 논리적으로 보장되진 않는다. 특정 결과를 초래하는 다양한 원인들이 있을 수 있으며 이러한 추론방식에서는 전제들이 결론의 타당성을 부분적으로 지지할 따름이어서, 결론은 단지 개연적으로 참일 뿐이다(김경훈, 2018). 귀추적 탐구학습 모형은 탐색, 조사, 선택 그리고 설명 등의 단계로 구성된다.

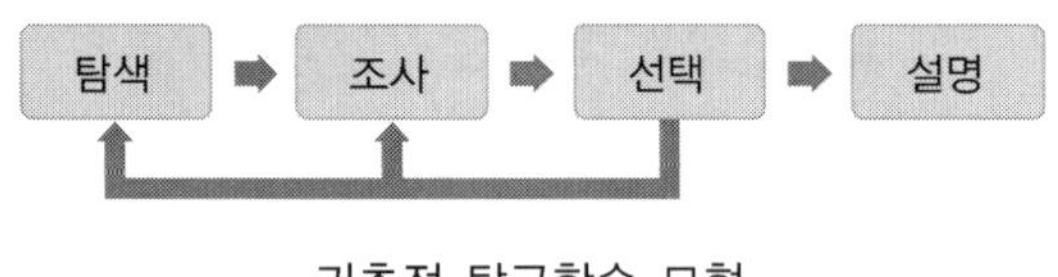

귀추적 탐구학습 모형

탐색단계에서 학생들은 자연현상을 관찰하고 관찰 내용을 기술하는 활동을 수행한다. 조사단계에서는 특정한 관찰결과를 초래할 수 있는 가장 그럴듯한 최선의 설명들을 추론해내고, 규칙 속에 포함된 가설로부터 문제에 대한 임시적인 설명을 시도한다. 이때 특정 결과를 초래하는 다양한 원인들이 있을 수 있으므로, 불가능한 것들을 하나씩 제거해나간다.

선택단계에서는 추리해낸 여러 가지 규칙들을 평가하여 가장 설득력 있는 설명을 제공한다고 간주되는 것을 선택한다. 끝으로, 설명단계에서는 선택한 규칙을 이용하여 탐구의 관심이 되고 있는 현상(effect)에 대한 최종적인 설명을 제안한다.

〈연역, 귀납, 귀추의 관계〉

연역, 귀납, 귀추는 마지막 도달 지점이 결과, 규칙, 원인(사례) 도출인지에 따라 구분할 수 있다. 다음 그림에서 볼 수 있듯이, 규칙과 사례에서 출발하여 결과를 도출하는 것은

표 1.8 연역, 귀납, 귀추의 관계

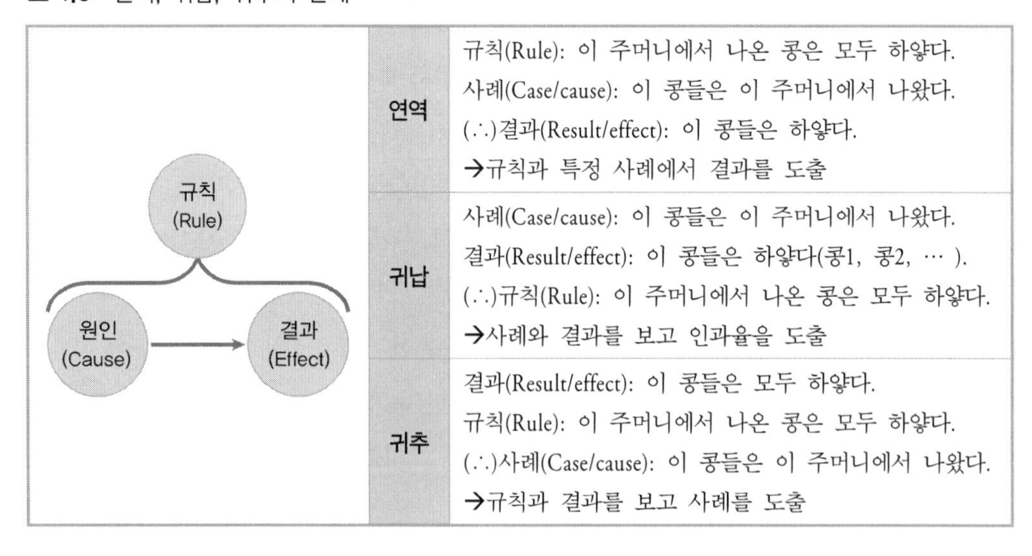

구분	내용
연역	규칙(Rule): 이 주머니에서 나온 콩은 모두 하얗다. 사례(Case/cause): 이 콩들은 이 주머니에서 나왔다. (∴)결과(Result/effect): 이 콩들은 하얗다. →규칙과 특정 사례에서 결과를 도출
귀납	사례(Case/cause): 이 콩들은 이 주머니에서 나왔다. 결과(Result/effect): 이 콩들은 하얗다(콩1, 콩2, …). (∴)규칙(Rule): 이 주머니에서 나온 콩은 모두 하얗다. →사례와 결과를 보고 인과율을 도출
귀추	결과(Result/effect): 이 콩들은 모두 하얗다. 규칙(Rule): 이 주머니에서 나온 콩은 모두 하얗다. (∴)사례(Case/cause): 이 콩들은 이 주머니에서 나왔다. →규칙과 결과를 보고 사례를 도출

연역이고, 사례와 결과에서 출발하여 일반화된 규칙을 도출하는 것은 귀납이다. 귀추는 주어진 결과와 (이를 설명할 수 있는)규칙에서 출발하여 결과를 초래한 원인을 추론하는 것이다.

연역이 가설의 필연적 결과(must be)를 전개한다면, 귀납은 어떤 것이 실제로 그러함(actually is)을 보여준다. 반면에 귀추는 그저 어떤 것이 그럴지도 모른다(may be)고 제안할 뿐이다. 퍼스(C. Peirce)는 귀추법이란 문제를 설명할 수 있는 가설을 형성하는 것으로, 어떤 새로운 아이디어가 들어올 수 있는 유일한 논리적 조작이라고 말한다.

귀추는 어떤 필연적인 이유가 있는 것이 아니라 그저 이런저런 추정을 해보는 것이므로, 기존에 알던 지식을 넘어서서 새로운 아이디어를 공급하는, 즉 과학적 지식의 확장을 가능케 해주는 종합적인 추리이다. 귀추법에는 가능한 가설들을 도출하는 연역의 과정과, 실험적으로 확인되는 결과로부터 가설을 테스트하여 채택하는 귀납의 과정이 모두 포함된다. 즉, 주어진 실험의 결과를 초래할 수 있는 가능한 예측들을 연역을 통해 도출하고, 그중 하나를 귀납을 통해 채택한다. 채택된 가설은 물론 실험 결과들로부터 귀납에 의해 테스트되어야만 한다.

귀추는 가장 좋은 설명(best explanation)을 끌어내기 위한 추론으로, 그럴듯하다(plausibility)고 여겨지는 느낌은 '인식적인 본능(cognitive instinct)'이라 할 만하며, 진리 탐구의 가장 중심에 놓여있다. 과학자들은 분명히 어떤 가설을 먼저 테스트할 것인지를 선택할 때 바로 이러한 그럴듯함에 크게 영향을 받는다(김경훈, 2018). 귀추법은 과학자들의 가설 제안이 충분히 합리적이고 이해가능한 사고과정을 통해 진행됨을 보여주는 것으로, 처음 가설이 형성되는 상황에 대해 침묵하고 있는 연역법이나 가설연역법과는 구별된다.

3.4 가설연역적 방법

과학탐구 방법은 크게 귀납과 연역으로 구분할 수 있다. 귀납은 관찰과 실험에서 출발하여 가설이나 이론을 구성하고, 이를 활용하여 최종적으로 자연현상을 이해하고 설명하는 탐구 방법이다. 반면에 연역은 문제에서 출발하여, 문제를 설명하기 위해 여러 가지 가설들을 제안하고, 그 가설로부터 현상에 적용할 관찰결과를 연역하여 그것을 경험적 자료와 맞춰본다. 이러한 연역 과정에 대한 표준적인 명칭은 가설연역법(hypothetico-deductive method)이다.

1) 포퍼의 가설연역적 탐구 방법

가설연역적 탐구와 귀납적 탐구 가장 큰 차이는 탐구 대상 현상을 설명하는 이론이나 모델을 학습자가 인지하고 있는가이다. 가설연역적 탐구에서는 학습자가 대상 현상에 대해 기존의 지식을 활용해서 설명할 수 있는 가설적 이론이나 모델을 이미 인지하고, 그것을 결정적으로 검증할 수 있는 가설로 만들어 검증하는 과정을 거친다. 포퍼에 따르면 과학탐구 방법은 일종의 연역 추론인 가설연역적 방법이다. 포퍼는 반증가능성 원리의 방법론적 토대로서 가설연역적 탐구 방법을 제시하였다. 이론에 대한 참다운 테스트는 그것을 반증하려는 시도라고 말하는 포퍼는 가설연역적 탐구 방법을 통해 이론을 전복하려고 시도함으로써 과학을 합리적으로 발전시키는 방법론을 제시하였다.

과학사에서 가설연역법의 사례로는 아인슈타인(A. Einstein)의 일반상대성원리의 발견이 있다. 아인슈타인은 빛이 중력장에 의해 휜다는 예측(=가설)을 문제해결 방안으로 내놓고, 이 가설이 현실세계에 들어맞을 경우 행성의 실제 관측 위치가 달라질 것이라는 예측을 연역을 통해 내놓았다. 실제로 아인슈타인의 예측을 에딩턴(A. Eddington)이 개기일식 관찰을 통해 증명함으로써 아인슈타인의 일반상대성원리는 과학지식으로 인정되었다.

2) 가설연역적 탐구 과정

먼저 과학적 탐구, 즉 가설연역적 탐구는 관찰이나 실험, 사실의 수집에서 시작하지 않고 문제로부터 출발한다. 포퍼는 과학자들의 지식과 그들이 경험한 사실이 일치하지 않고 서로 모순될 때 문제가 발생한다고 하였다.

둘째, 가설을 제안하는 단계로 과학자들은 상상력을 발휘하여 가설을 제안한다. 여기서 설득력 있는 가설을 형성하는 것이 중요하다. 과학자들이 가설을 제기하는 과정은 어떤 논리적 추론의 과정이 아니다. 실제로 과학자들이 사용하는 방법은 추측으로, 그것은 대담한 아이디어, 정당화되지 않은 예상, 그리고 사색적인 발상 등 창조적 직관이라고 할 수 있다.

셋째, 가설을 이용한 설명과 예측 단계로, 제안된 가설이 참일 경우 관찰할 수 있는 결과를 예측한다. 이때 가설로부터 관찰이나 실험결과를 예측해내는 과정에서 연역법이 개입한다. 가설이 참이라면 주어진 초기조건에서 특정 사건을 일으킬 것이고, 이를 관찰 가능할 것이다. 따라서 연역적으로 가설로부터 관찰 가능할 여러 예측들을 끌어낸다. 즉, 가설을 시험하기 위해 먼저 가설로부터 테스트 가능한 명제의 형태로 관찰예측을 연역해낸다.

넷째, 경험적 시험 단계이다. 테스트를 통해 관찰과 실험결과를 분석하여 가설을 지지하거나 부정하는 데 사용할 수 있는 결론을 도출한다. 예측한 결과가 나오지 않았을

표 1.9 가설연역적 탐구의 단계(예시)

가설연역적 탐구 방법의 단계	단계 설명	예시
문제 발견	• 우리는 관찰명제가 아니라 문제 상황에서부터 이론을 구성해나간다.	• 눈이 없는 박쥐는 어떻게 부딪히지 않고 날 수 있을까?
새로운 가설의 제기	• 추측을 통해 가설을 제기하며, 이는 대담한 아이디어, 정당화되지 않은 예상, 그리고 사색적인 발상 등 창조적 직관이라고 할 수 있다.	• 박쥐의 몸 안에 특수한 장기가 있어서 그걸 가능하게 하는 것은 아닐까?
테스트 가능한 명제 연역(예측)	• 가설을 시험하기 위해서는 먼저 가설로부터 테스트 가능한 명제(=기본진술)를 연역해내야 한다. 즉 이론체계로부터 반증가능한, 보다 낮은 보편성을 갖는 진술들을 연역해낸다.	• 만약 박쥐에 몸에 특수한 장기가 있다면 우리 뒷산의 박쥐도 가지고 있을 것이다.
테스트	• 가설연역적 탐구 방법을 통해 단칭진술인 기본진술을 반증함으로써 그것이 연역적으로 도출되었던 보편진술로서의 가설(또는 과학이론)을 반박할 수 있다.	• 실제로 뒷산에 있는 박쥐 및 다른 동네에 있는 박쥐 해부 등을 통해 테스트해본 결과 박쥐 몸 안에는 초음파를 만드는 장기가 있었다.
이론 선택	• 이론이 반증되지 않은 경우에는 증거가 보강된 것으로 인정하며, 잠정적인 이론의 지위를 부여한다.	• 앞서 제시한 가설은 일단 증거가 보강되었으므로 당분간은 정설로 간주한다. 하지만 이 정설을 반박하려는 노력을 멈추지 않는다.

※출처: 김경훈(2018). 칼 포퍼[웹사이트].
https://blog.naver.com/czech_love/220829523433 (2018.5.24. 검색)

때는 가설을 반증하고, 다시 새로운 가설을 제안하고 이를 반박하려는 과정을 거친다. 반면에 가설이 테스트를 통과하게 되면 증거가 보강된 것으로 인정하며, 해당 가설로 주어진 문제상황을 해결하고, 지금으로서는 폐기할 이유가 없으므로 잠정적인 이론의 지위를 부여한다. 요컨대 가설연역적 탐구에서 과학자는 탐구중인 문제를 해결하기 위해 가설을 세우고, 세운 가설이나 이론을 테스트를 통해 반증하려고 노력한다. 즉, 제안한 가설이 설명하지 못하는 자료를 발견하려고 노력함으로써 세운 가설이나 이론을 테스트한다.

3.5 과학적 모델링

초중등학교 과학교육을 통해 실제 과학자들이 과학탐구를 수행하는 방식으로 과학을 교수-학습함으로써 과학소양을 함양하도록 강조한다(NRC, 1996, 2012). 이는 1990년대 후반부터 과학 수업에서 실행되는 과학 탐구 관련 활동이 실제 과학자의 활동과 괴리되어 수행된다는 우려를 반영한 것이다(Hodson, 1998; 조은진, 2016).

초중등학교 과학 수업에서 학생들은 실험이나 탐구를 통해 수집한 데이터를 해석하여 결론에 도달을 도출하는 귀납적 접근을 주로 활용한다. 반면에 과학자들은 자신의 이론적 지식을 활용하여 문제상황에 대한 잠정적인 해결방안을 만들어내고, 이를 실험과 탐구를 통해 증명하는 형태로 연구를 진행한다. 즉, 과학자들은 자신의 이론적 지식을 실험 결과를 예측하는 데 사용하며, 자신의 이론 기반 모델을 통해 수집한 데이터가 어떻게 설명될 수 있는가에 대한 질문과 토론에 참여한다. 따라서 진정한 탐구(authentic inquiry)인 모델링을 이해함으로써 학생들은 과학적 탐구의 원리와 방법을 학습할 수 있을 뿐만 아니라, 과학의 본성 중 모델의 본성과 역할에 대해서도 이해할 수 있을 것이다(조은진, 2016). 여기서는 과학적 모델과 모델링의 특성을 살펴보고, 모델링을 활용한 지구과학과 모델 기반 교수-학습에 대해 살펴보고자 한다.

1) 과학적 모델과 모델링

모델(model)과 모델링에 대한 몇몇 정의를 살펴보면 다음과 같다.

- 모델이란 어떤 대상, 상징, 관계의 체계로서 다른 매개물을 통해 다른 시스템을 표상한 것이다 (Gilbert, 2011: 3).
- 모델(model)은 표현하고자 하는 대상(target)의 특징을 표상하는 또 다른 사물이나 기호, 그림 또는 그들의 체계로, 실제 세계의 어떤 부분을 상황과 관련지어 만든 비유에 바탕을 둔 표상이다 (Chamizo, 2013).
- 모델은 자연의 설명되지 않고, 관찰되지 않거나, 관찰이 어려운 현상에 대하여 새로운 질문과 예측을 생성하기 위한 도구로 사용되며, 과학 모델 사용의 최종 목표는 자연 현상에 대한 예측을 생성하려는 것이다(Somerville와 Hassol, 2011).
- 모델이란 자연 현상을 설명하고 예측하도록 이끄는 단순화된 일련의 과학적 법칙, 이론, 원리의 일부를 포함한 표상과 관계이다(AAAS, 1993; NRC, 1996).

기존 논의를 종합하여 과학적 모델의 의미와 특징을 살펴보면 다음과 같다.

첫째, 과학에서 모델이란 자연 현상을 설명하고 예측하기 위해 자연의 어떤 대상, 시스템, 현상의 중요한 특징에 초점을 맞추어 추상적이고 단순하게 표상한 것으로 정의할 수 있다(Schwarz et al., 2009a, 2009b; Harrison와 Treagust, 2000; Kenyon et al., 2008). 즉, 과학에서 모델은 굉장히 광범위한 개념으로 과학 지식이 다루는 물체, 현상, 과정, 개념, 또는 시스템을 표현한 표상(representation)을 의미한다. 예컨대 점이 표시된 풍선을 불어서 우주팽창의 개념을 표현하는 것도 비유적 모델이다. 이렇듯 모델은 과학의 대상이 되는 모든 것을 표현한 것을 가리킨다.

둘째, 과학의 이론이나 법칙에서 다루는 현상은 있는 그대로의 현상 자체가 아니라 특정 관심 측면을 단순화한 모델이다. 즉, 과학의 이론, 법칙, 원리 등은 현상에 대한 모델을 매개로 다양한 현상을 설명하는 체계이다. 달리 말해서 이론은 모델로 구성되어 있고, 모델은 현상을 다루는데 관심 대상을 중심으로 단순화하여 표상한다고 말할 수 있다. 예컨대 원자모델은 역사적으로 톰슨의 푸딩모델, 보어의 원자모델, 현대적인 구름 모델로 발전해왔는데, 이론에서 설명하는 개념에 따라 보어의 모형을 사용하기도 하고, 현대적인 구름 모델을 사용하기도 한다(강남화 외, 2020). 결국 원자 내부 구조에 관한 이론이 직접적으로 다루는 것은 특정 현상 자체가 아니라 그것을 표현한 모델이다. 따라서 이론은 모델을 매개로 하여 현상을 다룬다고 볼 수 있다.

셋째, 이론에 근거하여 모델을 제안하고 그 모델로부터 아직 관찰되지 않은 현상을 예측할 수도 있다. 이론이 이러한 예측을 모델로 제시하고, 이 모델로부터 관찰 가능한

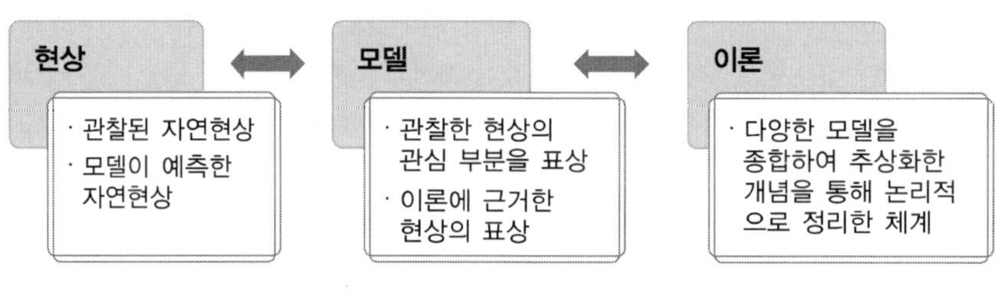

현상, 이론, 모델의 관계

현상을 예측하기도 한다. 예컨대 아인슈타인은 일반상대성이론을 주장하는 1916년 논문에서 뉴턴 역학이 정확히 계산하지 못한 수성의 근일점 이동각도인 43"를 정확히 계산할 수 있다는 것을 근거로 하였고, 추가적으로 빛이 중력장 속에서 휜다는 것, 중력장 속에서의 빛의 적색 편이가 일어난다는 것을 수학적 모델로 예측하였다(Sauer, 2005). 이러한 이론의 예측을 확인하기 위해 영국의 과학자 에딩턴은 1919년 개기일식 중 태양을 지나 지구로 오는 별빛을 관찰하였다. 지구에서 관찰 가능한 정도로 휘어지는 빛을 보기 위해서는 태양계의 가장 무거운 별인 태양 주변 별빛의 이동 경로를 봐야 했고, 태양빛이 별빛을 흐리지 않는 개기일식 때에만 태양을 지나 지구에 도착하는 별빛을 관측할 수 있었다. 그의 관찰은 별빛이 태양을 지날 때 휘어지는 각도가 아인슈타인의 일반상대성 이론에 따른 수학적 예측치와 동일하다는 결과를 낳았다.

결국 아인슈타인의 일반상대성이론이 내놓은 수학적 모델에 근거한 예측이 에딩턴이 선택한 현상의 관찰에 의해 검증되었고, 이는 이 모델을 제시한 상대성 이론이 지지되는 결정적 계기가 되었다. 현대의 장비로는 우주 공간의 중력렌즈 효과를 사진으로 찍어볼 수 있어서 그 증거는 더 많다. 결국, 일반상대성이론이 제시하는 여러 모델 중 중력장에서 휘는 별빛을 예측한 모델은 에딩턴이 관찰한 현상 이외에도 중력 렌즈 현상을 보이는 다른 많은 현상의 관찰을 낳았다. 결국 모델은 관찰된 현상을 설명하기 위해 만들어지기도 하지만, 관찰 가능한 새로운 현상을 예측하고 이를 검증·해석할 수 있도록 한다.

넷째, 모델의 본성과 목적에 따라 정신 모델(mental model)과 표현 모델(expressed model), 교수 모델과 합의 모델 등으로 분류할 수 있다. 정신모델은 내적 모델(internal model)로, 표현모델은 외적 모델(external model)로 표현하기도 한다. 과학자는 자신의 연구 문제를 해결하기 위해 내적 모델뿐만 아니라 외적 모델도 사용한다. 정신 모델은

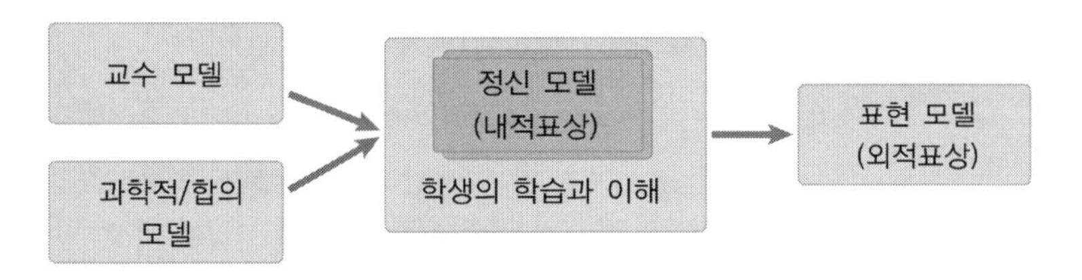

학습 경로상의 모델 유형(Chittleborough와 Treagust, 2009)

개인의 내적 정보의 표상으로서, 개인이 사고 활동을 통해 구성하여 머릿속에 저장·사용하는 것으로 문제해결에 유용한 형태를 취하며 타인의 접근이 제한적이다. 이러한 개인의 정신 모델은 공유와 테스트를 거친 후, 과학자 공동체의 동의를 얻으면 합의 모델(consensus model)이 된다. 합의 모델이 되면 나중에 새로운 모델로 대체되더라도 역사적 모델(historical model)로 남게 된다. 합의 모델 또는 역사적 모델은 어떤 방식으로든 과학자 공동체에 의해 지속적으로 평가된다. 과학적 모델(scientific model)은 과학자 공동체에 의한 공식적인 실험검증을 통해 승인된 합의 모델이다.

교육과정 상의 모델(curricular models)은 과학적 모델이나 역사적 모델이 학습을 위해서 정규적인 교육과정에 포함되도록 단순화를 거친 모델을 뜻한다. 즉, 교육과정 모델은 학생들에게 교수-학습 되는 것이다. 교수 모델(teaching models)은 교수-학습에 이용되는 모델로, 교육과정 모델을 학생에게 이해시키기 위해 특별히 생성한 모델을 가리킨다(Gilbert와 Boulter, 1995).

첫째, 과학 교수-학습 과정상의 모델을 4개 범주, 10개 모델로 구분할 수 있다(Harrison와 Treagust, 2000). 과학교과서를 포함하여 과학의 내용을 표상하기 위해 다양한 모델이 사용된다 모델은 표상이므로, 표상의 대상이 되는 과학내용에 따라 지구본 등과 같은 척도 모델(scale model), 화학식의 기호 등과 같은 기호·상징 모델, 수식이나 공식으로 나타낼 수식 모델, 빛의 굴절 그림과 같이 현상의 관계나 과정을 나타내는 과정 모델, 단진자와 같이 이론적으로 만들어낸 개념을 설명하기 위한 이론적 모델 등으로 모델의 유형을 구분할 수 있다(Harrison와 Treagust, 2000). 교과서에 제시된 다양한 모델들은 과학자들이 현상을 이해할 때 사용했던 모델(예: DNA 이중 나선구조 모델, 수식 모델, 물질의 입자모델)이거나 혹은 그러한 과학적 모델을 가르치기 위해 교수-학습용으로 변형한 것들이다. 또한 하나의 모델을 여러 가지 목적으로 사용할 수도 있고, 동일한

표 1.10 과학 교수-학습 과정상의 모델 분류(Harrison와 Treagust, 2000)

유형		의미와 예시
과학적, 교수 모델	척도 모델	• 건축물 모형과 같이 2차원 그림이나 3차원 물체로 표상하는 경우로, 대상의 내적인 구조나 기능보다는 외형적 모양, 비율에 초점을 둔 모델(예: 지도, 지구본, 분자모형 등)
과학적, 교수 모델	교수적 비유적 모델	• 교수 목적으로 사용되는 모든 비유적 모델로, 비유적이라고 불리는 것은 모델이 목표(target)와 부분적 정보를 공유하기 때문이다. 이 모델은 학생들의 개념적 지식 이해를 돕는 것을 목표로 한다.
개념 지식을 형성하는 교수적 비유적 모델	도상적, 상징적 모델	• 기호나 상징을 사용하여 표상한 모델(예: 화학식의 기호 또는 그림 (O=C=O 등) 표현) • 판구조론 모델과 우주팽창 모델 • 화학식과 화학반응식은 화합물의 조성과 화학 반응의 상징적 모델이다. 이는 화학적 언어에 매우 깊이 자리 잡고 있어서, 사실은 설명과 소통을 위한 모델임에도 학생들이나 비전공자들은 이를 실재로 받아들이기도 한다.
개념 지식을 형성하는 교수적 비유적 모델	수학적 모델	• 양적인 관계를 표상하기 위해 수식으로 나타낸 것(예: F=ma, PV=nRT) • 물리적 성질이나 과정들을 개념적 관계를 정밀하게 서술하는 수학 방정식과 그래프를 통해 표상한 것
개념 지식을 형성하는 교수적 비유적 모델	이론적 모델	• 대상이 실체가 아니라 과학에서 만들어낸 개념(예: 물질의 입자 모델, 단진자, 원자 모형, 비유적인 전자기력선 표상, 기체의 부피, 온도, 압력에 대한 동역학 이론 설명 등) • 이론적 실체를 표상한 것
다중 개념 또는 과정을 표현한 모델	지도, 도표, 표	• 학생들이 쉽게 시각적으로 받아들일 수 있는 어떤 패턴, 경로, 관계를 표상한 모델(예: 주기율표, 계통수, 기상도, 전기 회로도, 물질 대사 경로, 혈액의 순환, 혈통 가계도, 먹이 사슬과 연쇄 등)
다중 개념 또는 과정을 표현한 모델	개념-과정 모델	• 화학평형 등과 같은 과학적 개념을 설명하기 위한 다중적 개념-과정 모델(예: 빛의 굴절 그림, 다양한 산-염기 모델, 지구 온난화 과정 다이어그램, 핵반응 시뮬레이션, 물의 순환 모델, 먹이 사슬 모델)
다중 개념 또는 과정을 표현한 모델	시뮬레이션	• 다차원적이고 역동적인 과정을 유비적으로 표상하는 시뮬레이션
실재, 이론, 및 과정에 대한 개인적 모델	정신 모델	• 개인의 인식적 활동을 통해 생성된 비유나 표상이다. • 대상이나 아이디어에 대한 본질적인 표현이며, 개인에게 고유한 것으로서 목표와의 상호작용을 통해 생성, 진화한다.
실재, 이론, 및 과정에 대한 개인적 모델	종합 모델	• 학생들이 자신이 소유한 직관적 모델과 교사의 과학적 모델을 통합하는 과정에서 학생들의 대안적 개념이 변하는 것을 표현하고자 '통합 모델'이란 용어를 사용하였다. 학생들이 공, 태양계 구조, 껍질, 구름, 궤도 등의 모델 순서에 따라 원자 구조에 대한 개념을 통합하는 것을 예로 들 수 있다.

현상에 대해 여러 가지 모델을 사용하기도 한다. 가령, 원자를 나타낼 때 설명하려는 내용에 따라 보어의 원자모형이 사용되기도 하고, 구름 원자모형이 사용되기도 한다.

요컨대 과학적 모델이란 자연계에서 일어나는 현상을 설명하고 예측하기 위해 현상을 다양한 표상 양식을 사용하여 나타낸 것으로 정의할 수 있다. 모델 사용의 궁극적 목표는 자연현상에 대한 새로운 질문과 예측을 생성하는 것이다. 결국 과학적 모델이란 학생들이 실제 과학을 하는(doing science) 과정에 참여하고, 자신의 지식과 아이디어를 스스로 정교화한 능동적 사고 과정의 결과물이다(National Research Council, 2012).

과학자들이 모델을 만드는 목적은 (1) 복잡한 현상을 단순화하거나 추상적인 내용을 가시화하거나, (2) 현상에 대한 설명을 구성하거나, (3) 현상을 예측하려는 것이다.

모델을 구성하고 사용하는 것을 모델링이라고 한다(Hestenes, 2006; Knuuttila와 Boon, 2011). 모델링은 과학자들이 과학지식을 구성하는 방법 중 하나이다. 즉, 과학자가 모델링의 결과로 만들어낸 과학 모델은 과학의 내용을 구성한다. 특히 모든 과학의 내용은 이론적 모델에 포함되므로, 모델링은 결국 과학지식을 구성하는 방법이기도 하다. 모델링이란 자연 현상에 대한 설명과 예측을 위하여 모델의 정교화 및 표현화를 포함하여 모델의 설명력 향상을 위한 평가·수정이라는 과정을 통해 새로운 지식의 형성 및 정당화, 개념적 변화 및 추론을 촉진하기 위한 교육 과정이자 교수법이며, 과학의 주요 산출물인 동시에 교수 방법의 주요 요소로 간주된다(강남화 외, 2020; Schwarz et al., 2009). 모델링에 참여하는 것은 자연 세계에 대한 설명을 개발하고 평가하는 데 핵심이기 때문에 모델링을 통해 진정한 탐구 활동을 경험할 수 있다(Schwarz et al., 2009).

과학자의 모델 사용 목적	토리첼리
(1) 현상의 단순화 또는 추상적인 내용 가시화하기	① 물펌프로 끌어올려지는 물 → 유리관의 수은
(2) 현상에 대한 설명을 구성하기	② 기압이 일정하게 작용하여 물기둥의 크기와 관계없이 올라가는 높이가 일정함
(3) 현상을 예측하기	③ 수은 기둥으로 기압 측정 가능

2) 모델중심추론

과학자들이 현상을 설명하기 위해 순환적으로 모델을 만들고 검증하고, 수정하는 과정을 모델링(modeling)이라고 부르고, 그 과정에서 모델을 활용하여 현상을 이해하는 사고과정을 모델중심추론(model-based reasoning)이라고 부른다(강남화 외, 2020: 362).

과학자는 관찰과 측정을 통해 실제 세계에 대한 자료를 수집하여 실제 세계를 설명하는 모델을 생성하고, 이를 이용하여 예측을 한다(Giere, 1991). 이때, 예측과 데이터를 비교하여 일치한다면, 특정 현상을 설명하는 모델에 대한 과학자의 확신은 커진다. 만약 불일치가 존재한다면, 과학자는 모델 또는 예측을 이끌어낸 추론 과정을 의심하거나, 데이터의 질에 대해 질문하게 된다. 이러한 과정을 통해 모델을 수정하고 이 과정을 다시 시작한다.

모델링의 목적은 새로 관찰된 사실을 표현하고 설명하기 위한 것이다. 모델링은 새로운 현상의 관찰로부터 시작하고, 이를 표현하고 설명하기 위해 기존의 생각이나 이론을 바탕으로 초기 모델을 만들고, 이 모델이 현상을 표현하고 설명할 수 있는지를 검증하고, 실패할 경우 모델을 수정하는 과정을 거쳐 최종적으로 적절한 모델을 구성하는 것이다. 이 과정은 가설을 만들고 검증하는 과정과 같다. 따라서 모델중심추론은 기존의 가설연역적 사고를 다른 관점에서 부르는 용어이기도 하다. 다만, 가설이란 실험을 위해 변인들 간의 관계에 대한 추론하여 명제로 표현한 진술문을 의미하는 반면에, 모델은 변인들 간의 관계 이외에도 현상의 표현과 이해를 목적으로 하는 모든 형태의 가정을 포함하는 포괄적인 표상이라는 점에서 차이가 난다. 또한 모델은 대부분 이론적 근거에서 출발한다. 이렇듯 과학자들의 과학적 사고 과정을 보다 포괄적으로 표현한다는 점에서 최근에는 기존의 가설연역적 사고라는 용어보다는 모델중심추론이라는 용어를 선호한다.

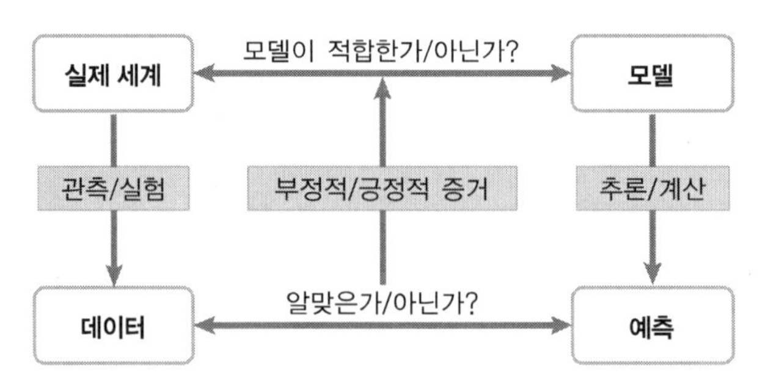

실제 세계, 데이터, 모델, 예측 사이의 상호작용(Giere, 1991)

3) 과학적 모델 구성 수업

과학자들은 모형을 구성하는 활동, 즉 모델링(modeling) 과정을 통해 자연 현상을 설명하고 예측한다. 과학자들이 새로운 지식을 만들어내는 문제 해결과정인 모델링을 지식 형성의 방법, 즉 과학과 교수-학습에 사용할 수 있다(Clement, 2008). 학생들은 모형 구성 활동, 즉 모델링에 참여하는 동안 과학 지식을 구성하고 모형을 평가하는 과정을 통해 교과 내용과 과학의 본성을 이해할 뿐만 아니라 진정한 탐구 경험을 할 수 있다.

과학적 모형에 기반한 탐구 방식의 수업 프로그램은 학생이 직접 현상을 탐구하고 과학적 실험 결과를 고려하여 모델 구성 및 재구성에 참여할 수 있도록 하는 전략이다.

요컨대 학습에서 학습자 개개인이 나름의 이론이나 개념을 가지고 있고, 그것을 바탕으로 현상을 설명하거나 가정을 한다면, 이 역시 모델중심추론으로 볼 수 있다. 학습자는 과학자들과는 달리 모델을 외적으로 표상하지 않기 때문에 대체로 정신모델을 가지고 있고 이에 기초하여 추론을 한다. 예컨대 학습자가 경험적으로 무거운 것이 가벼운 것보다 더 빨리 떨어진다는 정신모델을 가지고 있다면, 교사가 볼펜과 책을 동시에 떨어뜨렸을 때 어느 것이 더 빨리 떨어지는지를 질문했을 때 책이 더 빨리 떨어질 것이라고 예측할 것이다. 이는 학습자가 가지고 있는 모델에 기초하여 구체적인 현상의 발생을 예측한 것이다. 이 학습자는 일반화된 모델을 가지고 있기 때문에 다른 종류의 현상인 책과 쇠구슬을 떨어뜨리는 상황에 대해서도 모델에 기반하여 예측할 수 있다. 즉, 우리는 일상적 경험을 통해 현상에 대한 정신모델을 가지고 있고, 이에 기초하여 새로운 현상을 설명하거나 예측한다. 이러한 추론 방식을 모델중심추론이라 부른다(강남화 외, 2020).

4) 모델/모델링 기반 교수-학습

과학 수업에 적용되는 모델링 적용 과정을 살펴보면 모델 기반 교수(model-based teaching)와 모델링 기반 교수(modeling-based teaching)로 나눌 수 있다(이미애, 2019). 모델 기반 교수(model-based teaching)는 학생들이 기존 모델을 사용하는 것이라면, 모델링 기반 교수(modeling-based teaching)는 학생들이 직접 자신의 모델을 만들고 사용하는 것이다. 모델 혹은 모델링 기반 교수-학습 활동을 5가지 유형으로 구분할 수 있다(Gilbert, 2004; Justi와 Gilbert, 2002).

모델 기반 교수(model-based teaching)에는 (1) 교육과정 상에 제시된 모델을 배우는 교육과정 모델 학습하기(learning curricular models)과 (2) 모델 사용 방법 학습하기(learning to use models)가 포함된다. 모델링 기반 교수(Modeling-based teaching)에는 (3) 탐색적 모델링에 해당하는 모델 수정 학습(learning to revise models), (4) 표현적 모델링에 해당하는 모델 재구성 학습(learning to reconstruct a model), (5) 탐구적 모델링에 해당하는 새로운 모델 구성 학습(learning to construct a new model)이 포함된다.

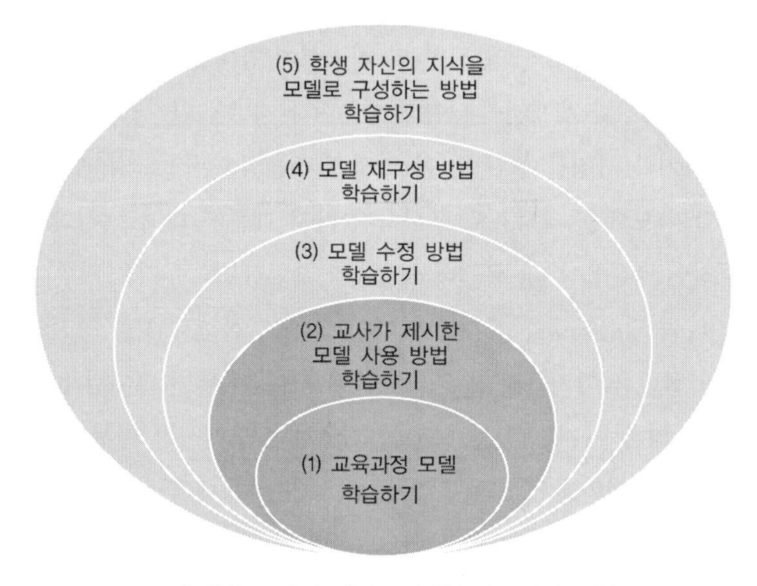

모델 혹은 모델링 기반 교수활동의 5가지 유형

학생의 모델링을 통한 학습 유형
• 탐색적 모델링(exploratory modeling) 학생들이 관심 있는 대상의 속성을 알기 위하여 기존의 모델을 직접 다루어본다.
• 표현적 모델링(expressive modeling) 학습자가 자유롭게 특정한 표상 형식을 선택하여 모델을 창안함으로써 어떤 주제에 관한 자신의 아이디어를 표현한다.
• 탐구 모델링(inquiry modeling) 학생들은 현상을 탐색하여 자료를 산출하고, 자료 속에 포함된 일정한 패턴이나 사건의 원인을 설명하기 위하여 모델을 창안하며, 또 그것을 이용하여 새로운 사건을 예측한다.

모델 수정 학습을 통해 학생들은 주어진 모델을 활용하고 수정하지만 그들의 정신 모델까지 수정하지는 않는다. 모델 재구성 학습을 통해 학생들은 모델링의 모든 단계를 경험하지만, 과학자에 의해 만들어진 모델을 수용하는 차원에서 이루어진다. 새로운 모델 구성 학습을 통해 학생들은 본인의 지식을 모델 형태로 새롭게 구성한다. 요컨대 (1)와 (2)는, 즉 모델에 대한 학습에 해당하며, (3), (4), (5)는 모델링 기반 교수(modeling-based teaching), 즉 모델링을 통한 학습에 해당한다.

모델 기반 교수활동은 수업시간에 학습해야 할 과학 내용으로서 과학자가 이미 만들어 놓은 모델을 학습하는 데 초점을 둔다. 즉, 이러한 과학 수업에서는 모델의 표상적 측면을 강조하면서 과학적 모델의 특성 등과 같이 모델 자체의 내용을 전달하는 데 초점을 둔다. 반면에 모델링 기반 교수활동에서는 과학수업을 통해 학생들이 자신의 모델을 만드는 모델링 과정을 경험하는 데 초점을 둔다.

모델링 기반 교수(Modeling-based teaching) 활동을 통해 학생들의 과학 개념 및 모델, 모델링에 대한 인식론적 시각의 이해뿐만 아니라 비판적인 추론 능력을 발달시킬 수 있다(Buckley, 2000). 학생들이 모델링을 경험해야 하는 주요 목적 세 가지를 살펴보면 다음과 같다(Mendonca와 Justi, 2013). 첫 번째는 과학의 학습(the learning of science) 측면으로, 학생들은 모델링을 통해 과학의 산물인 모델 이해를 통해 과학 개념 지식을 이해·개발할 수 있다. 두 번째는 과학을 하는 방법 학습(learning how to do science)측면으로, 학생들은 모델링 과정을 통해 과학의 역사적, 철학적, 방법론적 개념 및 과학적 언어에 대한 이해를 높일 수 있다. 세 번째는 과학에 대한 학습(learning about science) 또는 과학 실천(doing science)의 측면으로, 학생들은 모델링을 통해 과학적 탐구 및 문제해결을 직접 경험함으로써 모델을 통한 진정한 과학적 탐구(authentic inquiry)를 경험할 수 있다.

5) GEM 순환 학습 모형

과학적 모형 구성 수업이란 자연 현상을 설명하고 예측하기 위해 단순화 및 추상적 표상화된 설명 체계인 과학적 모형(scientific model)을 생성하고 이를 뒷받침하기 위해 데이터를 증거로 하여 모형을 평가하고 수정하는 수업(Clement, 1989; Justi와 Gilbert, 2002)으로 정의할 수 있다. 모델링은 자연 현상에 대한 설명을 위한 표상인 모델을 만들어 내는 과정으로, 반복적인 과정을 통하여 가장 적합한 모델로 발달시키는 것을 의미한다

(Gilbert, Boulter와 Rutherford, 1998). 모델링은 대상(target)과 출처(source)영역과 모형 그 자체로부터 추출해낸 제약조건을 만족시키는 순환적 과정이다(Nersessian, 2008).

요컨대 과학자들의 탐구실천은 '예측적인 개념 모델의 구성 과정'으로(Gilbert, 1991), '구성적 모델링(constructive modeling)'을 통해 과학자들은 자신의 가설을 생성한다(Nersessian, 1995:204). 즉, 과학자들의 구성적 모델링은 모델 생성(Generation), 평가(Evaluation), 수정(Modification)하는 역동적, 순환적 과정을 통해 진행된다(Clement와 Rea-Ramirez, 2008).

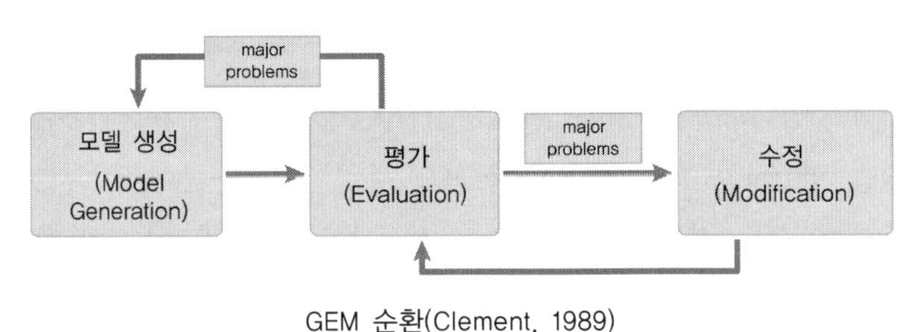

GEM 순환(Clement, 1989)

과학자가 과학지식을 구성할 때 모델링을 사용하듯이 학습자가 과학을 학습할 때도 과학자들의 탐구 방식을 따라 스스로의 모델을 만들어보는 모델링 활동을 할 수 있다. 달리 말해서, 모델링은 과학자들이 과학 지식을 생성, 검증, 전달하는 주요 과정일 뿐만 아니라(Gilbert et al,. 2000), '과학을 가르치고 배우는 핵심 과정'으로 간주된다(Acher et al., 2007; 조은진, 2016 재인용). 모델링 과정을 학습에 적용한 초창기 수업모형인 GEM 순환 학습 모형의 경우 순환 과정을 통해 초기 모델을 평가·수정하면서 점점 정교한 모델을 만들어나가는 것을 특징으로 한다. GEM 순환 학습 모형은 가설의 생성, 이론적·실험적 검증, 수정 또는 폐기의 순환을 포함하며, 초기 모델을 평가하여 수정해감에 따라 점점 정교한 모델을 만들어가는 과정으로, 역동적이고 비선형적(non-linear)인 과학지식 생성 과정의 본질을 보여준다(Gilbert, 1991; Gilbert와 Boulter, 1993).

이러한 모델중심추론, 즉 모델링 과정을 교수-학습에 적용한 수업모형을 '모델링 기반 수업모형'이라고 할 때, 이는 가설연역적 추론을 활용한 가설연역적 순환 학습 모형과 같다. 즉, 모델중심추론이 기존의 가설연역적 사고를 다른 관점에서 부르는 용어이듯이, GEM 순환 학습 모형 등과 같은 모델링 기반 수업모형과 가설연역적 순환 학습 사이에 유사성을 찾을 수 있다.

모델링 기반 수업 모형의 단계는 과학자들의 모델링 과정을 그대로 옮긴 것으로 먼저 (1) 학습자는 주어진 현상을 설명하는 초기 모델을 만들고(generation of model), (2) 이 모델이 현상을 적절히 설명할 수 있는가를 평가하여(Evaluation of model), (3) 수정이 필요한 경우 모델을 수정하는(modification of model) 과정을 순환적으로 반복하면서 (4) 초기 모델이 최종적으로 과학적 모델에 도달할 때까지 모델 평가와 수정을 반복하는 수업 모형이다(Rea-Ramirez, Clement와 Nunez-Oviedo, 2008). 학생들은 이러한 모델 구성 과정을 통해 과학자들이 지식을 추론하고 생산하는 과정에 대해 이해하게 된다(Hodson, 1992).

가설연역적 추론	모델중심추론
가설연역적 순환 학습	**모델링 기반 수업 모형** (예: GEM 순환 학습 모형)
• 문제 발견: 관찰명제가 아니라 문제 상황에서부터 이론을 구성해나간다. • 새로운 가설의 제기: 추측을 통해 가설을 제기하며, 이는 대담한 아이디어, 정당화되지 않은 예상, 그리고 사색적인 발상 등 창조적 직관이라고 할 수 있다.	(1) 기존의 지식을 기반으로 주어진 현상을 설명할 수 있는 초기 모델 만들기
• 검증 가능한 명제 연역(예측): 가설을 시험하기 위해서는 먼저 가설로부터 테스트 가능한 명제(=기본진술)를 연역해내야 한다. 즉 이론체계로부터 반증 가능한, 보다 낮은 보편성을 갖는 진술들을 연역해낸다.	(2) 모델로부터 과학적으로 검증할 수 있는 가설이나 예측 도출하기
• 검증: 가설연역적 탐구 방법을 통해 단칭진술인 기본진술을 반증함으로써 그것이 연역적으로 도출되었던 보편진술로서의 가설(또는 과학이론)을 반박할 수 있다.	(3) 모델의 예측이 실제로 발생하는지 자료 수집을 통해 확인하기
• 이론 선택: 이론이 반증되지 않은 경우에는 증거가 보강된 것으로 인정하며, 잠정적인 이론의 지위를 부여한다. 앞서 제시한 가설은 일단 증거가 보강되었으므로 당분간은 정설로 간주한다. 하지만 이 정설을 반박하려는 노력을 멈추지 않는다.	(4) 테스트 결과에 기초하여 모델을 수정하여 다시 검증하는 단계로 이동하거나 확증이 되는 경우 확증된 결과에 기초하여 제안한 모델의 타당성을 설명하고, 최종적인 모델을 제안하도록 한다.

GEM 순환 학습과 같은 모델링 기반 수업에서 학생은 모델링을 통해 현상을 설명하기 위한 모델을 만든다. 과학자들의 모델링 활동과 유사하게 모델링 기반 수업모형에서 탐구의 시작은 주어진 현상을 관찰하고 그것을 설명할 수 있는 법칙을 찾으려는 목표에서 출발한다. 수업모형의 단계별로 살펴보면 다음과 같다.

첫째, 핵심탐구 현상을 제시하고 학생들의 관심을 유발한다. 여기서 교사는 학생들의 호기심을 자극하고 설명하고자 하는 동기가 부여될 만한 현상을 준비하여 보여준다.

둘째, 관찰한 현상을 설명할 만한 모델을 기존의 지식으로 구성하는 것이다. 이를 위해 교사는 학생들의 기존지식을 파악하고, 학생들로 하여금 그것을 활용하여 현상을 설명하는 시도를 하게 한다.

셋째, 모델로부터 과학적으로 검증할 수 있는 가설이나 예측을 도출한다. 구성한 모델이 대상 현상을 제대로 설명하는지를 평가하기 위한 가설을 설정해야 한다. 모델이 적절한 설명을 할 수 있다면, 실제 관찰되거나 관찰할 수 있는 현상을 예측할 수 있어야 한다.

넷째, 모델의 예측이 실제로 발생하는지 자료 수집을 통해 확인한다. 검증 결과에 기초하여 모델을 수정하여 다시 검증하는 단계로 이동하거나, 확증이 된 경우 확증된 결과에 기초하여 제안한 모델의 타당성을 설명하고, 최종적인 모델을 제안한다.

생각해보기

1. 다음은 해수의 염분비 일정의 법칙과 관련된 과학사의 일부이다. (2021학년도 임용시험 기출 문제 변형)

> (가) 1865년 덴마크의 포츠해머(J. Forchhammer)는 여러 해역에서 채취된 해수 샘플을 분석하여 해수에 따라 염분은 다르지만 주성분의 비율은 일정하다는 것을 알아내었는데, 이는 포츠해머의 원리 또는 일정 성분비의 원리로 불린다. 19세기 말 독일의 디트마(W. Dittmar)는 포츠해머의 원리에 따라 챌린저호 항해에서 채취한 전 세계 해양의 77개 해수 샘플을 정밀하게 분석하여 포츠해머의 원리가 옳음을 입증하였다.
>
> (나) 20세기 들어 덴마크의 크누센(M. Knudsen)은 해수 중 한 가지 성분의 양만 알면 각 염류의 구성비를 알 수 있다는 원리를 이용하여 질산은($AgNO_3$) 용액으로 염소(Cl)의 양을 알아냄으로써 해수의 염분을 수식 $S = (1.805Cl + 0.03)‰$으로계산하였다.

(1) (가)에서 디트마가 사용한 과학 탐구 방법은 무엇인지 쓰고, 그 근거를 찾아 설명하시오.

(2) 그림의 귀납의 원리를 적용하여 (나)를 설명하시오.

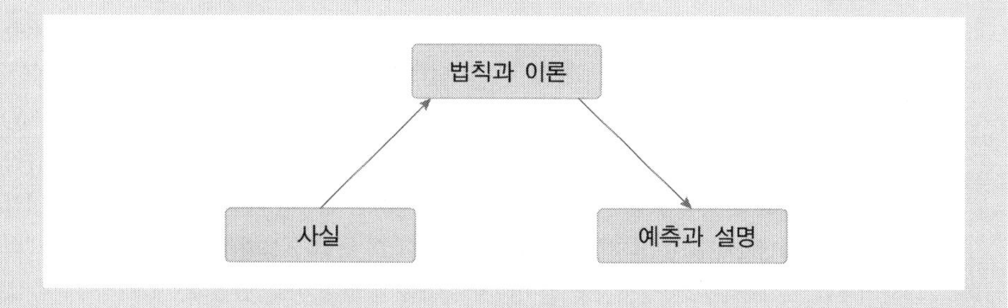

2. 다음 글을 아인슈타인의 일반상대성이론에 대한 에딩턴의 검증과정을 정리한 것이다.

> (가) 1916년 아인슈타인은 일반상대성 이론을 발표하고 질량이 매우 큰 물체 근처를 지나가는 빛이 중력에 의해 휘어질 것이라고 예측하였다. 질량이 큰 물체가 있으면 주위의 시공간 자체가 휘어버리기 때문에 빛은 그 시공간에서 가장 짧은 거리로 진행하므로 경로가 휘어진다는 것이었다. 아인슈타인의 일반상대성 이론은 당시 과학계를 지배하던 뉴턴 역학에 명백히 위배되는 비주류적 의견이었다. 하지만, 아인슈타인은 자신의 이러한 예측에 대한 반증이 제시된다면 자신의 이론을 폐기하겠다고 자신있게 공언하였다.

(나) 아인슈타인의 이론에 검증을 시도한 사람은 영국 왕립천문대장이었던 에딩턴이었다. 그는 개기일식을 이용하는 기발한 아이디어를 착안하고 1919년 5월 29일 개기일식 때 포르투갈령의 서아프리카 프린시페(Principe) 섬에서 태양 주위의 별(황소자리 히아데스 성단)을 관측하여 6개월 전에 관측했던 동일한 별과 비교함으로써 별빛의 경로가 휘어진다는 것을 확인하였다.

(1) (가)에서 뉴턴 이론보다 일반상대성 이론이 더 좋은 과학 이론임을 포퍼의 반증주의 관점에서 설명하시오.

(2) (나)에서 뉴턴 이론이 에딩턴의 관측으로 왜 반증된 것인지 설명하시오.

3. 다음 글을 읽고 포퍼의 반증주의 이론에 근거하여 물음에 답하시오(2004학년도 임용시험 기출문제).

과거에는 조산운동을 설명하기 위해 지향사설을 이용하였다. ㉠ 지향사설에 따르면, 뜨거웠던 지구가 냉각되어 수축하면서 지향사가 형성되었고, 지향사에 퇴적층이 두껍게 쌓이면서 아래로 매몰된다고 설명하였다. 매몰된 퇴적층이 지하 깊은 곳으로 갈수록 더 많은 횡압력을 받게 되고, 동시에 그 아래에서 생긴 마그마의 상승에 의해 지층이 솟아올라 산맥을 형성한다고 하였다. 베게너는 지구가 수축을 일으킬 정도로 충분히 냉각되었다고 보기 어렵고, 퇴적층 아래에서 마그마가 생성되는 원인조차 알 수 없다며 지향사설의 불합리성을 지적하였다. 그는 알프스나 히말라야산맥은 대륙이동 결과에 따른 충돌로 생성되었다고 설명하는 ㉡ 대륙이동설을 주장하였다. 이러한 충동 조산대에 대한 생각은 히말라야산맥이 심한 습곡 구조를 보이고, 높은 지형임에도 불구하고 해양에서 생성된 지각이 나타난다는 점 등 지향사설로는 제대로 설명하지 못했던 지질학적 현상들을 보다 더 폭넓게 설명하였다. 그러나 베게너의 대륙이동설은 대륙이동의 원동력을 설명하지 못하는 한계를 안고 있었다. 이후 맨틀대류설, 해양저 확장설 등에 의해 대륙 이동의 매커니즘이 설명되면서 대륙이동설은 판구조론으로 정립되었다. 그럼에도 불구하고 조산운동을 지향사설로 설명하는 경향이 최근까지 지속되어 왔다.

(1) 위 글에서 포퍼의 이론에 비추어 볼 때, 더 좋은 과학 이론은 ㉠과 ㉡ 중 어느 것인가? 글의 내용을 근거로 그 이유를 설명하시오.

(2) 위 글에서 드러난 반증주의의 문제점을 쓰시오.

4. 다음 글은 지구수축설과 대륙이동설에 관한 과학사의 일부이다.

19세기 오스트리아의 지질학자 에드가 쥐스는 지구의 이미지를 말라가는 사과로 대중화시켰는데, 행성이 수축함에 따라 행성 표면은 줄어든 표면적에 적응하기 위해 주름이 잡혔다는 이른바 지구수축설(contraction theory)이다. 쥐스는 지구의 최초 지각은 연속적이었지만 내부적으로 오그라듦에 따라 분리되어 갈라졌다고 가정하였으며, 대륙 간 화석 및 암석 계열의 유사성을 설명하기 위해 곤드와나 대륙(Gondwanaland) 이론을 제안했다.
쥐스의 이론은 유럽을 중심으로 폭넓게 논의되고 받아들여졌다. 미국의 지질학자 제임스 다나는 쥐스의 지구 수축설에 기반하여 지구가 굳어진 후에도 계속적으로 수축함에 따라 그 표면은 변형이 일어났으며, 대륙과 해양 사이 경계들은 대부분 압력을 받았다고 주장하였다. 다나의 이론은 제임스 홀의 지향사 이론으로 연결되었다.
20세기초 지구수축설은 방사성에 의한 열 발견 등에 의해 위기를 맞게 된다. 이 위기들에 대해 쥐스의 이론을 받아들였던 유럽 지질학자들이 가장 민감하게 느꼈고 미국 지질학자들 또한 궁지에 직면했음을 느꼈다. 많은 과학자들은 대륙의 분열과 이동에 대해 진보적인 대안 이론을 내놓기 시작했다. 러 이론 중 베게너의 이론이 가장 넓게 논의되었고 가장 중요했다. 베게너는 지각평형설과 함께 지질학 역사를 조정하기 위한 방법으로서 대륙이동설(theory of continental drift)을 명확하게 제시했다.

(1) 위의 과학사는 쿤(Kuhn)이 설명한 '과학 혁명(scientific revolution)'의 예를 잘 보여준다. 위 글에서 쿤이 말한 '정상 과학(normal science)'과 패러다임 전환(Paradigm shift)'에 해당하는 내용을 찾아 쓰시오.

(2) 쿤은 패러다임을 정교화하고 향상시키기 위해서는 과학자들의 '수수께끼 해결(puzzle solving)' 활동이 필요하다고 하였다. 위의 글 중에서 '수수께끼 해결' 활동에 해당하는 사례를 찾아 쓰시오.

5. 다음의 글을 읽고 물음에 답하시오.

(가) 동일과정설(uniformitarianism)이란 "현재는 과거를 아는 열쇠이다." (The present is the key to the past) 라는 기치 아래 만물의 기원과 발달은 현재의 자연법칙이나 현재의 진행 과정과 같은 관점으로 설명되어질 수 있다고 주장하는 가설이다. 1790-1830년 영국의 허튼, 라이엘, 스미스 등에 의해 기초가 세워진 이론이며, '오늘날과 같은 점진적인 퇴적과 침식과정이 과거에도 동일한 비율로 있었고, 이러한 점진적인 과정에 의해 지층은 수억 년의 장구한 세월에 의해 생성 되었다.'라고 주장하며, 과거에 대격변이 일어났었다는 것을 전면적으로 부인하고 있다.

(나) 격변설(catastrophism)은 창조론에서 주장하고 있는 이론으로, 프랑스의 고생물학자 퀴비에가 주장한 가설이다. 퀴비에는 파리 분지의 중생대 상부 백악기층과 신생대 제3기 등 여러 층의 척추동물 화석을 비교한 결과 그것들이 공통종을 거의 포함하고 있지 않으므로 동물군의 급격한 절멸과 새로운 분포가 지각 변동에 의해 일어났다고 주장했다. 현재의 지층과 화석, 지표면의 모양은 과거에 일어난 전 지구적 규모의 대홍수와 지층의 융기와 침강과 같은 대격변에 의해 단기간 동안에 갑작스럽게 형성되었다는 이론이다. 그러므로 지층 속에서 발견되는 화석은 진화계열과는 아무런 관계가 없으며, 단지 홍수 때 매몰되었던 순서에 불과하고, 지층은 수억 년의 장구한 세월에 걸쳐서 생성된 것이 아니라, 매우 짧은 기간 안에 생성되었음을 주장한다.

위의 글에서 묘사된 내용을 라카토스의 연구프로그램 이론으로 해석할 때, 다음의 항목에 해당하는 내용을 (가)와 (나)에서 각각 찾아 쓰시오.

(1) 견고한 핵에 해당하는 내용:
  (가) 과거의 지구의 상태는 현재와 다르며불 연속적인 대격변에 의해 지구의 상태가 변해간다.
  (나) 지구의 변화는 연속적이며 안정적이고 현재의 자연법칙으로 과거 지구 상태를 설명할 수 있다.

(2) (가)와 (나)의 이론을 전진적 프로그램과 퇴행적 프로그램으로 구분하고, 그 이유를 설명하시오.

6. 다음은 과학 지식이 발달되는 과정에 대한 두 학생의 생각을 정리한 글이다.

[학생 A의 생각]
과학은 실험이나 관찰을 통해 얻은 데이터를 일반화하는 과정에서 발달한다고 생각해요. 공을 가만히 떨어뜨리면서 시간에 따른 위치를 측정해 보면 낙하한 거리는 시간의 제곱에 비례하여 증가하죠. 이때 질량이 다른 공으로 바꾸어 실험을 해도 동일한 결과가 나와요. 이로부터 우리는 중력이 작용할 때 물체는 질량과 관계없이 등가속도로 낙하한다는 것을 알 수 있어요. 이처럼 우리는 관찰과 실험을 통해서 객관적인 사실들을 많이 수집하면 그것으로부터 일반화된 과학 법칙을 만들 수 있어요.

[학생 B의 생각]
과학 지식이 옳다는 것은 완벽하게 증명할 수 없고, 우리가 알 수 있는 것은 그 이론이 틀렸는지의 여부일 뿐이라고 생각해요. 과학 이론이란 자연 현상을 설명하고 기존의 이론이 해결하지 못한 문제를 해결하기 위해 구성된 잠정적인 가설일 뿐이죠. 이 가설을 반박하는 관찰 사례가 발견되면 비판을 통해 그 가설은 곧바로 폐기되고, 그렇지 않으면 그 가설은

성공적으로 살아남게 돼요. 이러한 시험의 과정이 계속 반복되면서 이론이 점진적으로 진보하게 되는 거예요.

과학 지식의 발달 과정을 설명하는 학생 A와 학생 B의 과학철학의 관점을 순서대로 쓰시오. 그리고 두 과학 철학의 관점이 공통적으로 갖고 있는 한계로서 관찰과 관련된 '과학 지식의 특성'을 쓰고, 그 예를 1가지 서술하시오. [4점]

※한국교육과정평가원 2018학년도 임용시험 물리 3교시 1번 문항을 발췌 재구성

7. 다음은 로슨(A.Lawson)의 3가지 순환 학습 모형 중 한 가지를 적용한 수업으로, 각 단계를 순서 없이 나타낸 것이다.

(가) 학생은 중위도에서 태풍의 진행에 따른 위험 반원, 안전 반원에 대한 풍속변화를 그려보고 이유를 설명한다.

(나) 교사는 지난 5년 간 7월에 한반도 주변을 통과한 5개 태풍의 진행 시간대별 위치(위도, 경도) 자료를 이용하여 각각의 이동 경로를 그리게 한다. 학생은 시간에 따른 각 태풍의 이동 경로를 확인하고, ㉠ 인과적 의문을 생성한다. 그리고 ㉡ 그 의문에 대한 잠정적인 답을 만들고, ㉢ 잠정적인 답이 최근에 발생한 태풍의 경로 변화를 모두 설명할 수 있는지 토의한다.

(다) 학생은 자신의 언어와 표현으로 우리나라 주변을 지나는 태풍의 이동 경로에 대해 발표하고, 교사는 전향력(코리올리힘), 무역풍과 편서풍 등의 용어를 이용하여 태풍의 진로를 설명한다.

이 수업에 적용된 모형에 근거할 때, ㉡과 ㉢에 이용된 추론을 각각 적으시오.

※한국교육과정평가원 2010학년도 임용시험 지구과학 2교시 7번 문항을 발췌 재구성

8. 다음은 과학 지식의 발달에 관한 어떤 과학철학적 관점을 나타낸 글이다.

과학은 문제에서 출발한다. 과학자들은 이 문제를 해결하기 위해 반증가능한 가설을 내어 놓는다. 어떤 가설은 반증 사례가 제시되면 곧 기각되고, 어떤 가설은 엄중한 비판과 검증을 통과하여 기각되지 않는다.

이 과학철학적 관점이 갖는 한계를 보여주는 예를 〈보기〉에서 모두 고르시오.

〈보 기〉

ㄱ. 동일한 일출 현상을 보고 천동설 패러다임을 가진 사람들은 "태양이 떠오른다."로 관찰하지만, 지동설 패러다임을 가진 사람들은 "지평선이 내려간다."로 관찰한다.

ㄴ. 코페르니쿠스의 이론에 의하면 금성의 크기와 위치는 시간에 따라 변해야 한다. 그 당시 금성의 크기 변화를 눈으로 관찰한 결과, 1년 내내 금성의 크기가 변하지 않았다. 하지만 코페르니쿠스의 이론은 폐기되지 않았다.

ㄷ. 갈릴레오는 망원경을 이용하여 달의 표면은 편평하지 않고, 산맥과 분화구가 있다고 관찰하였다. 하지만 아리스토텔레스 이론을 추종하는 과학자들은 눈에 보이지 않는 어떤 물질이 달 표면에 있는 산들을 덮고 분화구를 메우고 있어 달의 표면은 완전히 둥글다고 주장하였다.

※한국교육과정평가원 2010학년도 임용시험 지구과학 2교시 1번 문항을 발췌 재구성

9. (가)는 화성의 공전 궤도에 관한 케플러(J. Kepler)의 과학적 추론을 단순화하여 나타낸 것이고, (나)는 뉴턴(I. Newton)의 과학적 추론을 단순화하여 나타낸 것이다. (가)와 (나)에 해당하는 과학적 추론 방법을 순서대로 쓰시오.

(가) (1) 관측 자료에 따르면 화성의 공전 궤도는 원 궤도를 벗어난다.
(2) 만약 화성의 공전 궤도가 타원이라면, 원 궤도로는 설명할 수 없던 관측 자료를 잘 설명할 수 있다.
(3) 그러므로 화성의 공전 궤도는 타원일 것이다.

(나) (1) 어떤 천체가 태양의 중력에 속박되어 있으면, 그 천체의 공전 궤도는 타원이다.
(2) 화성은 태양의 중력에 속박되어 있는 천체이다.
(3) 그러므로 화성의 공전 궤도는 타원이다.

※한국교육과정평가원 2016학년도 임용시험 지구과학 2교시 1번 문항을 발췌 재구성

CHAPTER 02

지구과학교육과정

1 지구과학교육과정

이 장에서는 과학과 교육과정(지구과학교육과정)의 의미, 개념, 특징, 그리고 국외의 과학과 교육과정(지구과학교육과정)과 비교하여 공통점과 차이점에 대해서 기술하고자 한다.

1) 지구과학교육과정의 의미와 개념구성

교육과정은 교육의 특정한 목적을 달성할 수 있도록 설계된 활동의 프로그램, 의도되고 계획된 목표와 내용의 체계, 학습을 위한 계획 등 여러 가지 의미로 정의될 수 있다. 형식교육기관인 학교를 통해 학습자에게 제공되는 계획된 학습의 경험이라고 말하기도 한다. 교육과정의 이론은 계속 변해왔으며 과학교육과정의 정의와 속성에 대한 인식도 변해왔다. 지구과학을 포함한 과학교육과정의 정의와 속성에 대한 인식은 과학철학 사상과 심리학적 신념 그리고 과학의 발달과 더불어 변해 온 것을 알 수 있다. 학생들에게 무엇을 어떻게 가르치고 평가할 것인지에 대한 일련의 계획이 과학과 교육과정에 포함되어 있다고 할 수 있겠다.

우리나라 지구과학교육과정의 내용은 1960년대에 개발된 미국 지구과학교육과정프로젝트(ESCP: Earth Science Curriculum Project)의 영향을 많이 받았다고 할 수 있겠다(최승언과 신명경, 1994). 지구과학교육과정은 과학의 기본적인 개념과 원리의 연속체로서의 전 과학의 영역을 바탕으로 하고 있으며, 미국 전국과학교사협회(NSTA: National Science Teaching Association)가 제안한 물질, 시간, 공간, 운동, 힘, 에너지 6가지 기본 개념을 과학 체계의 중요한 개념으로 다루고 있다. 특히 ESCP의 영향을 크게 받았던 3차 지구과학교육과정의 주요 내용은 지구의 이해(탐구로서의 과학, 우주속의 지구), 물의 순환(에너지와 물의 순환, 풍화와 기후), 암석의 순환과 지구의 역사(시간과 그 측정, 지구의 역사), 그리고 우주의 탐구(지구-달, 태양계, 별 은하와 우주)등으로 구성되어 있다.

이러한 개념구조는 현재 2015년 지구과학교육과정에서도 초등 및 중학교에서는 고체지구(지구계와 역장, 판구조론, 지구 구성물질, 지구의 역사), 대기와 해양(해수의 성질과 순환, 대기의 운동과 순환), 우주(태양계의 구성과 운동, 별의 특성과 진화, 우주의 구조와 진화)의 내용으로, 고등학교 통합과학에서는 지구시스템 내 지권, 수권, 기권, 생물권 및 외권의 상호작용에 대한 내용으로, 환경과 에너지 영역에서 지구에서 사용가능한 태양 에너지를 비롯하여 신재생 에너지 내용으로 구성되어 있다. 지구과학 I에서는 중학교와 통합과학에서 소개된 지구과학 개념과 연계하여 우주 및 태양계의 기원, 지구 시스템의 구성과 순환, 지질 시대 등의 개념을 심화하면서 지구과학 II와 긴밀한 연계가 되도록 내용이 구성되어 있다. 지구와 우주에 대한 관심과 흥미를 지속하여 고체 지구영역에서는 지구의 변동 및 역사, 유체 지구 영역에서는 유체 지구의 변화 및 대기와 해양의 상호작용, 천체 영역에서는 별과 외계 행성계 및 은하의 종류와 우주 팽창을 주제로 구성되어 있다. 지구과학 II에서는 통합과학 및 지구과학 I에서 다룬 개념과 긴밀한 연계를 유지하며 개념을 심화하고 정량적으로 접근할 수 있도록 구성하고 있다. 지구와 우주에 관한 현상을 체계적으로 이해할 수 있도록 지구의 형성과 역장, 지구 구성 물질과 자원, 한반도의 지질, 해수의 운동과 순환, 대기의 운동과 순환, 행성의 운동, 그리고 우리은하와 우주의 구조 등이 이에 해당한다(교육부, 2015). 개념면에서는 구조 자체는 체계적이고 확산된 정도를 볼 수 있지만 기본적인 골격을 그대로 유지하고 있음을 알 수 있다. 자세한 내용은 우리나라의 지구과학교육과정 변천을 다루는 4절에서 다루기로 한다.

2) 지구과학교육과정의 특징

지구과학교육의 특징은 탐구로서의 과학이어야 하며, 학문적 특성을 반영해야 하며, 시간과 공간을 겸비한 학문의 특성에 따라 과학자적 특성을 포함해야 한다. 특히 인간의 생명을 위협하는 문제로부터 지구 환경을 보존해야 하는 사회적 성격을 포함해야 하고, 전체적인 환경의 이해를 위해 순환과정과 주기적 현상을 포함해야 한다. 지구와 우주에서 에너지의 흐름과 평형에 대해서 이해해야 하며, 탐구의 대상이 다양하고 탐구 방법이 다양하기에 다양한 학습 경험을 학생들에게 제공할 수 있는, 이러한 부분을 잘 반영하여 지구과학교육과정을 구성해야 할 것이다. 같은 과학이라도 물리, 화학, 생물 영역과는 달리 귀납법이나 연역법에 못지않게 귀추법에 대한 과학지식의 발달과정을 경험할 수 있어야 하며, 지구과학의 본질 및 지구과학교육의 목적과 부합되고 자연 상태 그대로의 탐구, 자연현상의 인과관계, 지역성, 공간성, 시간성 등의 학문적 특성, 과학사적 특성, 사회적 성격을 갖는 특성, 환경과학의 특성, 종합과학의 특성을 고려하여 교육과정 구성에 참고해야 할 것이다, 이를 위해서 지구과학교육과정에서는 개념 이해와 탐구경험을 통하여 과학적 사고력, 과학적 탐구 능력, 과학적 문제해결력, 과학적 의사소통 능력, 과학적 참여와 평생학습능력 등의 과학핵심역량을 함양하도록 하고 있다. 역량에 대한 자세한 부분 역시 4절에서 다루도록 한다.

3) 지구과학교육과정의 목적

학교에서 무엇을 가르칠 것인가에 대한 문제를 체계적으로 탐구하는 영역이 바로 교육과정이며, 교육과징을 보다 체계적으로 이해하기 위해서는 교육과정 개발에 대한 모형 및 구성요소를 이해해야 한다. 어느 전문가가 참여하여 어떠한 과정 및 절차를 거쳐서 교육과정 개발을 하게 되는지는 그 목적에 따라 다를 수 있다. 기본적으로 교육과정에는 학교가 달성해야 할 교육목표가 무엇이고, 어떠한 학습경험을 제공해야 하는지, 그 경험을 효과적으로 조직하는 방법은 무엇인지, 목표가 달성되었는지를 알 수 있는 방법은 무엇인지를 파악하여 구성요소로 포함해야 하는 것이다, 교육목표의 설정은 가장 중요하고 후속절차의 기준이 되기 때문에 과학과 및 지구과학과 교육과정에서 교육목표를 설정하고 (인지적, 기능적, 정의적), 교육내용을 선정하고(개념 체계 구성) 이를 영역과 범위로 결정하고 계열을 정하여 즉 단순한 것에서 복잡한 것으로 할지, 구체적 경험에서 개념의 순서로 할지를 결정해야 하는 것이다. 지구과학II의 경우 교육과정은 과학적 소양을 함양시킨다는 목적으로 다음과 같은 요소로 교육과정을 구성하고 있다.

표 2.1 2015 지구과학II 교육과정 구성요소와 내용

구성요소	내용
성격	지구과학II 과목의 특징을 기술하고, 내용을 간단히 소개하며, 관련 과학핵심역량을 소개하고 있다.
목표	과학적 소양의 목적달성을 위해 필요한 목표를 5가지를 태도, 탐구기능, 핵심개념, STS와 민주시민 소양 함양, 그리고 학습의 즐거움과 평생학습 능력을 기르는 내용으로 구성
내용 체계 및 성취기준	가) 내용체계: 고체지구, 대기와 해양, 우주로 구성 나) 성취기준: 각 영역에 해당하는 성취기준 소개, 그리고 탐구 활동을 제시한다. 하위로 학습요소, 성취기준 해설, 교수-학습방범 및 유의 사항이 소개된다. 7개의 소영역에 대한 같은 요소를 반복한다.
교수-학습 및 평가의 방향	가) 교수-학습방향 나) 평가방향

2 교육사조와 지구과학교육과정

교육사조(教育思潮)는 교육관련 철학 및 이론으로 전반적인 교육의 흐름 및 경향을 결정하는 기준이다. 이에 대해서 근대에서 현대까지 어떠한 교육사조가 있었는지를 알아보고자 한다.

1) 교과중심의 교육과정

교과중심의 교육과정은 미국의 교육사조 초창기의 교육과정 특징으로 국내에서도 이러한 교육사조의 경향이 해방직후에 주를 이루었다. 과학지식의 획일적인 습득과 반복 암기가 강조되었고, 교사는 학생들에게 교과서에 기술된 기존의 지식이나 개념, 그리고 고전적 내용을 일방적으로 전달하는 것이 중요한 교육방법으로 간주되었다. 이때 학습자의 학습욕구나 심리를 전혀 고려하지 않은 점이 특징이다. 반복학습만을 강조하였기에 창의적 사고력이나 정의적인 심성을 함양하는 데에는 어려움이 있다. 전달식, 주입식, 설명식 수업이 주를 이루며, 교과는 학습내용을 조직하고 전개하는 데 초점을 둔다. 본질주의 철학을 반영한 것으로 교육을 받은 사람이라면 누구나 알아야만 하는 본질적인 부분이 있다고 가정하는 입장이다.

교육과정이 간단하고 명료하여 이해하기 수월하다는 것과 교과별로 정리가 잘 되어 있어 체계적으로 가르치기는 쉬우며, 교수 및 학습결과에 대한 평가가 용이하고 객관적인 측정이 쉽다. 대신 교육과정에 대한 중앙집권적 통제와 개정이 쉽다고 할 수 있다. 하지만 생활문제와 실험관찰을 주로 하는 활동으로 되어 있는 과학은 능동적이고 활동적인 학습을 하는 것은 불가능하고, 개성의 발전과 창의적 자발성을 위축시키는 결과를 가져오게 된다. 특히 단편적이고 분과적인 교과조직은 통일성이나 관련성이 부족하여 학생들의 흥미, 능력, 필요성, 그리고 인지적 변화가 무시되었다고 할 수 있다. 또한 아동이 얻게 되는 경험이 인지적 기작과 일치하지 않아 무의미한 것으로 간주된다. 실생활과 거리가 있으며 사고력을 통한 문제해결력 등의 고등정신기능이 함양되기 어렵다는 비판은 피할 수 없다.

교과중심은 우리나라의 경우 1차교육과정(1955-1963)에 영향을 주었으며 교과의 지도

내용은 상세히 표시되었고 기초 능력배양을 목적으로 하였다. 전반적인 과학교육의 경우는 목표가 자세히 기술되었으며 과학적 지식, 과학적 태도와 습관의 함양 3영역으로 나누어 기술되었다. 이때 국내의 과학과 교육과정의 목표는 과학적 지식(원리, 법칙, 응용), 과학적 능력(사물의 처리 능력), 과학적 태도(진리발견, 창조)가 있었다.

2) 경험중심의 교육과정

경험중심의 교육과정이란 존 듀이(J. Dewey)의 진보주의 사상을 배경으로 1930년 전후로 등장한 교육과정으로 강제나 통제에 의한 교육을 배척하고 학습자 중심으로 교육하자는 점을 강조하는 것이다. 실생활과 거리가 멀다는 비판이 일면서 나타난 것이 경험중심 교육과정이라 할 수 있다. 1918년 미국의 교육학자와 심리학자들이 주가 되어 교육개혁 운동을 추진하면서 나타났으며 특히 듀이의 교육관인 실행을 통한 학습, 경험을 통한 학습, 생활자체가 교육이며 지속적인 경험으로 재구성되어야 하기에 이때 학습자의 흥미, 관심, 역량 등을 교육내용으로 선정하도록 하였다. 과학교육은 학생들의 흥미욕구로부터 출발한다는 것이고 과학적 지식은 능력, 태도를 습득시켜 합리적 생활양상을 도모하는데 그 목적을 두는 생활과학에 치중되었다고 할 수 있다. 학교의 지도 아래 학생들이 체험하는 모든 경험을 교육과정으로 보며, 교재보다는 생활을, 지식보다는 행동, 분과보다는 종합, 미래보다는 현재의 생활, 교사의 교수보다는 학습자의 활동을 중요시 한다. 아동중심 교육과정, 생활중심 교육과정, 활동중심 교육과정이라 불리며, 교수-학습방법은 문제해결이 주된 방법이다.

장점으로는 학생들의 흥미 위주이기에 자발적인 활동을 유발하기 쉽고, 현실적이고 실제적인 생활문제를 해결할 수 있는 능력을 용이하게 함양할 수 있다. 또한 현실문제를 공동으로 해결해가는 과정 속에 협동심 사회성, 책임감 등 민주시민으로서의 태도를 함양할 수 있다. 학습자 스스로 세운 목표와 계획에 따라 스스로 문제를 해결해 나가는 능력을 기를 수 있으며 많은 물적 인적 자원을 이용한 다양한 방법의 학습이 전개되어 학생들의 경험의 폭을 확장할 수 있다. 하지만 구체적 경험을 너무 중시하여 지적 발달 메커니즘이 무시되어서, 학습자의 지적 발달과정 단순화를 초래할 수 있다. 실용성만 강조하는 교육과정은 결국 기초 학력을 저하시키는 결과를 초래하게 되었고, 교육과정이 기본적인 분류과정이 명확하지 않고 지적 계통이 없다는 것이 단점이라고 할 수 있다.

또한 경험을 강조하다 보니 행정적으로 통제가 어렵고, 과학의 기본개념 이해와 탐구 능력의 습득에 실패하는 결과를 초래하였다. 결론적으로 학습자의 심리적 접근을 강조한 것은 성공적이었지만, 학습자의 흥미, 욕구, 경험에 편중되어 사실의 본질과, 개념과 법칙, 원리와 과학적 인식에 도달시키는 교육과정 구성을 경시하여 과학적인 지식의 조직적이고 체계적인 발전을 등한시하였다고 할 수 있겠다.

우리나라 2차 교육과정에 영향을 주어 1961년 5·16 군사정변 이후 군사정부의 영향으로 빈곤타파와 민족중흥의 국가적인 요구를 받아 교육과정 내용면에서는 자주성 생산성, 유용성을 강조하고 조직면에서 합리성 운영면에서는 지역성을 강조하였다. 문과와 이과의 차별화를 두었으며 시간이라는 용어대신 단위라는 용어를 사용하였으며 문과 이과로 나뉘기 전에는 고등학교 1학년때 공통필수로 생물 1을 6단위로 이수하였고, 물리·화학은 2학년부터 수강하고 지구과학은 새로운 과학 과목으로 4단위만 이수하였다. 2차 교육과정의 목표는 이해(과학의 발달, 원리법칙), 능력(과학적 태도), 태도(과학의 생활화), 감상(자원애호 및 이용, 과학자의 업적 존중), 국가경제 개발에 이바지 등이었다.

3) 학문중심의 교육과정

학문중심의 교육과정이란 폭발적인 지식 발전 시대에 사회에 적응하고 국가발달을 도모하기 위하여 학생들의 학습능력을 개발해야 하며, 지식이 성립되는 과정을 능동적으로 학습해야 한다는 본질주의 교육사상에 바탕을 둔 것이다. 미국에서는 2차 세계대전 후 수학·과학 학습능력의 저하와 1957년 소련의 인공위성 스푸트니크의 발사의 충격으로 기존의 교육과정인 경험중심, 생활중심, 아동중심의 교육과정에 큰 변화를 주려 하였다. 브루너(J. Bruner)는 저서 「The process of education」에서 네 가지를 제시했다. 첫째, 학문의 가치를 이루고 있는 지식의 구조를 강조하였다. 둘째, 어떤 교과든지 어떤 학생들에게도 효과적으로 가르칠 수 있다는 과학의 내용을 조직하는 방법으로 지식의 체계를 강조하였고 이는 곧 나선형교육과정을 원칙으로 하였다. 셋째, 교과를 가르칠 때 학생들로 하여금 해당 학문 분야의 전문가들이 하는 탐구방식과 유사한 방법으로 교과에 내재해 있는 '기본 원리'나 '핵심적 아이디어'를 찾아내는 탐구 과정을 강조하였다. 마지막으로 학습자의 내재적인 동기유발을 중요시 하였다. 학습자의 경험 중심이 아닌 학문내용에 입각한 지식의 구조를 가르쳐야 하며, 이는 과학의 과정인 탐구 과정 또는 문제해결방법,

학습자의 발견학습을 강조한 귀납적 방법을 강조하기도 하였다. 이를 위해서 과학자들이 대거 참여하여 교육과정을 구성하게 되었고, 과학실험키트를 강조한 프로그램이 개발되어 소개되었다. 이는 학습자의 지적 수준의 향상이 목적이라 할 수 있다.

체계화된 지식을 교육내용으로 선정하여 교육과정을 구성하였기에 질높은 교육이 가능하였고, 기본개념을 중시하여 학습하게 함으로 학습전이가 용이하였으며, 학문의 탐구 방법을 체득하는 등 발견과 탐구의 방법으로 학습하게 되며, 내적 동기유발방법을 사용하고 교수내용이 질적으로 기본적이고 핵심적인 것만 다루기 때문에 학습에 대한 흥미를 지속적으로 유지할 수 있어 학생들이 학문자체에 대한 희열을 느낄 수 있다는 장점이 있다. 하지만 학문의 구조만 강조하다 보니 사회문제나 인간교육, 가치교육 등이 소홀히 다루어져 전인교육이 어렵다는 비판이 있다. 또한 학문 분야별로 따로 분과되다 보니 학문간의 통합성이 떨어지고, 학생들 개개인의 필요와 흥미를 무시할 수 있고, 각 학문에 내재한 지식의 구조는 학생들이 배우기에 너무 어렵고 이것을 실제로 추출하고 제시하는 것이 지극히 어렵다는 것이다. 결론적으로 학문중심 교육과정은 체계화된 지식을 통한 능률적 교육의 기능, 기본 개념의 학습을 통한 다른 사태에 대한 전이 수월함, 내적 동기유발로 인한 학습효과 상승 등의 장점에도 불구하고 학습능력이 상위권에 있는 학생들에게만 적합했다고 할 수 있겠다.

우리나라 3차 교육과정은 학문중심 교육과정에 매우 큰 영향을 받았으며, 기본개념을 구조화하여 가르치고 지식을 얻기까지의 탐구 과정을 강조하여야 한다는 것이 혁신의 골격이었다. 당시 우리나라의 과학교육과정에 영향을 준 미국의 대표적인 과학교육과정은 다음과 같다.

초등학교: SAPA (Science; A Process Approach), ESS (Elementary Science Study)
중학교: ISCS (Intermediate Science Curriculum Study)
고등학교: PSSC (Physical Science Study Committee), CHEMS (Chemical Education Material Study), BSCS (Biology Science Curriculum Study), ESCP (Earth Science Curriculum Project)

이 당시 우리나라 고등학교 과학과목은 물리, 화학, 생물, 지구과학의 단일과목으로 개발되어 내용은 심화되고 지학의 명칭은 지구과학으로 바뀌었으며 단위 수도 각 과학교과 목마다 8-10단위로 되었다. 문과는 과학 4과목 중 2과목만, 이과는 4과목 모두 선택하여 이수하게 하였다. 3차 교육과정의 목표는 과학적 기본개념의 이해, 탐구 방법의 체득, 계속학습의 의욕고취, 국가발전에 이바지하려는 태도 양성 등이었다.

4) 인간중심의 교육과정

고도로 산업화를 촉진하는 과학기술의 발달은 그 어느 때보다도 가속화되고 있으며 이같은 경향은 인간의 번영과 동시에 멸망의 공포에 떨게 하고 있다. 이러한 현대사회의 비인간화 현상을 극복하기 위해 제시된 인간주의 교육론의 연장선상에서 인간중심 교육과정이 등장하게 되었다. 더욱이 학문중심의 교육과정이 인간성 개발을 외면하고 있다는 비판에서 인간중심교육이 강조되어, 학문중심의 교육과정에 반발하여 기본으로 돌아가자는 운동으로 신진보주의의 영향을 받게 된다. 모두에게 동등한 인도적 환경을 만들어야 하며, 학생들의 흥미에 관심을 가지며, 사회와의 관계에 초점을 두며, 이에 STS(Science and Technology in Society) 교육이 강조되고 인본주의 교육, 가치교육, 환경교육이 강조되기 시작하였다. 이제 필요한 지식 기술 습득도 중요하나 바람직한 인간상, 즉 인간의 가치성에 보다 역점을 두어야 한다는 움직임이라고 할 수 있겠다. 이성적인 사고와 정의적 측면을 강조하는 새로운 형태의 탐구중심의 교육과정이 전개되어야 한다는 것이다. 인간중심의 교육과정은 학생이 학교생활을 하는 동안에 가지는 모든 경험이라고 정의할 수 있다. 학습자의 자아실현을 교육의 목적으로 하고 있다.

구성주의에 입각하여 학습자의 학습과 경험을 중시하며 학습자의 적성 능력을 존중하고 이들의 적극적이고 능동적인 참여를 강조하는 교육과정을 구성하자는 것이다. 학습은 학습자의 지식의 구성과정이며 이는 학습자의 경험에 따라 달라질 수 있으며 개개인의 지적 구조에 따라서 달라질 수 있음을 시사한다. 개별적 및 조별 학습을 강조하고 지식 영역뿐 아니라 정의적 영역을 강조하는 교육으로 변화를 시도하고 특히 STS학습 모형을 제시하는 등 과학의 개념으로 교재를 구성하는 것이 아닌 상황 중심으로 제시되는 교재가 구성되어야 한다고 하였다. 정의적 행동적 영역의 목표가 전통적인 교육과정에 비해서 더욱 강조되고 있음이 특징이다. 하지만 자칫 상대주의에 빠져 보편적이고 일방적인 지식의 원리는 저버리는 경우가 초래될 수 있어 학습의 방향을 제대로 잡지 못하고 주관적이고 맹목적인 학습이 이루어질 수 있다. 교육의 본질에 대한 이해가 소홀하고 교사들의 투철한 교육관이 확립되지 않으면 실현이 어렵다고 할 수 있다.

우리나라에는 4차 교육과정부터 영향을 준 것으로 국민정신 교육의 체계화, 전인교육, 기초교육강화, 진로지도 충실, 심신이 건강한 사람, 취향이 고상하고 심미적인 사람, 그리고 도덕적인 사람을 함양하는 것을 목적으로 두었다. 5차 교육과정에는 6공화국 출범과 함께 외국의 동향 및 과학교육과정의 영향을 받아 주체성과 함께 창의성, 민주성, 도덕성을 겸비한 인간을 배출하는 것을 목적으로 하였다. 이때에 과학적 사고력 및 창의적 문제해결 능력, 과학적 소양을 위한 과학문화보편화, 과학에 대한 홍미, 학생의 특성과 지역 및 학습여건에 따라 학습기회, 학습 내용은 타당성, 기본적인 실험 및 실습기능을 강조하였다. 6차 및 7차 교육과정에서는 기본적인 골격은 유지하되 건강하고 자주적이고 창의적이고 도덕적인 사람을 배양하고 교육과정의 분권화, 교육과정 구조의 다양화, 내용의 적정화, 운영의 효율화를 꾀하였다. 이 후 교육과정의 목표는 기본개념의 이해, 탐구 능력의 배양, 과학의 홍미고취와 학습의욕, 문제를 과학적으로 해결하려는 태도, 인류사회에 미치는 영향 인식으로 확산된다. 이러한 기본적인 골격은 현재 교육과정까지 변하지 않았으며 상세한 내용과 당시의 사회구조에서 요구되는 역량을 포함한 목표를 제시하고 있다고 할 수 있다.

표 2.2 과학과 교육과정의 변화에 따른 목표

목표				
5차	**6차**	**7차 및 7차 개정**	**2009 개정**	**2015년 개정**
• 자연현상의 사실, 개념, 원리의 이해와 적용 • 과학적 탐구를 문제해결에서 활용 • 학습의 흥미고취와 과학적 태도 함양 • 기본적 실험실습 기능육성 • 과학기술사회의 상호관계이해	• 지식 • 탐구 과정 • 과학의 발달 • 과학의 응용 • 탐구심	• 기본개념 이해 및 실생활 적용 • 탐구하는 능력 • 흥미와 호기심 바탕으로 과학적으로 해결하려는 태도 • STS 관계이해	• 기본개념의 체계화 • 과학적 탐구 능력 함양 • 흥미를 바탕으로 과학적으로 해결하려는 태도 • STS 관계이해	• 흥미와 호기심을 바탕으로 문제를 과학적으로 해결하고 탐구하는 태도 • 과학적으로 탐구하는 능력을 키우고 • 핵심개념 익히기 • STS, 민주시민소양 • 참여의 즐거움 및 평생학습능력

5) 사회재건론적 및 공학론적 교육과정

사회재건론적 교육과정이란 교육과정과 정치, 경제, 사회적 발전과의 관계를 좀 더 중요시하는 입장이다. 사회재건 및 사회변화의 한 수단으로 교육과정의 변화를 도모하는 것이다. 개인의 욕구충족외에도 사회의 필요와 요구를 충족시킬 수 있는 교육과정이어야 하며 특히 국내의 경우는 사회가치의 변화, 또는 사회적인 문제점이 교육과정 변화의 주요인으로 작용할 수 있기에 사회재건론적 관점이 교육과정 개발에 영향을 줄 수 있다. 최초의 사회재건주의는 1920년대 미국에서 나타나 1950년대 초 브래멜드(T. Brameld)는 현재에만 집착하는 진보주의나 과거만을 동경하는 본질주의나 항존주의와 같은 교육사상으로 현대 문명의 위기를 극복할 수 없기에 과감하고 선구적인 교육이 필요하다고 하였다. 현재 학교교육이 개별학습자들의 사회성 발달은 물론 사회계획에 참여하는 방법을 학습하도록 도와줘야 한다고 주장하였다. 대학준비교육이나 직업훈련보다는 사회적 자아의 실현을 위한 일반교육을 중시하고 그 내용에 있어서도 고전보다는 지역사회 활동, 집단작업, 기술연마 등 어떤 경험이 목적달성에 기여하느냐에 따라 가치를 평가하도록 하였다. 학습방법으로는 본인의 직접경험이나 역사나 과학 등 전문가의 간접경험을 통한 학습도 가능하며 지역사회 및 교실에서의 자유롭고 정확한 의사소통을 통한 학습, 소수의 의견을 용납하는 공개적 참여와 다수 합의를 통한 학습, 그리고 집단적 활동을 통한 학습 등을 중시하였다.

공학론적 교육과정은 상세화된 목표의 성취라는 측면에서 프로그램, 방법, 교재 등의 효과성에 중점을 두는 것으로 공학적 관점에서 학교 책무성과 관련하여 중요하게 부각되었다. 다양한 매체와 장치를 체계적으로 활용하는 것으로 이에는 MBL(Multimedia Based Lab), 시뮬레이션 프로그램, 각종 데이터베이스, 교재, 비디오디스크, 앱 등을 이용하는 것으로 학습자의 주의 집중을 유도하기, 학습결과를 학습자에게 알려주기, 관련 능력을 활성화하기, 과제 관련 자극을 제시하기, 피드백 제공하기, 수행평가하기, 학습전이 촉진하기, 파지 높이기 등을 도모하는 데 유용하다.

위에서 언급한 교육사조는 우리나라 교육과정의 변천에 영향을 주고, 학교에서 과학을 가르치기 시작한 것도 갑오경장부터지만, 실제적인 교육과정의 운영은 해방직후 일본의 교육과정 영향을 받아 발전해왔다고 할 수 있다. 1955년에 교육과정 개발이 시작되었지만 이때에는 교육과정의 틀도 제대로 갖추지 못한 교과중심 교육과정인 1차 교육과정이 공포되고, 사회적 시대적 요구에 맞춰 사회에 나가서 적응할 수 있는 실습이나 기능을 과학 내용에 삽입하기 시작하였다. 1961년에는 5·16 군사정변이 일어나면서 국가적인 요구에 맞춰 경험중심 교육과정인 2차 교육과정이 발표되었다. 과학의 혁명이 일어나면서 학문적인 요구에 따라 학문중심 교육과정인 3차 교육과정이 공포되었으며, 실생활에 연결되고 비인간화를 막겠다는 취지에서 인간중심 교육과정인 4차 교육과정이 우리나라에 발표되었다. 그 이후로 국내에서는 5차, 6차, 7차, 7차 개정, 2009 교육과정 그리고 2015년 교육과정은 인간중심교육과정으로 지속적으로 유지되어 온 상태이다.

3 외국의 주요 지구과학교육과정

전통적으로 학교교육은 교과를 중심으로 하여 이루어지고, 교과별 교육과정에서 교과의 내용을 어떻게 구조화하느냐는 나라별로 다를 수 있고, 과목마다 차이가 발생할 수있다. 미국, 영국, 호주, 뉴질랜드, 싱가포르, 캐나다 등과 같은 선진국의 경우 주정부 또는 국가 수준 교육과정을 제시하고 있다(곽영순 외, 2014). 그중 미국은 미국과학진흥회(AAAS: American Association for the Advancement of Science, 2001; 2007)에서 'Atlas of Science Literacy Volume I, II'의 발간을 통해 핵심개념의 위계와 교육 순서를 제시하였다. 그리고 전미연구평의회(NRC: National Research Council, 2012)에서 과학의 교육과정, 교육활동, 학습 평가의 일관성을 위해 제시한 과학교육 틀(A Framework for K-12 science education)에 이어, 2013년에 차세대과학교육표준(NGSS: Next Generation Science Standard)을 발표하였다. 이러한 미국의 교육과정 개정 방향에 대해서는 과학의 핵심개념에 대한 학생들의 학습발달과정을 개발하는 연구가 증가하고 있음을 보여준다. 교육과정을 개발하기 위해서는 교육과정 목표를 명확히 하고 내용을 구체화해야 하고, 이에 따라 용어의 선정과 범주화가 매우 중요함을 보여주고 있다. 지구과학교육과정의 경우 미국의 지구과학교육과정 중심으로 하여 변천과정을 알아보고자 한다.

지구과학교육에 선도적인 역할을 한 나라는 미국이라고 할 수 있다. 미국에서 개발된 대표적인 지구과학교육과정은 학문중심 교육과정인 1960년대 개발된 '시간, 공간, 물질'(Time, Space and Matter: TSM, 1963-1966)과, 지구과학교육과정프로젝트(ESCP: Earth Science Curriculum Project, 1967), 그리고 판구조론으로 지구과학 패러다임 변화를 학교 교육에 반영하기 위해 개발된 지각진화교육프로젝트(CEEP: Crustal Evolution Education Project; 1979), 1990년대의 소양중심 교육과정인 지구계교육(ESE: Earth System Education), 그리고 지역사회와 지구과학(Earthcomm, 2001)이 있으며, 이러한 시대별 교육과정은 어떠한 사회변화가 반영되어 변화해 왔는지를 보여주고 있다. 가장 최근에 개발된 차세대과학교육표준의 내용까지 포함하여 지구과학교육과정의 변천을 살펴보고자 한다.

1) ESCP(Earth Science Curriculum Project)

학문중심 교육과정 시에 개발되었으며, 고등학교 교육과정인 지구우주과학 교과내용을 교육과정으로 개발하고자 하는 목적으로 1958년 미국지구과학연구소(AGI: American Geoscience Institute)가 주축이 되어 ESCP를 개발하였다. 미국 콜로라도 주 볼더에 ESCP 개발 본부를 설치하고 1963년부터 NSF(National Science Foundation)의 지원을 받아 미국의 지구과학자, 지구과학교육자, 그리고 교사들이 참여하여 9학년 학생들에게 지구과학의 분야를 통합하는 교과를 개발하였다. 주 내용은 공간, 시간, 에너지, 운동, 물질과 같은 과학적 개념의 활용과 탐구적 접근을 통하여 역동적인 지구를 체험하도록 하였다. 이 교육과정에는 개방적 실험활동이 단원마다 50-75%에 해당할 정도로 많이 포함되어 있으며, 지금까지 지속적인 개정작업을 수행하고 있다. 지구를 연구하는 여러 과학분야에서 공통적으로 활용하는 개념을 추출하여 ESCP의 내용을 연결하는 기본주제로 사용하였다. 1966년판에는 10개의 통합개념 중에 3개는 학생들의 실천과 관련이 있고, 7개는

표 2.3 ESCP의 주요개념 개정

1966년 초판	1973년 개정	1991년 개정
과정 계획 (Scheme) • 탐구로서의 과학 • 규모의 이해 • 예측 내용 계획(Scheme) • 변화의 일반성 • 에너지의 흐름 • 환경변화에 적응 • 질량과 에너지의 보존 • 시공간에서 구성요소와 관계의 중요성 • 동일과정설 • 지구과학 역사적 발전 제시	• 탐구로서의 과학 • 규모의 이해 • 예측 • 동일과정설 • 변화의 일반성 • 우주에서 에너지의 흐름 • 질량과 에너지의 보존 • 지구-달 시스템 • 지구과학 역사적 발전 제시	• 물질-안정성 양, 분류, 단위, 형태, 차이, 조직, 보존 • 시간-변화 흐름, 과정, 발전, 진화, 규모 • 공간-4차원적 질서 기하, 위치, 부피, 규모, 거리 • 운동-역학 가속, 속력, 모멘텀, 관성, 거리 • 에너지-평형 전달, 복사, 근원, 전환, 엔탈피 • 엔트로피, 보존

표 2.4 ESCP의 단원구성

1966년 초판	1973년 개정	1991년 개정
제1장: 역동적인 지구	제1장: 역동적인 지구	제1장: 지구서론
변화하는 지구	우주속의 지구와 달	변화
지구물질	지구와 달의 물질	우주속의 지구
지구측정	변화하는 지구	
지구운동		제2장: 물의 순환
자기장과 힘	제2장: 물의 순환	에너지와 물의 순환
에너지 흐름	바다의 물	날씨와 기후
	대기중의 물	육지의 물
제2장: 지구순환	에너지와 바람	바다의 물
에너지와 대기 운동	바람, 날씨 그리고 기후	
수증기	육지의 물	제3장: 암석순환
육지의 물		지구물질
바다의 물	제3장	풍화와 침식
에너지, 습기, 그리고 기후	육지의 침식	해양퇴적물
대륙의 침식	해양퇴적물	암석
해양퇴적물	해저산맥	지질학적 경치의 변화
해저산맥	암석순환 원동력	
암석	경치의 진화	제4장: 지구의 역사
지구내부		화석
	제4장	시간과 측정
제3장	측정시간	생명: 현재, 과거 그리고 미래
시간과 측정	암석속의 기록, 화석	대륙발달
암석의 기록	생명: 현재, 과거, 그리고 미래	
생명, 현재와 과거	대륙발달	제5장: 판구조론
대륙의 발전		지진과 지구내부
경치의 진화	제5장: 우주탐험	대륙이동
	달의 탐색	대륙판
제4장: 우주에서의 지구환경	태양계	
달: 자연적인 위성	항성	제6장: 우주탐험
태양계	은하수와 우주	달-우주의 시작
항성		태양계
별의 진화 및 은하수		항성
우주와 시초		은하수와 우주
		지구과학의 여자와 남자

전문적인 내용과 관련이 있다. 1973년에는 '과정 계획(Scheme)' 관련된 3개의 주제는 동일하며, 내용과 관련된 주제는 환경변화에 적응과 시공간에서 구성요소와 관계의 중요성이 없어지고 지구-달 시스템이 추가되었다(표 2.3).

내용의 변화는 다음과 같다. 1966년에는 역동적인 지구, 지구의 순환, 지구의 역사, 우주속의 지구환경과 같은 4개의 단원으로, 1973년에는 지구-달 시스템을 역동적인 지구에서 다루고, 물의 순환과 암석의 순환을 분리하였고, 달의 탐사가 시작되었다. 1991년에는 판구조론이 새로운 단원으로 추가되었음을 보여주고 있다(표 2.4).

2) 지구계 교육(ESE: Earth System Education)

이는 미국의 오하이오주립대의 마이어(V. Mayor) 교수가 주도하여 개발하였으며 행성지구교육의 중요성을 부각하였다. 미국 NSF의 지원으로 PLEASE(Program for Leadership in Earth System Education)를 1990년부터 1994년까지 수행한 사업으로 지구계에 대한 인식을 증대시키고 미국의 새 교육과정에서 '행성으로서의 지구' 내용을 강화한 것이 특징이다. 이는 국내의 지구과학교육과정의 개정에도 큰 영향을 주었다. ESE의 특징은 행성지구 중심 통합교과를 시행한다는 것이고, 지구계를 중심으로 물리, 화학, 생물, 지구과학, 더 나아가 사회과학까지도 통합하고자 하는 것이 주목적이다. 지구에 대한 소양을 강조하여 전지구적 문제에 대한 인식과 해결방안 모색능력을 중요시하여 전지구적 문제인 오존층 파괴, 지구온난화, 자원의 오남용 등에 대해 어떠한 소양을 함양해야 하는지에 대한 내용을 포함하고 있다. 탐구 방법에는 역사적 및 서술적 방법을 중요시하여 시스템과학방법론(systems science methodology)의 확대가 필요함을 강조하였다. 교육과정의 접근방식으로는 구성주의, 협동학습, 수행평가 등을 수용하여 연구자와 교사가 공동으로 지구계 교육을 위한 교수-학습 자료를 개발하고 공유하도록 하였다.

PLEASE사업을 통해서 강조되는 7가지의 지구계교육 목표는 다음과 같다.

1. 지구는 유일하며, 극히 아름답고 매우 가치있는 행성이다.
2. 인간의 집단적, 개인적, 의식적, 또는 무의식적 행동은 행성 지구에 심각한 영향을 준다.
3. 과학적 사고와 기술의 발전은 지구와 우주를 이해하고 이용하는 우리의 능력을

강화시킨다.

4. 지구계는 상호작용하는 물, 땅, 얼음, 공기, 생명의 하위계로 구성되어 있다.
5. 행성 지구의 나이는 40억 년 이상이며 하위계는 끊임없이 진화한다.
6. 지구는 거대하고 매우 오래된 우주 내의 태양계의 작은 하위계이다.
7. 지구의 기원, 과정, 진화에 대한 연구와 관련 직업이 많다.

3) 지역사회와 지구과학(EarthComm: Earth Science in the Community)

지역사회와 지구과학은 AGI(American Geosciences Institute)가 주관하여 NSF의 지원을 받아서 개발되었으며 고등학생을 대상으로 개발된 교육과정이다. 1998년에 개발하고 1999-2000년에 미국 전역에 적용되었다.[7] AGI에서 기술된 목적은 다음과 같다.

1. 지구과학의 원리와 실천을 학습하고 지구과학이 일상생활과 환경에 관련성이 있음을 보여준다.
2. 문제해결, 지역기반 모형을 통해서 지구과학을 접하고 이 과정에서 교사는 학습의 촉진역할을 하도록 한다.
3. 지질답사, 과학기술을 통한 자료수집, 그리고 전형적인 학교 수업과 실험활동을 통해서 확장된 학습환경을 제공하도록 한다.
4. 학생들이 집단을 구성하여 통신기술을 활용한 지역적 전국적 학습공동체 구성을 통하여 학습이 가능하도록 한다.
5. 문제해결활동을 강화하고 자신이 속한 지역사회에서 지구시민소양을 신장하기 위한 지역사회 이슈와 관심을 활용하도록 한다.

EarthComm의 예시는 다음과 같다. 지구과학을 학생들이 속하는 지역사회와 연계하여 소개하는 것이 특징이다.

---

7) https://www.americangeosciences.org/education/ec3/about

표 2.5 지역사회 기반 EarthComm 교육과정 예시

지구계 변화	
천문학과 지역사회	태양계의 역사와 규모 지구와 달 시스템 궤도 및 효과 지구계에 영향을 준 역사적 사건 태양과 지역사회에 미치는 태양의 영향 전자기 스펙트럼 수많은 별들사이 우리의 존재
기후변화와 지역사회	지역사회의 기후 고생대기후 기후변화에 미치는 지구의 궤도변화 기후변화에 미치는 판구조론 및 해류 기후변화에 미치는 이산화탄소 농도변화 지역사회에 미치는 지구온난화 영향
삶과 지역사회 변화	지역사회와 화석 북미 생물군계 지역사회와 빙하기 중생대-신생대 경계사건 지역사회의 과거와 현재

또한 모든 장에서는 과학탐구 및 문제해결에 필요한 자료 분석 및 해석, 증거 제시하기, 모델 사용하기, 증거 평가하기, 설계하고 수행하기, 모델 개발하기, 설명 형성하기 등의 다양한 과학 핵심역량 경험을 중심으로 내용을 구성해 학생들에게 기회를 제공하고 있다. 예를 들면 1장의 판구조론에서 12개의 소주제로 구성되어 있으며 그중의 하나인 section 4의 판의 운동 및 상호작용(plate motions and interactions)에서 다음과 같은 학습경험을 제시하고 있다.

- 판의 경계에서 판이 어떻게 움직이고 작용하는지 모델을 사용하라
- 판의 경계에서 운동의 종류를 분류하기 위해서 지도상에서 나타나는 상대적인 판의 운동에 대한 자료를 수집하라
- 미래 판의 운동은 어떻게 될 것인지 판의 경계와 운동을 중심으로 자료를 분석하고

해석하라

- 판구조론을 지지하는 과학자들의 증거를 평가해보라

내용구성은 이와 같이 과학의 탐구 및 해결에 필요한 핵심역량을 중심으로 하여 구성되어 있음을 알 수 있다.

4) 미국 차세대과학교육표준(NGSS)과 지구과학교육과정

미국의 NGSS의 경우 과학교육 틀은 세 가지 차원에서 다루어지고 있다. 과학과 공학의 실천, 관통개념 그리고 교과 핵심 아이디어다. 즉 과학지식을 얻고 이해하는 방법에 대해서 그리고 각 과학분야가 여러 분야에서 보편적인 의미를 갖는 개념을 통해 어떻게 연결이 되는지에 대해서 알려주는 것이다. 3가지 차원을 차례대로 소개하면 다음과 같다.

차원 1 실천	(a) 과학자들이 세상에 대한 이론과 모델을 조사하고 개발하기 위해 사용하는 중요한 실천과 (b) 공학자들이 시스템을 설계하고 만들기 위해 사용하는 공학적 실천에 대하여 서술한다. '기술'이라는 용어 대신에 '실천'이라는 용어를 사용하는데 이는 과학적 탐구에는 기술뿐만 아니라 그 실천에 필요한 지식도 필요하기 때문이다. 마찬가지로 이전의 과학교육표준에서 상당히 많이 사용된 '탐구'라는 용어는 과학교육계에서 오랫동안 여러 가지 다른 의미로 해석되어 왔다. 따라서 차원 1에서 실천에 관해 상세히 서술한 일부 목적은 과학에서 탐구의 의미가 무엇이고, 그에 필요한 인지적, 사회적, 물리적 실천의 범위를 더 잘 구체화하기 위해서다. 탐구를 기반으로 하는 모든 과학수업이 그러하듯이 기대하는 것은 학생들이 간접적으로 실천에 관해 배우는 것이 아니라 직접 실천에 참여하는 것이다. 학생들이 직접 실천(과학적 공학적 수행)을 경험하지 않고는 과학 지식 자체의 본성과 과학적 실천을 충분히 이해할 수 없다.
차원 2 관통개념	교차 개념은 과학의 모든 분야에 걸쳐 적용 가능한 개념이다. 따라서 이런 개념들은 차원 3의 각 학문분야를 연결하는 통로를 제공한다. 이 교차 개념들은 이 보고서에서 유일하게 다루고 있는 것은 아니다. 이 개념들은 미국과학교육표준(National Science Education Standards), 과학소양기준(Benchmarks for Science Literacy), 성공적 대학교육을 위한 대학 위원회 과학교육표준(Science College Board Standards for College Success)에 있는 통합 개념 및 과정들을 반영하고 있다. 이 과학교육체계의 체제는 교과 내용뿐만 아니라 교과목 간 공통 아이디어와 실천을 고려할 필요성을 강조한 NSTA(미국과학교사협의회) 과학 앵커 프로젝트와 관련된 논의를 반영하고 있다.

차원 3 교과 핵심아이디어	과학 지식의 계속적인 증가는 유초중등 교육에서 각 학문 분야의 모든 아이디어를 가르치는 것을 불가능하게 만들었다. 손만 대면 거대한 정보가 펼쳐지는 정보화 시대에 있어서 과학교육의 중요한 역할은 학생들에게 '모든 사실'을 가르치는 것이 아니라 충분한 핵심 지식으로 무장함으로써 나중에 스스로 필요한 정보를 습득할 수 있도록 하는 것에 있다. 과학과 공학에서 소수의 아이디어와 실천에만 초점을 맞춘 교육은 학생들로 하여금 과학 정보원을 평가하고 신뢰성 있는 것을 선정하도록 하며, 유초중등 교육 과정을 이수한 후에도 과학 학습자로서, 과학 지식의 사용자로서, 어쩌면 과학 지식의 생산자로서 계속 발전 가능하게 할 것이다. 이러한 목표를 염두에 두고, 본 위원회는 아래 제시된 기준을 적용하여 과학과 공학의 핵심 아이디어를 선정했다. 모든 핵심 아이디어가 모든 기준을 만족하는 것은 아니지만 핵심 아이디어로 선정되기 위해서는 적어도 두 가지 이상의 (세 개 또는 네 가지 기준 모두를 만족시키는 것이 이상적이지만) 기준을 만족시켜야 한다. 1. 다수의 과학과 공학 과목에서 중요하게 다루어지거나, 한 과목을 구성하는 중심 아이디어의 중요성을 일반화한다. 2. 좀 더 복잡한 아이디어와 풀어야 하는 문제를 이해하거나 조사하는 데 주요한 도구를 제공한다. 3. 학생들의 흥미나 일상 경험과 관련이 있거나 과학적 또는 기술적 지식을 필요로 하는 사회적 또는 개인적 관심과 관련이 있는 아이디어가 되어야 한다. 4. 여러 학년에 걸쳐 깊이와 정교함의 수준을 높여가면서 가르치고 배울 수 있는 아이디어, 즉 어린 학생들에게도 가르칠 수 있으면서 다년간 계속해서 탐구를 지속할 수 있는 아이디어가 되어야 한다.

마지막 핵심 아이디어는 물상과학, 생명과학, 지구와 우주과학, 그리고 마지막으로 공학, 기술 및 응용과학으로 나누어져 있다. 지구와 우주과학에는 3개의 영역에 (1) 우주에서의 지구의 위치, (2) 지구의 시스템, (3) 지구와 인간활동으로 지구 행성의 역사로부터 자연 자원 및 재해, 그리고 지구 기후의 변화까지 다루고 있다. 각 영역에서는 성취기준 6-7개가 있으며 이것이 과학공학의 8가지 실천, 핵심 아이디어, 그리고 관통개념과 어떠한 관계가 있는지 소개하고 있다. 다음은 위의 (1) '우주에서의 지구의 위치'에서의 실천과, 관통개념 및 교과 핵심 아이디어에 기반하여 제시된 교육과정 내용이다.

〈HS-ESS1: 우주에서 지구의 위치〉

'ESS1: 우주에서 지구의 위치'에서 수행기대는 학생이 "우주는 무엇이고 그 안에서 지구의 위치는 무엇인가?"에 대한 답을 구성하는 것을 돕는다. 미국연구평의회가 출간한 과학체계에서 제시한 ESS1 교과 핵심 아이디어는 3개의 하위 아이디어로 나뉜다. 이는 우주와 별, 지구와 태양계, 행성 지구의 역사이다. 학생들은 태양계와 우주의 형성, 진화, 작용을 관장하는 과정을 연구한다. 빅뱅의 과정에서 그리고 별의 내부 중심에서 우리 세상의 물질이 어떻게 형성이 되는가를 이해하는 등 공부하는 개념은 과학에 본질적이다. 어떻게 태양 움직임의 단기적 변화가 인간에 직접적으로 영향을 미치는가와 같은 개념들은 실용적이다. 공학과 기술은 태양계와 우주의 형성에 관한 이론을 뒷받침하는 자료의 수집과 분석에 있어서 많은 역할을 한다. 이러한 교과 핵심 아이디어를 조직하는 개념으로서 관통 개념 중 규칙성, 규모/비율/양, 에너지와 물질, 과학·공학·기술의 상호 의존성이 요구된다. ESS1에서의 수행기대에서 학생들은 모델 개발 및 사용하기, 수학 및 전산적 사고 활용하기, 설명 구성하기, 정보수집, 평가 및 소통하기에서 숙달을 보일 것으로 기대되며 이러한 실천을 사용하여 학생들이 핵심 아이디어를 이해했음을 보일 것이다.

〈수행기대〉 (국내의 성취기준과도 같은 것이다)

HS-ESS1-1.* 태양의 일생과 결국 복사의 형태로 지구에 도달하는 에너지를 방출하는 태양의 핵에서 일어나는 핵융합의 역할을 보이기 위해 증거기반 모델 개발하기. [해설: 태양의 핵에서 핵융합을 통해 방출하는 에너지가 지구에 도착하는 에너지 전달 기제를 강조한다. 모델을 위한 증거의 예로 별의 질량 및 일생의 관찰, 태양의 플레어 현상(우주의 날씨), 11년의 태양 흑점 주기, 수세기에 걸친 비주기적 변화 때문에 일정하지 않은 태양의 복사이다.] [평가 범위: 평가에는 태양의 핵융합과 관련된 원자 및 아원자의 자세한 과정은 제외한다.]

HS-ESS1-2. 천문 증거인 빛스펙트럼, 멀리 떨어진 은하의 운동, 우주를 구성하는 물질을 이용하여 빅뱅이론에 대한 설명 구성하기. [해설: 우주가 팽창함을 알 수 있는 은하의 적색편이와, 빅뱅의 잔재인 우주배경 복사를 천문학적인 증거로 강조한다. 주로 별과 성간 기체(별에서 방출되는 전자기파의 스펙트럼으로 부터)에서 발견되는 우주의 일반적인 물질에 대한 구성요소를 조사하고, 빅뱅이론의 예측(3/4 수고, 1/4 헬륨)과 일치하는지 확인한다.]

HS-ESS1-3. 별이 일생 동안 원소를 생성하는 방법에 대한 과학적 아이디어 소통하기. [해설: 핵합성 과정과 그로 인해 생성되는 여러 원소가 별의 질량, 별의 일생 중의 주기에 따라 변함을 강조한다.] [평가 범위: 각각 다른 질량으로 인해 생기는 다양한 핵합성경로에 대한 자세한 과정은 제외한다.]

HS-ESS1-4. 수학적, 전산적 표현을 통해 태양계 안의 행성 궤도 운동 예측하기. [해설: 뉴턴의 만유인력 법칙이 인공위성과 행성, 달과 같은 행성의 궤도운동을 지배함을 강조한다.] [평가 범위: 물체의 만유인력에 관한 수학적 표상과 케플러의 궤도운동 법칙에서 두 개를 초과하는 물체나 미적분은 다루지 않는다.]

HS-ESS1-5. 지각의 암석 나이를 설명하기 위해 대륙판 및 해양판의 과거와 현재의 움직임과 판구조론에 대한 증거 평가하기. [해설: 판구조론이 오래된 지각의 암석을 설명할 수 있음을 강조한다. 예시로서 그 시대의 해양판들이 중앙 해령으로부터의 거리가 멀어진 것(그 결과 판들이 퍼지기 시작했다), 북아메리카 대륙판이 central ancient core로부터 멀어진 것(과거 판들의 상호작용의 결과)을 들 수 있다.

HS-ESS1-6. 고대 지구의 물질과 운석, 다른 행성 표면에서 유래한 증거와 과학적 추론을 적용하여 지구의 형성과 초기 역사에 관한 설명하기. [해설: 태양계 내에서 얻을 수 있는 증거를 이용하여 46억 년 전 나머지 태양계와 함께 형성한 초기 지구의 역사를 재구성하는 것을 강조한다. 증거의 예로 고대 물질의 절대 연령 (운석, 달에서 가져온 돌, 지구의 가장 오래된 광물을 방사성 연대 측정하여 얻어짐), 태양계 물체의 크기와 조성, 행성 표면의 운석 충돌 기록 등이다.]

* 읽는 방법 - HS-ESS-1: HS(High School) ESS(Earth Science and Space)교재의 1단원

과학과 공학실천	교과 핵심 아이디어	관통 개념
모델개발 및 사용하기 9학년부터 12학년에서 모델링은 8학년까지의 경험에 기반을 두어 모델을 사용, 종합, 개발해 자연 및 인공계의 계 사이 또는 계의 구성 요소의 변인 사이에 관계를 예측하고 나타내는 방향으로 진전한다. • 증거에 기초해 모델을 개발, 수정, 사용하여 계 사이의 관계 또는 계의 구성 요소간의 관계를 나타내고 예측한다. (HSESS1-1) **수학 및 전산적 사고의 활용하기** 9학년부터 12학년에서 수학 및 전산적 사고의 활용하기는 8학년까지의 경험에 기반을 두어, 자료를 분석, 표현, 모델링하기위해 대수적 사고와 분석, 삼각함수를 포함한 선형, 비선형 함수, 지수와 로그, 통계분석을 위한 컴퓨팅 도구를 사용하는 방향으로 진전한다. 간단한 컴퓨터 시뮬레이션을 기본 가정에 관한 수학적 모델에 기초하여 제작하고 사용한다. • 현상이나 설계안에 대한 수학적, 전산적, 알고리즘적 표상을 사용하여 주장, 설명을 기술한다. (HS-ESS1-4) **설명 구성하기 및 해결책 설계하기** 9학년부터 12학년에서 설명 구성하기 및 해결책 설계하기는 유치원에서 8학년까지의 경험에 기반을 두어, 학생 스스로 생성한 다양하고 독립적인 출처의 증거(과학적 아이디어, 원리, 이론에 잘 맞는)에 기초해 설명하고 설계하는 방향으로 진전한다. • 다양한 출처(학생 자신의 탐구조사, 모델, 이론, 시뮬레이션, 동료 검토 등)로부터 얻은 타당하고 신뢰할 수 있는 증거에 기초하며 오늘날 일어나는 자연세계를 설명하는 이론과 법칙이 과거에도 그러했고, 미래에도 그러할 것이라는 가정에 기초하여 과학적 설명을 구성하고 수정한다. (HSESS1-2) • 증거를 주장에 관련짓는 데에 과학적 논리, 이론, 모델을 적용하여 그 논리와 자료가 설명이나 결론을 뒷받침하는 정도를 평가한다. (HS-ESS1-6)	**ESS1.A: 우주와 별** • 별이라고 불리는 태양은 수명이 다하는 100억년 넘도록 변하고 빛을 내며 소진될 것이다. (HS-ESS1-1) • 빛스펙트럼과 밝기에 관한 별의 연구는 별의 구성 성분 확인과 별의 이동, 지구와의 거리에 대해 알기 위해 수행된다. (HS-ESS1-2), (HS-ESS1-3) • 빅뱅이론은 멀리 떨어진 은하의 우리 은하에 대한 후퇴와 별과 비성 간 가스, 지금까지 우주에 남아있는 최초의 복사 스펙트럼(우주배경복사)에 의해 뒷받침된다. (HS-ESS1-2) • 수소와 헬륨외의 원자들이 빅뱅이 일어났을 때 생성되었는데, 별 내부의 핵융합과정은 철보다 가벼운 모든 원자핵을 만들었고, 그 과정에서 전자기파 에너지를 방출하였다. 무거운 원소들은 특정 거대한 별이 초신성 단계까지 도달하여 폭발할 때 생성되었다. (HS-ESS1-2), (HS-ESS1-3) **ESS1.B: 지구와 태양계** • 케플러 법칙은 태양 주변을 타원 궤도운동을 하는 천체에 대한 일반적인 특징들을 설명해준다. 궤도는 중력의 영향이나 태양계의 다른 천체와의 충돌로 인해 변하기도 한다. (HS-ESS1-4) **ESS1.C: 행성 지구의 역사** • 대륙의 암석은 40억년보다 더 오래된 것일 수 있는데 일반적으로 2억년 정도 된 대양저 암석보다 오래되었다. (HS-ESS1-5)	**규칙성** • 경험적 증거는 규칙성을 확인하는데 필요하다. (HS-ESS1-5) **규모·비율·양** • 현상의 중요성은 그 발생 규모, 비례, 양에 따라 다르다. (HSESS1-1) • 대수적 사고를 사용하여 과학적 자료를 조사하고 변인 하나의 변화가 다른 변인에 미치는 영향을 예측할 수 있다. (예: 선형 증가인지 지수 함수적 증가인지) (HS-ESS1-4) **에너지와 물질** • 에너지는 생성되거나 파괴될 수 없다. 다만 한 장소에서 다른 장소로, 물체와 장 사이에서, 시스템 사이에서 이동할 뿐이다. (HS-ESS1-2) • 핵과정에서 원자는 보존되지 않는다. 그러나 총 양성자수와 중성자 수의 합은 보존된다. (HS-ESS1-3) **안정성과 변화** • 많은 과학에서 사물이 어떻게 변하고 어떻게 안정을 지속하는지에 관한 설명을 구성한다. (HS-ESS1-6)

과학과 공학실천	교과 핵심 아이디어	관통 개념
증기에 입각하여 논증하기 9학년부터 12학년에서 증거에 입각하여 논증하기는 유치원에서 8학년까지의 경험에 기반을 두어 적절하고 충분한 증거와 과학적 추론을 사용해 자연과 인공 세계에 관한 주장과 설명을 방어하거나 비판하는 방향으로 진전한다. 논증은 또한 최근의 과학 또는 과학사의 역사적 사건들로부터 올 수 있다. • 현재 인정된 설명이나 해결책의 바탕에 있는 주장, 증거 및 논리를 평가하여 논증의 가치를 확인한다. (HS-ESS1-5) **정보 수집, 평가 및 소통하기** 9학년부터 12학년에서 정보 수집, 평가 및 소통하기는 유치원에서 8학년까지의 경험에 기반을 두어, 주장, 방법 및 설계의 타당성과 신뢰성을 평가하는 방향으로 진전한다. • 과학 및 기술 정보나 아이디어(예: 현상에 관해서 또는 제안하는 과정, 시스템의 고안 및 개발 과정, 수행능력에 관해서)를 다양한 형태(예: 구두, 그래픽, 글, 수학)로 소통한다. (HS-ESS1-3) ••••• **과학의 본성과의 연계** **과학 모델, 법칙, 메커니즘, 이론들은 자연현상을 설명한다.** • 과학적 이론은 자연계의 몇몇 측면의 입증된 설명이며, 반복적인 관찰과 실험으로 검증이 되고, 과학사회에서 사실로 받아진 사실들에 기반하고 있다. 만약 새로운 증거가 발견된다면, 이론은 더 이상 수용될 수 없고, 일반적으로 새로운 증거를 반영하여 수정이 된다. (HS-ESS1-2), (HSESS1-6) • 모델, 기작, 그리고 설명들은 과학적 이론을 발전시키는 총괄적인 도구를 제공한다. (HS-ESS1-6)	• 비록 판의 이동과 융기 등의 지질학적 과정이 지구상에서 초기 암석 기록을 파괴하거나 변경하지만 월석이나 소행성, 운석과 같은 태양계의 물체는 수십 억 년 동안 거의 변하지 않았다. 이러한 물체에 대한 연구를 통해 지구의 형성과 초기 역사에 대한 정보를 얻을 수 있다. (HS-ESS1-6) **ESS2.B: 판구조론과 대규모 권의 상호작용** • 판구조론은 과거와 현재의 지각판의 이동과 지질학적 역사를 이해할 수 있는 틀을 제공하는 통일적 이론이다. (ESS2.B 8학년 GBE), (HS-ESS1-5에 부수적) **PS1.C: 원자핵 과정** • 연속적인 방사성 붕괴는 지수 함수적 붕괴 법칙을 따른다. 핵의 수명은 방사능 연대측정을 가능하게 하며 이는 암석이나 다른 물질의 연대를 결정하는데 사용된다. (HSESS1-5에 부수적), (HS-ESS1-6에 부수적) **PS3.D: 화학적 과정과 일상생활에서 에너지** • 태양의 중심에서의 핵융합 과정은 궁극적으로 지구에 복사의 형태로 도달한다. (HS-ESS1-2에 부수적) **PS4.B: 전자기 복사** • 각 원소의 원자들은 특정 주파수의 빛을 흡수 및 방출한다. 이러한 특성들은 미시적 양으로 원소의 존재에 대해 확인할 수 있게 해준다. (HS-ESS1-6)	••••• **공학, 기술, 응용과학과의 연결** **과학, 공학, 그리고 기술의 상호의존성** • 과학과 공학은 R&D라는 과정으로 알려진 것처럼 서로를 보완해준다. 많은 R&D 프로젝트들은 과학자, 공학자, 그리고 다른 다양한 전문 지식들을 포함한다. (HS-ESS1-2), (HSESS1-4) ••••• **과학의 본성과의 연계** **과학 지식은 자연계에 질서와 일관성을 가정한다.** • 과학 지식은 자연의 법칙이 현재에 작동하고, 과거에 작동했고, 미래에도 똑같이 작동한다는 가정에 기반하고 있다. (HS-ESS1-2) • 과학은 우주가 기본 법칙이 일정한 매우 큰 하나의 시스템 이라고 가정한다. (HS-ESS1-2)

4 우리나라 지구과학교육과정

이 절에서는 우리나라 지구과학 교육과정이 현재의 모습을 갖게 된 배경과 역사, 그리고 현재 지구과학 교육과정의 특성과 내용에 대해서 알아본다.

4.1 우리나라 지구과학 교육과정의 변천

1) 우리나라 교육과정의 변천

우리나라는 1945년 일제 강점기에서 해방되어 3년간의 미군정 시대를 맞이하였다. 이 시기에 미군정은 한국 사회에 미국식 민주주의 이념과 제도 및 미국식 교육제도를 도입하였다. 또한 나중에 국가교육과정 체제의 바탕이 되는 '교수요목'을 제시하여 학교에서 가르칠 내용에 대한 안내를 하였다. 그 이후로 2021년까지 7차례의 국가교육과정 개정과 3차례의 수시 개정이 있었다(표 2.6). 1948년 대한민국 정부가 수립되고, 1949년 교육법이 제정되었으나, 1950년 발발한 한국전쟁으로 인해서 제1차 국가교육과정은 1954년에 고시되었다. 1961년에 군부 정부가 들어섰으며, 1990년대 초반까지 지속되었다. 군부 정부 시기 동안에 개정된 교육과정은, 한편으로는 미국의 교육과정의 흐름을 반영하였으며, 다른 한편으로는 반공교육과 한국식 민주주의를 강조했다(소경희, 2019). 1987년 민주항쟁으로 사회 전반에 민주화가 진행되었으며, 이는 1992년 제6차 국가교육과정에 반영되어 기존의 중앙집권적인 교육과정을 지방분권형 교육과정으로 전환하였으며, 그 결과 시·도 교육청과 학교의 자율 재량권을 확대하였다(소경희, 2017). 1997년에 개정된 제7차 국가교육과정에서는 다양성을 존중하는 '학생 중심 교육과정'을 표방하고, 학교가 학생의 다양한 적성과 수준의 차이를 고려한 교육과정을 편성·운영할 수 있도록 하였다(소경희, 2017). 2009년 개정 국가교육과정에는 학교가 교육과정의 상당 부분을 자율적으로 결정할 수 있도록 여러 교과를 묶은 교과군 및 여러 학년을 묶은 학년군으로 구성했다. 또한 교과별로 기준 수업 시수의 20%까지 증감이 가능하도록 수업 시간 운영에 대한 권한의 일부를 학교에 부여했다. 고등학교의 경우는 '학교 자율과정'을 새롭게 도입하여 학교교육과정의 상당 부분을 학교 교사들의 전문적 판단에 맡겼다(교육과학기술부, 2009). 2015 개정 교육과정의 주요 개정 방향은 세 가지로, 문과와 이과 간 통합 교육 강화, 자유학기제의 도입, 역량 중심 교육과정의 추구 등이 이에 해당한다(교육부, 2015).

표 2.6 우리나라 교육과정의 변천(이규석, 2015)

기별	기간	특징	교육사조	고교 지구과학
군정기	1945~1954	과도기	요목중심, 교과중심	
제1차	1954~1963	진보적 시기	교과중심, 경험중심	지학
제2차	1963~1973		경험중심	
제3차	1973~1981	체계적 과학 지식·과학탐구 과정 중심	학문중심	지구과학
제4차	1981~1987		인간중심	
제5차	1987~1992			
제6차	1992~1997	분권화, 절충적		
제7차	1997~2006	학생중심	구성주의	
2007개정	2007~2009	수시개정, 주5일 수업제 대비		
2009개정	2009~2015	융합, 교과군, 학년군 도입		
2015개정	2015~	역량 중심, 통합교육, 자유학기제	사회재건론적 공학적	

2) 우리나라 과학교육과정의 변천

우리나라의 초·중등학교 과학과 교육과정은 개정 당시 국가의 정책 방향과 교육사조의 영향을 받아 개정되어왔다. 1945년 해방과 1950년부터 3년간의 한국전쟁을 겪은 후, 국가 기반 구축과 낙후한 사회간접자본 확충 및 국민의 생활을 향상시키는 것이 중요한 국가 정책이었다. 교수요목기와 제1, 2차 과학 교육과정에는 경험중심 교육사조의 영향을 받아 생활과 직접적으로 관련된 내용이 과학교육과정에 많이 포함되었다. 1962년부터 우리나라는 연속적으로 국가 경제개발 5개년계획을 수립·시행하면서 본격적으로 경제발전에 매진하였고, 과학기술 인력의 확충이 국가적 주요 목표가 되었다. 이를 반영하여 초·중등학교 과학교육의 중요성이 강조되었으며, 이러한 특성이 교육과정에도 반영되었다. 제3차 교육과정 개정기에는 학문중심 교육사조의 영향을 강하게 받아 우리나라 과학교육과정에 큰 변화가 일어났다(교육부, 1988). 핵심 과학 지식의 체계적인 학습이 강조되고 실험실습을 중시하는 과학 탐구 능력과 긍정적인 과학적 태도 함양을 중시하였다. 제4차 교육과정 이후에는 과학·기술·사회의 상호관계 인식이 점차 강조되었으며, 2009 교육과정 개정부터는 이에 더하여 과학의 융합적 측면이 강조되었다(임용우, 김영수, 2013). 지구과학 교육과정은 우리나라 교육과정과 과학과 교육과정의 변천이라는 큰 흐름과 발맞추면서도 나름대로의 특성을 보이며 발전해왔다.

3) 해방과 지구과학 과목의 성장

해방 후 미군정기의 교수요목기에는 학생들이 배워야 할 내용을 주로 안내하였으며, 시기와 학교에 따라 교과와 시수는 차이가 있었다. 과학 관련 과목은 초등학교 4, 5, 6학년에서 이과, 초급중학교에서는 일반과학, 그리고 고급중학교(고등학교)의 1, 2학년용 과학(물리), 과학(화학), 과학(생물), 3학년용 과학(물리, 화학, 생물) 과목이 주로 포함되었다(김헌수, 2006). 과학 내용은 공중위생, 김장 등과 같은 일상생활과 관련된 내용이 많았다. 초급중학교 일반과학의 내용 중 일부로 지구과학 내용도 포함되었으며, 공기, 기상, 천체, 암석과 토양, 광물과 금속, 나침반 등이었다(이규석, 2015). 고급중학교에서 지구과학 내용은 물리 과목 교수요목 중 개량과 단위 단원에 시간, 태양시, 표준시, 온도, 온도계, 기압, 기압계가 포함되었으며, 천체역에 지구의 공전과 자전, 태양계, 역, 일식, 월식이, 그리고 힘과 운동 단원에서 만유인력과 중력이 다루어졌다. 화학 과목 교수요목 중에서 지각의 구성, 지각의 변동, 지하자원을 포함하였다(교육부, 1988).

제1차 국가교육과정기에는 국민학교 전 학년에서 자연, 중학교에서 과학이 개설되었으며, 고등학교에서는 물리, 화학, 생물과 함께 새로운 과목으로 지학이 개설되었다. 고등학교에서는 과학의 4교과 중에서 필수 1교과, 선택 1교과를 학습하도록 되어 있었으며, 지학 교과는 전공 교사 부족, 대학 진학과 낮은 관련성 등으로 선택율이 높은 편은 아니었다(송희석, 1983). 이 당시 과학 과목의 내용은 과학과 실생활, 보건 등의 관계를 중시했다. 예를 들면, 중학교 과학 교육과정에서 지구과학 내용은 '계절과 일기는 우리들의 생활에 어떤 영향을 주나?' 등으로 되어있었다(임용우, 김영수, 2013). 고등학교 지학의 내용은 '지학은 무엇을 공부하는 학문인가?', '태양계와 지구', '암석과 생활', '우주', '대기 및 대기 중에 일어나는 일', '수권 및 수권 중에 일어나는 현상', '풍화와 침식', '지각변동',

'지구의 역사', '지학과 경제' 등이었다(교육부, 1988).

제2차 교육과정기의 과학 과목은 국민학교와 중학교는 이전과 동일하며, 고등학교는 물리, 화학, 생물, 지학 교과로 구성된 점은 동일하다. 다만 물리, 화학, 생물 교과는 각각 I과 II의 두 교과로 구성되고, 지학은 단일 교과였다. 지학의 주요 내용은 지구의 개관, 지각을 이루는 물질, 지표와 그 변화, 지각의 변동, 시각과 위치, 태양계, 항성과 우주, 대기의 상태와 운동 해수의 성질과 운동, 지구의 역사로 되어있다. 이상을 종합해보면 위 기간 동안 지구과학은 국민학교와 중학교에서는 각각 자연과 과학 교과의 일부로 포함되어 소개되었고, 고등학교에서는 1차 교육과정기에서부터 지학 과목이 새로 개설되어 2차 교육과정기까지 지속되었으며, 실생활과 관련성이 높은 내용으로 구성되었다.

4) 학문중심 교육과정과 지구과학 과목의 발전

지구과학 과목은 제3차 교육과정기에 큰 발전을 하게 된다. 제3차 교육과정은 1973년 공포되었으며, 이 시기에 우리나라는 산업화가 빠르게 이루어지던 때이다. 국제적으로는 미국과 (구)소련의 냉전으로 인한 미국 과학교육과정의 혁신적인 개정과 그 영향이 국제적으로 확산되었다. 당시 미국 연방정부의 지원으로 개발된 미국의 주요 과학교육과정은 우리나라 과학교육과정에도 심대한 영향을 주었다. 국민학교 1-6학년에는 자연, 중학교는 과학, 고등학교는 물리, 화학, 생물, 지구과학(8-10단위)이 제시되었으며, 인문계는 이 중에서 2과목 선택(16-20단위), 자연계는 4과목을 모두 선택(32-40단위)하도록 하였다. 이전 교육과정의 사조인 경험중심 또는 생활중심 교육사조를 벗어나서, 학문중심 교육사조를 반영하였다. 따라서 종래의 단편적 지식의 전수를 지양하고, 과학의 지식을 구조화 및 체계화하고, 자연을 탐구하는 과학적 탐구 능력과 과학에 대한 긍정적 태도를 익힐 수 있도록 지도내용을 정선하고 조직하였다. 실생활과의 관계가 약화되었으며, 학문 중심적인 내용으로 구성되었다(이규석, 2015).

지구과학교육과정은 미국의 지구과학교육과정프로젝트(ESCP: Earth Science Curriculum Project)의 영향을 받았다. 3차 지구과학교육과정의 내용은 표 2.7에 제시되어 있다. 지구, 물의 순환, 암석의 순환, 지구의 역사, 태양계와 우주의 5개 단원으로 이루어져 있으며, 지구과학 지식의 체계적 제시를 중시하였다. 예를 들면, 순환 개념을 중심으로 내용 체제를 구성하여, 물의 순환으로 대기, 해양 내용을 조직하고, 암석의 순환으로 지각의 변화와 운동을 다루었다. 또한 동일 과정설이 지구의 역사 이해에서 중요한 역할을 하였다 (표 2.7).

표 2.7 제3차 지구과학 교육과정의 내용(문교부, 1974)

단원	주요 내용
가. 지구	지구의 크기, 모양, 질량, 물질, 구조, 운동, 둘레의 역장 및 지구가 얻는 에너지 등을 포괄적으로 이해시킨다.
나. 물의 순환	물과 에너지가 대기권, 수권을 순환함을 이해시킨다.
다. 암석의 순환	암석은 풍화, 침식, 운반, 퇴적, 지각의 운동 과정을 통해서 순환하고 있음을 이해시킨다.
라. 지구의 역사	지질의 변화를 동일 과정설을 바탕으로 하여 이해시키고, 화석을 통하여 생물의 진화를 파악하게 한다.
마. 태양계와 우주	태양계의 구조와 운동 및 우주의 광대함을 알게 하여, 올바른 우주관을 가지게 한다.

제4차 교육과정기에는 3차 교육과정이 학문중심으로 구성되고 운영된 결과로 나타난 인간 소외현상과 관련된 폐단을 개선하고자 하였으나, 과학 교과는 큰 변화 없이 학문중심 교육과정의 성격이 유지되었다. 국민학교 1학년에서 자연 교과와 수학교과를 통합한 슬기로운 생활 과목을 새로 구성하였다. 초등학교 2-6학년은 자연, 중학교는 과학, 고등학교에서는 물리I, 화학I, 생물I, 지구과학I(각각 4-6단위) 과목을 모든 학생들이 공통 필수 과목으로 이수하도록 하여 편중을 막고자 하였다. 자연계 학생들은 물리II, 화학II, 생물II, 지구과학II(각 4단위)를 더 이수하도록 되어있었다. 학문중심교육과정의 영향이 유지되어 3차 교육과정과 비슷하게 기초개념을 중심으로 내용 선정이 이루어지고, 탐구 활동이 강조되었다. 초등학교 과학에서는 놀이를 통한 학습 강화, 환경오염, 자연보존, 에너지 절약 등 당면 문제도 선정하였다(임용우, 김영수, 2013). 고등학교의 지구과학I, II에는 학문중심교육과정의 영향이 강하게 남아있었다.

5) STS 인간중심 교육과정과 지구과학 교육의 전환

제5차 과학 교육과정에서는 학문중심 교육과정에 대한 비판을 수용하여 내용 수준을 낮추고, 실생활 문제를 도입하고자 하였다. 또한 '모든 이를 위한 과학'을 통한 국민의 과학적 소양 함양이라는 목표를 수용하여 과학-기술-사회(STS) 관련 내용을 적극적으로 반영하고자 하였다(이규석, 2015). 국민학교 1-2학년은 자연과 중심의 슬기로운 생활, 3-6학년은 자연, 중학교는 과학, 고등학교는 과학I(10단위, 필수), 과학II(8단위, 인문계), 물리(8단위, 자연계 필수), 화학(8단위, 자연계 필수), 생물(6단위), 지구과학(6단위) (생물과 지구과학 중 선택 1) 과목이 설정되었다. 과학I은 보편적 교양으로서 성격을 가지며, 생물과 지구과학 영역으로 구성되었다. 과학II는 인문 사회계열 학생을 대상으로 하며, 물리, 화학 영역에서 내용을 선정하여 조직하였다. 지구과학에서는 과학적 사고력과 창의적인 문제해결력 신장, 과학적 소양을 배양을 통한 과학 문화 보편화, 지구과학과 기술, 인간, 사회의 상호관계 인식 등을 강조하였다. 대체로 4차 교육과정과 유사한 내용 구성과 조직을 보였지만, 지구과학 교과 내용에 '환경과 자연'이 추가되었으며, 여기에는 인간과 자연환경, 지구의 자원, 미래 내용의 보완을 통해서 STS 교육을 강화하고자 하였다(교육부, 1988).

6차 과학교육과정부터 중앙집권적인 교육과정을 지방분권형 교육과정으로 전환을 더 강화하였다. 과학 교과에서는 학습 내용과 분량의 적절성 보완, 탐구 활동 강화, 흥미있는 소재 선정을 강조하였다(이규석, 2015). 국민학교에서는 슬기로운 생활(1, 2학년)이 자연과와 사회과의 통합과목으로 구성되고, 3-6학년에서는 자연, 중학교 과학, 고등학교 공통과학 (8단위), 물리, 화학, 생물, 지구과학의 I과목이 각각 4단위, 물리, 화학, 생물, 지구과학 II 과목이 각각 8단위씩 편성되었다. 인문계는 I과목을, 자연계는 II과목을 선택하는데 시도교육청이 지정할 수 있었다. 공통과학에는 과학의 탐구 단원과 현대 과학과 기술 단원이 포함되었다. 지구과학I의 지구의 과거와 미래 단원에는 미래와 관련하여 기후변화, 이상기후, 사막화 현상, 해수면의 변화, 환경과 자원 등이 포함되었다. 지구과학II에도 환경과 자원 단원이 제시되어, 기후변화, 이상기후, 사막화 현상, 해수면의 변화, 환경오염, 광물 자원, 에너지 자원, 기타 자원 등을 다루도록 하였다(교육부, 1992).

제7차 교육과정에서는 3-10학년 학생을 대상으로 국민공통기본교육과정으로 과학 과목을 설정하고, 모든 국민을 위한 교양으로서 과학 내용을 담고, 심화보충형 수준별 교양과정을 운영하도록 하였다(이규석, 2015). 고등학교 선택 중심 교육과정은 적성과 진로에 따른 선택의 폭을 넓혀주고 전문성을 심화할 수 있는 기회 제공을 위한 것이며, '생활과 과학'을 신설하고, 물리I, 화학I, 생물I, 지구과학I(각 4단위), 물리II, 화학II, 생물II, 지구과학II(각 6단위)로 구성하였다(이규석, 2015). 지구과학I은 과학기술, 정보사회의 시민으로서 지구과학적 소양을 갖추기 위한 과목으로, 하나뿐인 지구, 살아있는 지구, 신비한 우주 단원으로 구성되었다. 이 중에서 하나뿐인 지구 단원은 지구과학의 탐사, 구성 등과 함께 '지구 환경의 변화'를 다루며 여기에는 기후변화와 같은 지구 환경 변화의 이해가 포함되어 있다. 지구과학II는 이공계 진학자를 대상으로 하며, 지구의 물질과 지각변동, 대기의 운동과 순환, 해류와 해수의 순환, 천체와 우주, 지질 조사와 우리나라 지질 단원으로 구성되었다(교육부, 1997).

2007년 개정 교육과정은 기존의 교육과정 전면 일괄개편에서 상시 개편 체제로 전환을 시도한 것이다. 따라서 기본적으로 7차 교육과정의 기본 철학과 방향을 참조로 하였다. 7차 교육과정과 달라진 점은 생활과 과학 과목이 폐지되었으며, 물리I, 화학I, 생명과학I 지구과학I이 각각 6단위로 늘어났다. 물리II, 화학II, 생명과학II, 지구과학II는 각각 6단위로 동일하다. 지구과학I 민주시민으로서 갖추어야 할 지구과학에 대한 기초 소양 함양을 지향하며, 지구의 선물, 지구 활동과 자연재해, 변화하는 지구 환경, 우주탐사로 구성되었다(교육부, 2007). 지구과학II는 이공계 진학자를 위한 전공기초 소양 함양을 목적으로 하며, 지각의 물질과 지구의 역사, 대기의 순환, 해수의 성질과 운동, 천체와 우주, 탐구 활동으로 구성되었다.

5차 교육과정에서부터 2007 개정 교육과정은 학문중심 교육과정의 영향이 옅어지면서 STS교육이 점차 강조되는 경향을 보였다. 또한 고등학교에서 과학 통합 교과가 등장하였으며, 5차에서는 과학I, II로 시작하여 6차에서는 공통과학, 7차와 2007에서는 국민공통기본교육과정 과목으로서 과학으로 변화하였다. 6차 교육과정부터는 지구과학I과 II과목의 성격이 각각 교양과 전공기초로 구분되었다.

6) 융합교육과 과학관련 사회적 쟁점의 대두와 지구과학교육과정의 도전

2009 개정 교육과정에서는 교과군 접근을 통해서 교과간 소통과 내용의 통합 가능성을 증진 시키고자 하였다. 과학과는 기술·가정과와 교과군을 이루게 되었다. 또한 국민공통기본교육과정을 중학교 3학년까지로 조정하였으며, 기존의 특별활동과 재량활동을 통합하여 창의적 체험 활동을 도입하였다(이규석, 2015). 고등학교 과학은 선택과목 중 하나가

되었으며, 학생들이 민주 사회의 구성원으로 갖추어야 할 최소한의 과학적 소양을 함양하기 위한 과목으로 제1부 우주와 생명, 제2부 과학과 문명으로 통합적으로 구성되었다. 제1부는 우주의 탄생에서 태양계의 형성 및 생명체의 출현에 이르는 과정에 관한 주요 과학 개념의 이해를 다루었다. 제2부는 첨단과학 기술을 기반으로 하는 현대 사회에 대한 과학의 기여를 이해하고, 정보통신과 신소재, 인류의 건강과 과학기술, 에너지와 환경 등에 대한 기초적인 과학개념 학습을 도모하여, 과학의 주요 영역들이 균형을 이루면서 융합되도록 구성하였다. 과학 이외에도 5단위인 물리I, 화학I, 생명과학I, 지구과학I, 물리II, 화학II, 생명과학II, 지구과학II로 편성되었다. 지구과학I 과목은 현대 지식기반 사회의 시민이 갖추어야 할 지구과학에 대한 기초소양 함양을 목적으로 하며, 단원은 소중한 지구, 생동하는 지구, 위기의 지구, 다가오는 우주로 이루어졌다. 지구과학II는 지구과학에 흥미가 많거나 이공계 진학 희망 학생을 대상으로 하며, 지구와 우주에 대한 현상을 전체적인 관점에서 볼 수 있도록 지구의 구조와 지각의 물질, 지구의 변동과 역사, 대기와 해양의 운동과 상호작용, 천체와 우주로 구성되었다(이규석, 2015).

4.2 2015 과학 및 지구과학 교육과정의 성격과 목적

2015 교육과정에서 지구과학은 과학 교과의 다른 과목들과 성격이나 목적과 내용을 상당 부분 공유하며, 서로 긴밀한 연계를 갖는다. '과학'은 초등학교 1, 2학년의 통합교과 과목인 '슬기로운 생활', 초등학교 3학년에서 중학교 3학년까지 공통교육과정 과목으로 과학, 고등학교 1학년의 '통합과학' 및 '과학탐구실험' 그리고 고등학교 선택 교육과정의 일반선택 과목으로 '물리학I', '화학I', '생명과학 I ', '지구과학 I ', 진로선택과목으로 '물리학II', '화학II', '생명과학II', '지구과학II', '과학사', '생활과 과학', '융합과학' 과목으로 구성되어 있다. 그 중에서도 공통교육과정 과목인 과학은 다른 과학 영역과 함께 지구와 우주 영역 내용을 포함하고 있으며, 지구과학I과 지구과학II 학습의 바탕을 제공하고 있으므로 그 성격과 목적을 먼저 살펴본다.

1) 과학과 교육과정의 지향

2015 교육과정의 '과학' 교과는 모든 학생에게 과학적 소양을 함양시키는 것을 목적으로 하고 있다. 교육부(2015)는 '과학' 교과의 성격을 "모든 학생이 과학 개념을 이해하고 과학적 탐구 능력과 태도를 함양하여 개인과 사회의 문제를 과학적이고 창의적으로 해결할 수 있는 과학적 소양을 기르기 위한 교과이다."로 규정하고 있기 때문이다. 이렇게 함양한 과학적 소양은 과학과 사회의 올바른 상호 관계 인식을 바탕으로 바람직한 민주 시민으로 성장하는 것과 연결시켜서 과학적 소양이 현대 민주사회 시민으로서 중요한 자질임을 밝히고 있다.

과학과의 내용은 운동과 에너지, 물질, 생명, 지구와 우주 영역의 핵심 개념의 체계적 구성에 더해서 통합 주제로 과학과 나의 미래, 재난과 안전, 과학기술과 인류 문명을 다루고 있어서 과학적 소양 함양을 통한 민주 시민으로 성장을 도모하고 있다.

또한 과학과 학습을 통해서 미래 시민으로서 필요한 핵심역량 함양을 강조하고 있다. 과학과 핵심역량으로는 과학적 사고력, 과학적 탐구 능력, 과학적 문제해결력, 과학적 의사소통 능력, 과학적 참여와 평생 학습 능력을 제시하고 있다. 2015 과학과 교육과정에서 중요시하는 것이 과학적 소양과 과학과 핵심역량 함양임을 알 수 있다. 먼저 과학적 소양과 과학과 핵심역량에 대해서 서술하였다.

(1) 과학적 소양

과학적 소양은 1980년대부터 세계 주요 국가의 과학교육의 목표로 제시되어 왔다. 미국 전국과학교사협회(NSTA, 1990)는 과학 및 기술적 소양을 갖춘 사람이 갖춘 능력을 17가지로 서술하였다. 이를 주요 범주로 요약하면 과학 지식과 가치의 활용능력, 과학에 대한 흥미와 가치, 과학적 사고방식의 생활화, 과학의 본성에 대한 이해, 과학-기술-사회(STS)에 대한 이해 등이다. 미국 전미연구평의회(NRC: National Research Council, 1996)에서는 미국 국가과학교육 표준(NSES) 개발과정에서 과학적 소양 함양을 주목적으로 삼고, 이를 기르기 위해 다음과 같은 능력의 신장을 목적으로 삼았다.

① 자연 세계에 대해서 풍부하고 환희에 찬 앎과 이해를 경험한다.
② 개인적 의사결정 과정에서 적절한 과학 과정과 원리를 이용한다.

③ 과학과 기술 관련 문제에 대한 공공적인 대화와 토론에 참여한다.

④ 과학 지식, 이해, 기능을 활용하여 자신들의 경제적 생산성을 증대시킨다.

OECD-PISA의 2015 과학적 소양의 정의는 '성찰적인 시민으로서 과학 관련 쟁점과 과학 아이디어에 참여할 수 있는 능력이다.' 따라서 과학적으로 소양이 있는 사람은 과학과 기술과 관련된 담화에 지식과 이해를 바탕으로 의지를 가지고 참여한다. 여기에는 다음과 같은 역량을 필요로 한다.

- 현상을 과학적으로 설명한다.
  상당한 범위의 자연적 및 기술적 현상에 대한 설명을 인식하고, 제공하고 평가한다.
- 과학 탐구를 평가하고 설계한다.
  과학적 조사를 서술하고 평가하며, 문제를 과학적으로 접근하는 방식을 제안한다.
- 자료와 증거를 과학적으로 해석한다.
  다양한 표현 방식으로 자료, 주장, 논쟁을 분석 및 평가하고, 적절한 과학적 결론을 이끌어낸다.

이처럼 과학적 소양에 대한 정의는 점차 확장되어 왔다. Roberts(2007)는 과학적 소양에 대한 비전이라는 개념을 이용하여 과학적 소양에 대한 비전을 종합하였다. 과학적 소양 비전I은 미래 과학 전문가 양성을 주 목적으로 하며, 과학의 이해를 계발하는 것을 목적으로 하며, 과학 내용과 과정의 학습을 중요시한다. 이에 비해서 과학적 소양 비전II는 모든 이를 위한 과학을 지향하며, 과학과 기술·사회·환경과의 관계적 맥락과 과학의 활용을 강조한다(Roberts, 2007). 이에 더해서 최근에는 과학적 소양 비전III가 제안되었다. 여기에는 사회·문화·정치·환경적 문제에 대한 실제적이고 민주적인 과학적 참여(scientific engagement)를 중요하게 요구한다(Sjöstrom과 Eilks, 2017). 2015 과학과 교육과정은 과학적 소양 비전 I, II, III 측면을 균형있게 포함하고 있는 것으로 볼 수 있다.

(2) 과학과 핵심역량

'역량'이란 본래 직업 교육이나 훈련 분야, 혹은 성인교육 분야에서 논의되어 온 것으로, 숙달하고자 하는 직무나 업무를 성공적으로 수행해내는 것과 관련된 개념이다(소경희,

2007). 1997년에 시작된 OECD 지원 프로젝트와 그 산출물(Rychen와 Salganik, 2003)은 '역량'을 직업 분야가 아닌 인간 전체의 삶과 관련하여 논의함으로써 역량이 인간의 전체적인 삶의 질과 관련하여 중요함을 인식시켜 주었으며, 이에 대한 학교교육의 관심을 촉구하는 계기가 되었다. 최근 세계 각국에서 미래 사회의 변화된 상황에 맞추어 학교 교육의 방향을 근본적으로 재조정하려는 노력이 진행되고 있다. 그리고 이러한 교육 개혁의 핵심 키워드로 등장하게 된 것이 핵심역량이다. 핵심역량의 등장은 종래의 지식 중심, 전달 위주의 학교 교육에서 벗어나 학습자가 실제로 정보와 지식을 활용할 수 있는 능력의 함양이 필요하다는 인식에 근거한 것이다(OECD, 2003; 곽영순, 2013).

미래 사회가 요구하는 우리나라 사람들의 주요 핵심역량으로 문제해결력, 의사소통능력, 정보활용능력, 기초학습능력 등을 규명하였다(곽영순, 2013). 이광우 외(2008)의 연구에서는 우리나라 초·중·고등학교 교육에서 강조해야 할 10가지 핵심역량으로 1) 기초학습능력, 2) 정보 처리능력, 3) 대인관계능력, 4) 의사소통능력, 5) 자기관리능력, 6) 진로개발능력, 7) 시민의식, 8) 국제사회 문화 이해, 9) 창의력 및 10) 문제해결능력을 제안하였다. 『2015 개정 교육과정』은 총론에서 핵심역량을 주요 목표로 제시하였다. 이는 '자기관리 역량', '지식정보처리 역량', '창의적 사고 역량', '심미적 감성 역량', '의사소통 역량', '공동체 역량' 등 6가지이다(교육부 2015).

- 자기 관리 역량 - 자아정체성과 자신감을 가지고 자신의 삶과 진로에 필요한 기초 능력과 자질을 갖추어 자기주도적으로 살아갈 수 있는 능력
- 지식정보처리 역량 - 문제를 합리적으로 해결하기 위하여 다양한 영역의 지식과 정보를 처리하고 활용할 수 있는 능력
- 창의적 사고 역량 - 폭넓은 기초 지식을 바탕으로 다양한 전문 분야의 지식, 기술, 경험을 융합적으로 활용하여 새로운 것을 창출하는 능력
- 심미적 감성 역량 - 인간에 대한 공감적 이해와 문화적 감수성을 바탕으로 삶의 의미와 가치를 발견하고 향유할 수 있는 능력
- 의사소통 역량 - 다양한 상황에서 자신의 생각과 감정을 효과적으로 표현하고 다른 사람의 의견을 경청하며 존중하는 능력
- 공동체 역량 - 지역·국가·세계 공동체의 구성원에게 요구되는 가치와 태도를 가지고 공동체 발전에 적극적으로 참여하는 능력

한편 2015 개정 교육과정에서는 총론의 핵심역량 이외에도 교과별 핵심역량이 제시되었다. 이는 교과내용을 보다 교과답게 가르치는 방편으로 핵심역량을 도입한다는 점이다(곽영순, 2013). 전통적인 과학과 교육과정의 학습목표는 과학적 앎과 그 실천방법을 성취하는 데 있으며 따라서 학습한 지식의 축적과 재생산이 요구되었던 것에 반해서(Kwak과 Lee, 2007), 핵심역량 중심의 과학과 교육과정에서는 단순한 앎의 형성뿐만 아니라 형성된 앎을 바탕으로 한 실천 능력의 획득을 강조한다(곽영순, 2013). 2015 과학과 교육과정에서는 기본 과학 개념의 통합적인 이해 및 탐구 경험을 통하여 '과학적 사고력', '과학적 탐구 능력', '과학적 문제해결력', '과학적 의사소통 능력', '과학적 참여와 평생 학습 능력' 등의 과학과 핵심역량을 함양하도록 하였다. 각각에 대한 자세한 내용은 다음과 같다(교육부, 2015).

과학적 사고력은 과학적 주장과 증거의 관계를 탐색하는 과정에서 필요한 사고이다. 과학적 세계관 및 자연관, 과학의 지식과 방법, 과학적인 증거와 이론을 토대로 합리적이고 논리적으로 추론하는 능력, 추리 과정과 논증에 대해 비판적으로 고찰하는 능력, 다양하고 독창적인 아이디어를 산출하는 능력 등을 포함한다.

과학적 탐구 능력은 과학적 문제해결을 위해 실험, 조사, 토론 등 다양한 방법으로 증거를 수집, 해석, 평가하여 새로운 과학 지식을 얻거나 의미를 구성하는 능력을 말한다. 과학적 탐구를 위해서는 과학 탐구 기능과 지식을 통합하여 적용하고 활용하는 능력이 필요하며 과학적 사고력이 이 과정에 기초가 된다.

과학적 문제해결력은 과학적 지식과 과학적 사고를 활용하여 개인적 혹은 공적 문제를 해결하는 능력이다. 일상생활의 문제를 해결하기 위해 문제와 관련 있는 과학적 사실, 원리, 개념 등의 지식을 생각해 내고 활용하며 다양한 정보와 자료를 수집, 분석, 평가, 선택, 조직하여 가능한 해결 방안을 제시하고 실행하는 능력이 필요하다. 문제 해결력은 문제 해결 과정에 대한 반성적 사고 능력과 문제 해결 과정에서의 합리적 의사 결정 능력도 포함한다.

과학적 의사소통 능력은 과학적 문제해결 과정과 결과를 공동체 내에서 공유하고 발전시키기 위해 자신의 생각을 주장하고 타인의 생각을 이해하며 조정하는 능력을 말한다. 말, 글, 그림, 기호 등 다양한 양식의 의사소통 방법과 컴퓨터, 시청각 기기 등 다양한 매체를 통하여 제시되는 과학기술 정보를 이해하고 표현하는 능력, 증거에 근거하여 논증 활동을 하는 능력 등을 포함한다.

과학적 참여와 평생 학습 능력은 사회에서 공동체의 일원으로 합리적이고 책임 있게 행동하기 위해 과학기술의 사회적 문제에 대한 관심을 가지고 의사 결정 과정에 참여하며 새로운 과학기술 환경에 적응하기 위해 스스로 학습해 나가는 능력을 가리킨다.

2) 과학과의 목표

2015 과학과 목표는 기존 교육과정 목표와 공통적인 부분과 새로운 부분이 있다. 과학적 탐구 능력과 기본 개념, 과학적 태도, 과학기술과 사회에 대한 인식을 강조하는 점은 기존 흐름의 연장선에 있다. 여기에 더해서 민주시민으로서 소양, 평생학습 능력을 추가하여 과학적 소양 측면에서 포괄적인 측면을 보여준다. 교육부(2015)의 2015 과학 교과 교육과정의 목표는 다음과 같다.

'자연 현상과 사물에 대하여 호기심과 흥미를 가지고, 과학의 핵심 개념에 대한 이해와 탐구 능력의 함양을 통하여, 개인과 사회의 문제를 과학적이고 창의적으로 해결하기 위한 과학적 소양을 기른다.' 세부목표는 다음과 같다.

가. 자연 현상에 대한 호기심과 흥미를 갖고, 문제를 과학적으로 해결하려는 태도를 기른다.
나. 자연 현상 및 일상생활의 문제를 과학적으로 탐구하는 능력을 기른다.
다. 자연 현상을 탐구하여 과학의 핵심 개념을 이해한다.
라. 과학과 기술 및 사회의 상호관계를 인식하고, 이를 바탕으로 민주 시민으로서의 소양을 기른다.
마. 과학 학습의 즐거움과 과학의 유용성을 인식하여 평생 학습 능력을 기른다.

한편 고등학교 '통합과학'은 자연 현상을 통합적으로 이해하고, 이를 기반으로 자연 현상과 인간의 관계에 대한 이해, 과학기술의 발달에 따른 미래 생활 예측과 적응, 사회 문제에 대한 합리적 판단 능력 등 미래 사회에 필요한 과학적 소양 함양을 위한 과목이다. '통합과학'의 초점은 우리 주변의 자연 현상과 현대사회의 문제에 대한 통합적 이해를 추구하고 합리적 판단을 할 수 있는 민주 시민으로서의 기초 소양을 기르는 데 둔다.

통합적인 측면을 강조하고 있으며, 과학적 소양 함양을 목적으로 하고, 과학과 핵심역량 신장을 도모한다는 점은 과학과와 유사하다. 또한 통합과학 과목의 목표는 과학과의 목표와 동일하게 진술되어 있다.

3) 지구과학I의 성격과 목표

지구과학I은 시민이 갖추어야 할 지구과학에 대한 기초소양을 기르기 위한 과목이다. '지구과학I'은 지구와 우주에 대한 통합적인 이해를 바탕으로 현대 지식 기반 사회의 시민이 갖추어야 할 지구과학에 대한 기초 소양을 함양하기 위한 과목이다(교육부, 2015). 지구과학I 또한 교과 핵심 역량을 강조하고 있으며, 세부 핵심역량은 과학과 동일하다. 지구과학I은 지구과학에 대한 기초소양을 주목표로하기 때문에 과학과 목표와 유사한 특성을 보인다. 과목의 특성과 관련하여 내용이 과학에서 지구과학으로 좁혀져 있다는 점과, 지구와 우주의 소중함과 아름다움에 대한 인식을 강조하고 있음을 알 수 있다. 다음은 교육과정에 제시된 지구과학I의 목표이다.

지구와 우주에 대하여 흥미와 호기심을 가지고 탐구하여 지구의 소중함과 아름다움을 인식하고, 지구과학의 기본 개념을 이해하며, 과학적 사고력과 창의적 문제 해결력을 길러, 지구과학과 관련된 다양한 문제를 과학적으로 이해하고 해결하는 데 필요한 능동적인 태도와 과학적 소양을 기른다. 또한 지구과학의 탐구 방법을 이해하고 이를 활용하여 실제로 일상생활에서 지구과학 관련 문제를 탐구할 수 있는 능력과 과학과 핵심 역량을 함양한다.

가. 지구와 우주의 소중함과 아름다움을 인식하고, 흥미와 호기심을 가지고, 지구와 우주에 관한 문제를 과학적으로 해결하고 실천에 옮기는 태도를 기른다.
나. 지구와 우주를 과학적으로 탐구하는 능력을 기르고, 지구과학과 관련된 전 지구적 및 일상생활의 문제를 과학적으로 탐구하고 해결하는 능력을 기른다.
다. 지구와 우주에 관한 지구과학의 핵심 개념을 이해한다.
라. 과학·기술·사회의 상호 관계를 인식하고, 이를 바탕으로 민주 시민으로서의 소양을 기른다.
마. 지구과학 학습의 즐거움과 지구과학의 유용성을 인식하여 평생 학습 능력을 기른다.

4) 지구과학II의 성격과 목표

'지구과학II'는 지구와 우주에 대해 흥미가 많은 학생과 이공계 진학자를 위한 과목이다. 주변 현상과 시·공간적으로 밀접하게 관련된 지구와 우주에 관한 현상에 대한 기본 개념을 체계적으로 이해하는 데 초점을 맞추며, 지구와 우주 및 주변 환경의 변화에 대한 인간의 탐구 노력과 지구과학 지식의 발달 과정을 이해하여 관련 분야로 진학하는 데 필요한 지식과 탐구 능력 및 창의성을 갖게 한다. 또한 지구과학과 관련된 핵심 개념을 심도 있게 다루고 있는 '지구과학II'는 지적 호기심을 충족시키고 지구와 우주 연구의 중요성을 인식하게 한다(교육부, 2015). 지구과학II 또한 교과 핵심 역량을 강조하고 있으며, 세부 핵심역량은 과학과 동일하다. 지구과학II는 이공계 진학자를 위한 과목으로서 지구과학과 관련된 핵심 개념에 대한 심도있는 이해와 지적 호기심 충족, 지구와 우주 연구의 중요성 인식 등을 강조한다. 지구과학II의 목표는 다음과 같다.

지구와 우주에 대하여 흥미와 호기심을 가지고 탐구하여 지구의 소중함과 아름다움을 인식하고, 지구과학의 기본 개념을 이해하며, 과학적 사고력과 창의적 문제 해결력을 길러, 지구과학과 관련된 다양한 문제를 과학적으로 이해하고 해결하는 데 필요한 능동적인 태도와 과학적 소양을 기른다. 또한 지구과학의 탐구 방법을 이해하고 이를 활용하여 실제로 일상생활에서 지구과학 관련 문제를 탐구할 수 있는 능력과 과학과 핵심 역량을 함양한다.

가. 지구와 우주의 소중함과 아름다움을 인식하고, 흥미와 호기심을 가지고, 지구와 우주에 관한 문제를 과학적으로 해결하고 지속적으로 탐구하려는 태도를 기른다.
나. 지구와 우주를 과학적으로 탐구하는 능력을 기르고, 지구과학과 관련된 지구적 및 일상생활의 문제를 과학적으로 탐구하고 해결하는 능력을 기른다.
다. 지구와 우주에 관한 지구과학의 핵심 개념을 체계적으로 이해한다.
라. 과학·기술·사회의 상호 관계를 인식하고, 이를 바탕으로 민주시민으로서의 소양을 기른다.
마. 지구과학 학습의 즐거움과 지구과학의 유용성을 인식하며 평생 학습 능력을 기른다.

4.3 2015 개정 교육과정의 과학, 지구과학I, II 교육과정의 내용

2015년 개정 과학 및 지구과학 교육과정의 내용은 앞에서 서술된 성격과 목적을 반영하여 구성한 것이다. 과학 내용 중 지구과학 관련된 부분, 지구과학 I, II 의 내용을 차례로 소개한다. 먼저 2015 개정 교육과정의 내용은 내용 체계와 성취기준으로 구성되어 있다. 먼저 과학과의 내용을 소개하면서 내용 구성을 예로서 소개한다.

1) 과학과 교육과정의 내용

(1) 과학과 내용체계

과학과 내용체계는 과학 교육과정에 포함된 내용에 대한 전반적인 정보를 제공한다. 2015 과학과 교육과정에서 내용체계는 영역, 핵심개념, 일반화된 지식, 내용 요소, 기능을 이용하여 제시되어 있다. 과학의 주요 영역은 '힘과 운동', '전기와 자기', '열과 에너지', '파동', '물질의 구조', '물질의 성질', '물질의 변화', '생명과학과 인간의 생활', '생물의 구조와 에너지', '항상성과 몸의 조절', '생명의 연속성', '환경과 생태계', '고체지구', '대기와 해양', '우주'로 되어있다(교육부, 2015). 각각의 주요 내용영역은 다시 핵심개념으로 세분된다. 핵심개념은 과학의 주요 영역을 이해하는 데 필요한 기본적인 개념으로 미국의 차세대과학교육표준(NGSS)의 영역별 핵심 아이디어(core ideas)와 유사하다. 예를 들면, 2015 교육과정의 고체지구 영역의 핵심개념은 '지구계와 역장', '판구조론', '지구 구성 물질', '지구의 역사'이다. 핵심 개념의 이해를 돕기 위하여 각 핵심개념마다 일반화된 지식이 서술되어 있다. 여기에는 핵심개념의 주요 부분에 대해서 문장 형태의 과학 내용이 진술되어 있다. 예를 들면, 지구계와 역장이라는 핵심개념에는 다음 두 개의 일반화된 지식이 제시되어 있다.

- 지구계는 지권, 수권, 기권, 생물권, 외권으로 구성되고, 각 권은 상호작용한다.
- 지구 내부의 구조와 상태는 지진파, 중력, 자기장 연구를 통해 알아낸다.

내용 요소는 핵심개념이나 관련된 일반화된 지식과 관련된 내용 중에서 교육과정에서 다루어지는 주제이다. 내용요소는 학년군에 따라 어떤 주제가 다루어지는지를 쉽게 알 수 있도록 제시되어 있다. 기능은 과학 탐구와 관련된 하위 요소를 다루고 있으며, 영역이나 학년군에 따라 구분되어 있지는 않다. 과학과의 기능에는 문제인식, 탐구 설계와 수행, 자료의 수집·분석 및 해석, 수학적 사고와 컴퓨터 활용, 모형의 개발과 사용, 증거에 기초한 토론과 논증, 결론 도출 및 평가, 의사소통이 포함된다.

표 2.8 2015 과학 교과의 내용체계(교육부, 2015)

영역	핵심 개념	일반화된 지식	내용 요소			기능
			초등학교		중학교	
			3~4학년	5~6학년	1~3학년	
고체 지구	지구계와 역장	지구계는 지권, 수권, 기권 생물권, 외권으로 구성되고, 각 권은 상호작용한다.	• 지구의 환경		• 지구계의 구성 요소	• 문제 인식 • 탐구 설계와 수행 • 자료의 수집·분석 및 해석 • 수학적 사고와 컴퓨터 활용 • 모형의 개발과 사용 • 증거에 기초한 토론과 논증 • 결론 도출 및 평가 • 의사 소통
		지구 내부의 구조와 상태는 지진파, 중력, 자기장 연구를 통해 알아낸다.			• 지권의 증상 구조 • 지각 • 맨틀 • 핵	
	판구조론	지구의 표면은 여러 개의 판으로 구성되어 있고 판의 경계에서 화산과 지진 등 다양한 지각 변동이 발생한다.	• 화산 활동 • 지진 • 지진 대처 방법		• 지진대 • 화산대 • 진도와 규모 • 판 • 베게너의 대륙이동설	
	지구구성 물질	지각은 다양한 광물과 암석으로 구성되어 있고, 이 중 일부는 자원으로 활용된다.	• 흙의 생성과 보존 • 풍화와 침식 • 화강암과 현무암 • 퇴적암		• 광물 • 암석 • 암석의 순환 • 풍화 작용 • 토양	
고체 지구	지구의 역사	지구의 역사는 지층의 기록을 통해 연구한다.	• 지층의 형성과 특성			
		지질 시대를 통해 지구의 환경과 생물은 끊임없이 변해왔다.	• 화석의 생성 • 과거의 생물과 환경			

대기와 해양	해수의 성질과 순환	수권은 해수와 담수로 구성되며, 수온과 염분 등에 따라 해수의 성질이 달라진다.	• 바다의 특징 • 물의 순환		• 수권 • 해수의 증상 구조 • 염분비 일정 법칙	
		해수는 바람, 밀도 차 등 다양한 요인들에 의해 운동하고 순환한다.			• 우리나라 주변 해류 • 조석 현상	
	대기의 운동과 순환	기권은 성층구조를 이루고 있으며, 위도에 따른 열수지 차이로 인해 대기의 순환이 일어난다.			• 기권의 증상 구조 • 복사 평형 • 온실 효과 • 지구 온난화	
		대기의 온도, 습도, 기압 차 등에 의해 다양한 기상 현상이 나타난다.		• 습도 • 이슬과 구름 • 저기압과 고기압 • 계절별 날씨	• 상대 습도 • 단열 팽창 • 강수 과정 • 기압과 바람 • 기단과 전선 • 저기압과 고기압 • 일기도	
우주	태양계의 구성과 운동	태양계는 태양, 행성, 위성 등 다양한 천체로 구성되어 있다.	• 지구와 달의 모양 • 지구의 대기 • 달의 환경	• 태양 • 태양계 행성 • 행성의 크기와 거리	• 지구와 달의 크기 • 지구형 행성과 목성형 행성 • 태양 활동	
	태양계의 구성과 운동	태양계 천체들의 운동으로 인해 다양한 현상이 나타난다.		• 낮과 밤 • 계절별 별자리 • 달의 위상 • 태양 고도의 일변화	• 지구의 자전과 공전 • 달의 위상 변화 • 일식과 월식	
	별의 특성과 진화	우주에는 수많은 별들이 존재하며, 표면 온도, 밝기 등과 같은 물리량에 따라 분류된다.		• 별의 정의 • 북쪽 하늘 별자리	• 연주 시차 • 별의 등급 • 별의 표면 온도	
	우주의 구조와 진화	우리은하는 별, 성간 물질 등으로 구성된다.			• 우리은하의 모양과 구성 전체	
		우주는 다양한 은하로 구성되며 팽창하고 있다.			• 우주 팽창 • 우주 탐사 성과와 의의	

'과학'의 내용은 운동과 에너지, 물질, 생명, 지구와 우주와 같은 4가지 영역으로 이루어져 있다. 그 중에서 지구과학과 관련된 영역인 '지구와 우주' 영역은 다시 고체 지구, 대기와 해양, 우주의 하위 영역으로 세분된다. 3-4학년군에는 주로 고체지구 내용이 배치되어 있으며, 5-6학년군에는 우주 내용이 주로 배치된다. 해수 관련 내용은 3-4학년군에 대기 관련 내용은 5-6학년에 배치되어 있다. 초등학교 과학에는 지구의 환경, 흙, 지층, 화석, 바다, 지구와 달과 같은 주변의 현상과 주제 위주로 제시되어 있다. 중학교 과학에는 모든 세부 영역의 내용 요소들이 기본 개념을 중심으로 제시되어 있다(표 2.8).

(2) 과학과 성취기준

국가 수준에서는 교육과정 성취기준을 "학생들이 교과를 통해 배워야 할 내용과 이를 통해 학습을 한 후에 할 수 있거나 할 수 있기를 기대하는 능력을 결합하여 나타낸 수업 활동의 기준"(교육부, 2015b, '일러두기')으로 정의하고 있다. 즉, 교육과정 성취기준이란 수업 활동의 기준이 되는 것으로서 학생들이 교과 학습을 통하여 성취해야 할 내용과 능력을 진술한 것이라고 할 수 있다. 여기서 내용이란 교과 지식을 의미하는 것으로 볼 수 있고, 능력이란 각 교과의 핵심 역량을 비롯하여 각 교과에서 기르고자 하는 기능과 역량을 모두 포함하는 것이라고 할 수 있다.

2015년 개정 과학교육과정에서 각 내용요소는 하나의 단원으로 구성되어 제시된다. 각 단원은 전반적인 내용과 능력 및 태도의 서술과, 성취기준, 탐구 활동, 학습요소, 성취기준 해설, 교수-학습 방법 및 유의사항, 평가 방법 및 유의 사항으로 구성되어 있다. 과학과 교육과정 3-4학년군의 지층과 화석 단원을 예로 살펴보자. 여기에는 먼저 지층과 화석 단원 내용에 대한 전반적인 개요가 서술되어 있고, 이어서 [4과06-01]과 같은 고유번호가 주어진 성취기준이 점선 박스 안에 제시된다. 뒤이어 이 단원에서 다루어야 하는 탐구 활동으로 지층이 쌓이는 순서, 퇴적암 관찰하기, 화석을 관찰하고 화석모형 만들기 등이 주어지고, 이 단원의 핵심 개념인 지층, 지층의 형성과 특성, 퇴적암, 화석, 화석의 생성, 과거 생물과 환경이 학습요소로 제시된다. 교사가 성취기준을 잘 이해할 수 있도록 성취기준 해설이 주어지고, 이 단원의 교수-학습과 평가를 위한 바람직한 방법과 유의사항이 소개된다.

과학교육과정 성취기준 예시

(6) 지층과 화석 단원

이 단원에서는 여러 가지 지층과 화석을 이해하게 함으로써 과거에서 현재까지 지구의 모습과 생명체의 변화에 대한 흥미와 호기심을 갖도록 한다. 퇴적물이 쌓여 굳어지면 다양한 형태의 지층이 만들어지고, 지층을 이루는 암석이 퇴적암이며, 알갱이의 크기에 따라 퇴적암을 구분할 수 있음을 인식하도록 한다. 또한 퇴적암에서 나올 수 있는 여러 가지 화석을 관찰하여 지층 속 화석의 생성 과정과 화석화된 생물이 살아있을 때의 모습을 추리할 수 있도록 하고 화석의 가치를 인식하도록 한다.

[4과06-01] 여러 가지 지층을 관찰하고 지층의 형성 과정을 모형을 통해 설명할 수 있다.
[4과06-02] 퇴적암을 알갱이의 크기에 따라 구분하고 퇴적암이 만들어지는 과정을 모형을 통해 설명할 수 있다.
[4과06-03] 화석의 생성 과정을 이해하고 화석을 관찰하여 지구의 과거 생물과 환경을 추리할 수 있다.

〈탐구 활동〉

- 지층이 쌓이는 순서 실험하기
- 퇴적암 관찰하기
- 화석을 관찰하고 화석 모형 만들기

(가) 학습 요소

- 지층, 지층의 형성과 특성, 퇴적암, 화석, 화석의 생성, 과거 생물과 환경

(나) 성취기준 해설

- [4과06-01] 지층의 두께나 색 등을 다루고, 지층이 휘어지거나 끊어진 모습을 소개하되 생성 원리는 다루지 않는다. 지층의 특징을 다루되, 습곡과 단층이라는 용어는 도입하지 않는다.
- [4과06-02] 퇴적암은 이암, 사암, 역암만 다룬다.
- [4과06-03] 화석의 표본은 동물과 식물의 특징이 분명하게 드러나는 것을 사용한다.

(다) 교수-학습 방법 및 유의 사항

- 지층과 화석이라는 소재가 학생의 흥미와 호기심의 대상이므로 주로 관찰을 중심으로 수업을 계획하여 전개하도록 한다.

- 이 단원에서는 여러 가지 지층, 퇴적암, 화석 등을 살펴서 그 특징을 찾아내고 추리할 수 있는 능력을 형성할 수 있는 활동이 필요하다. 이때, 학생들이 직접 조사한 자료를 활용할 수 있다. 학생들이 박물관에서 찍은 사진이나 가족과 여행지에서 찍은 사진을 이용하여 관련 특징을 설명하면 학습 효과를 높일 수 있을 것이다.
- 이 단원은 초등학교 3~4학년군의 '지표의 변화', '화산과 지진', 중학교 1~3학년군의 '지권의 변화'와 연계된다.

(라) 평가 방법 및 유의 사항

- 지층, 퇴적암, 화석에 대한 관찰 결과를 바탕으로 분류 기준을 정하여 다양하게 분류하는 활동이 가능하므로 학생이 분류하는 과정이나 그 결과물에 대해 관찰 평가할 수 있다.
- 화석을 관찰한 결과를 토대로 옛날에 살았던 생물의 모양과 특징을 추리하거나 화석이 발견되는 지역의 환경을 추리하는 발표 결과물로 평가할 수 있다.

2) 통합과학 교과의 내용

통합과학은 기존 과학과의 구성 영역인 운동과 에너지, 물질, 생명, 지구와 우주 등을 통폐합하거나 융합하여 다시 물질과 규칙성, 시스템과 상호작용, 변화와 다양성 및 환경과 에너지의 영역으로 재구성한다. 예컨대 물질의 형성과 결합원리 등을 뒷받침하기 위해 운동과 에너지, 생명, 지구와 우주 등의 영역에서 관련된 부분을 연계하는 형태로 구성된다(교육부, 2015). 내용이 통합되어 있어서 지구과학 내용이 여러 관련 단원에 담겨있다.

3) 과학탐구실험의 내용

고등학교 '과학탐구실험'은 9학년까지의 '과학'을 학습한 학생들을 대상으로 하여 과학 탐구 능력 및 핵심 역량을 향상시키기 위해 과학 탐구 활동과 체험 그리고 산출물 공유의 경험을 제공하는 과목이다(교육부, 2015). 고등학교 '과학탐구실험'의 영역은 '역사 속의 과학 탐구', '생활 속의 과학 탐구' 및 '첨단 과학 탐구'로 구성된다. 이는 기존 '과학'과 구성 영역인 운동과 에너지, 물질, 생명, 지구와 우주 등을 구성하는 핵심 개념을 역사, 생활 및 첨단 과학 상황에서의 탐구 활동에 적용하려는 것이다.

4) 지구과학I의 내용 체계

지구과학I의 내용은 학생이 지구와 우주에 대하여 관심과 흥미를 가지고 학습할 수 있도록 고체지구 영역에서는 지구의 변동 및 지구의 역사를 주제로 구성하고, 유체 지구 영역에서는 유체 지구의 변화 및 대기와 해양의 상호작용을 주제로 구성하고, 천체 영역에서는 별과 외계 행성계 및 은하의 종류와 우주 팽창을 주제로 구성한다(교육부, 2015).

고체지구, 유체 지구, 천체의 각 영역별로 생명체를 위한 최적의 환경인 지구의 소중함, 지구계를 구성하는 각 권의 상호작용과 에너지 순환으로 유지되는 지구의 역동성, 기후 변화를 중심으로 한 지구가 겪고 있는 위기, 그리고 외계 행성계와 외계 생명체 탐사 등에 초점을 두고 지구와 우주 관련 현상들을 통합적인 관점에서 접근할 수 있도록 구성한다. 고체 지구의 변화와 유체 지구의 변화에서는 지진, 화산, 기상 현상 등을 다루어 인간 생활과 직접적으로 연관되는 지구의 변화에 대한 전반적인 특징을 실제 사례 위주로 포괄적으로 이해하도록 구성한다. 기후변화에서는 이와 같은 지구의 변화를 자연적인 원인과 인간 활동에 의한 원인으로 구분하여 그 인과관계를 체계적으로 이해할 수 있게 구성한다. 천체와 우주 영역에서는 태양 정도의 질량을 가지는 별의 진화 경로와 각 단계별 진화적 특성, 외계 행성계의 탐사 방법과 외계 생명체 탐사, 은하의 종류와 우주 팽창 등을 주제로 구성하여 태양계 너머의 우주로 시야를 넓혀 생명 존재 가능 지대 탐사와 현재 받아들이고 있는 우주론 모형을 비롯하여 우주 탐사에서 최근의 연구 성과와 경향을 반영하여 구성한다(교육부, 2015).

(1) 지구과학I의 내용

2015년 개정 지구과학I 교육과정은 영역으로 과학과 동일하게 고체지구, 대기와 해양, 우주로 되어있다. 고체지구 영역의 핵심개념으로는 판구조론, 지구구성 물질, 지구의 역사가 제시되고, 대기와 해양 영역에서는 해수의 성질과 순환, 대기의 운동과 순환, 대기와 해양의 상호작용, 그리고 우주 영역에서는 별의 특성과 진화, 우주의 구조와 진화가 포함되어 있다. 각각의 핵심 개념마다 일반화된 지식과 내용 요소가 제시된다. 기능은 과학 교과의 기능과 동일하다(표 2.9).

표 2.9 지구과학I의 내용체계

영역	핵심 개념	일반화된 지식	내용 요소 지구과학 I	기능
고체 지구	판구조론	지구의 표면은 여러 개의 판으로 구성되어 있고 판의 경계에서 화산과 지진 등 다양한 지각 변동이 발생한다.	• 대륙 이동과 판구조론 • 지질 시대와 대륙 분포	• 문제 인식 • 탐구 설계와 수행 • 자료의 수집·분석 및 해석 • 수학적 사고와 컴퓨터 활용 • 모형의 개발과 사용 • 증거에 기초한 토론과 논증 • 결론 도출 및 평가 • 의사소통
		지구 내부 에너지의 순환이 판을 움직이는 원동력이다.	• 맨틀 대류와 플룸구조론	
	지구구성 물질	지각은 다양한 광물과 암석으로 구성되어 있고, 이 중 일부는 자원으로 활용된다.	• 변동대 화성암의 종류 • 퇴적 구조와 환경	
	지구의 역사	지구의 역사는 지층의 기록을 통해 연구한다.	• 지질 구조 • 지사 해석 방법	
		지질 시대를 통해 지구의 환경과 생물은 끊임없이 변해왔다.	• 상대 연령과 절대 연령 • 지질 시대의 환경과 생물	
대기와 해양	해수의 성질과 순환	수권은 해수와 담수로 구성되며, 수온과 염분 등에 따라 해수의 성질이 달라진다.	• 해수의 성질 • 수온-염분도	
		해수는 바람, 밀도 차 등 다양한 요인들에 의해 운동하고 순환한다.	• 표층 순환 • 심층 순환	
	대기의 운동과 순환	대기의 온도, 습도, 기압 차 등에 의해 다양한 기상 현상이 나타난다.	• 저기압과 고기압 • 온대 저기압 • 태풍 • 악기상	
	대기와 해양의 상호작용	대기와 해양의 상호작용으로 다양한 기후 변동이 나타난다.	• 대기 대순환 • 엘니뇨와 라니냐 • 남방진동 • 지구 온난화	
		기후 변화는 인위적 요인과 자연적 요인으로 설명된다.	• 고기후 • 기후 변화 요인 • 기후 변화의 영향	
우주	별의 특성과 진화	우주에는 수많은 별들이 존재하며, 표면 온도, 밝기 등과 같은 물리량에 따라 분류된다.	• 별의 물리량 • 외계 행성계 • 생명가능 지대	
		별의 질량에 따라 내부 구조 및 진화 경로가 달라진다.	• H-R도 • 별의 진화	
	우주의 구조와 진화	우주는 다양한 은하로 구성되며 팽창하고 있다.	• 은하 분류 • 빅뱅(대폭발) 우주	

(2) 지구과학I의 성취기준

지구과학I의 성취기준은 6개의 단원으로 구성되어 있다. 구성요소는 과학과와 같은 체제로 되어 있어서, 전반적 설명, 성취기준, 탐구 활동, 학습요소, 성취기준 해설, 교수-학습 방법 및 유의사항, 평가 방법 및 유의사항이다.

예시

(4) 대기와 해양의 상호작용

이 단원에서는 지구계의 구성 요소인 기권과 수권의 특성 및 상호작용을 이해함으로써 지구적 규모의 기후 변화 문제를 과학적으로 인식하고 해결하려는 태도를 갖도록 한다. 대기와 해양의 상호작용에서는 대기와 해양의 운동이 서로에게 영향을 주는 동시에, 인간에게 영향을 주는 다양한 기상 현상들 역시 어느 한 쪽만의 영향이 아니라 대기와 해양의 유기적인 관계에 의한 것임을 이해한다. 특히 엘니뇨와 라니냐, 남방진동 현상 등과 같이 지구계 내에서 해양의 변화가 기후 변화에 영향을 주는 구체적인 상호작용을 파악한다.

[12지과 I 04-01] 대기의 대순환과 해양의 표층 순환과의 관계를 주요 표층 해류를 중심으로 설명할 수 있다.

[12지과 I 04-02] 심층 순환의 발생 원리와 분포를 이해하고, 이를 표층 순환 및 기후 변화와 관련지어 설명할 수 있다.

[12지과 I 04-03] 대기와 해수의 상호작용의 사례로서 해수의 용승과 침강, 남방진동의 발생 과정과 관련 현상을 이해한다.

[12지과 I 04-04] 기후 변화의 원인을 자연적 요인과 인위적 요인으로 구분하여 설명하고, 인간 활동에 의한 기후 변화의 환경적, 사회적 및 경제적 영향과 기후 변화 문제를 과학적으로 해결하는 방법에 대해 토의할 수 있다.

〈탐구 활동〉

- 엘니뇨, 라니냐 등의 현상이 우리 생활에 주는 영향 탐구하기
- 지구 기온 변화 자료 분석을 통하여 지구 온난화 경향 조사하기
- 관측 자료를 활용하여 한반도의 기후 변화 경향성 파악하기
- 기후 변화의 원인을 설명하는 다양한 가설을 주제로 과학적 논쟁하기

(가) 학습 요소

- 대기 대순환, 표층 순환, 심층 순환, 열염 순환, 용승과 침강, 엘니뇨와 라니냐, 남방진동, 기후 변화의 요인, 지구 온난화, 온실 효과, 기후 변화 협약

(나) 성취기준 해설

- [12지과Ⅰ04-01] 대양별 주요 해류 분포를 다루되 우리나라 주변 해류 분포에 대해서도 북태평양의 표층 순환과 관련지어 다룬다.
- [12지과Ⅰ04-02] 해수의 밀도가 수온과 염분에 따라 영향을 받음을 T-S 다이어그램을 통해서 이해하게 한다. 심층 순환에서 주요 해류는 단순화시킨 바다 단면을 이용해서 다루며, 실제 해저 지형이나 대륙의 분포 등이 해류의 방향이나 해수의 대순환에 미치는 영향은 다루지 않는다.
- [12지과Ⅰ04-03] 실제 자료나 사례를 활용하여 해류의 변화, 해수면 온도 변화 등과 같은 해양의 변화가 초래할 수 있는 기후 변화를 기후 시스템의 관점에서 이해하게 한다.
- [12지과Ⅰ04-04] 기후 변화의 원인을 인위적 요인과 자연적 요인으로 구분하고 자연적 요인을 지구 외적 요인과 지구 내적 요인으로 구분하여 다룬다. 인간 활동에 의한 기후 변화를 지구 온난화를 중심으로 다룬다.

(다) 교수-학습 방법 및 유의 사항

- 용승과 관련된 지구적인 기후 변동의 대표적인 예로 엘니뇨와 라니냐를 다루고, 이와 관련된 지구 규모의 기후 변동 사례를 조사·발표할 수 있다.
- 인간이 초래한 기후 변화가 지구환경에 미친 영향 및 기후 변화의 사회적, 경제적 영향을 알고, 기후 변화로 초래된 다양한 문제를 해결하기 위한 다양한 과학적 방법을 토의한다.
- 해수의 운동과 관련된 내용은 중학교 내용을 심화하여 표층 순환과 심층 순환까지 다루되, 역학적 원리에 대한 설명은 배제하고 정성적으로 다룬다.
- 이 단원은 중학교 1-3학년군의 '수권과 해수의 순환'과 '기권과 날씨', '통합과학'의 '생태계와 환경' 및 '지구과학Ⅱ'의 '해수의 운동과 순환'과 '대기의 운동과 순환'과 연계된다.

(라) 평가 방법 및 유의 사항

- 이 단원에서는 관찰 평가, 프로젝트 평가, 보고서 평가, 수행평가, 동료 평가 등을 활용하여 학생의 성취 수준 및 학습 과정을 평가할 수 있다.
- 기후 변화의 요인 조사, 지구 온난화 문제를 해결하기 위한 과학적 방법 등에 대한 조사 학습, 발표·토론 학습의 과정과 결과 혹은 그 일부를 수행평가로 실시할 수 있다.

5) 지구과학II의 내용

(1) 지구과학II의 내용체계

지구과학II의 내용은 지구와 우주에 관한 현상을 체계적으로 이해할 수 있도록 지구의 형성과 역장, 지구 구성 물질과 자원, 한반도의 지질, 해수의 운동과 순환, 대기의 운동과 순환, 행성의 운동, 우리 은하와 우주의 구조 등에 대한 내용으로 구성한다(교육부, 2015). 내용 영역은 과학과 동일하게 고체지구, 대기와 해양, 우주로 구성되어 있다. 고체지구 영역의 핵심개념으로는 지구계와 역장, 판구조론, 지구 구성 물질이 제시되고, 대기와 해양 영역에서는 해수의 성질과 순환, 대기의 운동과 순환, 대기와 해양의 상호작용, 그리고 우주 영역에서는 태양계의 구성과 운동, 별의 특성과 진화, 우주의 구조와 진화가 포함되어 있다(표 2.10). 지구과학II의 내용체계에 제시된 기능은 과학과의 기능과 동일하다.

표 2.10 지구과학II의 내용 체계

영역	핵심 개념	일반화된 지식	내용 요소	기능
			지구과학II	
고체 지구	지구계와 역장	지구계는 지권, 수권, 기권, 생물권, 외권으로 구성되고, 각 권은 상호 작용한다.	• 원시 지구의 형성 • 지구 내부 에너지	• 문제 인식 • 탐구 설계와 수행 • 자료의 수집·분석 및 해석 • 수학적 사고와 컴퓨터 활용 • 모형의 개발과 사용 • 증거에 기초한 토론과 논증 • 결론 도출 및 평가 • 의사소통
		지구 내부의 구조와 상태는 지진파, 중력, 자기장 연구를 통해 알아낸다.	• 지진파, 지구 내부 구조 • 지구 중력 분포 • 지구 자기장	
	판구조론	지구의 표면은 여러 개의 판으로 구성되어 있고 판의 경계에서 화산과 지진 등 다양한 지각 변동이 발생한다.	• 지질도의 기본 요소 • 한반도의 지사 • 한반도의 판구조 환경	
	지구 구성 물질	지각은 다양한 광물과 암석으로 구성되어 있고, 이 중 일부는 자원으로 활용된다.	• 규산염 광물 • 광물 식별 • 암석의 조직 • 광상 • 자원 탐사 • 지구의 자원 • 변성암	

<table>
<tr><td rowspan="3">대기와 해양</td><td>해수의 성질과 순환</td><td>해수는 바람, 밀도 차 등 다양한 요인들에 의해 운동하고 순환한다.</td><td>• 정역학 평형
• 지형류
• 천해파와 심해파
• 조석
• 해일
• 쓰나미</td><td rowspan="6"></td></tr>
<tr><td rowspan="2">대기의 운동과 순환</td><td>대기의 온도, 습도, 기압 차 등에 의해 다양한 기상 현상이 나타난다.</td><td>• 단열 변화
• 편서풍 파동</td></tr>
<tr><td>기온의 연직 분포에 따라 대기 안정도가 변화하며, 대기에 작용하는 여러 가지 힘에 의해 지균풍, 경도풍, 지상풍 등이 발생한다.</td><td>• 대기 안정도
• 대기의 정역학
• 지균풍
• 경도풍
• 지상풍</td></tr>
<tr><td rowspan="3">우주</td><td>태양계의 구성과 운동</td><td>태양계 천체들의 운동으로 인해 다양한 현상이 나타난다.</td><td>• 좌표계
• 우주관의 변천
• 케플러의 세 가지 법칙</td></tr>
<tr><td>별의 특성과 진화</td><td>우주에는 수많은 별이 존재하며, 표면온도, 밝기 등과 같은 물리량에 따라 분류된다.</td><td>• 천체의 거리
• 쌍성계의 질량</td></tr>
<tr><td>우주의 구조와 진화</td><td>우리은하는 별, 성간 물질 등으로 구성된다.</td><td>• 우리은하의 구조
• 우리은하의 질량 분포
• 성간 물질</td></tr>
</table>

(2) 지구과학II의 성취기준

지구과학II의 성취기준은 내용체계를 반영한 지구의 형성과 역장, 지구 구성 물질과 자원, 한반도의 지질, 해수의 운동과 순환, 대기의 운동과 순환, 행성의 운동, 우리은하와 우주의 구조와 같이 7개의 단원으로 구성되어 있다. 구성요소는 과학과와 같은 체제로 되어 있어서, 전반적 설명, 성취기준, 탐구 활동, 학습요소, 성취기준 해설, 교수-학습 방법 및 유의사항, 평가 방법 및 유의사항이다.

예시

(6) 행성의 운동

행성의 운동은 일상생활에서 쉽게 경험할 수 있는 천문 현상이므로 학생들이 흥미롭게 학습할 수 있는 주제이다. 태양중심설을 입증하는 케플러의 세 가지 법칙을 통해 태양계 행성 운동의 규칙성을 파악한다. 내행성과 외행성의 겉보기 운동을 이해하고, 지구중심설과 태양중심설로 행성의 겉보기 운동을 설명하고 예측해 봄으로써 올바른 태양계 모형을 판별하도록 한다. 행성의 위치를 결정하는 방법, 행성의 궤도를 알아내는 과정 등을 탐구하여 케플러의 세 가지 법칙을 파악하고, 이를 활용하여 쌍성계의 질량을 구한다.

[12지과II 06-01] 천체의 위치 변화를 지평 좌표와 적도 좌표를 이용하여 나타낼 수 있다.
[12지과II 06-02] 내행성과 외행성의 겉보기 운동을 비교하고 지구중심설과 태양중심설로 행성의 겉보기 운동을 설명할 수 있다.
[12지과II 06-03] 지구중심설과 태양중심설 중 금성의 위상과 크기 변화 관측 사실에 부합하는 태양계 모형을 찾을 수 있다.
[12지과II 06-04] 회합 주기를 이용하여 공전 주기를 구하는 원리를 이해하고, 겉보기 운동 자료로부터 행성의 궤도 반경을 구할 수 있다.
[12지과II 06-05] 케플러의 세 가지 법칙을 이용하여 행성의 운동을 이해하고 쌍성계 등의 다른 천체에 적용할 수 있다.

〈탐구 활동〉

- 성도에 수성과 화성의 역행 현상 그리기
- 지구의 공전 주기 화성의 회합 주기로부터 화성의 타원 궤도 찾기
- 주어진 이심률과 장반경으로 타원 궤도 작도하기

(가) 학습 요소

- 좌표계, 내행성의 순행과 역행, 우주관의 변천, 지구중심설, 태양중심설, 회합 주기, 행성의 공전 주기, 케플러의 세 가지 법칙(타원 궤도의 법칙, 면적속도 일정의 법칙, 조화의 법칙), 쌍성계의 질량

(나) 성취기준 해설

- [12지과II06-01] 좌표의 기본이 되는 방위와 시각의 개념, 지구의 경도와 위도의 개념을 먼저 다루고 좌표계를 도입한다.

- [12지과II06-02] 내행성과 외행성의 겉보기 운동의 특징을 관측적 측면에서 설명하고, 지구중심설과 태양중심설 각각의 설명 모형에서 행성의 겉보기 운동을 어떻게 설명하는지를 비교한다.
- [12지과II06-03] 망원경 발명 이후로 관측이 가능해진 금성의 위상 변화가 지구 중심 모형과 태양 중심 모형에서 각각 어떻게 예측되는지를 기술하고 관측한 사실에 부합하는 모형을 판별한다. 우주관의 변천사를 과학사적 접근을 통해 다루는 것이 바람직하다.
- [12지과II06-04] 회합 주기와 지구의 공전 주기를 이용하여 행성의 공전 주기를 구할 수 있음을 다룬다. 또한 행성의 겉보기 운동에서 내행성과 외행성의 공전 궤도 반경을 구하는 과정을 구체적인 자료를 도입하여 설명한다.
- [12지과II06-05] 케플러의 세 가지 법칙에서 각 법칙의 물리적 의미를 다루고, 행성의 궤도가 총 에너지에 따라 다양함을 설명한다. 또한 원운동을 하는 경우를 예로 들어 제 3법칙을 유도하는 방법을 다룬다. 또한, 제 3법칙을 쌍성계에 응용하여 쌍성계의 주기와 장반경을 이용하여 질량을 구할 수 있음을 간단히 다룬다.

(다) 교수-학습 방법 및 유의 사항

- 행성의 회합 주기와 행성의 위치를 결정하는 방법을 탐구하게 하여 케플러의 세 가지 법칙을 도출하는 과정을 실험을 통하여 학습하도록 지도할 수 있다.
- 이 단원은 중학교 1~3학년군의 '태양계', '지구과학II'의 '행성의 운동'과 연계된다.

(라) 평가 방법 및 유의 사항

- 이 단원에서는 실험 보고서 평가, 수행평가, 동료 평가 등을 활용하여 학생의 성취 수준 및 학습 과정을 평가할 수 있다.
- 행성의 회합 주기와 지구의 공전 주기의 관계, 행성의 위치 결정 방법 등에 대한 모둠원들의 협력적 탐구 활동을 관찰하거나 작성된 보고서를 평가할 수 있다.
- 케플러가 발견한 법칙과 원리를 적용하여 타원 궤도의 법칙, 면적속도 일정의 법칙, 조화의 법칙을 과학적으로 이해하였는지에 대한 실험 보고서 평가를 실시할 수 있다.

생각해보기

1. 아래의 글은 제7차 과학과 교육 과정에 대해 기술하고 있다.

(A) 학문중심 교육과정 이후에 과학 교육에 대한 반성, 과학의 역기능에 대한 회의, 변화된 사회의 요구 등으로부터 (B) 새로운 과학 교육 사상이 싹트게 되었다. 이때부터 많은 과학 교육 학자들은 과학을 생활과 사회 속에서 찾으며, 과학과 기술의 밀접한 관계를 새롭게 자각하였다. 또한 교실현장에서 학생들을 과학적인 소양을 가지고 건전한 민주 시민으로서의 자질을 갖춘 사람으로 키워야 한다는 사상이 반영되었다. 이러한 사상은 교실 현장에 큰 변화를 줄 것으로 기대된다. 우리도 과학을 할 수 있고, 과학이란 어려운 것이 아니고 우리 주변에서 일어나는 다양한 현상들에 호기심을 갖고 접근하는 것임을 알게 된다. 뿐만 아니라 평소에 문제로 느끼는 것을 해결하는 과정에서 자신의 경험과 지식을 활용하고 새로운 지식을 찾아 적용함으로써 과학이 재미있고 나도 할 수 있다는 자신감을 얻을 수 있다.

(1) 학문중심 교육과정에서 강조한 것을 무엇인가?

(2) (B)의 '새로운 과학 교육 사상'을 무엇을 말하는가?

(3) 제 7차 교육과정이 지향하는 과학 교육의 목적을 위에서 찾아 기술하시오.

2. 1990년 미국 국가 과학재단의 교사 교육 프로그램에서는 오하이오 주립 대학에 PLESE(Program in Earth System Education)의 연구를 지원하여 지구에 대한 새로운 이해를 위한 '지구계 교육'의 이해들을 마련하였다. 이들 PLESE 계획위원회는 다음과 같이 "지구계 교육"을 위한 목표로서 7가지를 제시하고 있다.

목표1. 지구는 아름다움과 무한한 가치를 지닌 유일한 행성이다.

목표2. 인간의 행동은 집단적이거나 개인적이거나 그리고 의도적이든지 무의식적이든지 지구에 심각한 영향을 끼친다.

목표3. 과학적 사고와 기술의 발달은 지구와 우주를 이해하고 이용할 수 있는 우리의 능력을 증가시킨다.

목표4. 지구계는 물, 암석, 얼음, 공기, 그리고 생물이 상호작용하는 하위계로 이루어져 있다.

목표5. 지구의 나이는 40억년 이상이며 지구의 하위계는 끊임없이 진화한다.

목표6. 지구는 광대하고 태고의 우주 속에 있는 태양계의 작은 하위계이다.

목표7. 지구의 기원과 과정, 진화의 연구에 관련된 직업을 가졌거나 흥미를 지닌 사람들이 많이 있다.

(1) STS를 강조한 목표 2개를 고르시오.

3. ‘지구계 교육’ 프로그램 속에 포함된 다음과 같은 실험을 수행하려고 한다.

목표 : 어는 것과 녹는 것이 암석에 어떤 영향을 미치는지 조사한다.

절차 : (1) 암석을 물로 깨끗이 씻는다.
(2) 암석을 먼지가 들어가지 않도록 용기에 넣는다.
(3) 표본의 무게를 측정한다.
(4) 냉각된 곳에서 열린다.
(5) 암석을 빨리 가열한다.
(6) 얼고 녹이기를 여러번 반복한다.

(1) 이와 같은 실험은 ‘지구계 교육’의 목표 중 어느 것과 가장 관련되는가?

(2) ‘지구계 교육’ 프로그램에서 강조하는 특징 3가지를 쓰시오.

4. 시대상이 반영되는 교육사조는 교육과정발전에 영향을 주고 있다. 현재 융합교육을 통한 민주시민소양인을 함양하는 것이 목적이라면 이때의 교육사조는 무엇이라고 기술할 수 있는지 또한 현재의 교육과정에 어떠한 역량을 좀 더 강조하게 되거나 추가가 될 것인지에 대해서 의논해보자.

5. 우리나라 지구과학 교육과정의 변천을 시기별 특징과 교육사조를 중심으로 설명하여 보시오.

6. 2015 교육과정, 지구과학I과 지구과학II의 성격 일부를 〈보기〉에 제시하였다. 교사로서 이 두 교과를 지도할 때 중점을 둘 방향을 비교하여 논의하시오.

〈보 기〉

<지구과학I>

‘지구과학I’은 지구와 우주에 대한 통합적인 이해를 바탕으로 현대 지식 기반 사회의 시민이 갖추어야 할 지구과학에 대한 기초 소양을 함양하기 위한 과목이다. ‘지구과학I’에서는 시·공간적으로 밀접하게 관련된 지구와 우주에 관한 현상을 통합적으로 이해하는 데 초점을 맞추며, 지구와 우주 및 주변 환경의 변화에 대한 인간의 탐구 노력과 지식의 발달 과정을 이해하여 올바른 자연관과 우주관을 갖추어 과학·기술·사회의 상호 관계를 인식하는 바람직한 민주 시민으로 성장할 수 있도록 한다.

<지구과학II>

'지구과학II'는 지구와 우주에 대해 홍미가 많은 학생과 이공계 진학자를 위한 과목이다. 주변 현상과 시·공간적으로 밀접하게 관련된 지구와 우주에 관한 현상에 대한 기본 개념을 체계적으로 이해하는 데 초점을 맞추며, 지구와 우주 및 주변 환경의 변화에 대한 인간의 탐구 노력과 지구과학 지식의 발달 과정을 이해하여 관련 분야로 진학하는 데 필요한 지식과 탐구 능력 및 창의성을 갖게 한다. 또한 지구과학과 관련된 핵심 개념을 심도 있게 다루고 있는 '지구과학II'는 지적 호기심을 충족시키고 지구와 우주 연구의 중요성을 인식하게 한다.

7. 지구과학I에서 과학과 핵심역량 중 '과학적 참여와 평생 학습 능력'을 기를 수 있는 교수-학습 방향과 밀접한 것을 〈보기〉에서 선택하고 그 이유를 논의하시오.

〈보 기〉

(가) 기초 탐구 과정(관찰, 분류, 측정, 예상, 추리, 의사소통 등)과 통합 탐구 과정(문제 인식, 가설 설정, 변인 통제, 자료 해석, 결론 도출, 일반화 등), 수학적 사고와 컴퓨터 활용, 모형의 개발과 사용, 증거에 기초한 토론과 논증 등의 기능을 학습 내용과 관련시켜 지도한다.

(나) 과학적 창의성을 계발하고 인성과 감성을 함양하기 위하여 지구과학 내용과 관련된 기술, 공학, 예술, 수학 등의 다른 교과와 통합, 연계하여 지도할 수 있다.

(다) 지구와 우주 및 과학과 관련된 사회적 쟁점을 활용한 과학 글쓰기와 토론을 통하여 과학적 사고력, 창의적 사고력 및 의사소통 능력을 함양할 수 있도록 지도한다.

(라) 지구 및 우주에 대한 학생의 이해를 돕고 흥미를 유발하며 구체적 조작 경험과 활동을 제공하기 위해 모형이나 시청각 자료, 컴퓨터나 스마트 기기, 인터넷 등의 최신 정보 통신 기술과 기기 등을 과학 실험과 탐구에 적절히 활용한다.

CHAPTER 03

지구과학 학습 이론

1. 인지적 구성주의

2. 학생들의 지구과학 오개념

3. 사회문화적 구성주의 Vygotsky 학습 이론

지구과학 학습의 대부분은 개념 학습과 밀접한 관련이 있어서, 개념 학습은 지구과학 수업의 핵심이 된다. 새로운 지구과학 개념의 학습에서 학생들의 과거 경험과 일상생활에서 비롯된 선개념은 과학적 개념과는 다른 개념으로 변화되는 경우도 많기 때문이다.

1 인지적 구성주의

지구과학 학습 이론은 학습 과정에서 학생들이 경험하는 심리적 과정이나 학생들에게 주어지는 학습의 조건에 관심을 기울인다. 지구과학 학습에서 교사는 학생 개념을 진단하고 새로운 개념을 안내하는 역할, 학습에 대한 동기 부여의 역할, 함께 학습하는 실험자 및 연구자로서의 역할을 수행해야 한다(Osborne과 Freyberg, 1985).

구성주의는 과학 지식이 학습자의 마음속에서 구성된다는 것으로 개별 학습자의 의미 구성이 개인적인지 혹은 사회적인지에 따라 인지적 구성주의(cognitive constructivism)와 사회적 구성주의(social constructivism)로 구분한다. Piaget와 Vygotsky를 중심으로 하는 구성주의자들은 개별 학습자가 스스로의 인지 능력으로 지식을 구성하는 것에 관심을 두고 있다. Piaget는 개별 학습자에게서 발견되는 생물학적 메커니즘을 강조하는 반면, Vygotsky는 학습에 영향을 주는 사회적인 요소들에 초점을 맞추고 있다는 점에서 차이점이 있다.

1.1 Piaget의 학습 이론

1) 인지발달 이론

Piaget는 경험주의와 합리주의를 통합하여 관찰과 사고는 서로 의존하는 것이라 하고, 이를 구성주의로 발전시켜 지능이 4단계를 거치면서 발달한다고 설명하는 인지구조의 발달을 강조하였다. Piaget는 학생이 기존의 심적 구조나 도식을 이용하여 자신의 경험을 조직함으로써 지식체계를 구성한다고 한 점에서 구성주의자라는 평가를 받는다(Albert, 1978; White와 Tisher, 1986).

그림 3.1 Piaget

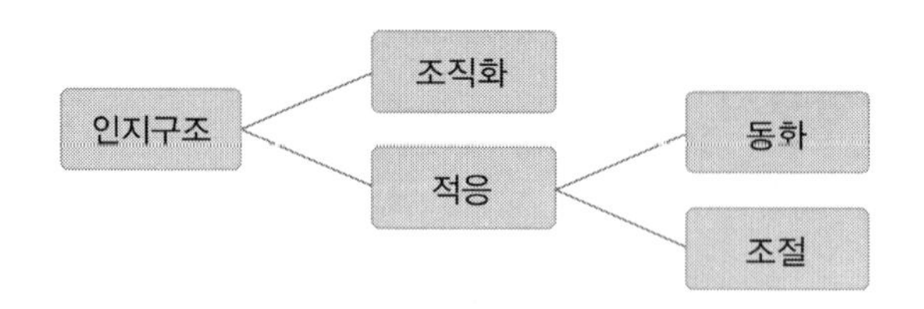

그림 3.2 인지발달 이론의 인지구조

Piaget의 인지발달 이론은 학습자가 외부의 지식을 자신의 경험적 해석을 통해 구성해가는 과정을 학습으로 규정한다. Piaget는 학습자의 인지구조와 외부 환경이 상호작용하는 과정을 그림 3.2와 같이 도식, 인지구조, 조직화와 적응, 동화와 조절, 평형화라는 용어로 설명한다.

도식(schema)은 인간이 그의 환경을 지각하고 이해하고 사고하는 방법을 의미하며, 이는 본질적으로 개인의 인지구조(cognitive structure)이고 인지의 발달은 인지구조의 변화로 표현된다(장언효, 1987). 다시 말해 도식은 환경에 적응해나가는 생물학적 수단의 정신적 부분, 즉 개념 또는 범주의 하나로서 인지구조의 기본 단위라고 할 수 있다.

인지(cognition)는 '어떤 사실을 인정하고 앎(knowing)'으로 정의되며, 피아제는 인간의 모든 지적인 활동을 인지발달에 바탕을 두고, 이를 가능하게 하는 인지구조가 있다고 가정한다. 인지구조는 부분들의 단순한 산술적 총합이 아니라 조직된 전체를 의미한다.

Piaget의 인지적 구성주의에 따르면 지식은 학습자가 파지(retention)한 인지구조 혹은 도식과 환경과의 능동적인 상호작용을 통해서 구성된다. 즉 학습자와 환경과의 평형화를 학습 과정으로 보고, 이 때 학습은 환경과의 상호작용 및 인지적 모순 상태인 비평형을 해결함으로써 지식을 구성하는 능동적 과정임을 의미한다. 이러한 상호작용 과정은 그림 3과 같이 인간의 환경에 대한 적응 과정인 평형화(equilibrium), 즉 동화(assimilation)와 조절(accomodation)로 이루어져 있다.

적응(adaptation)은 학습자가 새로운 환경과의 상호작용을 통해 도식이 변화하는 과정을 말하며, 적응은 동화와 조절의 상호보완적인 과정을 통해 이루어진다. 여기에서 새로운 환경은 학습자가 이해하고자 하는 모든 외적인 자극을 의미하며, 환경과 인지구조의 상호작용 기능은 Piaget 이론의 핵심인 동화와 조절이다.

그림 3.3 인지발달 이론의 적응 과정

Piaget 이론에서 지능은 내용, 구조, 기능으로 이루어져 있다. 내용(content)은 어떤 특정 자극에 대해 유기체가 보이는 특수한 반응이며, 구조나 기능을 추정하기 위한 토대로서 일반적 구조 내에서 특수한 상황의 생각을 말한다. 구조(structure)는 나이에 따라 갈등하고 분화하는 역동적인 과정을 거쳐 끊임없이 변모한다. 인간은 도식이 거의 없는 상태로 태어나지만 성장함에 따라 확대되고 일반화되고 또 분화되어 어른의 수준에 이르게 된다. 이와 같이 도식은 점차 복잡한 수준으로 변하게 되는데 이러한 변화의 과정이 동화와 조절이다. 기능(function)은 내부의 자기조절(self-regulation)적 기작이며 불변하고, 적응과 조직화가 있다. 적응은 동화와 조절 사이의 평형을 유지하려는 선천적 경향을 말하며, 조직화는 둘 이상의 여러 가지 분리된 또는 좀 더 고차원의 구조로 통합하는 것을 뜻한다.

동화와 조절은 타고난 지적 기능으로 동화는 유기체가 주위 사물에 대한 경험을 기존의 인지구조 속에 흡수시키는 과정이며, 조절은 새로운 경험을 기존의 인지구조에 흡수할 수 있도록 인지구조를 재구성하는 과정이다. 동화와 조절은 다른 기능이 아니라 한 기능의 양쪽 측면이며 동전의 앞뒷면과 같다(Bringuier, 1980).

평형화의 첫 번째 과정은 동화이고, 두 번째는 조절이다. 동화와 조절 간의 균형을 이루는 것을 평형 또는 평형화라고 한다. 여기에서 평형은 개인 또는 그의 인지구조와 환경 간의 균형을 나타낸다. 학습자의 인지구조와 환경 사이에 동화와 조절이 원만히 일어나는 인지적 평형 상태에 있던 것이, 기존 인지구조로 설명되지 않는 새로운 환경과 마주하게 되면 동화와 조절이 이루어지지 않는 인지적 비평형을 겪게 된다. 비평형 상태인 인지적 갈등을 해소하기 위해 자신의 인지구조를 변화시켜 동화와 조절을 원만히 이루고자 하는 내적 과정이 인지적 평형이다. Piaget는 학습자의 내부에서 일어나는 과정은 인지적 갈등 없이는 평형화 과정이 일어날 수 없다고 본다(권재술 외, 2012). 비평형 상태는 어떤 방법으로든 해소되어야 하며, 이를 위해 인지구조의 변화가 일어나야 하는데 이는 피아제 인지발달 이론의 핵심이다.

평형화는 어떤 인지구조가 외부 환경과 동화와 조절이라는 상호작용을 하고, 이러한 상호작용의 누적으로 지적인 성장을 하게 되는 것을 말한다. 그러나 이러한 인지구조가 주위 환경과 갈등 관계를 갖게 되면, 이들은 비평형의 관계에 놓이게 되며, 결국 새로운 인지구조를 창조함으로써 갈등을 해소하고 보다 높은 차원의 새로운 평형을 이루게 된다 (최병순, 1988).

그림 3.4 Piaget의 인지 평형화 과정

그림 3.4에서 인지구조는 학생의 사고 세계이며, 환경은 학생에게 제시된 자연 현상이나 활동 등 실제 세계를 말한다. 인지구조 1과 환경 1 사이의 인지적 평형은 새로운 환경 2를 직면할 때 인지적 비평형의 관계에 놓이게 된다. 인지 갈등은 동화와 조절을 통해 새로운 인지적 평형을 이루게 됨으로써 인지구조 2를 획득하게 된다(권난주, 권재술, 1998).

2) 인지발달 단계

Piaget(1975/1985)에 따르면 인지발달은 동화, 조절, 평형화의 과정을 통해 인지구조의 변화가 일어난다. 지식구조의 변화는 질적으로 4가지의 일반적인 발달단계, 즉 감각 운동기(sensory motor stage), 전조작기(preoperational stage), 구체적 조작기(concrete operational stage), 형식적 조작기(formal operational stage) 과정을 통해 이루어진다(Piaget, 1968).

Piaget의 발달단계는 인간의 인지적 행동이 신생아의 반사 행동으로부터 청년과 성인의 추상적 논리와 가설 논리에 이르기까지 단계적 유형을 보이며, 4가지 단계들은 연령대와 관련된다. 감각 운동 단계는 출생부터 18개월까지의 기간, 전조작 단계는 2세에서 7세에 이르는 기간, 구체적 조작 단계는 7세에서 11세에 이르는 기간, 형식적 조작 단계는 11세에서 청년에 이르는 기간이다.

감각 운동기에 아동의 행동은 기본적으로 운동적이며 개념적인 사고를 하지 못한다. 출생 시에 반사 활동이 가능했던 유아는 감각 운동을 통해 자신의 주변 세계로부터 새로운 정보를 얻는다. 이 행동들은 최초의 반사 행동에서 사물 및 공간과 관련된 초보적 형태의 조정된 행동으로 확장되지만 여전히 반사 행동일뿐이다. 이 단계에서의 사고는 외부 세계와 상호작용할 때 아동의 직접적인 신체적 활동이며, 이러한 감각 운동 활동은 실체에 대한 최초의 인지적 구성이다.

전조작기는 언어 발달과 정신적 표상(mental representation) 능력의 발달에 따라 행동의 양식이 감각 운동으로부터 개념적 상징으로 바뀌게 된다. 사물과 사건에 대한 모방의 연기, 상징놀이, 시·공간에 대한 개념의 출현 등 새로운 형태의 인지적 행동이 나타난다. 피아제는 이러한 행동들을 전논리적 혹은 전조작적으로 정의하며, 이 단계에서의 내면화된 행동 또는 정신적 표상화는 자기 중심적이서 모든 실체를 자신과 더불어 해석한다. 즉 어린이들은 현재의 환경 밖으로 멀리 사고의 범위가 확대되지만, 개념적 조작이 충분한 발달을 이루지 못하기 때문에 비논리적인 수준이다. 또한 전조작적 사고는 비약적 또는 직관적 사고이기 때문에 어린이들은 사건 사이의 관계를 파악하지 못하는 비가역적인 사고의 수준에 머문다.

구체적 조작기는 자신과 외부 환경 사이를 분명히 구별할 수 있게 되는 시기로 사회적 협동, 사물 및 사건에 대한 논리적 개념 등 실체에 대한 정신적 구성 능력이 높아진다. 구체적 조작기의 핵심적 행동 특성은 관찰 가능한 기준으로 분류와 일반화, 보존 논리, 서열화나 1:1 대응을 할 수 있는 능력이다. 이 시기의 어린이의 사고 능력은 구체적 실체에 여전히 집착되어 있으며 아직도 가설 논리가 불가능하다.

형식적 조작기는 복잡한 경험적 문제를 직면할 때, 모든 가능한 결과들에 대해 체계적으로 고려할 수 있는 가설 논리와 조합 논리 등 추상적 사고가 가능한 단계이다. 전 단계에서는 구체적 세계 안에서 논리적 사고를 하는 반면, 이 시기는 현실적 세계를 넘어서 가상적 추론이 가능하다. 즉 직접적으로 경험하지 않아도 추상적 개념과 상징물을 대상으로 하는 인지적 조작이 가능한 단계이다.

Piaget의 인지발달 단계에서 하나의 단계를 특징짓는 행동은 전 단계나 후 단계에서 나타나는 특징적 행동과는 질적으로 다르지만, 각 단계들은 위계적으로 연관되어 있거나 다음 연령에서 형성되는 구조의 통합된 일부가 된다. 즉 감각 운동 단계에서 볼 수 있는 행동은 전조작 단계에서 나타나는 행동들의 하위 구조이며, 전조작적 행동들은 구체적 조작 단계에서 나타나는 행동의 일부로 재조직된다.

인지발달에 영향을 주는 요인에는 성숙, 물리적 경험, 사회적 상호작용, 평형화 작용이 있다. 성숙은 학습자의 보편적인 신체적 성장을 말하며, 물리적 경험은 외부 환경에 대한 자신의 행위에 대한 지식과 그 행위의 결과인 경험을 포함한다. 사회적 상호작용은 학습자의 사고에 미치는 문화적 영향을 뜻하며, 앞의 요인들을 통합해주는 것이 평형화 작용이다. 피아제는 환경과의 상호작용을 자율조정적인 것으로 설명하며, 평형화를 인지발달에 있어서 가장 기본적인 기제로 본다. 평형화는 한 개인의 사고를 한 수준에서 다른 수준으로 발전시키는 과정으로, 사고의 더욱 성공적인 패턴을 향해 나아가게 하는 과정이다.

3) 학습 이론의 적용

인지발달 단계에 기초한 Piaget의 학습 이론은 지구과학 교수-학습 현장에서 교수-학습 모형 및 학습 내용의 선정과 조직에 관한 준거를 제시해준다. 교사는 학습자의 경험과 사고 방식의 독특한 속성을 이해하기 위해 노력을 기울여야 하며 학습자의 현재 수준에 대한 통찰을 갖기 위해 유연하게 상호작용할 필요가 있다. 교육은 학습자 중심의 관점에서 출발해야 하며, 학습자의 인지구조가 새로운 환경과의 동화와 조절, 평형화 과정을 통해 능동적으로 변하므로 교수-학습은 학습자들의 발달 단계를 고려하고 인지적 갈등을 유발하며 능동적인 활동을 위한 적절한 학습 환경을 제시해야 한다.

1.2 Bruner의 학습 이론

1) 교육의 과정과 지식의 구조

Bruner(1915-2016)는 1960년 출판된 '교육의 과정(The Process of Education)'에서 지식 구조론을 핵심으로 한 교육과정 개혁의 새로운 방향을 제시하였다. Bruner의 학습 이론에서 핵심을 이루는 것은 구조(structure)의 개념으로 구조는 '세우다', '구축한다'는 뜻에서 파생된 것으로서 어떤 사물, 어떤 대상을 구성하고 있는 형식과 체계 또는 조직을 뜻한다(정세화, 1981).

그림 3.5 Bruner

Bruner는 지식의 구조를 학문의 기저를 이루고 있는 일반적 원리, 일반적 아이디어, 기본 개념 등과 같은 의미로 파악하고, 미래 사회에서 급증하는 지식의 효과적인 이해를 위해서는 많은 지식과 개념들이 통일된 구조로 조직되어야 함을 강조한다. 즉 지식을 보다 쉽게 알 수 있도록 지식의 구조화를 통해 사물 간의 상호관련성의 이해, 망각의 지연, 전이의 용이, 기초 지식과 고등지식 간의 간격 축소가 가능하다고 하였다(Ibid, 1973). 따라서 지식의 구조를 가르친다는 것은 지식의 성격이나 그 지식을 이루고 있는 기본 개념을 형성하고 있는 요소들의 상호관계를 잘 파악하도록 하는 것을 말한다(이홍우, 1971).

Bruner는 인지발달의 결과를 사고 능력의 계발로 보았으며, Piaget의 이론에 근거하여 "어떤 교재라도 지적 성격을 그대로 지닌 채 어떤 발달단계에 있는 어떤 아동에게도 효과적으로 가르칠 수 있다"라는 아동의 각 발달단계에 적합한 고유의 인지구조가 있음을 인정하였다(박주신, 1999).

2) 나선형 교육과정

Bruner는 지식의 구조를 아동의 발달 수준에 맞게 번역하는 문제를 나선형 교육과정(spiral curriculum)의 근본 원리로 삼고, 지식을 각 발달단계에 맞게 번역하는 원리라고 할 만한 것으로 지식구조의 세 가지 표현양식(modes of representation)을 제안하였다. 그는 세 가지 표현양식을 작동적(enactive) 표현, 영상적(iconic) 표현, 상징적(symbolic) 표현으로 명명하는 동시에 천칭의 원리를 예시했다(Bruner, 1966). 상대방의 체중을 고려하여 시소의 자리를 잡는 저학년 학생들의 활동이 천칭의 원리을 동작으로 표현하는 사례에 해당한다면, 중학년 학생들이 접하는 천칭의 그림이나 모형은 그 원리를 영상으로 표현하는 사례이며, 고학년 학생들에게 주어지는 천칭에 관한 공식이나 설명은 상징으로 표현하는 사례로 볼 수 있다.

작동적 표현양식은 가장 낮은 발달단계에 있는 학습자에게 제시하는 개념, 지식, 구조를 이해하는 데는 실물 그대로의 제시를 통해서 행동화, 조작화로 지식을 표현하는 방법이다. 상징적인 심상 혹은 단어를 사용하지 않고서 직접적인 동작이나 체험 등을 통해 실재의 어떤 측면을 표현한다. 영상적 표현양식은 개념을 충분히 정의하지 않고도 영상을 통해서 그림이나 도식, 모형 등으로 지식을 표현하는 방법이다. 상징적 표현양식은 언어나 문자, 수식, 기호 등 상징적인 매개체를 이용하여 지식을 더 간결하고 추상적으로 표현하는 방법이다.

Bruner는 연령의 증가에 따라 작동적 표현양식보다는 영상적, 상징적 표현양식에 보다 크게 의존하게 되며, 학습자의 발달 수준이 낮으면 작동적 표현이, 학습자의 발달 수준이 높으면 영상적, 상징적 표현양식이 이용될 수 있음을 강조한다.

3) 수업이론

수업이론(theory of instruction)은 학습자로 하여금 지식이나 기능을 가장 효과적으로 학습할 수 있는 방법에 관한 법칙을 제공해야 할 뿐 아니라 특정한 교수-학습 방법을 평가하기 위한 규준을 제공해 주어야 한다(Bruner, 1963). Bruner는 수업이론이 처방적일 뿐만 아니라 규범적이기 위해 갖추어야 할 네 가지를 요소로 학습의 경향성(의욕), 지식의 구조, 학습의 계열, 학습의 강화(상벌)을 제시한다.

(1) 학습의 경향성(predisposition)

학습자가 학습하고자 하는 의욕을 말하며 수업이론은 학습자로 하여금 학습하고자 하는 의욕을 갖도록 하기 위한 구체적인 경험을 제공해 주어야 한다. Bruner(1966)는 이러한 학습의욕을 유발하는 데 영향을 주는 요인으로 문화적 특징, 동기, 기타 개인적인 요인들을 중시한다. 학습의 경향성을 높이기 위해서는 여러 가지 가능성을 탐색하려는 경향성을 높이거나, 학습자에게 적절한 수준으로 문제를 제시함으로써 그 가능성을 탐색하도록 자극하거나, 가능성을 탐색해서 얻는 이득이 실패로 인한 상실보다 크게 함으로써 그 경향성을 계속 유지하도록 하거나, 학습 목표를 상기시키고 지금 진행하고 있는 활동이 학습 목표와 관련된다는 것을 인식시키는 것을 강조한다(박주신, 1999).

(2) 지식의 구조(structure of knowledge)

Bruner는 모든 지식은 구조를 가지고 있음을 전제로 수업이론은 효율적인 학습을 위해 학습자의 발달 수준에 맞게 지식을 구조화하고 조직화하는 원리와 방법을 제시해야 한다고 제안한다. 지식의 구조화와 관련하여 교과의 기본적인 원리를 이해하면 그 교과를 이해하기 쉬우며, 언제든 재구성이 가능하여 학습 전이 효과를 기대할 수 있음을 강조한다.

Bruner가 주장한 지식의 구조는 어떤 학문이나 교과에 포함되어 있는 기본적인 사실, 개념, 명제, 원리, 규칙 등을 통합적으로 체계화한 것이다(변영계, 2005). Bruner는 지식의 구조화를 위해서 모든 지식은 모든 학습자가 이해할 수 있도록 단순화시킬 수 있어야 하며, 지식의 구조화 과정은 표현양식을 포함할 것을 전제한다. 즉 어떤 교과의 내용이든지 지적으로 알맞은 형태로 조직하면 어떤 발달 단계에 있는 학습자에게도 효과적으로 가르칠 수 있음을 강조한다.

(3) 학습의 계열(sequence)

학습의 계열화는 학습자가 학습 내용을 이해, 변형, 전이하는 데 도움이 되도록 순서대로 조직하여 제시하는 것을 말한다. 브루너는 학습의 계열화를 위해서는 학습자의 선행 학습능력을 고려해야 하며, 최적의 학습계열을 결정하는 데 있어서 고려할 사항을 제안하였다.

첫째, 학습자의 선행 경험, 발달단계, 학습자료의 특성 등에 관한 개인차를 고려하여야 한다. 둘째, 모든 영역의 발달 과정이 작동적 표현, 영상적 표현, 상징적 표현을 거친다면 지적 영역도 이와 같은 순서가 되도록 학습 내용을 구성한다. 셋째, 학습계열의 각 단계는 학습자의 현재 능력수준, 학습속도, 선행학습에 대한 표현양식, 망각에 대한 저항, 선행학습의 내용을 새로운 사태에 전이하는 정도 등에 따라 달라진다.

(4) 학습의 강화(reinforcement)

수업이론에서 상벌과 같은 강화의 역할은 학습자들에게 학습활동이 어떤 결과를 가져왔는지 알려주며, 그 결과에 비추어 앞으로의 학습활동 방향을 정하는 데 유용하게 활용된다.

Bruner는 강화를 내적 강화와 외적 강화로 구분하고, 학습자가 자기 학습의 결과를 확인하고 그에 따른 만족 또는 불만족을 경험하는 내적 강화가 외적 강화에 비해 더 강력하다고 보았다.

4) 발견학습

Bruner가 제안한 발견법(heuristics) 혹은 발견학습(discovery learning)은 학습자들이 학습과정에 능동적으로 참여하며, 학습자 스스로 개념과 원리, 규칙과 관계 등을 발견하도록 하는 학습이다. 발견학습은 학습의 경향성, 지식의 구조, 계열 및 강화의 방법 등 네 가지 요소들이 이상적인 형태로 조작되도록 계획된 수업 형태를 말하며, 수업과정에서 교사의 지시를 최소화하고 학습자 스스로 자발적인 학습을 통해 학습 목표를 달성하게 하는 학습 형태이다.

Bruner는 수업을 통해 학습과 탐구에 대한 태도, 가설 설정에 대한 태도, 스스로 문제를 해결할 수 있다는 자신감을 길러주어야 하며, 이를 위해 발견의 희열을 맛보도록 해주어야 한다고 하면서 이러한 수업의 아이디어를 발견학습이라고 하였다. 발견학습의 특징은 어떤 교재든지 어떤 학생에게도 가르칠 수 있다는 가능성을 보인다는 것으로 브루너는 제시양식을 단순한 표현양식으로 하게 되면 이해를 시킬 수 있다고 설명한다. 아동은 표현양식 면에서 작동적 표현, 영상적 표현, 상징적 표현의 순서로 발달하기 때문에 수업의 계열도 같은 순서로 해야 함을 시사한다.

5) 학습 이론의 적용

Bruner의 학습 이론은 지식의 구조화를 강조함으로써 교과의 구조를 알거나 교과에 포함된 기본적 원리를 알면 학습의 전이와 기억에 도움을 줄 수 있음을 제시해준다. 또한 학습 내용의 계열적 조직의 필요성을 강조함으로써 수업의 연계성을 높여주었다. 즉 학습의 내용을 구체적인 경험에서 추상적인 경험으로, 단순한 것에서 복잡한 것으로, 쉬운 내용에서 어려운 내용으로 계열화하여 진행하면 학습의 전이와 파지에 도움을 줄 수 있다는 것이다.

1.3 Ausubel의 유의미 학습 이론

1) 유의미 학습 이론

그림 3.6 Ausubel

Ausubel(1918-2008)은 브루너의 발견학습과 대조되는 유의미 수용학습을 주장하였다. Ausubel(1968)은 학습에 영향을 주는 것은 학습자가 이미 알고 있는 것으로 새로운 학습과제가 학습자의 기존 인지구조 내의 개념과 의미 있게 연결되어야 한다는 유의미 학습 이론(meaningful learning)을 주장하였다.

학습자의 인지구조는 바로 학습자가 가지고 있는 관련 지식으로 유의미한 관계의 형성은 학습자의 인지구조 내에 존재하는 개념과 학습할 새로운 지식이 동화되는 포섭(subsumption)의 과정을 거쳐 유의미한 개념들이 축적되어야 비로소 유의미 학습이 일어난다(Ausubel, 1960). 이처럼 Ausubel은 학습자의 인지구조를 학습의 중요한 변인으로 보고, 학생은 교사의 수업을 수동적으로 받아들이는 존재라기보다 학습 내용을 수용하기 위해 활발한 인지과정을 수행하는 능동적인 존재로 보았다.

Ausubel의 지식을 획득하는 과정에 관한 인지심리학적 원리들을 토대로 인지구조, 지식의 위계(hierarchy), 포섭(subsumption), 포섭자(subsumer), 관련 정착 아이디어(relevant anchoring idea), 선행조직자(advanced organizer), 획득(acquisition), 유지(retention), 망각(forgetting)과 같은 개념들을 이용하여 학습 과정을 설명하였다.

Ausubel은 인간의 인지구조가 포괄적인 개념에서 덜 포괄적인 개념으로 위계적으로 구성되어 있기 때문에 학습자료를 조직화하여 제시하여야 한다고 주장하였다. 또한 학습에 있어 중요한 포섭은 포괄적인 상위 개념이 덜 포괄적인 하위 개념을 포함하는 과정이라고 보았으며, 이러한 과정을 통해 새로운 지식이 학습자의 인지구조 내로 동화될 수 있다고 하였다.

2) 학습의 유형

Ausubel은 발견학습으로 얻어진 지식처럼 수용식 학습도 유의미한 학습이 될 수 있다고 하였으며(Ausubel, 1963), 학습의 유형을 지식이 획득되는 방식에 따라 수용식 학습(reception learning)과 발견식 학습(discovery learning)으로 구분하고, 지식을 학습자의 인지구조에 통합하는 방식에 따라 기계적 암기학습(rote learning)과 유의미 학습(meaningful learning)으로 구분하였다. 발견식 학습은 주어진 자료를 근거로 하여 개념이나 원리를 도출하는 학습인 반면, 수용식 학습은 이미 제시되어 있는 내용을 받아들이는 학습이다. 여기에서 수용식 학습과 발견식 학습은 학습하는 방법에서의 차이를 나타낸 것으로, Ausubel은 수용식 학습의 형태로도 얼마든지 유의미한 학습이 가능하다고 주장하였다.

Ausubel은 기계적 암기학습과 유의미 학습, 그리고 수용식 학습과 발견식 학습을 각각 양분되는 학습이 아니라 그림 3.7과 같이 상호 관련된 연속적인 관계를 이루기 때문에 기계적인 암기학습은 의미있는 학습으로, 수용식 학습은 의미있는 수용학습이나 안내된 발견식 학습, 독립적인 발견식 학습으로 연결될 수 있다고 설명한다.

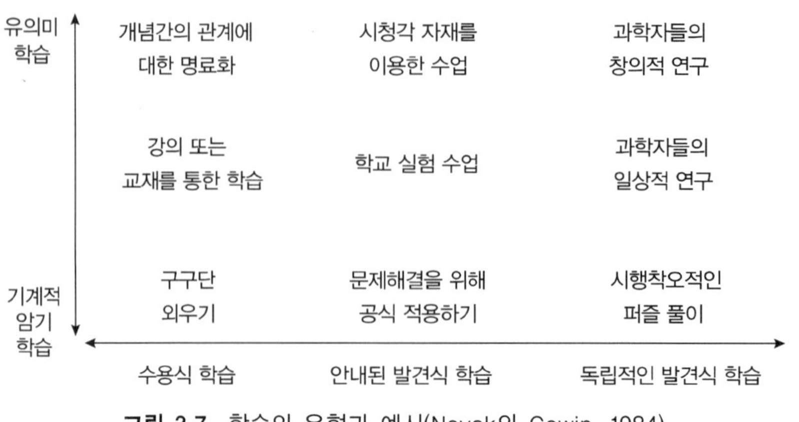

그림 3.7 학습의 유형과 예시(Novak와 Gowin, 1984)

예를 들어, 유의미 학습이면서 수용식 학습으로는 설명식 수업을 통해 개념간의 관계를 명료하게 이해시키는 경우를 들 수 있다. 그러나 시행착오적인 퍼즐(puzzle) 풀이의 경우는 발견적 학습인 동시에 기계적 암기 학습으로 분류할 수 있다. 과학자들의 창의적 연구의 경우는 진정한 의미의 발견식 학습이며 동시에 유의미 학습이 일어나는 학습으로 볼 수 있다.

일반적으로 수용식 학습은 기계적 암기학습이며 발견식 학습은 유의미 학습인 것으로 잘못 이해하는 경향이 있으나 Ausubel은 수용식 학습과 기계적 암기학습 그리고 발견식 학습과 유의미 학습을 분명하게 구분하면서 학습은 발견의 형태가 아니라 수용의 형태로도 얼마든지 유의미한 학습이 될 수 있다고 주장하였다. 이와 관련하여 유의미 학습을 유의미 수용식 학습(meaninful reception learning)이라고도 한다.

3) 유의미 학습의 조건

유의미 학습은 외부 세계의 잠재적이고 논리적인 의미가 학습자의 인지구조 속에 수용, 병합되어서 개별화된 심리적 의미 상태로 전환되는 것을 의미하며, 이를 위해 논리적으로 의미 있는 학습자료가 학습자의 인지구조 속에 안정성 있게 제시되어야 한다(이성호, 1999).

유의미 학습이 일어나기 위해서는 그림 3.8과 같이 논리적 유의미성(logical meaningfulness), 잠재적 유의미성(potential meaningfulness), 심리적 유의미성(psychological meaningfulness)의 조건들을 만족해야 한다.

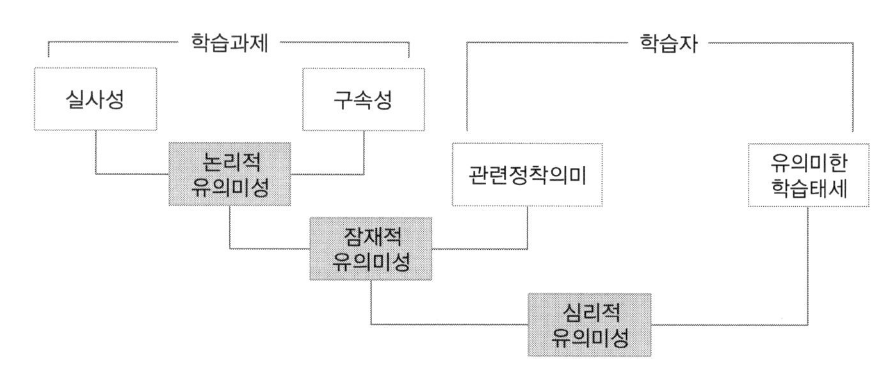

그림 3.8 유의미 학습의 조건

(1) 논리적 유의미성

논리적 유의미성은 학습과제가 논리적 유의미성을 가져야 함을 의미하며, 학습과제는 학습자의 인지구조 내에 존재하고 있는 지식과 논리적인 관련성, 즉 실사성(substantiveness)과 구속성(nonarbitrariness)을 가져야 한다.

실사성은 본질은 유지된다는 성질을 의미하며, 학습과제의 형태가 변하여도 그 의미가 변하지 않는 특성을 말한다. 구속성은 새로운 과제와 인지구조 내의 관련 과제 사이가 임의적이지 않다는 것으로, 임의적으로 맺어진 관계가 하나의 관습으로 굳어져 그 의미는 변화되지 않는 특성을 말한다. 따라서 학습과제가 실사성과 구속성이라는 두 가지 특성을 지니고 있을 때 학습자의 인지구조에 의미 있게 관련되며, 학습과제는 논리적 유의미성을 갖는다고 말한다.

(2) 잠재적 유의미성

유의미 학습이 일어나기 위해서는 학습과제가 논리적 유의미성을 가지고 있어야 하며, 학습자는 학습과제를 관련지을 수 있는 관련 정착 아이디어(relevant anchoring ideas)를 가지고 있어야 한다. 이를 학습자의 인지구조 변인이라고 하며, Ausubel은 인지구조를 학습자가 유용하게 사용할 수 있는 개념, 원리, 이론 등으로 이루어진 학습자의 지식 체계라고 설명한다.

유의미 학습에서 학습자의 인지구조는 새로운 학습과제가 유의미하게 정착할 수 있도록 하는 정착자(anchor)의 역할을 한다. 이때, 학습자가 새로운 학습과제와 관련된 인지구조를 가지고 있으면 그 학습과제는 학습자에 대하여 잠재적 유의미성을 갖는다고 말한다.

(3) 심리적 유의미성

유의미 학습이 일어나기 위한 조건인 논리적 유의미성과 잠재적 유의미성을 갖춘 학습과제가 제시되더라도 학습자가 학습하려는 학습태세(learning set)를 가지고 있지 않다면 유의미 학습이 일어나지 않고 기계적 암기학습이 일어나게 된다. 따라서 논리적 유의미성과 잠재적 유의미성을 갖춘 학습과제와 학습자의 학습태세가 상호작용하면 유의미 학습이 이루어지며, 그 결과 학생은 진정한 의미(meaning)를 얻게 된다. 학습과제가 잠재적 유의미성을 가지고 있고, 학습자가 그 과제를 유의미하게 학습하고자 하는 학습태세를 가지고 있을 때, 그 학습과제는 학습자에 대하여 심리적 유의미성을 갖는다고 말한다. 만약 학습자의 학습태세가 유의미하지 않다면 결국 잠재적으로 유의미한 과제도 기계적으로 학습될 수 있다.

4) 포섭 이론과 학습의 형태

포섭(subsumption)은 학습과제를 기존 인지구조에 통합함으로써 학습되는 과정을 말한다. 즉 학습될 내용이 인지구조 내의 관련 정착 아이디어와 연결되어 포섭될 때 유의미한 학습이 이루어지므로 포섭은 유의미 학습 이론에서 중요한 도구가 된다. 포섭은 새로운 학습과제를 기존 인지구조 내 기존 개념들과 화합 또는 통합하는 과정으로, 피아제 이론의 동화와 유사한 의미이다.

포섭의 과정은 학습이 이루어지는 과정으로 새로운 학습과제는 포섭의 대상에 해당하며, 학습자의 인지구조 내 관련 정착 아이디어는 포섭자(subsumer)의 역할을 하게 된다. 즉 포섭은 학습자의 기존 지식에 새로운 학습과제를 관련짓는 것을 말한다.

Ausubel은 포섭을 통해 일어나는 유의미 학습의 형태를 각 학습을 이루는 학습과제의 상위적, 하위적 관계에 따라서 상위적 포섭(superordinate subsumption), 종속적 포섭(subordinate subsumption), 병위적 포섭(combinational subsumption)으로 구분하였으며, 종속적 포섭은 파생적 포섭(derivate subsumption), 상관적 포섭(correlational subsumption)으로 구분하였다.

(1) 상위적 포섭

새로운 학습과제가 인지구조 내의 관련 개념들보다 상위의 개념에 해당할 때 일어나는 학습을 말하며 상위적 학습(superordinate learning)이라고도 한다. 상위적 포섭에서는 학습자들이 알고 있는 하위적 개념들을 확인하고 그러한 개념들을 포괄할 수 있는 상위적 개념이 제시된다. 이때 새로 학습하는 개념은 학습자의 인지구조 내 선행 개념들을 모두 포섭할 만큼 포괄적이어야 한다. 이를 통해 상위의 개념 또는 명제가 학습되는 상위적 포섭이 일어나며, 학습자의 인지구조는 변화 및 재구성을 통한 통합적 조정(integrative

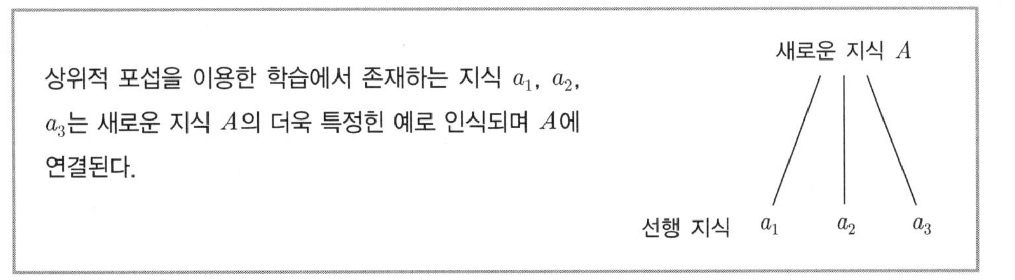

그림 3.9 상위적 포섭을 반영한 유의미 학습의 형태(Ausubel, 2000)

reconciliation)이 일어나게 된다. 현무암, 안산암, 유문암에 대한 개념을 가지고 있는 학습자가 화성암이라는 상위의 새로운 개념을 학습할 경우, 이는 상위적 포섭에 해당한다.

(2) 종속적 포섭

새로운 학습과제가 인지구조 내의 관련 개념들보다 하위의 개념에 해당할 때 일어나는 학습을 말하며 하위적 학습(subordinate learning)이라고도 한다. 종속적 포섭은 포괄성이 낮은 학습과제가 포괄성이 높은 인지구조 내로 포섭되는 것으로 이 과정에서 학습자의 선행개념은 점점 변하고 분화를 겪는 점진적 분화(progressive differentiation)가 일어난다. 종속적 포섭은 파생적 포섭과 상관적 포섭으로 구분한다.

파생적 포섭은 새로운 학습과제가 학습자의 인지구조 내에 존재하는 개념이나 아이디어에 새로운 개념이나 아이디어를 단순하게 추가하는 방식이다. 즉 인지구조 내 포섭자의 사례에 해당하기 때문에 인지구조의 관련 개념에 대한 준거 속성이 변화하지 않고 학습과제의 포섭이 가능하다.

상관적 포섭은 새로운 학습과제가 이를 포섭할 학습자의 인지구조를 확장하거나 수정하거나 정교화하는 과정을 거치면서 포섭이 일어나는 방식이다. 즉 인지구조의 관련 개념에

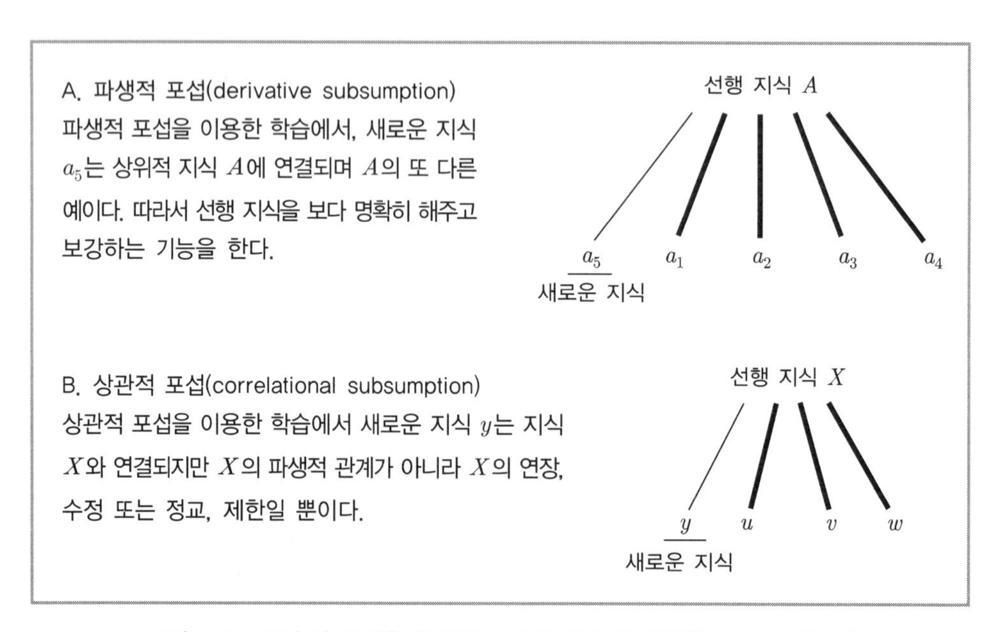

그림 3.10 종속적 포섭을 반영한 유의미 학습의 형태(Ausubel, 2000)

대한 준거 속성이 변화하는 과정을 거치게 되며, 이는 피아제의 인지발달 이론에서 말하는 조절에 해당한다고 할 수 있다.

(3) 병위적 포섭

새로운 학습과제가 인지구조 내의 관련 개념들과 같은 위계 수준에 해당할 때 일어나는 학습을 말하며 병위적 학습(combinatorial learning)이라고도 한다. 화성암과 퇴적암에 대한 개념을 가지고 있는 학습자가 변성암을 학습하는 경우, 이는 병위적 포섭에 해당한다.

병위적 포섭을 이용한 학습에서 새로운 지식 A는 선행 지식 B, C, D와 관련되는 듯하지만 지식 B, C, D보다 더 포괄적이고 더 특수하지는 않다.	새로운 지식 $\underline{A} \rightarrow \underbrace{B - C - D}_{\text{선행 지식}}$

그림 3.11 병위적 포섭을 반영한 유의미 학습의 형태(Ausubel, 2000)

5) 선행조직자

선행조직자(advanced organizer)는 새로운 학습과제를 제시하기에 앞서 수업 전이나 수업 초반에 제공하는 것으로 학습과제보다 추상적, 일반적, 포괄적이며 학습과제와 연결될 수 있는 인지구조 내의 정착지식과 관련된 자료를 의미한다. 즉 학습자의 인지구조 내 선행지식과 학습할 새로운 과제 사이에 다리 역할을 하는 선행조직자를 통해 유의미 학습을 촉진할 수 있다.

선행조직자는 시각적 자료, 개념들 사이의 관계를 나타내는 개념도, 일반적인 용어로 진술한 포괄적 원리의 문장 등이 사례로 제시될 수 있다. 선행조직자를 통해 기존 인지구조와 새로운 학습과제 사이의 관련성을 높여 새로운 학습과제가 학습자의 인지구조에 잘 정착되도록 도와줌으로써 유의미 학습이 일어나도록 해준다. 선행조직자는 자료의 제공 방식에 따라 설명 선행조직자(expository advanced organizer)와 비교 선행조직자(comparative advanced organizer)로 구분한다.

설명 선행조직자는 새로운 학습과제가 학습자의 인지구조와 관련성이 없을 때, 즉 학습자에게 친숙하지 않은 학습과제를 제시할 때 주로 사용하는 방식이다. 설명 선행조직자를 사용하여 학습자가 수업을 이해하는 데 필요한 일반화된 예를 제시하고 설명함으로써 학습자들이 다른 예를 생각하도록 촉진할 수 있다. 즉 설명 선행조직자는 학습 과정의 초기에 학습자의 인지구조 내에 학습과 관련된 개념이 존재하지 않는다면, 보다 하위개념을 포섭할 목적을 가지는 상위개념이 설명 선행조직자로 제시될 수 있다. 이는 Ausubel이 말하는 점진적 분화의 원리에 해당한다.

비교 선행조직자는 새로운 학습과제가 학습자의 인지구조와 관련성이 있을 때, 즉 학습자에게 친숙한 학습과제를 제시할 때 주로 사용하는 방식이다. 비교 선행조직자를 사용하여 학습자의 인지구조 내에 관련된 내용이 포함되어 있지만 새로운 학습과제와 유의미한 포섭이 일어나지 못할 때, 기존 개념과 새로운 개념 간의 유사성과 차이점을 알려줌으로써 유의미 학습을 촉진할 수 있다. 즉 비교 선행조직자는 인지구조 내에서 분리되어 있던 개념들 간에 관련성이 유의미하게 포섭되는 과정으로 새로운 학습과제와 선행지식을 연결하는 인지적 다리가 된다. 이는 Ausubel이 말하는 통합적 조정의 원리에 해당한다.

6) 점진적 분화와 통합적 조정

점진적 분화(progressive differentiation)는 유의미 학습이 진행되면서 학습 개념들이 포섭 과정을 통해 인지구조 내에서 점차 분화되어 나가는 것을 말한다. 이 학습 과정은 학습자의 인지구조 내에 정착되는 개념들은 일반적이고 포괄적인 상위의 개념에 해당하고, 보다 구체적인 하위의 개념들이 상위의 개념에 의해 포섭되면서 개념의 분화가 이루어지는 것을 의미한다. 만약 학습 초기에 학습자의 인지구조 내에 학습과 관련된 개념이 존재하지 않는다면, 보다 하위의 개념을 포섭할 목적을 가지는 상위의 개념이 설명 선행조직자로 제시될 수 있다.

통합적 조정(integrative reconciliation)은 인지구조 내에서 서로 분리되어 있던 개념들 간에 관련성이 유의미하게 포섭되는 과정을 말한다. 이 학습 과정은 학습자에게 비교적 친숙한 내용들을 중심으로 이들 간의 관련성을 지어주는 형태로 이루어진다. 이때 관련지어 줄 개념이 학습자의 인지구조 내에 없으면 이를 비교 선행조직자의 형태로 도입해 줄 수 있다.

7) 학습 이론의 적용

Ausubel은 효과적인 과학 학습을 위해서는 수업 이전에 학습자가 수업할 내용에 대해 어떤 생각을 가지고 있는지를 확인하는 선개념의 중요성과 새로운 개념이나 정보가 학습자의 기존의 인지구조에 유의미하게 연결될 수 있도록 하는 유의미 학습을 주장하였다. 또한 학습자의 인지구조는 포괄적인 개념에서 덜 포괄적인 개념으로 위계적으로 구성되어 있기 때문에 학습자료를 조직화하여 제시할 필요성을 강조한다.

Ausubel이 학습자의 인지구조와 새로운 학습과제의 유의미한 관계 촉진을 위해 제안한 유의미 학습 이론은 과학 개념 획득을 위한 목표 달성에 매우 효과적인 방법으로 개념 학습이 기계적인 암기식 학습이 아니라 유의미한 수용식 학습으로 이루어질 수 있음을 말해준다. 과학 수업에서는 Ausubel의 선행조직자를 활용하여 수업의 계획단계에서는 학습자 배경과 학습내용 위계를 구조화한 것을 바탕으로 수업 목표를 설정하고, 내용의 선행조직자를 선정하며, 수업의 실천 단계에서는 먼저 선행조직자를 제시하고, 이어서 위계적으로 잘 조직된 수업 내용들을 점진적 분화와 통합적 조정의 원리를 사용하여 제시하며, 수업 평가 단계에서는 개념이나 일반화 정도와 과정을 평가한다(Joyce와 Weil, 1972).

1.4 개념도

인지구조는 위계적으로 조직되어 있으며, 새로운 의미가 학습자의 기존 개념 체계 내에서 포섭을 통해 획득된다. 개념도(concept map)는 개념들 사이의 유의미한 관계를 위계적으로 나타낸 것으로 학습과제를 학습자 수준에 맞게 재조직하는 근거의 역할을 한다(Novak, 1977). 개념도는 유의미 학습을 촉진하기 위한 전략으로 도입되었지만, 이후 평가도구, 교육과정 설계도구 등으로 활용성이 넓어지고 있다.

개념도는 학습자료에 포함된 개념을 규정하고, 이들 개념을 가장 일반적이고 포괄적인 개념들로부터 가장 덜 일반적이고 구체적인 특정 개념으로 이루어지는 위계적 배열로 조직하는 과정이다. 개념의 이해 정도를 확실히 알기 위해서는 여러 개념과의 상호관계를 알아보아야 한다(권재술, 1989).

1) 개념도 작성

개념도는 수업 전, 중, 후에 각각 다르게 사용할 수 있다. 수업 전에는 학습자의 개념과 인지구조에 대한 진단평가, 수업 후에는 개념 획득이나 올바른 개념 변화의 점검 도구로서 형성평가 및 총괄평가로 사용할 수 있다.

개념도를 작성하는 개요는 먼저 개념도를 그리고자 하는 내용 중에서 가장 중요한 개념들을 선택하고, 가장 일반적인 것에서부터 가장 구체적인 개념까지 위계를 정하고 나름대로 중요도를 결정한다. 이후 선택한 개념들을 배열하고 관련 개념들 사이에 연결선을 긋고 연결선 위에 개념 간의 관련성 이유를 낱말이나 문장으로 쓴다. 이때 개념 사이의 연결선은 서로 교차할 수 있다. 개념도 구성 단계는 표 3.1과 같다(Trowbridge와 Wandersee, 1998).

개념도는 서로 다른 개념들 사이, 또는 명제들 사이의 관계를 시각화하는 방법으로 과학 교사가 작성하는 개념도를 표준 개념도, 학습자들이 작성한 개념도는 사고 과정을 나타낸 도형으로 정의되는 인지도(cognitive map)라고 부른다.

표 3.1 개념도 구성 단계(Trowbridge와 Wandersee, 1998)

단계	개념도 작성 절차
1	학습자료(강의자료, 영상자료, 기사, 교재 등)에서 2-12개의 개념을 선택한다.
2	여러 개의 점착 메모지를 준비하고 메모지마다 한 가지 개념을 적는다. 각 메모지를 부착할 큰 종이를 준비한다.
3	개념도의 제일 위쪽에 배치할 상위 개념을 선택한다. 이 개념은 개념도에서 다른 개념들을 조직화하는 상위 개념이다.
4	상위 개념 아래로 다른 개념들을 위계에 따라 배열한다. 개념들을 배열할 때 아래쪽으로 갈수록 일반적인 개념에서 구체적인 개념이 되도록 한다.
5	개념들을 배열한 후 관련된 개념들 사이에 연결선을 긋고 개념들 사이의 관계를 특징짓는 낱말을 연결선 위에 적는다.
6	개념도에서 다른 가지에 위치한 두 개념들 사이에 교차 연결을 하고 싶다면 점선으로 연결하고 개념들 사이의 관계를 특징짓는 낱말을 점선 위에 적는다.
7	개념도에서 어떤 개념의 예를 제시하고 싶다면 점선으로 된 타원 안에 적는다.
8	어떤 개념의 예는 연결선에 '예'라는 명칭으로 연결한다.
9	개념도의 초안을 검토하고 수정하여 최종 개념도를 완성한다.

개념도를 작성할 때 학습자들에게 다음과 같은 유의사항에 대해 알려줄 필요성이 있다. 첫째, 개념을 연결시키기 위해 선택하는 연결어에 따라 다른 의미가 될 수 있으므로 연결어 사용에 주의를 기울여야 한다. 둘째, 핵심 개념을 모두 포함하고 개념들 사이의 연결은 정확하며, 포함된 예들은 적절한지를 검토해야 한다. 셋째, 상위 개념은 최선의 선택이며, 나머지 개념들은 위계에 따라 타당하게 배열했는지를 검토해야 한다. 개념도 작성에서 고려해야 할 사항들은 표 3.2와 같다(Trowbridge와 Wandersee, 1998).

표 3.2 개념도 점검표(Trowbridge와 Wandersee, 1998)

구분	개념도 작성 시 고려할 점
1	교사가 제공한 핵심 개념을 포함하고 있는가?
2	개념들 사이의 모든 연결은 정확한가?
3	교차 연결이 포함되어 있는가?
4	가능한 새로운 사례들을 포함하고 있는가?
5	개념도는 직선 모양이 아니라 나뭇가지 모양인가?
6	상위 개념이 최선의 선택이며, 나머지 개념들은 잘 배열되었는가?
7	예들은 적절한가?
8	개념도는 과학적으로 적절한가?
9	적절한 개념도 기호들을 사용하고 개념도 작성 방법에 따라 작성했는가?
10	개념도는 필요한 개념 수로 제한되었는가?

2) 개념도 평가

개념도는 학습자의 배경 지식과 인지구조에 따라 다른 개념도를 나타낸다. 실제 수업이나 평가에서 개념도를 적용하는 데 있어서는 개념도를 평가할 수 있는 기준이 필요하다. 표 3.3은 개념도의 채점 기준으로 평가 항목은 명제(propositions) 혹은 관련성(relationship), 위계(hierachy), 교차 연결(cross links), 예(examples)로 구성된다(Novak과 Gowin, 1984).

개념도 평가는 개념도가 작성되는 자료에 대해 기준이 되는 개념도를 작성하고, 그 개념도에 대해서 채점 기준에 따라 채점을 실시한 다음, 학습자의 개념도 점수를 기준 개념도 점수로 나누어 비교를 위한 백분율 점수를 구할 수 있다. 이에 기초하여 어떤

표 3.3 개념도 채점 기준(Novak와 Gowin, 1984)

평가 항목	평가 준거	점수
명제	두 개념 사이의 관계를 연결선과 연결어로 나타내고, 그 관계가 타당한가?	유의미하고 타당하게 나타낸 명제에 대해 각각 1점씩 부여
위계	개념들간의 위계가 타당한가? 각각의 종속 개념이 그 보다 위에 위치한 개념에 비해 더 구체적이고 덜 일반적인가?	타당한 위계성을 갖는 각 수준에 대해 5점씩 부여
교차 연결	개념 위계의 한 가지와 다른 가지 사이의 개념 간에 유의미한 연결을 나타내었는가? 주어진 교차 연결이 유의미하고 타당한가?	타당하고 유의미한 교차 연결에 각 10점씩 부여
예	개념의 구체적인 사건이나 사물의 예가 타당한가?	타당한 예에 대해 각 1점씩 부여

학습자의 개념도는 기준 개념도 보다도 더 잘 작성되어 100% 이상의 점수를 받을 수도 있다(Novak과 Gowin, 1984).

그림 3.12는 Novak과 Gowin의 개념도 모델로 핵심 개념을 가장 상위 개념에 두고 가장 포괄적인 개념에서 덜 일반적인 하위 수준의 개념으로 구성되어 있으며, 이들 중 하나의 개념에 대해 2개의 예가 제시된 형태이다. 여기에서 개념은 11개, 개념들 사이의 명제는 12개, 위계는 3개, 교차 연결은 1개, 예는 2개가 제시되었다.

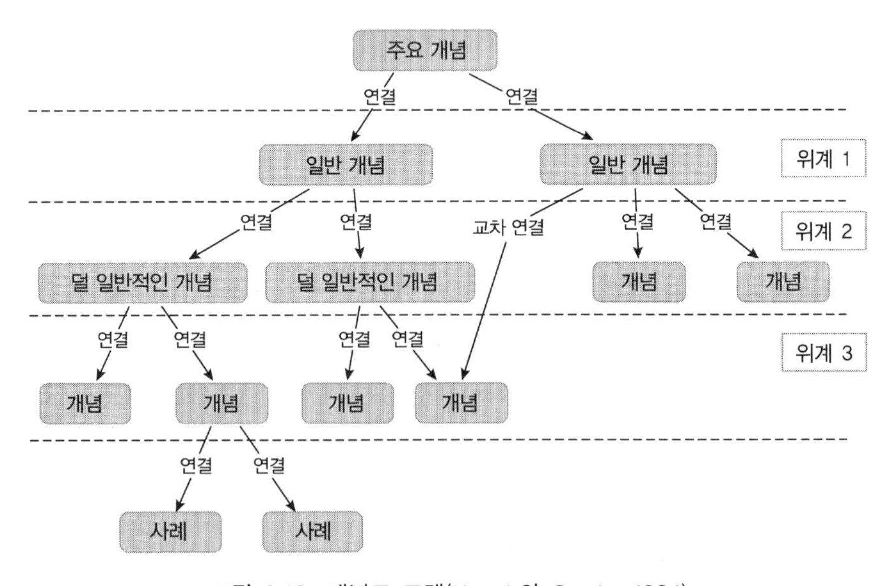

그림 3.12 개념도 모델(Novak와 Gowin, 1984)

3) 개념도의 적용

개념도는 근본적으로 Ausubel의 유의미 학습 이론을 따르고 있다. 따라서 개념도 자체를 선행조직자로 사용하거나 수업 과정 중에 작성하게 하는 전략으로 활용할 수 있다. 구체적으로 개념도는 수업 전과 후에 학습자의 학습 개념에 대한 의미의 변화를 확인해 볼 수 있으며, 수업 전에 작성한 개념도는 학습자의 선지식을 파악함으로써 교사는 학습과제와 관련하여 어떤 내용을 보충하고 어떤 내용을 도입할 것인지에 대한 교수-학습 전략을 수립할 수 있다. 또한 수업 후에 작성한 개념도는 학습과제에 대한 개인차를 보여줌으로써 교수-학습 계획 수립 시 개인차를 고려할 기회를 제공해준다.

또한 개념도는 학습자의 오개념 확인에 유용한 도구이며, 개념도 작성을 통해 학습자 스스로 관련 주제에 대해 알고 있는 것에 대해 검증하도록 하여 전통적인 평가에 비해 유용한 평가 도구로 활용되고 있다.

1.5 브이도

브이도(Vee diagram)는 지식의 본성에 대한 이해를 돕기 위한 발견적(heuristic) 교수법으로 Gowin이 인식론과 Ausubel의 유의미 학습 이론을 접목하여 구성한 학습 지도 전략이다. Gowin은 과학 탐구 활동을 수행할 때, 학습자들이 학습 내용을 과학 개념이나 이론과 연결시키지 못하는 문제점과 탐구학습에서 나타나는 지식의 구조를 이해시킬 방안으로 인식론적 브이도를 고안했다(Novak과 Gowin, 1984).

Novak과 Gowin은 학습자들이 실험을 수행하면서 실험 문제, 탐구 방법, 실험과 관련된 개념과 원리 등에 대해서 생각할 기회를 갖지 않고 제시한 절차에 따라 기계적으로 실험을 진행하고 있는 상황에서는 탐구 능력 및 관련 지식에 대한 이해를 증진시키기 힘들다고 생각하였다. 이에 과학 지식과 학습자 활동이 동시에 표현되는 장점을 가지고 있는 브이도를 사용함으로써 학습자들이 실험 내용과 방법을 이해하고 있어야 한다고 생각하였다.

브이도는 다음과 같은 5가지 주요 질문을 토대로 구성되어 있다.

- 실험의 목적은 무엇인가? (초점 질문)

- 실험의 결과를 도출하는 데 필요한 주요 개념은 무엇인가? (개념, 원리, 이론)
- 실험 목적과 실험 활동에 필요한 탐구 방법은 무엇인가?
- 실험 결과로부터 주장할 수 있는 중요한 지식은 무엇인가? (지식 주장)
- 실험 결과로부터 주장할 수 있는 중요한 가치는 무엇인가? (STS 관련 가치 주장)

1) 브이도의 구조

Gowin은 실험을 수행하는 학습자의 능력과 학습자 자신이 무엇을 하고 있는지, 특히 실험의 이론적인 기초에 관해 학습자가 인식하고 있는 것 사이의 관계를 중요시하였다.

브이도는 V자를 중심으로 그림 3.13과 같이 왼쪽에는 개념적 혹은 이론적 측면의 사고하기(thinking) 부분과 오른쪽에는 방법적 측면의 활동하기(doing) 부분으로 구성되며, 중앙에 있는 초점 질문(focus questions)을 통해 문제를 제기하면 사고하기 부분에서 탐구자는 실행할 실험과 관련되는 개념적인 원리를 탐구하게 된다. 실행하기 부분에는 사건과 사물을 활용하여 설계에 따라 실험을 수행하면서 기록하고, 기록을 토대로 표와 그래프 등 자료 변환을 통해 결론적으로 어떤 지식을 알게 되었는지를 확인하는 내용으로 구성되어 있다.

Gowin의 인식론적 브이도는 지식 구성에 있어 원리나 개념 등 개념적 측면과 관찰과 기록, 절차 등 방법적 측면의 상호작용을 표시해 줌으로써 탐구 과정의 안내와 탐구 결과를 평가하는 도구로 사용할 수 있어서 학습자의 자율적인 학습과 문제 파악에 도움을 줄 수 있다(심재호, 2017).

(1) 초점 질문

활동이나 수업 목표에 해당하며, 실험의 경우 결과를 얻을 수 있는 주된 질문으로 브이도의 개념적 측면을 이해하고, 방법적 측면의 실험 활동을 유도하며, 원하는 결론으로 이끈다. 초점 질문은 무엇이, 어떻게, 왜 등의 형태로 표현한다.

(2) 사건과 사물

사건(events)은 실제 수행되는 관찰이나 실험 활동으로 초점 질문에 따라 활동 내용이 달라지며, 사물(objects)은 관찰 대상 및 초점 질문을 해결하는 데 필요한 실험 기구 및 재료에 해당한다.

(3) 개념적 측면

개념적 측면 혹은 이론적 측면은 사건과 사물에 대한 관찰로부터 시작되어 개념이 형성되는 단계와 개념들이 모여 포괄적인 개념 체계가 이루어지는 절차를 말한다. 방법적 측면에서 수집된 자료와 결과를 바탕으로 과학 지식이 일반화되는 절차로 구성된다.

- 개념(concepts) : 개념은 사건이나 사물에 대한 정신적인 심상(mental model)으로 원리나 이론을 형성하기 위한 기초 자료나 아이디어에 해당한다.
- 원리(principles) : 원리는 개념과 개념 간의 관계를 통해 나타난 개념들 사이의 관련성이나 규칙성 등 보편적인 일반화에 해당한다.
- 이론(theories) : 이론은 원리보다 더 포괄적인 가장 기본적이고 중요한 일반적인 원리들에 의미를 부여한 것에 해당한다.
- 철학(philosophies) : 철학은 자연에 대한 인간의 이해 방법에 해당한다.
- 세계관(world views) : 세계관은 개념적 측면의 마지막 단계로 자연 세계에 대한 인간의 신념에 해당한다.

(4) 방법론적 측면

방법적 측면은 자연 현상에 대한 자료를 수집하고 해석하는 활동을 통해 개인적 지식을 획득하는 단계로 구성되며, 개인적 탐구 과정에 해당한다.

- 기록(records) : 기록은 사건이나 사물에 대한 관찰 결과를 사실대로 기술하는 것으로 정량적인 기록과 정성적인 기록으로 구분한다.
- 자료 변환(transformations) : 자료 변환은 자료를 해석하기 쉬운 형태로 바꾸는 과정에 해당한다. 초점 질문에 대한 적절한 답을 하기 위해 관찰한 기록을 재구성, 재배열하는 것으로 그래프, 표, 그림 등이 사용된다.

• 지식 주장(knowledge claims) : 초점 질문에 대한 답으로 탐구의 산물에 해당한다. 새로운 질문을 위한 기초가 되며, 이미 알고 있는 개념, 원리들의 의미를 바꾸거나 강화시키기도 하고, 이들 사이의 관계에 대한 새로운 지식을 구성하는 과정에 해당한다.
• 가치 주장(value claims) : 가치 질문에 대한 답을 하는 과정에 해당하며, 지식 주장을 통해 형성된 신념의 발현이라고 할 수 있으며, 개념적 측면의 마지막 단계인 철학이나 세계관의 관점과 중요한 상호작용을 일으킨다.

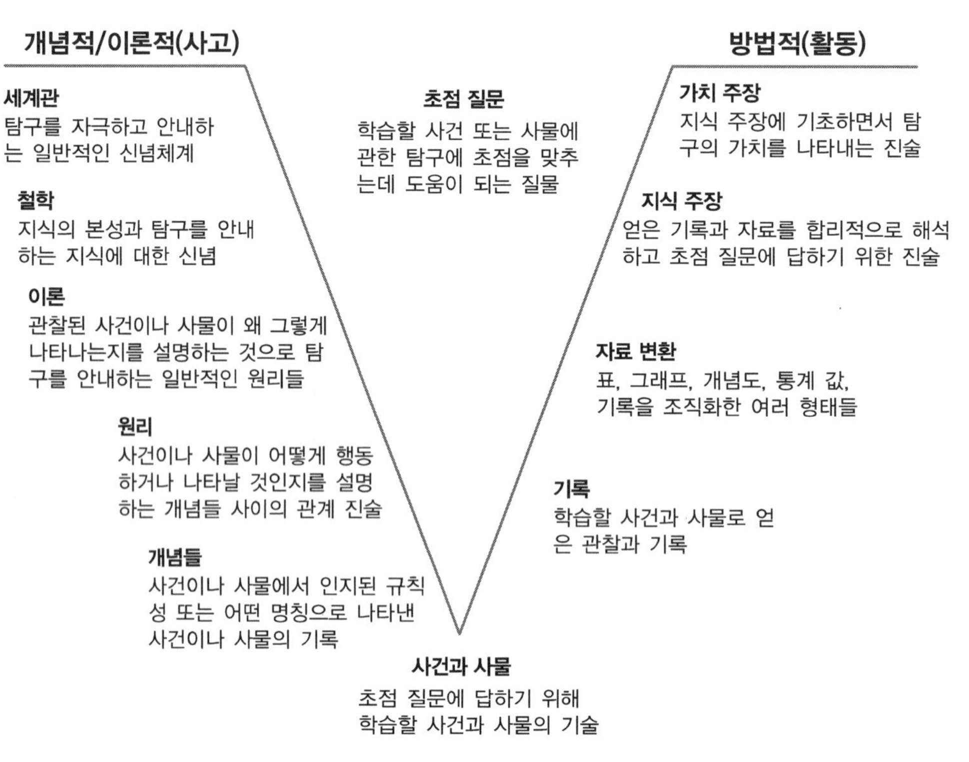

그림 3.13 Gowin의 인식론적 브이도의 구조(심재호, 2017; Novak, 1998)

2) 브이도 평가

브이도는 탐구 활동에 대한 개념적 측면과 방법론적 측면을 연결시켜 학습자들이 과학 지식이 형성되어 나가는 과정에 대해 고찰할 수 있는 기회를 제공해준다. 또한 브이도는 과학 지식과 과학적 탐구 및 실험의 기능을 동시에 평가할 수 있는 도구로도 이용되며, 실험 활동이 병행되는 개념 수업에서 실험의 요약과 분석에도 활용될 수 있다. 표 3.4는

표 3.4 브이도 채점 기준

평가 항목	평가 준거	점수
초점 질문	초점 질문을 제시하지 않았다.	0점
	질문을 제시하였지만, 사건과 사물 또는 브이도의 이론적 측면에 초점이 맞지 않았다.	1점
	개념을 포함한 초점 질문이 제시되었으나, 사건 또는 사물을 제시하지 않았거나 실험과 관계없는 사건과 사물을 제시하였다.	2점
	초점 질문이 학습에서 사용되는 개념을 포함하며 주요 사건과 그에 수반되는 사물을 제시하였다.	3점
사건과 사물	사건과 사물을 제시하지 않았다.	0점
	초점 질문과 일치하는 사건 또는 사물 하나만 제시한 경우나 혹은 사건과 사물을 제시하였지만 초점 질문과 일치하지 않았다.	1점
	사물이 수반되는 주요 사건을 제시하며 초점 질문과 일치한다.	2점
	위와 같으며 무엇을 기록할 것인지 제시하였다.	3점
개념·원리·이론	개념적 측면이 전혀 제시되지 않았다.	0점
	원리와 이론이 없이 몇 개의 개념만 제시하였거나 제시된 원리가 실험에서 찾은 지식 주장 그대로이다.	1점
	개념들과 적어도 하나의 원리가 있거나 또는 개념들과 그와 관련된 이론을 제시하였다.	2점
	개념들과 두 개의 원리를 제시하였거나 또는 개념들과 한 개의 법칙, 그리고 관련된 이론을 제시하였다.	3점
	개념들, 두 개의 법칙, 관련된 이론을 제시하였다.	4점
기록·자료 변환	기록이나 자료 변형을 제시하지 않았다.	1점
	자료를 기록했으나 초점 질문 또는 주요 사건과 관계가 없다.	2점
	사건과 관련된 기록은 있으나 자료 변형이 초점 질문이 내포하는 것과 관계가 없다.	3점
	기록과 자료 변형이 사건과 초점 질문에 일치하며, 학습자의 수준과 능력에 잘 맞는다.	4점
지식 주장	지식 주장을 하지 않았다.	0점
	지식 주장이 왼쪽에 있는 개념적 측면과 관련이 없다.	1점
	부적절한 상황 또는 기록과 자료 변환과 상관없이 일반적인 개념으로 지식 주장을 하였다.	2점
	지식 주장이 초점 질문과 자료 및 변환된 자료와 일치하였다.	3점
	지식 주장이 위와 같으며 새로운 초점 질문을 제시하였다.	4점

브이도의 채점 기준으로 평가 항목은 초점 질문, 사건과 사물, 개념·원리·이론, 기록·자료 변환, 지식 주장 등이다.

3) 브이도의 특징

브이도에서는 모든 과학적 연구와 탐구 활동이 개념적 측면과 방법론적 측면으로 이루어져 있다고 가정하고, 과학 지식은 두 가지 측면의 상호작용으로 형성된다고 본다. Gowin은 인식론적 브이도에서 과학 탐구 활동의 출발은 사건이나 사물로부터 시작되며, 이로부터 형성된 초점 질문이 두 가지 측면의 상호작용을 유발하는 것으로 설명한다.

브이도는 브이도의 두 가지 측면에서 아래 단계의 활동이나 사고가 형성되지 않고 위 단계의 활동이나 사고가 가능하지 않으며, 각 단계들이 서로 하나씩 위계적으로 상호작용하는 것이 아님을 강조한다. 즉, 방법적 측면의 활동하기 단계들은 연속적으로 동시에 수행될 수 있지만, 이로부터 획득되는 사고하기 단계들은 아래로부터 위 단계까지 하나씩 형성되어 간다고 본다.

Gowin의 브이도는 개념적 측면과 방법론적 측면의 상호작용을 강조하여 문제해결에 도움을 줄 수 있다. 즉 학습자는 실험이나 현장학습으로부터 의미를 추출하여 학습 내용과 과정을 연결하고 매 차시 보고서 양식처럼 기록을 활용하여 유의미한 지식을 얻을 수 있다. 이러한 점에서 브이도는 지식의 본성과 생성 과정을 학습하는 발견법으로 사용할 수 있다(Novak, 1979).

4) 브이도 사례

'물의 밀도 실험'에 관한 학습과제를 Gowin의 인식론적 브이도에 적용하기 위해 정리한 자료이며, 그림 3.14는 이를 브이도로 나타낸 것이다(Trowbridge와 Wandersee, 1998).

물의 밀도 실험

- **사건과 초점 질문**
  - 사건 : 미시시피 강과 멕시코 만에서 각각 담수와 해수를 채집한다.
  - 초점 질문 : 미시시피 강과 멕시코 만에서 채집한 물의 밀도 차이가 있을까?

- **방법 또는 행동하기**
  - 기록 : 위치를 기록한다. 온도를 측정한다. 비중값을 측정한다.
  - 자료 변환 : 온도, 비중값으로 염분값을 구한다. 위치(담수~만)에 따른 비중값을 그래프로 나타낸다.
  - 지식 주장 : 해수는 담수보다 밀도가 크다. 해수는 담수보다 염분이 더 높다. 밀도 차이는 경계를 생성할 수 있다.
  - 가치 주장 : 인접한 수괴의 밀도 차이는 물의 흐름을 바꿀 수 있다. 광염성(euryhaline) 어종은 적응범위가 좁은 협염성(stenohaline) 어종보다 서식지 다양성이 높다.

- **개념 또는 사고하기**
  - 개념 : 밀도, 부피, 질량, 물, 액체, 비중, 염분, 이온, 부력, 비중계, 온도, 광염성, 협염성, 온도계
  - 원리 : 밀도=질량/부피
  - 이론 : 유체역학
  - 철학 : 기후 예측은 밀도류 이해에 달려있다.

개념적/이론적(사고)

철학
기후 예측은 밀도류 이해에 달려있다.

이론
유체역학

원리
밀도=질량/부피

개념
밀도, 부피, 질량, 물, 액체, 비중, 이론, 부력,
비중계, 온도, 광염성, 협염성, 온도계

초점 질문
미시시피 강과
멕시코 만에서
채집한 물의
밀도 차이가
있을까?

방법적(활동)

가치 주장
인접한 수괴의 밀도 차이는 물의 흐름을 바꿀 수 있다. 광염성 어종은 적용 범위가 좁은 협염성 어종보다 서식지 다양성이 높다.

지식 주장
해수는 담수보다 밀도가 크다.
해수는 담수보다 염분이 더 높다.
밀도 차이는 경계를 생성할 수 있다.

자료 변환
온도, 비중 값으로 염분값을 구한다.
위치(담수~만)에 따른 비중값을 그래프로 나타낸다.

기록
채집 위치를 기록한다. 온도를 측정한다.
비중값을 측정한다.

기록
미시시피 강과 멕시코 만에서 각각 담수와
해수를 채집한다.

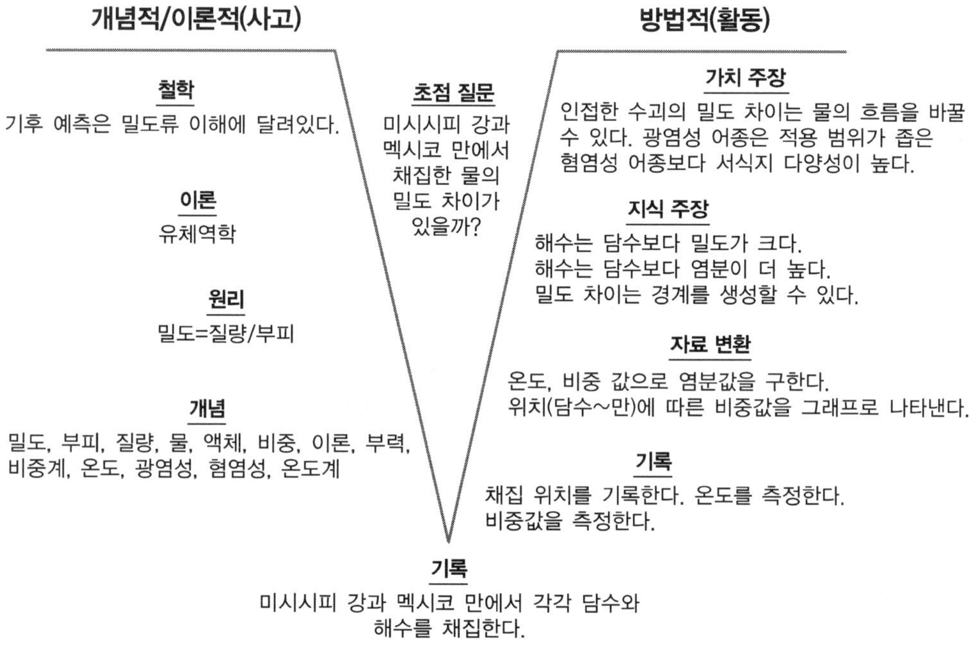

그림 3.14 물의 밀도 실험에 관한 브이도(Trowbridge와 Wandersee, 1998)

2 학생들의 지구과학 오개념

지구과학은 대개 귀납적이고 실재적(tangible)인 과학이다. 따라서, 분석적이고 연역적인 과학 분야와는 다르다. 지구 과학에서의 사고는 분석과 연역에 의존하기보다는 경험과 귀납의 축적에 기반한다. 지구과학의 이러한 특성 때문에, Kieffer(2006)는 "지구과학자는 21세기 과학자라기보다 19세기 과학자와 더 비슷하다."라고도 하였다. 지구과학의 이러한 특성은 학생들의 개념 형성에도 영향을 미치며, 학생들의 지구과학에 대한 다양한 오개념이 발견된다. 먼저 학생들의 오개념 형성과 관련된 지구과학의 특성에 대해서 알아본다.

2.1 지구과학의 특성

지구과학은 지구와 우주 시스템에 대한 학문이다. 따라서 행성 수준부터 광물 입자 표면에서 발생하는 화학 반응에 이르기까지 매우 방대한 영역의 연구 분야를 포함하고 있다. 지구과학자들은 특정 장소의 역사를 이해하는 데 관심이 많고 시간과 장소에 따른 지구와 행성의 과정에 대한 통합적 지식을 발전시키는 데 관심이 많다. 지구과학은 지구 내부, 해양저, 행성 등 매우 긴 시간 규모, 너무 멀리 떨어진 곳, 아주 먼 과거에 발생한 사건 등 관찰하기 어려운 대상에 집중한다. 지구과학은 이렇게 도전적인 조건 하에서 가설을 검증하기 위해 다음과 같은 전략들을 발전시켜 왔다(Manduca와 Kastens, 2012).

1) 암석 기록에서 발견되는 것들과 현재 과정의 결과물 비교하기

지질학자는 퇴적암에서 층의 성분과 모양을 현재의 퇴적 환경에서 발견되는 것들과 비교한다. 이러한 전략은 라이엘(C. Lyell)이 말한 "현재는 과거의 열쇠"(Lyell, 1830)라는 말로 이어져온다. 지구와 다른 행성의 역사에서 특징적 시기가 있었고 암석 기록을 해석할 때 퇴적 후의 영향에 주의해야 하지만 이러한 전략은 우리가 통찰력을 발휘하고 우리의 가설을 끊임없이 확인하는 것을 필요로 하는 등 지구과학자들에게 여전히 중요하다.

2) 지리적이거나 시기적으로 특정한 사례 연구하기

지구 내부에서 시간에 따라 깊이별로 발생하는 과정을 이해하기 위해 서로 다른 위치와 시간에 노출된 이러한 과정의 결과물을 보는 것에서 출발한다. 마찬가지로 허리케인의 진행은 시간에 따라 발생하는 개별 허리케인의 행동 변이 연구에 기반한다. 따라서, 지구과학자들은 특정 사례나 장소의 역사를 연역적으로 추론해 내는 전문가다. 지구과학자들은 사례 간 공통점과 차이점을 설명할 때 가설에 대한 확신을 갖게 된다. 이러한 접근은 지구를 학습하고 서로 다른 시기, 서로 다른 자료, 서로 다른 이전의 역사와 관련되는 지구에서 일어나는 과정의 다양한 결과물을 이해하는 데 특히 적합하다.

3) 불완전한 자료에 대해 수렴하는 다양한 방법을 향상시키기

판구조론이 이에 해당된다. 암석에 대한 지질학적 연구, 현재 판 운동에 대한 측정, 열류량과 지자기 관측 등으로부터 얻은 증거들을 포함한다. 지구과학적 주장에 대한 증거를 모으는 것은 지구계의 움직임을 합치기 때문에 특정 움직임을 특징짓는 실험 결과(예를 들어 암석 변형 실험, 지구 조건 하에서 이루어지는 시스템의 화학적 평형), 이론적 제한(예를 들어 확산의 시간 규모), 자료를 비교하기 위한 통계 분석, 서로 다른 시간 규모에서 작용하는 서로 다른 과정 사이의 상호관계를 이해하기 위한 모델링 등으로 이어진다. 여러 개의 독립적인 증거들이 동일한 결과를 제공할 때(예를 들어 방사선 자료가 나이테 분석 결과와 일치할 때, 마우나로아에서 기록된 대기 중 이산화탄소량의 증가가 빙하 코어에서 측정된 것과 상관관계가 있을 때 등), 지구과학자들은 확신을 갖게 된다. 이러한 접근을 통해 경쟁 가설들을 변별하는 데 필요한 지배적 주장들로 증거를 엮게 된다.

4) 예측을 통해 지식을 검증하기

지구과학자들은 가설에 기반한 예측을 개발하고 그 예측에 기반한 증거를 찾아 지식을 타당화한다. 어떤 지역의 지질 역사에 대해 연구할 때 새로운 증거를 통해 예측한다. 예를 들어, 어떤 층이 NS 주향경사 주변에서 습곡이 되었다는 가설은 이 단위가 서쪽에서 언덕의 꼭대기 노두여야 함을 의미한다.

2.2 지구과학 개념의 특성

다른 과학 과목과 차별화되는 지구과학 개념은 크게 시간(time), 공간(space), 시스템(system), 그리고 야외(field) 등으로 특징지어진다(Kastens와 Manduca, 2012a).

1) 시간

가늠할 수 없이 긴 지질학적 시간을 다루는 과목은 지구과학뿐이다. 지구의 긴 역사, 지질학적 시간의 방대함, 사건의 지속 시간과 연속성, 지질학적 과정의 속도 등이 중심 개념이다. 지질학적 시간에 대한 허튼(J. Hutton)의 개념화는 우주의 역사에서 인간의 장소에 대한 이해를 변화시킨 코페르니쿠스 혁명과 비교할 만한 사고 혁명이다. 지질학적 시간을 이해하는 것은 쉽지 않다. 지구의 나이를 개념화하는 것, 지질학적 사건과 과정의 기간과 속도에 대한 통찰력을 가지는 것, 지구 역사를 이해하는 것 등에는 중요한 인지 과정이 필요하다. 지구의 역사를 이해하는 것은 지구과학의 핵심이자 지구 행성의 모든 생물의 지속 가능성 문제를 해결하기 위해서도 중요하다. 즉, 모든 교육받은 시민들이 개인적, 정치적, 문화적 영역에 참여하기 위한 준비를 위해 필요하다. 지구과학 교육에서 시간 관련 개념의 중요성을 정리하면 다음 그림 3.15와 같다(Kastens와 Manduca, 2012).

학생들이 지질학적 시간에 대해 이해하는 데 있어서의 장애물로 우선 깊은 시간(deep time) 개념이 있다. 깊은 시간은 일상적인 인간의 경험과는 거리가 먼 규모와 사건을 포함한다. 인간이 살아가는 일상에서 격변적 지질학적 사건이 거의 발생하지 않는다는 점도 학생들의 상상을 어렵게 한다. 지구과학 교사라면 지질학적 사건을 학생들과 연관시키기 위해 시간적 수평선을 늘려주는 특별한 도전을 해야 한다. 학생들이 시간 개념을 이해하도록 도와주기 위해 교과서에서는 46억년의 지구 역사를 24시간 또는 1년으로 간주하는 식의 비유를 많이 사용한다.

둘째, 깊은 시간은 학생들이 어려워하는 수학적 지수와 비율을 다룬다. 계산기 덕분에 구체적인 답을 쉽게 낼 수 있지만 계산기를 사용하여야만 하는 것만으로도 학생들은 부담스러워 한다. 지질학적 시간을 알기 위해 학생들은 “면밀한 조사(reconnaissance)”와 같은 지식이 필요하고 또 개발해야 한다(Foltz, 2000). 이 밖에도 창조론과 같은 종교

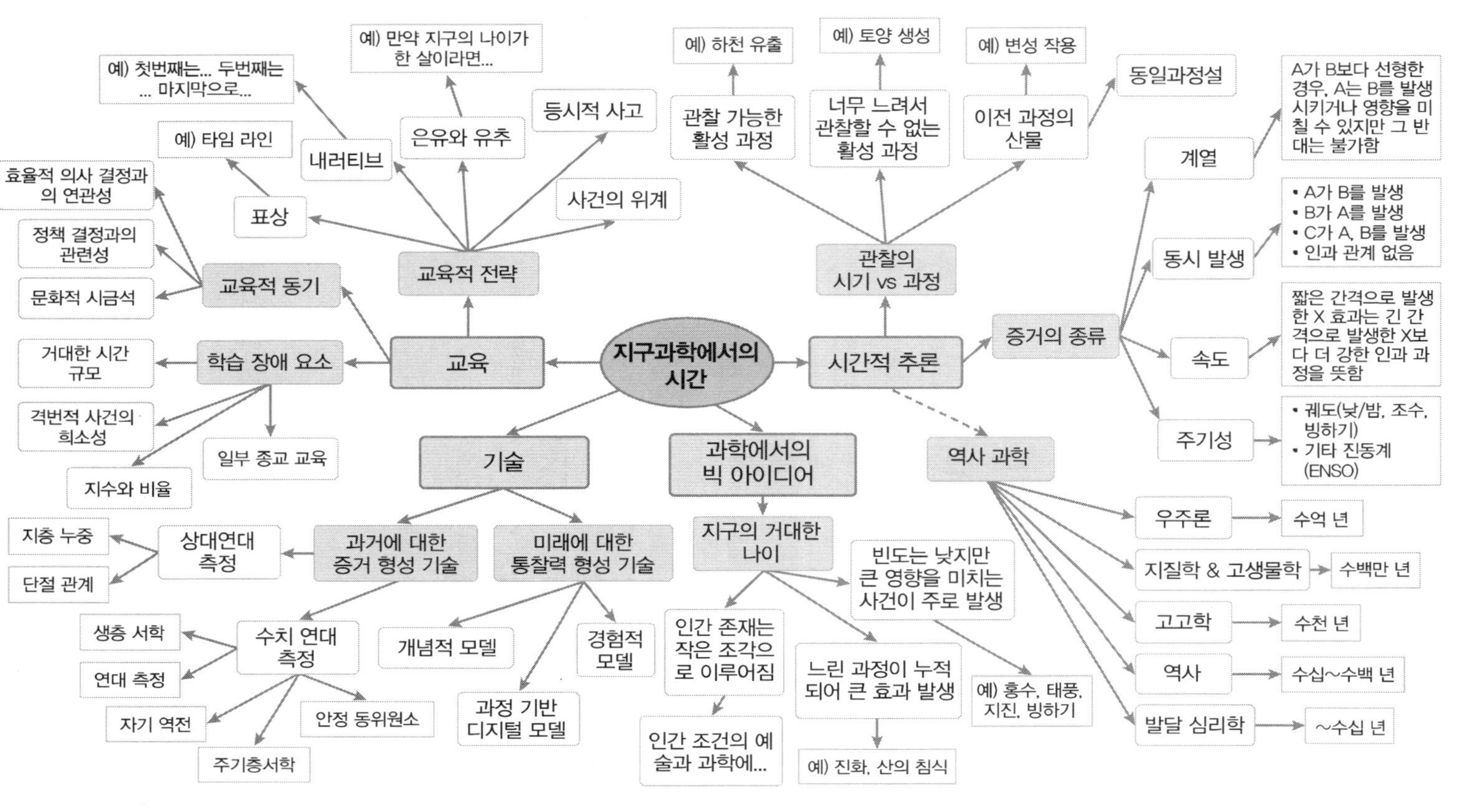

그림 3.15 지구과학교육에서 시간에 대한 개념도(Kastens & Manduca, 2012a)

기반 개념도 학생들이 지질학적 시간을 이해하는 데 방해 요소가 된다. 학생들에게 필요한 개념은 창조론의 목적론적 세계관이 아닌 자연의 과정이라는 사실이다.

한편, 지질학적 계열을 재구조하기 위해 사용된 지구과학의 원리로는 다음과 같은 것이 있다(Dodick과 Orion, 2003).

- 변환(transformation) : 질적, 양적 변화 관련 원리. 동일과정설과 같은 지구과학 원리와 연관됨.
- 시간적 조직(temporal organization) : 변환에서의 단계의 계열적 순서. 지층누중의 법칙과 같은 시간적 순서에 사용되는 원리와 연관됨.
- 단계 간 연결(interstage linkage) : 변환의 계속되는 단계 간 연계. 동일과정설과 인과적 추론과 연관됨.
- 환경과 화석/암석 유형 간 관계에 대한 경험적 지식 : 이 지식이 없다면 현재는 과거의 열쇠라는 비유적 원리를 사용할 수 없음.
- 공간적 사고 : 지층 대비 등에서 공간적 추론이 필요함.

2) 공간

지구과학에는 학생들의 공간 지각력을 필요로 하는 개념과 과정이 많다. 따라서, 지구과학에서 개념 능력과 공간 지각력 간의 관계 측면에서 지구과학 학습은 공간 지각력에 초점을 맞춰야 한다(그림 3.16). 학교 과목 중 공간 지각력이나 3차원 사고력과 연관된 내용으로 화학에서의 분자 구조, 생물에서 생명의 구조, 지리에서 지형, 미술이나 디자인 등이 있다. 이 중에서 특히 지구과학은 공간 지각력이 활용되는 내용이 많은데, 3차원 암석 구조가 3차원 지표면과 어떻게 상호작용하는지, 이 복잡한 3차원 상호작용이 시간에 따라 어떻게 변하는지 등이다(King, 2008). 천문학에서 다루는 많은 개념들 역시 공간에 대한 개념 이해가 전제된다.

지구과학에서 공간 지각력의 중요성은 다음과 같이 정리될 수 있다(Manduca와 Kastens, 2012). 먼저, 공간적 자료와 공간적 표상은 지구과학의 핵심이다. 따라서, 학생들은 지구과학 내용을 이해하기 위해 공간 능력을 길러야 한다. 지질학, 대기과학, 천문학, 해양학은

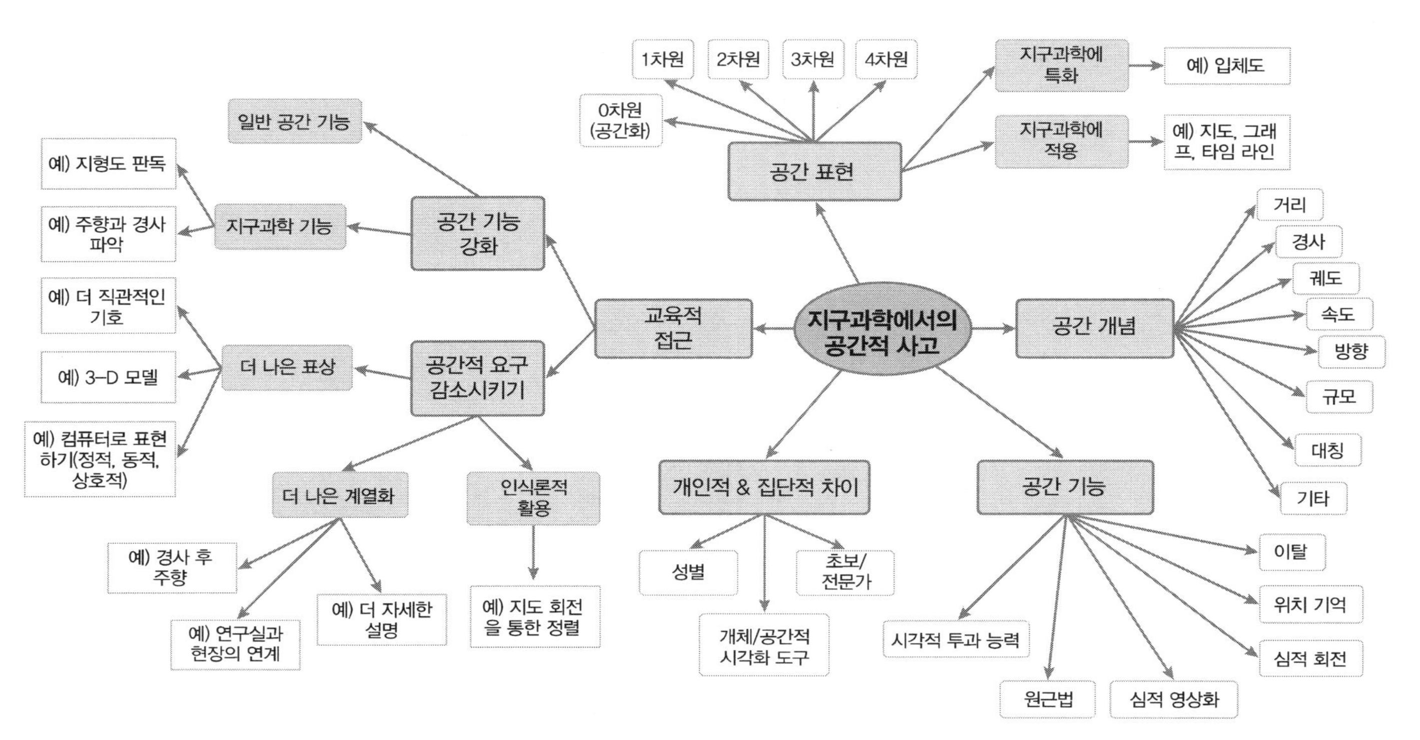

그림 3.16 지구과학교육에서 공간에 대한 개념도(Manduca & Kastens, 2012)

모두 장소와 밀접히 연관되기 때문에 지구의 구조와 사건의 장소를 보여주기 위해 지도를 만들거나 해석해야 한다. 예를 들어, 2차원의 노두에서 3차원의 습곡 구조를 구상해야 하고 그 방향과 모양을 특징짓는 표면과 선을 측정해야 하며, 습곡이 시간에 따라 어떻게 발달되어 왔는지를 추론해야 한다. 이와 같이 지구과학은 그 내용 특성상 시공간에서의 자료를 인지적으로 조작하기 위해 숙련된 인지 기능을 필요로 하는 공간 과학이다.

둘째, 많은 학생들은 발달된 공간 기능을 갖추지 못한 채 지구과학을 학습하게 된다. 이는 학교 교육과 학교 밖 교육에서 모두 공간적 사고에 대해 큰 관심이 없기 때문이다 (Liben, 2006). 학교 교육은 학생들의 언어적, 수학적 능력에 주로 초점을 맞추고 있고 공간 기능에 대한 관심은 거의 없다. 공간 지각력을 필요로 하는 지구과학 개념 학습이 어려운 이유이기도 하다.

셋째, 지구과학 교사들은 학생들이 얼마나 공간 개념을 어려워하는지에 대해 잘 모르고 이러한 공간 능력이 자동으로 형성되는 것으로 생각한다. 지구과학자나 지구과학교사들은 대개 공간 지각력에 대해 특별한 어려움이 없기 때문에 학생들의 어려움을 이해하는데 더 인색할 수밖에 없다. 지구과학 교사들이 학생들의 공간 개념을 어려워함을 안다 해도 그것을 해결하기 위해 어떻게 도움을 주어야 하는지에 대해 큰 관심이 없다.

3) 시스템

우주에서 본 지구의 사진은 인간이 지구에 대해 다시 생각하는 계기가 되었다. 사진으로 본 지구는 어느 행성보다도 다채로운 색을 가져 “푸른 대리암(Blue Marble)”이라는 별명을 가지게 되었다. 지구과학자들에게는 지구 행성의 움직임을 전체로서 연구하게 되어 지구시스템과학(earth system science)이라는 새로운 연구 영역이 시작되었다(NASA, 1988). 이후 지구과학 분야에서는 지구시스템을 구성하는 하위 시스템들 간의 복잡성을 이해하는 연구가 이어지고 있다. 대기권, 수권, 암권, 생물권, 빙권, 인류권(anthroposphere) 등의 하위 시스템들의 상호작용과 연결에 대한 이해는 복잡하면서도 통합적이다. 특히, 최근 기후 변화 문제를 이해하고 해결하는 데 지구시스템 연구는 가장 큰 역할을 하고 있다(그림 3.17).

지구시스템이 갖는 다음과 같은 복잡성 때문에 지구과학 학습자들은 시간, 공간, 장소 기반 학습을 효과적으로 통합하는 것이 중요하다(Stillings, 2012).

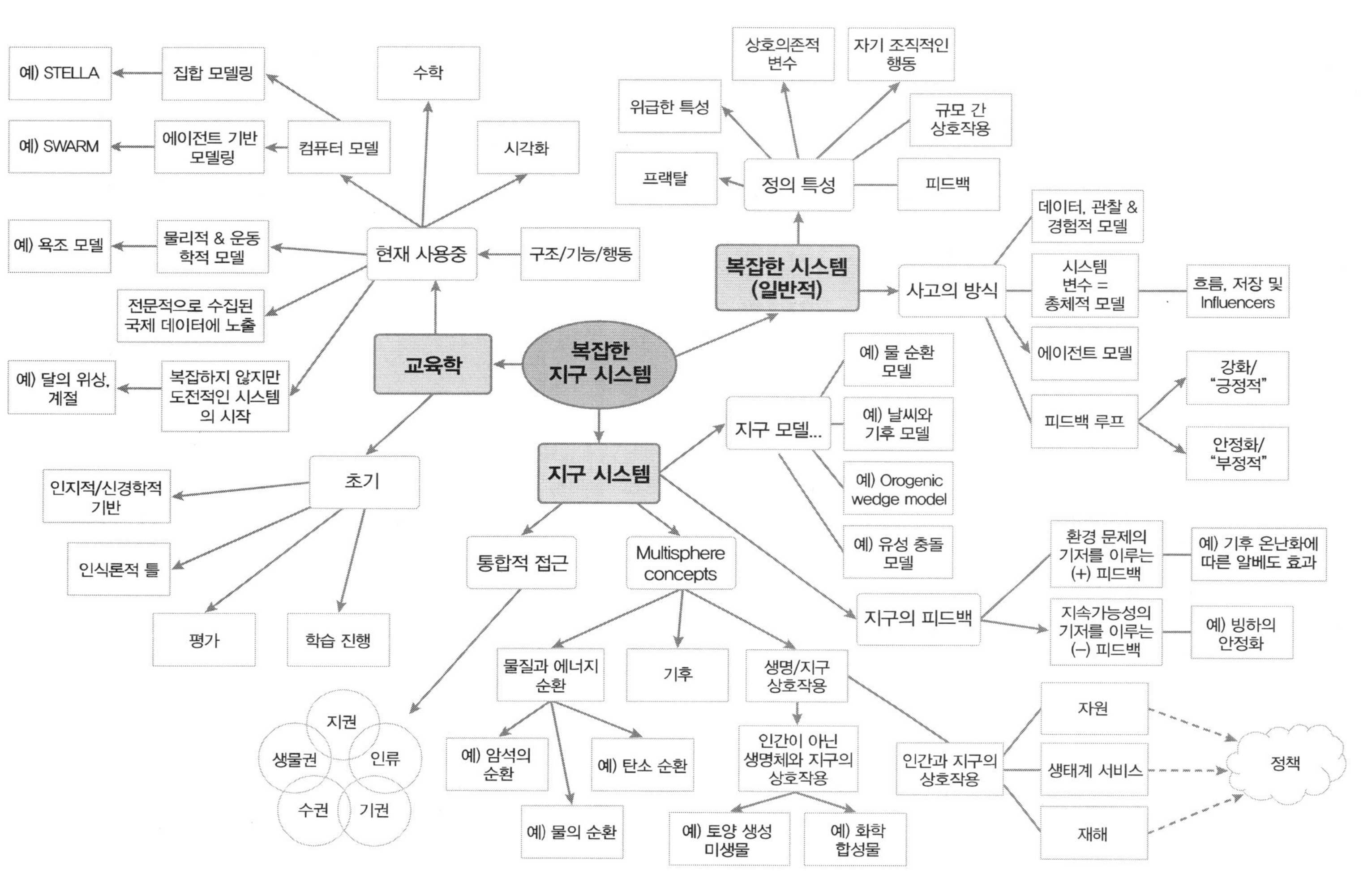

그림 3.17 지구과학교육에서 복잡한 지구 시스템 학습에 대한 개념도(Manduca & Kastens, 2012b)

- 지구시스템은 그 개념이 복잡하고 많다는 점에서 확장된 인과 관계를 갖는 복잡한 과정을 포함한다.
- 지구과학적 설명에는 과정에서의 비선형적 관계와 급작스런 시스템 양상을 포함하는 복잡한 시스템에 대한 기술적 이해를 포함한다.
- 지구과학에서의 실험 방법은 다양한 증거 자료를 합치고 무게를 두는 것을 포함하고 실험 과학에서 유용한 단순화 형태를 포함하지 않는 경우가 많다.

학생들에게 지구시스템 개념의 복잡성을 가르칠 때 통합된 개념 기억, 추론, 메타 인지 등을 고려해야 한다. 과학 개념 학습이 잘 이루어지기 위해 다차원적이고 통합적이며 유의미한 개념을 각각 이해하기보다 서로 연결되고 통합된 기억 네트워크에 연결시켜야 한다. 지구과학에서 시스템 개념은 핵심이다. 학생들은 시스템 안에서의 요소와 과정을 모두 이해하는 학습이 필요하다. 또한 개념이 확장된 사고에서 유용하려면 활용 맥락에서 도입되고 활용되는 추론을 거쳐야 한다. 수준 높은 인지 기능인 메타인지는 학습자로서의 목표를 인식하고 그 지식을 성찰적이고 전략적으로 적용하는 것을 포함한다.

4) 야외(field)

복잡한 지구시스템은 환원주의적 접근으로는 학습이 불가능하고 야외 학습은 복잡한 지구시스템을 학습하는 데 적합하다. Mogk와 Goodwin(2012)은 야외 경험의 가치로 우리를 둘러싼 세계에 대한 이해에 대한 구체화, 일차로 관찰한 것에 대한 특성과 과학적 자료와 증거의 의사소통의 역할, 학생들이 학습해 가는 과정에서 실습 공동체의 역할 등을 꼽았다.

Maskall와 Stokes(2008)은 야외 학습의 장점으로 첫째, 진정한 세계를 연구하는 최고의 기회를 제공한하는 점, 둘째, 학생들은 야외 학습에 대해 압도적으로 긍정적이라는 점, 셋째, 야외 학습은 교실 기반 학습을 강화할 수 있는 기회가 된다는 점, 마지막으로 야외 학습은 학생들의 지식, 기능, 내용에 대한 이해를 높인다는 점을 들었다.

학생들은 야외에서 학습할 때 다음과 같은 점을 배우게 된다(Mogk와 Goodwin, 2012).

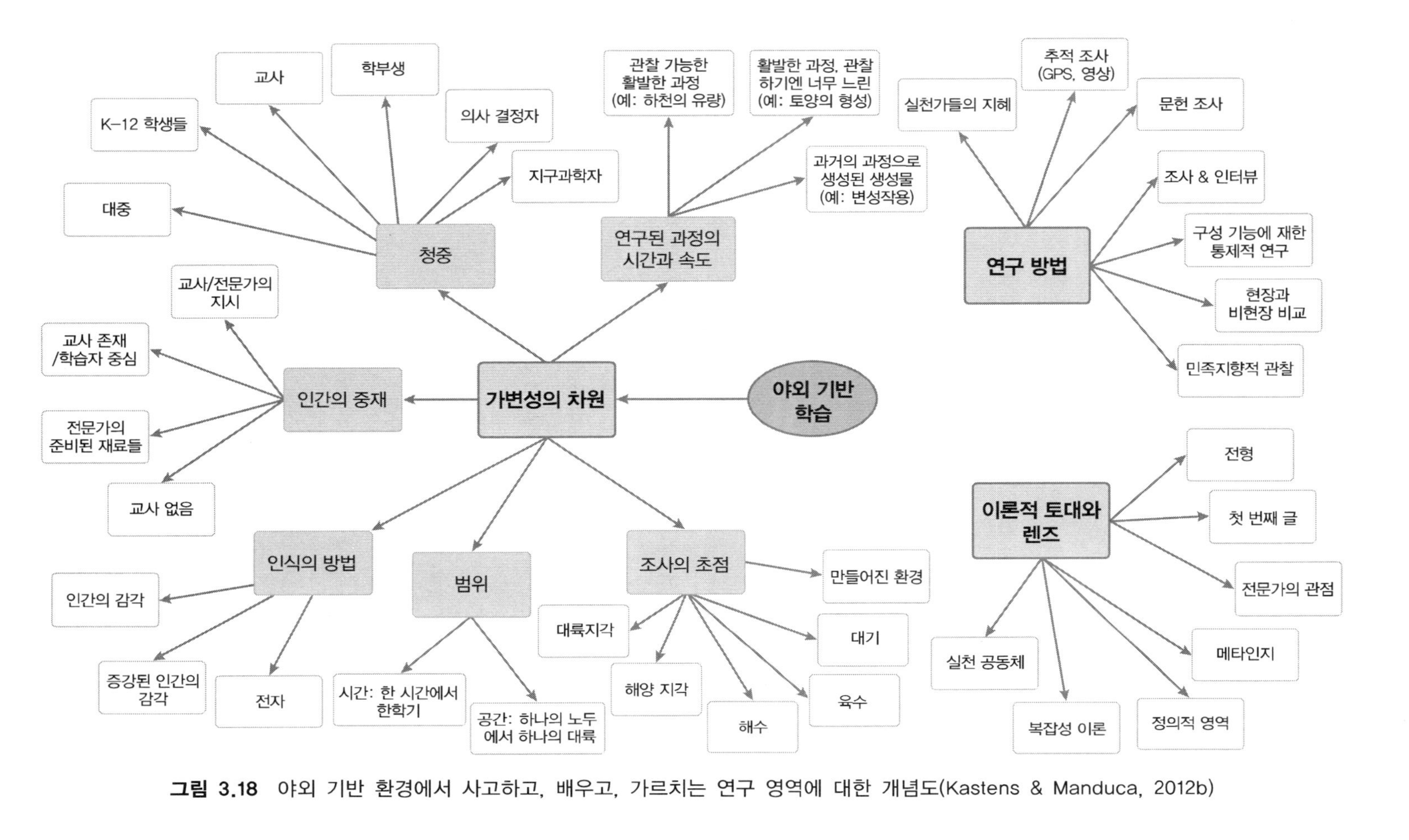

그림 3.18 야외 기반 환경에서 사고하고, 배우고, 가르치는 연구 영역에 대한 개념도(Kastens & Manduca, 2012b)

① 야외에서 학생들은 사회적 활동을 통해 자연으로부터 배우고 자연에 대해 배울 기회를 갖는다.

② 야외 기반 탐구를 통해 학습자들은 자연의 원래 물질과 경험적으로 접촉하고 지구 관련 가설이 만들어지고 검증되는 기초를 닦는다.

③ 야외 학습은 자연 현상에 대한 관찰과 해석과 역사적 관련성에 집중하는 인식론을 발달시킨다. 이를 통해 실험 과학에서 사용되는 방법론을 보완하고 우리를 둘러싼 세상을 이해하는 방법이 크게 풍부해진다.

④ 야외 학습을 통해 내용 지식, 관찰과 해석, 분석, 실험과 이론, 그리고 이들 모두를 통합하는 능력을 키울 수 있다. 모든 증거를 통합해 내적으로 일관되게 해석한다.

⑤ 질문하기, 관찰, 나타내기, 의사소통 등과 같은 야외 학습에서 강조되는 행동은 지구과학에서 중요하다.

⑥ 자연에서 3차원, 4차원관계를 탐색함으로써 지구 현상의 시간과 공간의 규모에 대한 감을 키울 수 있다.

⑦ 야외 학습을 통해 지구과학 관련 학문을 전공하고자 하는 학생들은 물론 지구과학에 관심 없는 학생들도 관심을 갖게 하는 데 효과적이다. 야외 학습 경험을 한 학생들은 지구과학 학습에서 야외 학습에 대해 매우 긍정적이다.

⑧ 야외 학습을 통해 지구 시스템의 구성 요소들 간 상호 관계를 드러내는 지구의 전체적인 관점을 가질 수 있다. 야외 환경은 그저 부분이 아니라 부분 간 관계를 볼 수 있는 능력을 제공한다. 실험실에서는 더 큰 상황 속에 사물들이 어떻게 내재되어 있는지 배우기 매우 어렵다.

⑨ 야외 학습을 통해 학생들은 이론을 나타내거나 타당화하는 관계를 알게 되고 자연의 복잡성을 비교하면서 모델이 적합한지 비판적으로 평가한다.

⑩ 야외 학습을 통해 학생들은 지구과학자들이 이론을 발전시키는 첫 번째 단계로서 "참" 활동에 참여할 기회를 갖게 된다.

⑪ 야외에서 학생들은 그들 자신의 관찰을 만들고 경험을 순서대로 엮으며, 무엇에 집중하고 무엇을 무시하는지를 결정하고 그들 자신의 최우선을 정한다. 이를 통해 자기 주도적인 학습자가 된다.

2.3 학생들의 지구과학 오개념

학생들이 초기 생각이 잘못되었다면, 학생들은 보다 복잡한 과학적 개념 발달에 어려움을 느끼게 될 것이고 성인이 될 때까지 이 잘못된 개념들을 유지할 수도 있다. 오개념은 교과서(King, 2010; Wampler, 1996, 1997), 미디어(Barnett et al., 2006; Feldman과 Wilson, 1998), 민요, 웹, 심지어 교사의 학습 지도 계획 등에서 비롯되기도 한다. 오개념 원인으로 Dove(1998)는 다음과 같은 요인을 들었다.

① 변화를 인지할 수 없음 : 지형, 토양, 암석은 학생들의 일상에서 변화하지 않는 것으로 보인다.

② 부적절한 선행 지식 : 얕은 토양 단면을 보면 자동적으로 나이가 젊을 것으로 생각함(기반암이 풍화에 강하거나 풍화작용이 느리게 진행되면 토양 단면이 얕아도 매우 오래된 것일 수 있다), 강은 아래쪽으로 느리게 흐른다(증가하는 수력 반지름을 고려하지 않는다)

③ 일상의 언어 사용 : 예를 들어, 모든 결정질 암석에 화강암을 적용하고, gravel(조약돌)부터 cobble(왕자갈)에 이르기까지 모두 자갈(pebble)이란 용어를 사용한다.

④ 과단순화 : 수압으로 인해 빙하 밑, 카르스트 지형에서 실제로 물이 아래에서 위로도 흐를 수 있지만 물은 항상 위에서 아래로 흐른다고 생각한다.

⑤ 유사한 정의 : 날씨(weather)와 풍화(weathering), 그래서 날씨가 풍화의 원인임이 분명하다고 생각하게 된다.

⑥ 추상적 개념 : 대륙 빙하의 움직임과 같이 오늘날 더 이상 발생하지 않는 광범위하게 깊은 시간 범위나 사건

⑦ 중복되는 개념 : 공극률과 투과성, 지진과 화산, 코크피트(cockpit) 카르스트 지형과 복식 화산(composite volcano)

⑧ 기원이 다르지만 유사하게 나타나는 특징 : 코크피트(cockpit) 카르스트 지형과 복식 화산(composite volcano), 퇴적암 입자와 화성암 결정질의 혼동

Francek(2012)는 선행 연구에서 드러난 지구과학 오개념 500개를 분석, 다음과 같은 12개 주제별로 정리했다.

1) 지진

모든 연령층에서 지진의 원인을 날씨, 바람, 열로 생각한다. 초등 학생들은 지진의 원인을 초자연적 현상으로 생각한다는 일부 연구가 있었지만 이 연구 외에 초등학생들을 대상으로 한 지진 오개념 연구는 거의 없다. 중학생들은 지진의 원인을 열과 가뭄으로 연결시킨다. 지진을 열과 연결시키는 경향은 전 연령층에서 공통으로 나타난다. 지진이 따뜻한 기후 지역에서만 발생한다고 생각하는 식으로 지진을 지리적 위치로 연결시키거나 지진의 동력으로 열을 드는 경우도 많다.

화산과 지진을 확실히 연결시키는 경우가 많은데, 둘 다 판의 경계를 따라 발생하고 화산 아래의 마그마가 이동하여 지진을 발생시킨다고 생각하기 때문이다. 영화 <Volcano>에서처럼 지진이 발생하면서 생긴 금(crack)에서 용암이 분출한다는 잘못된 생각도 있다. 지진 대피 관련 지식에서의 오개념도 있는데 지진이 발생하면 출입구 옆 피신처를 찾기보다는 "Drop, cover, and hold on(엎드리고, 가리고, 기다림)"을 취해야 한다는 교육이 필요하다.

연구에서 드러난 지진 오개념을 정리하면 표 3.5와 같다. 학생들이 갖는 오개념은 시공간을 초월해 공통된 것이 많기 때문에 학생들의 오개념을 파악함으로써 학생들의 개념 지도에 도움을 줄 수 있다.

표 3.5 지진 오개념

일반 특성

<중고등 학생>
- 대부분의 지진은 뜨거운 기후에서만 발생한다.
- 지진이 발생할 때 용암이 분출한다.
- 지진이 발생하는 동안에는 뜨거워진다.
- 지진이 발생하는 동안에 용암이 땅으로부터 흐른다.
- 대부분의 지진은 건조한 기후에서만 발생한다.
- 여진으로 건물의 추가 파괴는 발생하지 않는다.
- 지진이 발생하면 학교 밖으로 뛰어라.

<대학생>
- 진앙은 모든 유형의 파가 처음 생기는 곳이다.
- 지진파는 입자의 장거리 순운동(long distance net motion)을 포함한다.
- 지진파는 지각으로부터 핵으로 진행하지만 핵으로부터 지각으로 진행하지 않는다.
- S파는 바다를 통과할 수 없기 때문에 지진이 처음 생겼던 곳과 다른 지구의 면으로 도달하지 않는다.
- 지진은 매우 드물게 발생한다.
- 지진이 발생하면 땅이 벌어진 부분이 열려 사람들과 건물들을 집어 삼킨다.
- 건물 붕괴, 쓰나미, 산사태, 화재 등과는 달리 땅이 흔들리는 것은 치명적이다.
- 가장 대규모 지진은 규모가 10이다.

<예비 교사>
- 교사들은 지진 분포를 시무 기원 지진과 연결시킬 수 없다.

<기타>
- 지진이 발생할 때 크고 깊은 암석틈이 열린다.
- 리히터규모는 대수적 증가가 아니라 선적 증가다.

지진 원인

<초등 학생>
- 어린이들이 불을 붙이고 잊어서 지진이 발생한다.
- 지진은 신(God)이 원해서 발생한다.
- 지진은 신(God)이 삽으로 땅을 파기 때문에 발생한다.
- 지진은 지하의 끓는 물 때문에 발생한다.
- 지진은 산사태로 인해 발생한다.
- 지진은 지하로부터 오는 물 때문에 발생한다.
- 지진은 번갯불 때문에 발생한다.
- 지진은 폭풍우 때문에 발생한다.
- 지진은 폭우 때문에 발생한다.

- 지진은 지하 자원이 부서지면서 발생한다
- 지진은 기압의 결과로 땅이 압축되면서 발생한다.

<중고등 학생>

- 지진은 중력이나 자기장의 변화로 발생한다.
- 지진은 초자연적 힘 때문에 발생한다.
- 지진을 발생시키는 힘은 열이다.
- 모든 지진을 발생시키는 힘은 뜨거운 기후/날씨다.

<대학생>

- 지진은 지하의 큰 구멍이 무너지면서 발생한다.
- 지진과 화산은 모두 지하 압력 때문에 발생하기 때문에 같이 연구된다. (30%)
- 지진이 화산을 일으키기 때문에 지진과 화산은 같이 연구된다. (17%)
- 지진은 열, 온도, 기후, 날씨, 사람들, 동물, 기체압력, 중력, 지구의 자전, 폭발하는 토양 또는 화산으로 인해 생긴다. (11%)
- 지하 통로를 통해 바람이 불어 들어가 지진이 발생한다.

<기타>

- 태양 플레어와 태양자기폭풍이 지진을 일으킨다.
- 날씨가 지진을 촉발한다.
- 지진이 화산의 원인이다.

지진 예측

<중고등 학생>

- 지진은 우리나라에서는 발생하지 않는다.

<대학생>

- 지진은 예측 가능하다.

<예비 교사>

- 시카고가 가까운 미래에 지진으로 심각한 피해를 입을 리는 없다.
- 미국 중서부는 지진 피해를 받을 수 없다.
- 동물은 지진을 예측할 수 있다.

<기타>

- 지진은 예측 가능하다.
- 동물은 지진을 예측한다.
- 캘리포니아는 바다로 빠져 들어간다.
- 지진은 하루 중 특정 시간에 선호된다.

2) 지구의 구조

모든 연령층의 학생들에게 발견되는 오개념에는 지구 내부 층의 구조, 지구의 내부 층의 물리적 상태, 파장의 특성 등이 있다. 지구 내부가 동심원 구조라는 것은 중학생들은 잘 알고 있지만 각 층의 규모는 혼동하고, 지각의 두께를 매우 두껍게 생각하는 경향이 있다. 판구조론의 동력이 외핵의 녹은 물질과 연결된다고 착각하기도 한다. 맨틀은 반액체 또는 반고체라고 생각하는 오개념은 여전히 많다. 실제로 발산경계, 섭입대, 열점에서 맨틀 위가 액체인 경우는 거의 없다.

표 3.6 지진의 구조 관련 오개념

지구 내부 층
<초등 학생> - 지구 내부는 층으로 구분되어 있지 않다. **<중고등 학생>** - 지각의 두께를 매우 얇게 생각한다(교과서에서 발견된 오류나 단순화가 2% 정도) - 지구는 비동심원(non-concentric)의 층을 가지고 있다. **<대학생>** - 지각의 두께는 수백 킬로미터다. - 지각과 암권은 동일한 말이다. - 지구 내부는 수중음파탐지기(sonar)와 드릴링(drilling)으로 파악할 수 있다. **<교사>** - 지구 내부 층은 지각의 넓이다.
물리적 상태
<초등 학생> - 지구는 아스팔트 포장재, 벽돌, 뼈, 관, 죽은 식물, 흔한 것, 지네 등으로 구성되어 있다. - 태양이 지구 내부로 도달하지 않기 때문에 지구 내부는 더 차갑다. - 지구에서 가장 밀도가 높은 층은 남극 바로 위다. **<중고등 학생>** - 지구의 판 아래 층은 대부분 액체와 고체 암석의 조합으로 구성되어 있다. - 지구 내핵은 고체라기보다는 액체다. - 지구의 핵은 불 또는 용암이다. - 지구의 핵은 고체, 암석, 또는 물이다. - 지각은 마그마라 불리는 녹은 암석의 층 위에서 떠다닌다.

<table>
<tr><td>- 맨틀은 액체 상태, 반액체 상태, 또는 반고체 상태다.
<대학생>
- 지구 내부는 지각 외에는 녹은 상태다.
- 연약권은 액체다.
- 하부 맨틀은 액체다.
- 맨틀은 거의 다 액체다.
- 핵은 뻥 뚫려 있다. 큰 빈 공간이 지구 심부에 있다.
- 맨틀 내에서 액체와 고체 대류는 같은 것이다.
<교사>
- 지구의 물리적 상태는 깊이에 따라 고체, 일부 고체, 액체다.
- 지구의 물리적 상태는 지구 내부 층 간의 밀도 변화다.
- 지구의 핵은 액체 또는 녹은(molten) 상태다.</td></tr>
<tr><th>파의 특성</th></tr>
<tr><td><초등 학생>
- 지구는 핵에 자석이 있다.
<중고등 학생>
- 지구는 핵에 자석을 가지고 있다.
<대학생>
- 핵은 변하지 않는 막대 자석과 같이 작용한다.
- 자기 역전이 대규모 멸종이나 자연 재해로 나타난다.
<교사>
- S파의 속도는 깊이 함수에 따라 변한다.
- 자기장은 중력 때문에 생긴다.</td></tr>
</table>

3) 지질학적 자원

자원과 관련하여 지질학을 넘어서 전 세계 경제에서 석유의 중요성과 관련한 것이므로 더 많은 오개념 연구가 필요하다. 다만, 석유의 근원과 분포는 여러 가지 측면에서 오개념이 많다(표 3.7).

표 3.7 지질학적 자원 관련 오개념

일반적 특성
<초등 학생> - 천연가스는 가솔린과 같은 것이다. - 지구의 탄생 이래로 화석 연료가 계속 존재해 왔다. - 석유 유출 말고는 석유는 전 세계에 거의 문제를 일으키는 원인이 되지는 않는다. - 석유는 대부분 윤활류로 사용된다. - 사람들은 석탄 속에서 다이아몬드를 발견할 수 있다. **<중고등 학생>** - 금속 화합물을 함유하는 암석을 광상이라고 부른다. - 전 세계 석유 공급은 100년 정도 유지될 것이다.
근원
<초등 학생> - 석유는 공룡에서 온다. - 석유는 먼지와 토양으로부터 만들어진다. - 석유는 녹은 금속으로부터 형성된다. - 석탄은 암석으로부터 온다. - 석탄은 석유나 아스팔트로부터 온다. - 석유는 산성비나 웅덩이에 모여진 비로부터 온다. - 석탄은 동물로부터 형성된다. - 화석 연료는 단시간 안에 형성될 수 있다. **<중고등 학생>** - 석유는 물로부터 기원한다. - 석유는 석탄으로부터 형성된다. - 석유는 동물이 부패하여 생긴다. (영국의 교과서 중 3%에서 이런 오류가 드러남) - 석유는 수백 만 년 전에만 형성되었고 현재는 형성되지 않는다.
분포
<초등 학생> - 유전은 지구 중심까지 또는 지구 중심의 반 정도까지 파질 수 있다. - 유전은 사람들이 그것을 파지 않고 만드는 곳에 위치한다. - 추운 지역 사람들은 유전을 가지고 있지 않다. - 석유는 지하의 동굴, 구멍, 웅덩이, 호수, 수로 등의 빈 공간을 채운다. - 사막에는 석유가 없다. - 숲 아래에는 석유가 없다. - 석유는 지구 전체에 균등하게 분포한다.

- 해저에는 석유가 없다.

<중고등 학생>
- 석유는 해저 밑에 있는 동굴에서 모인다.
- 광상과 광물은 깊은 층에서 발견되고 지각에서는 발견되지 않는다.

4) 빙하

육지표면의 10%는 빙하로 덮여 있다. 그럼에도 빙하 관련 오개념 연구는 적고 주로 이동, 침식과 퇴적 등에 국한되어 있다. 특히 학술지에 게재된 오개념 논문은 거의 없다. 이 지역은 인구가 많이 살기 때문에 특히 초·중등 학생들을 대상으로 빙하 관련 오개념에 대한 더 많은 연구가 필요하다.

표 3.8 빙하 관련 오개념

이동
<대학생> - 빙하의 후퇴 기간 동안 빙하 얼음은 뒤쪽으로 움직인다. - 빙하의 얼음은 앞쪽이 전진하지도 후퇴하지도 않을 경우 시간이 지나도 변화가 없다. - 빙하의 후퇴와 전진은 전체 만년설의 앞뒤 운동일 뿐이고 전체 얼음 부피에는 의미 있는 변화를 갖지 않는다. - 빙하는 퇴적물 없이 얼음 덩어리만 움직인다. **<기타>** - 빙하는 주로 미끄러운 바닥 위를 미끄러지면서 움직인다. - 특정 계곡 빙하의 현재 전진은 기후 온난화의 증거가 없음을 의미한다. - 빙상 배출(ice sheet discharge)과 빙산 방출(iceberg release)은 과거 기후 변화에 의해 영향을 받는다. - 빙산 분만(iceberg calving)과 관련 과정은 빙상 내부 움직임에 영향을 주지 않는다. - 빙상은 오랜 기간 동안 안정적이었고 기후 변화에 민감하다.
연령
<중고등 학생> - 지구는 형성 당시에는 뜨거웠지만 크게 냉각되면서 빙하기가 왔다. **<대학생>** - 빙하기는 과거에 있었고 지금은 끝났다. - 빙하기는 4번만 있었다.

- 현재의 만년설은 시간이 지남에 따라 크기가 변하기는 해도 지구에 항상 존재해 왔다.
침식과 퇴적
<중고등 학생> - 얼음은 움직일 때 암석을 깨뜨린다. - 빙하는 암석을 깨뜨릴 수 없다. **<대학생>** - 컨베이어벨트 모델과 반대로 빙하 이동과 퇴적물 운반에 대해서는 불도저라는 비유를 사용한다. - 빙하는 암석을 밀면서 침식시킨다. - 빙하는 암석을 변성시킬 수 있다.

5) 지질 역사

지질 시대의 중요한 사건에 대해서는 대부분의 집단에서 일반적인 생각을 가지고 있지만 지질 시대별 사건의 순서에 대해서는 몇 가지 문제가 그대로 드러난다. 이에 Trend(2001)는 상대 연령이 절대 연령보다 이해하기 더 쉽다고 주장했다. 학년이 올라감에 따라 오개념은 줄어들지만 인간과 공룡이 공존했다는 오개념은 나이가 들어도 유지되는 경향이 있다. 지구 연령 측정 연구는 많이 이루어졌고 공룡 관련 영화나 이야기 등이 많아지면서 공룡 관련 오개념 연구가 이루어지고 있다.

표 3.9 지질 역사 관련 오개념

연령 측정
<중고등 학생> - 지질학적 퇴적은 일정하거나 선적 비율로 발생한다. - 공룡과 동굴에 살던 사람들은 같은 시기에 살았다. - 태양은 빅뱅 이전에 만들어졌다. - 첫 번째 화산과 첫 번째 암석은 시간이 서로 멀리 떨어져 있다. - 지구의 형성과 암석 형성 사이에 큰 시간적 차이가 있다. - 첫 번째 화산은 공룡 멸종과 가까운 시기에 발생했다. - 공룡과 동굴 인류는 동시대에 살았다. - 지질학적 사건은 '매우 오래된' 그리고 '덜 오래된' 등의 2개로 구분될 수 있다. - 지층의 크기와 숫자만으로도 노두의 연령을 측정할 수 있다. (풍화 침식과 부정합을 고려하지 않는다)

- 오늘날 존재하는 모든 산은 지구가 처음 형성되었을 때 만들어졌다.
- 색은 암석의 연령을 의미한다.
- 잘 부서지는 암석이 더 오래된 돌이다.

<대학생>
- 지구가 처음 만들어졌을 때 단세포 생물이 존재했다.
- 지질시대 중간 즈음에 공룡이 출현했다.
- 인류가 처음 지구에 나타났을 때 하나의 대륙이 존재했다.
- 지구의 나이는 400-500만년 이하다
- 운석이 충돌해서 지구의 자전축이 기울어졌다.
- 빙하기 원인은 하나인데, 지구 자전축의 변화 또는 해양 순환, 또는 판구조론 때문이다.
- 지층누중의 법칙을 사용하면 지층은 움직이는 시스템의 결과가 아니다.
- 퇴적상과 같은 많은 사건들의 원인은 하나다.

<예비 교사>
- 빅뱅이 시간과 공간의 시작으로서 인지되지 못하고, 빅뱅 이전에 태양이 만들어졌다고 생각한다.
- 지구와 생명체는 동시에 생겨났다.
- 나무와 딱딱한 부분을 가진 유기물이 출현하기 전에 판게아가 분리되었다.
- 매머드의 소멸 이후에 인간이 생겨났다.
- 지구가 처음 만들어졌을 때 단세포 생물이 존재했다.
- 인간과 공룡은 동시에 살았다

<교사>
- 단세포 생물은 지구가 처음 만들어졌을 때 존재했다.
- 교사들이 순서 관련하여 가지고 있는 오개념: 대서양이 만들어지기 시작하고, 공룡 멸종, 인류의 출현, 매머드 멸종

<기타>
- 방사선 연령 측정은 모두 탄소 연령 측정이다.
- 지구 자기장 역전은 동시에 일어난다.
- 지구 연령은 6천년-2만년 정도다.

연령 측정 기술

<대학생>
- 화석, 암석층, 탄소 등은 지구 연령 측정의 가장 정확한 방법이다.

<예비 교사>
- 암석 속의 탄소는 가장 정확한 연령 측정 방법이다.
- 산의 높이는 지구의 연령 측정에 사용될 수 있다.

<교사>
- 암석의 탄소는 가장 정확한 연령 측정 방법이다.
- 산의 높이는 지구의 연령 측정에 사용될 수 있다.

공룡
<기타> - 공룡은 실패와 멸종을 대표한다. - 공룡은 진화 측면에서 성공적이지 못했기 때문에 멸종했다. - 공룡과 인간은 공존했다. - 인간은 공룡과 함께 살았다. - 공룡은 열온 동물이기도 하고 냉온 동물이기도 하다. - 공룡이란 단어는 '무서운 도마뱀'을 의미한다. - 공룡들은 모두 동시에 살다 죽었다. - 모든 공룡들은 6,500만 년 전에 멸종했다. - 어떤 운석(또는 혜성)이 공룡을 죽였다. - 포유동물은 공룡으로부터 나왔고 공룡의 알을 먹음으로써 공룡 멸종을 가속화했다. - 포유동물은 공룡이 멸종한 이후에 나타났다. - 선사시대 이전 과거부터 모든 대형 도마뱀들은 공룡이다. - 고고학자들이 공룡을 발굴한다. - 포유동물들이 공룡 알을 먹었기 때문에 공룡이 멸종했다. - 운석 충돌만으로 공룡이 죽었다. - 공룡은 느릿느릿한 동물이다. - 선사시대로부터 대형 육지 도마뱀들은 모두 공룡이었다. - 수장룡이나 어룡과 같은 해양 도마뱀들은 모두 공룡이다. - 날아다니는 도마뱀들은 공룡이었다. - 딜로포사우루스는 산성의 독침을 뱉고 천연색의 볏을 갖고 있으며 주라기 공원에서 묘사된 것과 같은 크기다. - 벨로시랍터는 침팬지 정도의 지능을 가졌다. - 고질라는 양서류다.
화석
<중고등 학생> - 화석은 항상 더 복잡한 구조로 진화한다. - 서로 다른 화석을 구분할 때 더 젊은 화석일수록 좀 더 복잡하다. **<예비 교사>** - 화석화 과정을 겪는 동물과 식물과 같이 살아있는 것들만 화석으로 고려된다. - 비화석화된 상어 이빨이나 발자국은 화석으로 고려되지 않는다.
동일과정설
<대학생> - 동일과정설은 지질학에서만 나타난다.

- 동일과정설은 현재 작용하는 과정이 지질 시대에 동안에 작용했다고 주장한다.
- 동일과정설은 과정의 속도가 일정해 왔다고 주장한다.
- 동일과정설은 지구의 과거에 오직 점진적 과정이 작동해 왔고 대변혁은 발생하지 않았음을 주장한다.
- 동일과정설은 지구의 조건이 그렇게 많이 변화해 오지 않았음을 주장한다.
- 동일과정설은 자연을 지배하는 법칙은 시간이 지나도 일정해 왔음을 주장한다.

6) 카르스트 지형

카르스트 지형은 지표면의 10-15%를 덮고 있지만 관련 오개념 연구는 매우 적다. 초등, 중고등 수준에서는 거의 이루어지지 않았고 대학교 수준에서만 일부 이루어졌다. 학생들은 기본적으로 동굴과 동굴에 살던 사람들에 대한 자연스런 호기심을 가지고 있다.

표 3.10 카르스트 지형 관련 오개념

일반적 특성
<기타> - 카르스트는 지표면 위에 쉽게 노출된다. - 동굴에 풍경이 부족한 것은 카르스트 지대가 아님을 의미한다. - 동굴은 그 동굴이 형성된 기반암과 나이가 같다. - 기반암은 빈 공간이 없고, 강하고, 안정적이고, 유연성이 없다.
물의 이동
<대학생> - 물은 항상 아래쪽으로 흐른다. **<기타>** - 이전에 존재하는 싱크홀은 물을 침투시키기 위한 도관으로서의 역할을 한다. - 카르스트 지하수 흐름은 두 지점 사이에 가장 짧은 길이다. - 카르스트로 들어간 오염 물질은 계속 남게 된다. - 카르스트 샘물은 순수하다.

7) 판구조론

판 구조론은 지구과학 교육과정의 초석이 되어 가장 많은 연구가 이루어졌다. 판 경계부의 특성, 판의 이동 속도, 판의 움직임을 가동시키는 열의 역할 등에 대해 학생들의 이해가 적은 것이 특징이다. 판의 연성(ductile) 특성에 대해서도 오개념이 많다(표 3.11).

표 3.11 판구조론 관련 오개념

기원
<대학생>
- 용융은 섭입하는 판에서 발생한다.
- 용융은 열 때문에 판 경계부 바로 아래에서 발생한다.
- 용융은 암석과 판이 움직이거나 서로 부딪히기 때문에 발생한다.
- 자기 극지 변화(wandering)가 판 구조론의 원인이다.
- 해양은 해양 지각에 책임이 있다.
- 시간이 지나도 해양과 대륙 비율에서는 의미 있는 변화가 생기지 않는다.
<교사>
- 높은 열류량과 낮은 열류량을 중앙 해령과 섭입대 지역과 연결시키지 못한다
- 판이 녹아서 생기는 마그마와 맨틀 플룸으로부터 생긴 마그마는 근원이 유사하다.
- 판 아래의 열류량은 일정하다.
<기타>
- 판은 용융된 암석으로 구성된다.
- 지각을 구성하는 것으로 표현된 판 (5%, 영국과 웨일즈 지역 교과서에서 531개 또는 단순화 오류)
- 지구의 판은 모래로 구성되어 있다.
- 절벽의 단단한 암석은 판의 부분이 아니다.
- 대양저는 지구 판의 일부가 아니다.
- 대륙은 판의 꼭대기 위에 있지만 판의 일부는 아니다.
- 대륙은 지구 판의 일부가 아니다.
- 대륙은 판의 옆에 있지만 판의 일부는 아니다.
판의 구성
<중고등 학생>
- 판은 용융된 암석으로 구성된다.
- 교과서에 지각을 구성하는 것으로 표현된 판
- 지구의 판은 모래로 구성되어 있다.
- 절벽의 단단한 암석은 판의 부분이 아니다.

- 대양저는 지구 판의 일부가 아니다.
- 대륙은 판의 꼭대기 위에 있지만 판의 일부는 아니다.
- 대륙은 지구 판의 일부가 아니다.
- 대륙은 판의 옆에 있지만 판의 일부는 아니다.

두께와 위치

<중고등 학생>

- 지구의 판은 지구 내부 깊이 위치하고 있고 지표면에 노출되지 않는다.
- 해양의 가장 깊은 부분은 중심이고, 대륙의 가장 높은 부분은 중심이다.
- 판은 1피트 정도의 두께다.
- 판은 수 인치 정도의 두께다.
- 지구의 판은 서로의 꼭대기에 쌓인다.
- 대륙은 물 층의 위에 자리 잡고 물은 판 위에 있다.

<대학생>

- 판은 지표면 위 어딘가에 있다.
- 해안이 판의 경계다.
- 판은 축 주변을 돈다.
- 대륙 사면(shelves)은 가정에 있는 선반(shelves)과 유사하고 대륙 끝을 넘어 뻗어가며 부딪히고 충돌하여 쓰나미가 형성된다.

판의 수

<중고등 학생>

- 지구는 7개의 판을 가지고 있다.
- 지구에는 하나의 매우 큰 판이 있다.
- 지구는 약 100미터의 판이 있다.
- 각 판 위에는 하나의 대륙이 있다.

판의 경계

<중고등 학생>

- 지구의 판은 텅 빈 공간으로 구분된다.
- 대륙이 해양저를 만나는 곳에서만 판의 경계가 생긴다.
- 지구의 판은 서로서로 접촉하지 않는다.
- 지구의 판은 바다에 의해 서로서로 분리된다.
- 판의 경계는 항상 대양저 중앙에서 발견된다.
- 지구의 판은 용융된 암석에 둘러싸여 있어서 판들은 서로 닿지 않는다.
- 판의 물질들은 판의 끝으로부터 제거되지 않는다.
- 판의 경계는 대륙 내에서 발생할 수 없다.

<대학생>

- 판의 경계 유형은 판과 같은 것이다.
- 대륙의 끝은 판 경계부와 같은 것이다.

이동

<중고등 학생>

- 대륙은 수 백년에 걸쳐 몇 인치 수준으로 움직인다.
- 대륙과 해양저는 움직이지만 너무 천천히 움직여서 수 백년 후에도 거의 움직이지 않는 셈이다.
- 지구의 판은 용융된 암석 층 위를 떠다니면서 움직인다.
- 대륙은 수백만년에 걸쳐 수 인치만 움직인다.
- 대양저는 움직이지 않는다.
- 대양저는 지구의 판으로부터 분리하여 움직인다.
- 판은 판 아래의 층이 일시적으로 녹아 움직일 때 이동한다.
- 지구 판 아래의 전체 층은 한 방향으로 움직인다.
- 대륙은 매우 천천히 움직여서 수백만년이 지나도 그들이 움직인 거리가 측정될 수 없다.
- 지구 판 아래의 층은 매우 빠르게 움직인다.
- 지구 판 아래의 층은 움직이지 않는다.
- 지구의 판은 일 년에 수 피트씩 움직인다.
- 대륙은 수백년에 걸쳐 수마일 움직인다.
- 대륙은 지구의 판으로부터 떨어져 나와 움직인다.
- 대륙은 움직이지 않는다.
- 지구의 판은 일 년에 수 마일씩 움직인다.
- 대륙은 100년에 걸쳐 전혀 움직이지 않는다.
- 지구의 판은 움직이지 않는다.
- 해양저는 과거에는 이동했지만 더 이상 움직이지 않는다.
- 대륙은 과거에는 움직였지만 더 이상 움직이지 않는다.
- 판은 딱딱한 암석 위에 위치하기 때문에 움직이지 않는다.
- 산은 빠른 속도로 만들어진다.

<대학생>

- 오직 대륙만 움직이지 바다는 움직이지 않는다.
- 판의 이동은 인간의 시간 틀에서는 인식될 수 없다.

판의 발산

<중고등 학생>

- 두 개의 판이 서로 멀어져 갈 때, 느슨한 암석 물질이 두 개 판 사이를 만들고 있는 빈 공간을 채운다.
- 판의 가장자리에 추가되는 판의 물질의 양은 부서지고 운반됨으로써 제거되는 판의 물질의 양에 의해 균형을 이루고 있다.

- 두 개의 판이 서로 멀리 움직일 때, 물이 그 두 판 사이의 빈 공간을 채운다.
- 두 개의 판이 서로서로 멀어져 갈 때, 그 두 판 사이에 빈 공간이 형성된다.
- 새로운 판의 물질은 판의 가장자리로 추가될 수 없다.
- 새로운 판의 물질은 두 개의 판이 서로 멀리 떨어지는 곳이 아닌 대륙이 해양저와 만나는 곳에서 만들어진다.

<대학생>
- 수렴은 발산형 경계보다는 중앙 해령 경계부에서 발생한다.
- 발산형 해령은 발산이라기보다는 수직 융기나 수렴 때문이다.
- 현재의 해양은 팡게아가 떨어져나갈 때 생겼다. 팡게아는 지구의 시각 시에 있던 원래 대륙이었다는 일반적 생각과 연결되었다.
- 융기 현상으로 가족이 분리되거나 생물 종이 먹이의 출처로부터 떨어질 수 있다.
- 빙하의 변화 때문에 생기는 차이와는 별개로 해수면은 시간이 지나도 일정하게 남아있다.

판의 수렴

<중고등 학생>
- 지구의 판은 구부러질 수 없다.
- 산은 암석들이 쌓여져 만들어진다.
- 대륙판은 그것이 다른 판 위에 있는 대륙판 물질로 밀 때 위로만 밀린다.
- 두 개의 판이 서로 밀고 대륙판 물질이 양쪽 판의 끝에 있을 때, 하나의 판은 움직임을 멈출 것이고 또 다른 판의 끝이 위로 밀릴 것이다.
- 대륙판 물질은 두 판이 서로 밀 때 대양판 물질 아래에서 밀린다.
- 판의 끝에 대륙판 물질이 있는 판이 다른 판을 밀 때, 대륙판 물질은 항상 아래로 밀린다.
- 두 개의 판이 서로 밀 때, 두 판은 이동을 멈출 것이다.
- 두 개의 판이 같이 밀 때, 판의 끝부분은 작은 조각으로 부서진다.
- 두 개의 판이 같이 밀고 대륙판의 물질이 두 판의 끝을 만들 때, 두 판은 아래쪽으로 밀릴 것이다.
- 과거에 새로운 산들이 만들어졌지만 오늘날은 새로운 산이 만들어지지 않는다.
- 과거에 산이 만들어지는 시기가 있었지만 그저 가끔 일어나는 일이었다(지속적으로 일어나는 일이 아님).
- 두 개의 판이 서로 밀 때, 두 판은 이동을 멈출 것이다.

<대학생>
- 대부분의 지각 운동은 수직 운동 때문이지 수평 운동 때문은 아니다.
- 수평 운동이 아닌 수직 운동으로 대륙이 만들어진다.

8) 강

모든 연령층에서 물이 지형을 변화시키는 힘이라는 것을 이해하지 못한다. 초등 학생들에게 강의 형성은 초자연적이거나 미신적 힘으로 이해하고 있다(표 3.12).

표 3.12 강 관련 오개념

기원
<초등 학생> - 강은 신이나 인간에 의해 파여진다. - 강이 있기 전에 거기에 도시가 있었다.
침식
<초등 학생> - 그랜드캐년은 전쟁 시 사람들에 의해서, 동화, 다른 초자연적 설명에 의해 침식되었다. - 침식은 비가 오는 동안에만 발생한다. - 침식이 아닌 축적은 모든 지형에서 만들어진다. - 마무리하는 과정으로서의 침식 **<중고등 학생>** - 물이 수백 만년에 걸쳐 강 계곡의 딱딱한 암석을 아주 조금만 닳게 한다. - 움직이는 물은 오랜 시간에 걸쳐 딱딱한 돌을 닳게 할 수 있다. 변화는 짧은 시간(1일 또는 1년 등)에 걸쳐서 - 발생하지는 않는다. - 작은 강은 시간이 지나면서 절벽의 딱딱한 암석을 침식시킬 수 없다. - 움직이는 물은 오랜 시간에 걸쳐 지표면을 변화시킬 수 있다. 변화는 짧은 시간 동안에는 발생하지 않는다. - 물은 돌을 부술 수 없다. - 바람과 물은 딱딱한 암석을 침식시켜서 강의 줄기를 바꿀 수 없다. - 물은 계곡을 더 깊게 만들 수 없다. - 움직이는 물은 딱딱한 돌을 침식시킬 수 없다. - 움직이는 물이 딱딱한 암석을 침식시켜서 계곡의 모양을 바꿀 수 없다. **<대학생>** - 강은 계곡을 깍지는 않고 수동적으로 흘러내려갈 뿐이다. - 강이 시간이 지남에 따라 깎아내릴 수는 있지만 강의 양쪽을 깍지는 않는다. - 폭포는 시간이 지남에 따라 높이가 증가하지만 후퇴하지 않는다.

운반과 강의 방향
<초등 학생> - 물이 이동하는 원인은 중력이 아닌 힘 - 강은 평원에서 시작할 수 없다. - 사람들이 수영하거나 노를 저어서 강이 흘러간다. - 바람이 불어 강이 흘러간다. - 강은 바다로부터 내륙으로 흘러간다. **<중고등 학생>** - 물은 암석을 운반시켜 새로운 장소에 퇴적시킬 수 없다. **<대학생>** - 시냇물은 그저 물이 흘러가는 것이다. (퇴적물 개념과 연결시키지 못함) - 강은 남쪽으로 흐른다. 때때로 북반구의 강은 남쪽으로 흐르기도 하고 남반구의 강이 북쪽으로 흐르기도 한다.
홍수
<대학생> - 30년, 100년, 500년 홍수 개념은 물의 높이라기보다 사건 사이의 시간 간격을 의미한다. - 인간의 활동이 강의 흐름, 홍수의 주기 등과 같은 지질학적 과정에 영향을 줄 수 없다. - 홍수는 거의 발생하지 않고 비정형적이며 정상적인 강의 양상이라기보다는 부자연스러운 사건이다. **<예비 교사>** - 홍수는 겨울에 쌓인 눈이 녹은 후인 봄에만 발생한다.

9) 암석과 광물

초등 학생들은 암석을 미신 차원에서 이해하고 있고 학년이 올라가면서 나아지지만 암석의 순환에 대해서는 내부와 외부 과정의 연결을 잘 못한다. 암석의 순환을 암석 사이의 관계를 보여주는 것이 아닌 암석 형성 원인으로 이해하는 경향이 있다. 암석과 광물의 구성 물질에 대해서 전체 집단에서 오개념이 드러난다. 암석과 광물 구분에 대해서도 오개념도 많은데, 색, 모양, 크기 등 감각에 기반한 암석 구분이 특징적이다. 또한, 학생들이 경험에 의해서 알게 된 암석과 암기한 암석 사이에 차이가 있다(표 3.13).

표 3.13 암석과 광물 관련 오개념

일반 특성
<초등 학생> - 암석을 판별하기 위해 사용되는 것이 모양이다. - 암석을 판별하기 위해 사용되는 것이 강도다. - 모든 암석은 화산, 물, 달, 바닷물이 강물로 올라오면서 온다. - 모든 암석은 무겁다. - 암석은 신이 만들었고 인간은 집을 짓고 씨앗으로부터 농사를 짓는다. **<중고등 학생>** - 암석 형성에는 단 하나의 과정이 포함된다. - 암석은 강도나 모양과 같은 물리적 특성에 기반하여 정의된다. - 모든 암석은 무겁다. - 암석과 광물은 동의어다. (교과서에서 잘못 설명된 경우가 2% 정도) **<대학생>** 암석(과 광물)은 자란다. 슬레이트, 대리암, 석탄은 암석이라기보다는 (건물, 묘지, 에너지에 유용한) 물질이다.
광물
<대학생> - 광물과 함께 거대한(massive) 조직이란 용어는 샘플이 크다는 것을 의미한다. **<예비 교사>** - 만약 어떤 크리스탈이 유리를 긁으면 그것이 다이아몬드다. - 석영은 암석이다. - 광물(mineral)은 무기질(mineral), 비타민, 광물 자원과 연관되어 있다. - 모든 광물은 압력 하에서 만들어진다.
기원
<예비 교사> - 노두로부터 자갈이 부서질 때 암석이 만들어지고 둥글어진다. - 대재앙의 사건에 의해 암석이 만들어진다. - 암석은 짧은 시간 범위에서 만들어진다. - 빙하는 암석을 만든다. - 채석장의 돌은 자연산이 아니라서 암석이 아니다.

화성암

<중고등 학생>

- 반려암과 화강암은 동일한 마그마에서 만들어진다. (교과서에서 잘못 설명된 경우가 있음)

<대학생>

- 조립질 암석은 거칠고 세립질 암석은 부드럽다.

<예비 교사>

- 화강암은 반짝이기 때문에 대리암이나 석영이다.
- 지표면의 열은 화성암을 만들기에 충분하다.
- 날씨, 특히 변화하는 날씨가 화성암과 변성암을 만든다. (건조한 환경에서 만든다).
- 압력으로 인해 화성암과 퇴적암이 만들어진다.
- 화성암과 변성암은 시간이 지나면서 작은 조각들이 부서지고 뭉쳐지면서 만들어진다.

퇴적암

<중고등 학생>

- 퇴적암은 누르는 힘에 의해서만 만들어진다. (교과서 오류인 경우가 있음)
- 암석이 화석을 가지고 있다면 퇴적암이다. (화석은 저변성암에서도 보존될 수 있다.)
- 바다의 무게가 퇴적암이 만들어지게 한다.

<대학생>

- 대부분의 퇴적암 노두를 점유하고 있는 것처럼 층을 따라 분리되는 현상은 지표면 바로 아래 깊이에서 발생한다.
- 조립질 퇴적암은 천천히 냉각되고 조립질 화성암은 퇴적 에너지가 높은 지역에서 만들어진다.

<예비 교사>

- 어란상(oolitic) 석회암은 잘 부서지는 조직 때문에 사암이다.
- coal은 charcoal과 같다.
- 자갈은 강바닥에서 쿵쾅거리며 자란다.
- 퇴적암에서 발견된 둥글게 된 자갈은 퇴적암이다.
- 열과 압력은 퇴적암 형성에 필수적이다.
- 암석은 발견되는 곳에서 만들어진다. 강에 있다면 퇴적암이다.
- 화성암과 퇴적암은 압력 때문에 만들어진다.
- 화성암과 변성암은 시간이 지나면서 더 작은 부스러기가 부서지고 뭉쳐져서 만들어진다.
- 석탄은 에너지 자원이기 때문에 암석이 아니다.

변성암

<중고등 학생>

- 변성 작용은 퇴적물 압력에 의해서만 생긴다. (교과서 오류인 경우가 있음)
- 날씨, 특히 변화하는 날씨가 화성암과 변성암을 만든다.

- 엽리(foliation)는 퇴적 과정에 의한 층이 나눠진 것이다. - 슬레이트는 건물 돌이기 때문에 암석이 아니다.
암석의 순환
<중고등 학생> - 화성암과 퇴적암만 암석의 순환에 들어있다. - 암석의 순환의 각 부분은 순환되지 않고 개별적으로 떨어져 있어서 암석 순환계의 다른 부분으로 변화하거나 변형될 수 없다. - 물질이 지표면에 도달하면 그것은 지구 내부로 되돌아갈 수 없다. - 암석의 순환은 암석의 범주와 암석의 시작(genesis) 사이의 관계를 보여주는 모델이라기보다는 암석 형성의 원인이다. - 암석의 순환은 일정 속도로 계속 일어난다. - 암석 순환이 발생하려면 수백 만년이 걸린다.

10) 토양

학생들은 토양은 변하지 않는다고 생각한다. 모든 연령에서 토양을 먼지로 불렀다. 따라서, 토양이 농작물에서 매우 중요하고 우리 생활에도 중요하지만 토양을 부정적으로 많이 생각한다. 토양 단면 관찰이 어렵기 때문에 토양에 대한 오개념도 많다. 토양의 기원이 암석이라는 것도 연결시키지 못한다. 또한, 자원으로서 토양으로의 연결도 어려워 한다(표 3.14).

표 3.14 토양 관련 오개념

기원
<초등 학생> - 토양은 지구가 형성되었을 때 만들어졌다. - 토양은 변하지 않는다. **<중고등 학생>** - 토양은 수백 만년으로부터 지구의 형성 시기만큼 오래된 것이다. - 토양은 점토로 변한 후 압력이 증가하면 암석이 된다. **<기타>** - 토양은 강, 화산으로부터 오거나 지구가 만들어진 이래로 여기 있었다.

- 토양은 강으로부터 온다. - 토양은 화산 활동으로부터 온다.
구성
<초등 학생> - 토양은 갈색이고 균질하다. - 토양은 기체를 함유하지 않는다. - 작은 가지, 곰팡이, 돌들이 암석에서 발견되지만 그것이 완전한 부분이 아니다.
두께
<초등 학생> - 토양은 지표면 아래 수 마일까지 연결된다. **<중고등 학생>** - 토양은 항상 현재의 상태로 존재한다. - 토양의 깊이는 수 미터로부터 지구의 중심까지 죽 연결된다.

11) 화산

화산 관련 오개념으로 가장 두드러진 특징은 화산 분출 지역을 따뜻한 기후대와 연결시키는 오류다. 또한 모든 화산은 폭발한다는 오개념, 화산 분출은 자주 발생하지 않는다는 생각 등이 많다(표 3.15).

표 3.15 화산 관련 오개념

기원
<초등 학생> - 열과 관련된 메카니즘만: 이동과 연관된 메키니즘은 없다. - 이동 관련한 메카니즘만: 판의 움직임의 원인이 되는 매개체인 열은 없다. - 용암의 열은 태양으로부터 온다. - 용암은 핵으로부터 기원한다. **<중고등 학생>** - 마그마가 지각을 통해 짜여 올라올 때 화산이 생긴다. (마그마의 낮은 밀도는 위로 올리는 원동력이 된다는 것과는 달리) - 모든 화산은 분출 시 용암을 만든다. (폭발, 화산재, 큰 소리 등과는 달리)

<대학생>
- 바람이 불어 샴페인 잔을 열게 하는 것과 유사하게 플루트 화산 꼭대기에 바람이 부는 것이 분출의 원인이 될 수 있다.
- 현무암의 기원은 해수의 존재와 연결된다.
- 마그마는 지각 아래 용융층으로부터 온다.
- 마그마는 지구 맨틀 내 깊은 곳으로부터 온다.
- 대부분의 마그마는 암석이 지구 내 깊은 곳의 큰 압력을 받을 때 형성된다.

<교사>
- 화산을 위한 마그마 공급은 내핵으로부터 온다.

형태와 분출 양식

<초등 학생>
- 화산은 위에 눈이 없다.

<대학생>
- 화산 분출은 거의 발생하지 않는다.
- 기근, 쓰나미, 화산재 이류와 같은 2차 원인과 반대로, 화산 폭발 동안 일어나는 대부분의 죽음은 연기와 독가스로부터 생기는 질식 때문이다.
- 화산 폭발 동안 일어나는 대부분의 죽음은 대피 시의 두려움과 공포 때문이다.
- 대부분의 화산은 정상에 있는 크레이터와 함께 높은 꼭대기가 있다.
- 화산은 장기간 자원에 있어 중요한 것이 아니라 해저드일 뿐이다.

<기타>
- 모든 화산은 폭발적으로 분출한다.
- 화산이 용암을 생성하지 않으면 위험하지 않ㄴ다.
- 화산은 분출구 꼭대기를 통해 수직 위로만 분출한다.
- 화산이 수백 년 동안 분출하지 않으면 그것은 소멸한다.

분포

<초등 학생>
- 화산은 차가운 기후에서는 발견되지 않는다.

<대학생>
- 화산은 물 근처에서만 형성된다.
- 화산은 적도나 다른 따뜻한 지역에서만 많다.
- 화산은 적도 지역에서 지배적 특성이다.
- 화산 형성에 유형은 없다.
- 화산은 따뜻한 적도 기후에 있는 섬에서만 발생한다.

<예비 교사>
- 화산은 전형적으로 따뜻한 기후 특성이다.

<교사>
- 판의 용융 기능으로서의 판의 분포와 맨틀 플룸 기원을 구별할 수 없다.
- 화산은 전형적으로 따뜻한 기후 특성이다.
<기타>
- 화산은 지표면에 불특정하게 위치한다.
- 화산은 육지에서만 발견된다.
- 화산은 뜨거운 기후에서만 발견된다.

12) 풍화와 침식

풍화와 침식 관련하여 다양한 연령층에서 다양한 오개념이 발견되었는데, 풍화와 침식을 발생시키는 기간과 동력 등에 대한 오개념이 특히 많다(표 3.16). 특히 물리적 풍화와 화학적 풍화에 대한 편향된 이해로 인한 오개념도 많다.

표 3.16 풍화와 침식 관련 오개념

일반 특성
<중고등 학생>
- 풍화와 침식은 같은 것이다. (영국 교과서의 7%에서 오류)
- 날씨가 풍화의 원인이다.
- 침식은 수백 만년에 걸쳐 일어난다.
- 풍화는 대기 현상에 의해서만 생긴다.
- 풍화가 간헐적인 동안 침식이 내내 발생한다.
- 풍화가 지표면을 부수는 동안 침식이 지표면을 깎아내린다.
- 풍화는 예방될 수 없고 침식은 예방될 수 있다.
- 빗방울 튀김이 풍화다.
- 풍화는 항상 침식의 전조자(precursor)다.
- 모든 침식 과정은 물리적이지 (화학적은 아니다).
- 모든 풍화 과정은 화학적이다.
- 바람과 비는 풍화 과정이다. 날씨가 관여되기 때문이다.
- 지표면 위의 작고 느슨한 암석들은 딱딱한 암석층의 부분이 결코 아니다.
- 지표면 위의 크고 느슨한 암석들은 딱딱한 암석층의 부분이 결코 아니다.
- 매우 큰 암석 자갈의 크기는 지구의 딱딱한 암석층으로부터 부서져서 오는 것이 아니다.
- 암석들은 다른 암석과 충돌하면서 부서질 수 없다.
- 매우 큰 암석 자갈들은 더 큰 암석들이 부서져서 오지 않는다.

- 모래의 암석 물질은 지구의 딱딱한 암석층의 부분이 결코 아니다.
- 거대한 폭풍우 같이 거의 잘 일어나지 않는 사건 중 바람과 물만이 지표면을 변화시킨다.
- 자갈과 같은 큰 돌은 항상 느슨한 암석이었다. 이것들은 결코 지구의 딱딱한 암석층은 아니었다.
- 바람과 물이 딱딱한 산의 암반을 닳아 없애 평평하게 만드는 데 수 백년이 걸릴 뿐이다.
- 바람과 물은 딱딱한 암석을 닳아 없애서 더 깊고 넓은 계곡을 만들 수 없다.
- 바람과 물은 산의 딱딱한 암석을 닳아 없앨 수 없다.
- 액체 물은 암석을 깨뜨릴 수 없다.
- 침식은 딱딱한 암석을 조금이라도 닳아 없앨 수 있지만 산을 평평하게 한다거나 계곡을 깎는 것와 같이 지표면에 큰 영향을 줄 수는 없다.
- 바람과 물은 산맥의 딱딱한 암석을 닳아 없앨 수 없다.
- 지형은 수백만년 이전에 했던 것과 오늘날 유사한 것 같다. 예를 들어, 오늘날 지구 위의 강은 시간이 지나도 - 변하지 않는다.
- 바람과 물은 산의 딱딱한 암석을 닳아 없앨 수 없다.
- 지형은 크기에 있어 변할 수 있지만 바람과 물의 운동에 의해서 변할 수 없다.
- 비는 딱딱한 암석을 닳아 없앨 수 있다.
- 지형은 크기에 있어 변할 수 있지만, 바람과 물의 운동에 의해 변할 수는 없다.
- 물은 딱딱한 암석을 닳아 없앨 수 없다.
- 지표면 위의 어떤 느슨한 암석 물질도 지구의 딱딱한 암석층의 부분이 된 적이 없다.
- 물은 딱딱한 암석을 닳아 없앨 수 없다.

<예비 교사>

- 풍화는 지진과 화산 분출 때문이다.

풍화와 침식의 시간 규모

<중고등 학생>

- 풍화는 침식보다 더 느리다.
- 물은 수 백 만년 동안 산의 높이의 작은 양(피트나 인치 수준)만 깎아내릴 수 있다.
- 비가 딱딱한 암석을 보이지 않을 만큼 작은 양이라도 깎아내리는데 긴 시간이 걸린다.
- 바람과 물은 오늘날 지표면을 변화시키고 있지만 과거에는 지표면을 변화시키지 않았다.
- 바람과 물은 과거에는 지표면을 변화시켰지만 더 이상 지표면을 변화시키지 않고 있다.
- 물과 바람이 딱딱한 암석을 깎아 평평하게 되는 데 짧은 시간(수 십 년)이 걸릴 뿐이다.
- 자갈과 같이 매우 큰 암석들은 항상 지금 보이는 것과 같은 방식이었다.
- 지형은 수만 전의 모습과 오늘날이 비슷하게 보인다. 예를 들어, 오늘날 지구의 강은 시간이 지나도 변화하지 않는다.

물리적 풍화

<중고등 학생>

- 암석은 얼음이 얼어(팽창)서만 풍화가 된다. (교과서 2%에서 오류 또는 과단순화)
- 암석의 갈라짐에서 언 물은 암석을 깨뜨릴 수 없다.

화학적 풍화

<중고등 학생>

- 물은 딱딱한 암석으로서 용해된 암석을 퇴적시킬 수 없다.
- 물은 암석을 녹일 수 없다.

<기타>

- 광물의 풍화가 잘 되는 것은 형성되는 환경 사이의 결정화 온도와 압력 차이 함수일 뿐이다.
- 화강암의 풍화는 습하고 오염된 대기의 영향력을 보여주는 사례다.

생물학적 풍화

<중고등 학생>

- 식물 뿌리의 성장은 암석을 깨뜨릴 수 없다.

풍식

<중고등 학생>

- 바람은 수 백 만년 동안 딱딱한 암석을 겨우 1피트 정도 닳게 할 뿐이다.
- 바람은 수 백 만 년에 걸쳐 작은 양만큼씩 계곡을 깊게 깎는다.
- 바람은 오랜 기간에 걸쳐 딱딱한 암석을 닳게 할 수 있다. 변화는 (1일이나 1년 등) 짧은 시간에 걸쳐 발생하지는 않는다.
- 바람은 모래알을 부술 수 없다.
- 바람은 암석을 부술 수 없다.
- 바람은 딱딱한 암석을 부술 수 없다.
- 바람은 모래와 같이 작은 암석을 운반할 수 있지만 큰 암석을 운반하지는 못한다.
- 바람은 암석을 운반해서 새로운 장소에 퇴적시킬 수 없다.
- 바람은 오늘날 계곡의 딱딱한 암석을 닳아 없애고 있지만 과거에는 계곡의 딱딱한 암석을 닳아 없애지 못했다.
- 바람과 물은 딱딱한 암석을 닳아 없애서 해안가의 모양을 변화시킬 수 없다.
- 바람은 과거에는 계곡의 딱딱한 암석을 닳아 없앴지만 오늘날은 계곡의 딱딱한 암석을 닳아 없애고 있지 않다.

3 사회문화적 구성주의 Vygotsky 학습 이론

그림 3.19 Vygotsky

사회문화적 구성주의는 구 소련의 인지 심리학자인 비고츠키(L. S. Vygotsky, 1896-1934)의 이론을 바탕으로 하고 있다. 그는 문화적으로 발달된 도구, 사고, 언어 등이 어떻게 내면화되고 세상을 이해하는 데 사용되는가에 관심을 가졌다. 비고츠키는 사람들의 영향, 문화-역사적 측면, 개인적 요인을 인간 발달의 핵심으로 강조하고 있다(Tudge와 Scrimsher, 2003). 사회적 환경이 학습과 사고에 큰 영향을 미치며 사회적 상호작용으로 학습 경험이 변한다고 주장했다. 사회적 환경은 그 사회의 문화적인 것(예: 자동차, 기계), 언어, 사회 관습 및 제도(예: 학교, 교회) 등을 통해 인지 발달에 영향을 준다. 이 세 가지 요인이 조화를 이루며 작용하기 위해 사회적 상호작용이 필요하다.

3.1 인지 발달과 학습에 영향을 주는 사회 문화적 요인

개인의 고등 정신 기능의 발달을 이해하기 위해 그 개인이 속해 있는 사회 문화적 요인들과 인류의 진화적, 역사적 요인들을 함께 고려해야 한다는 점이다. Vygotsky는 학습과 인지 발달 등의 인간의 정신적 과정은 생물학적 유기체로서의 발달 과정을 넘어서 사회적 환경과의 관계 형성이라고 보면서 학습자 주변에 있는 성인이나 또래 집단 등 유의미한 타인의 영향이 인지 발달과 학습에 중요한 영향을 미침을 강조한다.

Vygotsky는 사회 구조, 도구(언어, 문자, 제스처 등), 기술 등의 사회적 환경이 개인의 사고에 많은 영향을 주는지에 초점을 맞추어 인지 발달을 설명한다. 또 모든 인간의 독특한 고등 정신 활동이 사회적이고 문화적 상황에서 시작되었고 그 구성원들이 공유하고 있음에 주목한다. 인간의 정신적 과정은 사회적 환경 속에서 적응되어야 하고 그들은 하나의 특정한 문화에서의 성공적 삶을 위해 필수적인 지식과 기술의 성취에 이르게 된다. 결국 개인의 발달을 이해하기 위해서는 그 개인이 속한 사회적 관계를 이해해야 한다.

Vygotsky도 서구의 구성주의 학자들과 마찬가지로 환경과의 상호작용을 통해 스스로 지식을 구성하고 조직하는 능동적 학습의 중요성을 강조했다. 다만, Piaget가 물리적 대상과의 상호작용과 지식 구성에서 개인의 역할을 강조하는 반면, Vygotsky는 인지적 구성이 항상 사회적으로 매개되며 현재와 과거의 사회적 상호작용에 영향을 받음을 강조한다. 학습자 사고의 일반적 구조 변화 측면에서 Piaget는 자연적, 생물학적 역할을 강조했고 Vygotsky는 역사적, 사회적 환경의 역할을 강조했다.

Vygotsky는 인지 발달의 과정을 기초 정신 기능(lower mental function)에서 고등 정신 기능(고차적 정신 기능, higher mental function)으로의 발달 과정으로 설명했다. 기초 정신 기능은 인간뿐만 아니라 다른 고등 동물에게도 나타나는 것으로 감각, 반응적 주의집중, 자발적 기억, 감각 동작 등을 들 수 있다. 고등 정신 기능은 오직 인간만이 가진 것으로 매개(mediated)되고 내면화된 행동이다. 고등 정신 기능은 지적 활동을 유발하고 매개하기 위해 언어나 다른 도구들을 사용하는데 의도된 주의집중, 의도된 기억, 논리적 사고 등을 포함한다. 발달이 이루어지는 동안 기초 정신 기능을 체계적으로 재조직하면서 고등 정신 기능이 형성된다. 이런 과정은 사회적 관계 속에서 발생하는데 고등 정신 기능은 처음에는 개인 사이에서, 시간이 지나면서 내면화되어 자기 것이 된다. 이렇게 개인 사이의 정신 기능이 개인 안의 정신 기능으로 변화하는 과정을 비고츠키는 내면화(internalization)와 근접 발달 영역(zone of proximal development: ZPD)으로 설명한다.

3.2 고등 정신 기능

고등 정신 기능은 본질적으로 사회적 기능이다. 이것이 내부적 행동과 외부적 행동에 관한 문제의 중심 과제다. 우리가 외부적 과정이라고 할 때 이는 사회적이라는 것을 뜻한다. 어떠한 고등 정신 기능도 외부적인 것이다. 왜냐하면 그러한 정신 기능은 내부적인 것, 즉 진정한 정신 기능이 되기 전에는 사회적인 것이기 때문이다(Vygotsky, 1981).

Vygotsky가 말하는 고등 정신 기능은 쉽게 도달할 수 없는 매우 높은 수준의 정신 기능이라기보다 인간에게 보편적인 정신 기능이다. 고등 정신 기능은 인간 사이의 차이나 차별을 나타내는 개념이 아니라 동물과 차별화되는 인간만이 가지는 고유한 문화적 행동 형태를 의미한다. 즉 고등 정신 기능에서 말하는 '고등'은 동물에 비해 고등한 정신인 것이다. 고등 정신 기능의 토대가 되는 기초 정신 기능(lower mental function)은 동물의 한 종으로서 인간이 태어날 때부터 가진 기능이다. 즉, 보고, 듣고, 맛보고, 느끼고, 기억하고, 집중하고, 생각하는 기능이 기초 정신 기능이다(진보교육연구소, 2019).

고등 정신 기능과 기초 정신 기능을 지각, 주의, 기억, 생각 등의 4가지 기능으로 구분하여 차이를 살펴보면 다음 표와 같다.

표 3.17 기초 정신 기능과 고등 정신 기능

	기초 정신 기능(수동적, 반응적)	고등 정신 기능(능동적, 의지적)
지각	반응적 지각	범주적 지각
주의	반응적 주의	자발적 주의
기억	자연적 기억	논리적 기억
사고	실행적 사고	개념적 사고

기초 정신 기능은 수동적이고 반응적 특징이 있다. 보이는 대로 보고 들리면 듣는 것이 반응적 주의로 어떤 자극에 수동적으로 반응한다. 자연적 기억과 실행적 사고도 마찬가지다. 반면, 고등 정신 기능은 능동적이고 의지적이다. 내가 보고 싶은 것을 골라서 보고 의지가 있다면 작은 소리에도 주의를 기울이며 스스로 생각하고 노력하며 암기한다. 해결해야 할 문제를 스스로 설정하고 생각을 전개한다. 다만, 고등 정신 기능은 자발적 주의, 논리적 기억, 개념적 생각으로 명확히 구분되는 기능을 넘어서 기호를 통해 통합된 고차원적 체계다. 고등 정신 기능을 하나의 체계로 통합하는 3가지 요인은 다음과 같다(진보교육연구소, 2019, p. 65-66).

> 첫째, 발달의 과정에서 연결된다. 발생적 관점에서 볼 때, 고등 정신 기능은 계통 발생적으로 인간의 역사적 발달의 산물이며 개체 발생적으로는 개개인의 특별한 사회적 과정의 산물이다. 고등 정신 기능은 역사적 발달의 산물로서 서로 연결된다. 발생 과정에서 어떤 고등 정신 기능은 다른 정신 기능들을 토대로 하기 때문에 서로 연관되어 작동한다. 예를 들어 개념적 사고 기능은 자발적 주의, 범주적 지각과 논리적 기억을 토대로 발달하며 개념적으로 사고할 때는 당연히 그러한 정신 기능들이 함께 작동한다.

둘째, 구조적 측면에서 볼 때, 모든 고등 정신 기능은 기호를 통해 매개된다. 보통 생물학적 기관의 능력에 좌우되는 기초 기능들은 직접적 성격을 갖는 자극-반응 원칙에 토대한다. 그러나 고등 정신 기능은 기호의 핵심인 말을 통해 서로 연결되며 모든 고등 정신 기능의 작동에는 공통 매개인 기호가 작용한다.

셋째, 기능적 측면에서 볼 때, 모든 고등 정신 기능은 능동적 성격을 갖는다. 고등 정신 기능은 과업을 의식적으로 파악하고 의지적으로 숙달(통제)한다. 기초 정신 기능은 수동적이다. 큰 소리가 나면 쳐다보고, 눈에 보인 것을 기억하고 보이는 한계 내에서만 생각한다. 그러나 고등 정신 기능은 기호의 도입을 통해 자신의 행동을 스스로 통제한다. 보고 싶은 것을 선택하여 볼 수 있고 눈에 보이지 않는 것도 기억하고 생각한다. 즉, 고등 정신 기능은 인간의 의식과 의지에 의해 연결된다.

이와 같이 발생적 연결, 기호의 매개, 능동성이 결합하여 고등 정신 기능은 서로 연결되고 함께 작동한다. 고등 정신 기능의 총체성에는 고등 정신 기능들 간의 총체성을 넘어서 정서, 사고, 의지의 총체성도 포함된다. Vygotsky는 인간 의식이 통합된 전체라고 말한다. 따라서 인간 의식의 지적 측면과 감정적, 의지적 측면을 분리하는 것은 전통 심리학의 근본적 결함이라고 지적했다. 과학 시험 공부를 열심히 하는 어린이의 행동을 어린이의 지적 호기심만으로 설명할 수는 없다. 시험을 잘 보면 부모가 기뻐하고, 보상이 뒤따를 수 있고, 자신의 미래를 기대할 수도 있다.

사고를 일으키는 원동력은 정서와 의지에 있어 정서와 의지가 함께 작용하여 사고하게 된다. 그런 점에서 고등 정신 기능은 지성, 정서, 의지의 총체이며 정서와 의지적 측면 없이 지성적 활동의 원인을 설명할 수 없다. Vygotsky는 기호를 매개로 모든 고등 정신 기능들이 연결되고 지성, 정서, 의지가 결합된 총체적 인간 의식을 인격이라고 규정했다(진보교육연구소, 2019).

3.3 근접 발달 영역

근접 발달 영역은 Vygotsky 이론의 핵심 개념으로 "독립적인 문제 해결 시 드러나는 실제 발달 단계와 성인의 지도나 보다 능력 있는 또래와의 협력 하에 문제 해결 시

드러나는 잠재적 발달 단계 간의 거리"를 말한다(Vygotsky, 1978, p.86). 근접 발달 영역은 적절한 학습 상황이 주어졌을 때 학습자가 소화할 수 있는 학습의 양을 의미하는데, 학습자의 발달 준비 정도나 특정 영역의 지적 수준을 시험하는 것으로 지능이라는 개념에 대한 대안으로 보기도 한다. 교사와 학습자(성인과 어린이, 튜터와 튜티, 숙련자와 초보자 등)가 난이도 때문에 학습자 혼자서는 수행할 수 없는 과제를 근접 발달 영역에서 함께 공부한다. 즉 보다 많은 지식을 지니거나 숙련된 사람이 상대적으로 부족한 사람에게 지식과 기능을 나누어 주며 과제를 수행하는 것을 말한다(Bruner, 1984)

교사와 학습자가 문화적 도구를 공유함에 따라 근접 발달 영역에서 인지 변화가 일어나는데 이렇게 문화적으로 중재된 상호작용이 학습자에게 내면화될 때 인지 변화가 생긴다(Cobb, 1994). 근접 발달 영역에서 학습할 때 안내자의 참여가 필요하지만 학습자가 상호작용으로부터 수동적으로 문화적 지식을 습득하는 것은 아니며 이 학습 활동이 자동적으로 또는 그대로 학습자에게 학습되는 것이 아니다. 학습자는 사회적 상호작용을 스스로 이해하고 자신이 이해한 바를 그 상황 속에서의 경험과 통합하여 의미를 구성한다. 학습은 지식의 점진적 증가를 반영하는 것이라기보다 갑자기 일어나는 것이다.

학습자가 스스로 할 수 있는 수준이 실제 발달 수준이고, 다른 사람의 도움으로 할 수 있는 수준이 잠재적 발달 수준이다. 잠재적 발달 수준을 정확히 아는 것의 중요성을 강조했는데 잠재적 발달 수준이 현재 수준과 다를 수 있기 때문이다. 이런 점에서 Vygotsky는 이미 완수한 발달에 맞추어 학습 목표를 정하는 교육을 비판했다. 이런 교수는 새로운 단계를 목적으로 하지 않고, 오히려 기대하는 단계의 뒤에서 머무르고 있다. 근접 발달 영역에서 Vygotsky는 발달을 주도하는 '좋은 학습 방안"을 제안하는데, 발달을 주도하고 앞설 때 좋은 학습이 된다(진보교육연구소, 2019).

근접 발달 영역의 중요성에도 불구하고 서구 학계가 이를 잘못 이해하여 Vygotsky 이론의 복잡성을 경시하는 결과를 가져왔다 (Gredler, 2012).

> ZPD는 제한적으로 해석되는 경우가 많아 개인 및 사회 문화적 수준을 등한시하며 개인 간 상호작용만을 강조하는 일방적 방식으로 다루어지도 한다. ZPD가 스캐폴딩과 유사해 보여 보다 유능한 타인, 특히 학습자들보다 앞서 도움을 주어야 하는 교사의 역할에 지나치게 집중하는 경향이 있다. (중략) 이에 ZPD는 교사가

> 학습자들에게 무엇을 해주어야 하는지와 동일시되었고 상호작용에 영향을 미치는 학습자 요인과 상호작용이 일어나는 더 큰 환경(역사 문화적 요인) 등 Vygotsky가 전하고자 했던 복잡성의 상당 부분을 놓치고 있다(Tudge & Scrimsher, 2003, p. 211)

Vygotsky는 학습자 자시 자신, 언어, 자기 역할에 대해 더 자각하게 한다는 점에서 학교 교육이 중요하다고 보았다. 문화 역사적 활동은 어떤 식으로든 발달했을 정신적 과정을 단순히 촉진하기보다 정신적 기능의 변형을 유발한다. 따라서 넓은 의미에서 근접 발달 영역은 인간이 사회적 관습 및 제도와 상호작용하며 생긴 새로운 형태의 인지를 말한다. 문화는 인간의 지적 발달 과정에 영향을 미친다. 근접 발달 영역을 전문 교사가 학습자에게 학습 기회를 제공하는 것으로 좁게 인식하는 것은 문제다.

3.4 내면화

Vygotsky는 심리적 도구(기호, 제스처, 외적 표시 등)와 사회적 상호작용이 어떻게 내면화되는지에 관심을 가졌다. 그가 말한 내면화는 외적 작용의 내적 재구성(internal reconstruction)을 의미한다. Vygotsky는 다음의 사례를 들었다.

> 아기들은 물체를 잡으려고 한다. 아기의 손이 물체를 향해 나아가서 손가락으로 움켜쥐려고 한다. 이 때 어머니들은 아기의 다가가는 행동을 소통 의미로 해석하여 그에게 그 물건을 준다면 상황은 변하게 된다. 그러면 아기는 당장 물체를 잡기보다는 다른 사람(어머니)이 제시하는 행동의 의미를 배우게 된다. 그리하여 결국은 실제 지적하는 행동으로 변하게 되는 것이다. 이 단계에서 아이는 타인에게 의미 있는 외적 표시(사인)을 사용하게 되는 것이다. 결국 아기는 의식적으로 자신의 제스처를 이해하게 되고, '스스로를 위한 제스처'에 해당하는 심리적 도구가 형성된다(Vygotsky, 1978).

이상의 예에서 아기는 몇 가지 변형을 거쳐서 내면화라는 내적 재구성을 하고 있음을 알 수 있다. 이런 변화는 오랜 기간 동안 발달적 사건들이 계속 일어난 결과의 산물이다.

3.5 사고의 발달과 언어의 발달

Vygotsky의 저서 중 가장 유명한 것이 바로 "사고와 언어(Thought and Language)"다. 그의 이론에서 언어는 매우 중요한 위치를 차지하는데 언어는 다른 정신 기능 발달에 도움을 줌과 동시에 그 자체로도 정신 기능의 한 가지다(Vygotsky, 1986).

1) 개념 발달 단계

사람의 생각은 변화, 발달한다. 단순한 것에 복잡한 것으로, 감각적인 것에서 추상적인 것으로 발달한다. 사고의 발달은 생각의 양이 많아지는 것을 넘어서 질적 변화를 거치며 구조적으로 발달한다. Vygotsky는 사람의 사고 구조를 크게 혼합체적 사고, 복합체적 사고, 개념적 사고 등의 3단계로 구분했다(그림 3.20).

I. 혼합체적 사고	II. 복합체적 사고						
	연합	수집	연쇄	확산	의사 개념		
				유사성에 기초한 분리, 분석, 추상화		잠재적 개념	진개념 발생
				III. 개념적 사고			

그림 3.20 Vygotsky의 개념 형성 발달 단계

혼합체적 사고는 가정 먼저 나타나는 사고로 사물에 대한 객관적 인식 없이 주관적으로 생각한다. 사물들을 묶을 때 객관적 공통점이 아니라 마음대로 묶게 된다. 예컨대, 좋아하는 것/싫어하는 것 등의 식이다. 혼합체적 사고는 주관적이므로 이 단계에서 쓰는 단어는 의미가 안정적이지 않고 다른 사람들과 의미를 공유하지 못한다.

혼합체적 사고 다음 단계인 복합체적 사고는 부분적이지만 객관성을 가진다. 부분적 객관성에 기초해 사물들을 묶기 시작하지만, 아직 어떤 속성을 제거하는 식의 추상적 사고를 하지 못하고 주로 눈에 보이는 유사성을 기초로 사물들을 연결한다. 2개를 비교해 공통점이 있을 때 묶는 방식이다. 예컨대, 같은 색, 같은 모양, 같은 크기, 이런 식으로 묶는다. 혼합체적 사고가 구분되지 않는 것들을 혼합된 형태로 이해하는 것이라면 복합체

적 사고는 눈에 보이는 여러 특징들이 복합되어 있는 형태로 이해하는 것이다(그림 3.21).

복합체적 사고 단계에서는 사고의 구조가 다르기 때문에 어른과 같은 낱말을 쓰더라도 그 의미가 다르다. 그래서 어떤 개념을 사용하지만 대부분 제대로 알고 쓰는 개념이 아니다. 복합체 단계에서 나타나는 이런 개념을 '의사 개념(pseudo-conception)'이라고 한다. 즉 뜻을 제대로 모른 채 개념을 사용하고 심지어 뜻을 전혀 다르게 이해하기도 한다. 아이가 '회사'의 의미를 잘 몰라도 '아빠 어디 갔니?"라는 질문에 얼마든지 '아빠 회사 갔어요'라는 의사소통이 가능하다. 어린 아이들이 어른들의 말이나 책의 문장을 해석하는 과정에서 의사 개념이 형성되기 때문이다. 의사 개념은 복합체적 생각의 마지막 단계로서 개념에 이르는 다리 구실을 한다. 정확한 의미를 모르고 쓰기는 하지만 의사 개념은 큰 의미를 지닌다. 의사 개념을 통해 어른과의 의사소통이 가능하고 나중에 형성될

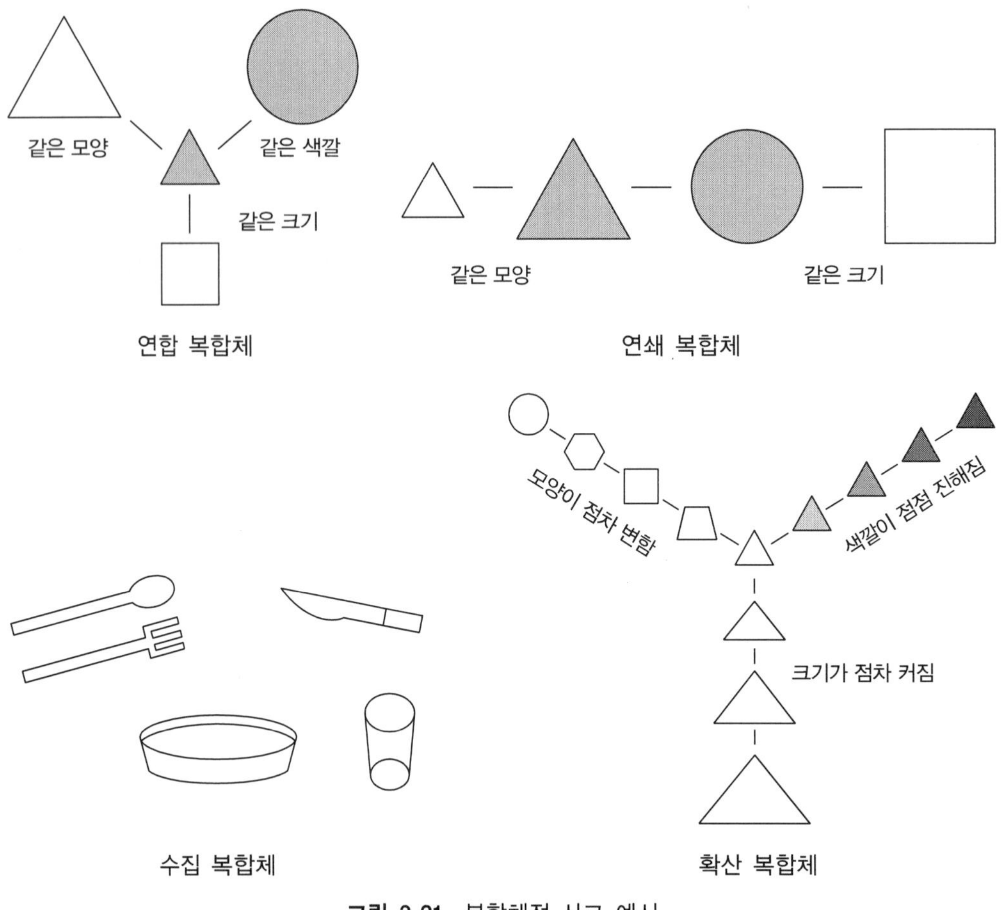

그림 3.21 복합체적 사고 예시

개념 사고의 토대를 쌓아나가기 때문이다(진보교육연구소, 2019).

개념적 사고는 체계적이다. 개념은 기본적으로 일반화의 속성을 가지는데 그 일반성의 정도가 다르다. 예컨대 식물, 꽃, 장미는 각각 일반화된 범위가 다르다. 일반성의 정도에 따라 개념들은 연결된 체계를 지닌다. 그래서 하나의 대상을 바라볼 때도 사람들은 식물-꽃-장미라는 범주적 관계를 갖고 바라본다. 개념을 이해하는 것은 개념들 간의 범주적 관계와 체계를 이해해가는 과정이다. 개념적 사고는 개념과 개념의 연관 관계, 개념들이 의미하는 현상과 현상 간의 연관 관계에 대한 이해로 나아간다. 이러한 연관 관계에 대한 이해 속에서 논리적, 인과적 사고가 발달한다. 이러한 특성들을 가진 개념적 사고는 현상과 상황에 대한 총체적 이해, 주체적 이해의 기반이 된다. 어떤 사물, 현상을 고립적으로 보지 않고 연관 관계와 체계 속에서 볼 수 있도록 하며, 스스로의 논리와 판단에 기초하여 판단, 이해하는 것이 가능해지기 때문이다. 개념의 언어적 암기와 이해는 개념 이해의 시작일 뿐 진정한 개념 형성은 구체적 상황에서 실천적 사용을 통한 숙달과 내면화를 통해 이루어진다. 진개념은 형식적인 뜻 이해를 넘어서서 체계화된 개념으로 구체적 현실을 이해하는 것, 과학적 이론으로 일상에서 나타나는 현상을 이해하는 것, 이론적으로 배운 것과 직접 경험하는 것을 결합해 나가는 것에 의해 형성된다(진보교육연구소, 2019).

2) 사고와 언어의 발달 단계

Vygotsky는 언어 구조에 대한 것보다 언어의 사회적 환경을 중요시했다. 비고츠키는 사고와 언어가 서로 다른 뿌리를 가지고 있고 서로 독립적으로 발달한다고 보았다. 그러나 이 두 기능이 서로 만나면 사고는 언어, 말, 주장 등으로 바뀐다. 즉 사고와 언어가 상호작용하여 언어적 사고가 발생한다. 비고츠키의 사고와 언어 발달 단계는 다음과 같다.

- 원시적 언어 단계(primitive or natural stage): 이 시기에는 사고와 언어가 따로 떨어져 별도로 발달한다. 지능 이전의 말, 말 이전의 지능 단계로 아직 둘 다 발달이 미약한 상태여서 비고츠키는 이를 원시적 단계라고 했다.

- 소박한 심리 단계(native psychology stage): 유아 초기에 본격적으로 언어가 발달하면서 사고와 언어가 만나기 시작한다. 언어를 외적으로만 사용하며 말로 생각하는 것이

아니라 말을 통해 생각에 자극받는다. 아직 주위의 대상과 현상을 객관적으로 바라보지 못하고 주관적으로만 생각하는 혼합체적 사고 단계다. 언어 발달이 우세하며 사고의 발달을 이끈다.

• 자기 중심적 언어 단계(egocentric speech stage): 언어와 사고가 발달하면서 유아들은 조금씩 같은 모양이나 색깔, 크기 등을 분류할 수 있는 복합체적 사고 단계로 발달한다. 이 시기 아이들은 생각과 행동을 하는데 혼잣말(private speech)의 도움을 받고 수 세기를 할 때 손가락을 이용한다. 생각할 때 혼잣말이나 손가락 등 외적 기호를 도움을 받기 때문에 외적 기호 사용 단계다.

• 내재화 언어 단계(ingrowth speech stage): 학령기에 접어들면서 아이들은 내적 말을 하기 시작하고 손가락 도움 없이 암산하기 시작한다. 외적으로 쓰던 기호를 속으로 내면화하여 쓰기 시작하기에 외적 기호의 내재화 단계다. 내적 언어를 쓰면서 개념 형성의 토대가 축적되는데, 복합체적 사고의 표현인 의사 개념과 잠재적 개념 단계를 거치면서 분석과 종합이 가능한 사고 훈련을 한다. 이로써 내적 말이 숙달된 청소년 시기부터 분석적 종합이 가능한 개념적 사고가 형성되기 시작한다. 이후 전 생애를 통해 개념적 사고는 지속적으로 성장해간다.

3) 일상적 개념과 과학적 개념의 결합

개념적 사고 형성은 Vygotsky 교육의 중심 문제로 인간의 지성화뿐만 아니라 심미적 정서와 윤리적 감성 형성의 핵심 계기로 간주된다. 지적 과정이 생략된 행동주의적 방식과 당위성에 입각한 도덕성 교육은 그 토대가 미약하고 지적 과정이 생략된 채 즉각적 느낌과 기술적 표현에 치중하는 예술 교육은 기능 숙달에 머무를 가능성이 크다. Vygotsky는 일상적 개념과 과학적 개념의 통일을 통해 개념적 사고가 발달한다고 강조했다(진보교육연구소, 2019).

• 일상적 개념과 과학적 개념

진개념이 형성되려면 일상적 개념과 과학적 개념이 결합되어야 한다. 일상적 개념은 아이가 스스로 일상생활에서 자연스럽게 습득해 가는 개념이며 과학적 개념은 학문과 이론 등에 의해 체계화된 개념이다. 전자가 나무, 의지, 꽃, 형제와 같이 어린이가 이미 잘 알고 일상생활에서 무의식적으로 자연스럽게 사용하는 자연 발생적 개념이라면 후자는 대수, 사회 구조, 판구조론의 원리와 같이 체계적 교수 학습을 통해 언어적 정의로부터 도입되는 비자연 발생적 개념이다. 과학적 개념들은 위계적 체계로 조직된다. 과학적 개념의 위계적 구조를 내면화하게 될 때 사고는 보다 체계화, 논리화되면서 새로운 차원으로 확장된다. 일상적 개념과 과학적 개념의 특성을 정리하면 다음의 표 3.18과 같다.

표 3.18 일상적 개념과 과학적 개념(진보교육연구소, 2019)

	일상적 개념	과학적 개념
발생	• 자연 발생적 (일상적 삶의 경험에서 형성)	• 비자연발생적 (과학적 지식 체계를 교수 학습하는 과정에서 형성) • 언어적 정의로부터의 시작
발달 노선	• 기초 정신 기능→고등 정신 기능 • 사물→개념 (즉각적으로 사물을 접하는 데서 시작) • 구체적 개념→의식적 파악, 의지	• 고등 정신 기능→기초 정신 기능 • 개념→사물 (대상에 대해 매개된 관계로부터 시작) • 의식적 파악, 의지→구체적 경험
구조의 특성	• 비의식적, 비의지적, 비체계성 • 대상을 향한 주의	• 의식적, 의지적, 체계성 • 생각의 작용을 향한 주의
내적 관계	• 과학적 개념 통해 상향 발전	• 일상적 개념 통해 하향 발전 • 일상적 개념 발달 수준에 의존
강점	• 풍부한 경험적 내용, 구체적 내용	• 추상적 조작, 논리적 체계화 • 개념의 고차적 특성 (의식적 파악, 의지)
약점	• 추상화, 탈맥락화 어려움 • 논리적 모순, 피하는 능력 결핍	• 구체성에 침투 어려움 • 빈곤한 경험적 내용
유추	• 모국어, 입말	• 외국어, 글말

일상적 개념으로 혼용되어 사용되던 '암석'과 '석회암'이 '암석-퇴적암-화학적 퇴적암-석회암'이라는 과학적 개념 체계로 재구성될 때 다양한 대상과 현상을 보다 체계적이고 논리적으로 이해할 수 있다. 또한 '저 돌은 어떻게 만들어진 돌이지?'라면서 그동안 일상생활에서

별다른 생각 없이 지나치던 대상을 보다 의식적으로 바라보게 된다. 이러한 과정을 통해 "과학적 개념은 의식적 고양의 문을 여는 것"(Vygotsky, 1986, p.427)이 완성된다.

4) 체계적 교수 학습과 개념적 사고의 발달

과학적 개념의 문제는 본질적으로 학습과 발달의 문제다(Vygotsky, 1986, p.427). 과학적 개념 형성은 학교 교육에서 학생과 교사의 체계적 협력을 통해서만 이루어지기 때문이다. 학교에 입학할 때 학생들은 학교 수업의 맥락 밖에서 획득한 일상 개념들을 이미 많이 알고 있다. 그러한 일상적 개념을 양적으로 누적한다고 개념 발달이 되는 것이 아니라 과학적 개념에 대한 체계적 학습의 도움을 받아 의미 구조의 체계를 획득할 때 가능하다. 따라서 체계적 교수 학습은 어린이의 개념 발달에 매우 중요하다.

일상생활에서 비의식적으로 사용하던 개념을 의식의 대상으로 삼게 되는 것은 그것을 과학적 개념으로 다룰 때인데 이는 언어적 정의, 곧 의미 체계의 도입에서 비롯된다. 일상생활에서 '돌'이라는 낱말을 수시로 사용하던 아이가 지구 과학 시간에 '암석'과 '광물'이라는 과학적 개념을 배워 '암석'과 '광물'이라는 개념과 비교해 돌이라는 낱말을 의식적으로 생각하고 사용하게 된다. 과학적 개념 획득은 어떤 추상적 개념을 새롭게 이해하는 것 자체로 그치지 않으며 자연스럽게 무의식적으로 사용하던 일상적 개념을 의식적으로 이해하게 한다.

학교에서 이루어지는 교사와의 체계적 협력을 통한 교수 학습을 통해 학생들은 과학적 방식의 생각을 하게 되고 개념적 사고를 발달시킨다. 교사는 수업을 통해 학생들을 인과적 생각으로 인도하고 인과적 주장과 설명에 익숙해진 학생들은 과학적 사고에서 체계와 논리를 이해하며 이러한 사고 방식을 일상적 삶에도 확장한다. 즉 체계적 교수 학습이 학생들의 개념적 사고 발달을 선도한다(진보교육연구소, 2019).

5) 일상적 개념과 과학적 개념의 결합과 근접 발달 영역

과학적 개념은 일상적 개념의 성숙을 토대로 하며 그 풍부한 경험을 과학적 개념에 흡수해 나가면서 발달한다. 따라서 과학적 개념이 일상적 개념 발달 수준을 고려하지 않고 주어질 경우 기계적 모방이나 피상적 언어 정의에 그치게 된다. 일상적 개념을 풍부하게 가진 학생에게 교사는 과학적 개념, 즉 서로 연결된 전체로서의 체계적 개념을 가르친다. 이러한 과정에서 일상적 개념과 과학적 개념의 두 발달이 통합되고 이것이 곧 근접 발달 영역의 형성이다. 학습자의 구체적 경험과 교사가 설명하는 추상적 단어의 연결, 이 과정에서 학습자는 특정 개념으로 일반화할 수 있는 생생한 현실, 구체적 사례를 알아야 하고 그 개념 옆에 같은 수준으로 놓일 수 있는 또 다른 개념을 습득하며 그 개념을 추상화한 상위 개념도 알게 된다. 일상적 개념은 과학적 개념을 통해 의식적 파악의 대상이 되며 추상적으로 상승하고, 과학적 개념은 일상적 개념과의 연결을 통해 구체적으로 상승한다. 즉 일상적 개념과 과학적 개념은 상호작용하면서 '추상에서 구체로', '구체에서 추상으로'의 나선형적 상승 과정을 이룬다(진보교육연구소, 2019).

3.6 지구과학 교육에의 적용

Vygotsky는 학습자의 인지 발달을 자극하는 것이 수업이 해야 할 일이라고 했다. 수업은 근접 발달 영역 내에서 생성되고 그 안에서 학습이 가능해지는 것이다. 따라서 수업은 근접 발달 영역에 맞는 상호 작용적 수행 보조다. 비고츠키는 수업을 일방적 성격의 교수가 아니라 교사의 교수와 학생의 학습이 상호 작용하는 의미로 보았다. 즉 수업은 능동적 공동 활동으로 교사와 학생 양쪽을 모두 포함한다. 수업은 발달을 이끌어가고 학습자가 체계적으로 추론하고 반성적으로 의식하는 강력한 힘이 된다.

1) 비계 설정(scaffolding)

Vygotsky는 개인과 환경의 상호작용이 학습의 성공에 도움이 된다고 가정했다. 개인이 학습 상황에 가져오는 경험은 학습 결과에 커다란 영향을 미칠 수 있다. 사회 환경을 통해 학습자가 기호나 상징과 같은 인지적 중재자를 습득하도록 돕기 위한 여러 가지 방법이 있다. 교수 스캐폴딩(instructional scaffolding)을 사용함으로써 학습자의 능력 이상의 과제를 통제하여 학습자가 집중해서 빠르게 과제를 해결하는 것을 도울 수 있다. 교수 스캐폴딩에는 도움 제공하기, 도구로 작용하기, 학습자의 범위 확대하기, 다른 경우라면 불가능했을 과제 성취를 가능하게 하기, 필요한 경우에만 선별적으로 사용하기 등이 있다.

어떤 학습 상황에서 교사는 초기에 주도하지만 그 후에는 교사와 학습자가 책임을 공유한다. 학습자의 실력이 향상됨에 따라 교수 스캐폴딩이 줄면서 학습자는 독립적으로 수행할 수 있게 된다. 학습이 근접 발달 영역 내에서 일어날 수 있도록 스캐폴딩을 사용하고 학습자의 능력이 향상됨에 따라 스캐폴딩을 조정하는 것이 중요하다.

스캐폴딩은 Vygotsky가 처음 언급한 것은 아니고 Wood, Bruner, Ross(1976)가 처음 사용했다. 스캐폴딩이 Vygotsky 이론의 근접 발달 영역과 잘 맞기 때문에 연결시키는 것이다. 스캐폴딩은 교수자가 학습자에게 정보를 제공하려는 경우, 학습자가 달성하고자 하는 과제에 집중할 수 있도록 교수자가 과제 일부분을 대신 끝내주고자 하는 경우에 사용하는 것이 적합하다. 교사는 근접 발달 영역을 만들고 학습자가 성공할 수 있도록 스캐폴딩을 제공한다. 학습 관련 스캐폴딩 기능을 요약하면 다음과 같다.

- 교사는 학습자의 현재 지식 및 기능과 새로운 과제의 요구 간에 다리를 제공하는 데 기여한다.
- 학습자 활동 맥락에서 교수와 도움을 제공하여 교사는 학습자의 문제 해결을 지지할 구조를 제공한다.
- 학습자가 처음에는 스스로 해결할 수 없는 문제로 시작하더라도 도움을 받아 참여하여 학습에서 능동적 역할을 하고 성공적 문제 해결에 이를 수 있다.
- 학습자를 효과적으로 돕는 것은 과제 책무성을 교사로부터 학습자로 옮기는 것을 포함한다.

2) 또래 협력(peer collaboration)

Vygotsky는 모든 영역에서 사회적 상호작용은 인지 발달에 영향을 주며 인지 발달은 성인과 학습자의 일대일 관계로 기술되었지만 과제는 또래와 함께 할 때 더욱 성공적이다. 학습자들은 또래와 함께 문제를 해결하면서 동료로서 해야 할 행동을 습득하고 높은 수준의 언어 사용과 인지 전략을 배우게 된다. 이러한 과정 속에서 학습자는 스스로 문제를 해결하는 데 필요한 도구들을 내면화한다. 또래 간 상호작용은 서로 다른 관점을 가지고 토론할 때 가장 유용하고 학습자는 이 과정 속에서 스스로 규제할 수 있는 정신 기능을 배운다. 또래 간 협동 학습을 통해 학습자는 함께 주제를 더 잘 이해하게 되고 서로의 관점을 고려해야 함을 학습한다. 특히, 현대 과학 활동에서 과학자들의 협력이 중요한 과학 활동의 본성인 점을 고려할 때 과학 교육에서 또래 협력의 중요성은 더욱 부각된다.

3) 도제(apprenticeship)

도제는 초보자가 전문가와 함께 작업 관련 활동을 하는 것으로 학교나 대행 기관과 같은 문화적 기관에서 일어나며 학습자의 인지 발달을 돕는다는 점에서 근접 발달 영역에 잘 부합된다. 능력 이상의 업무도 맡게 된다는 점에서 도제는 근접 발달 영역 내에서 작용하기도 한다. 초보자가 전문가와 함께 일하며 중요한 과정에 대한 이해를 공유하고 이를 자신의 현재 지식과 통합하게 된다. 도제는 교육의 여러 분야에서 활용된다. 교육 실습생과 지도 교사와의 상호 작용, 훈련생과 업무 선임자의 상호작용, 대학생 튜터와 고등학생 튜티의 상호작용 등은 모두 도제의 적용 사례다.

4) 학습을 위한 사회적 환경의 구성

교사와 학생 간, 학생과 학생 간 사회적 상호작용을 극대화하는 환경을 조성해야 한다. 이들 간의 사회적 대화가 학생들의 학습을 돕는다. 여기서 환경이란 학생들이 활동할 수 있는 물리적, 사회적 환경 두 가지 모두를 포함하고 있다. 수업 상황에서 교육적 대화가 많이 발생할 수 있도록 다양한 유형의 대그룹 활동, 소그룹 활동, 팀 활동 등을 제공할 필요가 있다. 이러한 활동들은 교사와 학생, 학생과 학생 간의 상호작용을 통해 상호 주체성과 개념의 내면화, 높은 인지 과정의 발달을 가능하게 한다.

학생의 근접 발달 영역에 상응하는 교사와 학생 간 또는 학생과 학생 간 상호작용이 교수 학습의 기본 원리이므로 학생들이 공동 참여를 통한 상호작용의 기회를 확대하고 학생과 교사의 교육적 대화 기회를 극대화하는 학습 환경을 설정함으로써 학생의 학습을 도울 수 있다.

생각해보기

1. 다음은 Piaget의 인지 발달 단계를 알아보는 검사에 있는 한 문항과 이에 대한 교사와 학생의 대화이다. (총 4점)

(문항)

크고 작은 두 개의 컵과 두 개의 물통이 있다. 큰 물통을 채우는데 작은 컵으로는 15컵의 물이, 큰 컵으로는 9컵의 물이 필요하다. 작은 물통을 채우는 데에는 작은 컵으로 10컵의 물이 필요하다. 이 작은 물통을 채우려면 큰 컵으로는 몇 컵의 물이 필요하겠는가? 그 이유는 무엇인가?

(대화)

학생: 작은 컵과 큰 컵의 비는 항상 5 : 3이므로, 작은 물통을 채우려면 큰 컵으로는 6컵이 필요한데요.

교사: 관계식으로 나타낼 수 있겠니?

학생: 관계식은 15 : 9 = 10 : x이므로, 6컵이 필요합니다.

(1) 이 문항은 학생의 어떤 사고 능력을 평가하기 위한 것인가? (1점)

____

(2) 교사와 학생의 대화에서 볼 때, 이 사고 능력에서 학생은 피아제의 인지 발달 관계 중 어떤 단계인지 쓰시오. 그리고 그 판단 근거를 2가지만 제시하시오. (3점)

- 학생의 사고 단계(1점) : ______________________________
____
- 판단 근거(2점) : ① ______________________________
② ______________________________

2. 다음은 여러 가지 유형의 학습이다.

(가) 수성과 금성을 지구형 행성, 목성과 토성을 목성형 행성으로 알고 있는 학생이 해왕성도 목성형 행성으로 분류하는 학습을 한다.

(나) ㉠ 행성으로 분류하던 명왕성을 2006년 국제 천문 연맹에서 행성에 대한 분류 기준을 개정한 후 왜소 행성으로 분류함을 학습하게 한다.

(다) 프톨레마이오스의 우주관만을 가진 학생에게 '연주 시차'를 학습하게 한다.

이에 대한 설명으로 옳은 것만을 〈보기〉에서 있는 대로 고른 것은?

〈보 기〉

ㄱ. (가)에서는 새로운 학습 내용에 의해 기존 선행 개념의 준거 속성이 확장되거나 수정되지 않는다.

ㄴ. ㉠은 과학 지식이 과학자 사회에서 합의에 의해 수정될 수 있음을 보여준 사례이다.

ㄷ. (다)에서 이 학생이 처하게 될 상황은 Pines와 West의 포도덩굴 모형의 네 가지 상황 중 '조화 상황'에 해당한다.

① ㄱ　② ㄷ　③ ㄱ, ㄴ
④ ㄴ, ㄷ　⑤ ㄱ, ㄴ, ㄷ

3. 다음은 해수순환에 대한 개념도를 나타낸 것이다.

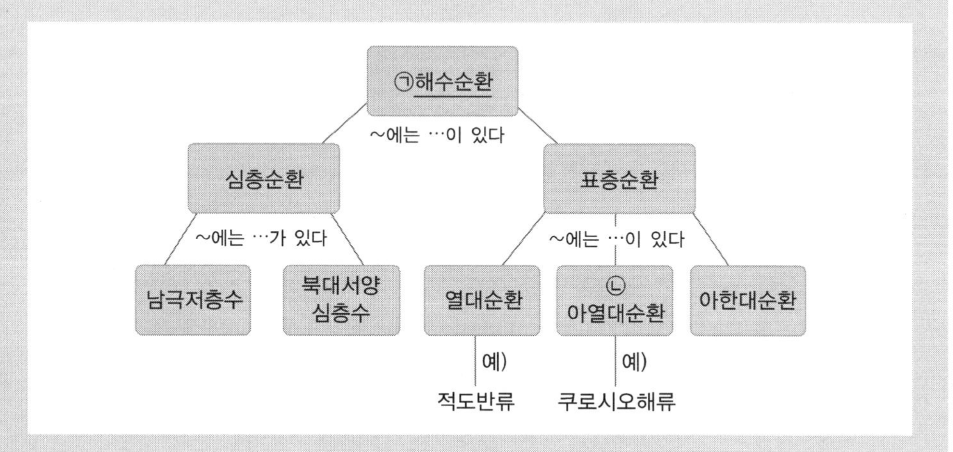

이에 대한 설명으로 옳은 것을 〈보기〉에서 모두 고른 것은?

〈보 기〉

ㄱ. Novak에 의하면, 이 개념도에서 나타난 위계(hierarchy)는 4단계이다.

ㄴ. '표층순환'에서 아래 방향으로 학습하는 과정에는 전진적 분화(progressive differention)의 원리가 적용된다.

ㄷ. ㉡ 개념은 ㉠ 개념의 설명선행조직자(expository advance organizer)가 된다.

① ㄱ　② ㄴ　③ ㄱ, ㄴ
④ ㄱ, ㄷ　⑤ ㄴ, ㄷ

4. 교사는 2015 개정 과학과 교육과정에 따른 지구과학I 과목 '광상의 형성과 종류'에 대한 수업을 진행한 후 학생에게 개념도를 작성하게 하였다. 〈자료〉는 학생이 작성한 [개념도]와 교사가 작성한 [평가표]이다. 이에 대해 〈작성 방법〉에 따라 서술하시오.[4점]

〈자 료〉

[개념도]

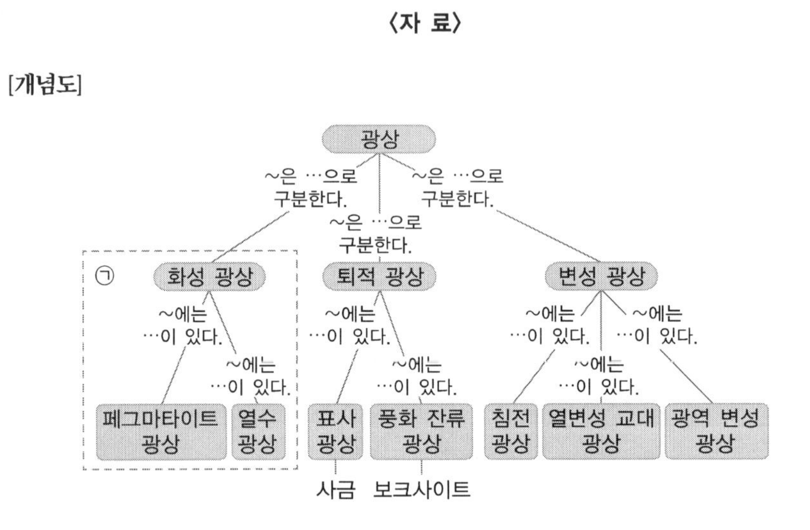

[평가표]

평가 항목	평가 준거
(㉡)	㉢ 두 개념 사이의 의미 관계를 연결선과 연결어로 타당하게 나타내었는가?
위계	개념들의 위계적 배열이 타당한가?
교차 연결	개념도의 한 부분에 있는 개념을 다른 부분에 있는 개념을 다른 부분에 있는 개념과 의미가 있고 타당하게 연결하였는가?
예	개념의 특수한 사건이나 사물의 예가 타당한가?

〈작성 방법〉

- 학생이 '정마그마 광상' 개념을 추가적으로 학습하여 ㉠ 부분에 추가할 경우, Ausubel이 제시한 유의미 학습의 유형 중 어떤 포섭이 일어나는지 쓰고, 그 근거를 서술 할 것.
- Novak과 Gowin이 제시한 채점 방법에 근거하여 평가 항목 ㉡에 해당하는 용어를 쓰고, 밑줄 친 ㉢에 따라 [개념도]에서 개념 간의 연결이 타당하지 않은 1가지를 찾아 적절히 연결되도록 문장으로 서술할 것.

5. 다음은 '지각 변동과 판구조론'을 지도하기 위해 작성한 단원 설계이다. 학생의 개념도는 단원 정리 단계에서 작성한 것이다.

[단원 도입]

학생들에게 학습할 개념을 제시하고, 각 개념에 대해 아는 내용을 적게 한다.

〈학습할 개념〉 판, 맨틀, 지각, 핵, 변환단층, 해구, 해령 등

[단원 전개]

위 개념을 포함하여 지구 내부 구조, 판의 경계와 지형, 대륙 이동설에서 판구조론의 정립 과정을 차례대로 수업한다.

[단원 정리]

이 단원에서 학습한 개념을 이용하여 개념도를 작성하고, [단원 도입]에서 적었던 자신의 생각과 비교하게 한다.

<학생이 작성한 개념도>

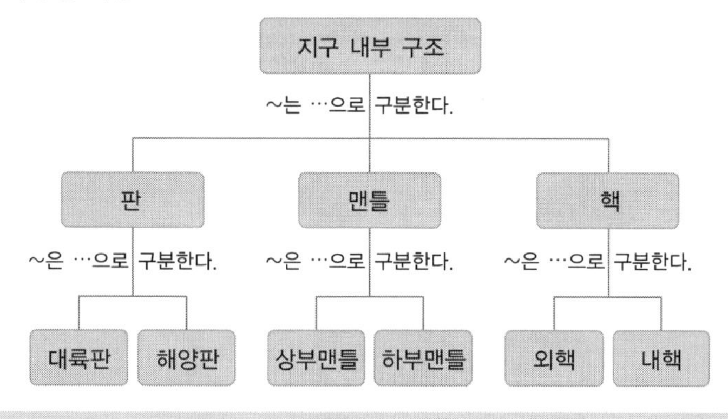

이 단원 설계와 개념도에 대한 설명으로 옳은 것만을 〈보기〉에서 모두 고른 것은?

〈보 기〉

ㄱ. [단원 도입]에서의 활동은 학습할 내용과 관련된 학생의 사전 지식을 이끌어내고 사고를 활성화하는데 사용된다.

ㄴ. [단원 정리]에서의 활동은 학생들의 초인지(metacognition)를 촉진할 수 있다.

ㄷ. 개념도에서 '판'과 '상부맨틀'은 '~은 …의 일부를 포함한다'로 교차 연결(cross link)하는 것이 적절하다.

① ㄱ ② ㄷ ③ ㄱ, ㄴ
④ ㄴ, ㄷ ⑤ ㄱ, ㄴ, ㄷ

6. 〈자료 1〉은 탐구 목표가 '수온에 따른 해수의 층상구조가 나타나는 까닭을 설명할 수 있다.'인 활동을 수행한 후 학생이 작성한 V도이며, 〈자료 2〉는 이에 대해 예비 교사가 학생에게 제공하는 피드백 내용이다. 고윈(D. Gowin)의 V도 작성 방법을 바탕으로 〈자료 2〉에서 타당하지 않은 [피드백 내용]에 해당하는 [V도 항목]을 2가지 쓰고, 그 이유를 〈자료 1〉과 관련지어 각각 서술하시오. [4점]

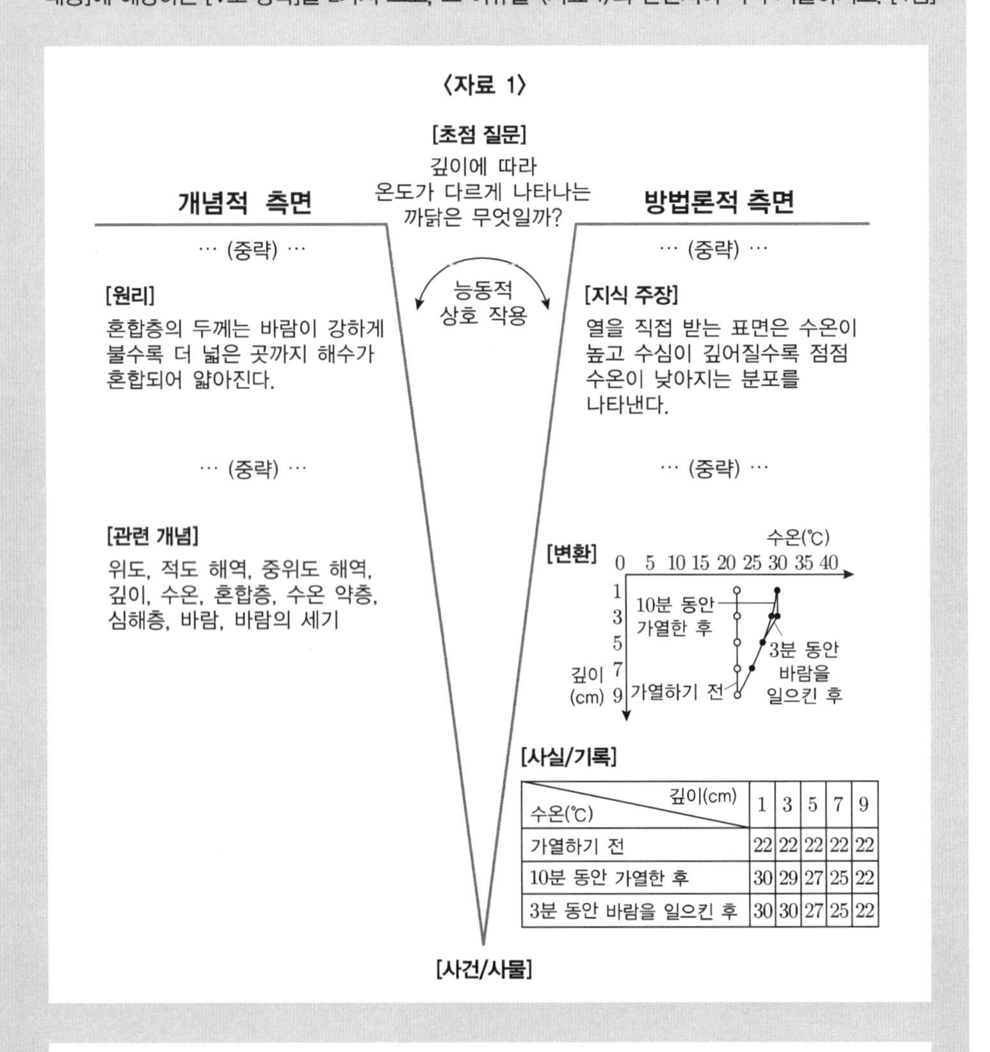

수온(℃) \ 깊이(cm)	1	3	5	7	9
가열하기 전	22	22	22	22	22
10분 동안 가열한 후	30	29	27	25	22
3분 동안 바람을 일으킨 후	30	30	27	25	22

- 수조에 해수를 $\frac{3}{4}$정도 넣고, 온도계 5개를 물에 잠기는 깊이가 각각 1cm, 3cm, 5cm, 7cm, 9cm가 되도록 설치한다.

- 각 온도계의 눈금을 읽어 가열하기 전 수온을 기록한다.
- 수면 위에 적외선 가열 장치를 설치하여 10분 동안 수면을 가열한 후, 각 온도계의 눈금을 읽어 기록한다.
- 적외선 가열 장치를 켠 상태에서 3분 동안 선풍기로 수면 위에 바람을 일으킨 후, 각 온도계의 눈금을 읽어 기록한다.

〈자료 2〉

V도 항목	피드백 내용
초점 질문	핵심적인 탐구 대상을 포함하여 옳게 작성하였다.
사건/사물	[초점질문]에 대한 답을 찾기 위해 탐구 절차를 체계적으로 작성하였다.
관련 개념	탐구의 핵심 개념 중 하나인 '태양 복사 에너지'를 포함하지 않았다.
원리	'혼합층의 두께'에 대한 내용을 과학적으로 옳게 작성하였다.
사실/기록	… (생략) …
변환	[초점 질문]에 대한 적절한 답을 하기 위해 측정한 수온의 값을 그래프로 나타내었다.
지식 주장	… (생략) …

7. 〈자료 1〉은 2015 개정 과학과 교육과정의 중학교 '지각의 변화' 단원의 실험이며, 〈자료 2〉는 Novak과 Gowin이 고안한 V도(Vee diagram)의 구성과 이를 고안하는 데 바탕이 된 5가지 순차적 질문이다. 이에 대해 〈작성방법〉에 따라 서술하시오.[4점]

〈자료 1〉

[목표] <생략>

[과정]

1. 한 개의 눈금실린더에는 50g의 증류수를, 나머지 두 개의 눈금실린더에는 50g의 묽은 염산을 각각 넣는다.
2. 세 개의 전자저울에 비커를 각각 한 개씩 올리고 영점 조정을 한 후, 비커 A와 B에는 석회암 조각 10g을, 비커 C에는 석회암 가루 10g을 넣는다.
3. 비커 A에는 증류수 50g을, 비커 B와 C에는 묽은 염산 50g을 넣고 5분 후에 질량을 측정하여 기록한다.

구분	반응 전의 질량(g)	5분 후의 질량(g)	변화된 질량(g)
비커 A	60		
비커 B	60		
비커 C	60		

[정리]

- 비커 A, B, C를 비교하여 어느 비커에서 질량 변화가 큰지 말해보자.
- 실험 결과를 바탕으로 실제 자연에서는 어떤 조건에서 풍화가 잘 일어날지 설명해보자.

〈자료 2〉

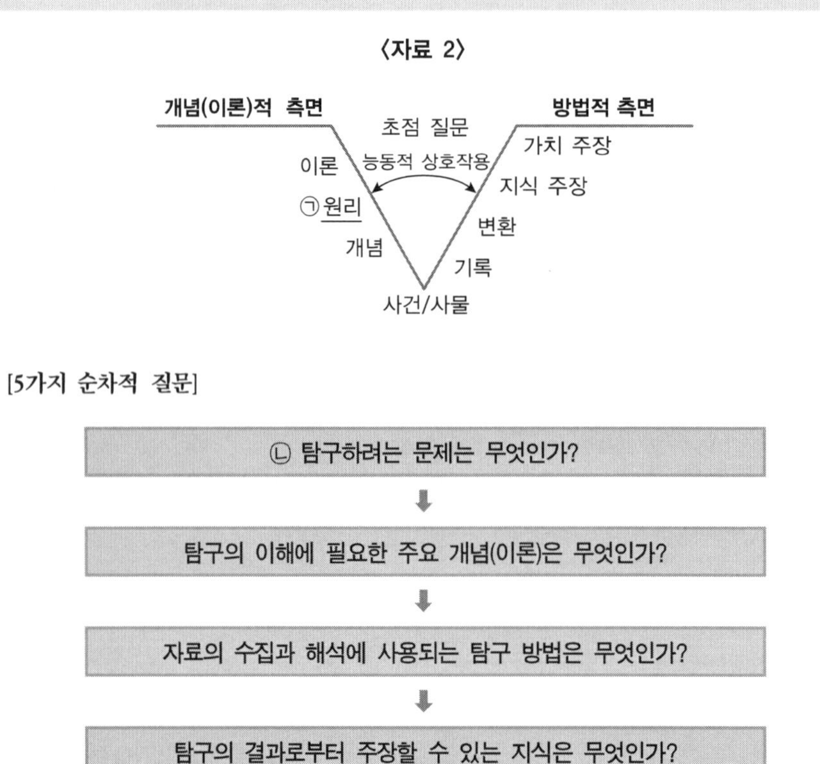

[5가지 순차적 질문]

㉡ 탐구하려는 문제는 무엇인가?

⬇

탐구의 이해에 필요한 주요 개념(이론)은 무엇인가?

⬇

자료의 수집과 해석에 사용되는 탐구 방법은 무엇인가?

⬇

탐구의 결과로부터 주장할 수 있는 지식은 무엇인가?

⬇

(㉢)

〈작성 방법〉

- <자료 1>의 실험에서 <자료 2>의 밑줄 친 ㉠에 해당되는 내용을 서술할 것.
- 밑줄 친 ㉡에 해당되는 V도의 구성 요소를 쓰고, <자료 1>의 실험에서 이 구성 요소에 해당되는 내용을 서술할 것.
- V도의 구성 요소와 연관지어 괄호안의 ㉢에 들어갈 질문을 제시할 것.

8. 다음은 학생들이 온실 효과 개념에 대한 교사의 대화다.(2012학년도 임용시험 문항 변형)

교사 A: 이산화탄소에 의한 온실효과를 설명할 때, 비닐하우스를 비유로 사용하잖아요. 그래서인지 ㉠ 온실효과가 이산화탄소에 의해서만 일어난다고 알고 있는 학생이 있더군요.

교사 B: 맞아요. 그런 학생은 지구 대기의 이산화탄소가 비닐처럼 얇은 층을 이루고 있다고 생각하죠.

교사 A: 그 뿐만이 아니어요. 이 학생은 비닐하우스 내부가 따뜻한 것도 비닐하우스의 비닐이 이산화탄소와 같이 열을 흡수하기 때문이라고 설명하죠. 그리고 성층권의 오존층도 비닐하우스의 비닐처럼 얇은 층을 이루고 있고, 오존홀을 비닐하우스에 구멍이 난 걸로 생각해요.

교사 B: 그러면 그 학생은 오존홀과 온실 효과의 관계를 어떻게 설명하죠?

교사 A: 이 학생은 오존홀이 생기면 오존층을 통과하는 자외선의 양이 증가하고, ㉡ 이 자외선은 대기 중의 이산화탄소에 의해 직접 흡수되어 온실효과가 일어난다고 얘기하더군요

이에 대한 설명으로 옳은 것을 〈보기〉에서 모두 고르시오.

ㄱ. ㉠의 오개념 해소를 위해 온실기체들의 온실효과 기여도에 관한 자료를 제공하는 것은 적절하다.

ㄴ. ㉡과 같이 생각하는 학생은 지구 대기의 파장별 선택 흡수를 바르게 이해하고 있다.

ㄷ. 교사의 대화를 볼 때, 오존홀에 대한 학생의 개념이 일상생활에서 경험의 영향을 받아 과학 개념과 다른 개념을 지닐 수 있음을 보여준다.

ㄹ. 온실 효과라는 과학 용어도 일상에서 쉽게 볼 수 있는 온실이라는 장소를 활용한 비유적 표현으로 온실 효과에 대한 학생들의 오개념 형성에 영향을 준다.

9. 학생들이 가지고 있는 지구과학 오개념과 관련된 지구과학 내용의 특성에 해당하는 번호를 쓰시오. 학생들의 오개념과 관련된 지구과학 내용이 여러 개일 경우 해당 번호를 모두 쓰시고.

학생들의 오개념	지구과학 내용 특성
- 지형, 토양, 암석 등은 끊임없이 변화하지만 학생들은 일상에서 그 변화를 인지하기 어렵다. (　　　　) - 대륙 지각의 두께는 매우 얇아 5m 정도 된다. (　　　　) - 석유는 수백만 년 전에만 형성되었고 현재는 형성되지 않는다. (　　　　) - 인간과 공룡이 같이 살았다. (　　　　) - 대륙판은 최근 100년 동안 움직이지 않았다. (　　　　) - 산의 크기는 작아질 수 있지만 바람과 물로 작아질 수는 없다. (　　　　) - 토양은 갈색이고 크기도 비슷하다. (　　　　)	① 시간적 광범위성 ② 공간적 광범위성 ③ 시스템 상호작용 ④ 야외 기반

10. 다음은 월식 현상을 설명하기 위해 학생이 작성한 그림을 보면서 교사와 학생이 나눈 대화 일부다. (2009학년도 임용시험 문항 변형)

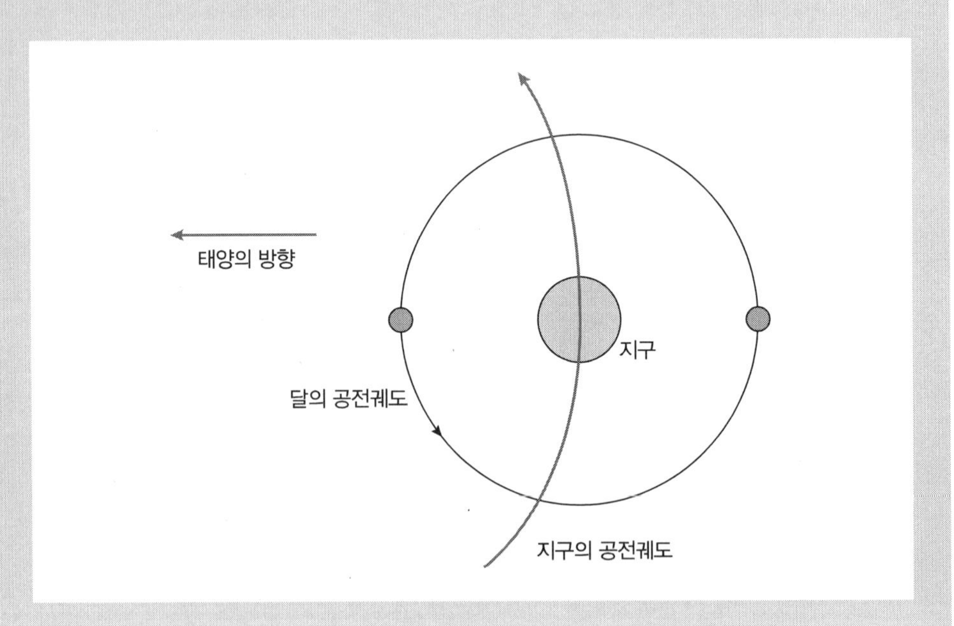

학생: 달이 B 위치에 올 때마다 항상 월식이 나타나요.

교사: 왜 그렇다고 생각해요?

학생: 그건 지구 그림자에 의해 달이 가려지기 때문이에요.

교사: 그러면 달이 A 위치에 올 때마다 매번 일식이 나타나겠네요?
학생: 그럴 것 같아요

교사: 나는 너와 생각이 조금 다른데, 좀 더 이야기해 볼까요.

(가) 교사의 설명

학생: (나) 아! 그렇군요. 그래서 월식은 매달 나타날 수 없군요.

위의 대화를 Vygotsky의 이론으로 설명할 경우 옳은 것을 〈보기〉에서 모두 고르시오.

ㄱ. (가)에서 교사의 설명은 학생의 근접 달달 영역 안에서 이루어졌다.

ㄴ (나)에서 학생이 잠재적 발달 수준에 도달한 것은 자기 스스로 과학적 사실을 발견하고 이해했기 때문이다.

ㄷ. 이 학생이 교사와의 대화를 통해 이해한 것과 같이, 학습자는 언어를 통한 사고와 반성을 지식을 구성한다.

ㄹ. 교사의 설명 전 학생의 생각은 기초 정신 기능에 머물러 있다.

CHAPTER 04

지구과학 교수-학습 모형

1 지구과학 탐구 학습 모형

1.1 발견 학습 모형

1) 모형의 개요 및 이론적 배경

과학의 지식 생성은 일반적으로 관찰, 측정, 분류 등 과학 탐구 과정을 통해 자료를 수집하고 이를 분석하여 내재된 특성, 규칙성 또는 경향성을 발견하면서 시작된다. 이러한 과학적 탐구 과정을 통해 과학 개념이나 원리가 귀납적으로 도출되는 것이다.

발견 학습 모형은 학생 스스로 지구와 우주에 대한 사건과 현상 등 구체적인 사례의 탐구를 통해 특징과 규칙성을 찾아내고 일반적인 과학 개념이나 원리를 이끌어 내는 경우에 적합하다. 즉 학생 주도적으로 귀납적인 과학 활동을 통해 과학의 지식을 생성하는 귀납적인 과학 활동을 토대로 개발된 모형이다.

이 모형은 지구와 우주에 대한 구체적인 사례에서 규칙성을 발견하여 개념을 형성하고 일반화하는 것이 목적이다. 적합한 학습 주제는 과학 개념이나 원리를 귀납적으로 이끌어 낼 수 있는 경우가 효과적이다. 학습하는 개념이나 주제의 수준에 따라 초중고 학교급의 모든 학생들에게 적용할 수 있지만, 자료 탐구나 분석을 통해 자료 속에 내재된 논리적 특성, 규칙성이나 경향성을 파악할 수 있는 구체적 조작기 이상의 학습자에게 효과적이다. 특히 지구과학 영역에서는 학습자가 직간접적으로 경험할 수 있고 자료를 직접 수집하거나 충분한 자료를 제공받을 수 있는 경우에 유용하다.

이 모형에서는 학습자 스스로 자료 분석을 통해 과학 개념이나 원리를 귀납적으로 도출하기 때문에 일반적으로 귀납법이 가진 한계점을 포함하고 있다. 또한 학습자의 수준에서 탐구하는 사례의 자료 탐구나 분석을 통해 내재된 특성과 규칙성을 발견할 수 있어야 하므로 교사는 모형의 단계를 적용하여 계획 수립 및 적절한 자료 준비가 중요하다.

2) 모형의 절차 및 방법

발견 학습 모형은 '1) 탐색 및 문제 파악 → 2) 자료 제시 및 관찰 탐색 → 3) 추가 자료 제시 및 관찰 탐색 → 4) 규칙성 발견 및 개념 정리 → 5) 적용 및 응용'이라는 요소와 5단계로 구성된다.

(1) 탐색 및 문제 파악

이 단계에서는 학습 목표와 관련된 자료를 제시하여 학생들이 탐색하도록 한다. 제시되는 자료의 종류는 실제 사물, 사진, 동영상, 그래프 등 다양한 형태를 포함할 수 있다. 교사는 학생 스스로 학습 문제를 파악하도록 안내하고 도와준다. 또한 제시된 자료는 자료의 특징과 학생들의 흥미 및 관심을 고려하여 다양한 방법(예: 적절한 질문, 협의, 발표 등)을 통해 제시할 수 있고 학생 스스로 탐색하고 문제를 파악할 수 있도록 학습 분위기를 적극적으로 조성한다.

(2) 자료 제시 및 탐색

이 단계에서 학생들은 자기 주도적으로 교사가 제시한 자료에 대해 관찰, 예상, 추리, 분류 등 과학 탐구 기능을 적용하여 자유로운 탐색 활동을 수행한다. 교사는 개념과 원리의 특성에 따라 실생활과 연계되고 학생들에게도 친숙한 자료를 제공하고 다양한 탐구 기능을 발달시키는 기회를 제공한다. 또한 학생들이 관찰 결과를 정리하고 발표할 수 있도록 계획하고, 학생들의 관찰 결과가 교사가 계획했던 학습 내용과 다르더라도 이를 수용하여 다음 단계에서 더 체계적으로 학습할 수 있도록 개방적이고 수용적인 자세가 필요하다.

(3) 추가 자료 제시 및 관찰 탐색

이 단계에서는 바로 전 단계에서 미비하거나 부족했던 학생들의 학습 내용을 보완하고, 학생 스스로 규칙성을 발견하여 과학 개념이나 원리를 귀납적으로 이해하게 한다. 교사는 전 단계에서 학생들의 발표를 통해 인지한 어려움, 부정확함 등을 해소할 수 있는 자료를 제시하여 관찰 탐색하여 과학 개념을 명료화 또는 일반화하는 데 초점을 둔다. 교사는 학생들의 수준이나 학습 정도를 토대로 추가적인 자료의 제시 방법이나 유형을 변경할 수 있다. 예를 들어, 전 단계에서 제시했던 자료보다 더 구체적인 자료를 제시하여 의도한 개념 학습을 달성한다. 또한 상충되는 자료를 제시하여 이전 관찰 결과와 공통점이나 차이점을 발견하도록 유도할 수 있다. 교사는 단순한 지식 전달이 아니라 다양한 교수-학습적 방법(예: 질문법)을 통해 학생들 스스로 추가적인 탐구를 유도하고 의도한 개념을 학습할 수 있도록 적절한 자료를 제시하는 것이 중요하다.

(4) 규칙성 발견 및 개념 정리

이 단계에서는 전 단계에서 알게된 관찰된 사실로부터 그들 사이의 규칙성, 경향성, 관계나 까닭을 설명하고 과학 용어를 사용하여 정리하는 데 초점을 두고 있다. 관찰된 내용으로부터 과학 개념을 형성하는 단계이지만 학생들이 정확한 개념을 발견하거나 정리하기 어려운 경우가 있다. 이때 교사는 학생들의 명료한 개념 형성을 위해 다양한 교수-학습 방법(예: 질문, 토의, 피드백 제공 등)을 적용하여 학생들이 수용할 수 있는 표현으로 정리해 줄 수 있다. 필요한 경우 새로운 자료를 제시하여 의도한 개념 형성을 달성할 수 있다.

(5) 적용 및 응용

이 단계는 학생들이 전 단계에서 학습한 개념을 확장하거나, 발견한 규칙성, 경향성, 관계성에 대해 새로운 맥락이나 환경에 적용하는 데 초점을 둔다. 교사는 학생들이 형성한 개념의 적용 범위를 확장시키고 학습한 개념이나 원리를 새로운 상황이나 사례에 응용하여 설명할 수 있도록 유도하는 것이다.

3) 적용 예시 및 유의점

다음의 적용 예시는 '지구 시스템의 구성과 상호작용'을 가르치기 위해 발견 학습 모형을 적용한 수업 계획이다[출처: 2019학년도 임용시험(지구과학), 제1차 시험(전공 A)]. 이 예시에서 단계별 핵심적인 교수 내용과 이에 따른 적용상의 유의점을 고려하는 것이 중요하다.

단계	교수 내용	적용상의 유의점
탐색 및 문제 파악	• 학습 목표와 관련된 지권, 수권, 기권, 생물권, 외권 등 지구 시스템의 구성에 관한 사진 자료를 제시하고, 그 구성 요소가 생명체가 살아가는 데 어떤 역할을 하는지를 질문한다. • 이에 대한 여러 가지 경험을 발표하게 하고, 그 내용과 관련시켜 이 수업의 학습 주제로 유도한다.	• 학습 목표와 관련된 다양한 학습 지료를 제시하여 학생 스스로 학습 주제를 탐색하도록 한다. • 학습 주제(문제)를 파악하기 위한 자료는 주제의 특징을 토대로 다양한 방법으로 제시한다. • 학습에 대한 흥미를 유발하고 적극적인 학습 분위기를 조성한다.
자료 제시 및 탐색	• 해식 동굴, 버섯 바위, 유성 등 자료를 통해 각 권 사이의 상호작용을 탐색하게 한다. • 탐색 결과를 정리할 수 있는 시간을 제공하고, 결과를 발표하게 한다.	• 다양한 자료의 제시를 통해 자유로운 탐색 활동을 유도한다. • 관찰, 분류, 추리 등 탐구 기능을 적용하여 적극적인 탐구 활동 및 정리의 기회를 제공한다. • 결과를 발표하게 하고, 발표 내용이 교사가 의도한 학습 결과와 다르더라도 수용하는 개방적인 자세가 필요하다.
추가 자료 제시 및 탐색	• 화산 활동, 태풍 등 추가 자료를 제시하고, 질문을 통해 이전 자료의 관찰 결과와 비교하여 공통점 또는 차이점을 탐색할 수 있도록 한다.	• 이전 자료보다 구체적인 자료를 제시하여 목표 개념을 명료화하거나 학생들이 규칙성을 발견하여 과학 개념(원리)을 귀납적으로 형성하는데 초점을 둔다. • 추가 탐색 활동에서는 이전 단계의 결과와의 공통점이나 차이점을 부각할 필요가 있다. • 학생들이 정확한 과학 개념을 형성하는 데 기여할 수 있는 보충적인 자료를 준비할 수 있다.
규칙성 발견 및 개념 정리	• 활동을 통해 발견한 지구 시스템의 구성 요소 간 상호작용에 대해 기술하고 발표하게 한다. • 발표한 결과를 비교하여 일반화를 유도하고 개념을 정리하게 한다.	• 탐구 결과로부터 규칙성, 경향성이나 유형을 발견하고 기술하게 한다. 이처럼 기술된 내용이 과학 개념이다. • 교사는 학생들이 정확한 개념을 형성하고 일반화할 수 있도록 질문이나 토의를 통하여 학생들이 수용할 수 있는 표현으로 정리할 수 있다. • 학생들이 규칙성을 발견하지 못하거나 개념 형성이 미흡할 경우 이에 대한 교사의 피드백을 제공하거나 새로운 자료 제시를 할 수 있다.

적용 및 응용	• 황사는 지구 시스템의 어느 권들 사이의 상호작용으로 발생하는지 작성하게 한다. • 황사로 인한 환경, 산업, 보건 등 여러 분야의 피해를 조사하고, 그러한 피해를 줄일 수 있는 대응책을 토론하여 정리하게 한다.	• 학생들이 발견한 규칙성, 경향성 등을 확장하거나 응용하는 활동을 통하여 학습한 개념(원리)의 인지적 정착을 유도하는 단계이다. • 학습한 개념을 새로운 상황이나 환경에 적용함으로써 개념의 활용 범위를 넓히고 개념 학습을 인지적으로 정착할 수 있는 기회를 제공한다.

1.2 가설 검증 탐구 학습 모형

1) 모형의 개요 및 이론적 배경

이 모형은 학생들에게 과학자가 과학 활동을 하는 과정에 대해 이해하고 학습할 수 있도록 고안된 것이다. 다양한 과학적 탐구 방법 중 가설을 설정하고 실험을 수행하여 가설을 검증하는 데 초점을 두고 있다. 이 모형은 기초 탐구 기능을 포함하여 가설 설정, 변인 통제, 일반화 같은 통합 탐구 기능까지 학습할 수 있다.

과학자들은 자연 현상을 설명하거나 관련된 지식을 생성하기 위해 노력해왔다. 이러한 노력으로 밝혀진 과학적 개념, 원리, 이론 등은 과학적으로 검증되고 체계적인 과정을 통해 도출된 것이지만 이들은 잠정적으로 참일 뿐이다. 기존의 지식으로는 설명이 부족하거나 설명하기 힘든 새로운 현상이 나타나거나 예상될 때에는 새로운 설명 체계가 필요하다. 과학자들은 이러한 설명 체계를 정립하고 완성하기 위해 가설을 설정하고 검증한다. 가설은 어떤 현상의 원인에 대하여 타당한 설명을 찾아 그 까닭을 설명하는 잠정적인 답 또는 해결책이다.

이 모형은 과학자의 실제 어떤 현상에 대해 연구하는 과정을 수업 모형으로 개발한 것이다. 이 모형을 적용하는 수업에서는 과학적 가설을 다루고 있고 가설 설정, 일반화 등과 같은 고차원적인 사고 능력을 요구하기 때문에 형식적 조작 단계의 학생들에게 적합하다. 이 모형은 학습 목표가 자연 현상에 대한 문제를 가설 검증 방법으로 해결하는 경우에 적합하다. 이 모형을 통해 학생들은 과학자가 연구하는 과정을 이해하고 경험함으로써 과학 탐구 기능(예: 가설 설정, 변인 통제 등)은 물론이고 과학적 방법을 통한 지식 생성 방법까지 학습할 수 있다.

2) 모형의 절차 및 방법

가설 검증 탐구 학습 모형은 일반적으로 '1) 탐색 및 문제 파악 → 2) 가설 설정 → 3) 실험 설계 → 4) 실험 → 5) 가설 검증 6) 적용 및 새로운 문제 발견'의 요소와 6단계로 구성된다.

(1) 탐색 및 문제 파악

이 단계는 학생들이 주어진 자료를 탐색하고 탐구할 문제를 파악하는 단계이다. 자연 현상이나 탐구 대상에 대한 의문점을 해결하려면 그 문제를 발견하고 정확하게 파악하는 것이 중요하다. 이 단계에서 다루는 문제의 수준과 방향은 학생들의 자료에 대한 지식 수준이나 문제를 파악하는 정도에 따라 달라 질 수 있다. 필요에 따라 교사는 다양한 방법(예: 질문, 시범 실험 등)을 통해 학생들이 문제를 정확하게 인식하도록 유도할 수 있다. 그러므로 교사는 학생들의 사전 지식을 정확하게 파악하여 학생 스스로 제시된 자료를 통해 자연스럽게 문제 상황을 발견하고 의문을 제기할 수 있도록 해야 한다.

(2) 가설 설정

이 단계는 파악된 문제 상황에 대한 잠정적인 해답을 검증 가능한 일반적인 진술로 제시하는 데 초점을 둔다. 교사는 학생들이 문제를 해결할 수 있는 방안에 대해 모둠별로 토의하거나 타당한 과정을 거쳐 가설을 찾도록 기회를 제공해야 한다. 또한 교사는 학생들이 가설과 관련된 배경 가정을 명확하게 인식하도록 해야 하고 설정된 가설이 과학적으로 검증이 가능하지 판단할 수 있어야 한다. 학생들의 수준에 따라 변인을 명확하게 잘 파악하지 못하게 되면 전체적인 탐구 과정에서 어려움을 겪을 수 있기 때문에 교사의 적절한 안내가 필요하다.

(3) 실험 설계

이 단계는 설정된 가설을 검증하기 위한 실험 과정을 구체적으로 설계하는 데 초점을 둔다. 가설 검정 과정에 관련된 변인(예: 독립, 종속 변인)들을 구별하고 그 변인들을 어떻게 조작하고 통제하는 방법에 대해 고려한다. 또한 실험에 사용하는 기구의 적절성을 판단하고 실험 절차에 대한 논리성을 모둠별로 충분하게 토의를 통해 결정한다. 교사는 학생들이 실험 설계부터 실험 과정이 탐구적으로 수행되도록 안내한다. 또한 학생들의 능력을 최대한 발휘하여 창의적인 실험 설계와 타당하고 공정한 검증을 할 수 있도록 유도한다.

(4) 실험

이 단계에서는 전 단계에서 설계한 실험 절차에 따라 변인을 통제하여 직접 실험을 수행한다. 기초 탐구 기능과 통합 탐구 기능을 적용하여 가설을 검증할 수 있는 정확한 실험 자료를 수집하는 단계이다. 교사는 학생들이 변인 통제를 철저히 하고 과학적인 실험 과정을 통해 유의미한 자료를 수집할 수 있도록 안내한다.

(5) 가설 검증

이 단계에서는 전 단계에서 수집한 자료를 분석하고 해석하여 설정한 가설의 수용 여부를 결정한다. 이 단계에서는 기본적으로 자료 분석과 해석에 관련된 능력이 필요하며 다양한 사고력(예: 논리적 사고, 비판적 사고 등)이 요구된다. 이를 바탕으로 가설의 옳고 그름을 판단하고 가설의 수용 여부를 결정한다. 교사는 학생들이 자료를 해석하는 과정에서 논리적 체계를 갖추도록 유도해야 한다. 예를 들어, 관련 변인에 초점을 두고 그래프를 작성하거나, 자료의 특성을 기호나 공식 등 논리적으로 표현하도록 안내한다. 이처럼 자료 해석을 통해 얻은 실험 결과가 가설에 맞으면 가설은 수용되지만, 부합되지 않을 경우에는 가설을 수정하거나 새로운 가설을 설정하여 실험 설계 단계에서부터 다시 검증할 수 있다.

(6) 적용 및 새로운 문제의 발견

이 단계는 가설 검증 과정을 통해 알게 된 개념, 원리, 법칙 등을 실제 상황에 적용하거나 새로운 상황을 예상하는 데 초점을 둔다. 학생은 알게 된 지식에 대한 이해를 바탕으로 새로운 상황이나 맥락에 그 지식이 적용되는 원리를 설명할 수 있어야 한다. 교사는 학생들이 실험을 통해 검증한 지식의 유용성을 확인시켜주고 이를 바탕으로 새로운 문제점을 발견할 수 있는 기회를 제공한다. 이러한 문제점은 새로운 가설을 설정할 수 있는 조건을 제시할 수 있고 이미 수행한 실험에 대해 부족한 점이나 오류를 발견할 수 있다. 이런 경우 같은 방법으로 새로운 검증을 시도할 수 있다.

3) 적용 예시 및 유의점

다음의 적용 예시는 '지구의 공전과 계절 변화'에 대해 탐구하기 위해 가설 검증 탐구 학습 모형을 적용한 수업 계획이다. 이 예시에서 단계별 핵심적인 교수 내용과 이에 따른 적용상의 유의점을 고려하는 것이 중요하다.

단계	교수 내용	적용상의 유의점
탐색 및 문제 파악	• 탐구 문제와 관련된 계절에 따라 무엇이 달라지는지와 계절 변화가 왜 일어나는지를 질문한다. • 탐구 문제와 관련된 동영상, 시범 활동을 통하여 탐구 문제를 탐색하고 문제를 파악할 수 있는 기회를 제공한다. • 탐구 문제와 관련된 내용(예: 남중 고도의 변화, 낮의 길이, 기온 등)을 발표하게 하고, 그 내용과 관련시켜 탐구 문제를 파악하게 유도한다.	• 탐구할 문제의 파악은 교사가 제공한 자료, 질문 등의 자유로운 탐색으로부터 시작한다. • 탐구 문제와 관련된 학생들의 지식 수준을 판단하여 문제 수준과 방향을 결정하고, 자연 현상에 대한 의문점이나 문제를 정확하게 파악하게 한다. • 학생들 스스로 문제 파악이 어려운 경우, 교사가 다양한 방법을 통하여 문제를 직접 제기할 수 있다.
가설 설정	• 탐구 문제에 대한 잠정적인 해답인 가설을 검증 가능한 일반적인 진술로 제시하게 한다. • 지구의 공전과 관련지어 계절이 변화하는 현상에 대해 가설을 설정하게 한다. • 모둠별로 토의와 협의 과정을 통해 계절 변화에 대한 타당한 가설(예: 계절 변화는 지구가 23.5° 기울어진 채 공전하기 때문에 발생하는 것이다)을 설정하게 한다.	• 교사는 학생들이 가설과 관련된 배경 가정을 정확하게 인식하도록 해야 한다. • 학생들이 가설을 설정할 때에 관련된 변인을 명확히 고려하게 한다.
실험 설계	• 가설을 검증하기 위한 실험 방법을 모둠별로 협의하고 실험 설계를 하게 한다.	• 교사는 학생들이 과학적으로 검증을 할 수 있게 유도한다.

실험 설계	• 가설 검증 과정에 관련된 다양한 변인(예: 자전축의 기울기, 남중고도, 낮의 길이 등)을 구별하고 변인을 통제하는 방법을 고안하게 한다. • 실험 설계 시 실험 기구의 적절성과 구체적인 실험 절차와 자료 수집에 대해 결정하게 한다(예: 지구의의 자전축을 기울인 채 공전시키며 태양의 남중 고도를 측정한다).	• 가설 검증 과정에 관련된 독립 변인, 통제 변인, 종속 변인을 구별하며, 변인을 통제하는 방법을 구체적으로 정할 수 있게 안내한다. • 탐구 문제에 따라 실험 기구의 적절성과 실험 절차를 모둠별로 충분히 토의하여 결정하게 한다. • 교사는 학생들이 실험을 창의적으로 설계하고 다양한 탐구 능력을 적용할 수 있도록 안내해야 한다.
실험	• 적절한 실험 기구(예: 전등, 지구의, 태양 고도 측정기 등)를 사용하여 실험을 하게 한다. • 지구의의 자전축 기울기를 변화시키면서 태양의 남중 고도(또는 낮의 길이)를 측정하게 한다. • 지구의를 전등에서 일정한 거리에 두고 공전시키면서 남중 고도(또는 낮의 길이)를 측정하게 한다.	• 계획된 실험 절차에 따라 실험 활동이 체계적으로 수행되는지 확인 및 안내한다. • 실험 절차에 따라 변인을 통제하여 올바르게 실험 자료를 수집하고 기록하지를 확인한다. • 구안한 실험을 수행할 때 기초 탐구(관찰, 분류, 측정 등)와 통합 탐구 기능을 적용할 수 있게 유도한다.
가설 검증	• 표나 그래프를 이용하여 실험 자료를 분석하고 결과를 도출하게 한다. • 실험 결과를 토대로 지구의의 자전축이 기울어진 채 공전할 때 태양의 남중 고도(또는 낮의 길이)가 어떻게 되는지 확인하게 한다. • 실험 결과를 모둠별로 발표하고 이를 토대로 학생들이 설정한 가설을 검증하게 한다(예: 지구의 자전축이 기울어진 채로 공전하기 때문에 계절이 변한다).	• 실험 단계에서 수집된 자료를 해석하여 설정한 가설을 검증하게 한다. • 자료 해석을 통하여 도출된 실험 결과가 가설에 맞으면 이를 수용되지만, 맞지 않을 경우에는 가설을 수정하거나 새로운 가설을 설정하여 실험 설계 단계에서부터 다시 검증하게 안내한다.
적용 및 새로운 문제 발견	• 계절이 변하는 이유에 대해 지구의의 자전축이 기울어진 채로 태양 주위를 공전하기 때문에 발생하는 계절이 변화하는 현상에 대해 탐구한 지식을 확인하게 한다. • 학습한 지식을 바탕으로 새로운 상황을 예상(예: 지구가 자전만 하는 경우, 지구의 자전축이 기울어져 있지 않은 경우 등)하게 한다. • 검증된 지식을 실제 상황(예: 남반구에 위치한 호주의 계절 변화)에 적용하게 한다.	• 전 단계에서 가설 검증을 통해 알게된 지식을 토대로 새로운 상황을 예상하거나 실제 상황에 적용할 수 있는 기회를 제공한다. • 적용을 통하여 검증된 지식의 유용성을 확인한다. • 검증된 지식을 통해 새로운 문제를 발견할 수 있는 기회를 제공한다. • 새로운 문제의 발견은 가설을 설정하여 새로운 검증과 연계할 수 있다.

1.3 귀추적 탐구 학습 모형

1) 모형의 개요 및 이론적 배경

귀추법(abduction)은 19세기 Peirce에 의해 귀납법, 연역법과 다른 추론 방법으로 제안되었고 이후 여러 학자들에 의해 정교해졌다(오필석, 김찬종, 2005; Goudge, 1950; Hanson, 1958, 1961). 귀추법은 미지의 현 상황과 이미 알고 있는 다른 상황의 유사성에 바탕을 두고 이미 알고 있는 상황의 설명을 차용하여 현 상황을 설명하는 추론 방법이다(권용주 외, 2000; Hanson, 1958; Lawson, 1995; Peirce, 1989). Lawson(1995)은 이전의 한 상황의 성공적인 설명을 새로운 상황에 빌려와 가설을 생성하는 정신적인 과정을 귀추라고 정의하였다. 정리하면 귀추법은 "가설 생성의 논리로서, 일반적 규칙과 관찰된 결과를 결합시키고, 유사성에 근거하여 관찰된 결과를 기존 법칙의 한 사례로 인식할 수 있도록 하는 논리적인 추리"이다(정용재, 송진웅, 2006, p. 703).

귀추의 중요한 기능은 관찰 증거 또는 특정한 결과에 바탕을 두고 현상의 원인이 되는 설명적 가설을 생성하는 것이다(권용주 외, 2004; Kim, 2003). 여기서 설명적 가설은 사실과 사실과의 관계(예: 유사점, 공통점, 차이점, 시간적, 원인-결과 등)를 설명해 주는 가설을 일컫는다. 귀추는 하나의 사실을 관찰한 다음 그 사실이 발생한 원인이 무엇인지 파악하는 데 기여한다. 추론의 한 형태로서의 귀추법은 다음과 같은 기능적 형식으로 제시할 수 있다(Hanson, 1958).

귀추법의 기능적 형식	예 시
1) 어떤 놀라운(충격적인) 현상(surprising phenomena) Q가 관찰된다. [**Q**]	1) 관측 자료에 따르면 화성의 공전 궤도는 원 궤도를 벗어난다. [**Q**]
2) 만일 가설 P(H)가 참이라면, Q가 당연한 것으로(as a matter of course) 설명될 수 있다. [**P(H: 가설) → Q**]	2) 만약 화성의 공전 궤도가 타원이라면, 원 궤도로는 설명할 수 없던 관측 자료를 잘 설명할 수 있다. [**P(H: 가설) → Q**]
3) 그러므로, P(H)가 참이라고 생각할 좋은 이유(good reason)가 있다. [**P**]	3) 그러므로 화성이 공전 궤도는 타원일 것이다. [**P**]

귀추적 탐구 방법은 지구와 우주와 관련된 현상에 대한 관찰 증거(결과)로부터 유사성이 높은 과거의 경험 상황을 동정하고 차용하여 그 원인을 설명할 수 있다. 또한 가장 잘 설명할 수 있는 규칙, 원리, 법칙 등을 조사하고 선택하여 그 원인을 추리하고 설명할 수도 있다. 귀추적 탐구 학습 모형(Abductive inquiry model)은 이러한 방법을 적용하여 지구와 우주과학과 관련된 현상에 대해 탐구 문제를 도출하고 그 현상(예: 원인)을 설명하는 데 적합하다. 이 모형은 귀추적 추론과 사고 과정에 초점을 두고 Kim(2003)과 오필석과 김찬종(2005)에 의해 제안되었고 지구과학 탐구 활동에 적합한 형태로 구성되었다.

2) 모형의 절차 및 방법

귀추법를 적용한 대표적인 교수-학습 모형은 Lawson(1995)이 제안한 '경험-귀추적 순환 학습 모형'이 있다. 이 모형은 탐색, 개념 도입, 개념 적용의 세 단계로 구성되어 있고 귀추적 탐구 과정은 탐색 단계에 적용한다. 탐색 단계에서 탐구 대상에 대해 자료를 수집하고 이를 바탕으로 어떤 현상에 대한 발생 원인을 귀추적 사고로 추론하게 된다. 이러한 귀추적 탐구를 바탕으로 과학적 개념을 도입하고 이를 다른 사례나 상황에 적용하는 활동까지 전개가 된다. Lawson의 모형은 귀추적 탐구 과정을 구체적으로 적용한 수업 모형으로서 의의를 가지고 있다.

반면에 귀추적 탐구 학습 모형은 탐색(exploration) → 조사(examination) → 선택(selection) → 설명(explanation)의 네 단계로 구성되어 있다. 이 모형은 귀추적 추론의 핵심적인 내용이나 전략을 체계적으로 적용하도록 개발되었고 지구와 우주과학과 관련된 현상을 귀추적으로 탐구하고 이해 및 설명하는 데 적합하다(오필석, 김찬종, 2005).

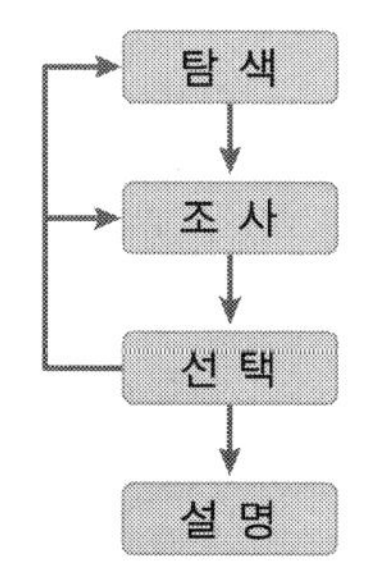

그림 4.1 귀추적 탐구 학습 모형의 단계 및 순환적 특징

(1) 탐색 단계

이 단계에서 학생들은 지구과학적 현상에 대한 서술적 탐구 활동을 실시한다. 제시된 탐구 대상을 직접 또는 간접적으로 관찰하고 이에 대한 특징을 기술하고 서술적 자료를 산출한다. 이와 병행하여 설명해야 할 현상이나 탐구 문제가 무엇인지 확인하거나 규명한다. 학생들이 규명한 문제에 대한 체계적인 분석이나 잠정적인 답을 찾기 위해 적절한 형태로 자료를 재구성할 수 있다. 예를 들어, 관찰한 현상에서 특정한 패턴이나 규칙성을 발견했다면, 그 패턴이나 규칙성의 원인을 설명하는 것이 학생들의 규명해야할 탐구 문제가 될 수 있다.

교사는 학생 스스로 서술적 탐구 수행을 통해 설명해야할 현상이나 탐구 문제를 파악할 수 있도록 안내하고 도와준다. 또한 제시하는 현상이나 탐구 대상은 학생들이 직접적인 탐구 활동뿐만 아니라 간접적인 관찰이나 자료 해석(예: 현상에 대한 데이터) 등 다양한 탐구를 통해 그 특징을 찾아낼 수 있도록 학습 분위기를 적극적으로 조성한다.

(2) 조사 단계

이 단계에서는 전 단계에서 규명한 탐구 문제에 대해 임시적인 설명을 시도하는 데 초점을 둔다. 학생들은 귀추적 추론을 통해 현상이나 대상을 설명하기 위해 자신의 경험과 선지식에서 적절한 규칙을 찾을 수 있다. 또한 다양한 방법을 통해 관련된 과학적 사실, 원리, 법칙 등을 검토할 수 있다. 이 단계에서는 임시적인 설명을 위해 학생들의 경험이나 사전 지식을 바탕으로 추리하고 활용할 수 있는 가능한 규칙들을 광범위하게 조사하는 것이 이 단계의 핵심적인 활동이다.

교사는 학생들이 적절한 배경 지식과 경험을 떠올리거나 활용할 수 있도록 질문을 하거나 유도할 수 있다. 또한 관련된 과학적 개념, 원리, 법칙 등을 효과적으로 검색하고 조사할 수 있는 방법을 안내할 수 있다. 끝으로 학생들이 임시적인 설명(규칙)을 체계적으로 추리하기 위해 필요한 과학적인 정보와 사고 전략의 예시를 제공함으로써 학생들의 추리 활동을 도울 수 있다.

(3) 선택 단계

이 단계에서는 학생들이 이전 단계에서 추리해 낸 다양하고 임시적인 설명(규칙)들 중에 가장 설득력 있는 설명을 제공하는 것을 선택한다. 학생들은 조사된 설명(규칙)을 적절한 기준(예: 평가 준거)을 가지고 평가하고 선택하고 배제를 한다. 이 단계에서 평가 준거가 잘 설정되면 귀추적 추론 과정에서 여러 가지 대안적인 규칙에 대해 체계적으로 평가하고 어떤 규칙들을 효과적으로 제거할 수 있다. 이 선택 단계에서는 가장 유력한 설명적 가설을 선택하기 위해 적절한 근거를 설정하고 평가를 통해 특정한 규칙들을 제거하는 것이 중요하다.

이 단계에서 현상이나 대상으로부터 새롭게 설명되어져야 할 정보나 문제가 발견된다면, 학생들은 그것에 대해 탐구 단계로 돌아가 새로운 서술적 탐구를 수행할 수 있고, 다른 규칙들을 추가로 찾아보는 조사 단계로 다시 되돌아 갈 수 있다. 탐색, 조사, 선택의 단계는 순환적 성격을 가지고 있다(김찬종 외, 2008; 오필석, 김찬종, 2005).

(4) 설명 단계

이 단계에서는 학생들이 선택한 규칙을 활용하여 제시된 현상이나 탐구 대상에 대한 최종적인 설명적 진술을 구성한다. 이때 학생들이 제안하는 설명은 공간적, 시간적, 논리적 등 순서나 위계를 가질 수 있고 인과적인 측면에서 설명할 수 있다. 문제의 상황이나 맥락에 따라 학생들의 설명은 복합적으로 진술될 수도 있고 하나의 옳은 설명을 제안하기 어려울 수 있다. 이 경우에 복수의 설명을 허용하여 학생들의 창의적이고 자유로운 사고를 유발하는 데 기여할 수 있다(오필석, 김찬종, 2005).

교사는 학생들의 최종 설명이 지구시스템 내에서 관련 요소들이 다양하거나, 그 과정들이 서로 연계될 수 있다. 그러므로 학생들 간 차이가 나는 설명에 대해 적절한 표현 방식을 사용하여 의사소통(예: 발표, 토의)을 할 수 있도록 분위기를 조성하고 기회를 제공할 수 있다.

귀추적 탐구 학습 모형은 제안된 현상이나 탐구 대상의 특징에 따라 교사의 역할 수행이 다를 수 있고 안내된 탐구 수업과 열린 탐구 수업에 모두 적용할 수 있다(김찬종 외, 2008).

3) 적용 예시

다음의 적용 예시는 김찬종 외(2008)에 제시된 귀추적 탐구 학습 모형을 적용한 지구과학 학습 활동의 예시를 수정한 수업 계획이다. 이 예시에서 단계별 핵심적인 교수 내용에 대해 이해하는 것이 중요하다.

단계	주요 교수(활동) 내용
탐색	• 태풍 현상과 관련된 탐구 목표를 제시한다. • 과거 10년 동안 한반도 주변에 영향을 미친 태풍의 자료(예: 날짜, 발생 위치, 이동 경로, 소멸 위치 등)를 제공한다. • 제시된 자료를 탐색하거나 분석하여 정리(예: 이동 경로 그래프 그리기, 표로 정리하기 등)하고, 이를 통해 설명해야 할 탐구 문제(예: 태풍의 이동 경로가 왜 일정한 패턴을 나타내는가? 또는 태풍의 소멸 위치들이 유사하게 나타나는가?)를 확인한다.
조사	• 전 단계에서 규명된 탐구 문제에 대한 임시적인 설명(또는 규칙 추리)을 위해 태풍과 관련하여 모둠원들이 알고 있는 선지식이나 경험을 공유한다. • 탐구 문제에 대한 더 좋은 설명을 도출하거나 규칙을 추리하기 위해 관련된 과학적 사실, 원리, 법칙 등을 검색한다. • 위의 과정을 통해 제시된 탐구 문제에 대한 임시적인 설명(답변)을 정리하고, 필요시 수정과 보완의 과정을 반복한다.
선택	• 이전 단계에서 기술한 여러 가지 설명들 중 어떤 것이 가장 적절한지 여부를 협의한다. • 모둠원들과 협의하여 어떤 기준을 정하고 그 기준에 따라 가장 적절한 설명(답변)과 그렇지 않은 것을 선택할 수 있다. • 모둠원들이 협의하여 적절하거나 적절하지 않은 설명으로 판단한 까닭을 기술한다. • 탐구 문제로부터 새롭게 설명되어져야 할 정보나 문제가 발견되면 탐구 단계로 돌아가 새로운 서술적 탐구를 수행할 수 있다. • 필요에 따라 다른 규칙들을 추가로 찾아보는 조사 단계로 다시 되돌아 갈 수 있다.
설명	• 모둠원들이 최종적으로 선택한 설명(답변)을 발표 또는 공유한다. • 모둠별로 차이가 나는 설명에 대해 적절한 표현 방식을 사용하여 발표 또는 토의한다. • 모둠별로 도출된 설명을 종합하고 정리한다. • 필요시 학생들이 도출한 잠정적인 설명(가설)을 과학적으로 검증하기 위해 추가적인 활동(예: 실험, 조사 활동 등)을 계획하여 수행할 수 있다.

1.4 POE 학습 모형

1) 이론적 배경 및 개요

POE 학습 모형은 학생들로 하여금 예상(Prediction)-관찰(Observation)-설명(Explanation)로 특징짓는 세 가지 과업을 수행하도록 하여 학생들의 이해를 조사할 목적으로 각 단계의 약어로 명명하여 White와 Gunstone이 제안하였다. 이 모형은 일반적으로 학생들에게 상황을 보여주고, 현상의 변화가 발생하였을 때 결과를 예상하도록 요청하고 그 이유를 물으며, 변화의 과정과 결과를 관찰하고, 예상과 관찰 사이의 불일치를 조정하는 과정을 포함한다(White와 Gunstone, 1992). 이 모형은 학생들의 생각을 이끌어 내고, 왜 그러한 생각을 하게 되었는지에 대해 학생들끼리 토의 및 토론을 촉진하는 데 효과적이다. 이 모형의 적용은 주로 즉각적인 관찰이 가능한 시범 실험 등을 도입하는 과학 수업에서 자주 활용되며, 특히 예상 단계에서 학생들의 생각을 탐색하고 정당화할 수 있는 기회를 제공한다. 또한 과학 교실에서 시범 실험을 수행함에 있어 더욱 학생 중심의 탐구 활동이 이루어질 수 있도록 고안된 모형이기도 하다(Treagust, 2007). 즉 학생들의 생각을 이끌어 내는 것은 구성주의에 기반을 둔 교수·학습의 핵심적 특징이며, 이 모형에서 학생들이 각자의 선개념을 분명하게 드러내고 서로의 생각을 교환하며 비판적으로 반영하여 각자의 생각을 재구성하고 공유된 의미를 협상할 수 있는 기회를 제공한다는 점에서 학습에 대한 사회적 구성주의의 입장을 이론적 배경으로 삼고 있다고 볼 수 있다(Kearney와 Treagust, 2000).

이 모형은 관찰에 앞서 먼저 예상을 해보도록 요구함으로써 더욱 주의 깊게 관찰할 수 있도록 유도하며, 학생들은 자신의 예상이 맞는지를 확인하고 싶어 하므로 동기 부여에도 긍정적이다. 또한 예상 단계에서는 막연한 추측이 아니라 기존에 가지고 있었던 이해를 바탕으로 예상의 이유를 설명하게 하므로 학생들의 오개념을 파악하거나 이해 수준을 발전시킬 수 있는 토대가 된다. 한편 POE 모형에 뿌리를 두고 기존 모형에서 관찰 이전에 예상의 이유를 설명하는 과정의 중요성을 강조하고 이를 별도의 단계로 설정한 PEOE (Prediction-Explanation-Observation-Explanation) 모형도 제안되었다(Ebenzer와 Haggerty, 1999). 그러나 POE 모형과 PEOE 모형의 이론적 배경 및 주요한 특징은 본질적으로 같다고 볼 수 있다.

2) 모형의 단계별 내용 및 특징

(1) 예상

예상 단계에서 교사는 상황을 제시하고 나타날 수 있는 현상의 결과를 학생들이 예상할 수 있도록 유도한다. 이 단계에서 예상은 단지 그렇게 될 것 같다는 근거 없는 추측이 아니라 자신의 예상을 정당화할 수 있는 이유를 자신의 말 또는 글로 반드시 포함해야 한다. 예상의 이유를 글로 표현하도록 하는 것은 학생들의 생각이 더욱 분명하게 드러낼 수 있다는 점에서 더욱 효과적으로 여겨진다. 이 과정에서 교사는 학생들이 가지고 있는 선개념을 파악할 수 있다.

(2) 관찰

관찰 단계는 학생들이 앞서 예상한 현상의 결과를 신중하게 관찰하고, 그 결과를 기록하는 활동으로 구성된다. 이때 학생들이 자신의 예상한 것과 상충하는 결과를 관찰하여 인지 갈등이 유발되는 경우가 학습 목표의 달성에 더욱 효과적일 수 있다. 그러나 학생들은 자신의 생각과 일치하지 않는 자료를 얻게 되는 경우에 여러 가지 방식으로 자료를 왜곡하기도 하므로(Chinn와 Brewer, 1993, 1998), 관찰 즉시 그 결과를 각자 기록할 수 있도록 하는 것이 좋다.

(3) 설명

설명 단계에서는 학생들이 예상과 관찰 사이의 불일치 또는 일치에 대한 과학적 설명을 구성하게 된다. 이 단계를 통해 예상과 일치하지 않는 결과를 관찰했을 경우에는 인지 갈등을 해소할 수 있게 되며, 예상과 관찰이 일치하였다면 초기의 생각을 정교화할 수 기회를 갖게 된다.

3) 적용 예시 및 유의점

표 4.1은 '우유를 이용한 빛의 산란의 이해'를 주제로 하여 POE 모형을 적용한 교수-학습 과정을 개략적으로 나타낸 것이다.

표 4.1 POE 모형의 적용 예시(Haysom와 Bowen, 2010 재구성)

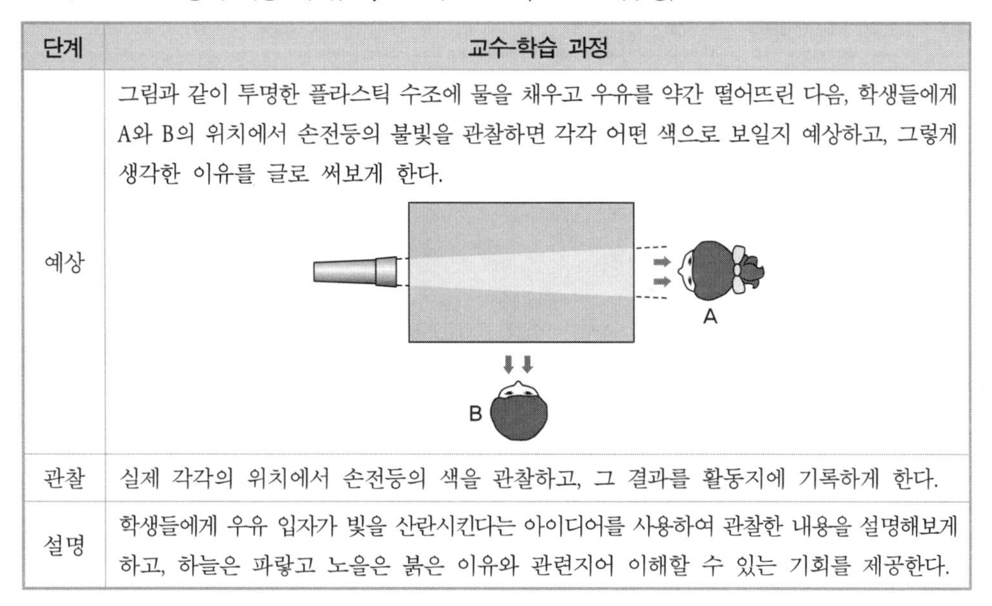

단계	교수-학습 과정
예상	그림과 같이 투명한 플라스틱 수조에 물을 채우고 우유를 약간 떨어뜨린 다음, 학생들에게 A와 B의 위치에서 손전등의 불빛을 관찰하면 각각 어떤 색으로 보일지 예상하고, 그렇게 생각한 이유를 글로 써보게 한다. A B
관찰	실제 각각의 위치에서 손전등의 색을 관찰하고, 그 결과를 활동지에 기록하게 한다.
설명	학생들에게 우유 입자가 빛을 산란시킨다는 아이디어를 사용하여 관찰한 내용을 설명해보게 하고, 하늘은 파랗고 노을은 붉은 이유와 관련지어 이해할 수 있는 기회를 제공한다.

POE 모형은 특히 예상과 관찰 사이에 불일치를 경험한 학생들이 스스로의 선개념을 재구성하고 과학적 개념으로 바꿀 수 있는 기회를 제공할 수 있다는 측면에서 의미가 있다. 그러나 교사의 입장에서 보면 학생들이 지구과학 현상 또는 개념을 어떻게 이해하고 있는지를 지구과학 교사로 하여금 더욱 잘 '이해'할 수 있도록 하기 때문에 학습 목표를 달성하기 위한 일련의 교수-학습 과정 전체에 걸쳐 적용할 수도 있지만, 교수-학습 과정의 일부분에도 언제든 간단하게 POE를 활용할 수 있다(Liew와 Treagust, 1995).

2 순환 학습 모형

2.1 Karplus의 순환 학습 모형

1) 모형의 특징 및 이론적 배경

수업에서 일련의 교수-학습 사건들이 순차적으로 제시되어야 한다는 순환 학습의 개념은 지난 수 십년 동안 많은 사람들에 의해 제안되었다. 이 순환 학습 개념이 처음으로 과학교육에 실제 적용된 것은 카플러스(R. Karplus)가 과학 교육과정 개선 연구(SCIS)에서 3단계 순환 학습을 제안하면서부터이다(Karplus, 1974). 카플러스는 학생들의 과학 성취도를 향상시키기 위해 학생들의 학습과정 뿐 만 아니라 과학 교육과정을 설계하고 적용하기 위한 지식 체계를 더 깊이 이해해야 한다고 믿었다. 그래서 그의 과학 교육과정 개선 연구는 학습 이론을 조사하는 것으로 시작되었으며, 학습이 학습자의 경험과 그 경험에 대한 이해 사이의 상호작용으로 새로운 개념을 구성한다는 피아제의 지능발달 학습론이 그 연구의 토대가 되었다. 피아제는 그의 학습론을 통해 학습자가 자신의 환경을 탐색하는 과정에서의 경험과 그 경험과 관련된 이해를 서로 비교함으로써 새로운 개념을 구성한다고 주장한다. 만약 학습자는 그들의 경험이 기대했던 것과 다르면 학습자는 비평형 상태가 되고, 학습자는 평형 상태로 되돌아가기 위해 그 경험에 일치되는 설명을 찾으려고 시도한다. 그리고 학습자가 그들의 경험과 일치하는 설명을 찾게 되면 다시 평형 상태가 된다. Piaget는 이런 일련의 순환하는 과정을 통해 학습이 이루어진다고 주장하였고, 카플러스는 피아제의 3단계 학습과정 즉, 동화-조절-평형화 또는 동화-조절-조직화의 세 과정에 맞추어 탐색(exploration), 창안(invention), 발견(discovery)으로 구성된 3단계 순환 학습 모형을 제안했다.

카플러스가 개발한 3단계 순환 학습 모형은 소련이 스푸트니크 위성을 발사한 후 미국에서 과학교육의 질적 개선을 목적으로 개발된 것으로 학생들이 구체적인 경험을 통해 개념을 획득하고 그들의 사고력을 신장시키기 위한 탐구학습 모형이다. 순환 학습은 원래 탐구중심 수업을 위해 설계된 모형이어서 그 절차가 과학적 탐구 과정과 잘 부합할 뿐만 아니라(Martin et al., 2009), 학생들이 과학적 개념을 이해하고, 과학 논리를 개선하고, 과학 수업에 대한 참여도를 높이는데 도움이 된다(Brown와 Abell, 2007). 순환 학습 모형은 학생들의 오개념을 해소하고 과학적 개념을 획득하는 것은 물론이고 과학에 대해 긍정적인 태도를 형성하는데도 효과적이다. 즉, 순환 학습 모형은 학생들의 인지적 영역 뿐 만 아니라 정의적 영역을 발달시키는데도 효과적이다(Birgit와 Lawson, 1999; Engelhardt와 Gray, 2004; Escalada, Rebelo와 Zollman, 2004; Maier와 Marek, 2005).

2) 모형의 절차 및 방법

3단계 순환 학습 모형은 탐색(exploration), 개념 도입(concept introduction), 개념 적용(concept application)의 절차에 따라 진행된다.

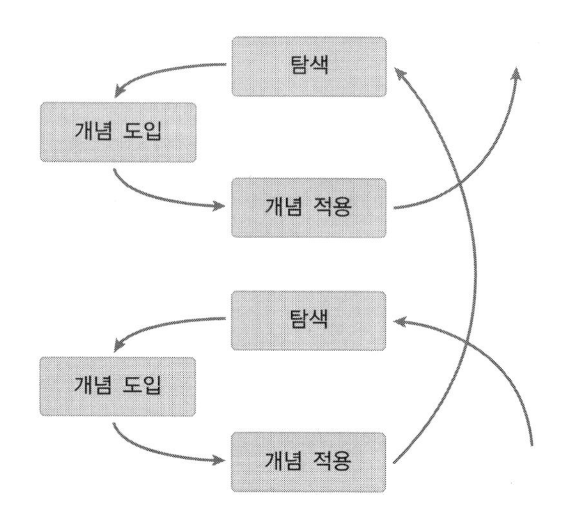

그림 4.2 순환 학습의 적용 과정

(1) 탐색

탐색 단계는 학생들이 최소한의 교사 안내로 새로운 개념이나 현상을 탐색하면서 무엇을 배울 것인가에 집중하는 단계이다. 이 단계에서 교사는 학습을 촉진하기 위해 학생들에게 비평형 상태를 경험하도록 하고, 이전에 가지고 있던 자신의 선개념을 학습 과정의 경험과 연관시켜 새로운 개념을 구성함으로써 자발적 평형화를 유도한다. 이러한 인지 갈등의 경험을 통해 학생들은 새로운 개념을 구성하기 위해 주어진 자료에 동화되거나 또는 자신의 생각을 조절하려는 동기가 유발된다.

그리고 탐색 단계에서 학생들은 자신의 선개념과 대조하여 새로운 개념을 검토하게 된다. 이를 위해서 학생들은 주어진 자료나 상황을 관찰하고 분류하며, 가설을 검증하기 위해 데이터를 수집하고 실험을 수행할 수도 있다. 특히 탐색 단계에서 학생들은 동료들뿐만 아니라 개념들과의 상호작용에 적극적으로 참여하여야 한다.

(2) 개념 도입

개념 도입 단계는 교사가 보다 직접적이고 능동적인 역할을 수행하며, 탐색 단계에서 조사된 개념이나 이론에 대한 과학자들의 관점을 소개하는 단계이다. 이 단계에서 학생들은 탐색 단계에서 경험한 관념에 대해 그들의 생각을 표현하고, 교사는 과학적인 관점에서의 개념을 설명해 준다. 또 이 단계에서 학생들이 서로의 생각을 공유하는 것은 자신의 개념을 다른 학생들의 개념과 서로 비교하여 새로운 개념을 더욱 명확하게 하는 데 도움이 된다. 이를 위해서 교사는 탐색적 질문이나 용어를 도입하여 학생들의 정보 교환을 원활하게 하고 학생들의 사고를 촉진할 필요가 있다.

(3) 개념 적용

개념 적용 단계는 학생들이 구성한 과학 개념을 새로운 상황이나 현상에 적용함으로써 그들의 새로운 개념을 확장하거나 일반화하는 단계이다. 순환 학습 모형은 나선형적 구조의 특성을 가진다. 즉, 개념 적용 단계는 순환 학습 모형의 마지막 단계이지만 또 다른 학습 과정의 출발이기도 하다. 그러므로 교사는 순환 학습을 반영한 수업을 설계할 때 먼저 교육 과정, 학습 이론, 학생의 개인적인 개념, 또 이들 사이의 상호작용 등을 먼저 분석할 필요가 있다.

2.2 Lawson의 순환 학습 모형

1) 모형의 특징 및 이론적 배경

학생들의 오개념에 초점이 맞춰져 개발된 초기 3단계 순환 학습 모형이 제안된 후

로슨(A. Lawson) 등은 직관적 신념의 표출, 인지적 갈등의 유발, 대안 가설에 대한 체계적인 검증, 학생들 사이의 사회적 상호작용을 부각시켜 학교에서 활용할 수 있는 효과적인 순환 학습 모형을 소개하였다(조희형 외, 2017). 로슨의 순환 학습 모형은 학습과정에서 제시되는 새로운 문제 상황이 논증 과정에서 학생들에게 항상 동일한 사고 유형을 요구하지도 않으며, 학생들이 그 문제 상황을 해결할 때도 동일한 선개념과 과학적 방법을 사용하지도 않는다는 것에서 출발하였다. 기존 순환 학습의 이런 문제점을 고려하여 로슨 등은 순환 학습 모형의 구체적인 활동의 속성 즉, 자료 수집 및 탐구 유형에 따라 서술적 순환 학습 모형(descriptive learning cycles), 경험-귀추적 순환 학습 모형(empirical inductive learning cycles), 가설연역적 순환 학습 모형(hypothetical deductive learning cycles)을 제시하였다(Lawson et al., 1989). 세 순환 학습 모형의 본질적인 차이는 학생 활동의 측면에서 학생들이 순수하게 서술적인 방식으로 자료를 수집하여 그 현상을 기술하느냐 아니면 특정의 방식으로 가설을 제안하고 그 검증하느냐의 정도이다. 그러나 세 순환 학습 모형은 학습 과정에서 분명히 다른 학생들의 학습 계획, 지식, 추론 능력 등을 요구한다. 즉, 서술적 순환 학습에서는 수집된 자료의 나열, 분류, 보존 등과 같은 일반적인 서술적 추론이 사용되는 반면, 가설연역적 순환 학습에서는 변인통제, 상관추론, 가설연역적 추리 등과 같이 고차원적 사고 능력이 사용된다.

서술적 순환 학습은 학생들이 자연 현상이나 사물을 관찰하고, 수집된 상황 내에서 경험적 규칙성을 발견하고, 이를 설명하고 명명하며, 다른 상황에서 그 규칙성을 찾도록 설계된다. 서술적 순환 학습에서는 '무엇?'이라는 질문에 답을 하지만 '왜?'라는 인과적 질문을 제기하지 않는다. 즉, 서술적 순환 학습에서는 학생들이 관찰한 것을 설명하기 위해 가설을 생성하지 않고 관찰한 것을 단순히 기술하는 귀납적 추리 과정에서 학습이 끝나는 특징을 갖는다. 이런 이유로 서술적 순환 학습에서 학생들은 인지적 비평형을 경험할 가능성이 매우 낮고 새로 구성한 규칙성에 대해서도 거의 논쟁을 일으키지 않는다.

경험-귀추적 순환 학습은 학생들이 특수한 맥락에서 발견하고, 기술하고, 경험적 규칙성을 찾는 것에서 그치지 않고 그 규칙성의 원인을 찾도록 설계된다. 즉, 이 순환 학습에서 학생들은 탐색 단계에서 수집된 자료를 선별하여 가설을 세우는 데 사용한 자료 또는 이미 잘 알려진 다른 현상과 일치하는지 여부를 판단하게 된다. 이는 학습 과정에서 학생들이 현재의 맥락에서 개념을 구성하는 데 다른 맥락에서 학습한 개념을 도입하도록 하는 귀추적 추론이 이용되는 것을 의미한다. 이 모형은 가설연역적 탐구로 과학지식을 생성하기가 곤란할 때 효과적으로 이용될 수 있으며, 사건이나 상황의 결과에서 출발하여 그 원인을 인과적으로 추론하는 과학수업에 적절하다.

가설연역적 순환 학습은 학생들이 주어진 상황이나 사건을 설명할 수 있는 대안 가설을 설정할 수 있도록 인과적 질문으로 시작한다. 그런 다음 생성된 가설의 결과를 예측하고 이를 검증하기 위한 실험을 설계하고 수행한다. 마지막으로 실험 결과의 분석을 통해 생성된 가설의 기각 여부를 판단하는 과정으로 이 모형은 진행된다. 가설연역적 순환 학습은 논리적 추론과 경험적 결과의 비교를 통해 가설의 명시적 생성 및 그 검증 과정이 요구되는 특성을 가진다. 경험-귀추적 순환 학습과 마찬가지로 가설연역적 순환 학습은 자연 현상에 대한 설명이 필요하기 때문에 비평형을 해결하기 위한 대안 개념을 형성하거나 오개념을 해소를 경험하게 한다.

순환 학습은 선개념이나 오개념을 표현할 수 있는 기회와 그것에 대한 논쟁이나 검증의 기회를 제공하여 학생들에게 비평형 상태를 경험하게 함으로써 보다 적절한 개념을 형성하게 함과 동시에 추리 능력을 향상시키는 데 효과적이다. 다만 세 순환 학습이 새로운 개념을 형성하고 추리 능력을 향상시키는데 있어 세 순환 학습의 학습과정이 서로 다르므로 동등한 효과를 보여주지는 않는다. 서술적 순환 학습은 자연 현상을 관찰하고 규칙성을 찾는 데 효과적이고, 경험-귀추적 순환 학습은 검증이 곤란한 지식을 생성할 때 효과적이다. 그리고 가설연역적 순환 학습은 대안 개념의 형성이 필요로 할 때 효과적이다.

2) 모형의 절차 및 방법

로슨의 순환 학습 모형은 모두 탐색, 개념 도입, 개념 적용의 단계로 진행된다. 다만 탐색 단계에서의 구체적인 활동은 세 모형에서 다르게 진행되며, 인지 갈등이나 대안적 개념을 확인하거나 사고력을 향상시키는 측면에서 그 효과도 다르다.

(1) 서술적 순환 학습

교사는 가르쳐야 할 개념을 파악한다. 그리고 그 개념에서의 규칙성이 포함된 몇 가지 현상을 파악한다.

① 탐색 단계에서 학생들은 주어진 현상을 탐색하고 경험적 규칙성을 발견하고, 그 규칙성을 기술한다.

② 개념 도입 단계에서 학생들은 탐색 단계에서 수집한 데이터를 발표하고, 학생 또는 교사는 규칙성을 설명한다. 그런 다음 교사는 그 규칙성에 관련된 용어 또는 개념을 도입한다.

③ 개념 적용 단계에서 이전 단계를 통해 학습된 개념과 관련된 새로운 상황에 학습된 개념을 적용하고 인지구조에 정착시킨다.

다음은 서술적 순환 학습 모형을 반영하여 작성한 교수-학습 계획안의 한 사례이다(2014 학년도 임용시험).

수업단계	교수-학습 활동
탐색	• 우리 고장에서 볼 수 있는 지질 구조의 단면을 찾아 사진을 찍어 어떤 지질 구조들이 있는지 알아본다. • 수집한 지질 구조의 단면 사진을 유형별로 분류하여 그 특징을 정리한다.
개념 도입	• 지층의 굽어진 모양을 습곡이라 하며, 위로 볼록한 것은 배사, 아래로 볼록한 것은 향사라고 설명한다. • 지층이 어긋난 것을 단층이라 하며, 상반과 하반의 이동 방향, 작용한 힘의 종류에 따라 역단층과 정단층으로 구분됨을 설명한다.
개념 적용	• 칼라 점토를 이용하여 지질 구조 모형을 제작해 본다. • 다른 지역의 다양한 지질 구조 사진을 비교하고, 그 종류를 알아본다. • 지질 구조가 지질도 작성에 어떤 도움이 되는지 알아본다.

(2) 경험-귀추적 순환 학습

교사는 가르쳐야 할 개념을 파악한다. 그리고 그 개념에서의 규칙성이 포함된 몇 가지 현상을 파악한다.

① 탐색 단계에서 학생들은 현상을 관찰하고 탐색하여 규칙성을 발견하고 기술한다. 수집된 자료와 증거를 바탕으로 원인을 설명할 수 있는 대안 가설을 제시하여 그

현상에 대한 인과율적 의문에 답한다.

② 개념 도입 단계에서 학생들은 주어진 현상을 설명하기에 가장 가능성이 높은 가설에 대해 설명하고 이와 관련된 개념을 도입한다.

③ 개념 적용 단계에서 이전 단계를 통해 학습된 개념과 동일한 개념을 포함하는 추가 현상에 대해 토의하거나 탐색한다.

다음은 경험-귀추적 순환 학습 모형을 반영하여 작성한 교수-학습계획안의 한 사례이다(2020학년도 임용시험 재편집).

수업단계	교수-학습 활동
탐색	• 교사는 학생에게 "지구상에서 큰 규모의 지진이 자주 발생하는 지역은 어디일까?"라는 서술적 질문을 제시한다. • 학생은 지진에 대한 탐구 과정을 통해 필리핀, 대만, 칠레 등에서 지진이 자주 발생한다는 것을 알아낸다. • 교사는 "왜 칠레에서 큰 규모의 지진이 자주 발생할까?"라는 두 번째 질문을 제시한다. • 학생은 일본이 판 경계에 위치하기 때문에 큰 규모의 지진이 발생한다는 것을 떠올려, "칠레는 판의 경계에 위치하고 있기 때문에 큰 규모의 지진이 자주 발생한다."라는 잠정적인 설명을 생각해낸다. • 학생은 이 잠정적인 설명으로 필리핀에서 큰 규모의 지진이 발생하는 이유를 설명한다.
개념 도입	• 학생은 지진과 화산활동의 분포를 이용하여 판의 분포와 경계를 설명한다. • 학생은 섭입대에서는 해구 부근에서부터 대륙 쪽으로 가면서 진원의 깊이가 깊어지는 이유를 설명한다.
개념 적용	• 섭입대 주변 지진의 진원 깊이 분포 자료를 이용하여 판의 이동 방향, 섭입하는 판의 경사 등을 알아보는 활동을 한다.

(3) 가설연역적 순환 학습

교사는 가르쳐야 할 개념을 파악한다. 그리고 그 개념에서의 규칙성이 포함된 몇 가지 현상을 파악한다.

① 탐색 단계에서 인과적 질문이 제시되면 학생들은 의문점을 갖고 인과적 질문에 답하기 위해 탐구한다. 탐구 결과를 토대로 대안적 가설을 설정하고, 이를 검증하기 위한 실험을 설계하고 수행한다.

② 개념 도입 단계에서 학생들은 실제 실험 결과와 예측 결과를 비교하여 대안 가설을 기각할지 아니면 수용할지의 여부를 결정한다. 가설을 수용할 경우 인과적 질문에 대한 결론을 내린다. 그리고 이와 관련된 개념을 도입한다.

③ 개념 적용 단계에서 이전 단계를 통해 학습된 개념과 동일한 개념을 포함하는 추가 현상에 대해 토의하거나 탐색한다.

다음은 가설연역적 순환 학습 모형을 반영하여 작성한 교수-학습 계획안의 한 사례이다(2010학년도 임용시험).

수업단계	교수-학습 활동
탐색	• 지난 5년간 7월에 한반도 주변을 통과한 5개 태풍의 진행 시간대별 위치(위도, 경도) 자료를 이용하여 각각의 이동 경로를 그리게 한다. • 학생은 시간에 따른 각 태풍의 이동 경로를 확인하고, 인과적 의문을 생성한다. 그리고 그 의문에 대한 잠정적인 답을 만들고, 잠정적인 답이 최근에 발생한 태풍의 경로 변화를 모두 설명할 수 있는지 토의한다.
개념 도입	• 학생은 자신의 언어와 표현으로 우리나라 주변을 지나는 태풍의 이동 경로에 대해 발표한다. • 교사는 전향력(코리올리힘), 무역풍과 편서풍 등의 용어를 이용하여 태풍의 진로를 설명한다.
개념 적용	• 학생은 중위도에서 태풍의 진행에 따른 위험 반원, 안전 반원에 대한 풍속변화를 그려보고 이유를 설명한다.

2.3 5E 모형

1) 이론적 배경 및 개요

5E 모형은 1980년대 후반 BSCS(Biological Science Curriculum Study)에서 초등학생들의 과학 학습을 향상하고 교사들의 이해를 증진할 목적으로 개발된 이래, 학교급과 여러 과학 과목을 망라하여 광범위하게 적용되고 있다. 이에 대해 모형 개발에 참여한 Bybee(2015)는 5E 모형이 대단히 분명하고, 상식적이며, 쉬우면서도 유용하기 때문이라고 설명한다. 다시 말하면 더욱 효과적으로 수업하고자 하는 모든 교사들의 관심사를 충족시킬 수 있도록 구체적인 단계로 제시하고 있으며, 그 단계는 일반적인 교수-학습에서 흔히 드러나는 자연스러운 과정을 따르고 있을 뿐만 아니라 모형의 개발자들과 교사 모두가 쉽게 이해하고 적용할 수 있나는 것이나. 이러한 맥락에서 인지심리학 등에서 널리 쓰이는 전문 용어 대신에 영어의 E로 시작하는 일상적 단어인 참여(Engage), 탐색(Explore), 설명(Explain), 정교화(Elaborate), 평가(Evaluate)를 사용하여 5단계를 구분하여 제시하였다(Bybee, 2015).

5E 모형의 주요한 특징은 다음과 같다. 첫째, 5E 모형은 그간의 과학교육 연구의 성과를 반영하여 구성된 모형으로서 SCIS에서 개발한 3단계 순환 학습 모형에 뿌리를 두고 있으며, 역시 연구에 근거하여 참여 단계와 평가 단계가 새롭게 추가되었다(Bybee, 2015). 둘째, 5E 모형은 학생들의 사전 지식을 토대로 새롭게 도입되는 학습 내용을 학생들의 사전 지식과 효과적으로 연결시켜 새로운 생각을 구성할 수 있도록 하는 학습 전략을 강조하고 있다는 점에서 구성주의 이론에 근거하고 있다고 볼 수 있다(Chitman-Booker와 Kopp, 2013). 셋째, 5E 모형은 학생들의 가진 오개념을 파악하고 이를 과학 개념으로 바꾸도록 하기 위한 교수-학습에도 적합하다. 5E 모형에서 강조하는 교사의 역할은 학생들이 가지고 있던 생각을 명시적으로 드러내도록 하고, 수업에서 획득한 새로운 증거에 기반하여 과학적으로 정확한 개념을 구성하도록 돕는 것이기 때문이다(Abell와 Volkmann, 2011). 넷째, 5E 모형은 탐구의 필수적인 특징들을 반영하고 있다. 이 모형에서 제시하는 5단계에 걸쳐 학생들은 과학에서 제기되는 질문에 참여하고, 각자의 설명을 구성하기 위해 자료를 수집하고 해석할 뿐만 아니라 서로의 설명을 평가하고 의사소통하는 일련의 과정을 경험하게 된다(Abell와 Volkmann, 2011).

마지막으로, 5E 모형은 적용의 범위가 넓다. 앞서 설명한 특징들과 관련되어 구성주의적 관점이 특정 연령대의 학생들에게만 국한되는 것이 아니어서 초·중등 모두에 널리 적용되고 있고, 개념 변화와 과학 탐구 모두를 아우를 수 있다는 점에서 자주 활용되고 있다.

5E 모형은 과학 수업을 설계하는 유용한 도구의 역할을 하며 적용하고자 하는 대상 수업의 주제와 목표에 따라 교사마다 각 단계가 다양한 형태로 통합되기도 하고, 몇 차시 또는 심지어 학기 또는 연간 학습 계획에 걸쳐 충분히 긴 시간을 할애하여 하나의 모형이 적용되기도 한다(Bybee, 1997).

한편 5E 모형과 마찬가지로 3단계 순환 학습 모형에 근간을 두고 여러 연구자들에 의해 몇몇 단계가 추가되고 수정된 다양한 모형들이 제안되었는데, 대표적으로 Martin 외가 소개한 4E 모형이 있다. 4E 모형은 탐색(Explaration)-설명(Explanation)-확장(Expansion)-평가(Evaluation)의 4단계가 순환적으로 펼쳐지는데, 이를 5E 모형과 비교하여 간단한 도식으로 나타내면 그림 4.4와 같다(Martin et al., 2002)

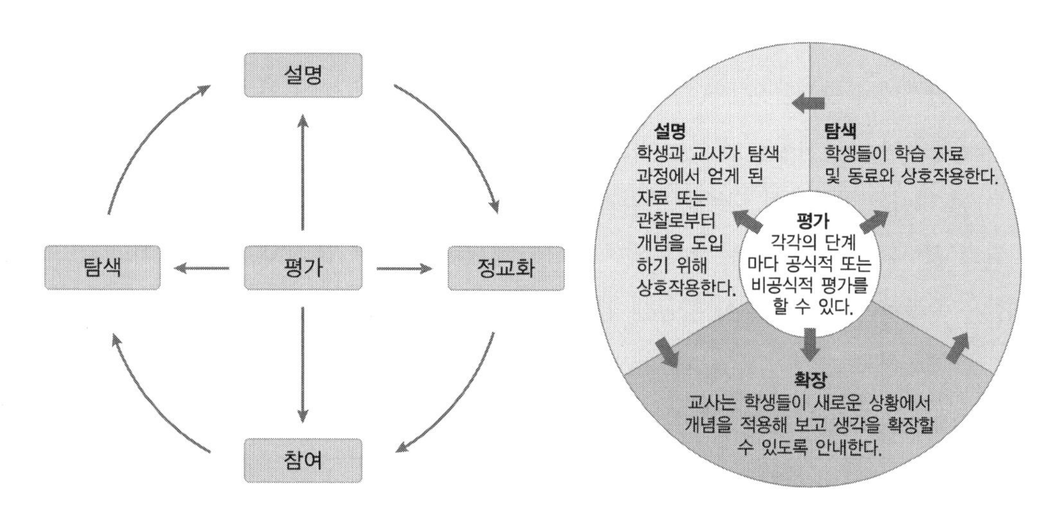

그림 4.4 5E 모형과 4E 모형의 비교

2) 모형의 단계별 내용 및 특징

5E 모형의 각 단계에서 이루어지는 학생과 교사의 주요 활동 내용과 그 특성을 간단하게 요약하여 제시하면 다음과 같다(Bybee et al., 2006).

(1) 참여

3단계 순환 학습 모형과 비교하여 새롭게 추가된 단계로 간단한 활동을 통해 학생들로 하여금 학습 과제에 학생들을 참여하도록 하는 단계이다. 학생들은 탐색하고자 하는 문제 또는 상황에 정신적으로 집중하고, 간단한 정신적·신체적 활동을 수행함으로써 자신의 사전 지식을 드러내고 과거와 현재의 학습 경험을 연결할 수 있다. 교사는 상황을 제시하고 학습 과제를 분명하게 소개하면서 과제를 해결하기 위한 절차와 규칙 등을 안내하는 역할을 하게 된다. 이 단계가 성공적으로 마무리되면 학생들은 학습 활동에 대해 흥미와 호기심을 가지게 되고, 학습에 대해 적극적으로 동기가 부여된다.

(2) 탐색

탐색 단계에서 학생들은 학습 과제의 해결책을 찾기 위하여 여러 가지 활동을 수행함으로써 공통적이고 구체적인 경험을 하게 된다. 이때 자신이 가지고 있던 오개념을 검증하거나 사전 지식을 활용하여 새로운 생각을 구성하고, 자신의 생각을 동료나 선생님의 생각과 비교해 볼 수 있는 기회를 갖게 된다. 이 단계에서 교사는 촉진자 또는 코치와 같은 역할을 수행하는데, 학생들이 활동에 참여하며 사건이나 상황을 탐색할 수 있도록 충분한 시간을 제공하고 요청이 있을 때 학생들이 설명을 재구성해볼 수 있도록 안내한다. 이때 학생들에게 제공하는 탐색의 경험은 실제적이고 구체적이어야 한다.

(3) 설명

설명 단계에서는 학습 과제와 관련하여 학생과 교사가 공통의 용어를 사용하게 된다. 이 단계에서 교사는 학생들에게 이전 단계에서의 경험, 즉 과학 개념의 이해, 탐구 과정, 탐구 기능 등을 설명하도록 요청하고, 이에 대해 교사는 주로 구두 설명의 방식을 통해 공식적인 과학 용어를 도입하고 직접적이고 명시적으로 과학적 설명을 제공한다. 설명

단계는 앞선 단계에서 수행했던 탐색적인 경험을 정리하는 과정으로서, 교사는 학생의 설명에 기초하여 참여와 탐색 단계에서의 경험과 분명하게 연관되도록 한다.

(4) 정교화

정교화 단계는 설명 단계에서 이루어졌던 학생들의 개념 이해, 탐구 과정 및 기능을 확장하는 단계이다. 교사는 학습 과제와 밀접하게 관련되어 있으며 학습했던 개념이 적용되는 새로운 상황을 제공하고, 학생들은 추가의 활동을 수행함으로써 개념의 이해를 심화하고 확장한다. 이 단계에서도 일부 학생들은 여전히 오개념을 가지고 있거나 앞 단계에서 수행했던 탐색적 경험에 국한해서만 개념을 이해하기도 하는데, 정교화 단계는 목표했던 학습을 성공적으로 이끌 수 있도록 추가의 시간과 경험을 제공한다.

(5) 평가

평가 단계는 학생들이 자신의 이해 수준을 평가하고 획득한 기능을 사용해 볼 수 있는 중요한 기회이며, 학생들은 자신의 설명이 적절한 것인지에 대해 피드백을 제공받을 수 있는 단계이다. 비공식적 평가는 5E 모형의 전반에 걸쳐 어느 단계에서든 이루어질 수 있으며, 공식적 평가는 정교화 단계 이후에 완성된다. 교사는 목표를 어느 정도 달성했는지와 관련되는 학생들의 이해 수준을 이 단계에서 결정하게 된다.

한편 5E 모형의 개발자들은 모형의 각 단계에서 이루어지는 행동들이 어떠해야 하고, 어때서는 안 되는지를 각각 학생과 교사의 입장에서 표 4.2와 같이 예시함으로써 이 모형의 특징을 분명히 드러내고자 하였다(Bybee et al., 2006).

표 4.2 5E 모형의 특징을 드러내는 행동 예시

단계	학생		교사	
	부합하는 행동	부합하지 않는 행동	부합하는 행동	부합하지 않는 행동
참여	• "왜 이런 일이 일어났을까?", "이것에 대해 내가 이미 알고 있는 것은 무엇인가?", "내가 이것에 대해 무엇을 알아야 하는가?"와 같은 질문 던지기 • 주제에 대해 관심을 나타내기	• 정답이 무엇인지 묻기 • 정답을 말해 버리기 • 하나의 해결책만을 모색하기	• 관심 끌기 • 호기심 유발하기 • 문제 제기하기 • 주제에 대해 학생들이 알고 있는 것을 이끌어 내기	• 개념을 설명하기 • 정의나 정답을 제공하기 • 결론을 언급하기 • 강의하기
탐색	• 활동 범위 내에서 자유롭게 생각하기 • 예측과 가설을 검증하기 • 새로운 예측과 가설을 생성하기 • 대안을 생각해 보고 친구들과 토의하기 • 관찰한 내용과 생각을 기록하기 • 관련된 질문을 구성하기 • 판단을 유보하기	• 다른 사람들이 생각하고 탐색하게 하기(수동적 참여) • 목적 없는 장난하기 • 하나의 해결책만으로 탐색을 그만두기	• 학생들끼리 서로 협력하도록 격려하기 • 학생들의 상호작용 모습을 관찰하고 경청하기 • 필요한 경우 학생들의 탐구를 유도할 수 있는 질문 던지기 • 학생들이 문제를 해결할 수 있는 시간 제공하기 • 학생들에게 컨설턴트가 되어주기 • "알아야 할 필요"가 있는 환경을 만들어주기	• 정답을 제공하기 • 문제 해결 방법을 설명하기 • 마감 시간을 재촉하기 • 학생들이 틀렸다고 직접적으로 말하기 • 문제 해결을 위한 정보 제공하기 • 학생들을 해결책에 단계적으로 이끌기
설명	• 가능한 해결책이나 답을 친구들에게 설명하기 • 친구들의 설명을 비판적으로 경청하기 • 친구들의 설명에 질문하기 • 선생님의 설명을 듣고 이해하려고 애쓰기 • 이전의 활동을 참고하기 • 관찰 기록을 사용하여 설명하기	• 이전 경험과는 무관한 뜬금없는 설명 제안하기 • 무관한 경험이나 사례 제시하기 • 정당한 이유 없이 설명 받아들이기 • 그럴 듯한 설명에 주의 기울이지 않기	• 학생들이 자신의 말로 개념과 정의를 설명하도록 유도하기 • 학생에게 정당화와 명료화를 요구하기 • 필요한 경우 정의, 설명 및 새로운 용어 등을 명확하게 하기 • 학생들의 이전 경험을 활용하여 개념을 설명하기	• 정당한 이유 없이 설명 받아들이기 • 학생들의 설명 요구를 도외시하기 • 무관한 개념이나 기능을 도입하기

설명	• 스스로의 이해를 평가하기		• 학생들의 이해도 향상을 평가하기	
정교화	• 새롭지만 비슷한 상황에 새로운 정의, 설명, 기능 등을 적용해 보기 • 이전의 정보를 사용하여 질문하기, 해결책 제안하기, 의사 결정 및 실험 설계하기 • 증거로부터 합리적인 결론 도출하기 • 관찰 및 설명 내용을 기록하기 • 친구들끼리 서로의 이해 정도를 확인하기	• 목적 없는 장난하기 • 이전의 정보나 증거 무시하기 • 뜬금없는 결론 도출하기 • 선생님이 해주셨던 설명만 되풀이하는 토론하기	• 학생들에게 앞서 제공된 용어, 정의, 설명을 사용할 것을 요구하기 • 학생들이 새로운 상황에서 개념과 기능을 적용하거나 확장하도록 독려하기 • 학생들에게 대안적인 설명을 상기시키기 • 학생들에게 획득한 자료와 증거를 참고하도록 하고, "이미 알고 있는 것이 무엇인가?" "왜 그렇게 생각하는가?"와 같은 질문 던지기(탐색 단계에서의 전략이 이 단계에서도 적용됨)	• 확정적인 답변을 제공하기 • 학생들이 틀렸다고 직접적으로 말하기 • 강의하기 • 학생들이 단계별로 해결책을 찾도록 이끌기 • 문제 해결 방법을 설명하기
평가	• 관찰, 증거, 앞서 받아들였던 설명을 사용하여 열린 질문에 답변하기 • 개념 또는 기능에 대한 도달 정도를 보여주기 • 스스로의 발전 정도를 평가하기 • 다음 순서의 학습을 북돋울 수 있는 관련 질문하기	• 증거나 앞서 받아들였던 설명을 사용하지 않고 결론 도출하기 • 예/아니요로만 답하고, 정답인 정의나 설명은 무조건 외우기 • 자신의 말로 만족스러운 설명하는데 어려움 겪기	• 학생들이 새로운 개념과 기능을 적용하는지를 관찰하기 • 학생들의 지식과 기능을 평가하기 • 학생들이 사고나 행동이 변화되었다는 증거 찾기 • 학생들이 스스로의 학습과 모둠의 과정 기능을 평가하도록 하기 • "왜 그렇게 생각하는가?", "어떤 증거가 있는가?", "x에 대해 무엇을 알고 있는가?" "x를 어떻게 설명하겠는가?" 등과 같은 열린 질문 던지기	• 어휘, 용어, 개별 사실 등을 테스트하기 • 새로운 아이디어나 개념을 도입하기 • 애매모호함을 유발하기 • 개념이나 기능과 무관한 열린 토론을 촉진하기

3) 적용 예시

표 4.3은 '회전원판 실험 장치를 이용한 전향력의 이해'를 주제로 하여 5E 모형을 적용한 교수-학습 과정을 개략적으로 나타낸 것이다.

표 4.3 5E 모형의 적용 예시(2018학년도 임용시험 B-8번을 발췌, 재구성)

단계	교수-학습 과정
참여	• 놀이터에서 원판 모양의 회전 놀이기구에서 두 명의 어린이가 서로 공을 주고받는 동영상을 보여주고, 회전하는 경우에는 서로 공을 던지지만 받지 못하는 현상이 나타나는 까닭을 질문하며 학습 목표를 소개한다.
탐색	• 회전원판 실험 장치를 이용하여 원판의 회적 속력과 회전 방향에 따라 구슬의 궤적이 어떻게 달라지는지 자유롭게 탐색하도록 한다.
설명	• 학생들은 탐색 단계에서 수행한 실험의 결과를 종합하여 발표하고, 교사는 학생들의 발표 결과를 토대로 전향력 개념을 도입하여 현상을 설명한다.
정교화	• 대기대순환 모형에서 편서풍의 방향을 전향력 개념을 이용하여 설명하고, 회전원판 실험 장치 실험이 갖는 한계점에 대해 토의한다.
평가	• 학생들에게 학습한 내용을 평가할 기회를 제공한다.

3 개념 변화 학습 모형

3.1 발생 학습 수업 모형

1) 모형의 특징 및 이론적 배경

위트록(M. Wittrock)은 인지주의적 철학과 학습 환경에서의 개인의 역할이 교육의 초점이었던 1974년에 발생학습 이론을 처음 발표했다. Wittrock의 발생 학습 이론은 인간의 인지과정에 대한 정보 처리 모델을 바탕을 둔 것으로, 학습의 원리를 설명하는데 있어 구성주의적 패러다임을 확립하는데 중요한 역할을 하였다. 그는 학습을 학습자 자신의 기억, 지식, 경험과 입력되는 정보로부터 의미를 구성하는 발생과정으로 정의함으로써 발생학습 이론을 자극-반응 이론과 차별화하였다.

Wittrock은 학습자가 새로운 지식을 발생하거나 생산한다고 가정하고 학습 과정을 "학습자가 자신의 이전 경험과 자극 사이에 발생하는 구체적이고 차별적인 관계의 함수"라고 설명했다. 발생학습에서 학습은 주어진 정보를 반복 재생하거나, 주어진 정보를 단순 축적하는 것이 아니라(Wittrock, 1974), 학습자 자신의 경험을 이해하고 인지된 현실에 반응하는 의미 발생 과정과 행동 계획을 능동적으로 제어하는 것이다. 즉, 학습자는 새로운 정보를 기존의 선행 지식과 연관시켜 의미를 생성함으로써 새로운 정보가 통합되고 암호화될 때 학습이 이루어진다. 그런 후 학습을 통해 발생된 새로운 의미는 기억과 회상을 위한 장기 기억으로 구성되고 정교해진다.

발생학습 모델은 지식의 생성을 동기유발 과정(motivational processes), 학습 과정(learning processes), 지식 생산 과정(knowledge creation processes), 발생 과정(generation processes)의 네 과정으로 설명하고 있다(Wittrock, 1974, 1992).

동기부여 과정은 뇌의 각성과 주의력과 관련이 있다(Lee, Lim와 Grabowski, 2008). 이 과정에서 학습자는 환경의 자극을 인식하고 무엇을 수용할 것인지 무시할 것인지를 결정한다(Languis와 Miller, 1992). 즉, 동기부여 과정에서 학습자는 학습에 대한 흥미와 통제의식을 바탕으로 새로운 정보를 선택적으로 받아들인다. 이 과정에서 학습자에게 자아개념을 고취시키고, 학습에 대한 통제와 책임, 그리고 학습하려는 태도가 요구된다.

동기부여 과정이 학습자가 새로운 정보를 인식한 후 학습자의 주의를 활성화하는 과정이라면 학습 과정은 학습자의 주의를 새로운 정보에 집중시키는 과정이다. 학습과정은 새로운 내용이나 정보에 대한 주의를 통제하는 개별적인 행동 과정이다. 즉, 학습자는 새로운 정보에 관심을 갖고 대응하여 그 정보를 코드화하고 통합한다. 이 과정에서 학습자는 자신과 학습 주제와의 관련성, 그리고 학습하고자 하는 목표를 찾는 것이 필요하다.

지식 생산 과정은 기존의 지식, 신념, 그리고 가치에 기초하여 학습자가 새로운 모델을 구축하기 시작하는 과정이다. 이 과정에서 학습자는 새로운 정보를 수용하여 분석하고 이를 저장한다. 그리고 이 과정에서 학습자의 사전지식과 경험을 반영하여 새로운 정보와 사전지식 사이의 관계를 검증한다. 즉 이 과정에서 학습자는 새로운 정보를 반복적으로 결합하고 기존의 지식과 끊임없이 비교하게 되며 기억, 신념, 가치를 바탕으로 연결의 질을 결정하게 된다. 이 과정에서 학습자는 자신의 사전지식 또는 오개념 등을 점검해야 하며 메타인지를 활성화할 필요가 있다.

발생 과정은 정보를 코딩하거나 통합하는 과정이다. 이 과정에서 학습자는 나중에 필요한 정보를 회상하고 인출하기 위해 새로운 정보를 조직하고 통합시키면서 정보들 사이의 관계에 의미를 부여한다. 즉, 학습자는 이 과정에서 새로운 정보를 조직하고 통합하여 새로운 의미 관계를 구축한다.

이 네 가지 과정을 바탕으로 '관심을 자극하고, 학습 과정의 모든 단계에서 능동적 정신처리를 촉진하며, 학습자에게 적절한 도움을 주는 학습자원'이 학습이 가능하도록 한다(Lee, Lim, Grabowski, 2008). 이 때 학습은 개인에 의해 새로운 정보가 조직되거나, 정교화되거나, 또는 의미에 통합될 때에만 가능하기 때문에 발생학습은 적극적으로 의미를 구성하기 위한 특정 활동을 가진 학생 중심 학습이라고 할 수 있다. 발생학습 과정에서 학습자는 결코 수동적인 지식의 수령자가 아니며 학습과정에서 새로운 이해를 생성하기 위해 학습 활동에 적극적으로 참여해야 한다.

2) 모형의 절차 및 방법

발생 학습 모형의 절차는 예비(preliminary), 초점(focus), 도전(challenge), 적용(application)로 구성되었다(그림 4.5).

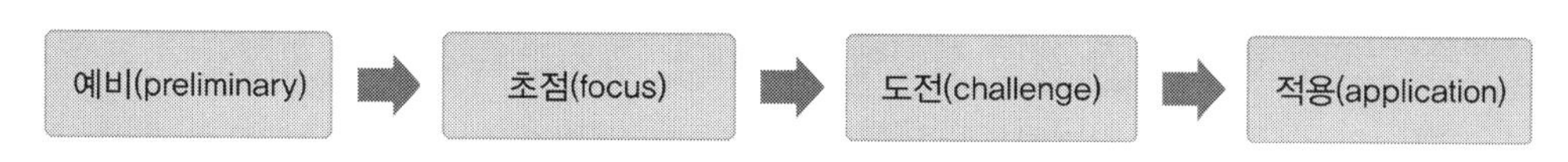

그림 4.5 발생 학습 모형의 절차

(1) 예비(preliminary) 단계

예비 단계는 수업의 목표가 학생들의 선개념을 과학적 개념으로 변환시키는 것이라고 했을 때 이를 달성하기 위한 준비단계이다. 수업이 교수 환경에서 교사와 학생의 상호작용을 통해 진행되는 것이므로 이 단계에서의 수업 준비는 각각 교사와 학생 및 환경에 대한 분석에서 출발해야 한다. 교사는 먼저 교수-학습 내용을 파악하고 그 내용과 관련된 자신의 개인 개념이 과학적 개념과 일치하는지를 먼저 명확히 해야 한다. 그리고 교사는 학습 내용과 관련된 학생들의 선개념을 다양한 방법으로 확인하여야 한다. 이 단계에서는 교사는 학습 내용과 관련하여 학생들의 선개념이 학급 내에서 어느 정도 지배적으로 퍼져있는지, 과학적 개념에 대해 과학자들은 어떻게 묘사하고 설명했는지, 학습 내용에 대한 과학사적 과정은 어떤지, 학생들이 개념이해에서 어려워하는 것은 무엇인지 등을 조사하여 이를 해결하기 위한 구체적인 교수 전략을 모색하여야 한다.

(2) 초점(focus) 단계

초점 단계는 학생들의 학습 동기유발을 위해 흥미롭고 도전적인 경험을 제공하는 단계이다. 이를 위해서 교사는 학생들에게 학습 내용과 관련된 활동을 제시하여 학생들이 직접적이고 참여함으로써 학습 내용에 친숙해지도록 유도해야 한다. 또 학생들에게 자신의 생각을 표현하게 하여 자신들의 생각을 명료하게 해야 한다. 그리고 교사는 학생들의 반응을 해석하여 그 의미를 파악해야 한다.

(3) 도전(challenge) 단계

도전 단계는 학생들의 선개념을 과학적 개념으로 변화시키는 단계이다. 이 단계에서 학생들은 초점 단계에서 인식한 자신들의 개념을 동료나 과학적 개념과 서로 비교하고,

타당성을 검증하고, 과학적 개념 형성에 도전한다. 그러므로 교사는 학생들이 과학적 개념을 학습할 수 있도록 적절한 학습 환경을 제공할 필요가 있다. 교사는 모둠 활동이나 토론을 통해 자신들의 개념을 명확하게 하고 다른 학생들의 개념을 들을 수 있는 환경을 만든다. 이 과정에서 교사는 학생들에게 서로의 생각을 다양한 관점에서 비판하게 하고, 과학자적 관점을 지지하는 증거를 찾도록 유도할 수 있다. 도전 단계에서 학생들은 과학적 관점의 증거가 제시되었을 때 선개념의 변화를 통한 과학적 개념의 이해가 일어난다. 학생들은 새로운 개념을 수용하거나 기존의 개념을 수정함에 따라 어느 정도의 개념적 충돌이 발생할 수 있고, 자신의 선개념을 조절시키는 과정 중에 질문이 나올 수 있다. 그러므로 학생들이 과학적 개념을 구성할 수 있도록 적절한 지도가 필요하다.

(4) 적용(application) 단계

적용 단계는 도전 단계에서 구성한 과학적 개념을 정교화하고 공고히 하는 단계이다. 이를 위해서 교사는 학생들이 과학적 개념을 이용하여 문제를 해결하게 하거나 새로운 상황에서 과학적 개념을 적용하게 하여 자신이 구성한 개념이 과학적으로 유용하고 가치가 있다는 것을 인식하게 한다. 이 단계에서 교사는 전략적으로 학생들이 구성한 과학적 개념을 선개념과 서로 비교하게 하여 개념 변화를 검토하고 반성적 사고를 하도록 격려할 수 있다.

3) 모형의 적용(전향력, 2021학년도 임용시험)

수업단계	교수-학습 활동
예비	• 교사는 가르칠 내용에 대한 자신의 개념을 확인하고, 학생들이 가지고 있는 선개념을 조사한다.
초점	• 교사는 놀이터에서 회전하는 놀이 기구 원판 위에 있는 네 명의 학생이 서로 공을 주고받는 영상을 보여준다. • 공을 주고받을 때 공의 궤적과 그렇게 생각한 이유를 말해보게 한다.

도전	• 4가지 조건에서 회전원판에 쇠구슬을 굴리는 실험을 수행하게 한다. **[조건 1]** 회전원판을 정지시킨 상태에서 쇠구슬의 궤적을 관찰한다. **[조건 2]** 회전원판을 시계 반대 방향으로 회전시켜 쇠구슬의 궤적을 관찰한다. **[조건 3]** 회전원판을 시계 방향으로 회전시켜 쇠구슬의 궤적을 관찰한다. **[조건 4]** 회전원판의 회전속도를 달리하여 쇠구슬의 궤적을 관찰한다. 쇠구슬 회전원판 • 실험 결과를 초점 단계에서의 자신의 생각과 비교하게 한다.
응용	• 전향력이 적용되는 지구과학적 현상을 찾아보게 한다.

3.2 인지 갈등 수업 모형

1) 모형의 특징 및 이론적 배경

인간 학습의 관점에서 새로운 개념과 선개념 사이에서 개념적 충돌이 있을 때 재조직이나 재구성이 필요하다. 많은 학자들은 이런 개념의 재조직이나 재구성을 인지적 갈등을 통해 설명하기도 하고(Anderson, 1977; Posner et al., 1982; Rowell과 Dawson, 1983), 어떤 학자들은 변증법적 과정으로 설명하기도 한다(Riegel, 1973). 또 어떤 학자들은 소크라테스식 교육 방법(Anderson, 1977; Champagne et al., 1982)이나 또는 토의와 토론이 포함된 교육활동으로(Nussbaum와 Novick, 1981) 설명하기도 한다.

이 모형은 인지적 갈등을 통한 개념 변화의 학습관을 배경으로 한다. 인지적 갈등에 대해 피아제(Piajet, 1970)는 인간이 동화를 통해 마주하게 되는 환경을 감당할 수 없을 때 인지적 갈등이 형성된다고 하였다. 그리고 그는 인간이 새로운 환경에 적응하거나 자신의 인지구조를 바꾸거나 확장하면 그 인지적 갈등이 해소된다고 하였다. 이에 하슈웨(Hashweh, 1986)는 인지적 갈등이 인지구조와 환경 사이(유형 1)에서만 형성되는 것이 아니라 인지구조들 사이(유형 2)에서도 인지적 갈등이 형성된다고 하였다. 즉, 인지구조와 환경 사이의 인지적 갈등은 선개념과 환경 사이의 갈등(유형 1: C1–R2)이다. 이는 지나치게 확장된 개념 해석에서 갈등이 발생하기 때문에 학생들이 서로 다른 갈등 유형을 이해할 수 있도록 돕는 것이 의미가 있다. 학생들은 종종 그들의 개념이 제한적이라는 것을 깨닫지 못한다. 상황과 기존 개념 사이에 모순이나 양립불가능성이 존재하더라도 갈등을 알아채지 못하는 경우가 많다. 인지구조와 인지구조 사이의 인지적 갈등은 선개념과 과학적 개념사이의 갈등(유형 2: C1-C2)으로 이는 새롭게 학습된 과학적 개념과 과거의 경험을 통해 학습한 선개념 사이의 불일치를 의미한다. 이는 과학적 개념이 너무 추상적이어서 일상생활과 직접적인 연관성이 없는 반면 선개념은 과거의 경험을 통해 학습된 것으로 학습자에게 더 익숙하기 때문에 나타나는 현상이다. 과학적 개념과 선개념사이의 인지적 갈등이 해소되기 위해서는 과학적 개념이 모든 환경(R1, R2)을 설명할 수 있고 논리적으로 수용될 수 있어야 한다. 즉, 학습자가 자신의 인지구조를 선개념으로부터 과학적 개념으로 변화시켜 인지적 평형 상태에 도달함으로써 인지적 갈등은 해소된다.

이 모형은 학습자에게 선개념을 통해 설명할 수 없는 환경을 경험하게 하여 학습자가 스스로 새로운 개념을 수용할 필요성을 느끼고 과학적 개념을 받아들이게 하는 수업 모형이다. 이 수업 모형은 학습자의 개념 변화 특히 오개념의 변화를 목적으로 개발된 것으로 교사는 학생들의 오개념을 분석하고 이를 효과적으로 해소할 수 있도록 다양한 전략을 준비할 필요가 있다.

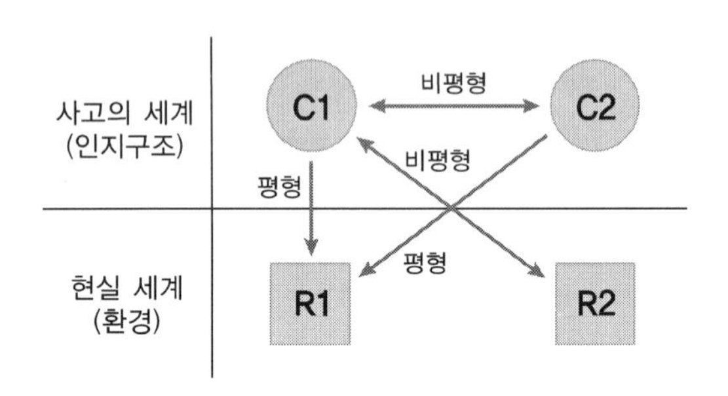

그림 4.6 인지 갈등 수업 모형

2) 모형의 절차 및 방법

인지 갈등 수업 모형은 학습자의 인지변화 과정을 모형화한 것으로 선개념 확인, 인지 갈등 유발, 개념 재구성, 개념적용 등의 단계로 진행한다.

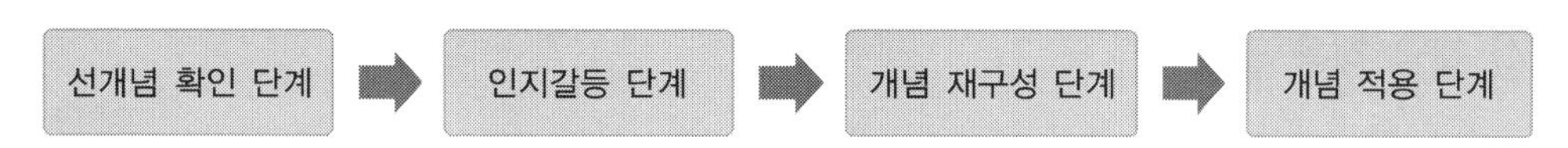

그림 4.7 인지 갈등 모형의 절차

(1) 선개념 확인 단계

선개념 확인 단계는 학습자의 학습 전 개념(C1)을 조사하는 단계이다. 이 단계에서는 교사가 학습 내용과 관련된 문제 또는 상황을 제시하면 학생은 자신의 일상적인 경험을 바탕으로 인식하고 있는 선개념을 표현한다. 이 때 학습자의 선개념뿐만 아니라 그 선개념을 가지게 한 실제 현상(R1)도 함께 파악할 수 있다. 이 단계에서 선개념을 조사하는 목적은 인지 갈등 단계에서 갈등 상황을 만들고 학습동기를 유발하는 데 있으므로 학생들이 능동적인 참여하게 할 필요가 있다.

(2) 인지 갈등 단계

인지 갈등 단계는 학생들에게 인지 갈등 상황을 제시하는 단계이다. 즉, 교사가 학습자의 선개념으로는 해석할 수 없는 상황을 제시하여 학생들에게 의미 있는 인지적 갈등을 유발하는 단계이다. 학생들은 교사가 제시한 상황을 접하는 동안 자신의 사고가 일관되지 않다는 것을 스스로 인식하거나 기존 선개념으로 새로운 현상을 설명할 수 없을 때 R2와 인지 갈등을 일으키게 된다.

(3) 개념 재구성 단계

개념 재구성 단계는 학습자가 기존 선개념과 새로운 현상 사이의 갈등을 해소하고 새로운 과학적 개념을 도입하는 단계이다. 이 단계에서 교사는 학습자가 스스로 자신의 선개념으로는 새로운 현상을 설명할 수 없다는 것을 깨닫게 해주는 것이 중요하다. 학습자는 인지적 갈등을 해소하는 과정에서 선개념을 과학적 개념으로 대체하고 과학적 개념의 논리를 이해하게 된다.

(4) 개념 적용 단계

개념 적용 단계는 유사한 상황을 제시하여 학생들에게 설명하게 함으로써 새로 받아들인 과학적 개념을 정교화하는 단계이다. 즉, 학생들이 새로 받아들인 과학적 개념(C2)으로 선개념 문제는 물론 갈등유발 문제도 해결할 수 있도록 적용하는 단계이다.

3) 모형의 적용(조석)

수업단계	교수-학습 활동
선개념 확인	• 달에 의한 해수면 상승 관련 뉴스 자료를 보여준다(조석 현상의 원인으로 달의 인력을 강조하는 자료). • 자료를 보고, 이 때 달에 의한 지구 해수면의 모양을 그려보도록 한다. - 대표적인 선개념: 기조력이 아닌 달과 지구 사이의 인력에 의해서 지구 해수면의 모양이 결정된다. • 발표를 통해 다른 사람의 생각과 비교하여 자신의 생각을 검토하게 한다.
인지 갈등	• 어느 날 인천 앞바다에서 해수면의 높이 변화를 시간별로 나타낸 자료를 보여준다(하루 동안 최고, 최저 해수면 높이가 두 번 나타나는 자료, 즉 선개념으로는 설명할 수 없는 자료 제시). • 하루 동안 최고, 최저 해수면 높이가 두 번 나타나는 이유에 대해 생각하도록 한다(자신의 생각을 바꾸려는 동기 제공).
개념 재구성	• 지구와 달이 질량중심을 기준으로 공전하고 있음을 설명한다. • 지구에 조석현상을 일으키는 기조력이 원심력과 인력의 합력으로 달의 방향과 반대 방향 두 곳에서 최고 해수면 높이가 나타남을 설명한다. • 지구에 조석현상을 일으키는 기조력이 지구와 천체의 질량에 비례하고 지구와 천체 사이의 거리의 세제곱에 반비례함을 설명한다.
개념 적용	• 국립해양조사원이 예보한 인천항의 조석표를 보여준다. • 시간에 따른 해수면의 높이 그래프를 그려보도록 한다. • 하루 동안의 조석 그래프에서 각각 2회의 최고 수위와 최저 수위가 나타남을 확인하게 한다.

3.3 드라이버의 개념 변화 학습 모형

1) 모형의 특징 및 이론적 배경

개념 변화에 대한 인식론적 연구는 1970년대 말과 1980년대 초에 활발하게 진행되었다. 초기의 연구들은 주로 학생들이 가지고 있는 개념이 어떻게 변화되었는지에 대한 이해에 관심을 두었다. 반면 나중의 연구들은 동화와 조절에 기반한 피아제의 학습 심리, 과학사적 이론 변화에 대한 쿤(T. Kuhn)의 사상, 급진적 구성주의에 영향을 받은 인지주의적 접근과 구성주의적 접근이 주를 이루었다(Duit와 Treagust, 1998).

그런데 학생이 지닌 선개념은 개인적 경험을 통해 강화되었기 쉽게 변화되지 않는 특성을 갖으며, 유의미하고 완전한 학습을 방해하는 중요한 요인이 된다(Driver와 Oldham, 1986; Kose, 2008). 이런 개념 변화의 어려움은 구성주의적 접근에서 유래되는 인지 갈등 전략을 활용했을 때 해결될 수 있다(Duit, 1999). 즉, 학습자 자신이 갖고 있는 현재의 개념에 불만족을 느끼고 새로운 개념이 실제적으로 문제 해결에 도움이 되면 학습자는 과거의 개념을 버리고 새로운 개념을 수용하게 된다(Duit, 1996). 이와 관련하여 급진적 구성주의 인식론 중 하나인 Posner et al.(1982)의 개념 변화 모델에서는 학습자의 선개념을 오개념(misconception)이라고 말하면서, 오개념과 이 오개념을 대체할 수 있는 새로운 개념이 갖추어야 할 조건을 제시하고 있다. 먼저 학습자는 자신의 오개념에 대해 불만을 갖게 되어야 한다. 그리고 오개념을 대체할 새로운 개념은 첫째 학습자가 이해할 수 있어야 하고, 둘째 학습자 자신의 사고 안에서 논리적으로 모순되지 않을 뿐만 아니라 옳다는 믿음을 주어야 하며, 그 개념을 수용했을 때 다른 문제를 해결하는 데 도움이 되어야 한다는 확신을 주어야 한다.

1980년대 초 고전적인 개념 변화 접근법의 등장 이후 인지 갈등이 학습자의 개념 변화에 효과적인지(Limon와 Carretero, 1999; Mason, 2001) 아니면 과장된 것인지(Chan, Burtis와 Reiter, 1997)에 대한 논란이 있지만 순환 학습(Karplus, 1977; Lawson, Abraham, Renner, 1989)과 같은 피아제의 접근법과 구성주의적 순환 학습(Driver, 1989; Scott, Asoko와 Driver, 1992)과 같은 개념 변화 접근법의 등장에 중요한 역할을 하였다. 그리고 인지 갈등은 학생들의 개념 변화를 위한 교수-학습 모형이나 전략을 개발하는데도 기초가 되었다. 드라이버(R. Driver)의 개념 변화 학습 모형도 그 중에 하나이다. 드라이버는 인지 갈등을 활용한 수업 활동의 속성에 따라 세분하여 개념 변화 학습모형을 제시하였는데, 이를 통해 드라이버는 학생들이 선개념을 고찰하고, 새로운 경험을 바탕으로 개념을 변화시킬 수 있는 방법을 제시하였다(Bybee et al., 2008; Lawson, 1995).

2) 드라이버의 개념 변화 학습 모형의 절차 및 방법

드라이버의 개념 변화 학습 모형은 교사의 수업에 대한 안내로 시작하여, 학생들의 생각을 끌어내고, 재구성하는 단계를 거쳐 재구성한 생각을 응용한 후 그 변화를 검토하는 단계로 이루어졌다.

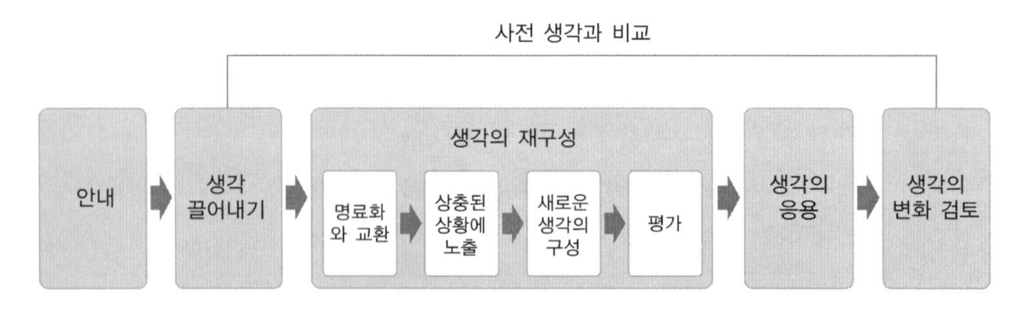

그림 4.8 드라이버의 개념 변화 학습 모형의 절차

(1) 안내

안내 단계는 교사가 학생들에게 무엇을 배울지에 대한 소개와 더불어 수업 내용과 관련된 상황을 제시하여 학습에 대한 흥미를 유도하는 단계이다.

(2) 생각 끌어내기

생각 끌어내기 단계는 학생이 수업 내용과 관련된 자신의 생각을 자각하고 이를 표현하는 단계이다. 이를 위해서 교사는 학생들이 자신의 생각을 표현할 수 있도록 다양한 전략을 동원할 필요가 있다. 예를 들면 학습 내용과 관련된 현상이나 사건을 학생들에게 제시하고 학생들의 생각을 글로 표현하게 하거나, 그림을 그려보게 하거나, 모형을 만들게 하거나, 개념도를 그려보게 하거나, 여러 방법을 혼합한 활동을 할 수 있다(Driver et al., 1996). 이 단계에서의 학생들의 생각은 이후 생각의 변화 검토 단계에서 선개념과 새로 구성한 개념을 비교하는 데 활용할 수 있다.

(3) 생각의 재구성

생각의 재구성 단계는 명료화와 교환, 상충된 상황에 노출, 새로운 생각의 구성, 평가 단계로 구성된다.

명료화와 교환 단계는 학생들의 선개념을 명확하게 하는 단계로서, 이 단계에서 학생들은 다른 학생들의 생각에 비추어 자신의 생각을 명확하게 하고, 서로의 생각을 비교해 보는 활동을 할 수 있다(Driver et al., 1994, Driver와 Bell, 1986). 상충된 상황에 노출 단계는 개념 변화의 핵심 단계로 학생의 선개념으로는 설명하지 못하는 현상을 제시하고, 주어진 현상을 설명하거나 예측하는 단계이다. 이런 상충된 상황의 노출로 학생들은 자신의 선개념이 불충분하다는 것을 인식하게 되고 스스로 자신의 개념을 바꾸고자 하는 태도를 갖게 된다. 새로운 생각의 구성 단계는 자신의 선개념을 대체할 수 있는 새로운 생각을 구성하는 단계이다. 이어지는 평가 단계는 새로 구성한 개념의 유용성을 경험하게 하여 그 개념이 얼마나 타당한지를 평가하도록 하는 단계이다.

(4) 생각의 응용

생각의 응용 단계는 학생들에게 재구성한 개념을 새로운 상황에서 응용할 수 있도록 기회를 제공하는 단계이다. 학생들은 이 단계에서 새로 구성한 개념이 얼마나 유용한지를 경험할 수 있고, 그 개념과 익숙해지게 된다(Driver et al., 1994; Driver와 Bell, 1986).

(5) 생각의 변화 검토

생각의 변화 검토 단계는 재구성된 개념이 어떻게 어느 정도 변화되었는지를 검토하는 단계이다. 이 단계를 통해 학생들은 자신들이 재구성된 생각을 생각 끌어내기 단계에서의 생각과 비교할 수 있다(Driver et al., 1994; Driver와 Bell, 1986; Driver와 Oldham, 1986).

3) 모형의 적용(기조력, 2021학년도 임용시험)

수업단계		교수-학습 활동
생각 끌어내기		• 학생들에게 달의 기조력에 의한 해수면의 모양을 그려보게 한다. • 교사는 학생의 응답이 달이 방향으로만 해수면이 상승한 유형, 달의 방향과는 무관하게 모든 방향으로 동일하게 상승한 유형 등을 확인한다.
생각의 재구성	명료화와 교환	• 학생들은 자유롭게 자신의 표현에 대해 왜 그렇게 생각했는지 말하고, 친구들과 서로 의견을 교환한다.
	상충된 상황에 노출	• 교사는 오개념을 가진 학생들에게 오개념으로 설명되지 않는 자료나 상황 즉, 어느 항구에서의 해수면 높이를 시간대별로 나타낸 자료를 제시한다. • 학생들에게 자신의 기존 생각으로 하루 동안 최고 해수면 높이, 최저 해수면 높이가 각각 2회 발생하는 이유를 설명하게 하여 인지적 갈등을 유발시킨다.
	새로운 생각의 구성	• 지구와 달의 공통 질량 중심을 기준으로 공전하고 있는 자료를 제시하여 두 천체 사이의 만유인력뿐 만 아니라 공전에 따른 원심력도 나타남을 설명한다. • 만유인력과 원심력의 합력이 기조력이라는 것을 설명하고, 이에 따라 최고 해수면의 높이는 달의 방향과 달의 반대 방향에서 나타남을 설명한다. • 조석 현상을 일으키는 기조력은 지구와 천체의 질량에 비례하고, 지구와 천체 사이의 거리의 세제곱에 반비례한다는 것을 설명한다.
	평가	• 국립해양조사원에서 발행하는 조석표를 제시하고 시간에 따른 해수면의 높이 변화를 그래프로 그려보게 한다. • 해수면의 높이 변화를 나타낸 그래프에서 하루 동안 최고 해수면 높이와 최저 해수면 높이의 빈도를 확인하게 한다.
생각의 응용		• 달에 의해서만 나타나는 기조력, 위치 관계에 따른 태양과 달 두 천체에 의해 나타나는 기조력을 비교하는 활동을 한다.
생각의 변화 검토		• 기조력에 의한 지구 해수면의 높이를 그려보게 하고, 처음 자신이 그렸던 그림과 서로 비교하여 설명하게 한다. • 자신의 변화된 생각을 정리하여 발표하게 한다.

4 STS 학습 모형

4.1 이론적 배경 및 개요

1) STS 등장 배경

학문 중심 교육과정에서 과학 교육은 학생들의 진로와 직업, 사회와의 관계 등의 관심에 소홀하다는 비판에 직면하였고, 학생들의 과학에 대한 지적, 정의적 능력이 기대만큼 향상되지 않았다는 증거들이 나타났다. 이에 1980년대 이후 과학 교육의 목표가 주요 개념과 이론 중심에서 과학적 소양인 양성으로 전환되면서 과학의 본성 및 과학에 대한 태도 등에 대한 관심이 증대되었다. 또한 현대 사회의 과학-기술 발전이 야기하는 다양한 부정적인 문제(환경-에너지-베트남 전쟁-인간성 상실 등)와 사회적 갈등 현상을 해결하기 위한 노력이 요구되면서 문제해결학습 모형으로서 STS 교육에 대한 관심이 일어나게 되었다. 즉 STS 교육 운동은 '모든 학생을 과학자로 만들 것인가?'라는 질문으로부터 시작하여 과학 교육의 주류를 이끌어 왔던 학문 중심의 과학 교육에 대한 비판과 함께 지식 위주의 교육이 만들어 낸 과학, 기술의 비인간화에 대한 반성에서 출발하였다.

2) STS 교육의 정의

STS 교육 운동은 영국의 고등교육에서 그 출발점을 찾을 수 있다. STS(Science, Technology, Society)라는 용어는 영국의 Ziman(1980)이 처음으로 사용하였다. 과학기술과 사회에 대한 교육적 관심은 1971년 영국에서 결성된 SISCON(Science In a Social CONtext) 그룹에 의해 STS 교육 운동의 모습을 띠게 되었고, 'SISCON-in-School(1978년)'이라는 프로젝트의 이름으로 중등학교 수준으로 확대되었다(Solomon, 1980). 이것이 과학 교육에서 말하는 STS 교육의 본격적인 출발점이 되었다. 이후 STS 과학 교육 운동은 전 세계에서 활발하게 전개되었다. 1980년대에 시작된 대표적인 STS 교육과정으로 미국의 아이오와주립대학교 교사 교육 프로그램이었던 'Iowa Chautauqua Program'과 영국의 SATIS(Science and Technology in Society) 프로그램 등이 있다. 여기에서 STS에 대한 기본적인 접근 방향은 다음과 같이 정의되었다.

- 과학적 소양의 함양을 추구한다.
- 과학-기술-사회의 상호 관련성을 강조한다.
- 인간의 경험적 상황에 근거한 과학 학습을 중요하게 생각한다.
- 과학과 기술, 사회적 문제에 대한 의사결정과 문제해결력을 강조한다.

과학-기술-사회에 대한 정의(Bybee, 1985)

- 과학 : 과학은 자연 세계와 인간 세계의 이해를 위한 체계적이고 객관적인 연구이며, 계속적인 탐구에 의해 형성된다.
- 기술 : 기술은 실제 문제를 해결하려는 인간의 목표를 달성하기 위한 과학적 지식의 응용이다. 기술은 문화에 의해 발달되며, 자원을 이용하고, 상품을 생산하며, 삶의 질을 향상시킨다.
- 사회 : 지역과 국가, 세계적 수준에서 인간의 종합적인 상호작용을 말한다. 인간들로 이루어진 사회 집단은 서로의 상호작용과 특별한 관계, 공유하는 제도, 공통된 문화에 의해 결속된 구성원들로 구성되어 있다.
- 과학과 기술의 관계 : 과학에 의해서 발생된 지식은 새로운 기술의 발달에 기여한다. 새로운 기술들은 과학에 영향을 주며, 종종 과학 문제들의 해결에 이용되기도 한다. 또한, 기술의 발달은 과학연구를 위한 방법이나 기구의 향상을 가져온다.
- 과학과 사회의 관계 : 과학에서 발생된 지식과 과학자에 의하여 사용된 탐구 과정은 우리 자신과 다른 사람 그리고 자연환경에 대하여 사고하는 우리의 세계관에 영향을 미친다. 과학적 지식은 우리 사회에 긍정적 영향과 부정적 영향을 끼친다. 사회에 대한 과학의 영향은 항상 이롭게 작용하지도 않고, 해롭게 작용하지도 않는다. 이는 개인, 사회 구성원, 지역 그리고 시대에 따라 다르다. 사회의 문제는 가끔 과학 연구를 위한 아이디어와 질문을 제공하기도 한다.
- 기술과 사회와의 관계 : 기술은 인간의 삶과 행동 양식에 영향을 줄 뿐 만 아니라, 지역적, 국가적, 세계적인 상호관계에도 작용한다. 기술적인 변화는 사회적, 정치적, 경제적 변화에 영향을 받는다. 새로운 기술의 영향은 사회에 항상 이롭게 작용하지도 않고 해롭게 작용하지도 않는다. 이는 개인, 사회 구성원, 지역 그리고 시대에 따라 다르다. 그 사회에서 필요로 하는 것과 사회의 태도와 가치관은 기술이 나아갈 방향에 영향을 미친다.
- 과학, 기술, 사회와의 관계 : 여러 사회 계층의 역사를 통틀어서 과학과 기술은 사회 발전에 영향을 주었다. 가장 직접적인 상호작용은 기술과 사회 사이에 존재하지만, 기술의 발달은 과학적 지식에 의해 가능해진다. 과학과 기술은 서로 구별되지만, 그들은 서로 얽혀 있어서 실제로 과학과 기술과 사회 사이에서의 상호작용은 과학, 기술, 사회 모두를 포함해서 일어난다.

• 과학자와 관계된 사람들뿐만 아니라 모든 사람을 위한 과학(Science for All)을 추구한다.

과학과 기술, 사회는 서로 영향을 주고받는 밀접한 관계로 상호작용하고 있어서 사회와 동떨어진 과학과 기술의 발달은 큰 의미가 없으며, 서로 떼어 놓고 생각할 수 없다는 인식이 보편화 되어 가고 있다. 이러한 관계를 현대의 과학교육에서는 STS로 통칭한다(조희형과 최경희, 1998). 한편 NSTA(National Science Teaching Association, 2003)는 STS를 '인간의 경험적 맥락에서 이루어지는 과학의 교수-학습(Teaching and learning of science in the context of human experience)'이라고 정의하며 STS를 일종의 교수-학습으로 보고 있다. 그러나 STS 교육은 기술과 사회와의 상호작용에서 과학의 의의를 찾으려는 교육활동으로 과학교육이 인간의 경험적 맥락과 사회적 상황에 초점을 맞추어야 한다는 하나의 교육 사조나 교육 운동(구체적인 교육과정)을 의미한다고 볼 수 있다(Woodhouse, 2014).

3) STS 학습 내용 선정

STS 수업을 위한 교육 내용 선정과 관련하여 Yager(1984)는 과학과 교육과정에서 포함해야 할 STS 관련 요소 8가지를 제시하였다. STS 수업 내용은 학생들의 일상생활과 관련되면서 직접 이용할 수 있고, 학생들의 미래와 진로에 관련될 수 있어야 한다. 특히 사회 문제에 대해 관심을 갖고 과학-기술-사회의 상호작용을 바르게 인식하여 평가할 수 있는 내용 등이 포함되어야 한다고 했다. STS 수업 관련 요소는 다음 표 4.4와 같다.

STS 교육과정 구성과 관련하여 중등학교 수준의 STS 구성요소로서 ① 에너지 ② 인간 ③ 인간공학 ④ 환경 문제 ⑤ 천연 자원의 이용 ⑥ 우주개발과 국방 ⑦ 과학의 사회학 ⑧ 기술발달의 영향을 들수 있다. 이들 8가지 구성요소를 중심으로 STS 교육과정을 구성할 수 있고, 교육의 목적에 따라 개인적, 사회적 상황을 고려하여 변형되어 사용될 수 있다. STS 수업의 주제를 선정할 때에는 학생들의 관심과 흥미, 학습 수준에 맞는 소재를 선택해야 한다.

표 4.4 STS 수업 관련 요소(Yager, 1984)

STS 요소	내용
지역 사회와의 관련성	과학 수업은 지역과 학생의 일상생활에서 찾아 볼 수 있고, 연구되거나 중요하게 고려되어야 할 사건이나 사물에 관심을 가져야 한다.
과학의 응용성	과학의 응용으로서 기술은 많은 관련성을 갖고 더 잘 이해될 수 있어야 한다.
사회 문제	과학은 과학을 이용하고 요구하기도 하는 사회와 분리될 수 없다.
의사결정 능력 함양을 위한 연습	과학과 기술은 사회적 상황과 맥락에 관련지어 문제를 해결할 수 있다.
과학과 관련된 직업에 대한 인식	미래 사회와 진로를 탐색하고 직업에 대한 인식을 가질 수 있도록 한다.
실제 문제에 대한 협력	윤리적, 도덕적, 가치적 차원까지 고려하여 문제를 해결할 수 있는 활동을 통해 책임감 있는 시민으로 성숙하게 한다.
과학의 다차원성에 대한 인식	과학의 윤리적, 사회적, 심리적 차원은 학문적 차원보다 학생들에게 더 중요하다.
정보의 선택 및 이용에 대한 평가	정보를 선택하여 이용하는 것은 용어나 개념의 정의를 평가하는 것보다 과학교육에서 더 가치 있게 다루어지고 훈련되어야 할 기능이다.

STS 학습 소재 선정의 기준

- 현재 학생들의 삶에 직접 적용할 수 있는 소재인가?
- 학생들의 인지발달과 사회적 성숙에 적합한가?
- 오늘날 세계에서 중요시되고 있는 소재이며 학생들이 성인이 되었을 때에도 중요한 부분으로 남을 수 있는 소재인가?
- 과학이 아닌 다른 분야와 상황에서도 적용이 가능한가?
- 학생들이 지속적으로 흥미를 갖고 열중할 만한 소재인가?

4.2 STS 학습 모형의 단계별 내용 및 특징

1) STS 학습 모형

STS 교육은 지나친 학문 중심 수업을 지양하며 학생의 일상생활과 사회적 경험, 과학-기술-사회가 관련된 문제 중심의 학습 주제를 바탕으로 학습자의 의사결정력과 가치판단, 문제해결력을 향상시키는데 목적이 있다. STS 학습은 과학과 관련된 사회적 문제를 과학적으로 해결하고, 과학적 소양을 갖춘 사회 구성원으로서 관련된 의사결정을 하여 어떤 행동을 취할 것인가를 다룬다. 이러한 STS의 수업 과정은 Iowa Chautauqua Program에서 제시하는 수업의 절차로서 문제로의 초대, 탐색, 설명 및 해결 방안 제시, 실행의 4단계로 구성되며 각 단계마다 과학과 기술의 접근이 요구된다. 다음은 우리나라에서 많이 활용되고 있는 4단계 STS 학습 모형의 수업 단계와 과학-기술의 접근 방향이다.

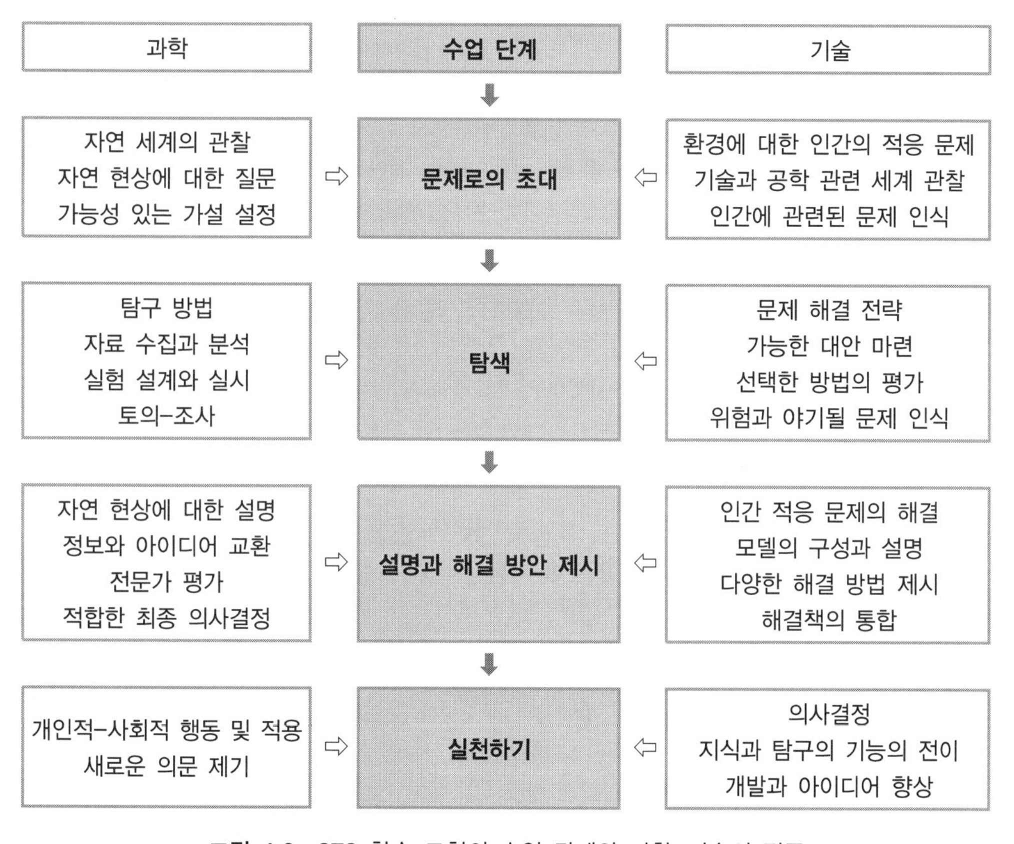

그림 4.9 STS 학습 모형의 수업 단계와 과학-기술의 접근

2) STS 학습의 교수-학습 활동

이 모형에서 각 단계별 교수-학습 활동은 다음과 같다. 수업의 도입으로서 문제로의 초대 단계에서는 과학-기술-사회와 관련된 문제를 제기하고, 수업 주제에 대한 흥미과 학습동기를 유발하여 주의를 집중할 수 있도록 안내한다. 탐색 단계에서는 학생들이 문제를 명확하게 이해하기 위해 관련 자료와 정보를 수집하고 정리하며 분석한다. 학생들은 학습 주제에 관련된 다양한 이슈에 대해 탐색하는 과정에서 여러 문제 해결을 위한 조사 방법이나 실험 계획을 수립한다. 교사는 학생들이 학습 주제에 대한 STS 측면에서 관련된 이해를 심화하도록 하고 다양한 해결 방안을 모색해 볼 수 있도록 안내한다. 설명 및 해결 방안 제시 단계에서는 수집한 정보와 실험 결과를 토대로

표 4.5 STS 학습의 단계별 교수-학습 활동

단계	교수-학습 활동
문제로의 초대(도입)	• 흥미와 호기심을 유발하고, 주의를 집중하여 문제에 대한 안내 • (학생) 주변 환경을 관찰하고 의문과 문제 상황에 직면, 어떤 사건이나 상태가 과학-기술의 영향으로 사회적 이슈로서 논제로 제기될 때 그 심각성을 인식 • (교사) 질문에 대해 가능한 많은 반응을 고려, 학생들의 인식이 다양할 수 있는 상황을 제시
탐색	• 이슈가 되는 구체적인 현상을 조사하고 탐색함 • (학생) 가능한 대안들을 토의하고, 역할에 참여, 토론과 발표하는 과정을 통해 지식이 사회적으로 구성됨을 경험, 자료를 조사하고 수집하여 분석, 문제 해결 전략을 수립하고 실험을 설계하며 수행 • (교사) 학습 주제에 대한 이해를 심화하고, 관련된 과학 이론이나 개념을 조사하여 해결 방안을 찾아보게 함
설명 및 해결 방안 제시	• 문제에 대한 다양한 측면에서 해결방안 제시 • (학생) 문제 해결 방안을 검토하고 토의, 동료들의 평가를 반영하고 활용 • (교사) 학생들이 기존의 지식과 경험을 토대로 통합된 해결책을 구체화하고, 다양한 의사소통으로 해결 방안을 제시하도록 함
실행 및 실천	• 문제에 대한 해결 방안을 의사결정하고 실천 • (학생) 정보와 생각을 교환하고 다른 사람의 의견을 수용, 직접 실천에 옮기거나 관계자들에게 영향력을 행사 • (교사) 해결방안을 실행하도록 돕고, 새로운 의문점을 갖게 함

문제에 대한 구체적인 설명을 제시하고, 이에 대한 해결 방안을 검토하며 토의를 통한 동료 평가를 반영한다. 교사는 학생들이 통합된 해결책을 구체화할 수 있도록 돕고, 다양한 의사소통으로 실질적인 해결 방안을 제시할 수 있도록 안내한다. 실행 및 실천 단계에서는 문제 해결에 대한 해결 방안을 의사결정하고 직접 실천에 옮기거나 실행과 관련된 관계자들에게 영향력을 행사한다. 교사는 학생들이 도출한 해결 방안을 실질적으로 실행할 수 있도록 돕고, 추가적인 의문점이나 새로운 문제에 도전할 수 있도록 안내한다.

4.3 적용 예시 및 유의점

STS 학습 모형에 따른 구체적인 교수-학습 활동을 예시하면 다음과 같다. 제주도 지질 공원의 보존과 관광 활성화에 대한 STS 수업으로서 먼저 문제로의 초대 단계에서는 제주도의 지질학적 가치와 관광의 경제적 효과, 관광객 증가에 의한 자연 환경 훼손 등의 문제에 대해 다양한 관점에서 인식하면서 주의를 집중한다. 탐색 단계에서는 이슈가 되는 자연의 보전과 관광의 문제에 대해 관련 자료와 정보를 수집하고 정리하며 분석한다. 설명 및 해결 방안 제시 단계에서는 수집한 정보와 실험 결과를 토대로 지질 공원의 보존과 관광 활성화의 상충된 견해에 대해 토의와 의사결정으로 자신의 입장을 구체화하여 실행 방안을 모색할 수 있도록 한다. 실행 및 실천 단계에서는 지질 공원을 보존하면서 관광할 수 있는 방안을 홍보하고, 관계자들의 인식 변화를 위해 영향력을 행사한다.

유의점으로는 STS 교육의 목적이 가치와 태도 등 정의적 역량 증진에 있음을 강조하고, 학습 주제가 과학과 기술, 사회적 현상이 상호작용하면서 서로 영향을 주고 받는다는 사실을 인식할 수 있도록 한다. 또한 학생들이 배운 과학과 기술적인 지식이 실생활과 어떻게 연관되고, 사회 문제(예: 지질 공원 훼손)를 어떻게 해결할 것인지 탐구할 수 있도록 안내한다.

표 4.6 제주도 지질 공원의 보존과 관광 [2011학년도 임용시험 지구과학 7번 문항 수정]

단계	교수-학습 활동
문제로의 초대(도입)	• 제주도는 신생대 화산활동으로 형성된 화산섬으로 자연 경관이 아름다울 뿐만 아니라 용암 동굴, 오름(기생화산), 백록담, 주상절리 등이 지질학적 가치를 인정받아 유네스코에 의해 세계 자연 유산과 지질 공원으로 지정되었음을 소개한다. • 제주도의 화산, 용암 동굴, 화석, 주상절리 등에 대해 여러 연구소와 대학교 등에서 수행되는 지질학적 연구 사례와 그 의미에 대해 알아보자. • 제주도 관광의 경제 효과와 자연 환경 개발 및 훼손의 문제점이 상존함을 인식한다.
탐색	• 방문객 수의 증가와 이로 인해 지질 공원의 보존 상태에 어떤 나쁜 영향을 줄 수 있는지 알아보자.
설명 및 해결 방안 제시	• 방문객으로 인해 지질 공원에 훼손을 줄 수 있다면 연구와 공원의 보존을 위하여 방문객의 출입을 일부 지역에 일정 기간 동안 제한할 필요가 있다는 주장과 방문객의 권리도 중요하기 때문에 공원 출입을 제한해서는 안된다는 주장이 있다. • 모둠별로 이 두 가지 주장에 대해 토론하여 공원 출입 제한 여부에 대한 자신의 입장을 정리하여 보자.
실행 및 실천	• 제주도의 지질학적 특징에 대한 과학적 개념을 정리하여 보자. • 문제에 대한 해결 방안을 의사결정하고, 실천할 수 있는 방안(홍보 활동, 지질 자원 보존 및 친환경적인 지질 관광 가이드 라인 설정 등)을 실행한다.

지구시스템의 에너지와 탄소 순환과 관련된 SST 수업 주제에 대해 문제로의 초대 단계에서는 아름답고 소중한 지구와 지구시스템, 화석 연료에 의존하는 인간 생활과 그 영향에 대해 문제를 제기하고 주의를 집중하게 한다. 탐색 단계에서는 지구온난화에 의한 기후변화 문제를 인식하고 이에 관련된 정보와 자료를 수집하고 분석하여 그 원인과 해결방안을 탐색할 수 있도록 한다. 설명 및 해결 방안 제시 단계에서는 수집한 정보와 실험 결과를 토대로 이산화탄소 배출을 줄이기 위한 방안과 탄소(생태) 발자국을 줄이기 위한 방안을 검토하며 토의를 통해 동료 평가를 반영한다. 실행 및 실천 단계에서는 일상 생활에서 학생들이 이산화탄소 배출을 줄이기 위한 구체적인 방안을 실천하고, 인터넷 홍보 등을 통해 탄소(생태) 발자국을 줄여 나가는 생활을 실천할 수 있도록 한다.

표 4.7 지구시스템의 에너지와 탄소 순환 [2017학년도 임용시험 지구과학 7번 문항 수정]

단계	교수-학습 활동
문제로의 초대(도입)	• 지구는 유일하며, 아름답고 매우 가치 있는 행성임을 인식한다. • 인간의 모든 활동은 지구에 영향을 준다. • 지구계는 상호작용하는 기권, 수권, 암권, 생물권 등의 하위계로 구성되어 있으며 탄소는 화석 연료에 의존하는 인간 생활과 온실효과 등으로 상호작용하면서 지구에 심각한 영향을 주고 있다. • 다음 세대를 위해 지구시스템을 최적의 상태로 보전해야 할 인류의 책임을 인식한다.
탐색	• 지구온난화와 온실효과 등으로 심화되고 있는 기후변화 문제를 인식하고, 문제에 대한 이해를 심화할 수 있는 자료나 관련 정보, 개념 등을 조사한다. • 인터넷을 활용하여 기후변화 사례를 수집하고, 그 원인과 해결 방안을 탐색할 수 있는 활동을 계획한다.
설명 및 해결 방안 제시	• 어플을 활용하여 학생들이 하루에 배출하는 이산화탄소의 양을 계산해 보고, 탄소(생태) 발자국 개념을 이해한다. • 이산화탄소 배출량을 줄이기 위해 국가와 기업, 학생들이 실천할 수 있는 방안을 토의한다. • 환경마크가 인증된 제품 활용과 탄소(생태) 발자국을 줄이는 구체적인 방법을 제안한다.
실행 및 실천	• 이산화탄소 배출량을 줄이기 위해 학생들이 제안한 방안을 실천한다. • 탄소(생태) 발자국을 줄이기 위한 표어나 포스터를 만들어 인터넷 등으로 홍보하는 등 구체적인 방안을 설정하여 실행한다.

5 SSI 학습 모형

5.1 이론적 배경 및 개요

1) SSI 교육의 정의

사회-과학적 이슈(Socio-scientific issues, SSI)는 사회 및 실생활에서 경험할 수 있는 딜레마 중 개념적 또는 기술적으로 과학과 관련된 이슈로 STS 상호작용에 내재하는 도덕적, 윤리적 측면을 반영하려는 개념이다(Sadler et al., 2005). 즉 SSI 교육은 과학의 도덕적, 윤리적인 측면을 간과한 STS 교육에 대한 비판에서 등장한 것으로 다양한 이해관계자들의 관점에 따라 정답이 여러 개 있거나, 옳고 그름의 판단을 보류해야 하는 문제 또는 상황으로 정의된다(한국과학창의재단, 2016). SSI 교육의 목표는 민주시민으로서 SSI에 대해 과학기술과 관련된 다양한 가치, 윤리적 관점 등 성찰하는 태도로 최선의 대안을 찾아 가는 것이며 문제해결 과정과 그 결과로 영향을 받는 사람들을 배려하는 '인성 및 과학적 소양'의 함양이다(Zeidler와 Kahn, 2014).

2000년대부터 과학 교육에서는 사회-과학적 이슈를 과학 수업에 접목하는 SSI 교육에 관심을 갖기 시작하였다. SSI는 우리 사회와 일상생활에서 직면하는 과학과 관련된 논쟁적 이슈들로서 과학과 관련된 사회적·윤리적 문제와 쟁점 등을 수업 주제로 다루는 것이다. SSI 교육은 과학과 관련된 다양한 사회적, 윤리적 문제를 자연, 인간, 문명에 대한 과학적 이해를 바탕으로 창의적이며 합리적으로 해결할 수 있는 과학적 소양의 함양을 위한 유용한 전략이다(Herman, 2018). SSI를 교육이나 수업에 도입하는 것은 과학, 기술, 사회의 상호의존성에 대한 이해를 높이고, 일상생활에서 직면하는 SSI에 대한 합리적 문제해결 및 의사결정 능력을 함양하는 데 도움이 된다(Zeidler et al., 2005). 또한 SSI 교육은 그동안 과학교육에서 '과학적' 접근으로 인하여 상대적으로 소홀했던 공동체 의식, 인성, 감성 등의 인간적, 윤리적, 자연에 대한 심미감 측면 등의 총체적인 관점을 강조한다. 특히 SSI 교육은 STS 교육을 확장하여 과학의 윤리적 관점, 학생들의 사회적, 인지적·도덕적 발달, 감성적 추론, 인성교육 등을 포괄하며(Zeidler, 2014) 과학교육에서 그동안 과학적 접근으로 인하여 상대적으로 소홀했던 공동체 의식과 인성, 감성 등의 인간적 윤리적 측면을 강조한다.

우리나라에서는 SSI 교육은 사회 및 실생활에서 경험할 수 있는 과학과 관련된 딜레마를 주제로 과학과 사회, 정치, 문화, 경제, 윤리 등과 관련된 문제를 수업에서 다루는 교육으로 정의하고 있다(한국과학창의재단, 2016). 즉 SSI 수업에서 다루는 주제는 다양한 이해 관계자들의 관점에 따라 정답이 여러 개 존재하고, 옳고 그름의 판단을 보류해야 하는 문제 또는 상황이다.

2) SSI 교육의 필요성과 목적

우리나라에서 SSI 교육에 대한 필요성이 강조되는 이유는 다음과 같다.

첫째, 국제 학업성취도 평가 결과, 우리나라 학생들의 인지적 성취는 높은 수준인 것에 비해 정의적 성취는 매우 낮은 수준으로 나타나고 있다. PISA 2000 이래로 2019년에 이르기까지 우리나라 학생들의 과학에 대한 흥미와 자아효능감 등 학습과 관련된 학생들의 정의적 특성은 여전히 OECD 평균보다 낮은 수준이다(한국교육과정평가원, 2020). 과학에 대한 흥미와 관심을 높이기 위한 핵심적인 방법 중의 하나는 학생들에게 과학의 의미와 가치, 필요성, 유용성을 경험하게 하는 것이다. 따라서 SSI 교육을 통해, 과학이 학생들 삶의 어디에, 어떻게 연관되어 있으며, 어떤 의미와 가치를 가지고 있고, 어떤 문제를 해결할 수 있는지 등을 구체적이며 실질적으로 경험하게 하는 것이 필요하다.

둘째, SSI를 다양한 관점에서 탐구하고 최선의 해결방안을 찾기 위해 토론과 협력하는 과정을 통해 학생들은 SSI와 관련된 이해 당사자들의 다양한 가치, 윤리적 관점 등을 경험하고, 시민으로서의 공동체 의식, 감성, 가치관, 그리고 윤리적, 인성적 태도를 함양할 수 있다. SSI 교육은 윤리 의식을 갖추게 하는 것뿐만 아니라, 원활한 소통을 토대로 적극적으로 타인을 이해하고 배려할 줄 아는 인성을 함양하게 한다.

셋째, 최근 코로나 바이러스와 백신에 대한 사이비 과학적인 여러 괴담 등은 우리 사회와 사람들의 의식 바탕에 아직도 과학과 이성이 부족하고, 대중의 과학화를 기반으로 한 합리적인 사회적 구성이 절실함을 보여준다. SSI 교육은 학습자들에게 사회-과학적 이슈를 다양한 맥락의 총체적 관점에서 해석하고 의사 결정하는 학습의 경험을 제공한다. 그러므로 SSI 교육은 개인의 과학적 소양의 함양 및 합리적인 사회를 위한 대중과학화의 토대를 제공할 수 있다.

SSI 교육의 목표는 자연과 인간, 문명에 대한 과학적, 윤리적 이해를 바탕으로 과학과 관련된 다양한 사회 문제에 대해 합리적인 의사결정을 할 수 있는 과학적 소양(Scientific literacy)의 함양이다. 과학적 소양은 일상생활에서 부딪치는 문제 또는 SSI의 현명한 해결 및 의사결정을 위해 필요한 능력으로 세상을 변화시키는 역할을 한다(Nuangchalerm, 2009).

SSI의 과학적 소양은 도덕적 추론, 인지적 추론, 인성교육, 감정 신뢰 체계의 중심에 위치하고, 이것은 그림 4.10과 같이 담론적 이슈, 사회문화적 이슈, 과학의 본성(NOS) 이슈, 사례 및 증거 기반과 STSE(과학, 기술, 사회, 공학) 이슈를 통해 학습된다(Zeidler와 Keefer, 2003). 또한 SSI 교육을 통한 과학적 소양 함양은 공동체의 구성원으로서 SSI 문제에 대해 과학기술과 관련된 다양한 가치, 윤리적 관점 등 성찰하는 태도로 최선의 대안을 찾아가며, 문제 해결로 영향받을 수 있는 사람들을 배려할 줄 아는 인성을 포함한다(한국과학창의재단, 2016).

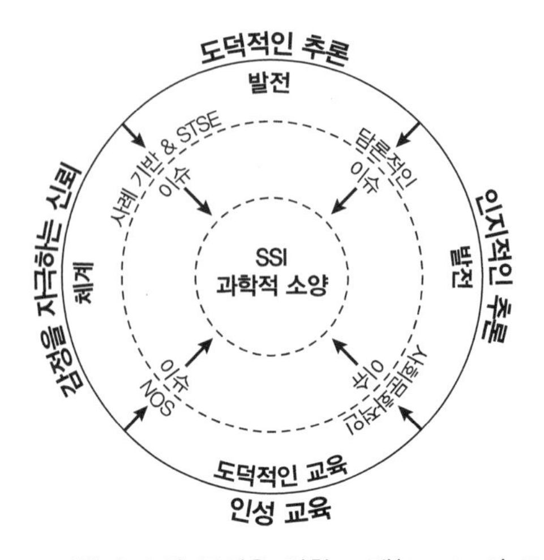

그림 4.10 SSI 과학적 소양 증진을 위한 모델(Zeidler와 Keefer, 2003)

3) STS와 SSI 교육의 비교

SSI는 과학-기술-사회의 상호 연관성을 강조하는 STS를 기반으로 하여 도덕적·윤리적 가치관의 향상을 동반한 과학적 소양을 함양하게 하며 개인적인 발달 수준뿐만 아니라 공동체적 삶을 살아가기 위한 인격을 도모하기 위한 교육이다. 최근의 코로나 팬데믹과

가습기 살균제, 유전자 맞춤 아기 등 과학기술과 관련된 사회적 이슈들은 STS 교육에서 말하는 과학-기술-사회의 상호 관련성에 대한 이해를 필요로 하고 있다. 제 3자의 입장에서 과학기술이 어떻게 사회에 영향을 미치는지에 대해 관망하는 것을 넘어서 문제 해결을 위한 실천과 참여를 요구하고 있는 것이다. 즉 과학기술과 관련된 사회의 쟁점에 대하여 함께 고민하며 자신의 생각을 이야기하고, 책임감 있는 의사 결정과 행동을 보일 수 있는 민주 시민으로서 실천적 역량과 인성을 강조하고 있다. 이러한 시대적 요구에서 등장한 것이 SSI 교육이다. SSI 교육 목표도 '과학적 소양의 함양'이라는 STS의 교육 목표와 일치한다. 과학과 기술, 사회의 복잡한 이슈와 논쟁을 과학교육의 맥락 안으로 받아들여서 학생들이 사회적, 윤리적 책임을 갖고 의사결정과 가치 판단, 사회적 책임, 공동체적인 삶을 실천할 수 있도록 하는데 목적이 있다. 그렇다면 왜 굳이 STS 대신에 SSI 교육을 새롭게 도입하고자 하는가?

Herman(2018)과 Zeidler et al.(2005)는 지금까지 실행되어 온 STS 교육이 학생들의 과학-기술-사회의 상호 관련성과 유용성에 대한 이해를 높이는 데에는 많이 기여하였으나, 개인의 실천적인 인성과 심리-도덕-정서적 발달에는 관심이 적었음을 지적하였다. STS 교육이 어떤 민주 시민을 양성할 것인가에 대한 교육적 철학과 비전, 이론적인 틀을 만들지 못하고, 주로 교수-학습 방법에만 초점을 맞추었음을 비판하면서 새로운 이론적 틀로서 SSI 교육 운동을 제시하였다. SSI 교육은 STS 교육에서 강조하는 요소들을 포함하는 넓은 의미의 교육이며 과학의 윤리적 측면과 쟁점에 대한 학생의 도덕적, 윤리적 추론, 정서적 발달 등을 더욱 강조했다고 볼 수 있다. 그림 4.11은 STS와 SSI 교육의 관계를 나타낸 것이다(이현주, 2018).

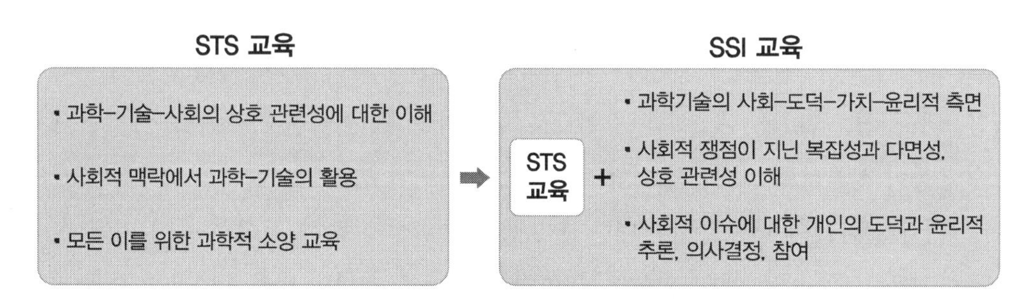

그림 4.11 STS 교육과 SSI 교육의 관계(이현주, 2018)

다음 표 4.8에서는 SSI와 STS 교육의 정의와 목표, 특징에 대해 서로 비교하였다.

표 4.8 SSI와 STS 교육의 비교

구분	SSI	STS
정의	• 사회-과학적 이슈, 과학과 관련된 사회·윤리적 문제 • 과학과 연결된 실생활의 사회적 딜레마를 다양하게 이해 • 관계자를 포함하며, 관점에 따라 판단을 결정하는 상황 • 문제를 해결하는 과정을 통해 교육	• 과학-기술-사회의 상호관련성 강조 • 실생활 문제에 관련되어 과학의 중요성과 유용성 이해
목표	• 과학과 사회의 유기적인 연결을 통해 도덕적, 윤리적, 가치관 발달을 동반한 과학적 소양 함양	• 과학-기술-사회의 상호관련성 인식 • 합리적 문제해결을 할 수 있는 과학적 소양 함양
특징	• 과학과 사회 간의 상호의존성을 인식 • 과학의 도덕적·윤리적 측면의 학습을 자극하여 일상생활의 과학기술 및 상황 이해 • 과학적 사고, 비판적 사고, 정보 탐색, 과학적 의사결정, 과학적 탐구 능력, 위험평가, 비용 효과, 과학적 참여와 평생학습능력 • 자아정체성, 가치, 윤리, 도덕	• 과학-기술-사회 간의 상호의존성 인식 • 과학적 사고, 비판적 사고, 정보 탐색, 과학적 의사결정, 과학적 탐구 능력

5.2 SSI 학습 모형의 적용

1) SSI 교육이 현장 수업 적용에 어려움을 겪는 이유

SSI 교육의 수업 과정에서 추구하는 학습목표는 개인의 합리적 의사결정을 넘어 사회적 책임감과 실천, 참여를 강조하는 방향으로 발전하고 있다(이현주, 2018). 새로운 SSI 교육 운동이 성공적으로 도입되고 학교 현장에 정착되기 위해서는 교사의 역할이 중요하다. 그러나 교사들의 SSI 교육에 대한 필요성과 당위성에 대한 인식 수준에 비해 실제 수업에 적용하는 사례는 매우 부족한 실정이다. 교사들은 시대의 변화에 따라 과학 수업도 변화해야 한다는 사실은 받아들이고 있으나, 이를 내면화하여 수업에 반영하기에는 시간이 필요하다(Aikenhead, 2006).

교사들이 SSI 수업을 어려워하는 이유(한국과학창의재단, 2016)

① 과학 지식이 객관적인 관찰 사실로 구성된다는 교사들의 신념이 강하여 SSI가 다루는 정답이 없는 비구조화된 문제들에 익숙하지 않고, 서로 다른 입장에서 대치되는 논쟁을 주제로 하는 수업을 피하려고 한다.

② SSI가 과학기술의 사회적, 도덕적, 윤리적 합의를 포함한 간학문적 성격을 띠기 때문에 SSI를 다루는 과학을 과학답지 않다고 여긴다. 또한 SSI에서 다루는 주제들이 원자력 문제, 환경 문제, 인간 복제 등 과학기술 발전의 부작용과 관련된 것으로 과학의 부정적 측면을 다루는 것에 대한 거부감이 있다.

③ SSI 수업은 학생 중심의 수업으로 토의나 토론, 문제해결학습, 체험학습, 역할극 등으로 교사 주도의 강의식 수업에 비해 다양한 수업 방법을 활용하고 학습의 장을 준비하는 과정이 어렵기 때문이다.

④ 과학교사 자신이 SSI를 경험해 보지 못했고, SSI에 대해 배우거나 논의해본 경험이 적기 때문이다.

2) SSI 수업을 통해 가르치고자 하는 교수 목표

과학 교사들의 SSI 교육에 대한 인식 조사에서 SSI를 통해 가르치고자 하는 교수 지향 목표는 그림 4.12와 같다(이현주, 2018). 교사들은 SSI 교육으로 학생 중심 활동 수업

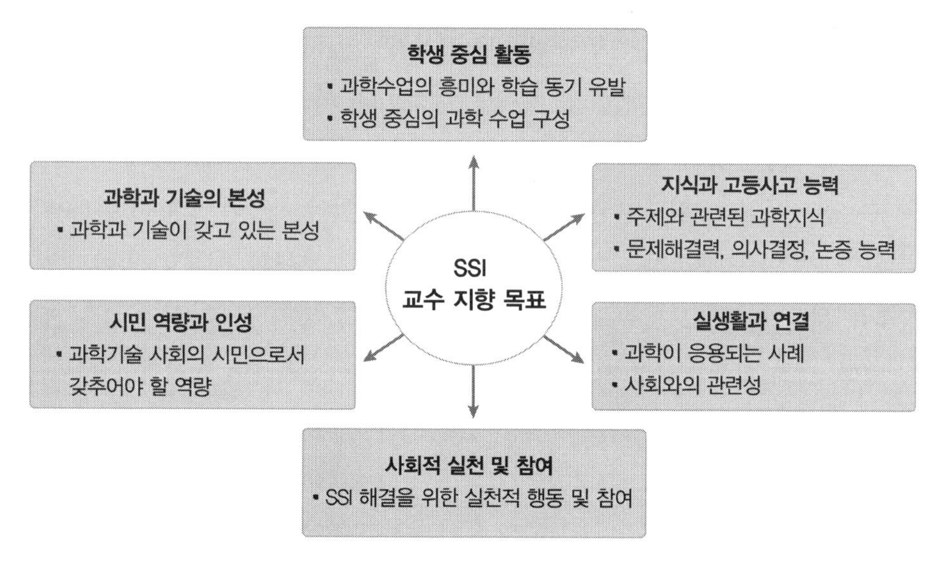

그림 4.12 SSI 교육의 교수 지향 요소와 교육 목표

강화, 과학 지식이 진리 탐구, 실생활과 관련된 문제 해결 학습, 과학과 기술의 본성에 대한 교육, 민주 시민의 역량과 인성, 사회적 참여와 실천 등을 지향하고 있다.

3) SSI 학습 모형

SSI 수업을 위해서는 다양한 교수-학습 전략이 필요하다. SSI 주제에 관련된 토의-토론 수업을 할 것인가, 역할극을 할 것인가, 의사결정 또는 합의를 할 것인가와 같은 단순한 교수-학습 방법에 대한 선택의 문제만이 아니다. SSI 교육을 어떻게 하면 잘 이루어 낼 수 있을까 하는 교수 전략이 더욱 중요하다. Zeidler et al.(2005)는 민주 시민으로서 역할을 충분히 수행할 수 있는 기능적 과학 소양의 함양(functional scientific literacy)을 SSI 교육의 최종 목표로 설정하였다. 과학적 소양의 함양을 위해서는 개인의 인지 발달뿐만 아니라 도덕적 발달이 선행되어야 한다. 특히 개인의 인지와 도덕성 발달을 위해서는 과학의 본성과 실제 사례 중심, 문화적 측면, 수업에서의 담화 촉진 등을 고려한 교수-학습 전략이 필요하다.

SSI 수업에 적용할 학습 모형은 학습할 주제와 목표, 방향성에 따라 달라질 수 있다. SSI 수업에서는 일반적으로 토의 또는 토론 모형이나 협동학습 모형 등이 사용되지만, 학습자의 인지 발달 수준과 교실 상황, 수업에서 다루는 쟁점의 특성 등을 고려하여 SSI 맥락이 갖는 특성에 따라 수업의 양상이 달라질 수 있다. 미세먼지라는 주제에서 우리가 문제 해결을 위해 나아가야 할 방향을 모색하는 것이 주요한 SSI 수업 방향이라고 한다면 탈원전 정책은 찬반 논쟁을 할 수 있는 주제이다. 따라서 동일한 토의-토론 수업이라고 하더라도 SSI가 갖는 특성과 맥락에 따라 수업 모형은 그림 4.13과 같이 다양하게 나타날 수 있다(이현주, 외 2015). SSI에서 다루는 수업의 목표와 방향에 따라 다양한 의견이나 해결방안을 생각하는 데 초점을 두는 발산형 모형과 실제로 벌어지고 있는 SSI 상황에 대한 탐색 또는 주제에 대한 다양한 입장들을 탐색해 볼 수 있는 탐색형 모형이 있다. 또한 학생들이 가지고 있는 다양한 입장을 고려하여 합리적인 의사결정을 중요시하는 의사결정형 모형으로 수업을 진행할 수 있다.

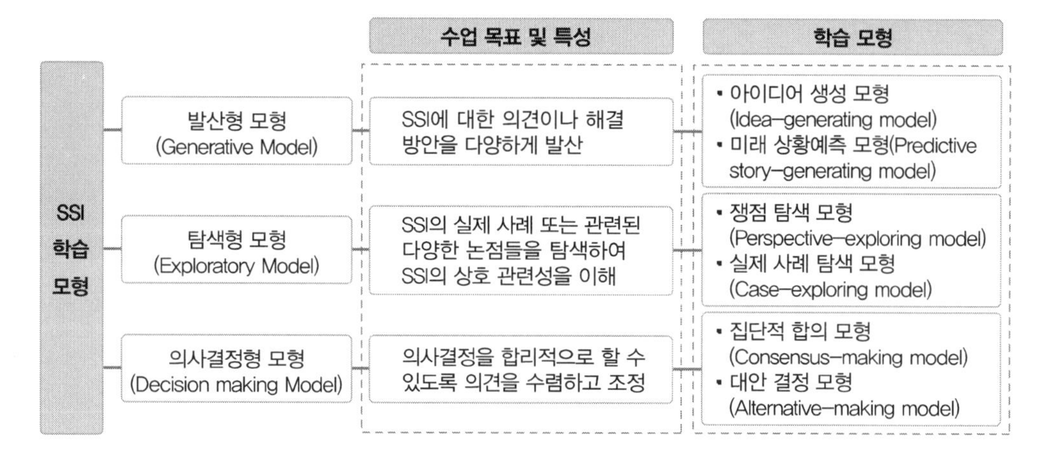

그림 4.13 수업의 목표와 방향에 따른 집단 지성을 활용한 SSI 학습 모형(이현주 외 2015)

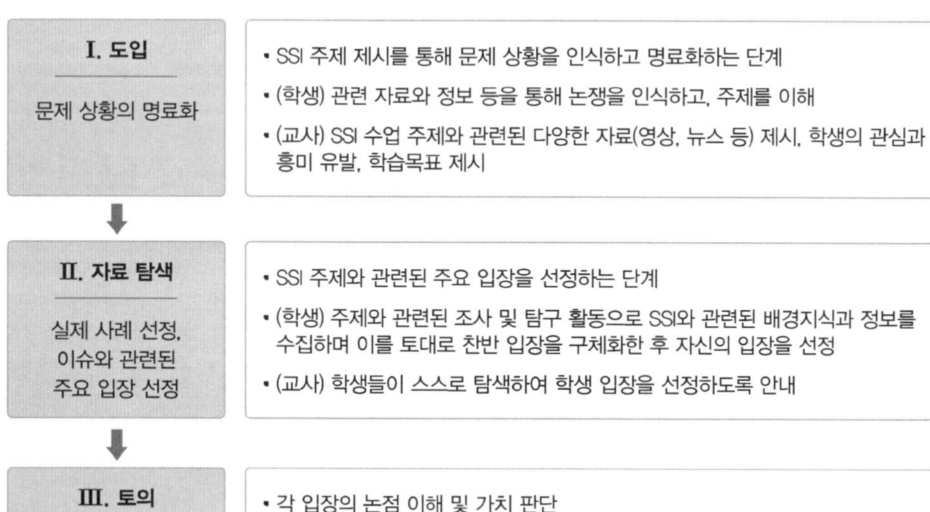

IV. 발표

논점의 타당성 평가, 합의된 해결책 제시

• 논점의 타당성 평가 및 공유, 합의된 해결책 제시
• (학생) 찬반 각 입장에 대한 타당성 평가, 최종의견 발표, 타당한 입장이나 합의된 해결책 제시
• (교사) 자유로운 분위기에서 자기주도적인 평가, 공유, 합의가 이루어질 수 있도록 학습 분위기 조성

그림 4.14 SSI 학습 모형의 단계

이은항(2014)과 이현주 외(2015)의 학습 모형을 토대로 일반적인 SSI 학습 모형은 다음 그림 4.14와 같다. 수업의 도입에서는 SSI 주제를 이해하고 관련 자료와 정보를 통해 문제 상황을 명료화한다. 자료 탐색 단계에서는 관련 주제에 대한 조사와 탐구, 이슈와 관련된 찬반 입장에 대해 구체화하여 자신의 입장을 선정한다. 토의 단계에서는 자유로운 토론과 토의를 통해 이슈에 관련된 각 입장의 논점을 이해하고 가치 판단을 구체화한다. 발표 단계에서는 논점과 각 입장에 대한 타당성을 평가하고 타당한 입장이나 합의된 해결책을 도출한다.

5.3 SSI 학습 모형 적용 수업 사례

1) SSI 학습 모형에 따른 구체적인 교수-학습 활동 예시

가뭄과 홍수 등 재해 예방을 위한 대규모 제방 공사와 관련된 사회적 이슈에 관한 SSI 학습 모형의 적용 사례는 다음과 같다. 도입에 해당하는 문제 상황의 명료화 단계에서는 주제에 대한 관심과 의문을 제기한다. 주요 이슈가 발생한 이유는 무엇인지, 재해와 재난의 원인과 대처 방안에 대한 입장 차이와 우리나라 4대강 사업의 편익비용과 다양한 이슈에 대해 논의하면서 문제 상황을 명료화한다. 자료 탐색 단계에서는 홍수와 제방 공사와 관련된 실제 사례(4대강 사업 등)를 선정하여 관련된 이유와 각 입장에서의 주장을 조사하여 발표하고, 자신의 입장을 선정한다. 토의 단계에서는 찬반 입장의 주요 논점에 대한 이해를 토대로 자신의 입장이나 가치 판단을 구체화한다. 자신과 반대 입장인 친구들의 의견을 들으면서 서로의 조사 내용과 논거를 교환하며 윤리와 사회적 참여(환경운동)에 대해 논의한다. 발표 단계에서는 홍수에 의한 재해를 예측하고 피해를 예방할 수 있는 가장 현실적인 해결방안을 제시하고, 타당성 평가와 자신의 입장 및 해결책을 제시한다.

표 4.9 재해·재난(홍수-제방 공사)과 안전 [2020학년도 임용시험 지구과학 2번 문항 수정]

단계	교수-학습 활동
(도입) 문제 상황의 명료화	• 홍수와 가뭄 관련 영상과 뉴스를 통해 문제 상황 인식, 우리나라 강수 패턴 자료 등을 제시하며 흥미와 호기심을 갖고 사회적 이슈에 대해 의문을 제기한다. • 제방 공사를 하는 모습을 보여주고 주로 봄이나 가을에 제방 공사를 하는 이유, 4대강 사업의 편익비용에 대해 생각해 보게 한다. • 주요 이슈가 발생한 이유는 무엇인지, 재해·재난의 원인과 대처 방안의 입장 차이에 따라 어떻게 달라지는지 논의 한다.
(자료 탐색) 실제 사례 선정 및 이슈 관련 입장 선정	• 홍수와 제방 공사 등 주제와 관련된 조사 및 분석으로 SSI에 대한 배경지식이나 정보를 수집하고 분석한다. • 홍수와 가뭄 피해를 예방하기 위한 4대강 사업의 개발이익과 비용에 대해 토론, 보의 역할과 장단점 및 소수력 발전의 한계 등을 논의한다. • 홍수에 의한 재난 사례를 통해 원인과 대책, 피해 상황 등을 조사하여 발표하며 자신의 입장을 선정하고, 뒷받침할 수 있는 근거를 마련한다.
(토의) 주요 논점 이해, 대안 및 가치판단	• 재해·재난(홍수)으로 발생하는 문제를 과학적 해결 방법에 대해 발표한다. • 자신과 반대 입장인 친구들의 의견을 들으면서 서로의 조사 내용과 논거를 교환, 정치인의 윤리와 사회적 참여(환경운동)에 대해 논의한다. • 찬반 각 입장의 주요 논점에 대한 이해를 토대로 자신의 입장이나 가치 판단을 구체화한다.
(발표) 타당성 평가, 해결책 제시	• 홍수에 의한 재해·재난을 예측하고 피해를 예방할 수 있는 가장 현실적인 해결 방안을 제시하고, 찬반 각 입장에 대한 타당성 평가, 타당한 입장 등을 결정한다. • 구체적인 실행 방안을 제시하고 실천, 지역 사회 구성원들에게 홍보한다.

기후 변화에 관련된 SSI 학습 모형 적용 사례는 다음과 같다. 문제 상황을 명료화하는 도입 단계에서는 최근 한반도에 나타나는 기후 변화 사례와 심각성을 인식하고, 기후 변화의 원인과 주요 이슈의 발생 이유에 대해 논의하며 문제 상황에 대한 이해를 명료화한다. 자료 탐색 단계에서는 한반도 기후가 어떻게 변화하고 있는지 자료 수집과 분석, 경향성을 파악하고, 기후변화의 원인을 인위적 요인으로 설명하는 입장과 자연적 요인으로 설명하는 입장에 대한 근거를 수집한다. 주요 논점에 대한 이해와 대안 및 가치 판단을 할 수 있는 토의 과정에서는 주요 논점에 대한 토의를 통해 반대 입장에 대해 설득할 수 있는 타당한 증거를 제시한다.

표 4.10 한반도의 기후 변화 [2021학년도 임용시험 지구과학 5번 문항 수정]

단계	교수-학습 활동
(도입) 문제 상황의 명료화	• 최근 한반도에 나타나는 기후 변화와 관련된 동영상을 보여주고, 기후 변화의 심각성을 인식한다. • 기후 변화의 원인으로 인위적 요인으로 보는 입장과 자연적 요인의 입장을 소개(대기 중 이산화탄소 농도, 온실효과, 고기후 자료 등) 한다. • 주요 이슈가 발생한 이유는 무엇인지, 기후변화의 원인이 무엇인지에 따라 당면 과제나 대처 방안 등이 어떻게 달라지는지 논의한다.
(자료 탐색) 실제 사례 선정 및 이슈 관련 입장 선정	• 한반도 기후가 어떻게 변화하고 있는지 자료 수집 및 분석, 경향성을 파악한다. • 기후변화의 원인을 인위적 요인으로 설명하는 입장과 자연적 요인으로 설명하는 입장에 대한 근거 자료를 수집한다. • 자신의 입장을 정하고, 이를 뒷받침할 수 있는 타당한 근거를 마련한다.
(토의) 주요 논점 이해, 대안 및 가치 판단	• 전체 토론을 통해 모둠별로 수집한 자료를 발표하고 공유한다. • 기후변화의 두 가지 요인에 대한 주요 논점을 이해한다. • 자연환경에서 살아가는 인간의 생태주의적 사고와 윤리에 입장을 표명한다. • 자신의 입장이나 가치 판단을 더욱 구체화한다. • 반대 입장에 대해 설득할 수 있는 타당한 증거를 제시한다.
(발표) 타당성 평가, 해결책 제시	• 각 입장의 타당성과 증거 자료를 평가한다. • 인위적 요인과 자연적 요인의 두 가지 입장을 조정하거나, 공동의 대처 방안논의 및 최선의 합리적인 합의된 입장을 제시한다.

타당성 평가와 해결책을 제시하는 발표 단계에서는 각 입장의 증거 자료를 평가하여 인위적 요인과 자연적 요인의 두 가지 입장을 조정하거나, 공동의 대처 방안 및 최선의 합리적인 합의된 입장을 제시한다.

2) 과학기술 관련 사회적 이슈(SSI)의 학습 소재 예시

국가와 사회 등 공동체에서는 구성원 간의 이해 관계와 계층 등에 따라 첨예한 갈등과 논쟁을 발생시키는 사회적, 윤리적 문제 외에도 경제, 정치, 문화 등 다양한 사회 전반의 가치와 연결된 사회적 이슈가 발생한다. 과학과 관련된 모든 문제들은 그것으로 인해 영향을 미치는 다양한 분야에 대한 복합적인 문제로 나타난다. SSI 수업에서는 이런 주제를 가지고 해결책들을 고려해보고, 가치를 판단하여 가장 합리적인 대안을 모색하는 것이 중요하다. 따라서 SSI 교육에서는 우리가 일상생활에서 경험할 수 있는 개념적이나 기술적으로 과학과 관련된 것으로 사회와 정치, 문화, 경제, 윤리 등과 관련되고 다양한 이해 관계자들이 연관되어 있는 문제 상황을 다룬다.

건강과 관련된 쟁점만 하더라도 바이러스 감염, 방사능 오염 식품, 비만과 다이어트, 대기 오염 물질 등 다양한 주제가 있다. 이 주제들은 각각의 상황과 맥락에 따라 개인적 수준, 지역 사회 수준, 세계적 수준으로 나누어 고려할 수 있다. 내가 코로나 백신 주사를 맞아야 할지와 같은 개인적 수준의 맥락에서부터 우리나라 시민으로서의 방역과 경제 활동에 미치는 영향 등 지역사회 수준의 맥락에서 주제를 다루어 볼 수 있다. 더 나아가 세계적으로 코로나-19 팬데믹을 어떻게 대처하고 있으며 향후 포스트 코로나의 영향 등을 탐색하는 세계 수준까지 다양한 맥락에서 SSI 학습 소재를 찾을 수 있다.

SSI의 학습 소재를 선정할 때 유의할 점은 학생들의 인지 발달 수준에 적합하고 너무 광범위하지 않으면서 창의적인 의견을 제시할 수 있는 소재가 적합하다. 정답이 정해지지 않은 비구조화된 문제 상황으로 다양한 입장에 따라 서로 다른 의사결정을 내릴 수 있으며 옳고 그름을 판단하기보다 최선의 결정이 무엇인지에 대해 논의할 수 있는 주제가 좋다. 또한 다양한 가치관과 입장을 내포하고 있어서 각 입장들이 서로 복잡하게 얽혀 있고, 서로 다른 가치들이 충돌하여 쉽게 문제 해결까지 이루기 힘든 주제들이 SSI에서 다루는 소재이다. 예를 들어 최근 사회적 이슈가 되는 '자발적 비혼모 또는 비혼 출산'과 관련해서 새로운 형태의 가족 개념과 전통적 유교 문화의 충돌, 저출산 정책 입안자의 입장 등 다양한 가치들이 얽혀져 있어서 쉽게 해결책 도출이 어려운 사례 등이다. 서로 다른 도덕적, 윤리적 갈등을 경험하면서 의사결정을 해야 하는 주제도 좋은 SSI 학습 소재가 될 수 있다. 다른 입장에서 논쟁하다가 서로 조율해 나가는 과정에서 내적 갈등을 경험하게 되고, 그러한 과정에서 상대방의 입장도 타당함을 이해할 수 있게 된다.

생각해보기

1. (발생 학습 모형) 다음은 발생 학습 모형을 적용하여 기압의 작용 방향에 관한 수업을 설계한 것이다(2009학년도 임용시험).

Ⅰ. 기압의 작용 방향에 대한 학생들의 선개념을 조사한다.
Ⅱ. 유리컵에 물을 가득 담아 입구를 카드로 막고 뒤집었을 때 카드가 떨어지지 않고 붙어 있는 것을 보여준다. 학생들에게 물이 쏟아지지 않는 이유를 발표하고 토의하게 한다.
Ⅲ. 기압의 작용 방향에 대한 과학적 개념을 제시하고 이와 관련된 실험을 수행하게 한다.
(가) 실험 수행
- 알루미늄 깡통 속에 물을 조금 넣고 가열한 후 입구를 밀봉하고, 깡통 표면에 얼음물을 부으면서 변화를 관찰하게 한다.
- 투명 밀폐 용기 속에 부푼 풍선을 넣고, 펌프로 용기의 공기를 빼낼 때와 넣을 때 풍선의 변화를 관찰하게 한다.

(나) 결론 도출
- 학생들이 자신의 생각을 발표하고 토론하여 '기압은 위에서 아래로만 작용하는 것이 아니라 모든 방향으로 작용한다.'는 과학적 개념을 갖도록 지도한다.

Ⅳ. 스타이로폼 컵을 수심 1000m까지 내려 보내는 동안 나타나는 컵의 모양 변화를 예상하게 한다.

Ⅰ ~ Ⅳ 중에서 동기유발을 위한 경험을 제공하고 학생들의 생각을 명료화하는 단계를 선택하고, 그 단계의 명칭을 쓰시오.

2. (인지 갈등 수업 모형) 다음은 하슈웨(Hashweh, 1986)의 인지 갈등 모형과 기압을 공기 기둥의 무게에 의한 압력으로만 알고, 공기 분자 운동 개념으로는 알지 못하는 학생을 대상으로 한 수업 계획이다(2011학년도 임용시험).

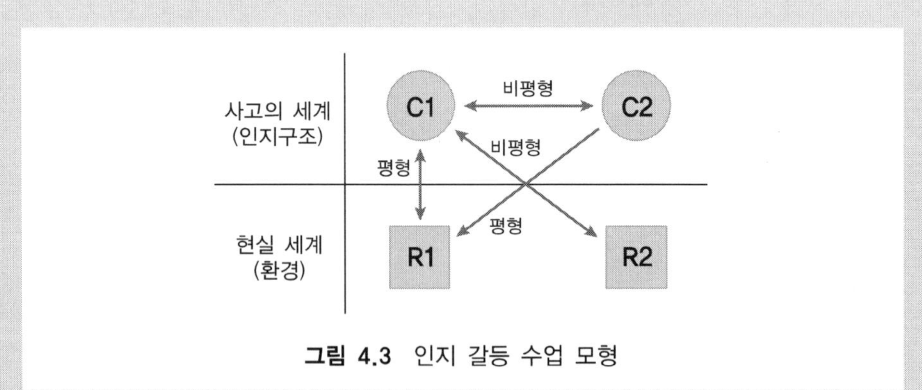

그림 4.3 인지 갈등 수업 모형

(가) 다음과 같은 선개념을 학생이 가지고 있음을 확인한다.
㉠ 기압은 공기 기둥의 무게에 의한 압력이다.

(나) 페트병의 뚜껑을 열어 놓고 병 안과 밖의 기압이 같은 이유를 ㉠ 개념으로만 설명하는 것을 확인한다.

(다) 페트병의 뚜껑을 닫아 페트병 위의 공기 기둥을 막아도 페트병이 찌그러지지 않는 것을 보여주고, 페트병 안의 기압이 그대로 유지되는 이유를 말해보게 한다.

(라) 학생에게 공기 분자 운동 개념으로 기압을 설명해 준다.

(마) 하늘로 높이 올라가고 있는 풍선 안과 밖의 기압 변화와 그 이유를 ㉠ 개념과 공기 분자 운동 개념으로 각각 설명하게 한다.

위에서 C1, C2, R1, R2를 각각 찾아 쓰고, 인지 갈등을 통해 학생이 학습하는 과정을 설명하시오.

3. (드라이버의 개념 변화 학습 모형) 다음은 개념 변화 학습 모형의 단계를 순서 없이 나타낸 것이다.

단계	교수-학습 활동
(가)	명료화와 교환, 상충된 상황에 노출, 새로운 생각의 구성, 평가 단계로 구성되는 단계이다. 먼저 다른 학생들의 생각에 비추어 자신의 생각을 명확하게 한다. 그런 후 교사는 학생들이 자신의 선개념으로는 설명하지 못하는 현상을 제시하여 학생들이 자신의 선개념을 대체할 수 있는 새로운 생각을 구성하게 한다. 그리고 새로 구성한 개념의 유용성을 경험하게 하여 그 개념이 얼마나 타당한지를 평가하도록 한다.
(나)	학생들에게 무엇을 배울지에 대한 소개와 더불어 수업 내용과 관련된 상황을 제시하여 학습에 대한 흥미를 유도한다.
(다)	재구성된 개념이 어떻게 어느 정도 변화되었는지를 검토하게 한다.
(라)	학생이 수업 내용과 관련된 자신의 생각을 자각하고 이를 표현하게 한다. 이를 위해서 학생들이 자신의 생각을 표현할 수 있도록 다양한 전략을 동원하게 한다.
(마)	학생들에게 재구성한 개념을 새로운 상황에서 응용할 수 있도록 기회를 제공한다.

수업 단계에 맞게 (가)-(마)를 순서대로 배열하고 각 단계의 명칭을 쓰시오.

4. (로슨의 순환 학습 모형) 다음은 로슨의 순환 학습 모형의 탐색 단계에서 수행할 수업 계획이다.

유형	사례
(가)	■ **학생들은 다음 심층 순환에 대한 실험을 수행한다.** • 실험 준비물 : 생략 • 실험 수행 과정 ㉠ 가운데에 칸막이가 있는 사각 수조에 한 쪽에는 얼음물을, 다른 한 쪽에는 뜨거운 물을 각각 넣는다. ㉡ 온도계를 이용하여 수조 안의 얼음물과 뜨거운 물의 온도를 각각 측정한다. ㉢ 얼음물과 뜨거운 물을 서로 구분할 수 있도록 수조 안의 얼음물에는 파란색 잉크를, 뜨거운 물에는 빨강색 잉크를 각각 2-3방울 떨어뜨린다. ㉣ 사각 수조의 가운데 칸막이를 빼고, 얼음물과 뜨거운 물의 흐름을 관찰한다. ㉤ 위의 과정을 되도록 많이 반복한다. • 실험 결과 및 결론 도출 ㉠ 각 실험 결과를 기술한다. 즉 사각 수조 안에서의 얼음물과 뜨거운 물의 흐름을 각각 기술한다. ㉡ 실험 결과를 바탕으로 물의 이동과 그 원인을 활동지에 기술한다.
(나)	■ **학생들은 다음 태풍 피해에 대한 탐구 활동을 수행한다.** • 실험 준비물 : 생략 • 탐구 활동 과정 ㉠ 학생들에게 "태풍이 지나가는 경로를 기준으로 오른쪽과 왼쪽 중 어느 지역이 피해가 클까?"라는 질문을 한다. ㉡ 프라피룬(2000), 루사(2002), 매미(2003), 메기(2004), 산바(2012), 볼라벤(2012) 등 과거 우리나라에 피해를 많이 끼친 태풍들의 피해 지역을 각 태풍의 이동경로를 바탕으로 찾게 한다. ㉢ 몇 일 후 우리나라 주변을 통과할 태풍 찬투(2021)의 예상 경로를 제시하면서 "태풍 찬투에 의해 피해가 예상되는 지역은 어디일까?"라는 질문을 한다. ㉣ 학생들에게 과거 태풍 이동 경로에 따른 피해 지역을 바탕으로 우리나라 남부 지역의 피해 정도에 대한 잠정적인 설명을 생각하게 한다. ㉤ 학생들의 잠정적인 설명으로 태풍 찬투에 의한 우리나라 남부 지역의 피해 정도를 설명하게 한다.

(가)와 (나)는 로슨의 순환 학습 중 어느 모형에 해당하는지 설명하시오.

5. 중학교 과학의 영역 중 지구과학 내용에서 발견 학습 수업 모형에 적합한 주제(예: 암석의 분류)을 찾아 단계별 핵심 내용을 작성해보자.

6. 지구과학I 교과서에서 가설 검증 탐구 학습 모형에 적합한 탐구(실험)을 찾아 단계별 핵심 내용을 작성해보자.

질문1) 중학교 과학의 영역 중 지구과학 내용에서 귀추적 탐구 수업 모형에 적합한 주제를 찾아 단계별 핵심 내용을 작성해보자.

7. 지구과학 I 교과서에서 제시된 지구와 우주과학적 현상 중 귀추적 탐구 수업 모형에 적합한 것을 찾아 단계별 핵심 내용을 작성해보자.

8. 표는 '복사 평형' 수업에 POE 학습 모형을 적용한 교수-학습 과정을 나타낸 것이다.

단계	교수-학습 과정
예상	• 학생들에게 알루미늄 컵을 적외선 가열 장치로 가열하였을 때 시간에 따른 알루미늄 컵 속의 온도 변화를 예상해 보도록 하고, 그렇게 생각하는 이유를 활동지에 기록하게 한다.
관찰	• 학생들에게 실험을 수행하면서 관찰한 결과를 활동지에 기록하게 한다. • 학생들은 관찰 결과가 예상과 일치하는지를 확인한다.
설명	• 학생들은 관찰한 것과 예상한 결과의 차이에 대해 모둠별로 토의·발표하고, 교사는 이를 정리하여 설명한다.

(2021학년도 임용시험 B-4번을 발췌, 재구성)

(1) 예상 및 관찰 단계에서 예상 이유와 관찰 결과를 각각 기록하게 하는 목적과 (2) 관찰 결과가 불일치 사례에 해당할 수 있는 예상 단계에서의 학생 응답 유형은 무엇일지 생각해 보시오.

9. Marzano와 Pickering(2011)에 따르면 학생들은 학습 주제를 마주하였을 당시에 나의 기분이 어떠한가, 이 주제에 관심이 생기는가, 이 주제가 중요한 것인가, 그리고 내가 이것을 해낼 수 있을 것인가의 4가지 질문을 스스로 던지고 이것이 모두 충족되었을 때 학습 주제에 온전히 참여하게 된다고 한다. 이를 고려하여 (1) 5E 모형의 참여 단계에서 도입할 수 있는 효과적인 활동의 특징과 (2) 이를 위한 구체적인 방법이 무엇일지 생각해 보시오.

10. STS와 SSI 수업의 특징을 비교하여 설명하시오.

11. 지구과학 교과에서 SSI 주제를 선정하여 교수-학습 활동 과정을 기술하시오.

CHAPTER 05

지구과학 교수-학습 전략

1. 문제해결 중심 전략
2. 상호작용 중심 전략
3. 비유 활용 전략
4. 수업 매체 활용 전략
5. 실험과 시범실험
6. 야외 학습 전략
7. 융합 수업 전략

1 문제해결 중심 전략

넓은 의미에서 문제해결이란 문제해결자가 주어진 상황에서 구체적인 해결 방법이 없을 때 목표상태에 도달하기 위한 인지적 처리(cognitive processing)를 말한다. 과학적 문제해결은 문제 해결의 과정에서 과학적 논리를 중심으로 과학적 탐구기능과 지식을 사용하여 문제를 해결하는 것을 의미한다. 과학적 문제해결력은 지금까지 우리나라 과학과 교육과정의 중요한 목적이며 역량으로 강조되어 왔다. 하지만 과학적 문제해결의 의미는 그 시대의 교육적 사조에 따라 의미하는 바가 다르게 해석되기도 하였는데, 진보주의에 이론적 배경을 두었던 과학과 교육과정에서는 실생활에서 문제해결 능력을, 학문중심주의에 영향을 받은 경우 과학지식의 응용과 과학과 기술이 사회에 미치는 영향에 대한 이해가 강조되었다(조희형 외, 2015)

최근 제안된 2015 개정 과학과 교육과정에서 과학적 문제해결력은 5가지 중요한 과학적 역량 중 하나로 제시되는데 그 내용은 다음과 같다.

"과학적 문제해결력은 과학적 지식과 과학적 사고를 활용하여 개인적 혹은 공적 문제를 해결하는 능력이다. 일상생활의 문제를 해결하기 위해 문제와 관련 있는 과학적 사실, 원리, 개념등의 지식을 생각해내고 활용하며 다양한 정보와 자료를 수집, 분석, 평가, 선택, 조직하여 가능한 해결 방안을 제시하고 실행하는 능력이 필요하다. 문제 해결력은 문제해결 과정에 대한 반성적 사고 능력과 문제해결 과정에서의 합리적 의사소통 능력도 포함된다."(교육부, 2015, p.4)

교육과정에서 제시된 바와 같이 과학적 문제해결은 학습자가 일상생활 상황에서 마주한 문제를 과학적 지식과 사고를 통해 해결하는 것이다. 문제해결을 위한 과정과 방법이 문제 상황에 따라 달라질 수 있기 때문에 과학적 문제해결을 위해서는 과학지식뿐 아니라 과학적 탐구 능력, 그리고 합리적 의사소통을 포함하여 다양한 능력이 요구된다. 따라서 문제해결력을 향상시키기 위한 수업에서는 과학적 지식과 과학적 탐구 능력뿐 아니라 학습자의 스스로 문제를 해결할 수 있는 역량을 기를 수 있도록 학습자 주도적인 학습 환경을 제공하는 것이 중요하다. 또한 교사는 학습자가 동료들과 함께 문제를 해결하면서 문제 해결의 과정을 학습할 수 있도록 협동하는 능력과 합리적 의사소통 능력을 기를 수 있도록 도와야 한다.

과학적 문제해결능력을 향상시키기 위해 다양한 교수-학습 전략을 사용할 수 있는데, 중고등 학교 과정에서 학습자 주도적으로 문제해결의 과정을 직접 경험하고 배울 수 있는 교수-학습 전략으로는 문제중심학습(Problem-Based Learning), 창의적 문제해결(Creative Problem Solving), 프로젝트기반학습(Project-Based Learning) 등이 있다. 이러한 교수-학습 전략은 그 고유의 목적에 따라 강조하는 바가 다르지만 일반적인 문제 해결의 과정을 따르고 있다. 이러한 학습 전략은 작게는 수업 중 개인별, 팀별 탐구 과제 수행부터, 크게는 과학전람회(science-fair) 출품작 준비와 학기단위로 수행되는 과제연구(project) 등에서 적용 할 수 있다.

1.1 문제중심학습(Problem Based Learning)

1) 문제중심학습(PBL)의 개념

문제중심학습은 지식을 먼저 습득하고 실제적인 문제 상황을 접하는 전통적 학습 방식에서 벗어나 실제적 문제를 중심으로 이를 해결하기 위해 필요한 지식과 기술을 학습하는 방식으로 1960년대 중반 미국 의과대학에서 학습자가 방대한 양의 지식을 학습한 후 실제 상황에 활용하지 못하는 문제점을 개선하기 위해 시작되었다(Barrows, 1996). 문제중심학습은 학습자가 현실상황에서 접할 수 있는 문제가 학습 내용의 중요한 상황을 제공하기 때문에 '문제기반학습'으로 불리기도 한다. 과학 교육에서 문제중심학습은 학습자가 적극적으로 문제를 해결해나가는 과정에 참여하는 기회를 제공함으로써 학습에 대한 흥미와 자기주도적 학습 능력과, 문제해결력, 창의성 등에 긍정적인 효과를 가져올 수 있다(박수경, 2009; Argaw et al., 2016).

문제중심학습이 전통적 학습법과 구별되는 특징을 정리하면 다음과 같다(Barrows, 1996).

① 학습자 중심의 학습이다.

② 소그룹 활동을 통해 학습한다.

③ 교사는 조력자로서 참여한다.

④ 문제를 통해 필요한 다양한 지식에 집중하게하고 학습을 자극한다.

⑤ 문제가 실제적 문제해결 기술을 증진시키는 견인차이다.

이러한 특징은 문제중심학습의 학습환경이 크게 3가지 측면, 즉 학습자의 역할, 교사의 역할, 그리고 문제상황의 역할에서 전통적 학습과 다른 특징을 가지고 있음을 보여준다. 먼저 문제중심학습은 학습자가 주도적으로 문제 해결에 참여하는 학습이다. 대부분 소그룹으로 활동하며, 주어진 주제를 함께 해결하는 협력 학습의 형태로 진행된다. 소그룹 활동에서 문제해결에 필요한 인지적 부담을 나눌 수 있으며, 역할을 분담하여 협력적인 설명과 해결책을 만든다.

다음으로 교사의 역할이다. 교사는 학습활동에 대한 안내자, 조력자로서 문제해결 과정에서 필요한 도움을 주지만 문제 해결에 직접 관여하지 않는다. 문제중심학습에서 학습자는 교사로부터 문제 해결의 과정과 과학적 사고의 과정을 배우기 때문에 교사는 학습자에게 내용 지식에 대한 전문가가 아니라 문제 해결의 모델이 될 수 있어야 한다. 문제중심학습이 진행되면서 교사의 역할은 점점 작아지고, 학습자가 주도적으로 문제를 해결하도록 도와야 한다.

마지막으로 문제중심학습에서 주어지는 문제는 학생들에게 필요한 지식이 무엇인지 안내하고 문제 해결 과정을 통해 실제 상황에서 문제를 해결하는 역량을 기를 수 있도록 설계되어야 한다. 문제중심학습에서 제시되는 문제는 일반적인 문제와 달라야 한다. 문제중심학습에서의 문제는 1) 비구조화되고, 2) 복잡하며, 3) 실생활과 관련되어 있고, 4) 지구과학 교과와 밀접한 관련성을 맺고 있어야 한다(박혜진 외, 2020). 문제가 가진 이러한 특성은 각각 그리고 서로 상호작용하면서 학습자의 해결 능력 함양에 영향을 미치게 된다. 비구조화된 문제일수록 학습자가 문제를 파악하기 위해 더 노력해야 하고, 문제를 해결하는 과정에서 문제 해결에 필요한 지식을 재구조화해야 하기 때문에 고차원적 사고를 자극하게 된다(Jonassen, 1997). 비구조화된 문제일수록 복잡성이 높으며, 이것은 문제해결에 요구되는 지식의 수준과 깊이, 지식 간의 관계가 복잡해짐을 의미한다. 문제의 실제성은 제시되는 문제가 얼마나 학습자가 경험할 수 있는 실제 생활이나 현실 상황에 밀접하게 관련되어 있는가를 의미한다. 문제의 실제성이 높을수록 학습자는 문제에 대해 흥미를 가지게 되고 주도적으로 문제를 해결하려고 노력하게 된다. 마지막으로 지구과학 교육과정과의 연계성이다. 교육과정에서 제시하는 내용 요소 및 성취기준은 각 학년군별로 학습자가 달성해야 하는 지식과 기술에 대한 기준을 제시하고 있다. 문제중심학습에서 제시하는 문제와 이를 해결하기 위해 요구되는 지식과 기능은 교육과정에서 제시하는 내용의 범위와 수준을 고려하여 선택되어야 한다. 이러한 4가지 특성을 고려하여 잘 개발된 문제는 학습자에게 문제 해결에 대한 흥미와 도전감을 제공할 뿐 아니라 문제 해결이 학습자에게 의미있는 활동이 되기 때문에 궁극적으로 교육적 효과를 증진할 수 있다.

문제중심학습에서 제시되는 문제에 대해 이해하기 위해 "백로 서식지 이동"이라는 문제상황을 제시하면 다음과 같다.

〈문제상황제시〉

안녕하세요 학생 연구원 여러분!

저는 K시의 환경을 담당하고 있는 환경정책과장입니다. 저는 여러분에게 최근 우리나라를 찾는 여름 철새인 백로에 대한 문제를 전달하고 해결 방안에 대한 아이디어를 얻고자 이렇게 편지를 적게 되었습니다. 여름철 산란하고 번식하기 위해 우리나라를 찾던 백로들은 원래 K시 낮은 산의 소나무 숲에 모여들었습니다. 하지만 이곳에서 얼마 떨어지지 않은 곳에서 터널 공사로 인해 백로들은 A지역으로 옮겨 가게 되었습니다. 그리고 다시 A지역 정비와 인근 농지의 농약 살포로 인해 다시 B지역 아파트 맞은편으로 이동한 후 1천여 마리로 늘어났습니다. 백로는 매해 여름마다 이동해오는 철새로, 백로가 매일 1마리당 2~3개씩 알을 낳고 부화하면서 매일 50~70마리씩 늘어나 현재는 1천여 마리의 백로가 아파트 맞은편에 서식하면서 B 지역 아파트 주민들은 소음과 악취로 인해 어려움을 겪고 있습니다. 백로는 유해 조수로 지정되지 않아 포획할 수 없고, 아파트 밀집 지역이여서 경음기와 같은 조류 퇴치기 설치도 어려운 상황입니다. 철새를 보호도 중요하지만 실제적으로 피해를 입고 있는 주민들의 항의도 큰 문제입니다. 어떻게 하면 철새를 보호하면서 주민들의 피해도 줄일 수 있을까요? 어려분의 소중한 아이디어를 기다립니다. 감사합니다.

〈관련성취기준〉

[10통과08-01] 인간을 포함한 생태계의 구성 요소와 더불어 생물과 환경의 상호 관계를 이해하고, 인류의 생존을 위해 생태계를 보전할 필요성이 있음을 추론할 수 있다.

문제중심학습이 가지는 이러한 특징은 다음과 같이 5가지 중요한 교육적 목적을 달성하도록 돕는다(Barrows와 Kelson, 1995).

① 문제중심학습은 학습자가 한 학문의 범위를 넘어서 광범위한 지식을 습득하게 하고, 학습자가 다양한 문제 상황에 이러한 지식을 유연하게 적용하는 능력을 향상시킨다.

② 문제중심학습은 학습자가 가진 지식을 문제해결에 연관시키는 과정에서 과학적 사고력과 메타인지를 활성화함으로 효과적으로 문제해결능력을 향상시킨다.

③ 문제중심학습은 자기주도적 문제해결과정을 통해 학습자가 자신의 학습을 지속적으로 모니터링하게 할 뿐 아니라 문제해결을 위해 적합한 전략을 계획하게 함으로써 자기주도적 평생 학습능력을 향상시킨다.

④ 문제중심학습은 소그룹활동을 통해 아이디어를 공유하고, 토론하는 과정을 통해 학습자가 집단의 목표달성을 위한 효과적인 협력자가 되도록 돕는다.

⑤ 문제중심학습은 학습자에게 충분히 흥미있고 도전적인 문제를 다루기 때문에 학습에 대한 본질적 동기를 가지도록 한다.

2) 문제중심학습(PBL)의 절차

문제중심학습의 절차는 1980년 Barrows와 Tamblyn에 의해 정립된 이래 많은 연구자들에 의해 초중고 학교 학습상황과 학습자 수준을 고려하여 다양하게 제시 되었다(조연순, 2004). 문제중심학습의 절차는 다음과 같이 6개의 단계로 구분할 수 있다(최정임과 장경원, 2010)

- 문제제시
- 문제확인
- 문제해결을 위한 자료수집
- 문제 재확인 및 해결안 도출
- 문제해결안 발표
- 학습결과 정리 및 평가

문제중심학습의 첫 번째 절차는 해결해야 할 문제에 대해 제시하는 것이다. 수업시간에 교사가 준비한 문제를 제시할 때 학습자가 자연스러운 상황에서 문제에 대해 인식하고 해결하고자 하는 동기를 유발시키는 것이 중요하다. 전문가가 보내온 편지 형식, 오디오나 비디오 영상, 역할극 등 다양한 형태로 진행될 수 있다. 문제제시 후 교사는 문제에 대해 간단히 설명하고 학생들은 그룹별로 학습과제 도출을 위한 활동을 시작한다.

다음으로 문제 확인 단계는 학습자가 제시된 문제에 관한 사실을 파악하고 현재 문제에 관해 무엇을 알고 있는지 검토하여 문제해결을 위해 필요한 지식과 실천계획을 수립하는 단계이다. 교사는 문제에 대한 학생들의 사전지식을 활성화시켜야 하며, 문제를 해결하는데 필요한 정보가 무엇인지 파악할 수 있도록 도와야 한다. 문제해결을 위해 필요한 정보는 학습자가 문제중심학습을 통해 학습해야할 내용이므로, 학습과제(learning issue)라고 할 수 있다. 무엇을 학습해야 하는지 파악한 후 문제해결을 위해 학습자가 해야 할 실천계획(action plan)을 수립할 수 있다. 다음 표 5.1은 교사가 문제 확인 단계에서 효율적으로 사용할 수 있는 분석틀이다.

표 5.1 문제 확인을 위한 분석 내용(최정임과 장경원, 2010, p.129)

생각(idea)	사실(facts)	학습과제 (learning issues)	실천계획 (action plan)
• 문제이해(내용, 요구사항, 결과물 등) • 해결책에 대한 가설, 추측	• 문제해결에 필요한 사실들 • 문제해결과 관련하여 학습자가 알고 있는 사실들	• 문제해결을 위해 알아야 할 학습내용	• 문제해결을 위한 이후의 계획(역할 분담, 정보 및 자료 검색 방법, 시간계획 등)

문제확인을 위한 소그룹 활동이 끝난 후 문제해결을 위한 자료수집 단계에서는 그룹구성원 각자가 자기주도적 학습을 통해 학습과제를 해결하게 된다. 자기주도적으로 문제해결에 필요한 자료와 정보를 다양한 매체를 활용하여 수집하게 되는데, 문제에 따라 며칠에서 몇주가 소요될 수 있다. 교사는 학습자가 개별학습을 잘 진행할 수 있도록 필요한 정보의 예시를 제공하는 등 조력자로서 역할을 담당한다. 이 단계에서 학생들은 가능한 많은 자료를 찾아서 읽고, 정리하여 그룹원들과 공유할 수 있는 형태의 자료로 만들고 공유하도록 격려해야 한다. 교사는 학생들의 자료수집과정과 공유과정에서 격려와 칭찬을 통해 교사가 함께하고 있다는 것을 인식시켜 주는 것이 중요하다.

문제 재확인 및 해결안 도출 단계에서는 학습자가 다시 소그룹으로 모여 개인이 학습한 결과를 발표하고 의견을 종합하여 표 5.1에서 작성한 생각(idea), 사실(facts), 학습과제

(learning issues), 실천계획(action plan)의 내용을 평가하고 재조정한다. 이때 교사는 학습자가 자료수집 전과 후에서 자신의 생각을 비교해 봄으로써 메타인지와 비판적 사고력을 향상하도록 도와야 한다. 소그룹에서 문제에 대한 재평가와 해결안 조정과정을 통해 최적의 진단과 해결안을 도출하게 된다. 만약 이 과정에서 해결안을 선택하지 못할 경우 최종 해결안에 도달할 때까지 문제 확인 단계부터 다시 반복할 수 있다.

문제 해결안 발표는 그룹별로 최종해결안이 만들어지면 이것을 발표하는 단계이다. 해결안 발표 과정은 다른 그룹의 해결안이 가진 장단점을 통해 문제 해결에 대해 더 깊이 생각해 볼 수 있는 시간을 제공하며, 다음 문제 해결에 대한 동기를 부여할 수 있다.

문제중심학습의 마지막 단계는 학습결과를 정리하고 평가하는 단계이다. 이 단계에서는 문제 해결안 발표를 통해 공유된 해결안을 정리하고, 교사가 문제 해결과 관련된 주요 지구과학 개념 제시하고 정리하는 단계이다. 학습자가 속한 그룹의 해결안에 대한 자기평가와 다른 그룹의 해결안에 대한 동료평가, 교수자 평가 등 다양한 평가를 사용할 수 있다. 발표에 대한 평가는 교사와 학생이 함께 만든 평가틀(루브릭)을 사용하는 것이 좋으며, 평가내용에는 내용과 함께 발표기술, 팀원 등을 포함할 수 있다. 각 그룹별로 발표가 끝난 후 교사는 다음 3가지 활동을 통해 학습을 의미 있게 마무리 할 수 있다.

① 주요 학습내용에 대해 정리하여 학습자가 문제 해결을 통해 학습한 내용을 체계적으로 조직하여 기억할 수 있도록 돕니다.
② 학습결과의 정리 과정에서 학생들이 문제 해결과정에 대한 성찰일지를 작성하도록 돕는다. 성찰 일지를 통해 무엇을 배웠으며, 어떤 과정을 통해 학습했는지 정리하도록 한다.
③ 학습과정 및 결과에 대한 평가를 통해 동료 학습자들이 발표자의 의견에 대해 피드백한다. 다른 그룹의 해결안에 대한 동료평가는 문제 해결안 발표 과정 중에 행해질 수 있도록 학습지를 준비하는 것이 유용하다.

문제중심학습(PBL)에서 교사는 문제해결의 각 과정이 가지는 특징을 이해하고 학생들의 수준에서 의미있는 학습이 이루어지도록 도와야 한다. 중고등학교 학생들이 문제해결의 전체 과정을 스스로 진행하기는 쉽지 않기 때문에 학생들이 주도적으로 문제해결의 과정을 경험함으로써 과학적 지식과 기능 등 필요한 역량을 기를 수 있도록 돕는 것이 중요하다.

표 5.2는 문제중심학습절차와 그에 따른 학습자료, 세부 활동을 정리한 것이다.

표 5.2 문제중심학습(PBL) 학습절차에 따른 학습자료와 학습활동

문제중심학습절차	학습자료	학습 활동
문제제시	문제상황이 제시된 편지 문제 관련 뉴스 영상	문제상황과 관련된 기관의 담당자 또는 전문가가 제시한 편지 내용을 읽고 문제를 파악한다.
문제확인	문제상황이 제시된 편지 문제확인 분석지	문제확인 분석지에 제시된 내용(표 5.1 참고)에 따라 생각, 사실, 학습과제, 실천내용을 구분하여 분석한다.
문제해결을 위한 자료수집	문제상황관련 인터넷 자료 문제상황관련 뉴스나 기사 문제상황이 제시된 지역사진 인터뷰 자료등	교사: 학생들이 신뢰할 만한 자료를 찾을 수 있도록 돕는다. 학생: 문제 해결을 위해 필요한 다양한 자료를 수집한다. 동료학생들과 공유할 수 있는 형태로 자료를 정리하고 공유한다.
문제 재확인 및 해결안 도출	문제 분석지 수집된 자료가 정리된 기록지 학생 개별 성찰일지 해결안 기록지	학생: 소그룹으로 모여 개인이 학습한 결과를 발표하고 의견을 종합하여 문제분석지(표 5.1)에서 작성한 내용을 평가하고 재조정한다. 문제에 대한 해결안을 도출한다. 교사: 자료수집 전과 후의 생각 변화를 인지하도록 돕는다.
문제해결안 발표	해결안 기록지 학생 개별 성찰일지 동료 평가지	학생: 소그룹에서 도출한 해결안 발표 및 다른 그룹의 해결안에 대한 피드백을 제공한다. 교사: 다른 그룹 학생들의 발표에 대해 의미있는 피드백 제공을 하도록 유도한다.
학습결과 정리 및 평가	해결안 기록지 동료평가지 학생 개별 성찰일지	학생: 문제해결안 발표를 통해 공유된 해결안을 정리한다. 성찰일지를 마무리한다. 교사: 문제해결과 관련된 주요 지구과학 개념 제시하고 정리한다.

1.2 창의적 문제해결

1) 창의력의 개념

4차 산업혁명 및 미래 지능정보사회 대비 학교교육으로 '창의성'에 대한 관심이 높아지고 있다. 새로운 아이디어와 가치를 창출하고 우수한 창의적 인재를 양성하는 것이 미래 교육의 목표이다. 이에 The Partnership for 21st Century Skills(P21)는 협력(Collaboration), 의사소통(Communication), 비판적 사고(Critical Thinking), 창의성(Creativity)을 모든 학생들이 미래시대에 갖추어야 할 핵심 역량으로 규정하고, 학교현장에서 창의적 문제해결력의 필요성을 강조하였다(Formanack, 2008). 우리나라에서도 2015 개정교육과정을 통해 미래 핵심역량을 강조하고(교육부, 2015), 학생들의 창의성을 계발하기 위한 연구가 활발히 진행되고 있다.

창의성(creativity)의 사전적 정의는 '새로운 것을 생각해 내는 특성'이라고 되어 있으며, 영어에서는 'create'의 명사형으로 라틴어의 'Creo'(만들다)를 어근으로 하는 'Creatio'라는 말에서 유래되었다. 창의성은 무(無)에서, 또는 유(有)에서 새로운 것을 발견하거나, 만들거나, 생산하는 것을 뜻하며, 사물을 새로운 관점에서 파악하고 예기치 못했던 관련성을 연결하여 이해하는 것으로 해석된다(김영채, 2007). 일반적으로 창의성은 창의력, 창조성, 확산적 사고 등과 같은 의미로 쓰이기도 하고, 창의력은 창의적 능력 개념을, 창의성은 동기, 태도, 기법 등 능력 이외의 의미를 포괄하는 개념으로 사용된다(이동원, 2011). 창의력이 "누군가가 어떤 일을 할 때, 독창적이고 그 목적이나 의도에 적절하게 행동하는 것"으로 정의될 수 있는데, 이는 창의적 산물이 개인 삶의 질 향상을 위해 적절히 잘 활용되어야 한다는 의미로 해석된다(Baer,1993). 보통 창의성이란 과학, 미술, 음악 및 건축 등과 같은 특수한 분야에서 독창적인 능력이 뛰어난 사람들만이 지닌 특수한 재능만을 의미하여 왔으나, 미국 심리학회에서 Guilford(1950)가 모든 사람들이 가지고 있는 보편적 특성으로 창의성을 발표한 이래, 오늘날의 창의성 개념은 일반 사람들이 가지고 있는 보편적 능력이나 속성으로 이해되고 있다(김영채, 2007). 따라서 창의성이란 평범한 것 이상의 놀랄만한 새로운 발명이나 생산적 사고와 착상 및 독창적인 사고 등을 포함하는 고차원적인 사고 능력만을 의미하는 것이 아니라, 일상생활에서 경험하는 여러 문제들을 새롭고 기발한 방식으로 해결해나가는 능력을 의미하는 것으로 볼 수 있다(교육과학기술부, 2010).

창의성은 학자들마다 정의가 다르기 때문에 한마디로 정의하는 것은 어렵지만(Kcating, 1986), 몇 가지 창의성의 공통적인 특성을 중심으로 학자들의 견해를 분류하면 다음과 같다.

첫째, 삶에서 나타나는 변화에 대한 발전을 추구 하는 상호작용의 과정(Csikszentmihalyi, 1988; Rogers, 1962)이다. Csikszentmihalyi(1988)는 개인의 능력은 창의성의 일부분이며, 주변 환경과의 상호작용의 결과라고 하였으며, Rogers(1962)는 개인과 그 개인을 둘러싼 주변 환경과의 상호작용으로 창의성이 나타난다고 하였다. 즉 상호작용을 통해 문제를 이해하고 그 문제를 해결해가는데 필요한 창의적 아이디어가 발생한다는 의미이다.

둘째, 문제해결능력으로 보는 견해(Torrance, 1979)이다. 어떤 결과에 이르게 되는 창의적인 문제해결 과정에 초점을 맞추는 견해로, Torrance(1979)는 창의력을 문제를 인식하고 이를 해결하기 위해 아이디어를 내고, 가설을 세우고 이를 검증하고 그 결과를 전달하는 과정의 문제해결 과정을 창의성으로 정의하였다.

셋째, 성격 발달의 과정이나 일부분으로 보는 견해(Taylor, 1959)이다. 창의성을 성격적인 특성의 하나로 파악하려는 견해로, Taylor(1959)는 생산적 사고와 창조적 사고를 표현하는 심리적 과정으로 창의성을 설명하면서, 이에 수반되는 노력, 성취, 변화, 인내성 등의 성격 발달의 과정이나 일부분으로 창의성을 설명하고 있다.

넷째, 인지적 특성으로 보는 견해(Guilford, 1950; 1967)이다. 창의성을 지적능력 즉 인지의 한 특성으로 간주한 학자로는 Guilford가 있으며, 그는 창의성을 새로운 것을 낳는 힘으로 정의하였고, 창의력이 포함된 지적 구조모형을 제시함으로써 그 중에서 발산적 사고가 창의성의 가장 분명한 지침이 된다고 지적하였으며, 발산적 사고의 하위 영역으로 문제에 대한 민감성, 유창성, 독창성, 융통성, 정교성을 재정의하는 능력으로 창의성을 설명하였다.

다섯째, 결과물로서의 창의성을 강조하는 견해(Weisberg, 1988)이다. Weisberg(1988)는 창의성은 과학, 예술 등의 분야에서 독창적이고, 긍정적으로 평가된 결과물(산출물)로, 창의성은 어떤 새로운 것이 산출되는 과정으로 설명하였다.

이상의 내용을 중심으로 살펴보면, 창의력은 무한한 상상력을 중심으로 많은 수의 의미있는(valueable) 아이디어를 창출하고, 평가 준거에 의해 차별화된(different) 실현

가능한 아이디어를 골라내는 판단력으로, 새로운 결과물을 창출(creatable)하는 활동으로 정의할 수 있다. 따라서 창의성을 보는 학자들이 여러 견해들을 고려할 때, 창의성은 단순히 어느 한 견해만으로는 이해될 수 없고, 다양한 측면과 상호작용을 이해해야 할 것이며(Keating, 1986), 이를 바탕으로 창의력을 증진시킬 수 있는 실제적인 연구가 활발히 이루어져야 할 것이다.

2) 발산적 사고와 수렴적 사고

발산적 사고(divergent thinking)와 수렴적 사고(convergent thinking)는 창의적인 문제해결과 창의적이지 못한 문제해결을 유용하게 구별하는 사고양식으로 많이 연구되어 왔다. 최근 창의성에서는 문제해결이라는 통합적인 역할이 강조되면서 발산적 사고뿐만 아니라 수렴적 사고의 필요성이 함께 제기되고 있다(김영채, 2007). Guilford(1959)는 '지능구조' 모델에서 '발산적 사고'를 처음 제안하였는데, 그의 모델은 120개의 복잡한 서로 다른 사고 기술을 가지고 있으며, 이것을 인지기술 관점에서 다시 3차원으로 분류하였다. 또한 Guilford(1984)는 발산적 사고를 '정답이 하나로 정해지지 않은 질문에 대해 다양성을 추구하고 다른 방향으로 생각하고 사고하는 것'으로 정의하였다. 즉 발산적 사고는 그 목표가 옳은 대답을 얻는 데 있지 않고, 갖가지 진귀한, 독창적인, 또는 심지어 엉뚱한 아이디어를 제안하는 사고력의 일종이다(우종옥과 전경원, 2001). 발산적 사고는 창의적 아이디어를 이끌어내는 일련의 기술로, 발산적 사고에 관한 훈련은 창의력 발휘에 크게 도움이 되며, 발산적 사고훈련에서 다방면의 다양한 주제를 사용하면, 창의적 사고발달에 관한 수행에서 훨씬 뛰어난 향상을 가져오게 된다(Treffinger et al., 1982). 발산적 사고는 주어진 문제를 해결하기 위해 자신의 아이디어를 새롭게 재구조화하는 방식으로 가설 세우기, 추론하기 및 재구성하기 등의 방법을 포함하기 때문에 창의적 사고능력을 향상시키려면, 다양한 주제와 범위를 통해 연습할 필요가 있다.(Guilford, 1984).

발산적 사고는 유창성, 융통성, 독창성, 정교성의 4가지 구성요소를 가진다(Runco와 Chand, 1995). 첫째, 유창성은 많은 양의 아이디어를 산출해내는 능력으로, 창의적 사고과정의 초기 단계에서 요구되는 능력으로 볼 수 있다. 유창성의 평가는 의미 있는 응답의 개수를 가지고 평가하는데, 사물이나 현상을 보고 가능한 많은 연상을 하는 방법으로 평가를 한다. 예를 들어, '화산을 보고 떠오르는 생각을 적어보기', '기후변화라는 단어를 통해 연상되는 것을 적어보기' 등의 질문을 통해 응답할 수 있는 많은 아이디어의 수를 가지고 평가를 한다. 둘째, 융통성은 다양한 해결책을 찾아내는 능력으로, 의미 있는 답이 미치는 범위와 그 주제 및 소재가 다양한 정도 등을 가지고 평가한다. 예를 들어, 두 가지 사물이나 현상을 서로 관련지어 생각해보게 하거나 사물이나 현상에 대한 여러 가지 아이디어들을 유목화하거나 속성별로 나누어 생각하게 할 때, 나올 수 있는 응답의 개수를 가지고 평가를 한다. 셋째, 독창성은 참신하고 독특한 아이디어를 산출하는 능력으로, 이에 대한 평가는 의미있는 답이 비상례적이고, 특수하며, 독특한 정도가 어떠한가에 따라 평가를 진행할 수 있다. 예를 들어, 기존의 아이디어를 다른 상황에 적용하게 하거나, 기존의 사물이나 생각을 부정하고 다르게 생각하게 하는 방법 등을 통해 나올 수 있는 응답을 가지고 판단하여 평가한다. 마지막으로 정교성은 자신의 아이디어를 정교하게 세부적이고 구체적으로 나타낼 수 있는 능력을 말하는 것으로, 이에 대한 응답이 과학적이고, 정확하며, 상세하고, 구체적인 정도가 어떠한가에 따라 정교성을 평가할 수 있다. 즉 생각이나 아이디어를 구체화하여 발전시켜 보게 하거나, 사물이나 현상을 자세히 관찰하여 표현하게 하는 것 등을 통해 나온 응답을 가지고 평가할 수 있다. 따라서 이러한 발산적 사고는 각 교과별, 영역별, 주제별로 다양하게 적용할 수 있고, 이러한 발산적 사고는 궁극적으로 창의력을 향상시키는 데 도움을 주며, 발산적 사고를 통해 창의력을 잘 이해하게 되고, 창의적인 사고자가 될 수 있도록 도와준다(김영채, 2007). 이처럼 발산적 사고와 그 구성요소를 이해하는 것은 창의력의 본성을 이해할 수 있도록 도와주고, 창의적 사고와 학생들의 창의적 사고를 향상시키는 방법을 제공해준다(우종옥과 전경원, 2001).

수렴적 사고는 단 하나의 정답에 초점을 맞추는 생각으로 설명되는 사고로, 발산적 사고와는 대조되며, 수렴적 사고는 대부분의 지능과 성취도 검사에서 측정되는 것이다(Baer, 1993). 수렴적 사고는 올바른 답을 산출하는 반면, 발산적 사고는 흥미 있고, 상상력과 가능성이 있는 창의적 사고를 산출하기 때문에, 문제를 창의적으로 해결하기 위해서는 발산적 사고와 수렴적 사고가 반드시 필요하다(김영채, 2007). 최근의 여러 연구들을 살펴보면(Eliasson, 2017; Smart와 Marshall, 2013), 새로운 아이디어를 창출하는 과정에서 발산적 사고가 사용된 이후에 수렴적 사고가 기여해야 창의적 성과를 거둘 수 있다는 연구결과들이 발표되고 있다. 즉 수렴적 사고는 발산적 사고를 통하여 생성된 아이디어를 조직화해 판단하고 이를 평가 및 우선순위를 선택하거나, 아이디어를 정교화 시켜 문제를 해결할 수 있기 때문에, 수렴적 사고를 하게 하는 목적은 다음과 같이 네 가지로 요약된다(Eliasson, 2017). 첫째, 조직화는 아이디어들을 정리하고 압축하고 분류할 때 사용되며, 둘째, 평가는 아이디어들을 판단하거나 결정 및 선택할 때 사용한다. 셋째, 우선순위는 아이디어들을 준거(기준)에 따라 순위와 같은 등위를 매길 때 사용한다. 마지막으로 아이디어의 정교화는 아이디어를 다듬고, 개발하고 향상 시킬 때 사용한다.

3) 창의적 문제해결(CPS)의 발달과정

창의적 문제해결(Creative Problem Solving, CPS)이란 문제 상황에 직면했을 때 발산적 사고와 수렴적 사고를 반복 사용하여 주어진 문제를 이해하고 관련된 자료와 정보를 탐색하여 구체적으로 문제를 진술하고, 이에 대한 창의적이고 다양한 아이디어를 생성하여 문제의 해결안을 도출하도록 유도하는 사고의 과정(Treffinger et al., 2000)을 말한다. 창의적 문제해결 모형은 학자들마다 다양하게 서술하고 있다. 우선 창의성에 관한 초기 모형으로 듀이(J. Dewey)는 5단계의 창의적 문제해결 과정을 포함시켰다(Dewey, 1920). 첫째는, 어려움을 느끼거나 생각하는 단계이다. 둘째는, 그 어려움을 올바르게 정의하여 생각하는 단계이다. 셋째는, 가능한 해결방법들을 생각하는 단계이다. 넷째는, 이 해결방법들의 결과가 앞으로 어떻게 될지에 대해 예측하는 단계이다. 마지막 단계는 최선의 해결방법을 받아들이는 단계이다. 따라서 듀이는 문제를 해결하기 위한 절차적 단계를 통해 창의적 문제해결 모형을 제시하였다. 왈래스(D. Wallace)는 창의적 글쓰기 과정을 창의적 문제해결 과정과 연계하여 4단계의 모형을 개발하였다(Wallace와 Gruber, 1989). 첫 번째 단계는 준비단계(preparation)로 글쓰기를 위한 자료를 모으는 단계이다. 두 번째 단계는 생각 품기(incubation)로, 주어진 문제에 대한 숙고를 하는 단계이다. 세 번째 단계는 깨달음의 단계로, 생각해낸 아이디어가 문제해결에 적합한 해결방법임을 알게 된 경우이고, 마지막 단계는 확증(verification)의 단계로 그 해결방법이 효율성, 적합성 및 실용성이 있음을 확인하는 단계이다. 이러한 창의적 문제해결 과정은 벤젠 분자의 고리 모양을 발견한 케쿨레(A. Kekule)의 창의적 문제해결 과정에서 찾아볼 수 있는데, 케쿨레는 꿈이라는 생각 품기를 통해 문제해결안을 숙고하고 이후 깨달음과 확증을 통해 유기화학의 기본 구조를 밝힌 것으로 유명하다.

한편, 오스본과 파네스의 창의적 문제해결(CPS) 모형은 다른 창의적 문제해결 모형들보다 실제적인 사용이 쉽기 때문에 최근까지 학교 현장의 적합성을 높이기 위해 창의적 문제해결 모형에 대한 연구가 활발히 진행되고 있다. 창의적 문제해결 모형은 1953년 Osborn에 의해 처음으로 제안되었으며, 그가 제안한 초기 모형은 적응(Orientation), 준비(Preparation), 분석(Analysis), 가설(Hypothesis), 계획(Incubation), 종합(Synthesis), 검증(Verification)의 7단계로 이루어져 있고, 이후 사실 발견(Fact finding), 아이디어 발견(Idea finding), 해결안 발견(Solution finding)의 3단계 모형을 제시하였다. Parnes(1966)는 Osborn이 제안한 3단계에 '문제 발견'과 '해결안 수용' 단계를 추가하여, 사실 발견(Fact finding), 문제 발견(Problem finding), 아이디어 발견(Idea-Finding), 해결안 탐색(Solution finding), 해결안 수용(Acceptance finding)의 5단계의 창의적 문제해결 모형을 제시하였다. 이후 창의적 문제해결의 과정과 구조에 대한 연구가 다양한 분야에서 활발하게 진행되었으며, 이러한 발전의 가장 대표적인 모습은 Isackson과 Treffinger(1985)의 연구에서 찾아볼 수 있다. 과거 상당 기간 동안 창의적 문제해결 모형은 일련의 정해진 순서를 따르는 단계적 모형으로서 이해되어 온 것이 사실이다. 그러나 새로운 창의적 문제해결 모형은 문제해결의 과정에서 일방향의 단계를 지향하지는 않으며, 학습자들이 모든 단계를 기계적으로 다 거치면서 문제를 해결할 필요가 없다. Parnes의 창의적 문제해결 모형은 그림 5.1과 같이 5단계로 이루어져 있으며, 1단계는 '사실 발견' 2단계는 '문제 발견' 3단계는 '아이디어 발견' 4단계는 '해결책 발견' 5단계는 '수용성 발견'으로 이루어져 있다. 각 단계에서는 아이디어를 산출하기 위한 발산적 사고 단계와 가장 적합한 아이디어를 선택하는 수렴적 사고 단계를 거쳐 창의적으로 문제를 해결하는 데 그 목적이 있으며, 이 모형은 학습자들이 어떤 대상, 사건, 감정들을 다루는 데 있어 유창성, 융통성, 독창성, 정교성을 증진시키는 데 관심을 둔다(Parnes, 1966).

특히 Treffinger가 개발한 창의적 문제해결 모형은 혼란 발견(Mess-Finding), 자료 발견(Data-Finding), 문제 발견(Problem-Finding), 아이디어 발견(Idea-Finding), 해결책 발견(Solution-Finding), 수용안 발견(Acceptance-Finding)의 6단계로 구성되어 있고, 각 단계마다 사고의 발산과 수렴을 경험하게 된다(Treffinger et al., 2000). 이때 각 단계에서는 다양한 전략과 기법들이 활용되고, 이 중 눈여겨 볼 것은 모든 단계가 발산적 사고와 평가적 사고 단계를 포함한다는 것이다. 즉 발산적 사고 단계에서는 서로 다른 여러

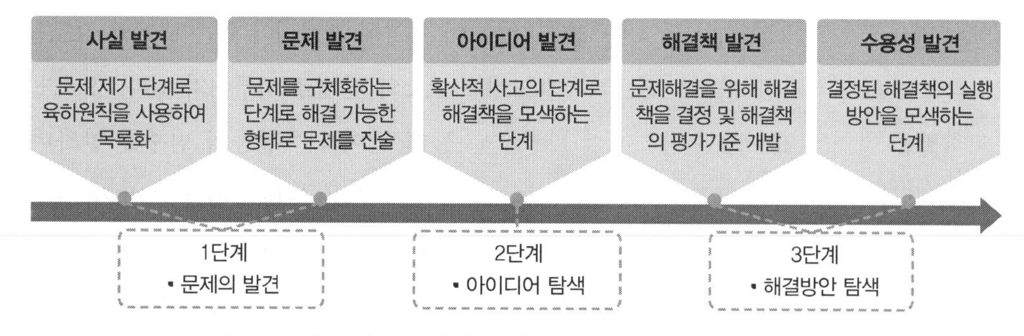

그림 5.1 파안스(Parnes)의 창의적 문제해결 모형의 3단계 수정

아이디어와 상상적 아이디어를 만들어 내고, 평가적 사고 단계에서는 아이디어를 다듬고 아이디어를 추출해낸다. 따라서 창의적 문제해결의 각 단계에서 발산적 사고를 통해 상상력을 자유롭게 사용해서 많은 아이디어를 모으고, 평가적 사고를 통해 아이디어를 판단하며, 발산적 사고와 평가적 사고는 창의적 문제해결 과정에서 함께 이루어진다고 볼 수 있다.

4) 창의적 문제해결(CPS) 교수-학습 과정

수업 활동을 처방적으로 다루는 교과교육 입장에서 Joyce와 Weil(1980)은 수업이란 수업목표를 달성하기 위해 수업 관련 변인들을 의도한 목적에 부합하도록 관계 지어 전개하는 활동으로 정의하였다. 따라서 창의적 수업은 대체적으로 학생들이 스스로 자신의 창의력을 길러가는 방법을 배워야 한다는 가정에 기초를 두고 있으며, 다양한 반응이 존중되고 보상도 받는 학급의 분위기에서 적용될 때에 크고 긍정적인 효과가 난다(이동원, 2011). 주어진 문제를 창의적이고 체계적으로 해결하려는 시도는 Dewey의 5단계 모형이나 Wallas의 4단계 모형에서 잘 드러나 있다(Isaksen와 Treffinger, 1985). Dewey와 Wallas의 모형 이후 많은 절차들이 문제해결의 모형으로 제안되어 왔는데, 그중에서도 창의적 문제해결(CPS) 접근은 다양한 연령과 영역에서 수십 년간 걸친 연구와 실천을 통하여서 튼튼한 절차와 논리를 갖게 되었다(Isaksen et al., 1993).

최근까지 다양한 연구가 진행되어 왔는데 그중 창의적 문제해결(CPS) 모형이 창의성 교육을 위한 가장 효과적인 접근방법으로 평가되고 있으며, 현재 다양한 교수-학습에 적용되어 그 효과가 검증되고 있다(Isaksen et al., 1993). Treffinger 외(2000)에 의해 개발된 창의적 문제해결 모형은 그림 5.2와 같다. 이 모형에 제시되어 있는 단계와 요소는 고정적인 순서로 사용할 필요는 없으며, 이 모형은 요소와 단계로 이루어져 있다. '요소'는 문제해결을 창의적으로 해결하고자 할 때 학습자들이 관여하는 활동의 범주를 말하며, 세 가지 요소로 '문제(도전)의 이해', '아이디어 생성' 및 '실천(행위)를 위한 준비'가 있다. 요소보다 더 구체적인 내용으로 '단계'가 있는데, 문제(도전)의 이해 요소에는 기회의 구성, 문제의 골격 구성, 자료의 탐색 단계가 포함되며, 아이디어 생성 요소에는 아이디어 생성 단계가 있다. 실천(행위)을 위한 준비에 포함되는 단계는 수용토대의 구축 단계와 해결책 개발 단계가 포함된다. 예를 들어, 교원임용고사를 합격한 후, 첫 발령지가 대중교통이 아닌 자동차로 도착할 수 있는 신축된 학교라고 가정해 보자. 또한 이 학교에 학생들과 학부모는 이와 관련하여 많은 불편과 걱정을 갖고 있다고 가정해 보겠다. 사실 이러한 상황은 매우 복잡하기 때문에, 해결안을 통한 신속한 개선이 어려운 상황이라 볼 수 있다. 이러한 가정 하에 창의적 문제해결 모형을 적용하였을 경우는 다음과 같다. 첫째, '문제(도전)의 이해'요소에서는 성취할 목표 또는 도전, 문제를 광범위하게 조사하고, 문제해결의 명확한 방향성을 설정한다. 즉, 이 요소에서는 기회의 구성 단계에서 교통수단

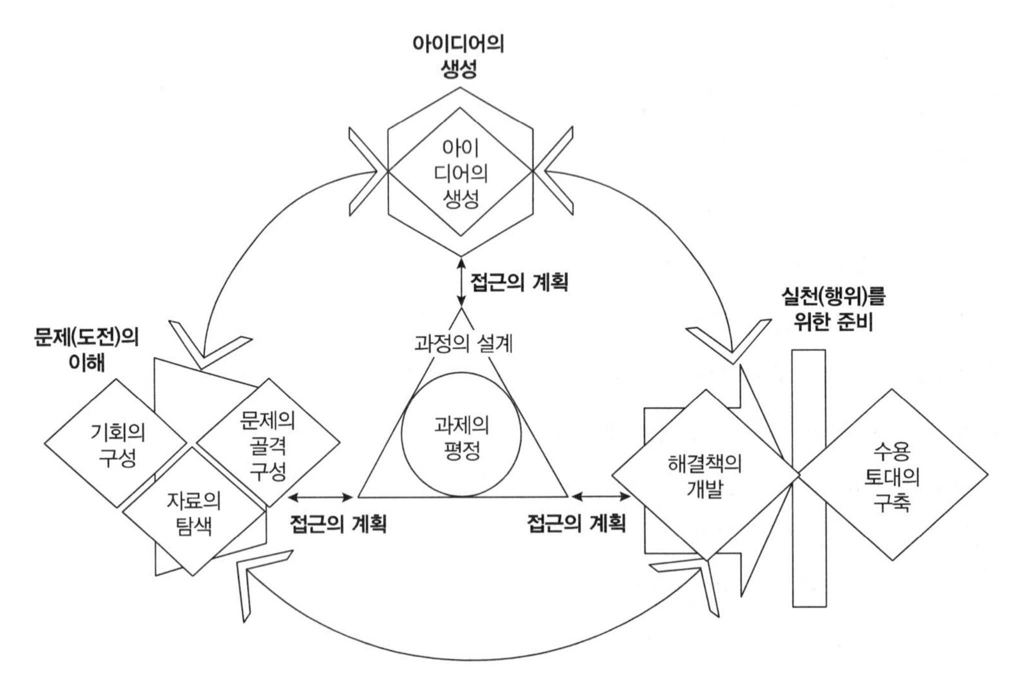

그림 5.2 Treffinger 외(2000)의 CPS version 6.1 TM

문제에 대한 모든 구성원이 만족하는 최선의 목표를 설정하고, 자료의 탐색 단계에서 다양한 관점을 통한 유익한 정보를 조사한다. 마지막 문제의 골격(frame) 구성 단계에서 효율적인 교통수단 방법 및 학교 구성원이 희망하는 요구 등의 구체적이고 실질적인 자료 등을 통해 현 문제에 대한 골격(frame)을 구성한다. 문제(도전)의 이해 요소는 이후 해결방안에 큰 영향을 미치게 되므로, 개방적이고 열려있는 창의적 아이디어를 활용하는 것이 매우 중요하다. 두 번째 아이디어 생성 단계는 문제해결에 필요한 해결방안을 찾는 것으로, 다양한 관점에서 생각해보고 이에 대한 해결안을 구체적으로 제시하는 브레인스토밍과 같은 확산적 사고의 여러 가지 도구들이 포함될 수 있다. 예를 들어, 학교 구성원들의 주요 이동 경로, 주로 사용하는 교통수단 및 대중교통의 새로운 노선 확보 요구 등 효율적이고 합리적으로 해결할 수 있는 방안을 찾는 단계이다. 세 번째 요소인 실천(행위)을 위한 준비에서는 지금까지 생각해 낸 해결안을 실제적인 행동으로 옮기는 과정으로 실제적으로 실현 가능한 해결책을 만들어 내는 과정이다. 우선 해결책의 개발 단계에서는 평가 및 기준을 통해 아이디어를 개선하고, 분석 및 선택한다. 다음으로 수용토대의 구축 단계에서는 해결안에 대한 실행 계획을 세우고, 향후 발생할 수 있는 어려움이나 결과 등을 예측한다. 예를 들어, 지금까지 생각해 낸 아이디어들을 학교 구성원 모두가 만족할 수 있게 수정·개선하고, 이 아이디어가 향후 어떠한 결과로 나타날 지에 대한 예측과 함께 정교화하는 작업이 이루어진다. 마지막 요소는 접근의 계획 요소로, 이 요소는 창의적 문제해결 모형의 각 단계를 적합하게 선택하여 사용하고 있는지를 확인한다. 따라서 과제의 평정에서는 주어진 상황에 대해 올바른 선택인지를 결정하는 과정이 수반된다. 이처럼 창의적 문제해결의 각 단계에는 확산적 사고와 수렴적 사고의 두 가지 국면이 있어 이들 간의 역동적 균형을 강조하고 있다. 먼저 확산적 사고를 통해 독특하면서도 다양한 대안들을 생성해내는 것이 강조되며, 그 다음 수렴적 사고에서는 생성해낸 대안들을 분석하고 개발하고 다듬는 과정이 요구된다(Treffinger, et al., 2000).

1.3 프로젝트기반학습

1) 프로젝트기반학습의 개념

21세기를 준비하는 학생들에게 필요한 교수-학습 방법으로 추천되는 프로젝트기반학습(Project-based Learning: PBL)은 학습자들이 과제를 수행하고 결과물을 만들어내는 과정에서 새로운 지식을 습득하고 비판적 사고력, 문제해결력, 자기주도적 학습능력과 같은 다양한 능력을 신장할 수 있는 학습자 중심의 교육방법이다(Gary, 2015). 프로젝트(project)란 사전적 의미로 '앞으로 던지다', '탐색하다', '연구하다', '구상하다' 등의 의미로 정의되며, 일반적으로 '해야 할 과제'로 해석되기 때문에, 프로젝트는 학습자들로 하여금 실제적인 문제를 탐색하여 도전하고 문제를 해결하도록 유도하는 것을 의미한다(Krajcik와 Blumenfeld, 2006). 프로젝트기반학습은 교사가 교과서의 내용을 기르치고 학생이 그 내용을 그대로 답습하는 과정을 넘어, 알고 있는 정보를 활용하여 문제를 해결하고 새로운 것을 생각할 수 있는 능력을 길러주어야 한다는 필요성에서 시작되었다(유지원, 2014). 프로젝트란 한 명 또는 그 이상의 학습자가 이행하는 특정 주제에 대한 연구이며, 학습자들은 프로젝트 활동을 위한 계획에 직접 참여하여 그 계획을 달성하기 위하여 다양한 학습활동을 하는 집단 탐구 과정으로 문제해결에 관련된 지식과 기능, 인지적 및 정서적 발달을 증진시키는 학습방법(Soparat et al., 2015)이라 할 수 있다. 따라서 프로젝트기반학습은 다음과 같은 긍정적인 효과를 준다(Katz와 Chard, 1989).

첫째는 지식의 획득으로, 어린 학습자일수록 학습의 상황이 구체적이고 직접적인 경험을 할 수 있도록 설계되는 것이 바람직하며 프로젝트 기반 학습은 이러한 조건을 충족하는 교육 방법으로써 학습자가 직접 설정한 문제를 해결과정에서 사실, 개념 및 정보 등의 지식을 획득하는 데 도움을 줄 수 있다.

둘째는 기능의 습득으로, 프로젝트 기반 학습은 자신의 의견을 관철하기 위해 다른 학습자와 협상이나 협의하는 방법 및 문제를 해결하기 위한 구체적인 방안을 세우는 등의 사회적인 역량을 기를 수 있는 기회를 제공할 뿐만 아니라 타인과의 의사소통, 자신의 생각을 다양한 방법으로 표현하는 능력, 여러 상황과 조건을 고려해 결론을 추론하고 예상하는 능력을 키워준다.

셋째는 성향의 개발로, 성향(disposition)은 지속적으로 나타나는 성격의 유형으로서 프로젝트기반학습의 목표인 '계속적으로 학습하고자 하는 성향을 계발하는 것'과 일치한다. 따라서 문제를 해결하기 위해 장시간 집중하려는 성향, 탐색 과정에서 흥미를 느끼고 몰입하는 성향, 궁금한 점을 해결하기 위해 질문하는 성향, 다양한 접근방법을 통해 실제적인 탐구 방법을 찾으려는 성향과 결과에 도달하는 과정을 중시하며 끊임없이 노력하고 도전하는 성향 등을 발달시킬 수 있다.

넷째는 감정(feeling)의 발달로, 프로젝트기반학습에서는 최종의 목적 성취를 위해 자신 있는 분야나 학습 습관을 이용하여 집단에 공헌하거나 협력할 수 있는 기회를 가질 수 있다. 이 과정에서 학습자는 소속감을 느낄 수 있으며 스스로를 가치 있고 능력을 가진 존재로 인식하는 자아존중감과 긍정적인 자아 개념을 형성할 수 있다.

2) 프로젝트기반학습의 절차

프로젝트기반학습의 핵심은 실제적이고 복합적인 문제를 설정하고 이를 학생들이 주체적으로 해결하여 심층탐구의 기회를 제공하는 것이다. 따라서 일반적인 프로젝트기반학습의 수업 절차는 4단계로, 준비단계, 시작단계, 전개단계, 마무리단계로 구분된다(Chard, 1992). 단계별 과정은 상호 연관 및 순환되어 있으며, 언제든 피드백을 통해 전단계로 돌아갈 수 있는 역동성을 가지고 있다. 각 단계에서 이루어지는 학습활동은 다음과 같다(Krajcik와 Blumenfeld, 2006).

첫째는 준비 단계로, 이 단계에서는 프로젝트의 주제가 될 아이디어를 모색하고, 이 아이디어는 교육과정의 성취기준이나 지역사회 이슈, 학생들의 생활로부터 발견된다. 또한 아이디어의 범위를 결정하여 구체적인 학습계획을 세운다. 프로젝트에서 반드시 학습되어야 할 기본지식과 기능을 설정하고 대략적인 결과물의 산출 내용과 발표 방법을 구상한다. 이후 프로젝트의 일정을 조율하고 평가계획을 세우고, 프로젝트에서 학생들에게 제공할 수 있는 학교, 지역의 자원의 목록을 작성해본 뒤, 학부모에게 협조를 요청한다.

둘째는 시작 단계로 이는 본격적으로 학생들과 협력하게 되는 중요한 단계로 교사가 준비단계에서 미리 구상해 보았던 주제들을 마인드맵을 활용하여 학생들과 함께 수정하거나 보완하여 완성한다. 학생들의 주제들을 통해 교사는 학습자의 이전 경험과 이해정도를 파악할 수 있고, 이 주제들은 프로젝트가 진행되는 중에도 수정될 수 있다. 또한 시작단계에서는 평가에 대한 내용을 학생들에게 알리고 추가해야 되거나 조금 더 중점을 두어야 할 부분에 대하여 논의를 거쳐 평가기준표를 공지하여야 한다. 핵심 개념과 관련 기본 어휘를 제시하고 프로젝트 진행기간 동안 교실이나 강의실 등에 게시하여 지속적으로 학생들이 활용하고 자신의 학습이해를 점검할 수 있도록 한다.

셋째는 전개 단계로, 본격적으로 프로젝트가 진행되는 단계이며 교실뿐만 아니라 학교, 생활주변이 모두 학습의 공간이 된다. 탐구 활동을 시작하기 전 학생들은 탐구주제나 현장학습의 장소에 대한 배경지식이 필요하며 교사는 배경지식을 쌓을 수 있는 자료를 제공하거나 정보검색활동의 시간을 마련한다. 교실에는 프로젝트가 진행되는 동안 학습자가 언제든 참고할 수 있도록 주제와 관련된 서적이나 그림, 사진 자료를 비치해 두는 것이 좋으며, 자료를 조사하고 수집하는 활동이 끝났다면 학습자는 개별 또는 팀별로 결과물을 제작한다. 또한 현장학습을 가기 전, 학생들은 주제에 대하여 정보검색으로는 해소하지 못했던 궁금증이 무엇인가 질문목록을 작성하고, 교사는 현장학습 장소의 특징, 교외 활동 시의 주의점, 면담의 절차와 예절에 대하여 안내한다. 현장학습에서는 질문목록을 참고하여 주제에 대한 정보를 획득하고 전문가와 면담을 진행한다. 전문가를 견학 장소에서 대면하거나 또는 학교로 초청하여 학생들과의 만남을 진행할 수 있으며 현장학습 전에 이루어질 수도 있다. 특별한 기술과 지식을 가진 인력이 아니더라도 주제에 도움이 될 수 있는 관련 직업이나 경험을 가진 부모 등도 초청하여 함께 학습활동을 할 수 있다.

넷째는 마무리 단계로, 이 단계는 프로젝트의 절정이라 할 수 있다. 학생들이 지금껏 자료를 수집하고 경험해왔던 것들을 기반으로 만든 결과물을 전시하거나 발표하는 시간을 갖는다. 교사는 발표회나 전시회를 열기 전 학습자들이 충분히 발표를 연습할 수 있도록 발표계획 양식을 제공하며, 발표활동에서는 다른 팀의 탐구 결과에 대한 청중평가를 한다. 또한 스스로 자신의 프로젝트 활동을 돌이켜보며 탐구 과정과 결과를 평가하도록 한다. 이것을 기반으로 학습자는 다른 각도로 자신의 결과물을 재평가하고 재창조하는 기회도 가질 수 있다.

3) 프로젝트기반학습의 교수-학습 과정

프로젝트기반학습의 교수-학습 과정의 특성은 학자들마다 다르지만, 공통적으로 언급되는 내용은 다음과 같다(유지원, 2014; 조일현, 2010; Barron et al., 1998; Larmer와

Mergendoller, 2010; Markham et al., 2003).

첫째, 교사와 아동, 아동과 아동 간의 적극적인 사고의 교류와 상호작용 및 협동적인 학습이 될 것을 강조한다(Larmer와 Mergendoller, 2010). 프로젝트의 시작 단계부터 교사와 학생들이 같이 참여하여 구성하고 구체적인 학습의 방향과 활동 방법에 대하여 설정하게 되며, 탐구 과정 중에도 학생들의 관심을 반영하고 수정할 수 있으며 새로운 내용이 추가될 수 있다(유지원, 2014). 또한 학생들은 자신의 최고 수준의 사고력을 활용해 다른 학습자와 상호작용을 하면서 협동적인 학습을 진행해 나가게 된다.

둘째, 프로젝트기반학습의 교수-학습 과정에서는 교사의 역할이 강조된다. Dewey는 프로젝트기반학습이 교사의 판단과 지도 및 교사의 영향력이 중요시되는데, 이것이 잘 이루어지지 않을 경우, 학생들의 도전 의식을 자극할 수 없다고 주장한다(Barron et al., 1998). 즉 프로젝트기반학습의 성공을 위해 교사의 역할이 중요하며 배움이 일어날 수 있는 환경을 제공하고 학생들에게 필요한 가치들을 선별하여 그 목표에 집착하고 성공할 수 있도록 지도하여야 함을 의미한다(유지원, 2014). 따라서 프로젝트기반학습에서 교사는 기본 지식전달 뿐만 아니라 현장 견학이나 전문가 초청 활동을 위한 사전 점검과 학교 밖에서의 활용 가능한 자료와 자원을 확인하여 학생들이 적절히 활용할 수 있도록 도움을 주어야 한다(조일현, 2010).

셋째, 프로젝트기반학습의 내용이 학습자 개개인에게 유의미해야 한다(Markham et al., 2003). 프로젝트기반학습을 기획하고자 할 때, 교과에서의 기본 아이디어와 활동이 일상생활에 상호 연결되도록 하되 학생의 발달 수준을 반드시 고려해야 한다(Krajcik와 Blumenfeld, 2006). 이는 학생들이 생활해 온 환경은 각자 다르며 주제에 대한 지식이나 경험에도 차이가 있기 때문에, 이런 점을 고려하여 프로젝트를 시작하기 전 학습자의 사전 경험과 주제에 대한 사전 인식 및 지식수준을 조사하고 각 학습자의 특성에 따른 다양한 수업 활동이 가능하도록 해야 한다(Markham et al., 2003).

넷째, 프로젝트기반학습은 부모나 주변 사람들, 더 나아가 지역사회 구성원들과의 협력관계를 강조한다. 이는 학교와 교사만이 아니라 지역 및 가정과 연계하였을 때 교육적 효과가 더 높아질 수 있다는 전제를 바탕으로 하기 때문이다(Larmer와 Mergendoller, 2010).

다섯째, 프로젝트기반학습은 최종 산출물(production) 완성에 중점을 둔다(Barron et

al., 1998). 결과물을 제작하는 과정에서 학습에 대한 책임감 및 자율성을 갖게 되며, 제작 과정에서의 지속적인 피드백은 팀워크, 도전감, 시간관리, 테크놀로지 활용, 연구를 위한 정보수집 및 정보처리 능력, 의사소통 기능, 창의성, 비판적 사고를 기를 수 있게 된다(조일현, 2010).

이상의 내용을 정리하면, 프로젝트기반학습은 학습에 대한 긍정적 성향, 교육과 삶의 연계, 학습 과정에서 공동체 의식의 발달을 교수-학습의 목표로 두며, 이 목표를 위해 프로젝트기반학습은 학생 개개인의 유의미한 학습을 고려한 교사의 철저한 학습계획이 필요하다(김윤정, 김민정, 2015). 또 학습자간 상호작용, 교사와의 상호작용을 통해 지식의 습득과 발달이 이루어지도록 환경을 구성해야 하며 주변 자원의 적극적인 활용으로 학습자의 자기주도적 학습을 가능하게 한다는 특징을 가지고 있다(유지원, 2014).

2 상호작용 중심 전략

2.1 협동학습

1) 협동학습의 개념

협동(cooperation)의 사전적 의미는 '함께'라는 고유어로 공동의 목표를 달성하기 위해 함께 한다는 의미를 가지고 있다. 협동학습은 공동의 학습 목표를 달성하기 위해 소그룹을 활용하여 함께 학습하는 교수 전략으로(Johnson와 Johnson, 2002), 소집단이 공동 목표를 성취하기 위해 동료들과 함께 학습하는 구조화되고 체계적인 수업 기법을 말한다(Slavin, 1990). 이전의 전통적 소집단 학습의 문제는 무임승차 효과, 봉효과(sucker effect) 그리고 부익부 빈익빈 현상의 부작용이 수반되었다. 이러한 부작용을 해결하기 위해 협동학습은 구성원 사이의 상호작용을 최대화시키는 역할을 하고, 긍정적 상호의존성 및 개별책무성 등 성공의 기회를 균등하게 나누는 특징을 가지고 있다. 전통 조별학습과 협동학습의 차이점은 곧 협동학습의 특징이면서 동시에 협동학습의 원리로 작용하기도 한다. 아래 표는 협동학습과 전통 조별학습의 차이점을 구체적으로 나타낸 것이다(Putnam, 1997).

표 5.3 협동학습과 전통적 조별학습의 차이점

구분	협동학습	전통적 조별학습
1. 긍정적인 상호의존성	있음	없음
2. 개인적 책임	있음	없음
3. 구성원의 성격	이질성	동질성
3. 리더십	공유	한 사람이 리더가 됨
4. 책임	서로에 대한 책임	자신에 대한 책임
5. 과제와 구성원	과제와 구성원과의 관계지속성 강조	과제만 강조
6. 사회적 기술	직접 배움	배우지 않음
7. 교사 역할	교사의 관찰과 개입	교사는 집단의 기능에 무관심함
8. 소집단 활동	활발	활발하지 못함

협동학습의 원리는 학자들마다 차이가 있지만, Slavin(1991)은 협동학습의 기본 원리에 대해 다음과 같이 정의하였다. 첫째, 집단보상이다. 집단이 목표를 달성할 때 집단보상이 주어지기 때문에 집단의 각 구성원들은 자신이 속한 집단의 성공을 위해 서로 최선의 노력을 할 수 있다는 것이다. 둘째, 개별책무성이다. 자신이 속한 집단의 성공적인 수행을 위해 구성원 각자가 학습에 대한 책임을 짐으로써 집단에 기여를 해야 한다 셋째, 성공기회의 균등이다. 학생들이 특정 집단에 속해 있어서 보상을 받는다고 인식하는 것이 아니라 자신의 과거 수행에 비해 향상됨으로써 자신이 속한 집단에 기여할 수 있어야 한다. 이에 반해, Johnson과 Johnson(2002)은 협동학습의 기본 원리를 5가지로 제시했다. 첫째, 긍정적 상호의존성(positive interdependence)이다. 이는 모두가 성공하기 위해 서로가 성공해야 한다는 것을 의미한다. 둘째, 대면적 상호작용(face-to-face promotive interaction)이다. 집단 구성원 각자가 집단의 목표를 성취하기 위해 다른 구성원들의 노력을 직접 격려하고 촉진시키는 것으로 상호작용이 잘 일어나도록 서로 마주보게 자리를 배치하는 방법을 흔히 사용한다. 셋째, 개별책무성(individual accountability)이다. 과제를 숙달해야 하는 책임이 각 학생들에게 있다는 것이다. 넷째, 사회적 기술(social skills)이다. 사회적 기술이란 집단 내에서의 갈등 관리, 의사결정, 효과적인 리더십, 능동적 청위 등을 의미하며, 협동적 노력이 성공하기 위해서는 이와 같은 사회적 기술이 요구된다. 다섯째, 집단과정(group processing)이다. 소집단 활동을 한 후 각자의 목표, 공동의 목표를 성취하기 위해 얼마나 노력하고 협력했는지에 대한 토론과 평가를 하는 과정이 있어야 한다(Mahmood와 Ahmad, 2010).

이러한 협동학습의 기본 원리는 협동학습의 종류에 관계없이 구성원 사이의 상호작용을 최대화시키는 역할을 하며, 이런 특징이 많이 반영된 모형일수록 수업에서 좋은 효과를 나타낸다. 따라서 협동학습을 구성하는 필수요소는 그림 5.3과 같이 5가지로 대표된다.

한편, Sciaraffa 외(2017)는 협동학습을 경쟁 학습보다 더 합리적인 전략으로 설명하면서, 협동학습을 통해 서로에게 집중하고, 좋은 질문을 하고, 서로를 돕고, 가르치면서 모두의 성공을 거둘 수 있다고 하였다. 다음 그림 5.4는 학습 방법에 따른 뇌의 활동 영역 양전자방출단층촬영(Positron Emission Tomography, PET) 스캔 이미지로, Sciaraffa 외(2017)는 학습 방법에 따라 교육의 효과가 다르다고 하였으며, 정보를 단지 읽을 때, 판독할 때, 부호화할 때의 뇌 기능보다 다른 학생에게 이해한 내용을 설명해 줄 때 뇌가 더 자극을

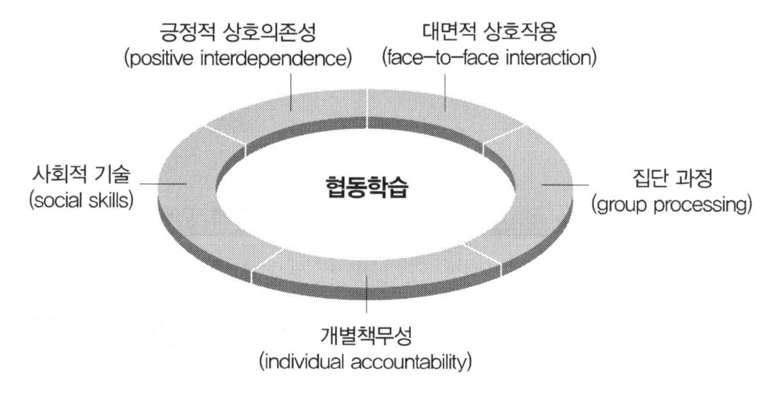

그림 5.3 협동학습을 구성하는 필수요소

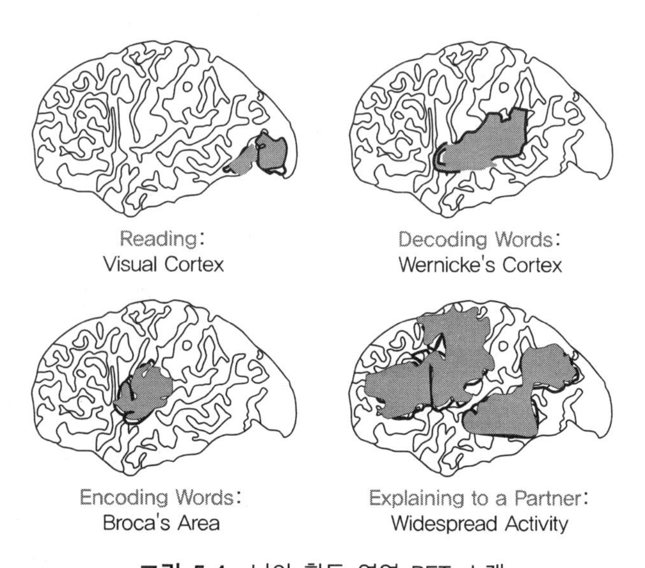

그림 5.4 뇌의 활동 영역 PET 스캔

출처: https://cramlingtonmuse.files.wordpress.com/2011/01/image2.jpg

받아 뇌 기능이 촉진되고, 고차원적인 사고력이 신장되며, 자신의 생각을 좀 더 명확하게 만들 수 있다고 하였다. 결과적으로, 동료 간 긍정적인 상호작용이 지속적으로 이루어지고, 상대방에게 이해할 수 있는 내용으로 설명을 하고, 각자의 가치를 공유하는 협동학습은 학생들의 사고 전략을 기르고, 학업에 대한 자기효능감을 기르는 데에 중요한 매개작용을 하게 된다는 것이다(정문성, 2002).

협동학습은 다양한 모형으로 교실에서 적용되어 왔는데, 널리 사용되어 오고 있는 모형을 살펴보면 STAD(Student Teams Achievement Divisions), TGT(Teams Games

Tournament), Jigsaw I, II, III, GI(Group Investigation), Co-op Co-op 등이 있다.

2) STAD

STAD(Student Teams Achievement Divisions)는 성취 과제 분담학습으로, Slavin(1990)이 개발한 것으로 기본적 지식 습득에 효과적인 것으로 알려져 있다. STAD 모형은 Hohns Hopkins 대학에서 연구 개발된 STL(Student Team Learning) 프로그램 중의 하나로, 학생들이 함께 주어진 학습목표를 달성하기 위해 자신뿐만 아니라 이질적인 모둠 구성원 서로에게 학습 책임을 지게 함으로써 얻을 수 있는 성공을 모둠 보상으로 받는 방식의 협동학습이다(정문성, 2002). 교사는 수업 내용에 대하여 직접 교수를 하기도 하지만, 무엇보다도 모둠 구성원의 향상 점수의 합을 산술 평균한 값으로 모둠 점수를 평가하고 관리하므로, 모둠 구성원 학생들은 합심하여 점수를 끌어올리기 위해 적극적이고 협동적인 수업분위기를 만든다(조희형 외, 2011). STAD 모형은 자료, 학습 모둠, 성취도 검사, 개인 성취도 점수, 모둠의 게시 등 5개 요소로 구성되어 있다(Slavin, 1990). 우선, 자료는 교사가 수업에서 제시하는 개념이나 기능, 과정 등을 의미하며, 강의나 시범, 교과서 등을 통해 제시한다. 둘째, 학습 모둠은 성취도, 사전 경험, 성 등을 고려하여 고르게 4-5명 정도 모둠을 형성하며, 교사가 제시한 주제나 학습 자료를 토대로 지시한 내용을 모둠별로 함께 공부한다. 셋째, 성취도 검사는 학습한 개념, 기능, 과정 등을 검사하는데, 철저하게 개인별로 실시하며 집단에 묻어서 노력하지 않고 좋은 성취도를 얻는 학생이 나오지 않도록 한다. 넷째, 개인 성취 점수는 사전검사, 전 시간의 평균 점수 등을 기준으로 개인의 기본 점수를 설정하고, 기본 점수보다 향상된 점수를 미리 정한 기준에 따라 성취 점수로 환산하고, 모둠별로 개인별 성취 점수를 더하여 모둠별 성취 점수를 구한다. 마지막으로 모둠 게시는 모둠의 성취도와 향상된 점수, 모둠의 등위 등을 제시하고, 성취의 결과에 따라 적절한 피드백을 제공한다. 이때 개인의 점수보다는 개인별 향상 점수에 더 비중을 두어 피드백을 제공한다. STAD 모형은 비교적 적용이 용이하고, 학생들의 토의를 통한 학습이 그리 어렵지 않으며, 협동학습 안에서 적절한 경쟁이 이루어지도록 함으로써 학습자의 성취를 보다 자극할 수 있다는 장점이 있다(정문성, 2002). 그러나 협동학습의 취지에 맞지 않게 지나친 경쟁 심리가 유발되지 않도록 교사의 지도가 필요하며, 모둠에 대한 보상은 개인별로 제공하기보다 모둠 성취 점수의 서열에 따라 제공하는 것이 적절하다. STAD 협동학습의 교수-학습 모형의 주요절차와 내용은 다음과 같다.

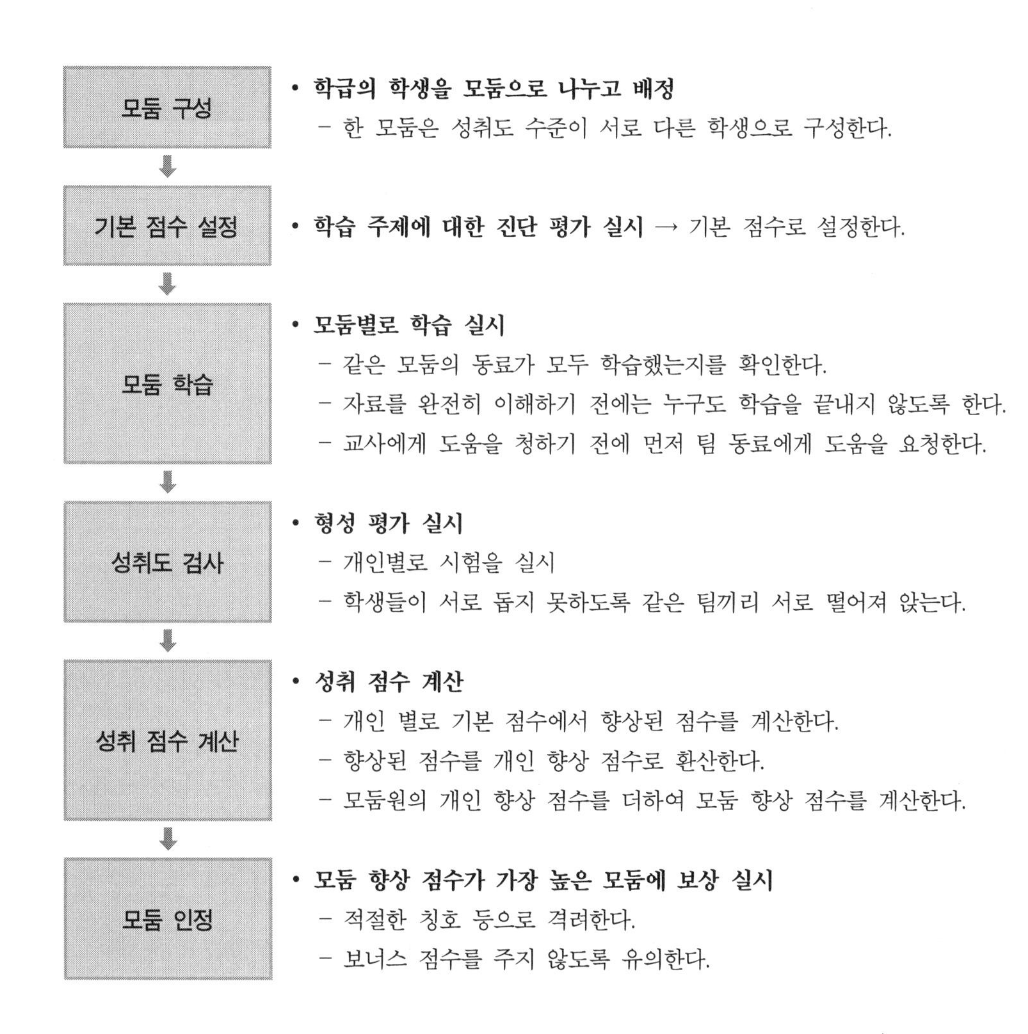

3) Jigsaw

Jigsaw 모형의 일반적인 수업형태는 다음과 같다. 원래 모둠에서 교사에 의해 몇 개의 소주제로 나뉘어진 수업 주제가 주어지면, 소주제 전문가의 역할을 정하고, 모둠별로 같은 소주제를 맡은 사람끼리 모여 전문가 그룹으로 학습활동을 한다. 다시 원래의 모둠으로 돌아와 학습한 내용을 다른 동료들에게 전수한다. 이러한 학습 형태를 Jigsaw라고 이름 붙인 이유는 모집단이 전문가집단으로 갈라졌다가 다시 모집단으로 돌아오는 모습이 마치 Jigsaw Puzzle(조각난 그림 끼어 맞추기 퍼즐)과 같다고 하여 붙여진 것으로, 모집단과 전문가 집단에서 학생들은 활발한 협동학습을 하게 된다. Jigsaw 모형을 만든 Aronson 외(1978)는 기존의 경쟁학습구조를 소집단 협동학습구조로 바꾸어 모둠 구성원들 서로가 주된 학습 자료원이 되게 하였으며, 성공은 오직 소집단 내에서 협동의 결과로만 얻을 수 있도록 하였다. 동료들과 협동학습을 할 때, 모둠 내 각 개인은 전체 학습 내용의 일부분을 담당하고 있기에 어느 누구도 집단 내 다른 동료의 도움 없이는 학습이 불가능하게 만들었다. 각 개인은 모둠 구성원의 성공에 결정적 기여를 할 수 있게 되어 있다.

한편, Slavin(1990)은 Jigsaw의 평가체제로는 협동학습의 효과를 거둘 수 없다고 주장하였다. 왜냐하면 비록 과제를 세분화하여 분업의 형태로 학습을 하지만 학습 결과에 대한 집단보상이 없기 때문에 학생들이 적극적으로 학습을 하지 않는다는 것이다. 또한 학생들은 개인적인 평가를 받기 때문에 동료를 적극적으로 도와주려고도 하지 않는다. 그래서 Slavin은 기존의 Jigsaw 모형에 보상구조와 성공기회의 균등을 보완한 Jigsaw II를 개발하였다(Slavin, 1990). Jigsaw II는 Jigsaw와는 달리 기존의 교육과정 자료를 그대로 사용할 수있게 하고, STAD의 이점을 적용한 것이다(Kagan, 1998). Jigsaw II는 모든 학생에게 단원 전체를 접할 수 있는 기회를 제공하기 때문에 Jigsaw Ⅰ에 비해 학습자 간의 상호의존성이 약화되는 단점이 있다. 그러나 Jigsaw I과 같이 학습 내용을 재조직할 필요없이 기존의 교과 단원을 그대로 이용할 수 있다는 점에서 더욱 실용적이고 경제적이다. Jigsaw II는 STAD의 평가방법을 사용하고 집단보상을 한다. 즉 기본점수, 향상점수, 소집 단점수의 3가지 점수가 반영된다. 최근 Jigsaw II가 모집단 학습을 마친 후 곧바로 퀴즈를 보기 때문에 충분히 퀴즈에 대비한 학습의 정리나 마음의 준비를 할 여유가 없음이 문제점으로 지적되었다. 그래서 학습이 끝난 후에도 일정 시간 퀴즈를 대비한 모집단의 학습기회를 주어야 한다는 주장에 따라 Jigsaw II에 이 과정을 첨가한 Jigsaw III가 소개되었다. 따라서 일정 시간 퀴즈를 대비한 모집단의 학습기회의 차이를 제외하고는 Jigsaw II와 Jigsaw III의 큰 차이는 없다. Jigsaw I, II, III의 수업절차를 비교하여 나타내면 그림 5.5와 같다.

Jigsaw 수업을 경험해 본 교사들에 의하면 한 두 명의 학생이 성실하게 자기의 역할을 하지 않을 때 소집단 전체가 큰 피해를 보기 때문에 역효과가 나는 경우가 많이 있음을 지적하였으며, 이를 막기 위해서는 제대로 자기 역할을 하지 못하는 아이들을 교사가 직접 챙겨서 지도해 줄 필요가 있다(정문성, 2002). Jigsaw 수업을 하기 위해서는 몇

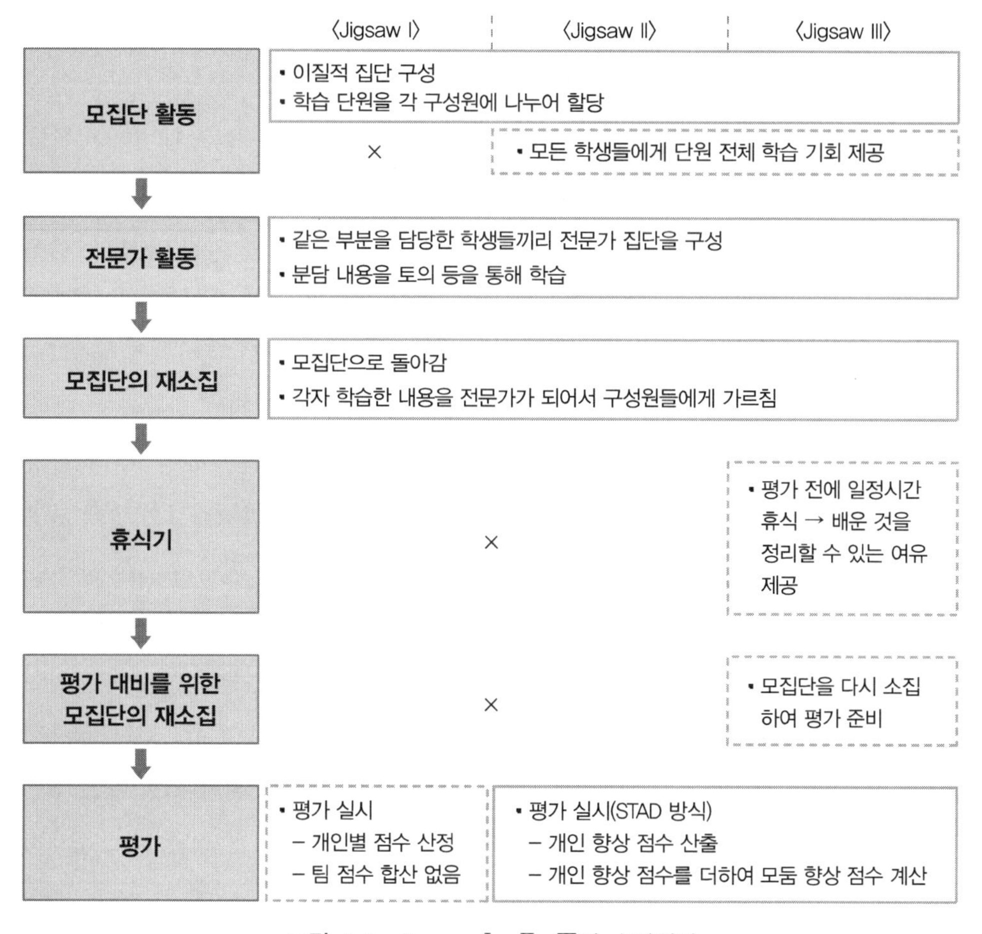

그림 5.5 Jigsaw Ⅰ, Ⅱ, Ⅲ의 수업절차

가지 소주제로 수업과제를 나누어야 하는데 억지로 이를 나눌 경우에는 오히려 수업의 효과가 반감될 수도 있다는 우려가 있으니 자연스럽게 소주제로 나누어지는 학습과제를 선택해서 모형을 사용하는 것이 바람직하며(조희형과 최경희, 2006), Jigsaw는 어떤 학년이나 교과에 관계없이 사용할 수 있는 개방형 수업모형으로 알려져 있다.

4) TGT

TGT(Teams-Games-Tournament)는 DeVries와 Edwards(1973)에 의해 개발된 모형으로, STAD와 같이 Johns Hopkins 대학의 STL 프로그램 중 하나로 STAD와 거의 비슷한 절차의 모형이나 개인적으로 접하게 되는 퀴즈를 대비한 학습이라기보다는 토너먼트 게임에서 좋은 성적을 얻기 위해 학습을 하는 점과 게임 자체에서 얻은 점수로 학습동기를 강화시키는 점이 STAD와는 차이가 있다. TGT도 STAD와 비슷한 절차를 가지고 있지만 두 가지 점에서 차이가 있는데(정문성, 2002), STAD가 개인적인 퀴즈를 대비하여 학습하는 반면, TGT는 토너먼트 게임에서 좋은 성적을 얻기 위해 학습을 하고 STAD에서는 향상점수로 학습동기를 강화시키지만 TGT는 게임에서 얻은 점수로 학습동기를 강화시킨다는 점이 다르다. 학생들은 집단 점수를 얻기 위해서 다른 집단의 구성원들과 경쟁하고 집단 점수에 근거하여 보상을 받는다(Gunter et al., 1999). 이 모형의 토너먼트 학습(TGT)의 수업 절차 대체로 4단계로 구성된다(Slavin, 1990). 첫 번째 단계는 학습과제 제시로, TGT는 교수 목표과 명확한 내용에 적합한 협동학습 모형이다. 따라서 교사들은 학습과제를 제시할 때 지시적 수업방법이나 강의법을 사용하고, 구체적인 과제해결 방법에 관하여는 시범을 보인 후에, 예제 문항을 연습한다. 두 번째 단계는 집단 편성과 집단 활동으로, 집단을 최대한 이질적으로 4~5명 정도의 학생으로 구성하고, 각 구성원들은 동료와 서로 도와가며 학습과제를 해결한다. 세 번째 단계는 토너먼트 게임으로, 학생들은 자신의 수준을 고려하여 다른 집단의 학생과 토너먼트 학습을 하게 된다. 이 활동은 학습과제의 성취도를 확인하는 것으로, 토너먼트 학습에서 유사한 학습 능력을 지닌 서로 다른 집단의 구성원이 한 조가 되어 집단간 경쟁학습을 하게 된다. 따라서 교사는 집단 별로 문제지와

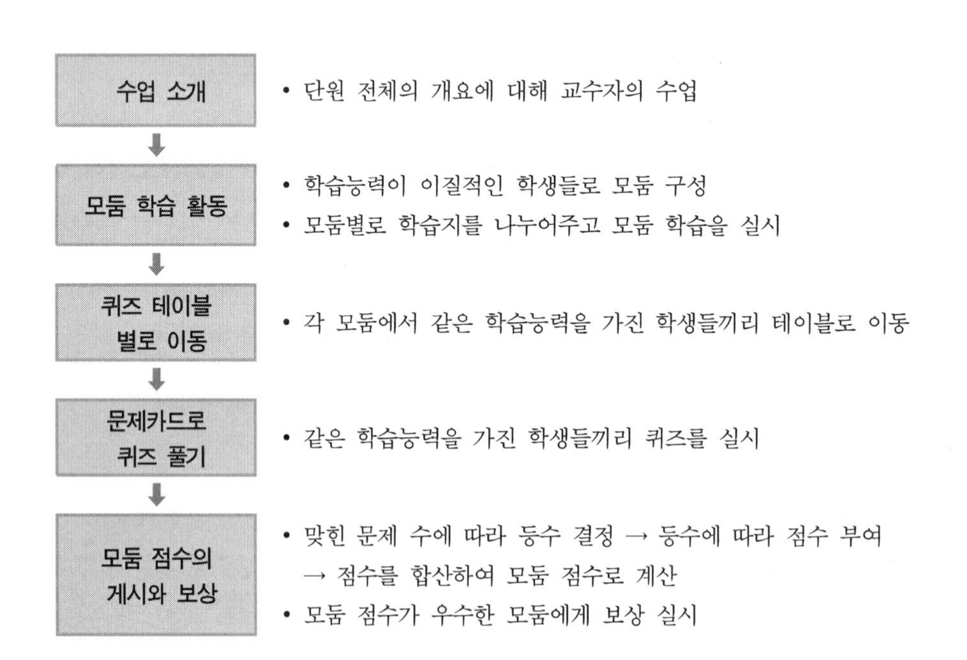

답지, 점수표 및 문제카드를 제시하여야 한다. 네 번째 단계는 모둠 점수의 게시와 보상으로, 학생들은 토너먼트 활동을 한 후에 그 결과에 따라 성적을 받게 되는데, 토너먼트 학습에서 획득한 점수를 집단 활동 기록표에 기록하고 사전에 설정한 기준을 통과한 집단은 성적에 따라 보상 받게 된다. TGT 모형의 장점은 수업절차가 간단하여 협동학습을 처음 접하는 교사들이 사용하기 편리하며, STAD에 비해 채점이 공정하고, 개인의 과거 성적에 따라 토너먼트 테이블이 변화되므로 성적이 나쁜 학생들에게도 학습동기가 유발될 수 있다는 점이 장점이다(정문성, 2002). TGT 협동학습의 교수-학습 모형의 주요절차와 내용은 다음과 같다.

5) GI

집단 탐구(Group Investigation: GI) 모형은 이스라엘 텔아비브 대학의 Sharan에 의해 1976년에 개발된 모형으로, 소규모의 그룹안에서 학생들이 협동을 통한 탐구, 그룹 토의, 그리고 계획짜기와 프로젝트를 활용하는 협동학습이다(Sharan와 Sharan, 1990). 민주적 참여 정신과 토론 문화 신장에 가장 효과적인 학습 모형으로(Slavin, 1990), 교사가 탐구 주제를 제시하면 학생들은 그 주제와 관련된 구체적인 소주제의 질문을 만들고 이 질문들을 범주화하여 탐구 모둠을 구성한 후에 모둠별로 탐구한 결과를 발표한다. 이 모형은 모둠의 조직과 주제의 구성, 조사 계획과 실행, 분석과 통합, 최종 산물의 발표, 평가 등 5요소로 구성되어 있다(정문성, 2002). 우선 모둠의 조직과 주제 구성에서는 학급 내에 5-7명의 학생들로 모둠을 구성하고, 교사는 다양한 공부 주제를 제시하며, 각 모둠은 그중 하나씩 선정한다. 각 모둠별 주제를 다시 소주제들로 구분하여 조원들이 역할을 맡는다. 두 번째, 조사 계획과 실행에서는 각 모둠에서 조사 방법, 절차 등 조사 계획을 수립하고, 이에 따라 조사를 실시한다. 세 번째, 분석과 통합에서는 조사한 자료를 분석하고 평가하며, 학급 전체에 발표할 내용을 요약하고, 그 방법을 협의하여 결정한다. 네 번째, 최종 산출물의 발표에서는 조사한 것을 요약 및 정리하여 학급 전체에 발표하고, 다른 모둠의 발표 내용을 듣고 공부한다. 마지막 평가에서는 개인별·모둠별 평가를 실시하고, 다른 모둠의 발표를 보고 발표 방법 및 모둠에 대한 개인의 공헌도 등도 함께 평가한다. GI 협동학습의 교수-학습 모형의 주요절차와 내용은 다음과 같다.

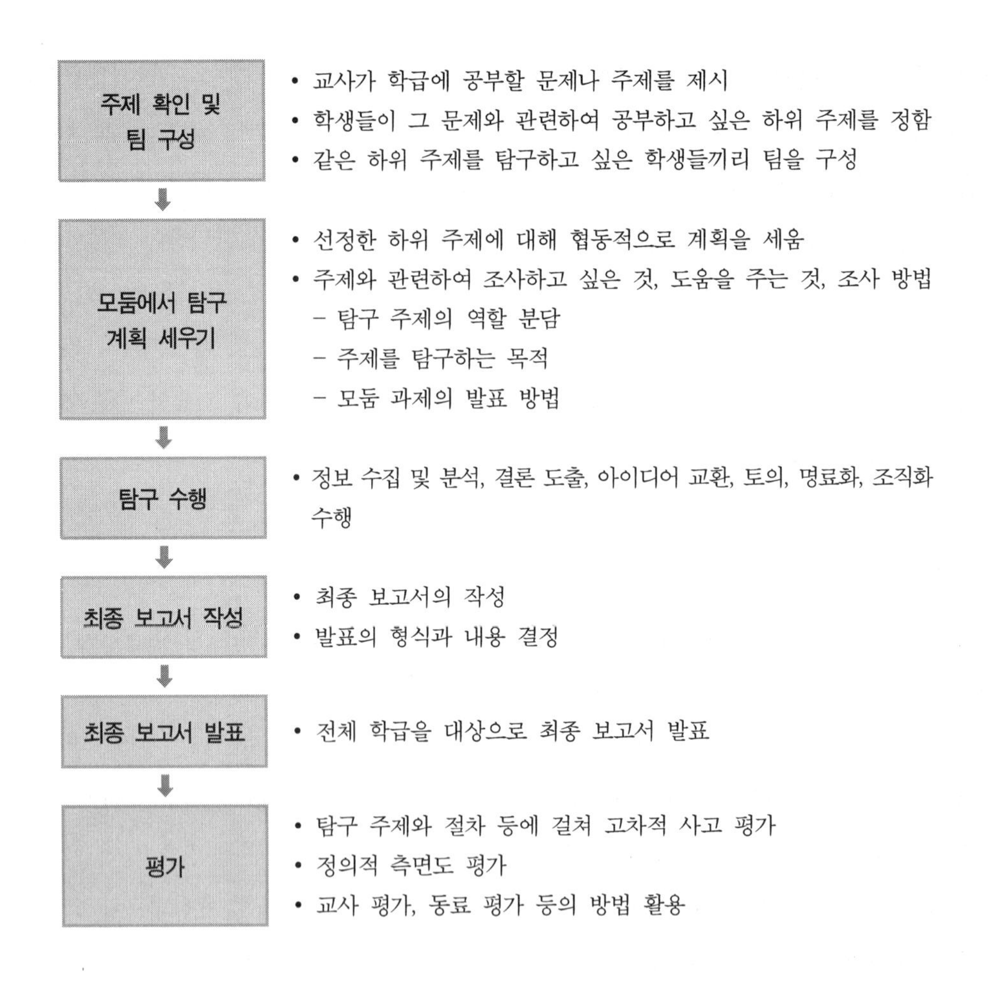

6) Co-op Co-op

자율적 협동학습 모형(Co-op Co-op 모형)은 Sharan과 Sharan(1990)의 모형에 근거하여 Kagan(1998)이 고안한 모형으로 모둠 간의 상호 협동을 통하여 학습 전체의 학습 목표를 달성하도록 한 협동학습이다. Co-op의 일반적인 수업절차는 다음과 같다(정문성, 2002). 교사가 제시한 주제중 학생들이 학습하고자하는 소주제를 선택하여 모둠을 편성하고, 각 모둠별로 정교화 된 소주제를 몇 개의 미니주제로 한 번 더 나누고 모둠의 구성원이 자신이 원하는 미니 주제들을 분담한다. 또한 자신에게 할당된 주제의 내용을 탐구하여 모둠 내에서 발표하고, 각자 역할을 맡아 모둠별로 전체 학급에서 발표할 보고서를 준비하여 발표하고 토의한다. Co-op의 전체적인 수업활동을 살펴보면 이렇다. 교사가 제시한 학습 목표에 관해 대략적인 학습 내용을 토의한 뒤 여러 소주제를 나누고, 자신이 원하는 소주제 모둠에 참여한다. 이후 모둠 내에서 토의를 해 그 소주제를 또 다시 더 작은 주제로 나누어 각각의 맡은 부분을 자세하게 조사해 온다. 다음으로 각 모둠원은 자신이 조사한 내용을 가지고 모둠 내에서 정보를 나누게 되고, 각 모둠별로 그 모둠이 맡은 소주제를 전체 학습에서 발표하고 학습 전체에게 주어진 학습 목표를 달성하게 된다. 따라서 Co-op은 전체 학습이 협동으로 학습의 학습 목표를 해결하기 위해 각 모둠이 협동 학습을 한다는 의미로 '자율적 협동학습 모형' 즉 Co-op Co-op 모형이라는 이름을 가지게 되었다. 그에 의하면, 자율적 협동학습이란 이름은 모둠 활동을 통해 학급 전체에 유익한 것을 만들어 낸다는 것을 의미하며, 이는 학급의 학습 목표 달성을 염두에 두고 모둠 안에서 협조하도록 교실을 구조화한다는 뜻으로, 그는 자율적 협동학습을 통해 창조적이고 자율적인 사고력을 지닌 학습자를 기를 수 있다고 하였다. 따라서 Kagan(1998)은 모둠 간, 모둠 내의 협동적인 분위기를 조성하기 위해 10단계로 구조화할 것을 제시하였는데, 구체적인 내용은 다음과 같다. 우선, 1단계에서 학생 중심 학급 토론을 통해 호기심을 자극하고, 2단계에서 능력, 성별, 인종 등을 최대한 이질적으로 학습 모둠을 구성하도록 한다. 3단계에서는 모둠 세우기, 협동 기술을 통해 모둠의 협동적 분위기를 높이고 의사소통을 원활히 할 수 있는 분위기를 만든다. 4단계에서 학습 단원을 주제별로 나누어 각 모둠이 하나씩 책임을 맡는다. 5단계에서는 모둠안에서 각기 다른 부분(소주제)을 학생이 개별적으로 선택한다. 6단계에서 학생들은 개인적으로 소주제에 관한 자료를 수집하고 조직화한다. 7단계에서는 학생들이 자신이 맡았던 주제에 대해 알게 된 것을 모둠에게 발표한다. 8단계에서 모둠은 모둠 발표를 위해 소주제 자료를 종합한다. 9단계에서는 모둠이 학급 전체에서 발표를 하는 것으로 발표 방법은 강의식보다는 시청각기자재를 이용하거나 짧은 연극을 하는 등의 형식을 제안했다. 10단계는 반성과 평가의 단계이며, 그 절차는 세 가지로 이루어지는데, 첫 번째는 학급전체에 의한 모둠 발표 평가를 받고, 두 번째는 모둠 친구들에 의한 개인의 기여도 평가를 받고, 세 번째는 교사에 의한 개인의 보고서나 개인별 소주제 발표에 관한 평가를 받는 순서로 이루어진다. 따라서 Kagan(1998)은 자율적 협동학습에 대해서 존 듀이의 진보주의 교육 이론을 학교에서 실천할 수 있는 경험적인 방법 중 하나라고 하였으며, 이는 학생들이 작은 모둠에서 또래들과 함께 활동하면서 자신을 알게 되고, 또 세상에 대해 이해를 넓혀가며, 새롭게 알게 된 것을 친구들과 나눌 수 있는 방법이라고 하였다. Co-op 협동학습의 교수-학습 모형의 주요절차와 내용은 다음과 같다.

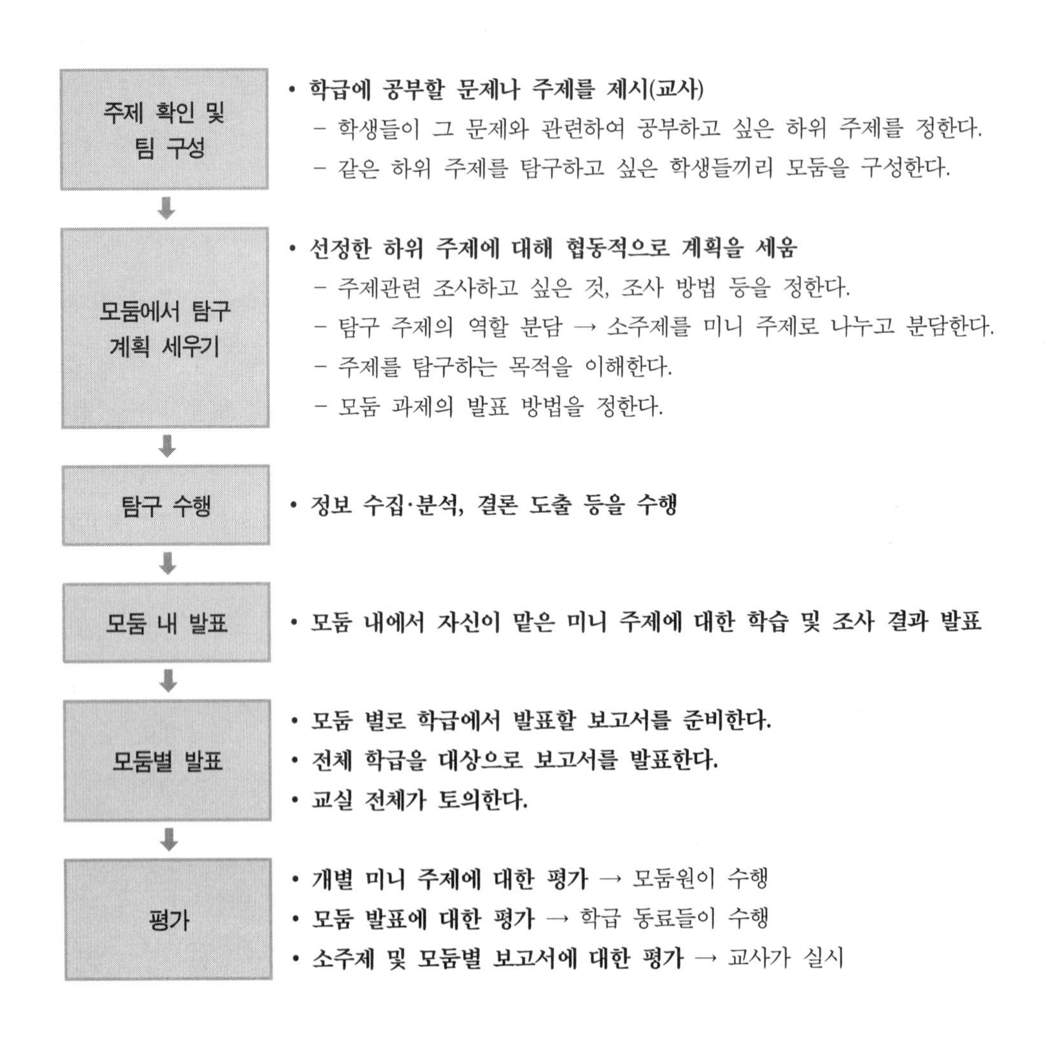

2.2 토론

토론(discussion)은 구성주의 교수-학습과 STS수업에서 강조하는 교수-학습 전략 중 하나로 교사와 학생 사이, 학생과 학생 사이에서 언어적 상호작용을 독려하며 관점과 견해를 공유하는 수업 방식을 말한다. 일반적으로 토론은 공동적 의문에 대한 집단적 문제제기로 사람들이 서로 말을 주고받는 집단적 상호작용의 한 형태를 말한다(Arias et al., 2016). 과학수업 시간에 이루어지는 토론에서는 관심 있는 문제의 해결에 구성원들이 함께 참여하고, 의문을 제기하고 답을 찾기 위해 서로의 다양한 관점들을 검토한다. 그런데 과학 교과서에는 토론이 흔히 토의와 혼용되어 쓰인다. 그러나 토론은 어떤 의견이나 제안에 대해 찬성과 반대의 의견을 가진 사람들이 서로 논리적인 근거를 제시하면서 상대를 설득하거나 상대에게 정당함을 주장하며 논하는 것이고, 토의는 어떤 문제에 대하여 그 해결을 위해 여러 사람이 각자의 의견을 내놓고 논의하는 것으로 의사소통의 포괄적인 형태이다. 하지만 토론과 토의는 문제해결 과정을 지향하는 언어적 상호작용이라는 측면에서 유사한 의미라고 볼 수 있으며 과학학습에서는 토론으로 지칭한다(김찬종 외, 1999).

토론학습의 장단점을 살펴보면, 우선 장점으로는 학생이 직접 참여하게 되면서 학습 주제 또는 과학에 대한 흥미가 상승하고, 학생들의 탐구 능력 발달에 효과적이다(조희형, 최경희, 2006; Toulmin, 1958). 또한 학생들의 수업 이해도를 피드백 받을 수 있고, 학생들은 토론과정에서 제기된 아이디어를 평가할 기회를 가지게 된다. 특히 의사소통능력 향상과 남의 의견을 존중하는 태도를 기를 수 있고, 민주사회 시민이 되는 것과 동료에 의한 학습이 가능하다. 단점으로 학생의 참여 여부가 중요하기 때문에 토론의 주제를 선정하는 데 어려움이 있고, 우수 학생 몇 명만 토론하고 나머지는 소외되기 쉽다. 또, 토론 준비에 시간과 노력이 많이 요구됨과 동시에 학급집단이 클 경우 전체적인 참여를 유도하기 어렵다. 따라서 토론 학습의 효과를 높이기 위해서는 다음의 전제 조건을 따라야 한다(김찬종 외, 1999). 첫째, 소집단 토론수업을 진행할 경우, 토론집단을 나누고, 토론의 목적이 명확해야 하며, 주제는 모든 학습자들에게 유의미한 것이어야 한다. 둘째, 수업의 방법과 절차를 학생들에게 미리 설명하여 토론 과정에서 많은 자료를 활용하게 함으로써 학습자 전체가 적극적·자발적으로 능동적인 참여 태도와 자세를 갖추도록 해야 하며, 몇몇 학생들이 토론을 주도하게 해서는 안 되고, 가능한 한 많은 학생들이 참여하게 하는 것이 중요하다.

토론은 주도자에 따라 교사주도의 토론과 학생주도의 토론 그리고 과정에 따라 정보적 토론, 문제적 토론, 변증법적 토론으로 나눌 수 있고(강석진 외, 2000), 내용에 따라 탐구 계획에 대한 토론, 실험 결과에 대한 토론, 검토와 요약에 관한 토론으로, 토론 집단 안에서 일어나는 상호작용의 양상, 학생들의 사고 수준 등에 따라 안내된 토론, 반성적 토론으로 나뉘기도 한다(Arias et al., 2016). 따라서 내용에 따른 토론을 살펴보면,

첫째는 탐구계획에 대한 토론이다. 이 토론은 흥미 있는 사건과 과학주제에 대한 문제를 해결하려는 계획을 세울 때 토론하게 되는 것으로 학생들은 토론을 통해 구체적인 질문을 나열하고, 그 해결 방법과 과정도 함께 토론하게 된다. 또한 학생들은 문제를 해결하는 방법과 과정을 스스로 결정할 수 있으며 그 방법과 과정을 통해 직접 해결할 수도 있다. 둘째, 실험결과에 대한 토론이다. 이는 과학실험이나 시범실험을 통해 얻어진 데이터가 토론의 주제가 될 수 있다. 학생들은 실험을 통해 얻은 데이터에 관한 토론을 거치면서 그 데이터에 영향을 미친 요인을 이해하게 되고, 예외와 어긋나는 데이터는 실험의 방법과 절차를 다시 개발하거나 설계할 수 있도록 자극하기도 하며, 실험결과에 관한 토론을 통해서 학생들은 과학적 방법의 본성과 그것이 적용되는 과정을 알게 된다(김찬종 외, 1999). 셋째, 검토 및 요약에 관한 토론이다. 이 토론은 학습한 내용을 검토하거나 요약할 때 활용될 수 있는 토론법이다. 교사는 전체적인 토론의 계획과 과정을 알려주어 학습자 스스로 역할을 분담해서 토론을 할 수 있도록 지도해주어야 한다. 이와 같이 검토하고 요약하는 토론은 소집단 토론이 적절하다. 넷째는 안내된 발견적 토론이다. 이 안내된 발견적 토론은 교사가 문제를 확인하고, 학생들에게 개방적인 질문을 던져 주고, 학생들 스스로 새로운 지식을 발견하게 하는 교수-학습 활동을 구성함으로써 시작된다. 질문들은 실험실에서 겪은 경험과 실제의 생활과정에서 겪은 경험을 통해 얻은 정보를 이용하여 생각해 볼 수 있는 기회를 제공한다(김찬종 외, 1999; 강석진 외, 2000). 다섯째, 반성적 토론은 견해나 생각, 정보 등을 분석, 종합, 평가하도록 장려하기 위한 형태로서 학생의 토론 기여정도가 크며 개방적이며, 교사가 이미 정해진 결론으로 학생을 이끌지 않는다는 점에서 개방적(open-ended) 토론이다(강석진 외, 2000).

2.3 질문법

과학 수업에서 가장 많이 쓰는 교수-학습 방법 중 하나가 질문을 활용하는 것이다(Wilen, 1987). Bloom은 인지적 발달수준에 따라 6가지 행동목표를 준거로 분류하는데, 이를 학습목표나 학습과제, 학습자의 수준 등을 고려하여 적절한 계획하에 수업에 활용할 수 있다. Bloom의 분류체계에 따른 질문 수준과 그 예는 표 5.4와 같다(Bloom et al., 1956).

표 5.4 Bloom의 분류체계에 따른 질문 수준과 그 예

질문 수준	행동 목표	내용	예
낮은 수준	지식	단편적 지식이나 구체적인 현상을 기억하는지 묻는다.	몇 개 국가에서 원유를 생산하고 있는가?
↑	이해	학습자가 알고 있는 지식을 다른 형태로 번역 또는 해석하여 자신의 언어로 표현할 수 있는지를 묻는다.	렌즈를 조작적으로 정의하면 어떻게 될까?
	적용	이미 학습한 내용을 구체적인 사례나 새로운 상황에서도 적용할 수 있는지 묻는다.	잘 돌아가지 않는 병뚜껑을 어떻게 열 수 있을까?
	분석	각 요소 사이의 관계를 분석하고 조직적 원리를 분석할 수 있는지 묻는다.	이 암석들의 공통점은 무엇일까?
↓	종합	각 요소들을 잘 통합할 수 있으며 그들 사이의 추상적 관계를 도출하는 것에 대해 묻는다.	원자력 발전소의 부정적 영향을 줄일 수 있는 계획은 무엇일까?
높은 수준	평가	학습목표에 따라, 준거에 따라 가치를 판단하는 것에 대해 묻는다.	인구의 증가가 미래의 생활에 어떤 영향을 미치는가?

낮은 수준의 질문은 주로 정보를 모으고 암기한 것을 확인하는 질문들로 '몇 개인가', '열거하라', '맞추어 보라', '선택하라' 등의 요구를 하는 질문들이며, 중간 수준의 질문은 정보를 처리하는 과정에서 나타나는 능력을 확인하기 위한 질문들로 '분류하라', '구분하라', '분석하라' 등과 같은 내용의 질문들이다. 높은 수준의 질문으로는 학생들의 창의적 사고력과 가설생성능력, 가치판단 능력이 향상될 수 있는 '결과를 예상해 보라', '원리를 적용해보라', '추리하여 결과를 나타내보라' 등의 질문들이 이에 속한다. 이런 질문들을 학습목표나 학습과제, 학습자의 수준 등을 고려하여 적절한 계획 하에 활용할 수 있고, 인지적 영역의 학습목표 달성을 위해서는 낮은 수준의 질문들이 많이 활용될 것이며, 과정적 영역 또는 창의적 문제해결력을 신장시키기 위한 학습목표의 달성을 위해서는 높은 수준의 질문들이 많이 활용될 것이다(박승재, 조희형, 1995).

질문은 인지적 수준, 수업 목표, 제시방법과 반응형태, 기능 등 다양한 준거에 의해서 여러가지로 분류할 수 있다. 특히 수업과정에서 활용되는 질문은 학생들의 대답의 수에 따라 수렴적 질문과 발산적 질문으로 구별하기도 한다(Smart와 Marshall, 2013). 발산적 질문은 개방적(open-ended) 질문이라고도 하는데, 하나의 정답보다는 다수의 가능성 있는

적절한 응답이 나올 수 있으므로 학생의 발산적이며 창의적 사고력향상에 도움이 될 수 있다(Martin et al., 2009). 예를 들면, '왜 그런 결과가 나타났을까요?' 또는 '끓인 감자즙에 과산화수소를 넣으면 어떤 현상이 나타날까요?'와 같은 질문들이다. 이들 질문은 깊이 있는 사고를 자극하는 경우로 수렴적 질문보다 교실 수업에서 빈번히 활용되지는 않지만, 과학교사는 발산적이고 개방적인 질문을 통해서 학생들의 과학에 대한 관심과 개방적으로 사고할 수 있도록 도와야 한다(Chin et al., 2002). 수렴적 질문이란 학습자의 인지적 기억에 의한 사실적 회상 결과를 얻기위해 하는 질문으로 한정된 수의 정답이 있다. 예를 들면, '멘델은 어느 나라에서 태어났을까요?' 혹은 '다윈의 저서인 『종의 기원』은 몇 년에 발표되었나요?'와 같은 질문을 말한다. 수렴적 질문은 사실에 대한 지식을 평가하기 위해 사용하면 효과적이다. 수렴적 질문을 많이 활용하면 수렴적이고 폐쇄적인 사고를 하게 되므로 과학수업에서는 제한적으로 사용하는 것이 좋다(정영란과 배재희, 2002).

과학교사는 수업목표에 따라 수렴적(convergent) 질문과 발산적(divergent) 질문을 사용한다(Collette와 Chiappetta, 1989). 탐구수업을 이끄는 과학교사는 수렴적 질문에 비하여 개방적이고 발산적 질문을 많이 하게 된다. 과학교육에서는 수렴적이고 폐쇄적인 질문에 비하여 개방적이고 발산적인 질문을 상수준의 질문으로 평가하는데, 이런 질문을 많이 할수록 학생들의 과학적 사고력은 증진될 수 있기 때문이다. 일반적으로 과학교사가 과학수업에서 질문하는 목적은 대화와 토론을 통해 수업을 촉진하고 동기를 부여할 때, 학생들의 오개념을 드러내게 하기 위해, 문제를 제기하고 문제해결을 하도록 안내하기 위해, 사고를 활성화시키고 전환시키기 위해, 초점을 맞추거나 분명하게 하기 위해 사용한다.

과학교사들이 질문을 할 때 고려해야 할 사항 중 하나는 응답대기시간(wait-time)이다. 박승재와 조희형(1995)은 대부분의 교사들은 응답대기시간으로 1초 이내를 할애하고 있으며, 교사가 응답 대기시간으로 3초, 5초 정도만 할애해도 학생들의 수업 참여도는 현저하게 증가하는 것으로 나타난다고 하였다. 즉 교사의 질문에 대하여 학생이 응답을 한 후부터 이에 대한 교사가 반응을 하기까지는 2차 응답대기시간이라고 하는데, 교사는 학생의 답에 즉각적으로 반응하기 보다는 0.5초라도 생각할 여유를 가지면서 반응을 보이는 것이 학생들의 교사의 질문에 대한 적극적 반응에 도움이 된다고 하였다. 수렴적 질문보다는 발산적 질문에 응답대기시간이 더 필요하다. 이는 발산적 질문을 통해 학생들이 많은 생각을 할 수 있는 증거가 되기도 한다. 대부분의 학생들은 교사의 발산적 질문에 누군가가 응답을 하기 시작하기 전까지 어색한 침묵을 갖게 되며, 교사들은 이 시간 동안에도 무엇인가를 해야 한다는 강박을 갖게 된다. 이런 분위기가 교사로 하여금 효과적인 응답대기시간을 쓰게 하기보다는 교사자신이 답을 말해 버림으로써 어색을 해소하고 만다. 이것은 실패한 질문법의 사용 예가 되며 이것 때문에 많은 과학교사들은 교실에서 발산적 질문을 많이 사용하지 않고, 응답대기시간도 많이 할애하지 않는 경향이 있다.

2.4 역할놀이

역할놀이는 학생들에게 특정 역할을 부여한 다음 수행하게 하는 수업형태로 인간의 경험적 맥락에서 수업이 이루어지는 STS(Science Technology Society) 수업에서 많이 활용한다(조희형 외, 2011). 역할놀이를 통해 학생들은 관찰력, 이타심, 의사결정 능력을 함양시킬 수 있으며(Solomon, 1993), 과학의 사회적·경제적·환경적 측면의 교수법으로, 구두 기능을 실행할 기회를 제공한다. 또한 수업을 재미있게 능동적 학습을 이끌 수 있으며, 협동학습의 촉진과 실제상황의 실연에 효과적인 방법이다. 학생들은 역할놀이를 통해서 자기 자신의 과학이나 과학자에 대한 생각과 감정, 태도, 가치 등을 탐색하고 통찰할 수 있으며, 과학적 문제해결과정에 몰입하면서 과학자가 하는 과학의 과정을 이해할 수 있다(김찬종 외, 1999).역할놀이 수업전략을 과학과 교수-학습 과정에 도입하면 과학의 원리는 점진적으로 축적되어 온 불변의 진리가 아니며, 과학자들에 의해 부단히 번복되어 온 인간적 산물이라는 과학 지식에 대한 현대의 과학철학적 관점을 갖도록 도울 수도 있다(Ratcliffe, 1997).

역할놀이는 과학 및 기술로부터 야기된 문제로서 집단 이익과 가치가 관련되어 있는 사회적 문제나 윤리적·도덕적 문제의 해결에 가장 이상적인 방법이며(조희형 외, 2011),역할놀이는 감정이입을 통해 다른 사람의 입장을 이해하는 데 큰 도움이 되며, 다른 사람이 자기와 다른 견해를 가질 수 있다는 것을 이해하게 되기 때문이다(Solomon,1993). 아래 표와 같이, 역할놀이 교수-학습 방법은 샤프텔(F. Shaftel) 부부가 1982년에 처음으로 개발하였다(Solomon, 1993).

표 5.5 샤프텔의 역할놀이 수업모형

단계	수업 내용
역할놀이의 상황 설정	먼저 교사가 역할놀이 상황을 선택해 주고, 익숙해지면 학생들도 제안할 수 있다.
역할놀이의 준비	상황을 설명하고 학생들이 역할놀이에서 어떤 일이 일어나는가에 대해 이해하게 하고, 그 장면을 간단하게 설정한다.
역할놀이 참가자 선정	역할을 실제 맡아 실연할 수 있는 학생을 선정한다.
관찰자의 자세 준비	관찰하는 학생들이 관람하는 동안 구체적으로 무엇을 해야 할 지에 대한 설명을 한다.
역할놀이의 실연	역할놀이를 실제로 실연한다.
토의 및 평가	1차 연기 후 토의를 통해 역할놀이를 평가하고 다음 역할놀이를 준비한다.
재시연	1차 역할놀이와는 다른 측면에서 다시 역할놀이를 실연한다.
경험공유와 일반화	토론을 통해 여러 가지 대안과 그 결과들을 공유한다.

교수-학습 방법으로서의 역할놀이는 학생들에게 어떤 상황에 대하여 토론하고, 그 상황 속의 인물이 어떤 행동을 할 것인지를 제의하거나 실연해 보이며, 이와 같은 행동의 과정과 그 결과를 평가하고, 결국에는 주어진 문제의 해결책을 제시하는 절차에 따라 수행된다(김찬종 외, 1999). 즉 역할놀이 수업 모형은 먼저 주어진 문제 상황 속의 인물들이 다음에 어떤 행동을 할 것인가를 시행해 본다. 그리고 이 같은 행동 과정과 결과에 대해서 학급 전체의 학생들이 서로 토론해 봄으로써, 주어진 문제 상황에 대해 해결책을 제시한다. 이러한 과정을 통해서 학생들은 일상생활에서 스스로가 어떤 행동을 선택함으로써 어떤 결과가 올 것이라는 것에 대한 이해가 생길 것이다(Aubusson와 Fogwill, 2006).

학생들에게 특수한 상황이나 장면에 처해보도록 하거나 특정 역할을 실행하게 함으로써 자신과 다른 사람이 가지고 있는 가치관이나 신념을 깊이 있고 명확하게 이해할 수 있도록 하는 실천적 교수 방안이다(조희형 외, 2011). 역할놀이 수업과정은 먼저 교사에 의해 분위기가 조성되어야 하며, 역할자를 선정하는 것으로부터 시작한다. 과학 실험실도 인간들이 상호작용하는 하나의 삶의 장소이며, 과학자들의 인간적인 측면을 경험함으로써 과학과 과학자에 대한 고정관념을 깨뜨리는 계기로 역할놀이를 마련할 수 있다(노태희 외, 2003). 따라서 '과학'이란 학문에 대한 본성을 정확하게 이해하는 데도 역할놀이가 큰 몫을 할 수 있다. 무대를 설정하고 참관 준비가 끝나면, 역할을 맡은 배우들이 연기를 한다. 교사는 방청객과 배우와 함께 참관 내용에 대하여 토의하며 경우에 따라서는 찬반토론도 할 수 있다. 간단히 토의된 내용을 평가한 뒤, 다시 한번 연기하게 함으로써 의견을 재형성한 뒤, 그 내용에 대한 토의 및 평가 후에는 모든 경험들이 공유되고, 모든 내용들이 일반화될 수 있다. 학생들이 역할놀이를 통한 교수-학습 과정을 통해서 학습하게 되는 내용은 다음과 같다(남세진, 1997). 첫째, 자신의 견해를 자유롭게 피력할 수 있고, 다른 사람의 견해에 주의를 기울일 줄 알며, 둘째, 문제해결을 위하여 다양한 방법을 제안하거나 강구할 수 있다. 셋째, 역할놀이 활동에 보다 적극적으로 참여하게 되며, 넷째, 역할놀이를 통해 보고, 듣고, 알게 된 것을 기술하고, 해석 및 평가할 수 있으며, 자신의 생활과도 관련 지을 수 있다.

역할놀이는 과학수업에서도 많이 활용되는데, 노태희 외(2003)가 실시한 중학생 대상의 화학 개념 학습을 위한 역할놀이 수업에서는 학생들이 역할놀이를 통해 화학 개념 이해도 및 응용력을 향상시킨 것으로 나타났으며, 특히 학습 동기 중 자신감에서 높은 효과를 있었다는 연구결과를 보고하였고, 채동현과 최영완(2002)의 초등 예비교사 대상 달의 운동에 대한 역할놀이 학습에서는 역할놀이가 달의 운동에 대한 과학적 개념 변화에 도움을 주며, 시공간을 이해하는 데 긍정적인 효과가 있다고 하였다. 최근 역할놀이는 드론 사용 범위, 유전자 치료법의 적용 범위, 학습에 적용되는 인터넷 정보, 유전자 변형 식품(GMO) 등 사회적으로 의미가 있고 심각한 논쟁거리에 관한 교수-학습에 특히 효과적이다.

3 비유 활용 전략

3.1 비유

1) 비유의 정의

박물관이나 과학관에 전시된 전시물을 보면서 감성적 체험을 하고, 전시물 앞에 놓인 패널의 콘텐츠를 읽을 때, 여러 가지 비유 또는 은유를 활용하여 우리 주변의 현상과 전시물을 연관시켜 사고한다. 즉 자연의 사물이나 현상을 설명하는 이론은 추상적 속성으로서 은유 또는 비유의 방법으로 표현되거나 모형으로 구현된다(Chiappetta, Koballa와 Collette, 1998). 태양을 항성으로 한 태양계의 구조를 빌려 원자 보형을 설명한 러더포드(E. Rutherford)의 원자설과 사다리 모양을 활용하여 DNA의 구조를 설명하고 나타내는 방법이 바로 비유와 은유의 좋은 예이다.

1995년에 우리나라 한글학회에서 나온 우리말 큰 사전에서 정의한 비유는 '어떤 사물에 대하여 그와 비슷한 성질, 모양 따위를 가진 다른 사물을 끌어 나타내는 것'이다. 따라서 비유는 어떤 개념을 학습자에게 설명하거나 가르칠 때, 친숙한 영역과 친숙하지 않은 영역 사이의 유사성을 찾아 비교하여 설명하는 것을 말한다(Genter, 1983). 일반적으로 비유는 두 영역간의 구조의 비교를 말한다. 비유는 두 영역 사이의 유사성을 찾아냄으로써 이끌어진다. 이때, 친숙한 영역에서 친숙하지 않은 영역으로 생각이 전이될 수 있는데, 친숙한 영역을 비유물(analog), 친숙하지 않은 영역을 목표물(target)이라고 부른다. 비유물은 또한 기저(base), 근원(source)이라는 용어로 사용되기도 하는데, 비유물과 목표물은 둘 다 각각의 속성을 가지고 비유물과 목표물이 공통의 또는 유사한 속성을 공유한다면, 이 둘 사이에서 비유가 이끌어질 수 있다(Glynn, 1994).

비유는 두 개념 사이에서 유사성이 확인되었을 때 사용할 수 있는데, 어떤 개념을 설명하고자 할 때 학생들에게 친숙하고 잘 알려진 개념을 비유물(analog)이라 하고 익숙하지 않은 개념을 목표물(target)이라 한다. 그림 5.6에서 보는 바와 같이, 모든 상자는 표상을 의미하며, R_1과 R_2의 구조에는 동일한 속성이 있을 수 있다. RM은 구조적으로 동일한 속성을 나타내며 이것을 모형이라고 한다. 이때 R_1과 R_2는 RM에 나타난 구조에

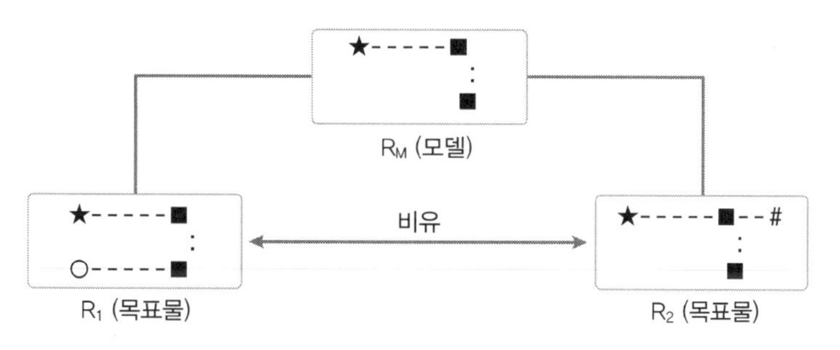

그림 5.6 비유의 정의

대하여 비유적 관계가 있다. 비유적 관계는 다양한 수준이 있을 수 있다. R1과 R2가 실제 세계의 두 영역을 나타낸다고 하면, 그림 5.6에 묘사된 비유 관계는 1차 수준의 비유라 할 수 있다. 두 모형 간의 비유적 관계도 고려할 수 있다. 비유는 두 영역의 구조 부분 사이의 관계이다. 따라서 비유는 두 영역의 구조 사이의 유사점에 근거한 비교를 진술한 것으로 볼 수도 있다. 흔히 표면상의 유사점만 지적한 단순한 비교 진술은 비유로 보지 않는 경향이 있으나, 단순 비교 진술이 비유로 많이 개발되고 있다(Duit et al., 1997).

천문분야에서 사용되어지는 비유의 예는 다음과 같다. 그림 5.7의 (가)는 배수구에서 물이 빠져나가는 모습으로 우리는 그 모습에서 다양한 소용돌이 은하를 살펴볼 수 있다. (나)는 허리케인의 모습을, (다)는 소용돌이 은하(spiral galaxy)의 이래를 위한 비유로 볼 수 있다. 즉 우리를 둘러싼 자연 현상은 비유 또는 은유로 표현될 수 있으며, 이를 통해 과학의 개념과 원리를 설명할 수 있다.

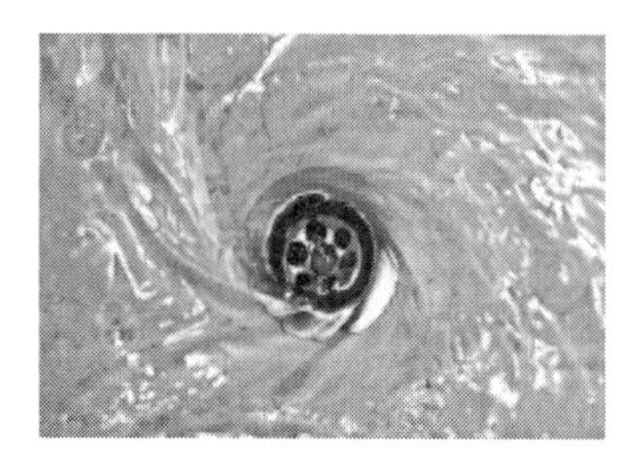

(가) 물이 빠져나가는 배수구의 모습

(나) 허리케인의 모습(출처: 무료 이미지 사이트에서 발췌

(다) 소용돌이 은하(spiral galaxy)의 모습

그림 5.7 천문분야에서 사용되는 비유
(출처: 무료 이미지 사이트에서 발췌, https://pixabay.com/)

최근 하버드 대학교의 천문 교육 프로그램은 천문과학관 내에서 일련의 전시, 포스터 및 관람객의 탐구 활동에 대한 학습지원의 형식으로 비유를 활용하고 있다. 즉 하버드 대학교의 천문 교육 프로그램은 비유를 활용하여 실제적인 학습 활동을 할 수 있도록 과학, 기술, 공학, 및 수학 과목 등의 STEM 교육과 연계하여 유용하게 활용된다(Arcand와 Watzke, 2011).

2) 비유의 속성

비유의 속성은 첫째, 구조 대응 이론, 둘째, 체계성의 원리, 셋째, 구속성의 법칙을 들 수 있다.

첫째, 구조 대응 이론은 Gentner(1983)가 비유의 의미를 설명하기 위해 제안하였고, 이 이론은 친숙한 기저(source) 영역의 지식이 덜 친숙한 목표(target) 영역을 설명하기 위해 사용되는 상황을 다룬다. 그는 원자의 속성을 이해하기 위하여 태양계의 친숙한 속성을 사용하는 상황을 상정하였다. 구조 대응 이론은 비유의 질이 기저 영역에서 목표 영역으로 대응될 수 있는 관계의 수에 의존하고, 영역 속성의 중복된 수나 유사성과는 관계 없다고 가정한다. 예를 들어, 태양계와 원자 사이에는 속성을 거의 공유하지 않는다. 그러나 '거리', '인력', '공전', '더 무겁다'를 포함한 여러 가지 관계들이 두 영역 사이에 대응될 수 있지만, '더 뜨겁다'의 관계는 대응되지 않는다. 좋은 비유는 대응되지 않는 관계에 비하여 대응되는 관계의 비가 높은 것이고, 좋지 않은 비유는 이 비가 낮은 것이다. 목표 영역에서 어떤 관계가 기저 영역의 관계와 대응되는가를 결정하는 문제는 체계성 원리(systematicity principle)에 의해 좌우된다.

둘째, 체계성의 원리로, 인지 심리학 분야에서는 비유적 추론(analogical reasoning)을 촉진할 수 있는 비유물의 준거 중 가장 중요한 원리로 체계성(systematicity)을 제시하고 있다(Thagard, 1992). 체계성이란 구조적 속성에 관한 준거로서, 비유물이 목표 개념의 인과 관계 구조를 체계적으로 포함하고 있을 때 목표 개념의 학습에 필요한 도식(schema)을 효과적으로 도출(induction)할 수 있다고 논의된다. 비유를 이해하는 데 있어 중심이 되는 것은 단순히 독립된 사실들의 구색을 갖춘 분류가 아니라 연결된 지식들의 체계를 전달한다는 것이다. 이 원리는 비유에서의 일치성(coherence)과 연역 능력(deductive power)을 위한 암묵적인 선호성을 형식화하는 것이 포함되며 비유 관계의 공통적 체계를 찾기 위한 선택 법칙(selection rule)이 내재되어 있음을 말한다.

셋째, 구속성의 법칙으로, 비유의 사용이 과학 개념의 학습에 효과적이려면 다음과 같은 조건을 갖추어야 한다. 비유물 영역과 목표물 영역은 일대일 대응 관계에 있어야 하며(일관성), 관계의 틀은 유지되지만 외형적인 기술은 버려진다(관계 초점), 몇 개의 공통관계를 선택하는 데 있어서 그 공통 관계의 체계가 우선적으로 고려되어야 한다(체계성). 영역들 사이의 관계는 비유의 효과를 증진시키지 못하며, 혼합 비유는 피해야 하며, 비유는 인과관계가 아닌 점을 이해해야 한다.

3) 비유의 종류

비유와 같이 사용되는 은유(metaphor)는 이름이나 서술적 용어가 다르지만 유사한 그래서 그것이 적절하게 적용될 수 있는 어떤 물체에 전이되는 한 수사적인 표현이다. 따라서 은유란 언어 작용의 한 특이한 조합으로서 이에 의한 한 사물의 양상이 다른 하나의 사물로 옮겨져서 두 번째 사물이 마치 첫 번째 사물처럼 서술되는 것을 말한다(Duit et al., 1997). 비유와 은유가 서로 대치되어 사용되지만, 비유는 과학·기술적 상황에서 흔히 사용되고, 은유는 문학적 상황에서 흔히 사용되는 경향이 있다(Glynn, 1994). 직유(Simile)는 전이가 가능하거나 이에 일어났다고 가정하는 곳에서 '~같은', '~처럼'의 형식을 가진다. 따라서 은유보다는 그 요소들 사이에 시각적인 경향을 띤 관계를 포함한다. 또한 제한된 유추나 비교의 형식으로 제시하여 그 범위는 미리 정해져 있다. 유추(analogy)는 잘 알고 있는 것의 특성이 잘 알지 못하는 것에도 존재한다고 추정하는 사고이다.

비유는 과학적 발견과 통찰 및 과학 이론의 설명에서 중요한 역할을 담당해 왔다(Nagel, 1961). 천문학자인 Kepler는 천체의 운동과 같은 천문 현상을 시계의 작동 비유를 통하여 설명하였고, 물리학자인 Priestly는 쿨롱이 실험적으로 증명하기 전에 전기력의 법칙을 비유에 근거하여 제안하였으며, 영국의 물리학자인 Campbell은 그의 저서에서 기체 분자 운동론을 당구공 모형을 사용하여 설명하였다. 이들이 만들어낸 비유를 최근의 과학 교과서 및 교양 도서에서도 흔히 볼 수 있다는 것은 비유가 과학적 이해를 돕는 좋은 도구가 될 수 있음을 암시한다(Glynn, 1994). 특히, 추상적 개념을 다루는 과학 교육에서는 비유 사용의 필요성이 더 부각되고 있으며, 비유를 보다 효과적으로 사용하기 위한 연구가 최근 활발히 진행되고 있다.

4) 비유활용 수업의 특성

과학에서 비유를 사용할 때는 과학 개념이 매우 추상적이어서, 구체적인 사물 또는 사건을 통한 비유의 사용을 통해 그 개념의 이해를 도울 수 있을 때 사용한다. 따라서 비유는 사물의 속성은 거의 없고 관계적 속성이 기저(source)로부터 목표물(target)로 대응될 수 있는 비교이므로, 기저에 고차원의 관계가 존재한다면, 이것도 역시 대응될 수 있다.

비유활용 수업에 대한 선행연구를 살펴보면, 다음과 같다. 우선 Curtis와 Reigeluth (1983)는 추상적이고 친숙하지 않은 어려운 내용에 학생들이 만든 비유를 사용하여 수업하였을 때 성취도와 동기 효과를 조사하였다. 즉각적인 사후 검사에서는 주효과가 없었으나 파지 검사 12개 중 5개(회상 수준 1개, 응용 수준 4개)에서 유의미한 차이가 있었다. 즉 단순 암기 수준의 학습이나 응용 수준의 학습에 비유가 그리 유용하지는 않았지만, 비유는 기억 내에 연관을 만들어서 유의미 이해, 파지, 전이, 문제 해결, 비유적 사고 기술 등에 중요한 영향을 주는데 유용하게 사용될 수 있다고 하였다. Thiele와 Treagust (1994)는 과학 교사들이 왜 비유를 사용하는가, 비유를 계획적이며 자발적으로 사용한다는 증거가 있는가, 그리고 교사마다 사용하는 비유의 특성이 어떻게 달라지는가를 조사하기 위하여, 호주 고등학교 화학 교사 4명의 반응 속도, 에너지 효과, 화학 평형에 대한 12학년 수업 43차시를 분석하였다. 이 연구의 결과, 총 45개의 비유가 사용되는 과정에서 비유 사용의 특징을 찾아냈다. 첫째, 과학 교사들은 학생들이 처음 설명을 이해하지 못했다고 생각될 때 비유를 사용했고, 둘째, 이들은 수업 전에 비유 사용을 계획하지는 않았지만, 자신의 경험이나 교과내용 지식(Pedagogical Content Knowledge, PCK) 관점에서 비유물을 끌어냈다. 셋째, 그림 비유가 자주 사용되었으며, 상황에 따라 대응 정도가 달랐고, 비유물의 설명은 주로 과학 교사에 의해 이루어졌다. 이러한 결과를 바탕으로 그들은 교사가 중심이 되어 유용한 비유 목록이 개발되어야 하며, 학생 경험과 관련된 비유를 선정 및 비유의 속성을 대응시키고 이에 대한 제한점을 명시하도록 하는 제언을 하였다. Mason(1994)은 이태리 북부 5학년 1개반 학생 15명을 대상으로 광합성에 대한 수업에 케이크 만들기 비유를 사용하여 10차시 수업을 진행한 후, 학생들의 조별 및 전체 학급의 토론내용을 분석하였고, 그림 그리기, 짧은 글짓기, 개별 면담을 통한 비유의 이해 수준과 비유 사용에 대한 초인지적 인식, 비유 사용으로 인한 개념 변화를 분석하였다. 그 결과,

비유의 유사성 대응과 차이점에 대한 인식 수준과 비유의 의미와 교수 목적에 대한 학생들의 이해 수준이 다양하게 나타났다. 비유에 대한 이해 수준과 과학개념의 이해 수준, 비유 사용에 대한 초인지적 인식 수준 사이에는 유의미한 상관이 있음을 확인하였다. 따라서 비유에 의한 개념 변화에서 인지적 측면과 초인지적 측면의 상호작용이 있으므로, 학생들이 비유의 궁극적 목적을 인식해야 한다고 연구결과를 발표하였다. Duit 외(1997)는 독일 10학년 1개반 학생 25명을 대상으로 혼돈이론에 대한 수업을 비유를 사용하여 2주간 실시하였다. 즉 진자의 운동에 대하여 예측 불가능한 이유를 설명하게 하고 비유를 제공하여 토의하고 혼돈 이론을 개념화하도록 하였다. 이 과정에서 비유의 구성은 구조적 속성보다는 표면적 유사성에 의하여 촉진되는 것을 발견하였으며, 비유물에서 목표물로 일방적으로 지식이 전이되는 것이 아니라 상호 구성적 방식으로 지식이 구성되는 것을 확인하였다. 따라서 잘 구성되고 검증된 교육적 비유라도 학생 스스로 정확한 개념 이해를 끌어내지 못할 수 있으므로 비유를 통한 수업을 진행할 때는 이에 대한 교사의 안내가 필요하다는 제언을 하였다.

5) 비유활용 교수-학습 전략

비유 사용과 관련한 과학 교육 연구 분야에서는 GMAT, FAR 지침, TWA, Bridging Analogy 등의 수업 모형이 제안되었다. 지식의 생성을 위한 논리적이고 과학적인 비유를 이용한 가장 오래된 모형 중 하나는 Zeitoun(1948)이 제안한 GMAT(General Model of Analogy Teaching) 모형이다. 그런데 GMAT 같은 모형은 비유 사용과 관련된 준비단계에서 정리단계까지의 과정에서 교사들이 거치는 단계 및 수행해야할 내용을 모형화한 것이다. 그림 5.8과 같이, GMAT 모형은 가장 오래된 비유모형으로 수업에서 비유를 사용하게 될 때 생길 수 있는 문제점들을 극복하기 위한 취지로 개발되었다(김영민과 박승재, 2001). GMAT 모형은 학교현장에서 교사가 학생들을 지도할 때 고려해야 할 비유모형의 여러 가지 상황들을 조직화할 수 있다는 장점이 있다. 이 모형에서는 학습자의 오개념을 고려하고 단계마다 교사와의 긴밀한 피드백 작용으로 각 단계에 완벽성을 강조하고 있으나, 각 단계의 구성에 대한 이론적인 근거가 미약하고 비유 사용에 대한 중요한 측면이 제시되어 있지 않다는 비판을 받고 있다(Duit et al., 1997).

한편, 고등학교 물리, 화학, 생물 교과서의 가이드라인을 제시하는 비유모형인 TWA

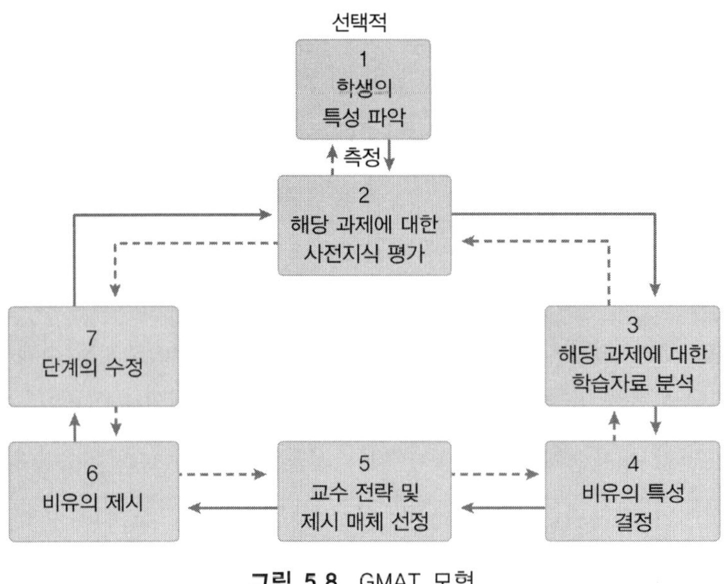

그림 5.8 GMAT 모형

(Teaching-With-Analogies)와 실제 수업에서 교사들의 비유사용을 돕기 위한 모형인 FAR(Focus-Action-Reflection) 모형 등이 있다. Glynn(1994)은 과학 교과서에서 비유가 사용되는 실태를 분석한 결과를 토대로 TWA 모형을 개발하였다. TWA 모형은 과학 수업에서 비유 사용에 대한 가치 있고 통찰력 있는 비유 사용에 대한 가이드라인을 제시하기 위해 여섯 단계로 구성되어 있다. 따라서 조지아 대학교에서 개발한 비유 수업모형은 다음과 같다. 1단계는 '목표 개념 도입(introduction target concept)' 단계로 학생들에게 학습할 개념을 소개하는 단계이며, 2단계는 '비유물 개념 상기(recall analogy concept)'로 비유물에 관한 학생들의 직·간접적 경험을 이야기하는 단계이다. 그리고 3단계의 '개념간의 유사 특징 확인(identify similar features of concept)'과 4단계 '유사 특징 투영(map similar features)' 단계는 비유물과 목표물 사이의 유사성을 대응시키는 단계로 이루어져 있다. 또한 5단계는 목표 개념에 대한 결론을 이끌어내는 '개념에 관한 결론 도출(draw conclusions about concepts)'이며, 마지막 6단계는 '비유 한계 지적(indicate where analogy breaks down)'으로 구성되어 있다. Treagust(1993)는 교사들이 수업에서 비유를 사용하는 것을 돕기 위하여 자신의 연구 결과에 근거하여 비유를 사용한 과학 교수-학습 지침을 만들었다. 이 모형은 초점(Focus), 행동(Action), 반성(Reflection)의 세 단계로 되어 있으며 머리글자를 따서 FAR 모형이라고 한다. FAR 모형의 목적은 교사들이 교실 수업이나

교과서에서 비유를 사용할 때 발생할 수 있는 장점을 최대화하고 제한점을 최소화하도록 돕는 것이다. 이 모형은 여러 시간 동안 교사와 학생을 관찰하고 면담한 결과 만들어진 것으로 숙련된 교사들이 과학 교수에서 비유를 사용하는 방식을 가능한 반영하도록 고안되었다. FAR 모형의 단계들은 교사들에게 쉽게 익숙해졌고 비유 교수에 유용하게 적용되었으며, 무엇보다도 이것이 교사와 학생들에게 유익하고 과학 교수와 학습에서 비유를 즐긴다고 예비 연구에서 보고하였다(Treagust, 1993). 그림 5.9와 같이, FAR 모형의 3단계는 다음과 같다. 첫 번째 '집중' 단계에서는 비유물이 학생들에게 친숙한 것인지를 파악하는 단계이며, 두 번째 '행동' 단계는 제시된 비유물과 과학 개념 사이의 유사점과 차이점이 무엇인지를 파악하는 단계이며, 마지막 '반성' 단계는 비유에 의한 수업의 효용성과 개선점을 찾는 단계이다.

집중(Focus)

개　념: 어려운가, 친숙한가, 추상적인가?
학　생: 학생들이 개념에 대하여 미리 가지고 있던 생각은 무엇인가?
비유물: 학생들에게 친숙한 것인가?

행동(Action)

유사점: 비유물과 과학 개념의 속성을 토론한다.
이들 사이의 유사성을 찾는다.
차이점: 비유물이 과학 개념과 다른 점을 찾는다.

반성(Reflection)

결　과: 비유가 분명하고 유용한가 아니면 혼란스러운가?
개　선: 결과의 관점에서 위의 내용을 다시 집중한다.

그림 5.9 비유 교수-학습을 위한 FAR 지침

4 수업 매체 활용 전략

컴퓨터와 전자기술의 발달로 인해 교육공학과 수업 매체는 정보의 수집, 자료 조직, 의사소통 도구와 같은 여러 가지 역할을 통해 과학 수업을 지원할 수 있다. 과학 교수-학습 활동에 활용할 수 있는 소프트웨어의 양도 기하급수적으로 증가하고 있으며, 인터넷을 통해 접근할 수 있는 지구과학 학습 자원은 매우 많다. 그리고 AR, VR을 비롯하여 시청각과 영상 기술의 발달은 지구과학 학습과 관련된 학생들의 감각적인 경험을 확장하고 있다.

과학 교사들에게는 컴퓨터와 전자기술의 기능을 가장 효과적으로 사용하여 학습자의 학습을 촉진하는 수업 역량을 갖는 것이 중요하다. 교육공학 기술을 과학 수업에 통합시켜 수업을 설계하기 위해서는 이러한 기술의 통합이 학생들의 과학 학습에 도움이 되는지를 먼저 생각해야 한다. 특히 과학 교수-학습에서의 교육공학 활용은 모바일 기술과 소프트웨어가 빠르게 발전하는 요즈음 매우 중요하다. 대다수의 중·고등학교 학생들은 과학 학습에 유용한 앱(application)을 실행할 수 있는 스마트폰이나 모바일 기기를 가지고 있다. 교사들은 학생들에게 이러한 기기 사용을 허용할 것인가에 대한 고민보다 어떻게 이러한 기기를 교육에 효과적으로 사용할 것인가를 결정해야 한다.

4.1 교육공학적 수업 매체 활용 전략

미국 차세대 과학교육표준(Next Generation Science Standards, NGSS)은 교육공학에 대한 생각을 기존의 디지털 자원(digital resources)에서 인지적 도구(cognitive tools)로 바꿀 것을 기대한다(Songer, 2007). Jonassen(1996)은 인지적 도구를 학습자가 비판적 사고와 고차원적 학습을 쉽게 하기 위한 지적 동반자의 역할을 위해 개발된 컴퓨터 기반 도구와 학습 환경으로 정의하였다. 디지털 자원과 대조적으로 인지적 도구는 이용하는 학생들의 본성과 학습 활동, 기대하는 학업 성취에 더욱 많은 관심을 갖게 할 수 있다(Songer, 2007). 인지적 도구로서 교육공학은 복잡한 개념이나 친숙하지 않은 형식, 사물, 사건 등에 쉽게 접근할 수 있도록 해주어 학생들이 NGSS의 수행 기대인 의문 제기,

전제의 명확화, 설명의 구성, 모형의 생성과 정교화 등을 성취할 수 있도록 해준다. 컴퓨터와 기술의 활용은 또한 학생들이 스스로 얻은 자료 또는 모의실험이나 과학자로부터 얻은 자료를 사용하여 실질적인 과학 조사(authentic science investigation)를 할 수 있도록 해준다.

과학 교수-학습의 계획과 실행에 교육공학적 수업 매체를 분산인지의 관점에서 정보 공유와 조정, 인지 부하 감소, 인지 과정 점검의 원리를 바탕으로 활용할 수 있다(노자헌과 김종희, 2021). 정보 공유와 조정의 원리는 인지 시스템 내에서 학습 구성원과 다른 학습 구성원 사이에서 표상-전달-수용되는 일련의 과정을 통해 정보를 공유하고, 학습 구성원 간 정보의 조정(coordination)이 일어나는 원리를 말한다. 이 원리는 의사소통·공유 도구를 이용하여 학습 구성원의 의견이나 정보, 학습 자료를 교환하고, 탐구 과정과 결과를 공유하거나, 표현 도구를 이용하여 인지를 표상하며, 협업 도구를 이용하여 공동으로 과제를 해결하는 것이다. 인지부하 감소의 원리는 반복적인 일, 지루한 일, 복잡한 일, 오류가 많이 발생하는 일, 긴 시간이 걸리는 일 등 학습 목표달성을 위한 하위 작업들(subtasks)을 인지 시스템 내로 분산시켜 개별 학습 구성원의 인지 부하(cognitive load)를 낮추는 것이다. 이 원리는 정보 수집 도구로 관찰을 보조하고, 측정 도구로 측정을 보조하는 것과, 시뮬레이션 도구로 모의실험을 수행하며, 정보 수집 도구로 정보 수집하기, 표현 도구를 이용하여 정보를 통합, 조직화하여 새로운 정보를 만드는 것이다. 그리고 정보 변환·분석 도구를 이용하여 자료의 형태를 변환, 분석하며, 기억 보조 도구로서 디지털화된 자료를 저장하고 인출하는 것을 포함한다. 인지과정 점검의 원리는 인지 시스템 내 조정 상태를 수정하기 위해 조정 상태(예: 학습자의 학습 상태)를 점검하고 피드백을 통해 추가 정보를 제공하는 것이다. 이 원리는 평가 도구와 학습관리시스템(Learning Management System, LMS)이나 평가 관련 앱을 이용하여 평가를 수행하고 평가 결과와 피드백 자료를 확인하며, 교사에게 평가 결과를 제공하는 것이다.

4.2 교육공학적 수업 매체의 종류와 활용 세부 지침

과학 교수-학습에 활용할 수 있는 다양한 교육공학적 수업 매체를 인지적 도구로서의 사용 목적과 활용 전략에 따라 구분하여 제시하면 표 5.6과 같다(노자헌과 김종희, 2021).

표 5.6 과학 교수-학습에 활용하는 교육 공학 수업 매체의 종류

인지적 도구 종류	정의	활용 전략	교육공학적 수업 매체
의사소통·공유 도구	상시성과 상호작용성을 바탕으로 학습 구성원이 가지고 있는 생각, 감정, 정보와 학습 자료를 공유하도록 지원하는 도구	정보나 자료 교환	카카오톡, Naver band, Facebook Messenger, Padlet, Socrative 등 Google Drive, Google Meet, 클래스팅, zoom, Padlet 등
표현 도구	생산성, 포착성을 바탕으로 학습 구성원이 자신의 인지를 의도에 맞게 변형, 조작하여 표상하는 과정을 지원하는 도구	인지 표상	그림판, Google 프레젠테이션, 드로잉, Office, Record, 노트 필기, Liveworksheet 등
협업 도구	상시성과 상호작용성, 생산성을 바탕으로 학습 구성원이 학습 공간에 모여 협업 활동을 할 수 있도록 지원하는 도구	공동으로 동시에 과학 관련 작업 또는 문제 해결	구글 Docs(스프레드 시트, 프레젠테이션), Wiki 도구 등
관찰 및 측정 도구	계측성을 바탕으로 학습 구성원이 문제 해결에 필요한 정보를 다양한 센서·모듈을 이용하여 측정하는 과정을 지원하는 도구	관찰 및 측정 보조	카메라, 현미경, 온도·GPS·기울기 센서, 나침반, 아두이노 등
시뮬레이션 도구	접근성, 확장성, 조작성을 바탕으로 학습 구성원이 시간, 공간상의 제약으로 실행하기 어려운 실험을 행할 수 있도록 지원하는 도구	모의실험 수행	그림판, Google 프레젠테이션, 드로잉, Office, Record, 노트 필기, Liveworksheet 등
정보수집 도구	접근성, 맥락성, 포착성을 바탕으로 학습 구성원이 학습에 필요한 정보를 수집하는 과정을 지원하는 도구	정보 수집	QR코드, 웹 검색, 위키 백과, 멀티미디어 검색 등
정보 변환·분석 도구	조작성을 바탕으로 학습 구성원이 입력한 정보를 변환·분석해주거나 학습구성원이 수행하는 과정을 지원하는 도구	정보와 자료의 형태를 변환/분석	그래프 분석/작성, 모델링, 계산기 등
기억 보조 도구	포착성을 바탕으로 학습 구성원이 수집·생성한 정보를 학습 구성원 외부에 존재하는 기억 장치에 저장·인출 과정을 지원하는 도구	디지털 자료 저장/인출	Google 드라이브, Dropbox, Youtube, 포트폴리오, 클라우드 등
평가 도구	공지성과 상호작용성, 상시성을 바탕으로 학습 구성원을 평가하고 그 결과를 안내, 피드백 하는 과정을 지원하는 도구	평가 수행	Google 설문지, 핑퐁, Padlet, Slido, Liveworksheet 등
		평가 결과와 피드백 자료를 확인	Google 설문지, SNS, LMS 등
		(교사에게) 평가 결과를 제공	LMS, Google 설문지 등

① 의사소통 및 공유 도구

의사소통 및 공유 도구는 상시성과 상호작용성을 바탕으로 학습 구성원이 가지고 있는 생각, 감정, 정보와 학습 자료를 공유하도록 지원하는 도구를 말한다. 과학 교수-학습에서 의사소통 및 공유 도구를 활용하여 정보나 자료를 교환하기 위한 전략으로서의 세부 지침은 표 5.7과 같다(노자헌과 김종희, 2021).

정보나 자료를 교환하는 전략은 테크놀로지를 이용하여 학습 구성원 간 과학적 아이디어가 포함된 정보나 과학 문제 해결에 필요한 자료 등을 교환하는 것이다. 이때 효율적으로

표 5.7 정보 및 자료교환 전략의 세부 지침

매체 활용 전략	세부 지침
정보 및 자료 교환	1-1. 학습자가 개별적인 기기를 소유하고 사용하게 하라(장은진 외, 2017; Barbour et al., 2017; Oliver와 Goerke, 2007). 1-2. 메신저, 블로그 등 공유 목적에 적합한 온라인 SNS 프로그램을 사용하라(김성미, 2013; 김현주와 임정훈, 2014; 정수정 외, 2010; 하명정과 이유진, 2017; Ha와 Kim, 2014) 1-3. 학습 자료를 온·오프라인에서 모두 교환할 수 있도록 온라인과 오프라인이 연계된 학습 활동을 설계하라(Kukulska-Hulme와 Traxler, 2005; Martin, 2012; Narciss와 Koerndle, 2008). 1-4. 교사, 동료 학습자, 멘토, 인공물로 교수를 분산시켜 학습공동체 내에서 학습 경로를 다양화하라(오현석, 2019; Järvelä et al., 2007; Reigeluth et al., 2016; Vasiliou et al., 2015). 1-5. 블루투스, 와이파이 등 자료 교환에 적합한 연결 경로와 도구를 선택하라(김영록 외, 2013; Bakken et al., 2016). 1-6. 정보의 선택과 집중이 가능하도록 충분한 큐(cue)의 수가 포함된 자료를 제작·교환하라(Paivio, 2006; Sadoski와 Paivio, 2004). 1-7. 대화뿐만 아니라 글, 몸짓, 그림, 그래프, 탐구보고서 등 정보 전달에 적합한 자료를 선택하라(교육부, 2015; 안정민과 소금현, 2020; Cerratto Pargman et al., 2018; Henderson-Rosser와 Sauers, 2017; Xu와 Clarke, 2012). 1-8. 학습자의 선개념과 오개념, 난개념을 사전에 파악하여 정보 교환 시 교사가 적절하게 개입하라(김진경, 2014; Ligorio et al., 2008; Valanides와 Angeli, 2008). 1-9. 정보의 중복으로 인한 주의 분산을 최소화하라(Mayer와 Moreno, 1998; Posiak와 Morrison, 2008).

분산되는 정보나 자료의 양을 증가시키기 위해서는 학습 구성원 여러 명이 하나의 기기를 사용하는 것보다 개별적인 기기를 사용하고, SNS(social networking service) 종류에 따라 특징(예: Padlet-학급 전체를 대상으로 한 정보나 자료 교환, 카카오톡-일대일, 모둠 간 정보나 자료 교환 등)이 다르므로 정보나 자료의 공유 목적에 적합한 SNS 프로그램을 사용하는 것이 좋다. 그리고 학습 자료의 특징(예: 온라인-자세한 관찰이 가능, 오프라인-실제적 관찰이 가능)이 다르므로 온라인과 오프라인을 연계하여 활동하며 교사, 동료 학습자, 멘토, 인공물이 제공하는 정보가 다르므로 학습 경로를 다양화하는 것은 학습자, 동료 학습자 사이에서 분산되는 정보의 양을 증가시키고 질을 높일 수 있다. 자료의 특성(파일 형식, 크기 등)이 다르므로 블루투스, 와이파이 등 자료 교환에 적합한 연결 경로와 도구를 선택하는 것은 자료의 손상(예: 사진 화질 감소)을 최소화하는 등 교사, 학습자, 동료 학습자, 인공물 사이에서 분산되는 정보의 질을 높일 수 있다. 또한 자료에 포함된 정보의 종류가 많고 다양하므로 충분한 큐(단서나 실마리)는 학습자에게 정보의 선택과 집중을 가능하게 하여 학습자가 얻을 수 있는 정보의 양을 증가시킬 수 있다. 자료에 따라 전달하는 정보의 종류가 다르므로 대화뿐만 아니라 글, 몸짓, 그림, 그래프, 탐구보고서 등 정보 전달에 적합한 자료를 선택하는 것은 교사, 학습자, 동료 학습자, 인공물 사이에 분산되는 정보의 질을 높일 수 있다.

오개념이 포함된 정보는 학습자의 과학 학습을 방해하므로 정보 교환 시 교수자의 개입에 의한 정보 수정과 난개념 학습 시 선개념에 대한 교수자의 적절한 비계 제공은 인지 시스템 내에 분산되는 정보의 질을 높일 수 있다. 그리고 학습 자료에 많은 정보가 중복되어 제공(예: 음성과 문자 정보의 동시 제공)될 경우 학습자는 인지적 부하로 인해 정보 습득에 방해가 될 수 있으므로 주의 분산을 최소화하여 제시하는 것은 학습자의 정보 습득에 도움을 줄 수 있다.

② 표현 도구

표현 도구는 생산성, 포착성을 바탕으로 학습 구성원이 자신의 인지를 의도에 맞게 변형, 조작하여 표상하는 과정을 지원하는 도구이다. 과학 교수-학습에서 표현 도구를 활용하여 인지를 표상하기 위한 전략으로서의 세부 지침은 표 5.8과 같다(노자헌과 김종희, 2021).

표 5.8 인지 표상 전략의 세부 지침

매체 활용 전략	세부 지침
인지 표상	2-1. 표현 도구를 익숙하게 사용하기 위해 사전에 표현 도구를 조작할 수 있는 시간을 제공하라(권용인과 손정주, 2015; 장은진 외, 2017; Ananiadou와 Claro, 2009). 2-2. 카메라, 키보드, 마이크, 전자펜 등 표현 도구를 다양화하라(Henderson-Rosser와 Sauers, 2017; Wang et al., 2015).

인지 표상 전략은 테크놀로지를 이용하여 학습자의 과학적 아이디어를 다양한 형태(글, 그림, 소리 등)로 표현하는 것이다. 이를 위해서 연습 시간을 제공하여 표현 도구를 익숙하게 사용하면 실제 학습에서 표현 도구에 적응하는 시간을 줄이고 인지 시스템 내에 분산되는 정보의 양을 증가시키고 질을 높일 수 있다. 또한 협업의 효과를 높이기 위해서는 하위 그룹을 통한 과제의 분업이나 구성원 간 과제의 오류 점검, 의사 결정 과정 참여와 같이 학습 구성원의 역할을 분산하여 과제의 책임을 부여하는 방안이 있다.

③ 협업 도구

협업 도구는 상시성과 상호작용성, 생산성을 바탕으로 학습 구성원이 학습 공간에 모여 협업 활동을 할 수 있도록 지원하는 도구를 말한다. 과학 교수-학습에서 협업 도구를 활용하여 공동으로 과학문제를 해결하기 위한 전략으로서의 세부 지침은 표 5.9와 같다(노자헌과 김종희, 2021).

공동으로 과학 문제를 해결하는 전략이란 테크놀로지를 이용하여 학습 구성원 간 공유·협력을 통해 복잡한 과학 문제를 해결하는 것이다.

학습자가 다른 학습자와 협력해서 학습이나 과제 연구, 조사 활동을 할 경우 여러 가지 협력 도구들을 이용함으로써 공간을 초월하여 협력 학습이 가능하다. 이러한 협력 도구로는 의사소통 도구 중에서 실시간으로 의사소통이 가능한 화상회의 시스템, SNS, Wiki 기반 도구 등을 활용할 수 있다. 이 때 학습자가 수행할 목표와 일의 목록이 포함된 학습 계획서를 작성하는 것은 학습자가 수행할 일의 순서와 목표 달성 여부에 따라 학습자의 행동을 안내하는 행동 유발 요인이 되어 협업 효율을 높일 수 있다. 그리고 공유 가능한 작업 공간에서 교사에 의한 과제 확인과 코칭은 오프라인에서 부족한 상호작용의

표 5.9 공동으로 과학문제를 해결하기 위한 전략의 세부 지침

매체 활용 전략	세부 지침
공동으로 과학 문제 해결	3-1. 학습자가 수행할 목표와 일의 목록이 포함된 학습 계획서를 작성하게 하라(김미용과 배영권, 2013, Vasiliou et al., 2015). 3-2. 교사와 학습자, 학습자 간 공유 가능한 온·오프라인 작업 공간을 제공하라(양찬호 외, 2015; Daradoumis와 Marques, 2002; Garrison, 2011; Méndez-Coca와 Slisko, 2013; Saini와 Goel, 2019; Xu와 Clarke, 2012). 3-3. 동시적 협력뿐만 아니라 시간·장소가 달라도 가능한 비동시적 협력도 하게 하라(Dimitracopoulou와 Komis, 2005; Findlay-Thompson와 Mombourquette, 2014; Wan, 2014). 3-4. 전체 학습공동체로 학습 구성원의 역할을 분산시켜 책임감을 부여하라(Ligorio et al., 2008; Sharp et al., 2006; Vasiliou et al., 2017; Wan, 2014).

횟수를 보충하여 학습자가 얻을 수 있는 정보의 양을 증가시키고 질을 높일 수 있다. 테크놀로지를 활용함으로써 시간·장소의 영향을 받지 않는 비동시적 협력을 하여 과제의 지속적인 수정·보완으로 과제의 완성도를 높여가는 과정은 협업의 효율을 높이며, 하위 그룹을 통한 과제의 분업이나 구성원 간 과제의 오류 점검, 의사 결정 과정 참여와 같이 학습 구성원의 역할을 분산하여 과제의 책임을 부여하는 것은 협업의 효과를 높일 수 있다.

④ 관찰 및 측정 도구

관찰 및 측정 도구는 계측성을 바탕으로 학습 구성원이 문제 해결에 필요한 정보를 다양한 센서·모듈을 이용하여 측정하는 과정을 지원하는 도구이다. 과학 교수-학습에서 관찰 및 측정 도구를 활용하여 관찰과 측정을 보조하기 위한 전략으로서의 세부 지침은 표 5.10과 같다(노자헌과 김종희, 2021).

관찰과 측정을 보조하는 전략이란 테크놀로지를 이용하여 감각기관에 의존한 관찰이나 측정 과정의 한계를 극복하여 그 과정의 복잡성을 단순화하고 수치화하는 과정을 지원하는 것이다.

이 경우 사전에 관찰·측정 시 주의 사항, 탐구 관점 등이 포함된 관찰·측정 계획서를 작성하는 것은 학습자의 인지 부하를 낮춰 학습자가 관찰·측정 활동에 집중할 수 있도록

표 5.10 관찰 및 측정 보조 전략의 세부 지침

매체 활용 전략	세부 지침
관찰 및 측정 보조	4-1. 관찰·측정 시 주의 사항, 탐구 관점 등이 포함된 관찰·측정 계획서를 작성하게 하라(채일우, 2014; Minshew와 Anderson, 2015; Montangero, 2015; Wolk, 2008). 4-2. 개인별 관찰·측정뿐만 아니라 협력하여 관찰·측정을 하게 하라(교육부, 2015; Chen et al., 2008). 4-3. 활용 가능한 센서(직선 가속도 센서, 중력 센서, 자기 센서, 조도 감지 센서, 근접 센서, 온도 센서 등)를 이용한 실험을 설계하라(김갑수와 박하나, 2013; 한신과 정진우, 2015; Kuhn와 Vogt, 2013; Madeira et al., 2011, Vieyra et al., 2015; Wang et al., 2015). 4-4. 해상도가 높고 화면 크기가 큰 스마트 기기를 사용하라(박세영 외, 2015; Schneps et al., 2014; Song, 2014; Tissenbaum와 Slotta, 2019). 4-5. 관찰·측정 결과를 화면 캡처 등으로 저장하고 반복 관찰·측정하게 하라(김진경, 2014; Minshew와 Anderson, 2015; Zydney와 Warner, 2016). 4-6. 학습자들이 비슷한 시간에 같은 활동을 수행할 수 있도록 활동 순서와 난이도를 고려하라(나지연과 장병기, 2016; Dillenbourg와 Jermann, 2010; Vasiliou et al., 2015; Sharples와 Anastopoulou, 2012).

한다.

개인별 관찰·측정뿐만 아니라 협력하여 관찰·측정을 하면 동료 학습자로부터 관찰·측정 과정과 결과의 적절성에 대한 점검을 받고 수정할 수 있으므로 학습자의 인지 부하를 낮춰 학습자의 탐구 과정을 지원할 수 있다. 그리고 탐구 과정에 스마트 기기에서 활용 가능한 센서들을 이용하면 측정 시간과 과정을 단축할 수 있고 다양한 측정 방법을 고려할 수 있으며, 해상도가 높고 화면 크기가 큰 스마트 기기를 사용하면 많은 정보를 표현할 수 있고 화면 조작(예: 확대 및 축소)이 자유롭다. 일부 실험은 진행 속도가 매우 빠르거나, 매우 느려 그 변화를 인지하기 어려우므로 정지화면과 가깝게 하여 변화 과정을 인지할 수 있도록 해주며, 그 과정을 화면 캡처 등으로 저장하고 반복 재생을 하는 것은 학습자의 인지 부하를 낮출 수 있다. 또한 비슷한 시간에 같은 단계의 활동을 수행하면 활동 중 서로 궁금하거나 어려운 사항을 공유하는 등 동료 학습자의 도움을 받을 수 있어 학습자의 인지 부하를 낮출 수 있다.

⑤ 시뮬레이션 도구

시뮬레이션 도구 즉, 모의실험 도구란 접근성, 확장성, 조작성을 바탕으로 학습 구성원이 시간, 공간상의 제약으로 실행하기 어려운 실험을 수행할 수 있도록 지원하는 도구를 말한다. 과학 교수-학습에서 모의실험 도구를 활용하여 모의실험을 수행하기 위한 전략으로서의 세부 지침은 표 5.11과 같다(노자헌과 김종희, 2021).

표 5.11 모의실험 수행 전략의 세부 지침

매체 활용 전략	세부 지침
모의실험 수행	5-1. 실험 시 일부 정보만 공동으로 공유하게 하여 상호의존 조건을 조성하라(Siiman et al., 2020). 5-2. 실험 수행을 효과적으로 지원할 수 있도록 학습자 수준에 적합한 테크놀로지를 선택하라(김진경, 2014; 황지현, 2009; Seow et al., 2008). 5-3. 실험 중 절차를 안내하는 등 인지적 파트너의 역할로 불필요한 암기 작업을 덜어주도록 하라(김희수, 2014; Chen et al., 2008). 5-4. 시뮬레이션 과정을 녹화하여 필요할 때 다시 상기하도록 하게 하라(양찬호 외, 2015; Cerratto Pargman et al., 2018; Siiman et al., 2017).

모의실험 수행 전략이란 테크놀로지를 이용하여 시간·공간상의 제약으로 인해 과학적 탐구가 어려울 때 가상의 실험 상황을 통해 과학 탐구 과정을 지원하는 것이다.

모의실험 시 학습자 간 습득할 수 있는 정보가 다르므로 동료 학습자와 상호 의존하여 정보 교환을 하도록 하여 학습자간 인지 분산을 촉진할 수 있고, 조작 방법이 복잡하거나 결과를 얻기 위해 고려해야 할 데이터가 많은 경우에는 학생의 인지 부하를 높일 수 있으므로 수준에 적합한 테크놀로지를 사용하여 학습자의 인지 부하를 낮춰 주어야 한다. 그리고 튜토리얼을 이용하여 실험 절차를 안내하면 학습자는 실험 절차를 기억할 필요 없이 탐구 과정에 집중할 수 있어 학습자의 인지 부하를 낮출 수 있으며, 탐구 과정을 녹화하여 필요할 때 재생하면 탐구 과정을 반복하여 관찰할 수 있고 다른 탐구 결과와 비교하는 등 학습자의 탐구 과정을 지원할 수 있다.

모의실험은 본질적 특성 때문에 사건, 사물, 현상에 대해 왜곡하거나 오해를 불러일으킬 수 있으므로 학생들에게 그들이 사용하는 모의실험이 어떤 측면에서 실제 사건 또는 사물을 왜곡하거나 오해를 불러일으킬 수 있는지 말해주어 이를 방지하는 것이 필요하다. 지구과학 학습에 활용할 수 있는 모의실험 프로그램으로는 천체 관측 시뮬레이션, 화산 활동 시뮬레이션 등이 있다.

⑥ 정보 수집 도구

정보 수집 도구는 접근성, 맥락성, 포착성을 바탕으로 학습 구성원이 학습에 필요한 정보를 수집하는 과정을 지원하는 도구를 말한다. 정보 수집 도구를 과학 교수-학습에 활용하기 위한 전략과 그 세부 지침은 표 5.12와 같다(노자헌과 김종희, 2021).

표 5.12 정보 수집 전략의 세부 지침

매체 활용 전략	세부 지침
정보 수집	6-1. 정보 수집 시간을 줄이고 올바른 과학 정보의 수집을 위해 정보 수집에 대한 가이드라인을 제시하라(김효정, 2014; Barbour et al., 2017; Kim et al., 2007; Song, 2014). 6-2. 학습 맥락이나 과제, 환경의 특수성을 반영하여 정보를 수집하게 하라(김희수, 2014; Collins et al., 2008; FitzGerald et al., 2013; Silva et al., 2009; Sormunen et al., 2014; Wan, 2014). 6-3. 정보의 검증을 위해 수집, 분석, 평가, 선택의 과정을 연결하라(교육부, 2015).

정보를 수집하는 전략은 테크놀로지를 이용하여 과학 문제 해결을 위한 정보나 자료 수집 과정의 복잡성을 단순화하도록 지원하는 것이다. 학습자의 정보 수집 능력에 따라 학습자가 수집할 수 있는 정보의 질과 양이 달라지므로 웹주소나 QR 코드, 수집할 정보 목록 등 정보 수집에 대한 가이드라인을 제시하는 것은 학습자의 인지 부하를 낮춰주며, 테크놀로지를 이용하여 학습 맥락(예: 다양한 암석 표본의 분류)이나 학습 과제(예: 과학 관련 사회쟁점의 해결), 학습 환경(예: 특정 지역의 지질 환경)의 특수성이 반영된 정보를 수집하는 것은 자료에 실제성을 부여하여 학습자의 탐구 활동을 지원할 수 있다. 그리고 수집한 정보와 자료는 검증되지 않을 경우 학습에 사용할 수 없으므로 학습자는 수집한 정보와 자료를 분석·평가하여 적합한 정보를 선택한 후 학습에 사용하여야 한다.

⑦ 정보 변환 및 분석 도구

정보 변환 및 분석 도구는 조작성을 바탕으로 학습 구성원이 입력한 정보를 변환·분석해 주거나 학습구성원이 수행하는 과정을 지원하는 도구를 말한다. 과학 교수-학습에서 정보 변환 및 분석 도구를 활용하여 자료의 형태를 변환, 분석하기 위한 전략으로서의 세부 지침은 표 5.13과 같다(노자헌과 김종희, 2021).

표 5.13 정보와 자료의 형태를 변환, 분석하기 위한 전략의 세부 지침

매체 활용 전략	세부 지침
정보와 자료의 형태를 변환, 분석	7-1. 모바일 테크놀로지와 다른 테크놀로지를 혼합하여 사용하라(Herrington, Herrington와 Mantei, 2009; Purba와 Hwang, 2017). 7-2. 분석할 정보나 자료의 특성을 고려하여 테크놀로지의 기능을 안내하라(양찬호 외, 2015; 윤다운, 2016; Kukulska-Hulme와 Traxler, 2005). 7-3. 정보를 시각적으로 조직화할 수 있는 도구를 제공하라(Castek와 Beach, 2013; Kolodner et al.,2003; Purba와 Hwang, 2017; Sampson와 Clark, 2007; Song, 2014). 7-4. 자료 변환 함수가 입력된 파일을 제공하여 자료 변환 과정을 지원하라(박수경, 2013; Shaharanee et al., 2016).

정보와 자료의 형태를 변환, 분석하는 전략은 테크놀로지를 이용하여 정보와 자료를 변환하고 분석하여 새로운 과학 지식을 구성하는 과정을 지원하는 것이다. 이 과정에서 복잡한 자료의 변환 및 해석을 위한 전문적인 프로그램은 PC 버전만 지원하므로(예: IDL, GrADS), PC 버전에서 얻은 정보를 모바일 테크놀로지에서 혼합 활용하는 것이 필요하고, 애플리케이션에 따라 조작할 수 있는 정보의 종류가 다르므로(예: 프레젠테이션-사진, 동영상, 음성으로 슬라이드 제작, 키네마스터-사진, 동영상, 음성을 결합하여 동영상으로 제작) 학습 활동이나 통합·조직화할 정보의 특성을 고려하여 애플리케이션을 선택해야 한다. 활동 목적에 적합한 애플리케이션을 사용하여 정보를 개념도나 마인드맵, 표 등으로 조직화하는 것은 학습자가 수집한 단순한 정보들을 과학적 아이디어 형태로 발전시켜 학습에 도움을 준다. 또한 수집한 정보나 자료를 그래프로 변환해주는 함수가 입력된 스프레드시트 파일을 제공하는 것은 학습자의 인지 부하를 낮춰 학습자의 탐구 과정을 지원할 수 있다.

⑧ 기억 보조 도구

기억 보조 도구란 포착성을 바탕으로 학습 구성원이 수집·생성한 정보를 학습 구성원 외부에 존재하는 기억 장치에 저장·인출 과정을 지원하는 도구를 말한다. 과학 교수-학습에서 기억 보조 도구를 활용하여 디지털화된 자료 저장, 인출을 수행하기 위한 전략으로서의 세부 지침은 표 5.14와 같다(노자헌과 김종희, 2021).

표 5.14 디지털화된 자료 저장, 인출 전략의 세부 지침

매체 활용 전략	세부 지침
디지털화된 자료 저장, 인출	8-1. 주로 사용하는 스마트 기기에 학습 자료를 누적하여 저장할 수 있는 학습 활동을 설계하라(김현진 외, 2015; Walling, 2014). 8-2. 모든 내용이 클라우드 같은 저장소에 저장 가능한 웹 기반 도구를 이용하라(김현진 외, 2015; Shaharanee et al., 2016). 8-3. 저장·관리·인출 과정의 수월성을 위해 정보를 질서 있게 조직화하는 방법을 지도하라.

디지털화된 자료를 저장, 인출하는 전략은 테크놀로지를 이용하여 문서 자료, 실험 데이터, 사진, 영상 등 디지털화된 자료를 시간적·공간적 제약을 극복하기 위해서 저장하고 인출하여 사용하는 것이다.

학습자가 주로 사용하는 기기에 사진, 동영상, 메모 등의 자료를 누적하여 저장·보관하면 연속적이며 장시간이 필요한 포트폴리오나 보고서 등을 작성할 때 사용할 수 있으며, 학습자가 웹 도구를 이용하면 작업한 자료는 클라우드에 자동 저장되고 시간과 장소의 영향을 받지 않고 언제든지 작업 가능하므로 학습자의 과제 수행을 지원할 수 있다. 그리고 정보를 질서 있게 조직화(예: 상위폴더와 하위폴더 구성, 파일 이름에 규칙성 부여)하여 관리하면 학습 과정을 한눈에 관리할 수 있고, 이후의 학습 활동에서 정보의 인출 시간을 단축하여 학습자의 과제 수행을 지원할 수 있다.

⑨ 평가 도구

평가 도구는 공지성과 상호작용성, 상시성을 바탕으로 학습 구성원을 평가하고 그 결과를 안내하며 피드백을 제공하는 과정을 지원하는 도구이다. 과학 교수-학습에서 평가

도구를 활용하여 평가를 수행하고 피드백을 확인하기 위한 전략으로서의 세부 지침은 표 5.15와 같다(노자헌과 김종희, 2021).

표 5.15 평가 수행 및 피드백 확인 전략의 세부 지침

매체 활용 전략	세부 지침
평가 수행 및 피드백 확인	9-1. 평가자를 교사, 학습자 자신, 동료 학습자로 다양화하라(교육부, 2015; 장혜정과 류완영, 2006; Nersessian, 2006). 9-2. 평가 결과와 피드백 자료를 자동화하여 제공하라(손준호와 김종희, 2016; Martin와 Vanlehn, 1995, Saini와 Goel, 2019). 9-3. 피드백은 다양한 채널을 마련하여 다양한 방식(오디오, 비디오, 슬라이드, 노트 등)으로 제공하라(장혜정과 류완영, 2006). 9-4. 동료 학습자들과 상호모니터링을 통해 학습 과정과 결과에 대한 성찰의 기회를 상시적으로 제공하라(김성기와 배지혜, 2012; 박수경, 2015; 오필석, 2017; 장혜정과 류완영, 2006; Chen et al., 2008; Siiman et al., 2017; Slotta et al., 2013). 9-5. 메타 인지를 활성화할 기회를 제공하여 학습자 스스로 초기 과학 개념과 비교하고 개념을 재구성하게 하라(Kim et al., 2007; Linn et al., 2003; Valanides와 Angeli, 2008).

평가를 수행하고 피드백을 확인하는 전략은 테크놀로지를 이용하여 학습자가 학습의 전 과정에서 평가를 수행하고 평가 결과와 피드백을 확인하는 것이다. 이 전략에서는 평가 대상을 다양화함으로써 평가 데이터의 양을 증가시킬 수 있고, 평가 주체를 다양화함으로써 평가 데이터의 질을 높일 수 있으며 학습자의 학습 진전 상황과 학습 결손의 파악에 도움을 줄 수 있다. 그리고 평가 결과와 피드백 자료의 제공과 확인을 자동화할 수 있는 애플리케이션(예: 구글 설문지 등)을 활용하면 학습자에 대한 평가와 피드백 횟수를 높여 학습자가 인지 과정을 점검하여 학습 효과를 높이는 데 도움을 줄 수 있다.

또한 평가 과정에서는 자료의 형식에 따라 제공할 수 있는 정보가 다르므로 적절한 자료를 선택하고 피드백을 제공하는 채널(예: 동영상 자료와 읽기 자료를 함께 제공)을 다양화하는 것이 필요하다. 학습 과정 중 동료 학습자들과의 상호모니터링을 통한 상시적인 평가와 피드백이 이루어지도록 하고, 메타 인지를 통해 학습자가 초기 과학 개념과 비교하게 하여 학습자 스스로 학습 결손 부분을 파악하고 수정하는 인지 과정 점검의

기회를 제공해야 한다.

4.3 교육공학적 수업 매체 활용을 위한 수업 계획의 예

과학 교수-학습에 활용할 교육공학적 수업 매체를 선정하는 과정은 그림 5.10과 같다.

수업 매체 활용 전략 수립 → 인지적 도구 결정 → 교육공학적 수업 매체 선정

그림 5.10 교육공학적 수업 매체를 선정하는 과정

교사는 먼저 수업 주제의 특성과 학습자의 특성을 분석하여 학습 목표 달성에 도움을 줄 수 있는 수업 매체 활용 전략을 수립해야 한다. 다음으로는 수업 매체 활용 전략 수행에 가장 적절한 인지적 도구들을 결정하고, 마지막으로 학교의 교육환경과 학습자의 디지털 리터러시 특성을 고려하여 적절한 교육공학 수업 매체를 선정해야 한다.

그림 5.11은 수업 매체 활용을 위한 지구과학 교수-학습 지도안의 예이다.

<table>
<tr><td rowspan="3">단원명</td><td>대단원</td><td colspan="2">III. 태양계</td><td rowspan="3">차시</td><td rowspan="3">13/14</td><td rowspan="3">교과서 쪽수</td><td rowspan="3">108-109쪽</td></tr>
<tr><td>중단원</td><td colspan="2">2. 태양계 행성과 태양 활동</td></tr>
<tr><td>소단원</td><td colspan="2">3. 위성 통신이 끊어진 까닭은?</td></tr>
<tr><td colspan="2">학습 목표</td><td colspan="6">• 흑점, 쌀알 무늬의 형성 과정을 설명할 수 있다.
• 태양의 광구 관측을 통해 태양 표면의 특징을 찾을 수 있다.
• 태양 흑점 수와 위치 변화의 주기적 특성을 설명할 수 있다.</td></tr>
<tr><td colspan="2">과학과 핵심 역량</td><td colspan="6">과학적 사고력, 과학적 탐구 능력, 과학적 의사소통 능력</td></tr>
<tr><td colspan="2">교수-학습 수업 전략</td><td colspan="6">웹사이트를 이용해 태양 흑점의 모습을 관찰하여 표면인 광구와 광구에서 관찰되는 흑점, 쌀알 무늬에 대해 학습하고, 태양표면에서 나타나는 흑점의 이동과 흑점수의 변화에 대해 학습한다.</td></tr>
<tr><td colspan="2" rowspan="2">교수-학습 자료 및 도구</td><td>교사용</td><td colspan="5">패들렛, 구글스프레드 시트, 구글 설문지, https://www.spaceweather.com/</td></tr>
<tr><td>학생용</td><td colspan="5">패들렛, 구글스프레드 시트, 구글 설문지, https://www.spaceweather.com/</td></tr>
</table>

학습 과정		교수-학습 활동	관련 자료 및 유의 사항
도입 (5분)	전시 학습 확인	• 질문을 통해 전시 학습 내용을 확인한다. - 망원경을 이용한 달과 행성의 관측 경험	• 학생들이 서로 질문하고 답하도록 안내하여 자기주도적인 학습이 이루어지도록 한다.
	소단원 도입	• 주어진 기사를 읽고 새로 알게 된 사실이나 궁금한 점을 패들렛에 작성한다.	• 패들렛 https://padlet.com/jujso11/ul8ebg7t4mvo5s74 • 기사 링크 https://news.v.daum.net/v/20200916095931970
전개 (35분)	개념 도입	**[탐구 1]** 태양의 표면 모습 관찰 https://www.spaceweather.com/에서 태양 모습을 확대해보고, 태양 표면에서 나타나는 쌀알 무늬와 흑점에 대해 특징과 형성과정을 간략히 설명한다.	• 사이트 사용방법을 간단히 설명한다. • 오늘 날짜에 흑점이 관찰되지 않을 경우 날짜를 변경하도록 한다.
	탐구 활동	**[탐구 2]** 흑점의 이동 • spaceweather에서 날짜를 변화시키면서 흑점의 모양과 움직임을 관찰해서 그려보고 그 특징을 설명한다. (2016년 5월 8일부터 5일 동안) **[탐구 3]** 흑점의 개수 변화 • spaceweather에서 연도를 변화시키면서 흑점 수의 변화를 관찰하고 구글 스프레드시트에 입력한다. • 그래프를 보며 특징을 적은 후 설명한다.	• 2014년이 극대기로 흑점수를 많이 관찰하고 싶은 경우는 2014년으로, 흑점이 너무 많아 그리기 힘들 경우는 2년 전후로 선택할 수 있게 한다. • 구글 스프레드시트 링크 https://docs.google.com/spreadsheets/d/1dgUIoM4OWVpeUX-SF1XmINGocTxwjKq7hHrBR2dEKDQ/edit?usp=sharing
정리 (5분)	학습내용 정리 차시 예고	• 링크에 들어가 형성평가 문제를 푼다. • 다음 시간에는 태양의 대기에서 나타나는 현상을 관찰해보고 태양의 활동이 지구에 미치는 영향에 대해 학습할 것을 예고한다. • 오늘 배웠던 내용과 추가 조사 활동을 통해 처음 기사에 답했던 본인이나 친구들의 질문에 대한 답을 할 수 있도록 한다.	• 구글 문제 링크 https://forms.gle/d6LjbYJzXENY58gm6

그림 5.11 수업 매체 활용을 위한 지구과학 교수-학습 지도안

이 수업은 학습자들이 개인별로 스마트기기를 휴대하고 온라인 환경이 구축된 교실 수업 상황에서 Spaceweather(https://www.spaceweather.com/) 홈페이지를 방문하여 태양 표면을 관찰하는 탐구 활동을 수행하고, 그 과정에서 패들렛, 구글 스프레드시트 등을 이용하여 동료 학습자와 협업하거나 의견을 공유하고, 구글 설문지를 이용하여 평가와 피드백을 제시할 수 있도록 구성하였다. 교수-학습지도안의 URL을 접속하면 이 수업에 사용하는 탐구 활동지와 형성평가 문제를 살펴볼 수 있다.

지구과학 수업의 계획과 운영에 있어 교수-학습 활동을 보조하기 위한 교육공학적 수업 매체를 선정하는 일은 소프트웨어와 디바이스 등 모바일 기술이 빠르게 성장하므로 매우 중요하다. 특히 지구과학 수업에 사용 가능한 새로운 교육공학적 수업 매체가 계속하여 출시되고 그 기능이 업그레이드되므로 학습 효과를 높일 수 있는 최적의 에듀테크를 선정하여 활용하겠다는 열려 있는 자세를 가져야 한다.

4.4 블렌디드 러닝

최근 우리 사회는 디지털 기술의 혁신으로 전 세계 어디서나 언제든지 역동적인 적시공간(just-in time and space)을 갖게 되었다. 사이버 공간 속에서 학생들은 실시간으로 정보를 탐색하고 SNS와 소셜 큐레이션을 통해 가치를 창출해내는 디지털 네이티브 세대가 되었다. 학교에서도 디지털 기술을 자유자재로 사용하고 인터넷을 통해 스스로 필요한 정보를 찾아 다른 사람들과 활발하게 의사소통하며 교수자 중심에서 학습자 중심으로 교육환경이 전환되고 있다(전영주와 윤마병). 지구과학 교육에서도 온라인 플랫폼을 활용하여 학습자의 관심과 흥미에 따라 학습내용과 순서를 결정하는 개인 맞춤형 학습이 가능해지면서 블렌디드 러닝(blended learning, 혼합형 학습)이 실현되고 있다.

블렌디드 러닝이란 혼합형 학습으로 두 가지 이상의 학습 방법을 결합하여 이루어지는데, 보통 대면수업(교실 수업)과 원격 수업을 결합한 수업 형태를 말한다(Enfield, 2013). 블렌디드 러닝은 교실 밖의 온라인 수업으로 수행하기 어려운 학습 내용을 교실 안의 면대면 학습으로 보완하고, 오프라인에서 수행되는 면대면 수업으로 불충분한 학습 활동은 온라인으로 보강함으로써 보다 높은 학습효과를 이끌어낼 수 있는 혼합형 수업 방법이다. 전통적인 교실 수업과 블렌디드 러닝을 표 5.16과 같은 특성으로 비교할 수 있다.

표 5.16 블렌디드 러닝과 교실 수업의 학습 환경 특징

학습 환경	블렌디드 러닝	전통적인 교실 수업
시간(time)	학습자가 원하는 시간	정해진 시간에 모임
장소(place)	학습자가 원하는 장소	교실
활용자원 (space)	학습자가 활용할 수 있는 자료 및 자원으로서 온라인 교수 모듈 이용, 반복 가능	수업시간 강의, 노트 이용
상호작용 (interaction)	온라인을 통해 즉각적인 피드백(응답)을 받지 못할 수 있으나, 학습자들 간의 의사소통은 지속적임	강의 시간 동안 교수자와 면대면, 질문에 대한 즉각적인 응답
ICT 기술 (technology)	온라인(웹, SNS 등)을 통해 다양한 접근	교사가 제공하는 프리젠테이션
학습자 통제 (learner control)	접근할 수 있는 자료의 속도와 순서 조절 및 강의를 스킵하거나 반복 학습 가능	학습의 속도나 순서를 통제할 수 없음

1) 블렌디드 러닝의 학습 유형

블렌디드 러닝은 학습자의 학습내용과 학습경험을 강화하기 위해 두 가지 이상의 전달 및 확산의 방법들을 조합한 것으로 ICT 환경과 토론, 멘토링, 개별학습, 협력학습, 성찰학습 등 다양한 학습 방법이 혼합되어 설계될 수 있다. 블렌디드 러닝은 수업 방법의 개선 수준을 넘어 새로운 미래 교육의 방법을 제안한다. 전통적인 교실 수업 방식을 유지하면서 온라인 수업의 장점을 결합하고 있으며 플렉스 모형, 알라카르테 모형, 가상학습 강화모형 등으로 진행할 수 있다(Horn와 Fisher, 2017).

표 5.17 블렌디드 러닝의 학습 유형(Horn와 Fisher, 2017)

블렌디드 러닝 모형	교수-학습 특징
순환 모형 (Rotation Model)	• 교사의 통제에 따라 면대면 수업과 원격수업을 정해진 시간에 따라 운영 • 기존 교실 대면 수업 입장에서 원격 수업으로 구현하기 편리 • 학교 교육과정 또는 교사의 재량에 따라 소규모 그룹 지도, 지필시험, 온라인 학습, 그룹 토론, 그룹 프로젝트 등과 같은 다양한 학습 방법들을 경험(순회), 최소 1회 이상의 온라인 학습 포함 • 가정에서 온라인 학습을 하고 학교에서 대면 수업(예: 플립 러닝)
플렉스 모형 (Flex Model)	• 방송통신 고등학교처럼 기본적으로 원격 수업으로 진행 • 온라인 수업으로 어려운 체육대회, 시험, 행사 등을 대면 활동으로 진행
알라카르테 모형 (A La Carte Model)	• 학생들이 학교에서 이뤄지는 대면 수업에 참여하면서 개인적으로 선택한 온라인 코스들을 통해 학습을 보충하는 선택식 학습 모형 • 일반 학교를 다니면서 대면 수업에 참여 • 선택 과목 등 일부 과목은 온라인 과목으로만 개설하여 운영
가상학습 강화 모형 (Enriched Virtual Model)	• 필수 과목 등 일부 수업 시간만 대면 수업을 하고 나머지는 원격수업 • 주 2-3회 대면 수업을 하거나 오전이나 오후만 대면 수업 참여 • 원격수업에 대한 비중이 플렉스 모델과 알라카르테 모델의 중간적 위치

2) 지구과학I 교과에서 블렌디드 러닝 수업 계획 예시

블렌디드 러닝은 성취기준을 바탕으로 지구과학의 학습 내용을 통합하거나 재구성하여 온·오프라인을 병행하는 수업으로 개별 학생의 맞춤형 학습과 피드백을 강화하는 데 초점을 둔다. 이를 위해 교사는 먼저 학교 안팎의 교육자원을 파악하고, 개별 학생의 역량과 요구 진단을 위해 온라인 학습의 물리적 환경 및 활용 역량을 파악해야 한다. 또한 적합한 온라인 플랫폼을 선정하여 개별 학생의 역량과 요구에 따라 다양한 온라인 수업 유형으로 지구과학 수업을 이끌어야 한다. 다음으로 맥락화된 온·오프라인 병행의 지구과학 수업 설계(재구성)를 위하여 기존에 설계한 교수-학습 및 평가 내용을 온라인과 오프라인에 적합한 학습 방법으로 결정하고, 학습 내용을 재조정할 수 있다. 만약 기존의 학습 내용을 온·오프라인 수업으로 배분하는 것이 힘들거나 높은 수준의 맥락적 설계가 필요한 경우에는 성취기준 재구성을 통해 블렌디드 러닝의 교수-학습과 평가를 새로 설계할 수 있다.

지구과학I 교과의 '대기와 해양의 상호작용' 단원에 대한 블렌디드 러닝 수업의 예시는 다음과 같다. 먼저 교사는 성취기준을 바탕으로 블렌디드 러닝을 위한 교육과정을 재구성한다. 총 6차시의 블렌디드 러닝으로 '대기와 해양의 상호작용' 단원의 수업 내용을 4단계(개념 도입, 개념 적용, 분석과 탐색, 아이디어 창안)로 설계하고, 역량기반 교육과정에서 추구하는 배움과 성장 중심의 교육을 위해 핵심 역량과 정의적 영역(태도) 학습목표를 제시하였다. 원격과 교실 수업으로 병행되는 블렌디드 러닝을 위해 학생의 인터넷 환경과 학습 여건(수준) 등을 고려한 맥락화된 지구과학 학습 내용을 제시하고, 평가기준을 통해 학습의 피드백이 지속적으로 진행되어 개별 학생 모두가 성취기준에 도달할 수 있도록 돕는다. 수업 중에는 수업 내용(평가기준) 준거 중 어려워하는 개념과 오개념에 대한 실시간 피드백을 실시한다. 수업 후에는 성취도를 중심으로 성장 내용과 우수한 점, 노력할 점, 정의적 영역에 대한 피드백을 실시한다. 교실 수업에서는 학생의 학습 성취에 따른 학생 맞춤형 피드백으로 체크 리스트, 짧은 코멘트 및 칭찬으로 직접 소통하고, 온라인 수업에서는 채팅방과 소그룹 커뮤니티 활동, 과제 평가 코멘트 등으로 실시간 피드백한다. 블렌디드 러닝의 원격과 교실 수업을 위한 활동 도구는 인터넷과 구글폼, 구글시트, 가상실험(시뮬레이션), 독스, 패들렛, 탐구 활동지, 실험셋트, 발표 자료 등이 활용된다.

지구과학I '대기와 해양의 상호작용' 단원의 블렌디드 러닝 수업 계획

〈성취기준〉

[12지과 I 04-03] 대기와 해수의 상호작용의 사례로서 해수의 용승과 침강, 남방진동의 발생 과정과 관련 현상을 이해한다.

〈교육과정 재구성〉

인간에게 영향을 주는 다양한 기상 현상들은 서로 상호작용하면서 대기와 해양의 유기적인 관계에 의한 것임을 이해한다. 특히 엘니뇨와 라니냐, 남방진동 현상 등과 같이 지구계 내에서 해양의 변화가 기후 변화에 영향을 주는 구체적인 상호작용을 파악한다.

단계	개념 도입		개념 적용		분석과 탐색	아이디어 창안
차시	1차시(원격)	2차시(교실)	3차시(원격)	4차시(교실)	5차시(원격)	6차시(교실)
주제	해수의 용승과 침강, 엘리뇨와 남방진동 이해하기		해양의 변화가 초래할 수 있는 기후변화 설명하기		인간 활동에 의한 지구온난화와 대기-해양 대순환에 따른 기후변화 예측하기	
활동 (도구)	연안 용승과 침강(구글 폼, 독스, 인터넷)	평상시와 엘니뇨, 라니냐 시기가 어떻게 다른지 비교하고 이해하기 (탐구 활동지)	엘니뇨와 라니냐에 따는 기후변화 양상 분석하기 (구글 시트, 가상 실험)	실제 관측자료를 활용하여 남방진동과 ENSO 분석하기 (실험세트, 패들렛, 관측자료)	전지구적인 기후변화 양상 예상하기 (시뮬레이션, 구글 독스, 패들렛)	기후변화를 완화하고 지속가능발전을 위한 아이디어 제안 및 평가하기 (발표자료, 패들렛)
핵심 역량	시스템적 사고력, 의사소통 능력		탐구 능력, 문제해결력, 과학적 사고력, 의사소통능력		의사소통능력, 문제해결력, 참여와 평생학습능력	
태도	지구계의 구성 요소인 기권과 수권의 특성 및 상호작용을 이해함으로써 지구적 규모의 기후 변화 문제를 과학적으로 인식하고 해결하려는 태도를 가지고 참여한다.					

4.5 플립러닝(Flipped learning)

온라인 학습과 오프라인 학습을 같이 운영하는 수업 방법에서 플립러닝은 블렌디드 러닝의 한 유형으로 볼 수 있다. 플립러닝은 자기주도적 학습과 학습자 중심의 의사소통을 강조하는 수업으로서 전통적인 강의식 수업 과정을 뒤집어 거꾸로 진행하는 학습 방법이다(Sams와 Bergmann, 2013). 플립러닝의 초점은 교실 수업에서 수동적이었던 학습자를 자발적이고 능동적으로 변화시켜 보다 심화된 학습활동이 일어나도록 하는 데 있다. 학습자는 수업 전에 교수자가 제공한 동영상 강의와 학습자료를 활용하여 선행학습을 해오고, 이를 바탕으로 교실 수업에서는 학습자들이 적극적으로 수업에 참여하여 토의하고 활동한다. 이러한 학습 방법은 학습자에게 자기주도적 학습 기회를 제공하여 학습의 주도성을 부여하고 교수자와 학습자의 상호작용과 의사소통이 잘 되게끔 한다.

플립러닝에서 교수자의 중요한 역할은 수업 전에 학생들이 개념 획득을 위해 어떤 내용을 학습해야 하고, 교실 수업의 효과를 최대화하기 위해 어떻게 학습 내용과 교수 방법을 최적화해야 하는지 등을 고려하는 것이다. 따라서 플립러닝에서 수업 시간 중의 교수자 역할은 사라진 것이 아니라, 수업의 전 과정에서 조정자이자 안내자로서 전문성을 갖춘 역할로 더욱 중요해졌다(전영주와 윤마병, 2014).

1) 플립러닝 교수-학습 방법

플립러닝 교수-학습 활동은 교실 수업 전(Pre-class), 교실 수업(In-class), 그리고 교실 수업 후(After-class) 단계로 진행된다. 표 5.18은 플립러닝의 학습 단계에 따른 교수-학습 과정으로 교수자의 수업 방법과 학습자의 학습활동을 기술하였다.

수업 전 단계(Pre-class)에서는 학생들이 집에서 동영상 강의(뉴스, 다큐멘터리, 공익광고 영상 등 포함)를 시청하여 주어진 문제 상황에서 드러나는 쟁점을 이해하도록 한다.

표 5.18 플립러닝 교수-학습 과정

학습 단계	플립러닝 교수-학습 방법	학습자 학습 활동
수업 전 (Pre-class)	• 교사가 제공하는 핵심적인 내용의 강의 비디오를 통하여 온라인으로 선행학습을 함 • 자기주도 선행학습 및 질문하기	• 선행학습 강의비디오, 과제 활동 • 교과서 내용 습득 및 이해하기 • 수업 중에 질문할 문제 만들기 • 자기평가: 강의비디오 학습 후 자기평가를 위한 형성평가 문제 풀이
교실수업 (In-class)	• 교사는 교과 내용을 교실 수업에서 다시 가르치지 않고 선행학습을 통해 숙지한 내용을 바탕으로 교수자-학습자 혹은 학습자-학습자 간의 상호작용하거나 심화된 학습활동을 하도록 함 • 지식의 생성, 탐구, 발견을 위한 학습자 중심의 수업 설계(토론, 문제해결, 체험학습 등)	• 문제 및 퀴즈 풀이(문제해결학습) • 워크시트 작성하기 • 토론 참여하기: off-line 수업 중에도 가능하며, SNS 등 on-line으로도 가능함 • 발표하기: 토론 결과, 워크시트 작성 결과 등 만들어온 질문 해결하기(동료학습) • 실험실에서 실험하기
수업 후 (After-class)	• 교사가 필요에 따라 학습자 간의 SNS 활동을 유도함 • 튜토리얼을 통한 복습과 피드백 제공	• 문제 모범답안 확인하기: 학습자 주도적 활동 • 튜토리얼: 온라인으로 심화 문제풀이 등 복습

수업 동영상의 마지막 부분에 본 수업 활동을 위한 간단한 활동(예: 동영상 내용 요약, 동영상 아래 개인의 의견을 적거나 필요한 자료를 수집하는 활동 등)을 제시하여 수업 전 개인적으로 수행하도록 한다. 필요한 경우에는 영상에 관련된 과학 개념에 대한 설명을 포함할 수 있다. 학교 현장에서 플립러닝의 수업 전 학습자료 개발 사례는 다음과 같다.

- 강의 비디오: 해당 내용에 대한 질문이나 퀴즈 만들어 넣기, 노트 필기, 과제, 용어 등을 삽입하여 교실 수업 시간에 사전학습 점검을 위한 자료를 제공. 강의 비디오는 기본적인 개념, 정의, 공식 등을 설명하는 동영상으로써 10분 내외의 2-3개의 강의 비디오로 제작 및 탑재하는 것이 학생들의 집중 유도에 도움
- 사전학습 과제: 강의 비디오 내용의 이해도를 점검할 수 있는 연습문제 또는 토론문제를 수업시간에 풀도록 하면서 선행학습 점검. 가능한 조별로 선행학습을 점검하고 상호간에 토론하도록 안내
- 요약 노트: 강의 비디오 내용을 요약해서 적는 노트를 만들도록 하여 선행학습 점검
- 교실 탐구 활동지 제공: 강의 비디오 내용에 근거한 토론이나 탐구 활동 주제를 설정하여 제시함으로서 교실 수업에 대한 안내

본 수업(In-class)에서는 학생이 주도적으로 주제에 대한 토의·토론을 통한 의사결정 활동, 문제 상황 해결을 위한 글쓰기, 포스터, 만화 그리기 등을 수행할 수 있도록 안내한다. 수업 후(After-class)에는 학습 활동 내용을 서로 공유하고 평가함으로써 본인의 의견이나 학습 내용을 정리하도록 한다. 수업을 진행하기에 앞서 교사는 참여 학생들을 포털사이트의 수업 전용 카페에 가입하도록 하고, 인터넷 플렛폼과 SNS 어플리케이션을 통해 교사가 직접 제작한 수업 영상을 제공하도록 한다. 또한 활동지를 수업 전에 미리 배부하여 학생들이 영상을 보고 스스로 자료를 찾아볼 수 있는 기회를 제공함으로써 해당 주제에 대해 충분히 몰입할 수 있도록 한다.

2) 플립러닝 수업 사례

지구계 수업(20차시)을 플립러닝으로 실행한 이정민 외(2016)의 수업 사례를 표 5.19에 정리하였다. 중학교 1학년 과학의 '지구계와 지권의 변화' 단원에서 지구계 관련 수업은

표 5.19 중학교 과학 '지구계와 지권의 변화' 단원 플립러닝 수업 계획 사례(이정민 외, 2016).

주	차시	수업 전 학습	교실 수업
1주차	1		• 플립러닝 오리엔테이션
	2		• 진단 평가(선개념 파악) • 지구내부에 대한 지식 조사 • 강의
	3		• 지구 내부 탐구 활동
	4	• 지구 내부(비디오 시청)	• 탐구 활동(그래프 그리기)
2주차	5		• 토의 • 요약 활동
	6	• 실험(비디오)	• 지구 내부 구조 만들기
	7		• 판구조론 • 교시 설명 및 안내
	8	• 대륙의 이동(비디오)	• 대륙의 이동(Pangaea) 조각 맞추기
3주차	9		• 토의 • 판구조론 논의
	10	• 판의 경계(비디오)	• 지진대와 화산대 표시하기 • 불의 고리(Fire ring) 이해하기
	11	• 판의 경계(비디오)	• 화산과 지진 데이터 해석하기 • 환태평양 지진대 이해하기
	12		• 판구조론과 지진-화산 활동
4주차	13	• 스토리보드 작성하기(비디오)	• 스토리보드 작성하기
	14		
	15	• UCC 제작(비디오)	• UCC 제작
	16		
5주차	17	• UCC 편집 강의(비디오)	• UCC 평가(교사, 동료)
	18		
	19	• 요약(비디오)	• 생각 지도(thinking map) • PBL(팀 프로젝트)
	20		• 요약 • 평가

지구 내부의 구조와 더불어 화산, 지진과 같은 지각에 대한 개념적 이해와 대륙의 이동 과정 등과 같은 고차원적인 사고능력을 함께 익혀야 하는 복합적 과제들로 구성되어 있다. 그러므로 수업 전에 동영상 자료를 통하여 개념에 대한 이해를 높일 수 있도록 했다. 또한 플립러닝의 효과는 학생들의 동영상 시청 여부에만 달려있는 것이 아니라, 교실 수업을 어떻게 설계하고 운영하느냐에 따라 달라질 수 있다. 플립러닝은 모든 학습자들이 조원들간의 상호작용을 통한 참여식 수업을 권장하므로 교실에서는 토론, 조별활동, 질의응답 등 다양한 방식으로 수업을 진행하도록 구성한다(이정민 외, 2016). 1주차 수업은 플립러닝에 관한 오리엔테이션을 실시하여 플립러닝에 관한 수업 방식을 학생들에게 설명하고, 수업 시간에 동영상을 감상한 후 활동을 해 보는 플립러닝 준비 단계를 실시하였다. 2주차 수업부터는 학생들이 교사가 선정, 제작한 10분 이내의 동영상을 통해 학습하고, 시청 노트를 작성한 후 학교에서 조별 활동및 토론을 하는 플립러닝 형태로 구성하였다. 학생의 탐구 활동 조 편성은 교사가 무작위로 편성하였고, 한 조당 인원은 4-5명으로 구성되었다.

교실 수업 전에 온라인으로 학습할 수 있는 동영상 강의 자료와 비디오 등의 다양한 학습자료(강의 자료, 탐구 활동지, 수업의 참고 자료 등)를 인터넷 플렛폼(사이버 캠퍼스 등)에 탑재한다. 온라인 학습자료 중 학생들이 자기주도적 학습으로 스스로 해결할 수 있는 과제(Pre-class exercise sheets)를 제시하여 원격 수업의 효과를 높이고, 교실 수업에서 수행할 토의 및 토론의 주제, 문제해결학습 등을 안내하여 학습 동기를 높인다. 여기서는 온라인 학습자료로 지구내부의 구조에 대한 실험 과정 동영상과 대륙의 이동, 판의 경계에 관한 비디오 자료 등 동영상 강의 자료를 제시하였다. 학생들은 온라인 사전학습을 바탕으로 교실 수업에서 탐구 활동과 토의, 문제해결학습, UCC 제작 및 발표, 팀 프로젝트(PBL) 수행 등을 실시했다.

5 실험과 시범실험

이 절에서는 실험(과학시간에 하는 학생들 위주의 모둠별 실험)과 시범실험(교사 위주의 시범)에 대해서 소개하고자 한다. 지구과학은 다른 물리학·화학·생명과학과는 달리 자연현상을 실험실 안에서 재현하는 모형실험이 주를 이룬다. 하지만 모형실험이 자연현상과는 어떠한 차이가 있으며, 모형실험을 최대한 자연현상에 가깝게 재현하기 위해서는 어떠한 기자재의 개발이나 방법적인 면에서 다른 시도가 있어야 하는지를 수업시간에 학생들이 서로 토론하고 개선책을 찾는 것은 중요하여 이는 과학의 본성을 스스로 익히게 하는 중요한 기회가 될 수 있다고 할 수 있겠다. 먼저, 조별이나 모둠별로 이루어지는 실험(experimentation)과 시범실험(demonstration)에 대해서 자세히 알아보자.

5.1 실험(experimentation)

과학이 다른 과목과 차별화되는 것은 실험이 있어서이다. 과학교수-학습의 목표를 보면 인지적 영역, 기능적 영역, 그리고 정의적 영역이 있으며 이는 다시 지식, 탐구, 태도라 불리기도 한다. 탐구는 다른 과목과 과학을 차별화시키는 목표라 할 수 있다. 실험을 통해서 관련된 과학지식을 습득하고 과학적 방법과 과학적 탐구의 기능을 습득할 수 있다(김희경 외, 2020).

실험(experiment)의 경우는 과학의 교수-학습 방법을 다른 학문과 구분하는 기준이 되고, 다른 교과의 교수-학습방법과 비교되는 준거가 되기도 한다. 하지만 실험을 하는데 있어서 요구되는 교사의 역량이 있고 충분히 시간 할애를 하지 않으면 오용될 수 있기에 과학실험에 필요한 기능과 목적을 정확히 파악해서 실험을 준비하고, 학생들에게 탐구기능을 익히고 과학의 본성을 경험하는 기회를 주는 것은 중요하다. 보통 자연현상을 관찰하고 이를 토대로 가설을 세우게 되며 이를 검증하는 과정에 따라서 이론이 되거나 법칙이 되기도 한다(자연현상을 기술하는 것을 '법칙'이라 하고 자연현상을 설명하는 것을 '이론'이라고 한다). 우리는 이러한 검증과정을 과학적 방법이라 하며 그러한 과정을 교실 안에서 경험하는 것이 실험이라고 할 수 있겠다. 실험하면서 기초탐구기능(관찰,

분류, 측정, 예상, 추론)을 사용하여 통합탐구 과정(문제인식-가설설정-자료수집-자료변환-자료해석-결론도출)을 경험하게 되며 실험은 크게 확인실험과 탐구실험으로 나눌 수 있다.

확인실험은 문제제기, 방법, 및 해석 등을 절차대로 따라하는 것으로 기존의 과학적 지식을 확인하는 것으로 하지만 그 과정에서 의구심을 갖고 실험에 임하도록 하는 것이 중요하다. 예를 들면 어떠한 지식을 확인하는 과정에서 과학적 방법에 대한 의구심을 갖고 다른 방법을 찾을 수도 있으며, 기존의 지식이 확인되지 않는다면 기존의 지식이 문제가 있을 수도 있다는 의구심을 가질 수 있다는 것이다. 확인실험은 문제나, 방법, 결과가 다 주어지는 반면, 탐구실험은 문제만 제시되거나, 실험과정까지 제시되는 등 결과를 학생들이 직접 해석하거나 실험과정을 직접 설계하거나 또는 현상을 보고 문제제기도 학생들이 직접 할 수 있다. 이에따라 탐구 실험의 수준을 달리할 수가 있어 이런 경우는 개방탐구인지 그렇지 않은지를 구분할 수 있다. 실험시 학습목표에 따라 실험은 다음과 같이 나눌 수 있다.

표 5.20 실험목적에 따른 다양한 실험의 형태와 교사의 역할(김희경 외, 2020)

실험형태	실험 목적	교사의 역할
확인실험	추상적 지식에 대한 구체적 경험을 갖게 한다	미리 알고 있는 지식과 관련이 있는 현상을 경험할 기회를 제공한다
탐색실험	새로운 자료와 현상을 인식하고 흥미를 갖게 한다	개방적인 상황에서 학생들이 자료와 현상을 탐색하고 조사하게 한다
귀납적 실험	몇 가지의 과학적 사실을 토대로 유의미한 일반화로 조직하게 한다	학생들 스스로 개념이나 개념사이의 관계를 찾게 한다
연역적 실험	주요 개념이나 일반화를 통해 주어진 현상을 설명하게 한다	이미 학습된 지식으로 새로운 현상을 설명·예측·서술하게 한다
기술개발	실험 활동에 필요한 기술을 습득하게 한다	학생들이 필요한 기술을 습득할 때까지 기회를 제공한다
과정개발	과학 및 과학기술과 관련된 문제를 해결하는 능력을 기른다	학생들이 문제를 해결하고 해답을 찾아가는 과정에 어려운 경우에 직접적인 도움을 준다

과학시범이나 실험을 통해서 과학적 사실, 개념, 법칙, 이론, 및 가설의 과학지식의 습득과 이해를 할 수 있으며(예를 들어 물리실험을 통해서 뉴턴의 법칙을 이해할 수 있으며, 암석실험을 통해서 관련 사실과 개념을 이해할 수 있다), 과학의 기원, 목적, 가치, 방법 및 과정과 과학사적인 과학의 본성에 대한 이해를 할 수 있다. 또한, 실험을 통해 과학에 대한 관심 및 흥미, 자신감, 만족감, 협동심, 개방성, 및 책임감 등의 과학적 태도의 함양을 도모할 수 있으며, 과학적 사고력, 창의성, 그리고 조작적 기술 등의 탐구력의 함양을 경험할 수 있다. 과학에서의 실험은 과학적 개념뿐만 아니라, 기능으로서의 목표, 그리고 태도와 같은 정의적인 영역까지 향상시킬 수 있는 장점을 가지고 있다.

하지만 이러한 목표들이 모두 과학실험을 통해서 달성되는 것은 아니다. 이러한 실험수업의 목적을 설정하고 실험에서 학생들의 역량이 도모되었는지를 확인하기 위해서는 세부항목을 개발하여 평가기준으로 사용할 수 있다. 예를 들면 과학적 탐구 능력을 크게 두 가지로 나눌 수 있으며 조작적 실험기능과 사고기능을 말할 수 있다. 조작적 실험기능은 실험을 하는 동안 필요한 기초탐구기능과 통합탐구기능을 경험하는지를 확인하고 척도를 달리하여 평가할 수 있으며 사고기능은 논리적 사고와 비판적 사고로 세부항목으로 구분하여 척도를 달리하여 평가할 수 있다. 실험과정을 거치는 동안에 필요한 질문을 통하여 수집된 자료를 증거와 구분하여 해석을 하는 과정을 통해 논리적 사고를 경험하며 다양한 해석을 서로 평가하는 비판적 사고를 경험할 수 있다.

실험의 종류를 학생들과 교사의 참여에 따라 다음과 같이 분류할 수 있다. 즉 학생들에게 실험문제를 제시하고, 해결할 수 있는 방법과 수단을 가능한 한 상세하게 제시하는 닫힌실험(확인탐구), 실험문제는 제시되지만 문제의 해답과 방법이 개방된 실험, 그리고 실험과 관련된 현상만 주고 문제제기도 학생들이 스스로 하고, 실험방법이 완전히 개방된 실험으로 크게 3가지로 분류할 수 있다. 또는 실험교수-학습 형태를 5단계로 나누는데 실험과정인 문제진술, 가설설정, 실험계획, 실험수행, 자료분석, 그리고 결론도출 과정을 교사나 학생들 중 누가 주도 하느냐에 따라서 1단계에서 5단계로 나눌 수 있다. 학생들에게 모든 과정을 스스로 하게 된다면 개방실험이라고 할 수 있겠다. 문제인식부터 학생들이 스스로 하는 것은 쉽지 않지만 자연현상이나 물리현상을 보고 스스로 탐구문제를 개발해 보는 것도 중요한 기능이기에 꼭 필요한 역량이라고 할 수 있겠다.

5.2 시범(demonstration)

시범(demonstration)도 과학교수 및 학습 전략의 하나로 과학적 개념이나 탐구 과정 및 기능을 보여주는 것이 특징이다. 관찰과 측정이 가능한 자연현상을 다루는 중고등학교의 과학교수-학습과정에는 시범이 필수적이다. 교사가 시범을 보여줄 수도 있지만 학생이 조별로 수행할 수도 있다. 시범은 모든 학생들이 한 번에 관찰해야 할 때, 장비나 도구가 한정적일 때, 극적인 효과가 필요할 때, 실험안전이 요구될 때 교사와 학생 간의 상호작용이 주를 이룰 때 유익한 실험방법이다. 보통 시범을 보여줄 때에는 교사가 질문으로 학생들의 주의를 집중시키며, 관찰을 토대로 하여 왜 이러한 현상이 일어나는지 질문을 하고 실험(시범)을 보여주고 나타난 결과에 대해서 다시 질문을 하여 학생들의 인지를 자극하는 것이다. 학생들이 조별로 시범실험을 수행해도 좋으나 교사의 주도적인 시범실험은 학생들에게 인지적인 자극을 주면서 개념습득을 목적으로 하기에 더욱 효과적이다. 수업모형 중에 POE(Predict-Observe-Explain)을 효과적으로 사용할 수 있으며, 오수벨의 유의미학습이론에 의하면 효과적인 선행조직자의 기능을 시범실험으로 표현할 수도 있겠다. 시범을 효과적으로 성공적으로 수업시간에 하기 위해서는 교사의 능숙한 수행능력이 필요하며 필요한 기자재가 사전에 미리 잘 준비되어 있어야 한다. 시범실험이 필요한 경우는 다음과 같다.

- 어디서나 잘 보일 수 있도록/모든 학생들이 관찰해야 할 때. 이때는 학생들에게 중요한 질문을 하고 비판적-창의적 사고를 요구할 수 있다. 즉 일종의 반전이 있는 실험의 경우에는 이러한 시범을 보여서 주의를 환기할 수 있다.
- 학생들의 사고를 일깨워주고 교수-학습에 적극적으로 참여할 필요가 있는 경우. 즉 중요한 개념의 발달을 위한 교수-학습에 학생들을 집중시켜야 할 경우, 오개념이 있거나 과학적이지 않은 순수한 개념의 경우에는 교사가 시범을 통해서 학생들의 집중을 받아서 선개념이 무엇인지 체크하고 이를 통해서 개념이 바뀌어 가는 것을 모니터링하면서 시범을 보여줄 수 있다.
- 실험장비가 제한적으로 되어 있는 경우. 더더구나 어려운 기능이 있는 경우에는 교사가 직접 하면서 시범을 보여줄 수 있다.

- 극적인 효과가 필요한 경우, 안전사고나 위험이 수반되는 경우는 절대적으로 교사의 시범이 필요하다.

학생들은 안전하고, 흥미를 갖고 인지적인 질문을 통하여 사고의 안내를 받는 것이라 할 수 있다. 하지만 시험실험의 절차를 자세히 경험하기 어려우며, 학생들이 능동적으로 참여하는게 쉽지 않다는 단점이 있다. 효과적인 시험실험을 위해서는 다음과 같은 사항에 유의해야 한다.

- 어디서나 잘 보이도록 한다. 너무 작은 도구를 사용하는 경우는 실물화상기를 이용하여 보이도록 한다.
- 뒤에 앉은 학생들도 잘 들을 수 있도록 큰 소리로 한다.
- 활기차고 열정적으로 한다.
- 귀납적인 교수법으로 하여 학생들이 스스로 인지를 할 수 있도록 한다.
- 질문 후 대기시간은 최소한 3초로 한다.
- 시험실험 후에는 학생들이 스스로 실험과정과 목적 및 결과를 말할 수 있도록 기회를 부여하도록 한다.

5.3 실험의 실제

지구과학에서 실행하는 실험의 실제를 소개하고자 한다. 지구과학에서는 모형실험을 통해서 변인통제, 독립변수, 종속변수 등을 이용한 실험활동도 있으며(예: 편서풍 파동), 암석이나 광물 등의 관찰을 통해서 성질이나 특징을 파악하는 귀납적인 실험도 있으며, 지구과학적 현상을 귀추적인 방법으로 자료를 찾아 최상의 해석을 제안하는 실험도 있다. 무엇보다도 지구과학에서는 수집된 자료를 이용하여 경로를 태풍의 경로를 그려보거나 대기원의 온도변화, 해양의 심층온도변화 등을 확인해보는 실험도 있다. 이외에도 실모형을 이용한(해양파도발생장치) 파도의 기본적인 정보, 일단 파도와 지진·해일의 차이점, 방파제를 구상하여 지진·해일로부터 해양리조트를 보호하는 다양한 실험을 수행할 수 있다. 지구과학의 현상을 학생들이 바로 이해하는 것은 쉽지 않으나 지구과학의 실험은 이러한 제한을 극복하고 최대한 자연현상을 이해하고 측정하는 것이 용이하고 정확해야 하며 수집된 자료를 활용하여 변환하고 해석하고 결론을 도출하는 광범위하고 지구과학적 현상을 이해하는데 필요한 빅데이터를 다룰 수 있는 이점은 있다. 여기서는 흔히 볼 수 있는 탐구실험을 통해 분석된 실험내용을 소개하고, 지구과학의 대표적인 MBL (Microcomputer Based Laboratory), 실질적인 기상청이나 해양관련 포털 인터넷상에서 자료수집, 자료변환 및 해석하는 실험과정을 소개하고자 한다.

1) 탐구실험

다음은 '고무풍선으로 우주 팽창 실험하기' 주제로 계획한 실험활동지의 일부이다(중등 지구과학 임용시험 기출문제). 실험에 대해서 여러 가지 해석을 해보자.

〈자료 1〉

[실험과정]

1. 고무풍선에 10초간 바람을 넣어 풍선의 지름이 10cm정도 되었을 때 (경과시간 = 10sec) 멈추고, 고무풍선에 1cm 간격으로 순서대로 일렬로 A, B, C, D, E 5개의 점을 찍는다.
2. 지름이 10cm인 고무풍선에 10초 간 바람을 불어 넣어 풍선의 지름이 20cm가 될 때까지 팽창시키면서 풍선 위의 점들이 움직이는 모습을 관찰한다. A점을 기준으로 각 점까지의 거리(A~B, A~C, A~D, A~E)를 측정한다. 여기서 풍선의 지름이 일정한 속도로 팽창한다고 가정한다.

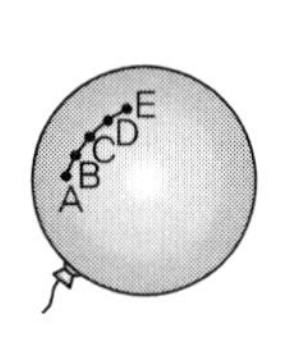

측정시점 1
(풍선지름=10cm)

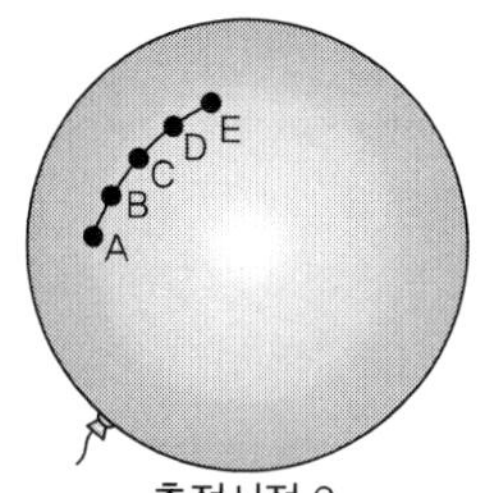

측정시점 2
(풍선지름=20cm)

3. 다시 10초간 바람을 불어넣어 고무풍선의 지름이 30cm가 될 때까지 팽창시키면서 [실험과정] 2의 관찰과 측정 과정을 반복한다.
4. 기준점을 B, C, D, E로 달리하면서 [실험과정] 1~3을 반복한다.
5. 측정한 결과로 표를 작성한다.
6. 허블상수를 이해하기 위해, 작성한 표에서 측정시점 2에서의 결과를 그래프로 나타내면 다음과 같다. 여기서 X축은 (㉠)이고 Y축은 (㉡)이다.

측정구간	각 측정시점에서 A로부터의 거리(cm)			평균 후퇴속도 (v, cm/sec)
	측정시점 1 (풍선지름 10cm)	측정시점 2 (풍선지름 20cm)	측정시점 3 (풍선지름 30cm)	
A~B	1	2	3	0.1
A~C	2	4	6	0.2
A~D	3	6	9	0.3
A~E	4	8	12	0.4

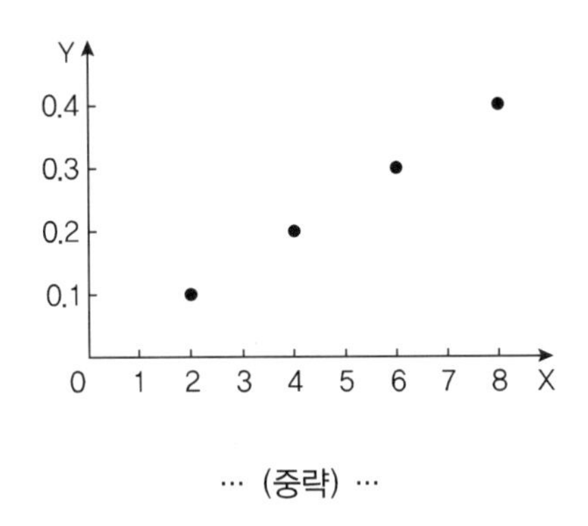

… (중략) …

[결과 및 정리]

1. 측정시점 1, 측정시점 2, 측정시점 3 등으로 측정시점이 달라질 때, 각 측정시점에서 A로부터 각 점의 거리는 어떻게 달라지는가?
2. 각 측정시점에서 기준점을 A로 하여 측정한 결과를 그래프로 나타낼 때, 그래프에서 X축과 Y축 사이에는 어떤 관계가 성립하는가?
3. 각 측정시점에서 기준점을 B~E로 달리하면서 측정한 결과를 그래프로 나타낼 때, X축과 Y축 사이에는 어떤 관계가 성립하는가?
4. 이 모델 우주에서 A~E중 하나를 우리은하로, 나머지 점들을 외부은하로 간주할 때, 우리 은하에서 외부 은하까지의 거리와 그 은하의 후퇴속도 사이에는 어떤 관계가 성립하는가?

여기에서 문제제기는 주어지고, 가설설정은 없으며, 자료수집과 자료변환, 그리고 자료해석을 해야 하며 결론도출까지 하기로 되어 있다. 학생들의 실험활동지라고 소개하였기에 현재 자료수집과 자료변환까지는 되어 있는 상태이다. 자료수집은 보통 표에 기록하게 되어 있으며 이의 해석을 쉽게 하기 위해서 그래프로 변환시키는 과정이 있다. 현재 그 과정도 포함되어 있다. 결과 및 정리에서는 자료 해석이 포함되어 있다. 1, 2, 3번은 자료 해석이고 이를 바탕으로 하여 우리 은하에 적용하는 결론 도출 과정이 포함되어 있다.

- 이 실험은 학생들이 스스로 패턴을 찾아 해석을 하는 과정이기에 귀납적인 사고과정을 경험하는 기술적 순환 학습 탐구모형이라고 할 수 있다.
- 이 실험에서는 독립변수, 종속변수 등이 정해져 있는 변인동정과정이 포함되어 있다. 여기서 추가적으로 설명을 붙이자면 '변인동정'과 '통제변인'을 구분할 수 있어야 한다. 다루어야 하는 변수 중에서 독립변수가 무엇이고 종속변수가 무엇인지 구분이 되며 나머지는 변인을 통제해야 한다. 이러한 과정을 점검하고 각각의 변수를 결정하는 것이 '변인동정'이다. 변수는 '연속형 변수'와 '범주형 변수'가 있다. 연속형은 시간이나 온도처럼 지속적인 수치의 변화를 볼 수 있는 것을 말하며 범주형은 퇴적암, 변성암, 화성암처럼 구분이 되지만 지속적인 변화를 볼 수 있는 것은 아니다. 예를 들면 물의 양에 따라 화분의 식물이 잘 자라는지를 보는 실험이 있다면 물의 양은 연속형 변수이다. 하지만 과일의 종류에 따라서 전류의 흐름정도를 확인해보는 실험에서는 과일의 종류는 범주형이고, 전류의 흐름은 연속형이다. 앞의 실험문제에서 물의 양에 따라 식물이 잘 자라는 정도를 확인하는 실험에서 식물이 잘 자라는지는 주관적으로 해석할 수 있다. 즉 잎의 수에 따라, 또는 줄기의 길이에 따라, 잘 자라는 것을 다르게 정의하여 실험을 할 수 있기에 이러한 정의는 '조작적 정의'라고 한다.
- 실험 중에 교사가 하는 질문의 유형에 대해서도 특징을 파악하여 사용해야 한다. 즉 학생들의 수렴적 사고를 통한 정확한 한 개의 대답을 원하는 경우와 학생들의 창의적 사고를 발휘하여 다양한 대답을 원하는 경우 다른 형태의 질문을 사용해야 한다. 수렴적 질문과 발산적 질문의 차이와 활용을 정확하게 해야 할 것이다.
- 질문에는 크게 폐쇄적 질문과 개방적 질문이 있고 폐쇄적 질문에는 인지-기억 질문과 수렴적 질문, 개방적 질문에는 발산적 질문과 평가적 질문이 있다.

2) MBL(Microcomputer Based Laboratory)[8)]

경제협력개발기구(OECD: Organisation for Economic Co-operation and Development)에 속한 선진국 중 MBL 시스템을 활용하고 연구 개발하는 나라는 미국, 영국 호주, 이스라엘, 싱가폴, 일본 등을 들 수 있다. 미국의 경우는 30년 이상의 MBL역사를 가지고 있으며 다양하고 풍부한 센서와 교육자료가 있으며 STS교육과정과 함께 과학 대중화 정책 등에 힘입어 인문계 일반학교에서도 보편적으로 사용하고 있다. 국내의 경우는 1990년 초반부터 MBL 연구와 교육활동이 여러 전문가들을 통해 이루어져 왔으며 학교현장에서는 2003년부터 도입되기 시작하여 과학교육의 정책을 활성화하기 시작하였다. 이러한 MBL은 컴퓨터 모니터, 노트북과 같은 디스플레이를 의사소통 수단으로 사용하기 시작하였다.

〈자료 2〉

[MBL 내용 구성도]

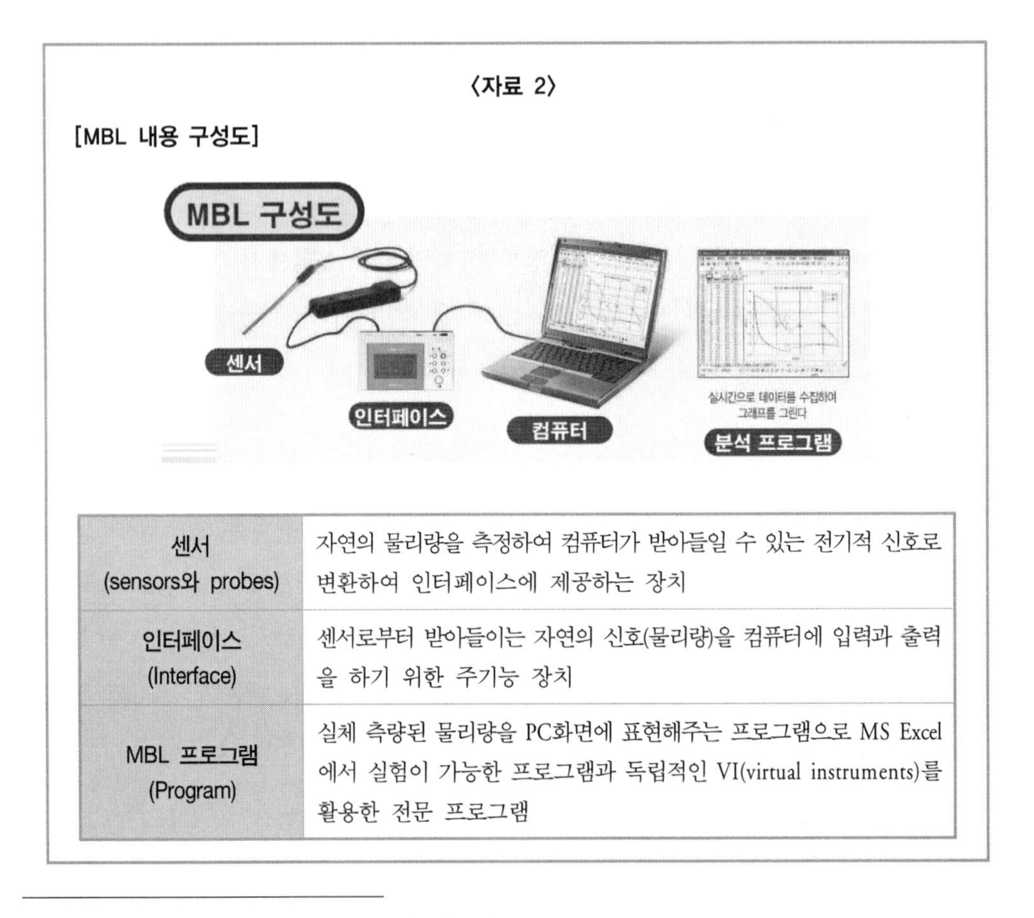

센서 (sensors와 probes)	자연의 물리량을 측정하여 컴퓨터가 받아들일 수 있는 전기적 신호로 변환하여 인터페이스에 제공하는 장치
인터페이스 (Interface)	센서로부터 받아들이는 자연의 신호(물리량)을 컴퓨터에 입력과 출력을 하기 위한 주기능 장치
MBL 프로그램 (Program)	실체 측량된 물리량을 PC화면에 표현해주는 프로그램으로 MS Excel에서 실험이 가능한 프로그램과 독립적인 VI(virtual instruments)를 활용한 전문 프로그램

8) http://www.koreadigital.com/sciencecube_board

최근 컴퓨터보다는 스마트폰과 태블릿의 보급이 일상화되면서 인터페이스와 PC없이 사용가능한 무선형 MBL이 보급되어 활용되고 있다. MBL의 특징은 모든 물리량을 하나의 컴퓨터 모니터에서 측정과 제어가 가능하며 시스템 통합으로 경제적, 시간적 비용절감 및 정밀한 측정과 분석이 가능하다.

MBL의 장점은 정밀한 측정 장치 사용으로 정확한 측정값을 신속하게 수집하고 수집한 측정값을 엑셀 등 프로그램을 이용하여 용이하게 처리가 가능하며 짧은 시간 안에 여러번의 실험을 반복하여 참값에 가까운 평균값을 구할 수 있다. 다음과 같은 MBL을 이용한 구름발생 실험을 예시로 들어보자. 구름발생 실험장치에 필요한 센서를 꽂아서 자료수집, 자료변환, 및 자료해석을 할 수 있는 실험이다.

① 그림과 같은 실험 장치를 준비한 다음 고무마개를 구멍이 두 개인 마개로 바꾼 후 온도센서와 압력센서를 꽂는다.

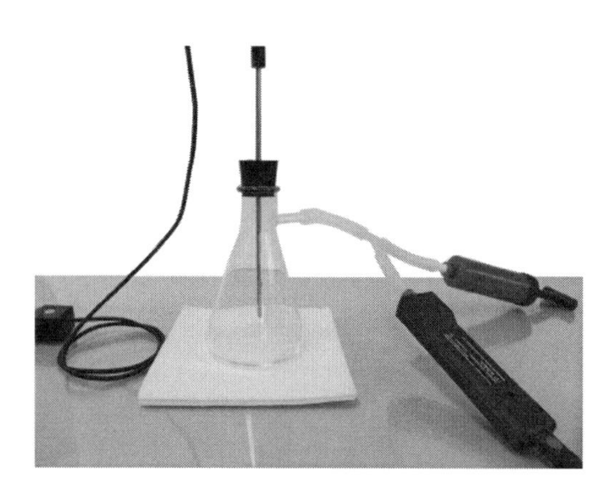

구름발생 실험장치에 연결되어 있는 두개의 센서

② MBL 인터페이스에서 그래프를 준비하고 측정시간과 축 조정 등의 설정을 마친 다음 실험 시작하기를 누른다.

③ 플라스크 속에 향 연기를 넣은 다음 같은 실험을 반복해 보자.

MBL 인터페이스를 통해 나타난 컴퓨터상의 그래프를 다음과 같다. 기존의 아날로그적인 방법이 아닌 디지털의 자료수집을 통해서 온도과 압력이 동시에 나타나고 각 시간마다 어떠한 단열과정이 있었는지를 다양한 관점으로 학생들끼리 또는 교사와 학생들간의 상호작용을 활성화시킬 수 있다. 다음 그래프에서 구름발생 실험으로 인한 온도의 변화, 이에 따른 기체압력의 변화를 연관시켜 해석을 할 수 있다. MBL의 특징은 그래프나 그림을 통해서 다양한 해석을 할 수 있고 이를 통해서 조별로 의견을 교환하기 쉽다.

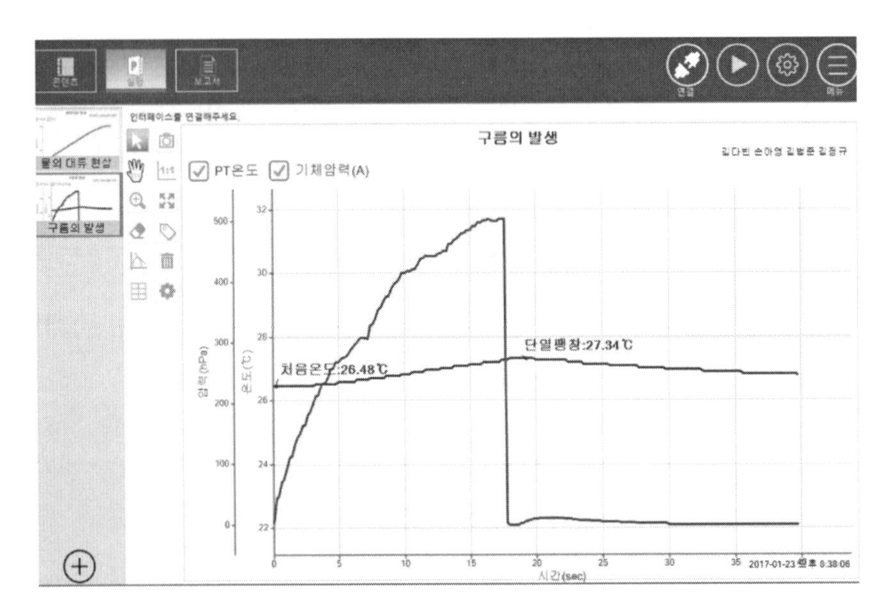

구름발생실험: 온도의 변화에 따른 기체압력 변화

3) 해양기상정보포털을 이용한 실험[9)]

해양기상정보포털의 해상실황을 통해 우리나라 바다 각 지역의 기상정보를 실시간으로 살펴보고 풍속, 풍향, 파고를 기록해 볼 수 있다.

왼쪽의 항만, 항로, 레저, 어업, 안전, 안보 등의 다양한 자료를 수집할 수 있으며, 오른편에 있는 인덱스에서 각 지역별로 나타나는 파고, 풍향, 풍속의 자료를 수집할 수 있다. 각 지역별로 표에 수치를 입력한 후 학생들에게 각 변수 간의 상관관계가 있는지 토론의 기회를 주거나, 안전에 대한 사이트에서는 각 지역별로 해상특보 관련 안개, 너울, 이안류, 연안 CCTV를 통해 등록된 지점별로 정보를 제공한다. 이러한 기본적

9) https://marine.kma.go.kr/main/condition.html

기상청 홈페이지의 우리나라 기상관측자료

인 정보를 제공하는 사이트를 통해 해양관련 자료를 수집할 수 있으며 기상청 기상자료개방포털(https://data.kma.go.kr)에서 제공하고 있는 우리나라의 기상관측 자료를 통해 태풍의 경로를 살펴보고, 태풍의 영향에 따라 높이가 어떻게 달라지는지 탐색해보는 실험을 할 수 있다.

다음은 2020년 태풍 하이선의 이동경로를 나타내는 자료이며, 이 자료를 통해 우리나라 도시 중 하이선의 영향으로 풍랑 피해를 입었을 것으로 예상되는 지역을 생각해보는 것이다. 다음과 같이 제일 영향을 많이 받았을 울산, 거제도, 포항 등을 지도에서 골라 관련 변수인 풍속, 파고, 파주기 등을 선택하여 조회를 누른다.

〈자료 3〉

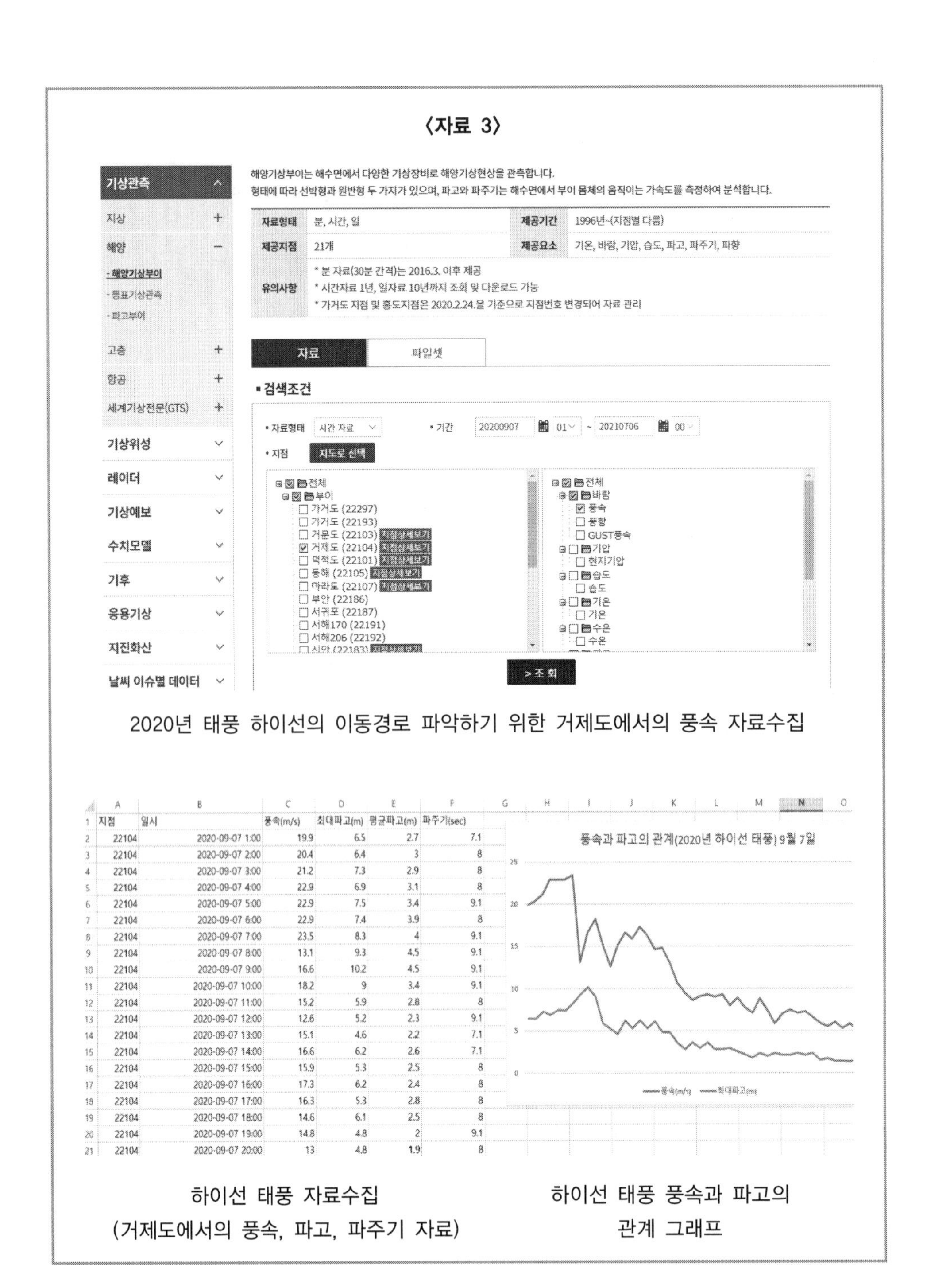

2020년 태풍 하이선의 이동경로 파악하기 위한 거제도에서의 풍속 자료수집

지점	일시	풍속(m/s)	최대파고(m)	평균파고(m)	파주기(sec)
22104	2020-09-07 1:00	19.9	6.5	2.7	7.1
22104	2020-09-07 2:00	20.4	6.4	3	8
22104	2020-09-07 3:00	21.2	7.3	2.9	8
22104	2020-09-07 4:00	22.9	6.9	3.1	8
22104	2020-09-07 5:00	22.9	7.5	3.4	9.1
22104	2020-09-07 6:00	22.9	7.4	3.9	8
22104	2020-09-07 7:00	23.5	8.3	4	9.1
22104	2020-09-07 8:00	13.1	9.3	4.5	9.1
22104	2020-09-07 9:00	16.6	10.2	4.5	9.1
22104	2020-09-07 10:00	18.2	9	3.4	9.1
22104	2020-09-07 11:00	15.2	5.9	2.8	8
22104	2020-09-07 12:00	12.6	5.2	2.3	9.1
22104	2020-09-07 13:00	15.1	4.6	2.2	7.1
22104	2020-09-07 14:00	16.6	6.2	2.6	7.1
22104	2020-09-07 15:00	15.9	5.3	2.5	8
22104	2020-09-07 16:00	17.3	6.2	2.4	8
22104	2020-09-07 17:00	16.3	5.3	2.8	8
22104	2020-09-07 18:00	14.6	6.1	2.5	8
22104	2020-09-07 19:00	14.8	4.8	2	9.1
22104	2020-09-07 20:00	13	4.8	1.9	8

하이선 태풍 자료수집
(거제도에서의 풍속, 파고, 파주기 자료)

하이선 태풍 풍속과 파고의 관계 그래프

이런 상태에서 거제도, 포항, 울산의 자료를 엑셀로 다운받을 수 있으며 풍속과 최대파고, 평균파고, 파주기 등의 자료를 선택하여 상관정도를 두 변수를 이용하여 학생들이 스스로 해석하는 등, 자료수집, 자료변환, 그리고 자료해석까지 할 수 있는 실험기회를 제공한다.

이 외에도 기상청 홈페이지에서 우리나라에서 발생하는 지진에 대해서 자료를 수집할 수 있는데 기상청날씨누리 → 지진화산 → 지진조회를 하면 지난 100년간의 지진발생건수를 알아볼 수 있다. 예를 들어 10년 단위로 지진발생을 조회하여 10년마다 3.0규모 이상의 지진을 정리하여 지난 30년 동안의 지진발생을 보면 2016-2017년의 지진이 5.8을 기록하여 지진발생이 많아지는 자료패턴을 읽을 수 있으며, 과거 지진사이트에서는 1978년부터 현재까지 지진그래프를 보고 그래프를 해석하는 토론활동을 할 수 있다.

6 야외 학습 전략

6.1 야외 학습의 필요성

2015 개정 과학과 교육과정에서 다루는 지구과학의 핵심 개념은 지구계, 판구조론, 지구 구성 물질, 지구의 역사, 대기의 운동과 순환 등이다. 이와 같은 지구과학의 탐구 대상은 시공간적인 규모의 다양성, 접근불가능성, 통제불가능성, 관련 개념의 복합성 등의 특징을 가지고 있다. 특히 지권, 기권 등과 관련된 지식은 교실 수업과 실험을 통해 학습할 수 있지만 지구과학의 특징을 고려해보면 효과적인 지식 학습에는 한계가 존재한다. 예를 들어, 다양한 규모의 시간과 공간에서 발생한 지질 현상이나 지질 구조에 대해 야외에서 직접적인 관찰과 탐구 활동이 아닌 교실이나 실험실에서의 학습 활동은 이들 현상에 대해 흥미와 호기심을 저해하고 과학적 탐구 능력과 태도의 함양에 부정적인 영향을 미칠 수 있다.

야외학습은 교실에서 경험할 수 없는 사물과 현상을 관찰하고 직접 경험할 수 있는 기회를 제공한다(Orion, 1989). 또한 야외 학습 활동은 교실에서 학습한 지구과학적 현상, 사건, 사물 등에 대한 구체적인 예시나 경험을 제공할 수 있다. 그러므로 야외 학습의 가장 큰 역할은 지구과학과 관련된 구체적인 현상과 물질에 대한 직접적인 경험을 제공하고 이를 통해 학습의 효과를 극대화할 수 있다. 이처럼 학생들에게 야외 학습의 기회를 제공하는 것은 지구과학적 현상을 능동적으로 이해하고 개념화하는 데 효과적이다(곽영순, 2001).

선행 연구에 의하면 야외 학습은 직접적인 경험과 자연 현상의 정확하고 다양한 관찰을 유도하므로 학습 동기 유발에 효과적이고 특히 지권 분야의 학습에 있어서 인지적인 자극을 줄 수 있다. 정의적인 측면에서도 학습에 대한 관심과 즐거움을 증가시킬 뿐만 아니라 과학적인 태도 함양에도 기여한다(Elkins, 2007; Kelly와 Riggs, 2006). 야외 학습의 교육적 의의는 현장에서 학습함으로써 지구과학에 대한 이해를 하고, 현장 중심의 탐구 활동 능력을 배양하며 과학과 기술 또는 과학자에 대한 이해를 향상시킬 수 있다(이문원, 1985).

6.2 야외 학습의 모델

야외 학습의 모델은 전문가들에 의해 다양하게 제시되어 왔지만, 여기서는 이스라엘 학자인 Orion(오리온)에 의해 제안된 내용을 다룬다. Orion(1993)은 과학 교육과정의 필수 요소로서 야외 학습을 강조하였고 교육과정과 야외 학습을 통합적으로 실시하고 야외 학습의 환경을 어떻게 조성하고 준비하는 것에 따라 교육 효과의 차이가 있다고 제시하였다. 야외에서 학생들의 학습 능력에 영향을 주는 요소는 크게 인지적 요소(Cognitive factors), 심리적 요소(Psychological factors), 지리적 요소(Geographical factors)로 3가지를 제시하였다. 이들 요소의 내용을 구체적으로 살펴보면, 인지적 요소는 야외 학습과 관련된 과학적 지식(개념)이나 기술(기능)과 관련되어 있다. 심리적 요소는 사전 야외 학습 경험과 관련된 요소로 야외 학습에 대한 불안감, 두려움, 어려움 등이 해당된다. 지리적 요소는 야외 조사 지역에 대한 익숙한 정도와 관련되어 있다. 이들 세 가지 요소(인지적, 심리적, 지리적 요소)를 꼭지점으로 하는 삼각형의 면적에 해당되는 공간(부분)을 '생소한 경험 공간(Novelty space)'이라고 정의하였다(Orion, 1993).

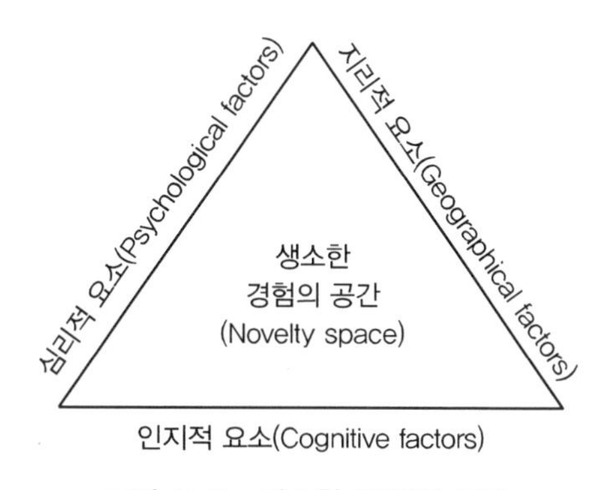

그림 5.11 생소한 경험의 공간

야외 학습을 성공적으로 수행하고 그 효과를 높이기 위해 철저한 사전 준비 과정을 통하여 세 요소로 구성된 새로운 경험의 공간을 줄이는 것이 중요하다. Orion은 이 공간이 크면 클수록 야외 학습 과제의 수행 능력이 어려워진다고 가정하고 이를 이 공간의 특징이라 제시하였다. 야외 학습이 이루어지기 전에 이 공간을 최대한 줄이면 더욱 효율적이고 생산적인 야외 학습이 가능하다고 제안하였다(Orion, 1993; Orion와 Hofstein, 1994).

예를 들어 인지적 요소의 새로운 경험의 공간을 줄이기 위한 준비는 야외 학습에서 수행해야 할 과제에 익숙하게 하고 야외 학습에서 학습할 지식(개념)과 기능에 대해 사전에 다루는 것이 중요하다. 야외 학습 장소에서 관찰할 암석과 지질 구조에 대해 사전에 학습하고 지질도의 사용법, 주향과 경사의 측정 방법 등을 실습하고 적용할 수 있는 능력을 사전에 함양하는 것이다. 다음으로 심리적 요소는 야외 학습 과정에서 참여할 활동의 형태에 익숙하게 하여 불안감이나 두려움을 제거하는 것이다. 지리적 요소는 사전 답사 자료를 보여주거나 동영상 등 다양한 멀티미디어 자료를 통해 야외 학습 코스에 익숙하게 하는 것이다. 최근에서는 VR, 플래시 파노라마 등 가상 야외 답사를 활용하는 경우도 있다.

6.3 야외 학습의 구상 및 계획

Orion(1993)은 야외 학습과 교육과정을 통합하기 위한 3단계 모델을 제시하였다. 3단계는 (1) (사전) 준비 단계, (2) (활동) 야외 답사 단계, (3) (사후) 요약[정리] 단계로 구분할 수 있다. 이들 단계는 순환 학습에서 제시한 것처럼 나선형으로 연계되어 진행된다. 또한 준비 단계의 교실과 실험실에서 구체적인 내용이 다루어지고 2, 3 단계에서 더 추상적인 내용이 다루어진다.

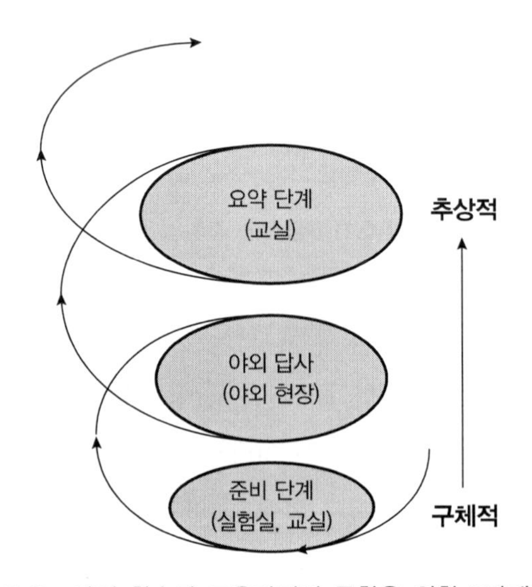

그림 5.12 야외 학습과 교육과정의 통합을 위한 3단계 모델

1) 준비 단계

야외 학습을 준비하기 위해 교실이나 실험실에서 구체적인 학습 활동을 하는 단계이다. 이 단계에서는 생소한 경험 공간(Novelty space)을 최소화하는 것이 목적이다. 3가지 요소와 관련하여 가능한 교수-학습 활동의 예시는 다음과 같다. 인지적 요소와 관련하여 야외 노두에서 조사할 암석 시료를 가지고 수업하거나, 탐구 활동(실험)을 통해 야외에서 볼 수 있는 현상이나 과정을 미리 모의 학습(시뮬레이션)하는 수업(실험)이 해당된다. 또한 암석, 광물, 토양, 화석 등에 대한 탐구 활동이나 현미경으로 박편 관찰, 주향과 경사 측정 방법 등 실험이나 실습 활동이 이에 해당된다. 이러한 사전 활동을 통해 인지적 요소의 생소한 경험의 공간을 줄일 수 있다. 교사는 야외 학습 장소에서 관찰할 수 있는 암석, 광물, 지질 구조 등에 대한 선개념, 이해 정도 등도 파악하여 사전 준비 활동에 반영시킬 수 있다. 다음으로 야외 조사 과정을 동영상이나 ppt를 활용해서 보여주거나 야외 답사 지역의 지도 보기, 야외 활동에 대한 상세한 정보의 제공을 통해 지리적, 심리적 요소와 관련된 새로운 경험의 공간을 줄일 수 있다.

이 단계에서는 학생들의 야외 활동을 위한 안내 자료 제작 및 사전 적용까지 포함한다. 이들 자료를 개발하기 위해서는 야외 답사 장소의 특징, 관련 개념, 야외 답사 코스, 이동 경로, 활동 내용 등을 고려한다. 이들 안내 자료에는 구체적으로 답사에 대한 개요, 지시 사항(instruction), 유의 사항, 과제(활동지) 등이 포함되고 특히 학생들이 야외 답사 장소별로 관찰이나 탐구한 내용을 기록할 수 있는 활동지, 과제 등이 체계적으로 개발되어야 한다. 예를 들어 야외 답사 장소에서 관찰할 수 있는 내용에 따라 구체적 또는 추상적인 과제를 구분하여 제시할 수 있다. 구체적인 과제는 학생들이 직접 관찰이나 탐구 활동을 통해 정보를 수집하도록 한다. 예를 들어, 어떤 노두에서 관찰되는 암석이나 광물을 알아내기 위해 노두, 암석 등을 관찰하고 스케치하는 과제가 해당된다. 추상적인 과제나 문제는 관찰한 내용을 바탕으로 어느 지층이 더 오래되었는지, 경사진 퇴적층을 보고 어떤 결론을 내릴 수 있는지에 대해 판단하거나 해석하는 것이다. 교사는 성공적인 야외 학습을 위해 준비 단계에서 댜양한 활동을 수행할 수 있다.

2) 야외 답사 단계

야외 답사 단계는 3단계 중 가장 중요하다. 교실과 실험실을 벗어나 야외에서는 교사 중심의 내용 강의나 수동적 학습은 지양을 해야 한다. 학생 중심의 능동적 학습이 일어나도록 과정 중심의 접근에 초점을 둔다. 이 단계에서는 학생들이 직접 야외에서 노두와 구체적으로 상호작용하면서 과정 중심으로 접근하는 활동(학습)이 가장 핵심적이다. 학생 중심의 활동에는 노두 관찰하기, 지층의 두께를 측정하기, 샘플 채취하기 등이 포함되며, 암석의 종류를 구별하거나 비교 또는 측정과 같은 활동을 근거로 하여 노두의 특징을 해석하는 활동을 수행할 수 있다. 야외 활동의 계획에 따라 이동하고 시간을 준수하여 활동을 수행하는 것이 중요하고 안전사고에 유의하면서 진행하는 것이 필요하다.

3) 요약(정리) 단계

이 단계에서는 야외 답사를 다녀온 후 다양한 방법을 통해 야외 학습 내용을 정리하고 추가적인 탐구 문제를 도출하거나 적용할 수 있다. 모둠별 발표나 토의를 바탕으로 야외 활동에서 학습한 지식에 대한 평가를 할 수 있다. 또한 야외에서 채취한 시료의 분석 내용을 토대로 새로운 탐구 문제를 도출하거나 야외에서 수집한 정보를 적용하거나 응용하는 활동까지 포함한다. 예를 들어 3단계를 통해 얻은 자료들을 이용하여 결론을 내는 활동을 수행할 수 있다. 이렇게 도출된 결론은 새로운 탐구 질문을 이끌어낼 수 있다. 학생들은 새로운 질문을 답하기 위해 이전 단계에서 얻은 지식을 바탕으로 새로운 탐구를 수행할 수 있다. 새로운 탐구를 바탕으로 나온 결론은 야외에서 어떤 개념을 학습(추가적인 활동)해야 할 것인가를 선정하고 다음 야외 학습에 반영시킬 수 있다.

6.4 야외 학습 프로그램 개발의 실제

Orion(1993)은 야외 학습 프로그램 개발을 위해 6단계 모델을 제시하였다. 이 모델은 과학 교육과정에서 핵심적인 개념을 야외 학습과 어떻게 효과적으로 연계하는 데 초점을 두고 있다(그림 5.13).

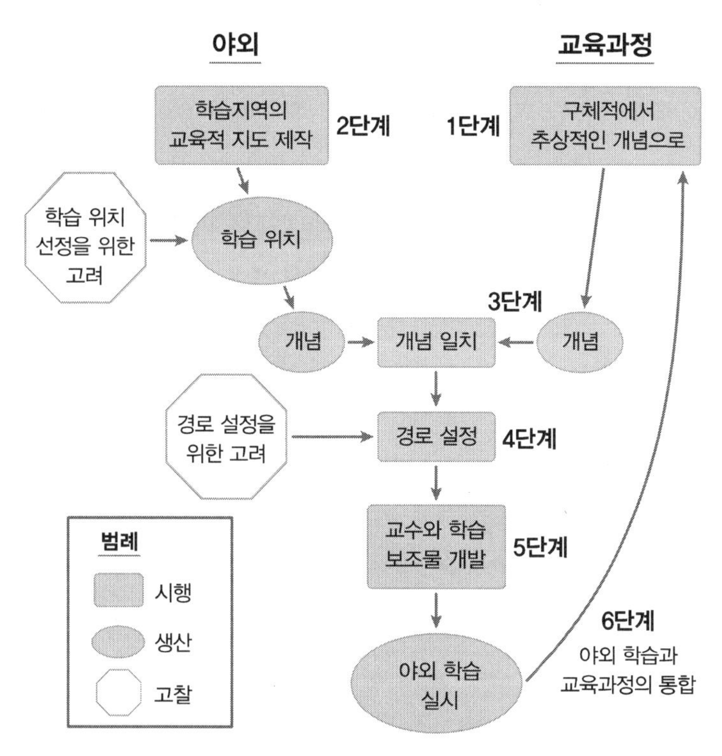

그림 5.13 야외 학습 프로그램의 개발 모델

1) 1단계: 과학 개념의 계층적 조직화

이 단계는 과학(지구과학) 교육과정에서 제시된 개념(예: 지권 관련)을 분류하고 계층적(구체적 또는 추상적)으로 조직하고 적절한 학습 환경(교실, 실험실, 야외)과 교수 시기(야외 학습 전, 중, 후)에 적합하게 할당한다. 이 단계에서는 선정된 개념을 효과적으로 야외에서 학습할 수 있는 지역을 선정하는 것도 포함된다.

2) 2단계: 야외 학습 지역의 계획

이 단계는 야외 활동의 위치(관찰 지점)를 선정하고, 각 지점의 교육적 의미에 대한 설명과 위치도(지도)를 제시한다. 야외 학습 지점의 선택 요소는 관찰 지점이 어떤 현상이나 내용을 학습하는 데 충분히 선명해야 하고 관찰 지점의 접근이 용이해야 한다. 적당한 수의 학생이 활동할 수 있을 정도의 넓은 공간이 필요하고 안전(도로 주변, 사면의 경사 등)이나 날씨에 영향을 받을 수 있는 지점인가를 고려한다.

3) 3단계: 교육과정 상의 개념과 야외에서의 개념 연결

3단계는 1단계에서 도출된 교육과정의 개념과 야외 학습에서 탐구할 개념을 서로 연결하여 교육과정과 야외 학습 프로그램이 서로 연계될 수 있도록 한다. 1, 2, 3단계는 서로 연계되어 진행하는 것이 중요하다. 교육과정에서 다루는 개념과 야외 학습에서 학습할 수 있는 개념을 명확하게 도출하여 야외 학습 프로그램의 개발과 사전 준비 단계에 활용한다.

4) 4단계: 야외 학습 코스 계획

이 단계에서는 교수-학습 측면과 실제 운영적인 측면을 모두 고려하여 적합한 코스를 결정한다. 코스 결정을 위한 요소들은 예시는 다음과 같다. 이동을 고려하여 관찰 지점 사이의 거리 결정, 야외 학습 지점의 수, 학습 주제나 개념과의 관련성, 흥미를 유발할 수 있는 장소, 날씨 상태가 고려된 코스 등이다. 또한 각 지점 별 학습 시간, 준비물, 활동 내용, 이동 경로 등까지 고려하여 코스를 계획한다.

5) 5단계: 교수-학습 자료 개발

이 단계는 야외 학습을 위한 교수 자료와 학생용 학습 자료를 개발하는 단계이다. 학생용 학습 자료는 지점별로 학생들의 활동을 안내해주는 책자나 활동지 등이 해당된다. 사전 답사를 통해 준비한 사진, 그림 등을 사용할 수 있고 보조적인 읽기 자료나 정보를 포함할 수 있다. 교사용 자료는 야외 학습의 준비, 야외 학습, 요약 단계에서 활용할 수 있는 안내 자료, 활동 가이드, 사진 및 관련 정보, 지점별 유의 사항 등이 포함된다.

6) 6단계: 야외 학습과 교육과정의 통합

이 단계는 야외 학습을 통해 학습한 개념과 야외에서 수집한 정보를 토대로 1단계에서 계층화한 개념들을 통합적으로 다룬다. 이 단계에서는 1단계에서 교수 시기가 야외 학습 후로 분류된 추상적인 개념을 중심으로 다룰 수 있고 학생들이 학습하거나 경험한 구체적인 개념과 연계하거나 적용할 수 있다.

6.5 야외 학습 프로그램의 예시

1) '지구의 역사' 단원에 대한 현장 학습 계획

다음의 적용 예시는 지구과학I 교과의 '지구의 역사' 단원에 대한 현장 학습 계획의 일부 내용을 재구성한 것이다[출처: 2021학년도 임용시험(지구과학)].

이 현장 학습 계획은 Orion(1993)이 제시한 3단계 모델인 사전 준비 단계, 야외 활동 단계, 사후 요약 및 정리 단계를 적용하였다. 구체적으로 현장 학습 전, 현장 학습 수행, 현장 학습 후로 구분하여 제시한 학습 계획이다. 현장 학습 전 단계에서는 Orion이 제시한 생소한 경험 공간(Novelty space)의 공간을 줄이기 위해, 인지적 요소(Cognitive factors)에 해당되는 지질 구조(예: 관입과 포획, 부정합, 습곡과 단층, 절리)에 대한 사전 학습을 실시하였다.

교사는 탐구 보고서 양식을 개발하고 야외 지질 노트를 준비하여 제공하였다. [현장 학습전]에 교사는 현장 학습 유의 사항(예: 지점별 안내 및 유의 사항, 답사 코스 등)을 안내하여 지리적 요소(Geographical factors)에 해당되는 내용을 관련된 내용을 다루었다. 이로 인해 현장 학습 전에, 인지적과 지리적 요소에 대한 사전 학습을 통해 현장 학습에서 예상되는 심리적 요소인 불안감, 어려움 등을 극복할 수 있다.

교사는 야외 학습장에서 학생들이 관찰해야 할 지점의 위치와 학습 내용(예: 지질 구조)을 확인하고 안내하였다. 또한 야외 탐구 활동 과정에서 학생이 궁금한 사항에 대해 답변을 해주고 피드백을 제공하였다. 현장 학습 후에는 학생은 모둠별로 탐구 활동 결과를 발표하고 교사에게 탐구 보고서를 제출하였고, 탐구 활동 내용을 정리하여 설명하였다. 이 문항에서는 구체적으로 제시되어 있지 않지만 현장 학습을 다녀온 후 모둠별 발표나 토의를 바탕으로 야외 활동에서 학습한 지식에 대한 평가를 수행할 수 있고, 현장 학습에서 수집한 정보를 바탕으로 결론을 도출하고 새로운 상황이나 환경에 적용하는 활동을 수행할 수 있다.

[현장 학습 전]

- 교사는 지질 구조를 학습하기 위한 야외 학습장을 문헌 조사를 통해 선정한다.
- 교사는 다양한 지질 구조에 대한 학습을 위해 주제(관입과 포획, 부정합, 습곡과 단층, 절리)를 선정하고, 이에 대한 사전 학습을 진행한다.
- 교사는 현장 학습 시 유의사항과 사전 준비 사항(예: 옷, 신발 등)을 안내한다.
- 학생들에게 탐구 보고서 양식과 야외 지질 노트를 제공한다.

[현장 학습 수행]

- 학생들은 야외 학습장에서 관찰해야 할 지질 구조의 위치를 확인하고, 모둠별로 야외 학습장 내에서 지질 구조를 탐구한다.
- 탐구 활동 과정에서 학생이 궁금한 사항을 질문하면 교사는 순회하면서 질문에 대해 답변을 해 준다.

[현장 학습 후]

- 학생은 모둠별로 탐구 활동 결과를 발표하고 교사에게 탐구 보고서를 제출한다.
- 교사는 탐구 활동 내용을 정리하여 설명한다.

2) '지구의 역사' 단원에 대한 현장 학습 계획

다음의 적용 예시는 어느 교사가 수행한 야외 학습의 내용을 재구성한 것이다[출처: 2019학년도 임용시험(지구과학)]. 오리온(N. Orion)의 야외 학습 이론 관점에서 야외 학습[준비 단계]에서는 학생들의 선개념 조사를 할 수 있고 사전 답사를 통해 샘플, 사진, 동영상 등 자료 수집을 할 수 있다. 이를 활용하여 준비 단계에서 야외 학습과 관련된 개념과 기능에 대한 사전 학습과 탐구 활동을 수행할 수 있다. 이러한 활동을 통해 생소한 경험 공간(Novelty space) 중 인지적 요소, 심리적 요소에 대해 공간 크기를 줄일 수 있다.

또한 야외에서 관찰할 노두를 사전 답사하고, 야외 학습 지역과 지점별 관련된 내용을 사전에 정리하여 준비 단계에서 다루었다. 학생들은 야외 답사 지역, 답사 이동 경로, 지점별 활동 내용 등에 대해 익숙해져서 생소한 경험 공간(Novelty space) 중 지리적 요소에 대해 공간 크기를 줄일 수 있다.

[준비 단계]

- 야외 학습과 관련된 지구과학Ⅰ 교과서의 내용 요소를 확인하였다.
- 야외 학습 내용과 관련된 학생들의 선개념을 조사하였다.
  - 주요 결과 : ㉠ 염산과 반응하는 모든 암석을 석회암으로 생각하고 있음.
    ㉡ 관입한 암석보다 포획암이 나중에 형성된 것으로 생각하고 있음.
- 야외에서 관찰할 노두를 사전 답사하고, 야외 학습 지역과 관련된 자료를 분석하여 지점별로 주요 내용을 정리하였다.

관찰 지점	교과서의 내용 요소	야외에서 관찰할 주요 내용
[지점 1]	퇴적암의 구분과 종류	적색 셰일, 사암, 역암, 석회질 물질이 포함된 이암, 석회암
[지점 2]	지사학 법칙, 지층의 생성 순서	퇴적암의 층리, 퇴적암을 관입한 안산암, 안산암에 나타나는 포획암(퇴적암)

- 사전 답사에서 ㉢ 적색 셰일, 사암, 석회질 물질이 포함된 이암, 역암, 석회암 샘플을 채취하고 암석과 노두를 촬영하였다.
- 야외 학습 내용과 관련된 과학 개념에 대해 사전 답사 자료를 활용하여 수업을 진행하였다.
- 채취한 샘플을 이용하여 탐구 활동을 수행하였다.
- 사전 답사 내용을 바탕으로 야외 학습 활동지와 안내서를 개발하였다.

7 융합 수업 전략

7.1 융합수업의 정의와 배경

1) STEM 융합 수업

급변하는 4차 산업혁명 시대의 첨단 과학 기술에 의해 사회적 환경과 산업구조가 재편됨에 따라, 창의 융합적 문제해결 역량이 미래 사회에 요구되는 주요 핵심 역량으로 주목받고 있다. 이에 따라 전 세계적으로 교과목의 경계를 넘어선 STEM(Science, Technology, Engineering, Mathematics) 융합 교육의 필요성이 요구되고 있다. STEM 융합 교육(Integrated STEM Education 이하 STEM 교육)은 21세기 STEM 분야에 대한 학생들의 진로 교육과 STEM 관련 교과에 대한 소양을 향상시키기 위한 교육적 방안을 총체적으로 의미한다(Korea Institute of S&T Evaluation and Planning[KISTEP], 2014). STEM 교육은 과학, 기술, 공학, 수학 지식을 적용하여 실생활 문제를 해결하고 이를 통해 학습자의 STEM 교과에 대한 이해와 흥미를 향상 시키고 궁극적으로 STEM 분야에 대한 진로 교육과 STEM 관련 소양을 향상시키는 것이 목적이다.

특히 미국을 중심으로 학생들이 STEM 분야에 흥미를 갖도록 과학교육과정에 공학을 융합하고자 적극적인 노력이 있었다(National Research Council[NRC], 2012; Next Generation Science Standards[NGSS]; NGSS Lead States, 2013). 많은 전문가들은 과학교육에서 STEM 교육의 초점이 과학적 문제해결에서 공학적 문제해결 방법인 공학 설계를 적용하여 실생활 문제 해결력을 증진시키는 것이라고 생각한다(Cunningham, 2017; Roehrig, 2017). 이러한 배경에는 지난 10여 년간 미국공학학회(National Academy of Engineering[NAE])의 지원 하에 유치원에서부터 고등학교 교육과정에 과학, 수학 및 여러 교과목에 공학적 내용을 접목한 교육과정의 개발과 국가의 STEM 교육 정책이 큰 역할을 하였다(NSF, 2010). 미국에서 제시한 초·중·고 학생들을 위한 공학교육과정(NRC, 2009)에 따르면 공학 설계 중심의 수업은 협력적 활동 상황에서 문제에 대한 다양한 해결방법이 존재하기 때문에 STEM 분야의 지식과 개념을 쉽게 습득할 수 있으며 문제 해결과정에서 창의적, 비판적 사고를 자극시킨다.

미국 차세대 과학교육과정(Next Generation Science Standards; NGSS)에서는 공학 설계를 주요 과학 교수법으로 제안하였으며, '공학, 기술, 그리고 응용과학(Engineering, technology and applications of science)'을 기존의 지구 우주 과학, 물리과학(물리와 화학), 생명과학과 함께 과학 교과목 중 하나로 제안할 만큼 과학 교육에서 공학과 기술과학의 응용에 대한 비중을 높였다(NGSS Lead States, 2013). 다음은 공학, 기술, 그리고 과학의 응용에 대한 정의이다(한국과학창의재단, 2013)

- 기술은 인간의 필요와 욕구를 만족하기 위해 자연을 바꾸는 모든 것이다.
- 공학은 인간의 필요와 요구를 만족하기 위해 물체, 작용, 체계를 설계하는 체계적이고 반복적인 접근이다.
- 과학의 응용은 과학 지식을 다른 과학을 위해 사용하거나, 산출물이나 작동과정의 설계, 의학적인 치료, 새로운 기술의 개발, 인간 행동의 충격 예측과 같은 특정한 목적을 위해 사용하는 것을 말한다.

미국의 차세대 교육과정은 과학과 공학이 지속적으로 서로 영향을 주고 받는 것을 고려하여 유·초·중등(K-12) 교육에 공학을 하나의 독립된 교과목으로 비중을 두려는 것이라기 보다는 과학 교과를 통해 실생활 문제를 공학적 방법으로 해결하는 능력을 기르는데 목적이 있다(Moore et al,, 2015). 이를 위해 과학적 문제해결 방법을 과학적 탐구의 5가지 핵심요소로 다루던 과거의 교육과정 내용을 과감히 바꾸어 과학적 탐구와 공학적 문제해결을 함께 고려하는 "과학과 공학적 실천"으로 8가지 요소를 제시하였다. 표 5.21은 NGSS에 제시된 8가지 과학과 공학적 실천의 핵심적인 내용과 과학과 공학에서 그 역할을 구분하여 나타내고 있다.

표 5.21에서 특히 1번과 6번 요소는 과학과 공학에 따라 구분되어 제시되어 있다. 1번의 경우 문제 인식과 정의에서 과학과 공학의 차이를 보여준다. 과학에서는 자연현상에 대한 의문을 질문으로 제시하고, 공학은 인간의 요구에 의해 이것을 해결하기 위한 문제를 규정한다. 6번의 경우 1번에서 제시된 문제해결의 목적이 과학과 공학에 따라 다른 것을 보여준다. 과학은 1번에서 제시된 질문에 대해 과학적 증거에 근거해서 설명을 구성하는 것이며, 공학은 1번에서 규정된 문제를 해결할 산출물을 만들어 내는 것을 보여준다.

표 5.21 NGSS '과학과 공학적 실천'의 핵심요소와 과학 및 공학적 측면에서 의미 (권문호와 박종석, 2020)

과학·공학 실천	핵심요소	과학	공학
1. 질문하고(과학), 문제 규정하기(공학)	현상(과학), 인간의요구(공학)	질문하기	문제 규정하기
2. 모형 개발하고 사용하기	모형	현상 설명	시스템 분석
3. 조사 계획하고 수행하기	조사	질문에 답하기	설계 테스트하기
4. 자료 분석하고 해석하기	자료 분석	의미 도출	해결 방안 테스트하기
5. 수학 및 컴퓨터적 사고 이용하기	수학	변수 나타내기	설계 개선
6. 설명 구성하고(과학), 문제 해결 고안하기(공학)	이론	설명 구성하기	문제 해결 고안하기
7. 증거에 입각하여 논의하기	이유와 논의	최선의 설명	최선의 해결 방법
8. 정보 얻고, 평가하고, 소통하기	소통	설명 나누기	해결 방법 나누기

미국의 차세대 교육과정은 우리나라 과학교육과정에도 영향을 주어 NGSS에서 제시된 과학과 공학적 실천(Science and Engineering Practice) 8가지 요소 중 3가지 요소; '수학 및 컴퓨터적 사고 이용하기', '모형의 개발과 이용', '증거에 입각한 논의하기'가 2015 개정교육과정의 과학 내용체계 중 '기능' 부분에 포함되었다(교육부. 2015). 연구자에 따라 용어의 번역에 차이가 있으나 여러 연구에서 전산적사고와 컴퓨터적 사고는 동일한 의미로 사용된다.

궁극적으로 미국에서 공학을 과학교육에 융합하려는 시도는 초등학교 과학교육에서부터 공학 교육을 쉽게 적용하여 학생들을 보다 더 많이 공학 분야에 입문시키고 STEM 분야에 우수한 인력을 양성하려는 것이다. STEM 분야에 대한 미국의 국가적 차원의 노력과 지원에 따라 많은 공학 융합 프로그램이 개발되었는데, 대표적인 예로 보스턴과학관에서 개발한 초등학교 공학 융합 프로그램으로 'Engineering is Elementary[EiE]', 중학교용 프로그램으로 'Engineering Everywhere', 고등학교 학생들을 위한 'Engineering the Future [ETF]' 등이 있다. 지금까지 개발된 다양한 프로그램의 적용을 통해 학교현장에서 과학·공학 융합교육이 가지는 여러 가지 긍정적인 효과가 검증되었다. 과학과 공학이 융합된 교육은 과학과 공학적 지식과 기술의 습득에 도움을 주며(Apedoe et al., 2008), 과학적 소양과 문제해결능력을 향상시킨다(Brophy et al., 2008). 뿐만 아니라 학생들의 과학, 공학 관련 직업에 대한에 대한 흥미와 긍정적 태도를 길러주고(Cunningham와 Lachapelle, 2010), 자존감과 직업적 포부에 긍정적 영향을 줄 수 있다(Burgin et al., 2014).

2) 우리나라 STEAM 융합수업

STEM 교육은 우리나라를 포함한 OECD 여러 국가에 영향을 미치고 있다. 우리나라에서도 '창의적이고, 융합적 소양과 문제 해결력을 갖춘 과학기술 인재를 양성'이 미래 과학교육의 중요한 목표로 대두되면서 STEAM(Science, Technology, Engineering, Arts, and Mathematics; 이하 STEAM)을 이용한 과학교육을 강조하고 있다(교육과학기술부·한국과학창의재단, 2012). 2018년 4월 25일 부터 과학·수학·정보 교육진흥법의 시행을 통해 '과학·수학·정보의 교과별 교육과 더불어 두 교과 이상의 융합을 통하여 창의적 인재를 양성할 수 있는 교육환경이 조성되도록(제4조 제4항)' 노력하고 있다.

우리나라는 미국이 추구하는 STEM 교육에 예술과 인문사회 분야를 아우르는 개념을 포함시킨 융합인재교육(STEAM)을 계획하여 2011년부터 한국과학창의재단(KOFAC)을 중심으로 STEAM 연구·선도학교 운영, STEAM 프로그램 개발, STEAM 교사연구회와 같은 다양한 STEAM 교육 사업 등 활발하게 운영하고 있다. 한국과학창의재단에서 제시한

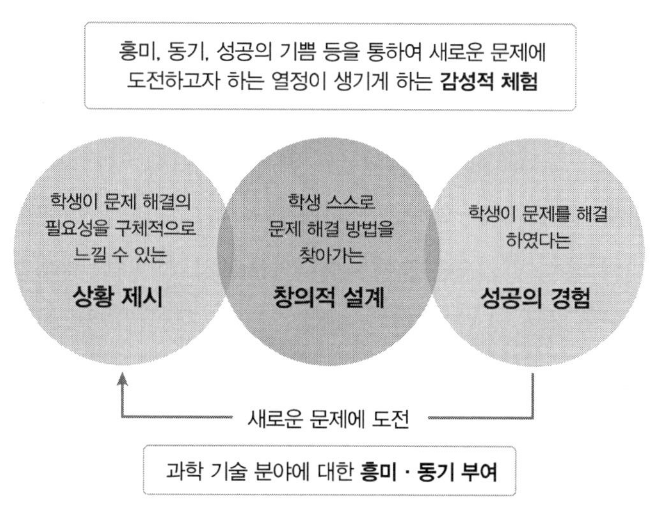

그림 5.13 STEAM 학습 준거틀(출처: 한국과학창의재단 https://steam.kofac.re.kr/?page_id=34)

STEAM 학습준거틀(그림 5.13)은 학습자가 문제해결의 필요성을 느낄 수 있는 실제 상황에서 문제 제시, 학습자가 스스로 문제해결 방법을 찾아가는 창의적 설계, 이를 통해 문제해결의 성공적 경험을 가질 수 있도록 지도하는 것을 주요 요소로 제시한다.

한국과학창의재단에서 제시한 STEAM 학습 준거틀의 각 요소에 대한 간략한 설명은 다음과 같다.

첫째, 수업 전체를 포괄하는 상황을 제시해 학습자가 자기 문제로 인식하게 한다.

둘째, 창의적 설계로 문제해결력을 기른다. 창의적 설계는 학생 스스로가 창의적으로 생각해낸 아이디어를 수업과 활동에 반영하는 것이 핵심으로, 공학에 가깝고 주어진 문제의 제약조건을 고려하여 해결 방안을 설계하는 과정이다.

셋째, 창의적 설계를 통한 문제를 해결하는 성공적 경험을 감성적 체험이라고 제시하며, 이를 통해 새로운 도전의식을 가지한다. 수업 도입부의 동기유발 장치 그리고 문제 해결 이후에 주어지는 보상 체계도 감성적 체험의 일종으로 볼 수 있다. 감성적 체험 요소만 제대로 작동한다면 하나의 문제를 해결한 이후에 다른 문제 다시 도전하는 선순환 구도가 완성 된다.

7.2 과학 공학 융합수업

1) 과학적 탐구와 공학 설계

과학수업에서 공학을 융합 위해서는 먼저 과학과 공학의 학문적 차이를 이해할 필요가 있다. 과학은 자연 현상을 발견하고 이해하는 학문 분야지만, 공학은 과학을 통해 발견하고 이해하게 된 자연 원리를 인간을 위해 응용하는 학문 분야이다. 다시 말해 과학과 공학은 해결해야 할 문제의 본성이 자연현상에 대한 의문인지, 필요를 채우기 위한 산출물의 제작인지에 따라 달라진다. 공학은 인간 사회의 필요에 의해 시작되어 이를 해결하기 위한 구체적인 산출물을 제작하고 최적화하는 과정이다. 과학은 오랜 역사를 통해 고유한 문제해결 방법이 과학적 탐구(Scientific Inquiry)로 정립되어 왔다. 비교적 최근에 정립된 공학의 경우 공학 설계(Engineering Design)가 공학적 문제해결의 방법으로 대표된다. 과학적 탐구가 자연 현상에 대한 질문을 풀기 위해 가설을 설정하고 이를 검증하기 위한 과정이라면 공학 설계는 인간 사회(넓은 의미의 소비자)의 필요에 의해 시작되며 이를 해결하기 위한 구체적인 산출물을 제작하고 최적화하는 과정이다.

공학적 문제 해결과정은 소비자의 요구 중 어떤 문제를 해결할 수 있는지 파악하고, 이미 만들어진 여러 가지 관련 자료를 비교·분석하여 주어진 자원 안에서 문제를 해결하는 과정으로, 그 핵심은 공학 설계(Engineering Design)라고 할 수 있다. 학자들에 따라 공학 설계 과정을 다양한 용어('engineering design cycle', 'engineering design process', 'design research model' 등)로 표현하기도 한다. 표 5.22는 여러 연구에서 제시된 공학 설계 과정을 4가지 단계로 정리하여 표현한 것이다.

표 5.22 공학 설계 과정(남윤경 외, 2020)

공학 설계 과정	공학 설계 과정에 대한 설명
문제의 정의 및 제한 조건의 확인	• 제시된 상황에서 공학적 문제를 인식하고 구체적으로 문제를 정의한다. • 기준과 제한조건이 무엇인지를 파악한다.
정보 수집과 재료 탐색	• 해결책을 설계하기 위해 관련 있는 과학적 정보를 수집하거나 필요한 과학 개념을 학습한다. • 재료의 특성을 탐색하고 과학적 정보를 근거하여 문제 해결에 필요한 재료를 선택하고 이유를 설명한다.
해결책 설계	• 해결 가능성을 탐색한다. • 최상의 문제 해결책을 제안한다. • 시제품을 설계한다.
최적화	• 공학 설계과정에서 제시된 시제품의 평가 및 반복적 재설계 과정을 거친다. • 최종 산출물을 만들어낸다.

각 연구에서 제시한 공학 설계 과정 간에는 약간의 차이가 있다. 예를 들어 미국차세대교육과정에서 제시한 공학 설계 과정에는 두 번째 단계인 "정보 수집과 재료탐색"이 명시적으로 드러나지 않았다. 정보를 수집하고 재료를 탐색하는 것은 해결책을 효율적으로 설계하기 위해 반드시 선행되어야 하는 단계이며, 특히 공학적 설계에 활용될 과학지식을 습득하는 과정으로 정보 수집 단계를 이해할 수 있다. 표 5.22에 제시된 4가지 공학 설계과정을 설명하면 다음과 같다.

첫 번째 단계는 공학문제를 정의하는 단계로 '공학 문제의 정의 및 제한된 조건 확인',

'문제상황조사', '요구조사', 또는 '(문제)분석' 등으로 표현된다. 이 단계에서는 먼저 해결해야 할 문제에 대해 정확하게 인식하는 것이 중요하다. 이를 위해 문제를 해결하기 위한 성공 기준의 범위와 한계 또는 제약을 가능한 한 명확하게 해야 한다. 따라서 문제의 정의는 문제에 대한 해결책, 즉 최종 산출물의 성공 여부를 판단할 수 있는 평가의 명확한 기준을 설정한다는 의미를 포함한다.

두 번째 단계는 문제에 대한 배경 지식 및 해결책과 관련된 선행 연구단계이다. Hjalmarson과 Lesh(2008)은 이 단계를 '개념탐색'이라고 표현하고 있으며, Moore 외(2014)의 경우 문제 정의 및 배경지식 조사를 한 단계로 묶어서 표현하기도 한다. 공학적 문제해결에서 배경지식과 선행연구의 단계는 제시된 문제와 비슷한 상황에서 이미 만들어진 해결책을 탐색해봄으로써 더 나은 산출물을 만들도록 해주기 때문에 문제해결에 필요한 자원을 효율적으로 사용할 수 있는 아이디어를 얻을 수 있으며, 문제를 해결하기 위한 여러 가지 가능한 해결책에 대한 합리적인 선택을 하기 위해 꼭 필요한 단계이다.

세 번째 단계는 해결책을 설계하는 단계로 공학 설계의 가장 핵심적인 단계이다. 이 단계는 문제 해결자가 창의적으로 해결책을 설계하고 제작하는 단계로 '공학 문제 해결을 위한 해결책 디자인', '공학 설계의 계획 및 실행' 등으로 표현된다. 이 단계에서는 공학 문제를 해결하기 위해 실현 가능한 다양한 방법들에 대해 문제 정의 단계에서 설정한 기준에 근거하여 가장 적합한 해결책을 선택하고 구체적인 해결과정을 통해 시제품을 제작하는 단계이다.

네 번째 단계는 해결책 설계 단계에서 만들어진 시제품을 문제 정의 단계에서 만들어진 성공의 평가 기준에 따라 평가하고 개선하는 단계이다. 이 단계는 '해결책 최적화하기', '공학 설계의 시험 및 평가', '테스트와 피드백' 등으로 표현되며, 산출물에 대한 여러 번의 평가와 개선 과정을 거쳐 최종 산출물을 만들어내는 것이 목적이다.

공학 설계는 표 5.22와 같은 일련의 과정으로 간단히 표현할 수 있지만 해결해야 할 문제의 특성에 따라 4가지 과정을 모두 수행해야 하는 경우도 있고 그렇지 않은 경우도 있다. 따라서 교실에서 공학 설계를 적용한 수업을 하는 경우 문제의 특성을 고려하여 공학 설계의 과정을 적절히 적용할 필요가 있다.

2) 교수법으로 공학 설계의 적용

과학에서 공학 융합교육의 핵심은 과학과 공학을 단순히 함께 가르치는 것이 아니라 현실적이며 실생활에 기반한 문제에 대한 해결력을 기르기 위해 공학을 의미 있게 과학과 융합하는 것이다(Moore 외, 2015). 이를 위해 '공학 설계'는 공학적 문제해결의 핵심요소일 뿐 아니라 과학·공학 융합수업을 위한 교수법으로 이해할 수 있다(NGSS Lead States, 2013). 과학 수업에서 '공학 설계'를 교수법으로 의미 있게 적용할 경우 이를 통해 과학 지식의 습득 및 적용뿐 아니라 과학적 탐구력과 공학적 문제해결력을 기를 수 있다(강주원와 남윤경, 2016).

미국 차세대 과학교육과정은 과학 수업에서 공학 설계를 적용할 때 각 학년군에서 중점을 두어야할 부분을 핵심 질문으로 제시하고 있다. 유치원(K)부터 고등학교까지 4개의 학년군(K-2, 3-5, 중학교, 고등학교)에 대한 핵심 질문은 다음과 같다.

〈공학 설계에 대한 학년군별 핵심 질문〉

K-2: 어떤 다양한 방법을 통해 문제를 해결할 수 있을까?
3-5: 어떻게 사람들은 함께 일하며 더 좋은 설계를 만들어 낼 수 있을까?
6-8: 어떻게 다양한 방법들은 비교, 시험, 수정과정을 통해 가장 좋은 설계를 찾아 낼 수 있을까?
9-12: 어떻게 수리적 조사, 분석, 모의실험을 통해서 문제를 정의하고, 개발하고, 수정 보완 할 수 있을까?

핵심 질문은 초등학교 저학년의 경우 다양한 방법을 통한 문제해결에 초점을 둔다. 이는 공학 설계 활동이 일상생활에서 부딪히는 문제에 대해 정해진 답이 있는 것이 아니라 다양한 해결책이 존재할 수 있음을 인식하는 데 중점을 두고 있음을 의미한다. 초등 고학년의 경우 협업의 중요성을 강조한다. 이는 실제 공학적 문제해결 상황이 다양한 분야의 전문가들과 기술자들이 협업하는 것처럼 학생들이 협업의 중요성을 인식하는 데 중점을 두고 있다. 중학교와 고등학교로 학년이 올라갈수록 현실적인 문제해결을 위해 공학 설계 과정에서 산출물에 대한 과학적, 수리적 데이터에 근거한 평가과 수정을 하도록 요구하고 있는 것을 보여준다. 특히 중학교 수준에서는 산출물에 대한 평가와 반복적 수정 과정을 통한 최적화 과정에 대한 강조가 이루어 져야 한다. 중학교 학생들은 자신이 만든 산출물에 대해 최소한 한 번 이상의 수정을 거치도록 해서 자신의 해결책이 가진 단점을 보완함으로써 비판적 사고력과 메타인지를 기를 수 있도록 지도하는 것이 중요하다. 고등학교의 경우 산출물에 대한 평가와 수정을 수치적 데이터나 과학적 분석에 근거하도록 요구한다.

공학적 문제해결의 현장은 교실에서 이루어지는 실험과 달리, 예산의 편성과 재료의 선택, 여러 분야의 전문가들과 함께하는 협업의 과정, 그리고 산출물에 대한 사회적 책임 등 공학자가 고려해야 할 여러 가지 중요한 요소들이 있다. 이러한 요소를 고려하여 여러 학자들이 의미있는 공학 융합 수업을 위한 수업의 핵심 요소들을 제안하였다. 표 5.23은 의미 있는 공학 융합 수업을 위해 고려해야 할 요소를 정리한 것이다.

제안된 요소는 크게 8가지; (1) 목적, (2) 현실적 상황에서 문제 제시, (3) 재설계, 최적화를 포함하는 공학 설계, (4) 과학 또는 공학, 수학지식과 연계, (5) 의사소통과 팀웍을 위한 환경 제공, (6) 학생중심적 접근, (7) 공학자/공학윤리/공학적 사고, (8) 평가로 구분할 수 있다.

특히 (1)~(5)에 해당하는 요소는 공학 설계 수업의 특성을 반영하기 위해 반드시 갖추어야할 핵심 공통 요소라고 할 수 있다. (1) 목적은 공학 융합 수업이 학습자에게 인지적, 정의적, 탐구/문제해결 역량과 관련된 명확한 학습의 목적을 포함하고 있어야는 의미이다. (2) 현실적 상황에서 문제 제시는 제안된 문제 상황이 학습자에게 충분히 현실적이고 의미 있어서 학습자가 그 문제를 해결할 만한 이유와 의미를 포함함으로써 학습자에게 문제해결에 대한 동기를 부여해야 함을 의미한다. (3) 재설계와 최적화를 포함하는 공학 설계는 공학 설계를 문제해결의 핵심과정으로 포함해야 한다는 의미이다. (4) 과학 또는 공학, 수학지식과 연계는 학습자가 해결하는 공학적 문제해결이 단순히 산출물을 만들고 평가하는 것에서 그치는 것이 아니라 교육과정과 관련된 과학적 지식을 포함해서 과학 수업으로써 의미 있어야 한다는 의미이다. (5) 의사 소통과 팀웍을 위한 환경의 제공은 교수법적 측면에서 협업과 의사소통을 강조하는 수업이어야 하며, 이것이 공학 현장에서 문제해결의 모습을 잘 반영한 것이기 때문에 의미가 더 크다고 할 수 있다.

그 외에 (6) 학생중심적 접근은 문제를 해결하는 과정이 학생주도적인 과정이 될 수 있도록 교사가 문제 해결자가 아니라 조력자의 역할을 감당해야 한다는 교수법적 접근을 의미한다. 또한 (7) 공학자/공학윤리/공학적 사고도 언급되는데 이것은 문제를

표 5.23 공학 융합 수업의 핵심 요소

기준 요소	내용
(1) 목적	공학 융합 수업이 학습자에게 인지적, 정의적, 탐구/문제해결 역량과 관련된 명확한 학습의 목적을 포함하고 있어야 한다.
(2) 상황 제시	현실적 상황에서 문제 제시는 제안된 문제 상황이 학습자에게 충분히 현실적이고 의미 있어서 학습자가 그 문제를 해결할 만한 이유와 의미를 포함함으로써 학습자에게 문제해결에 대한 동기를 부여해야 한다.
(3) 공학 설계	재설계와 최적화를 포함하는 공학 설계는 공학 설계를 문제해결의 핵심과정으로 포함해야 한다.
(4) 과학(수학)과의 연계	과학 또는 공학, 수학지식과 연계는 학습자가 해결하는 공학적 문제해결이 단순히 산출물을 만들고 평가하는 것에서 그치는 것이 아니라 교육과정과 관련된 과학적 지식을 포함해서 과학 수업으로써 의미 있어야 한다.
(5) 의사소통/팀웍	교수법적 측면에서 협업과 의사소통을 강조하는 수업이어야 한다.
(6) 학생중심적 접근	문제를 해결하는 과정이 학생주도적인 과정이 될 수 있도록 교사가 문제해결자가 아니라 조력자의 역할을 감당해야 한다.
(7) 공학자/공학윤리/공학적 사고	문제를 해결하는 과정에서 공학의 사회적 역할이나 책임과 같이 공학자들이 겪는 현실적 문제를 경험하게 하고, 공학적 사고를 촉진할 수 있도록 배려하여 공학 융합 수업을 구성해야 한다.
(8) 평가방법	학습의 효과를 점검하고 학습자의 아이디어를 공유한다.

해결하는 과정에서 공학의 사회적 역할이나 책임과 같이 공학자들이 겪는 현실적 문제를 경험하게 하고, 공학적 사고를 촉진할 수 있도록 배려하여 공학 융합 수업을 구성해야 한다는 것을 의미한다. 그리고 Kennedy와 Odell(2014)이 제시한 '공식 및 비공식 학습 경험을 통한 발표' 요소를 고려해볼 때, 학습의 효과를 점검하고 학습자의 아이디어를 공유하는 측면에서 공학 융합 수업의 결과에 대한 평가 부분도 필요한 것을 알 수 있다.

3) 과학·공학 융합 수업의 절차와 과정

과학 수업에서 공학 설계를 적용한 의미 있는 공학 융합 수업을 구성하기 위해서는 먼저 표 5.23에서 제시된 공학 융합 수업이 갖추어야 할 요소에 대해 인지하고 수업 설계에 적절하게 적용해야 한다. 표 5.23에 제시된 8가지 요소 중 과학·공학 융합 수업의 흐름과 직접적인 관련이 있는 요소는 (1) 목적, (2) 상황제시, (3) 공학 설계, (8)평가로 이 4가지 요소가 연결된 단계로 과학·공학 융합 수업이 진행된다. 이중 (3) 공학 설계가 가장 핵심적인 단계라고 할 수 있다. 먼저 각각의 요소별 내용을 살펴보고 '해양쓰레기 제거 장치 설계하기' (이효진, 2021)라는 공학융합 수업 예시를 통해 수업 설계에서 각 단계가 어떻게 적용되는지 파악해보자.

(1) 목적: 공학 설계 기반 과학 수업의 목적은 지식, 탐구, 정의적 측면으로 나누어 생각해 볼 수 있다. 공학 설계에 기반한 수업이라고 할지라도 공학 설계와 문제해결력을 기르는 것뿐 아니라 관련된 과학 지식과 융합적 지식을 학습할 수 있도록 수업이 구성되어야 하며, 의사소통, 협업능력, 과학적 태도와 같은 정의적 측면도 고려해야 한다.

(2) 상황 제시는 공학 수업에서 학생들이 공학 설계과정을 적용할 수 있는 현실적이고 의미 있고, 동기를 부여하는 맥락으로 제시되어야 한다. 상황제시는 공학적 문제해결의 첫 번째 단계에서 문제를 인식하는 단계에 제시된다. 뿐만 아니라 제시된 상황이 예산 책정 등의 현실적 문제를 반영함으로써 학생들이 공학자로서 정체성 경험할 수 있어야 하며 학습자가 공동체(팀)를 구성하고 그 역할을 중요하게 생각하도록 유도해야 한다.

(3) 공학 설계: 과학·공학 융합 수업의 핵심과정은 공학 설계이다. 수업의 구성에서 공학 설계가 핵심적인 활동이라면 공학 설계과정에 대한 평가와 관련 개념 정리는 수업의 목표를 달성하기 위해 매우 중요한 교수-학습과정이다. 따라서 이 과정에서 교사가 고려해야 할 교수법적 접근 방법과 주의 사항 등을 알아 둘 필요가 있다. 각각의 과정에서 학습자 주도성이 달라질 수 있으며, 교사가 수업 진행 시 유의해야 할 사항도 공학 설계의 각 단계의 특성을 고려하여 달라질 수 있다.

- 문제 정의와 제한 조건 확인: 제시된 문제상황을 근거로 공학적 문제를 인식하고 구체적으로 문제를 정의하는 단계이다. 교사는 이 단계에서 기준과 제한조건이

무엇인지 정확하게 파악하도록 도와야 한다. 특히 문제해결의 기준이 평가의 기준이 되는 것을 명시적으로 알려주어야 하며, 활동에 참여하는 학생들과 함께 산출물의 평가 기준을 개발하고 학생들이 합의하는 과정을 거치는 것이 중요하다.

- 정보 수집과 재료탐색: 해결책을 설계하기 위해 관련 있는 과학적 정보를 수집하거나 필요한 과학 개념을 학습하는 단계이다. 또한 해결책 설계를 위해 재료의 특성을 탐색하고 과학적 정보를 근거로 문제 해결에 필요한 재료를 선택하고 이유를 설명한다. 교사는 학생들이 재료와 도구에 익숙하지 않은 경우 재료와 도구를 다루는 기능을 익히는 데 필요한 시간을 고려해야 하며, 수업시간이 충분하지 않을 경우 학습자가 문제해결에 집중할 수 있도록 익숙한 도구를 준비하거나 과정을 간략화할 수 있는 키트를 사용하는 것도 좋은 전략이 될 수 있다.
- 해결책 설계: 개별 학생 또는 모둠별로 여러 가지 가능한 해결책과 각각의 장단점을 비교 평가하여 최선의 해결책을 결정하고 시제품을 만드는 단계이다. 해결책 설계 단계에서는 학생들이 동료들과 충분히 토의하고 협력할 수 있는 환경을 만들어 창의적으로 해결책을 도출할 수 있도록 도와야 한다.
- 최적화 과정: 처음 만들어진 시제품을 평가를 통해 개선하는 과정이다. 이때 시제품에 대한 평가와 수정 보완 과정을 구체적으로 기록하게 한 후 결과를 발표하게 한다. 결과 발표와 교사 및 동료 학생들의 피드백이 산출물 개선에 반영 되도록 도와야 한다.

(8) 평가는 공학 설계과정을 통해 습득된 과학적 교과 지식과 융합적 문제해결력 및 사고력 평가를 위해 다양한 평가 방법을 사용할 수 있도록 해야 한다. 1) 교사평가, 2) 자기평가, 3) 동료평가를 실시할 수 있다. 교사평가는 답이 정해지지 않은 공학 설계의 특성을 고려하여 상대 평가와 절대평가를 적절히 활용할 수 있다. 탐구적 측면에서 산출물의 견고성, 디자인의 심미성 등을 고려할 수 있으며, 정의적 측면에서 공학에 대한 이해, 팀워크 등을 평가한다. 마지막으로 지식적 측면으로 공학 설계 과정으로부터 획득한 과학지식과 적용 능력을 평가할 수 있다. 자기평가는 학생 개개인의 책무성을 기르기 위해 모둠 내 본인의 기여도 평가와 과학 공학 융합 수업의 목적(지식적, 탐구적, 정의적 측면)에 대한 성취도를 스스로 평가한다.

구체적으로 모둠원 평가에서는 공학 설계 과정 중의 모둠원들의 기여도를 평가하며, 모둠 간 평가를 통하여 상대 모둠의 산출물의 성능 비교와 평가, 더 제안할 점 찾기 과정을 통해 메타인지와 비판적 사고력을 기를 수 있다. 또한 결과 발표 과정을 통해 의사소통 능력과 비판적 사고를 증진시킨다. 또한 마지막 개념 정리 과정을 추가하여 공학 설계와 관련된 과학지식의 습득이나 적용 능력을 평가할 수 있다.

과학·공학융합 수업예시

해양쓰레기 제거 장치 설계하기

- 대상 학년: 중학교 2학년
- 차시: 5차시
- 관련 단원: 7. 수권과 해수의 순환, 2. 해수의 특성과 순환
- 관련 성취기준: [9과14-03] 우리나라 주변 해류의 종류와 특성을 알고 조석 현상에 대한 자료를 해석할 수 있다.

목적	지식적 측면	1. 해류의 종류와 해수의 순환을 알 수 있다. 2. 우리나라 쓰레기가 태평양까지 가는 경로를 설명할 수 있다. 3. 해양 쓰레기가 인간에게 미치는 영향을 설명할 수 있다.
	탐구적 측면	1. 문제를 인식하고 해양 쓰레기 제거 장치를 설계한다. 2. 설계과정 중 더 좋은 결과를 얻을 수 있도록 최적화한다.
	정의적 측면	1. 공학과 공학자의 역할, 공학이 사회에 미치는 영향을 이해한다. 2. 모둠원과 의사소통의 과정을 통해 협력하는 태도를 기른다.
상황 제시		한글이 적힌 플라스틱 쓰레기가 하와이 인근 태평양에서 발견된 뉴스 보도를 제시한다. 공학적 문제를 제시하는 뉴스의 일부 장면을 보여준다. : 미국 캘리포니아와 하와이 사이 북태평양 한가운데, 한반도 면적 7배 너비의 해수면이 쓰레기로 뒤덮여 있다. 바로 그 태평양 쓰레기 지대에서, 한글이 선명히 적힌 플라스틱 쓰레기가 처음으로 발견됐다. <공학자에게 보내는 편지>의 형태로 공학적 문제를 제시한다.

<table>
<tr>
<td colspan="2">상황
제시</td>
<td>to. 부산 그린 해양 공학팀
우리는 환경운동을 하는 NGO 단체 그린피스입니다. GPGP에 대해서 아시나요? 우리는 최근 GPGP에 분포하는 쓰레기 실태를 조사했는데 한국어가 적힌 플라스틱 쓰레기를 발견했습니다. 한국으로부터 태평양은 1만 km 이상 떨어져 있는데 이곳까지 흘러온 쓰레기를 보고 '한국쓰레기'라는 카테고리를 만들게 되었답니다. 플라스틱 쓰레기는 바다에 떠 있는 동안 미세 쓰레기로 분해되어 해양 생물을 위협하고 있습니다. 결국 먹이 사슬의 상위에 있는 인간에게까지 해를 끼치게 되지요. 우리는 바다를 깨끗하게 하는 〈오션 클린업〉 프로젝트를 시작했는데 여러 나라에서 함께 도전하고 있습니다. 부산에서 유능한 해양 공학자들로 모인 여러분들도 이 프로젝트에 참여하여 해양 플라스틱 쓰레기를 제거하는 좋은 아이디어를 고안해 주세요. 얼마 전 기름 유출 사고가 있어 많은 예산을 방제작업에 사용했기 때문에 〈오션 클린업〉 프로젝트에 쓸 수 있는 예산이 부족하다는 점도 고려해주세요.</td>
</tr>
<tr>
<td rowspan="3">공학
설계</td>
<td>①
문제
정의와
제한조
건 확인</td>
<td>1. 학생들을 공학자 구성원으로 가정하고 편지글을 통해 공학적 문제를 제시함으로써 구체적으로 문제를 정의한다.
다양한 재료를 이용하여 태평양 쓰레기를 제거할 수 있는 장치 제작하기
2. 기준과 제한 조건을 파악한다.
예산과 제거 장치의 조건, 전시관 크기, <오션 클린업> 장치 구성에 쓰이는 재료, 재료의 가격</td>
</tr>
<tr>
<td>②
정보
수집
(배경
연구)
과 재료
탐색</td>
<td>1. 해결책을 설계하기 위해 관련된 과학 개념을 학습한다.
- 우리나라 주변의 해류와 해수의 순환
- 해수의 순환과 GPGP의 형성
- 오션 클린업 프로젝트
2. 재료의 특성을 탐색하고 과학적 정보를 근거하여 문제 해결에 필요한 재료를 선택하고 이유를 설명한다.
- 공통 재료: 아크릴 수조(30×60×25cm), 미니 선풍기(바람의 영향을 구현), 선풍기를 고정하는 거치대, 펀치를 이용해서 만든 둥근 모양의 셀로판지 조각 50개(해양 플라스틱 쓰레기 역할), 가위, 풀
- 선택 재료: 털실, 빨대, 색종이, 모루, 스티로폼, 스펀지, 줄자</td>
</tr>
<tr>
<td>③
해결책
설계</td>
<td>- <오션 클린업> 장치 설계하기
① 문제 상황이 그려진 설계도 개인별 제공
수조 안에 물이 담겨 있으며 플라스틱 조각이 떠 있다.
선풍기를 이용한 바람이 한 방향으로 불고 있다.
② 모둠원 각자 설계도에 해결책 세우기
- 모둠원들과 토의하여 모둠 설계 정하기
: 성능이 가장 우수한 해결책을 찾아보고 순위를 정한다.
- 예산에 맞는 재료 구입하기: 전체 예산 100만원</td>
</tr>
</table>

공학 설계

③ 해결책 설계

재료	개수 또는 길이	금액

- 제작 활동에 필요한 안전 교육
- 1차 <오션 클린업>장치 제작
  각 조에서 1순위로 선정된 해결책을 토대로 협력하여 제작한다.

④ 최적화

- 1차 <오션 클린업> 장치의 평가
  <오션 클린업> 장치의 목적에 부합하는지 평가하기 위하여 셀로판 조각이 주어진 시간 동안(1분) 몇 개가 수거되는지 성능을 평가한다.
  성능에 문제가 있다면 설계도를 수정하여 <오션 클린업> 장치를 개선한다.
    Q. <오션 클린업>장치의 문제점이 무엇인가요?
    Q. 수정 방법은 무엇인가요? 과학적으로 타당한가요?
- 수정 계획에 따라 2차 <오션 클린업> 장치 제작
① 추가로 필요한 재료의 가격을 계산하고 구입한다.
② 추가 구입한 재료를 1차 설계도에 기록한다.
- 2차 <오션 클린업> 장치 평가
- 2차 보완하기
- 3차(최종) <오션 클린업> 장치 제작
- 최종 평가하기
  : 주어진 시간 동안 플라스틱 조각이 얼마나 수거되는지 시도한다.

장치	1차 시도(개수)	2차 시도(개수)
1조		
2조		
3조		
4조		
5조		

- 결과 기록하기
① '1차 장치'로 시작하여 '2차 장치'를 거쳐 '3차 장치' 결과까지 달라진 점을 구체적으로 기록한다.
② 아쉬운 점 및 성능 향상을 위한 제안할 부분을 토의하고 기록한다.
- 결과 발표 및 과학적 비판하기
  : 모둠별로 개선 내용과 성능 향상을 위한 제안할 부분을 발표하고 과학적으로 비판해본다.

평가

1. 학습자 스스로 평가 문항을 보고 자기 평가를 한다.

평가 기준	평가 문항	O 또는 X
인지적 영역	해수의 순환을 이해했는가?	
	GPGP가 형성된 원인을 이해했는가?	
정의적 영역	배운 내용을 토대로 1차 보안장치를 성실히 제작하였는가?	
	수정 과정(수정안을 만들고, 보완하는 과정)을 거치면서 끝까지 제작에 참여하였는가?	
	토의시간에 자신의 의견을 적극적으로 제시하고, 상대방의 의견에 귀 기울여 들었는가?	

2. 학생들의 산출물과 수업 참여 태도에 대해 교사가 평가 한다.

평가 기준	평가 문항	점수
산출물	<오션 클린업> 장치의 성능이 완벽한가? (플라스틱 조각 수거율이 50% 이상인 경우 8점)	(1) (5) (8)
기록	설계도: 1차 설계도를 과학적으로 고안했는가?	(1) (2) (3)
	수정과정: 문제점과 수정 방안이 과학적으로 타당한가?	(0) (1) (2)
	결과: '개선 내용'을 구체적으로 기술하였는가?	(0) (1) (2)
가산점	예산의 효율성이 있는가? → 1만원 이상 남긴 경우 1점 → 20만원 이상 남긴 경우 2점	(0) (1) (2)

※출처: 2021 STEM 생각교실 프로그램북(부산대학교 과학영재교육원, 2022)

수업 설계를 마친 후 과학·공학 융합 수업을 설계하고 교사가 설계한 수업에 대해 스스로 점검해 볼 수 있는 기회를 가짐으로써 수업의 목적과 내용을 명확히 할 수 있다. 이때 표 5.24의 과학·공학 융합 수업 평가틀을 활용할 수 있다. 과학·공학 융합 수업 평가틀은 공학 융합 수업이 가져야 할 요소를 고려하여 내용적 측면과 교수법적 측면에서 교사가 수업 설계시 유의해야 할 내용을 점검하도록 도와 주며, 동료교사의 수업설계와 실행을 평가하는 기준으로도 활용할 수 있다.

표 5.24 과학·공학 융합 수업 평가틀(이효진과 남윤경, 2019)

핵심 요소	문항	점수
목적	1. 이 수업은 명확한 수업 목적과 대상을 포함하고 있다.	
상황제시	2. 이 수업은 00학년 학생들이 공학 설계 과정을 적용할 수 있는 현실적인 상황을 제공한다.	
	3. 이 수업에서 주어진 문제 상황은 학생들 수준에서 해결 가능한 것이다.	
공학 설계	4. 이 수업은 공학 설계 전 단계에 재료를 충분히 탐색하고, 연관된 과학지식을 적용할 수 있는 기회를 제공한다.	
	5. 이 수업은 학생들이 스스로 문제에 대한 해결책을 제안 할 수 있는 기회를 제공한다.	
	6. 이 수업은 학생들이 제안한 해결책을 스스로 만들고 시험하는 부분이 있다.	
	7. 이 수업은 최적의 해결책을 선택하기 위해 모델이나 디자인을 수정하는 최적화 과정이 있다.	
	8. 이 수업은 산출물에 대한 적합한 평가 기준을 포함하고 있다.	
과학과의 연계	9. 이 수업은 학생들의 과학 탐구 역량 증진에 도움을 줄 수 있다.	
	10. 이 수업을 통해 학생들은 교육과정에 적합한 과학지식을 습득하거나 적용할 수 있다.	
의사소통/팀웍	11. 이 수업은 학생들의 협업 및 의사소통 능력 증진에 도움을 줄 수 있다.	
	12. 이 수업은 동료들의 산출물에 대한 비판적 사고를 유도하는 동료 평가를 포함하고 있다.	
학생중심 교수법	13. 이 수업의 주제는 학생들의 동기, 흥미를 유발할 수 있다.	
	14. 이 수업에 포함된 공작 또는 제작, 실험은 중학교 00학년 학생들에게 적절하다.	
	15. 이 수업에 사용된 학생 활동지는 공학적 문제를 단계별로 수행하기에 용이하도록 설계되었다.	
공학자/공학윤리/공학적사고	16. 이 수업은 학생들의 공학과 공학자에 대한 이해 증진에 도움을 줄 수 있다.	
	17. 이 수업은 학생들의 공학적 문제해결을 위한 예산 운영 능력 증진에 도움을 줄 수 있다.	
	18. 이 수업은 학생들이 자신의 산출물에 대한 반성적 사고를 유도할 수 있는 자기주도적 평가를 포함하고 있다.	
교육과정 적합성	19. 이 수업에 필요한 재료는 교사가 시간과 비용 면에서 부담 없이 준비할 수 있다.	
	20. 이 수업은 교사가 교육과정 운영에 무리 없이 과학 수업에 적용 가능하다.	
평균		

생각해보기

1. 학생들의 창의력 신장을 위한 교사의 역할에 대해 생각해 봅시다.

[참고]

- 독특한 행동을 보이는 학생을 주의 깊게 관찰한다.
- 어떤 문제에 대해 여러 가지 가능한 답을 찾도록 한다.
- 참신한 사고를 자극하는 질문을 한다.
- 학생들 스스로 해답을 찾도록 한다.
- 자유롭게 표현할 수 있는 분위기를 만들어 준다.
- 다양한 자료를 준비하여 다양한 자극을 준다.
- 사물에 관심을 가지고 탐구하도록 격려한다.
- 학생의 의견이나 아이디어를 존중하고 그것을 표현하도록 격려한다.
- 학습에 필요한 다양한 정보와 자료를 소개한다.
- 학생의 창의적인 노력을 존중하고 있다는 것을 보여준다.

2. 클레멘트(CLement, 1987)가 고안한 가교 전략(bridging analogy)이란 가르치고자 하는 개념과 제시된 비유 사이에 비약이 너무 커서 그 비유로 이해하기 어려운 경우, 두 개념 사이를 연결할 수 있는 비유를 제시하여 이해를 돕는 것을 말한다. 지구과학교과에서 사용되는 비유를 선정하고 이에 대한 교수–학습 활동 과정에서의 가교전략을 기술하시오.

3. 지구과학1의 내용 중 학습자가 개인별로 스마트기기를 휴대하여 모둠 활동으로 진행할 수 있는 수업 주제를 선택하여, 수업매체 활용 전략과 세부지침을 적용한 교수–학습 지도안을 작성하시오.

4. 모둠활동으로 탐구를 진행할 때 Wiki 도구를 사용하는 것의 장점에 대해 설명하시오.

5. 시범에서 사용가능한 질문유형으로 '예상'이 있다. 예상(predict)과 추론(infer)의 차이가 무엇인지 토의해보자. 즉 '예상하시오'와 '추론하시오'의 차이를 구분하면 된다.

6. 지구과학의 실험은 앞서 언급한 것처럼 자연현상을 최대한 반영한 모형실험을 하게 된다. 이때 실험에서 사용되는 재료나 상황은 실제(reality)와 다를 수 있다. 학생들과 모형실험을 할 때 이와 실제와의 다른 점을 비교해보는 질문은 무척 중요하다. 어떤 면에서 중요한지 토의해보자.

7. 실험의 종류를 보면 귀납적인 방법, 연역적인 방법, 그리고 경험–귀추적인 방법으로 실험을 할 수 있다. 같은 실험을 사용해서라도 목적에 따라 위의 3가지 유형으로 실험수업을 개발할 수 있다. 이때 탐구목표가 어떻게 달라질 수 있는지 토의해보자.

8. 오리온(N. Orion)의 야외 학습 이론에서 제시한 '생소한 경험 공간(novelty space)'을 이루는 3가지 요소에 대해 생각해보자.

9. 야외 학습 프로그램의 예시로 제시된 '지구의 역사' 단원에 대한 현장 학습 계획에서 오리온(N. Orion)이 제시한 지리적 요소와 관련된 사전 학습 내용을 추가해보자.

10. 전통적 학습과 비교하여 문제중심학습(PBL)에서 교사의 역할에 대해 생각해보고, [표 5.2]를 참고하여 문제중심학습의 각 절차에 따른 교사의 역할을 구체적으로 기술해보자.

문제중심학습절차	교사의 역할
문제제시	
문제확인	
문제해결을 위한 자료수집	
문제 재확인 및 해결안 도출	
문제 해결안 발표	
학습결과 정리 및 평가	

11. 다음은 '지구계'를 주제로 수업을 준비하면서 학생들의 창의성 신장을 위한 내용으로 교사들이 나눈 대화의 일부이다. (2016학년도 임용시험 기출문제 변형)

> 김 교사: 제가 직접 작성한 개념도를 학생들에게 보여주면서 지구계의 구성 요소를 설명하려고 합니다.
>
> 박 교사: 그렇게 하면 유의미학습이 일어날 수 없다고 생각합니다. 왜냐하면 오수벨(D. Ausubel) 등이 제안한 '학습 형태 분류'에 따르면, ㉠ 과학자들의 창의적 연구처럼, 학생들이 자율적으로 활동하여 과학 개념을 스스로 발견해야만 유의미 학습이 일어난다고 할 수 있기 때문입니다.

위의 대화 중 ㉠의 문제점을 오수벨(D. Ausubel) 등이 제안한 '학습 형태 분류'에 근거하여 서술하시오.

12. 다음은 원격 탐사 자료를 활용한 '구름 발달과 강수'에 대한 탐구 활동의 일부이다. (2013학년도 임용시험 기출문제 변형)

I. 수업 목표

실시간의 기상 탐사 자료를 이용하여 구름 유형과 강수 발달 과정을 조사·토론하여 이해한다.

II. 탐구 과정

1) 기상청 홈페이지에서 동일 시간에 관측한 기상 위성 영상 자료와 레이더 합성 영상 자료를 실시간으로 조사하여 구름과 강수 사례를 찾고, 이 자료와 단열선도 자료들을 수집한다.

(생략)

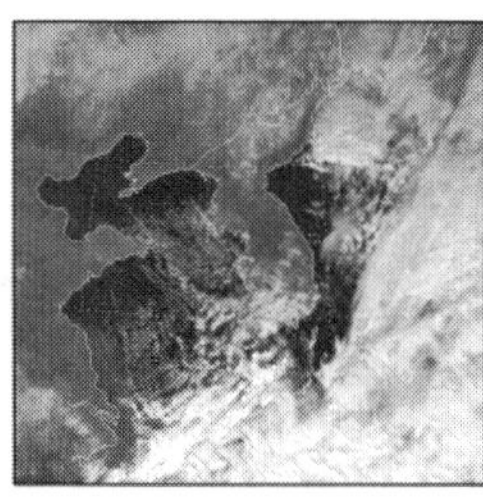

(가) 가시 영상

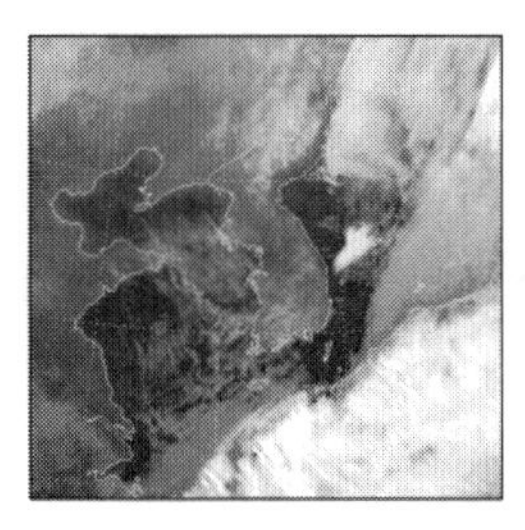

(나) 적외 영상

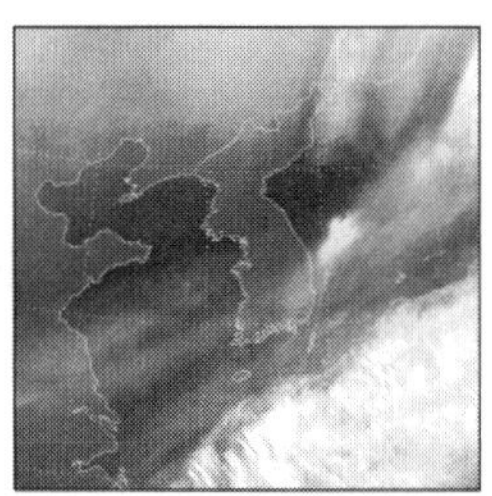

(다) 수증기 영상

2) 레이더 합성 영상: (생략)

3) 단열선도: (생략)

III. 탐구 결과

1) 기상 위성 영상(동일 시간 관측 자료)

IV. 결과해석 및 토의

1) 기상 위성 영상의 특성을 이용하여 구름의 유형과 대기의 흐름을 파악할 수 있는 방법에 대해 토의해보자.
2) 수증기 이동에 따른 적운형 구름의 성장 과정과 강수 발달에 대해 토의해보자.

(생략)

위 탐구 활동을 협동 학습 모형 중 집단탐구(모둠 조사, GI(Group Investigation)모형으로 수업을 하고자 할 때 GI모형의 적용 근거와 각 수업 단계를 순서대로 제시하시오.

13. 다음은 암석을 배우는 가상의 수업 상황을 나타낸 것이다. 단, 교사의 질문에 대한 학생의 답변은 모두 생략되어 있다. (2003학년도 임용시험 기출문제 변형)

> 교사: 지난 시간에 암석을 이루는 광물에 대해 배웠지요. 지난 시간에 배운 것을 다시 한 번 확인해 봅시다. ① 광물의 과학적 정의가 무엇이지요?
>
> 학생:
>
> 교사: 잘 기억하고 있군요. ② (석영을 보여주며) 이 광물의 이름은 무엇이지요?
>
> 학생:
>
> 교사: 모두 잘 알고 있군요. 오늘은 암석에 대해 공부하기로 해요. ③ 만약, 우리 주위에 암석이 없다면 어떤 일이 벌어질까요?
>
> (수업 과정 중략)
>
> 교사: (퇴적암, 화성암, 변성암 표본들을 제시하며) 각자의 기준을 정하여 이 암석들을 분류해 봅시다. ④ 어떤 기준으로 분류할 수 있을까요?
>
> (수업 과정 중략)
>
> 교사: 지금까지 배운 것을 정리해 봅시다. ⑤ 석회암은 화성암, 퇴적암, 변성암 중 어느 것에 속할까요?
>
> 학생:
>
> (수업 과정 중략)
>
> 교사: 잘했습니다. 마지막으로 한 가지를 생각해 보면서 수업을 마칩니다. ⑥ 우리 주위에 있는 암석을 왜 연구해야 할까요?

위의 글에 나타난 교사의 질문 중(①~⑥) 학생들의 발산적 사고력을 가장 많이 요구하는 질문은 어떤 것인지 찾고, 이유를 설명하시오.

14. 공학 설계의 각 과정이 가지는 특징을 나열하고, 공학 설계 각 단계에 필요한 과학과 공학적 실천요소를 표 5.21을 참고하여 제시하시오.

공학설계 단계 및 특징		과학과 공학적 실천 요소
① 문제정의와 제한조건 확인		
② 정보 수집(배경 연구)과 재료 탐색		
③ 해결책 설계		
④ 최적화		

CHAPTER 06

지구과학 교육 평가

1. 지구과학 교육 평가의 이해
2. 지구과학 지필평가의 특징과 방법
3. 지구과학 수행평가의 특징과 방법

1 지구과학 교육 평가의 이해

지구과학 교육의 본질적인 목적은 교실에서 학생들이 지구과학 지식, 탐구, 태도 등 지구과학 전반에 대해 온전한 이해에 이르는 것일 것이다. 이를 위한 지구과학 교실 수업은 학습자 중심, 평가 중심, 공동체 중심 등의 교수-학습 환경을 구성하기 위한 노력에서 출발하며, 무엇보다도 평가 중심 학습 환경이 중요하게 여겨진다(Abell과 Siegel, 2011). 즉 더이상 평가는 학습의 결과를 수량화하고 학생을 서열화하는 것에 국한되지 않고, 교수-학습과 결코 분리되지 않으며, 학습의 도구이자 학습 과정에 대한 정보를 수합하여 학습의 발달을 지원하기 위한 도움을 제공하는 과정으로 그 패러다임이 확장되었다.

1.1 지구과학 교육 평가의 목적

평가의 목적은 대체로 다음과 같이 3가지로 크게 나눌 수 있다. 첫 번째는 교육의 진행 상황 및 개선 사항을 모니터링하는 것이고, 두 번째 목적은 교사와 학생에게 그들의 교수-학습에 대한 피드백을 제공하는 것이며, 마지막은 교육과 관련 있는 사람들에게 책무성을 부여함으로써 적절한 교육적 의사 결정을 할 수 있도록 돕고 교육 개혁을 이끌 수 있는 실천과 정책의 변화를 유도하는 것이다(NRC, 1999).

교실 수준에서 평가의 목적을 더욱 미시적으로 살펴보면 다음과 같다. 전통적인 입장에서 교실 평가는 학생의 강점과 약점을 진단하고, 학습 목표 달성을 위한 학습자의 발달 수준을 확인하며, 성적을 부여하고, 수업의 효율성을 확인하기 위하여 시행한다. 뿐만 아니라 평가는 학습자로 하여금 선발, 배치 등을 위하여 시행되는 고부담 시험을 준비하도록 할 목적으로 시행되기도 하며, 학습자의 동기를 북돋우기 위하여 실시하기도 하는 등 그 목적과 이유가 다양하다(McMillan, 2018).

평가의 목적을 분명하게 파악하는 것은 평가를 실시하기에 앞서 반드시 중요하게 다루어져야 하는 부분인데, 이에 따라 평가의 성격을 규정하고 평가의 유형 및 방법, 그리고 어떻게 평가 결과를 활용할지 등에 대한 사항들이 결정되기 때문이다.

1.2 지구과학 교육 평가의 범주

1) 지구과학 교육 평가의 유형

(1) 평가의 목적 및 실시 시기에 따른 구분

① 진단평가

학생들의 선수 학습 정도나 수준을 파악하기 위해 실시하는 사전 평가를 진단평가(diagnosis assessment)라고 한다. 진단평가를 실시하면 학생들에게 가장 적합한 교수-학습 활동을 선택하는 데 훨씬 도움이 될 수 있다(Popham, 2003). 또한 진단평가에서 수집한 정보를 바탕으로 관련 차시의 학습 목표를 더욱 구체화시킬 수도 있다. 국가 수준의 교육과정에서 제시하는 성취기준은 하나의 차시에 달성하기에는 광범위할 뿐만 아니라 일반적으로 진술되어 있으므로, 진단평가를 토대로 학생의 요구와 이해 수준 등을 충분히 고려하여 구체적인 학습 목표를 설정하게 되는 것이다. 특히 지구과학 학습에서 진단평가는 학생들의 선개념을 파악하기 위한 실제적인 도구로 기능하며, 이를 반영하여 학생들의 선개념을 과학 개념으로 변화시킬 수 있는 효과적인 교수-학습 과정을 설계하는 데 중요한 정보를 제공한다는 점에서 더욱 큰 의미가 있다(김영민 외, 2016).

② 형성평가

교육에서 평가의 중요한 목적 중 하나는 학습자가 학습 과정에서 실제로 학습한 것이 무엇인지 알아내고 이로부터 학습을 향상키는 것인데, 이를 위한 평가를 형성평가(formative assessment)라고 한다. 형성평가에 대한 몇몇 학자의 정의를 살펴보면 다음과 같다. Cowie와 Bell(1996)은 형성평가를 학습 과정 중에 학습을 향상시킬 목적으로 학생의 학습에 대해 인식하고, 이에 대응하기 위해 교사와 학생이 사용하는 일련의 과정이라고 하였다. 또한 McMillan(2018)은 학습의 증거를 수집하고, 학습자에게 피드백을 제공하며, 학생의 성취 향상을 목적으로 교수-학습 전략을 수정하는 과정으로 정의하였다. 이러한 정의에서 공통적으로 포함되는 요소는 교수-학습이 발생하는 과정 중에 실시하며, 궁극적으로 교수-학습을 향상시키기 위해 교사 및 학생이 모종의 조치를 취한다는 점이다.

형성평가는 학생의 활동을 평가하고 피드백을 제공하며 수업을 수정하는 순환적인 과정으로 구성된다. 다른 유형의 평가에서도 마찬가지지만 특히 형성평가는 평가에 앞서 학습 목표를 분명히 하고, 이를 학생과 공유함으로써 시작한다. 교사는 지식, 기능, 태도 등 학습자의 학습에 대한 정보를 수집하고, 수집한 정보를 편견 없이 전문적인 관점에서 해석하여 구체적이고 적절한 피드백을 제공하는 과정을 거친다. 학생의 이해를 돕고 학습 목표 도달을 위해 필요한 점을 피드백한 후, 학생의 학습을 확장하거나 잘못되거나 부족한 이해를 바로잡기 위해 수업을 조절한다. 이러한 과정은 반복적인 활동이며 그림 6.1과 같이 각각의 과정은 하나의 형성평가 주기가 된다.

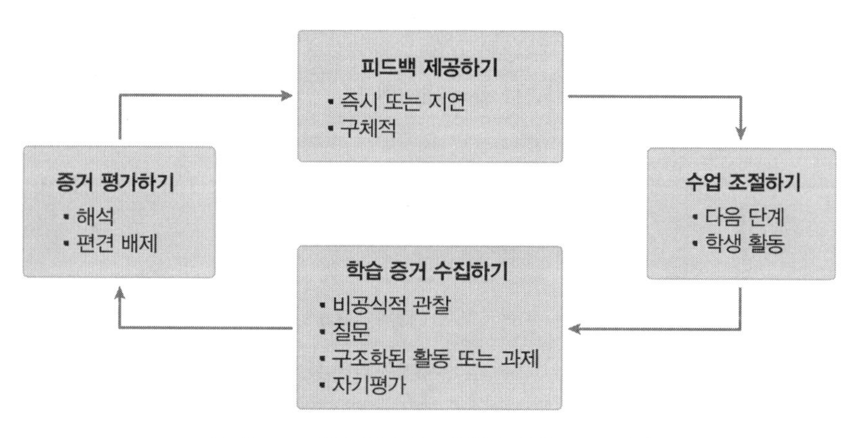

그림 6.1 형성평가의 과정(McMillan, 2018)

형성평가의 특징은 표 6.1과 같이 각각의 특징이 어느 정도 반영되었는지에 따라 낮은 수준의 형성평가부터 높은 수준의 형성평가까지 연속선으로 나타낼 수 있다. 예를 들어, Bell(2000)은 형성평가를 다시 계획형(planned) 형성평가와 상호작용형(interactive) 형성평가로 나눌 수 있다고 보았다. 교사의 사전 계획에 따라 한 차시의 수업이 마무리되어 갈 무렵에 간단한 시험을 본 이후, 이에 대한 학급 전체를 대상으로 간단한 피드백을 주는 것과 같은 전형적인 계획형 형성평가는 표 6.1에 나타난 형성평가의 특징에 비추어 보아 낮은 수준의 형성평가의 특징을 반영하는 것으로 볼 수 있다. 특정한 유형의 평가 활동이 계획되지 않았던 다음과 같은 상황을 가정해 보자. 한 수업에서 교사는 일부 학생이 물질이 냉각되면 팽창한다는 것과 같이 과학적이지 않은 생각을 갖고 있음을 우연히 알게 되자 전체 학생을 대상으로 물질의 가열과 냉각에 대한 토의를 함으로써

표 6.1 형성평가의 특징에 따른 구분(McMillan, 2018)

특징	낮은 수준	↔	높은 수준
학습 증거	대부분 선택형	일부는 선택형, 일부는 서술형	선택형, 구성형, 서술형 등 다양한 평가 방식
구조	대부분 공식적, 계획적, 예측됨	비공식적, 자발적, 즉각적	공식적, 비공식적 모두
참여자	교사	학생	교사, 학생 모두
피드백	대부분 지연(예: 퀴즈를 본 다음날 피드백), 일반적	일부는 지연, 일부는 구체적이고 즉시	구체적이고 즉시
시행 시기	대부분 수업 후(예: 단원 마무리)	일부는 수업 중, 일부는 수업 후	대부분 수업 중
수업 조절	대부분 계획적(예: 수업 계획에 따라 진도 나감)	일부는 계획적, 일부는 유동적	대부분 유동적
과제 선택	대부분 교사가 결정	일부는 학생이 결정	교사와 학생이 결정
교사와 학생의 상호작용	대부분 공식적 역할에 따른 상호작용	일부는 공식적 역할에 따른 상호작용	폭넓은, 비공식적, 신뢰로운, 솔직한 상호작용
자기평가의 역할	없음	그다지 없음	필수적
동기 부여	외재적(예: 시험 통과)	내재적, 외재적 모두	대부분 내재적
성공 귀인	외재적 요인(예: 교사, 행운)	내재적, 안정적 요인(예: 능력)	내재적, 불안정적 요인(예: 적절한 학생의 노력)

학생들의 학습을 중재하였다. 형성평가의 세부 사항이 계획되지 않았으나 교사와 학생의 상호작용 중에 발생하였으며 올바른 이해로 이끌었다는 점에서 상호작용형 형성평가에 해당하며(Bell, 2000), 이는 높은 수준의 형성평가의 사례로 볼 수 있다.

형성평가는 또한 교사의 관찰, 질문, 적절한 피드백, 즉각적인 수업 조절이 이루어지는 과정마다 지속적으로 일어나는 비공식적 형성평가와 퀴즈나 시험, 구조화된 활동을 통해 행해지는 공식적 형성평가로 구분하기도 한다(McMillan, 2018). 예컨대 교사는 수업 중 학생들이 눈을 찡그리거나 주변을 두리번거리는 표정 또는 몸짓과 같은 비언어적 행동을 관찰하고, 학생들이 수업을 잘 이해하지 못하거나 지루하다고 해석하여, 주의를 환기시키고 해당 내용을 다시 설명하는 등의 조절을 할 수 있다. 이것은 관찰에 의한 증거를 기반으로 하는 비공식적 형성평가의 예이다. 일부 평가 전문가들은 진단적 정보를 주기 위한 검사를 지칭할 때에도 형성평가라는 용어를 쓰는 관행이 있어 혼돈의 여지가 있다는 점을 지적하며, 이러한 이유로 형성평가 대신 학습을 위한 평가(assessment for learning)라는 용어로 대체하여 사용할 것을 주장하기도 한다.

③ 총괄평가

일정 단위의 교수-학습이 끝날 때 학생들의 성취 정도를 기록하고 이와 관련한 의사 결정에 활용할 수 있는 증거를 제공할 수 있도록 총합적 목적을 위해 설계된 평가를 총괄평가라고 한다. 총괄평가는 학생들의 성취를 기록할 뿐만 아니라 이를 바탕으로 성적을 부여하고, '우수', '보통', '기초' 등으로 사전에 정의된 성취 수준을 결정하여 점수 보고에 기재하며, 학부모에게 이와 관련한 정보를 제공하는 데 활용된다. 또한 특정 프로그램에서 학생을 선발하거나 대학 입학 등을 위한 전형 자료를 산출하기 위해서도 활용된다. 표 6.2는 총괄평가의 특징을 정리한 것이다.

총괄평가의 특징은 형성평가와 비교하여 살펴볼 때 더욱 쉽게 이해할 수 있다. 총괄평가에서 교사의 역할은 평가의 전체 과정을 주관하는데 비해, 형성평가에서 교사는 학생을 즉각적으로 진단하여 적절한 피드백을 제공하고 학습을 심화시킬 수 있도록 조언하는 역할을 수행한다. 총괄평가에서는 학생의 참여가 제한되지만, 형성평가에서는 오히려 학생의 참여를 권장한다는 점에서 차이가 있다. 그리고 형성평가 결과가 더욱 상세하고 학생 개인 지향적이라는 점에서도 대비된다. 그러나 이것은 각 평가의 전형적인 특징이며 반드시 고정되어 드러나는 것은 아니다.

표 6.2 총괄평가의 특징(McMillan, 2018)

목적	학생들의 성취 정도를 기록
시행 시기	수업이 종료된 후
교사의 역할	평가의 계획, 실행, 학생의 수행을 기록
학생의 참여	제한됨
강조하는 학습	지식, 이해, 적용
결과 상세화 정도	일반적, 집단 지향적
구조	견고하고 구조화, 형식적

총괄평가에서도 지식의 기초적인 이해나 적용에 머무르기보다는 학습의 심층 이해 및 추론을 강조하여 실시할 수도 있으며, 형성평가의 피드백이 총괄평가보다 항상 덜 지연된다거나 총괄평가는 효과적인 피드백을 제공하지 못한다는 의미는 아니다. 형성평가와 총괄평가를 구분하는 핵심적인 요소는 평가 결과를 사용하는 방법이지 평가 방법 자체가 아니라는 점에 유의할 필요가 있다. 사실 어떤 평가라도 학습의 개선을 위한 정보를 제공한다면 총괄적이 아닌 형성적인 목적으로 사용된다고 할 수 있다.

(2) 평가 결과의 해석 기준에 따른 구분

① 규준 참조 평가

규준 참조(norm-referenced) 평가에서 규준이란 검사 점수의 집합을 의미하는 것으로 각 규준은 규준 집단을 구성하는 학생 특성 측면에서 차이를 갖게 된다(McMillan, 2018). 규준 참조 평가는 규준 집단의 평균값을 평가의 기준점으로 삼아 평가 결과를 해석하는 체제이다. 기본적으로 집단의 점수 분포가 정상 분포임을 가정하고 평균값과 표준편차에 비추어 개인의 점수를 해석하므로 집단 내에서 상대적인 위치를 파악할 수 있는 방법이다. 따라서 규준 참조 평가는 상대 기준 평가 또는 상대평가로 불리기도 한다.

규준 참조 평가는 다음과 같은 특징을 가진다(박도순과 홍후조, 2006). 첫째, 엄밀한 개인차의 변별은 가능하나 학생의 참다운 능력에 대한 평가는 불가능하다. 규준 참조 평가에서는 학생들의 성취도가 규준 집단 내에서의 상대적 비교로만 해석되므로 평가에서 얻은 점수 그 자체로서는 독자적인 의미를 가지지 못하게 되는 것이다. 둘째, 경쟁을 통하여 학생들의 외재적 동기 유발을 꾀하는 데 유리하다. 등급이나 당락을 결정하는 평가일 경우에는 더욱 강력하게 외재적 동기를 자극하게 되는 것이다. 하지만 동시에 경쟁의식을 조장함으로써 외재적 동기 유발에만 머무르기도 한다. 셋째, 교육 목표의 달성 및 교수-학습의 개선이라는 평가의 순기능을 약화시킬 우려가 있다. 교육은 설정한 목표를 달성하기 위하여 실행되는 의도적 활동이며, 이는 학생의 역량이 계발될 것이라는 믿음과 가치를 담고 있는 것이다. 그러나 정상 분포를 이룰 것을 기대하는 규준 참조 평가에서는 이와 배치되는 부분이 있을 뿐만 아니라, 학생 개인의 변별을 지나치게 강조할 경우에는 교수-학습 활동에서 개선되어야 하는 부분에 대한 결정이 간과될 여지가 있다.

② 준거 참조 평가

준거 참조(criterion-referenced) 평가는 목표로 하는 지식, 기능, 태도 등의 달성 여부를 판단하기 위하여 고안된 평가 체제이다. 여기에서 준거란 기대되는 수행 수준을 의미하며, 평가 기준으로는 교육과정의 성취기준들이 있다(McMillan, 2018). 따라서 학생들이 도달하거나 수행할 수 있는 수준을 성취수준으로 명명하여 각각의 단계를 구분하고, 각 수준을 특징을 상징적으로 드러내는 성취수준마다의 이름(performance level label)과 통상 하나의 단어로 표현된 성취수준명이 전달하고자 하는 의미와 기대되는 능력 특성을 보다 자세하게 설명하는 성취수준 기술(performance level description) 등이 제시된다(Cizek와 Bunch, 2011). 대표적인 대규모 준거 참조 평가로서 국가수준 학업성취도 평가에서 활용되었던 성취수준 및 성취수준에 따른 학업 성취 특성 중 과학적 탐구 및 문제 해결력에 대한 기술 예시는 표 6.3과 같다(한국교육과정평가원, 2021).

표 6.3 국가수준 학업성취도 평가에서 성취수준별 학업 성취 특성

성취수준	학업 성취 특성
4수준	일상생활에서 과학 현상이나 사건에 호기심을 가지고 이와 관련된 문제를 해결하기 위해서 탐구를 통해 알아내야 할 문제의 범위를 명료화하여 검증 가능한 가설을 설정할 수 있고, 두 개나 그 이상의 독립변인을 가진 실험을 설계하고 수행하여 신뢰있는 자료를 얻을 수 있다. 탐구 수행을 통해 얻은 자료를 수학적 사고와 컴퓨터를 활용하여 분석하고, 관계를 파악하거나 모형을 사용하여 설명을 구성할 수 있으며, 문제에 대한 해결책을 마련하고 이에 대한 타당성과 신뢰성을 판단할 수 있다.
3수준	일상생활의 친숙한 상황에서 문제를 발견하고 문제의 특성을 파악할 수 있으며, 제시된 가설을 검증하기 위해 변인통제를 고려한 단순한 실험을 스스로 설계하고, 자료 수집을 위한 적절한 측정 방법과 도구를 선정하여 실험을 수행할 수 있다. 탐구 수행을 통해 얻은 실험 자료에서 경향성과 규칙성 등을 파악하여 설명을 구성하거나 문제 해결에 대한 해결책을 마련하는 등 결론을 이끌어 낼 수 있다.
2수준	교과서에 제시된 과학적인 탐구 문제를 해결하기 위하여 관찰, 분류, 측정 등의 기초 탐구를 수행할 수 있고, 교사의 도움을 받아 간단한 탐구 상황에서 자료 분석 및 해석 등을 통해 주어진 탐구 문제에 대한 간단한 결론을 제시할 수 있다.
1수준	교사가 제시한 방법에 따라 일상생활이나 과학적인 문제를 해결하기 위한 탐구 활동에 참여하여, 필요한 자료를 기록할 수 있다.

준거 참조 평가에서는 성취수준별 능력 특성을 기술하는 것만으로는 충분하지 않다. 실제로 학생들의 성취수준을 구분하기 위해서는 성취수준 설정의 구체적인 결과물로서 분할점수(cut-off score)가 정해질 필요가 있는데, 이를 위한 전문적이고도 반복적인 과정을 준거설정이라고 한다(Cizek와 Bunch, 2011). 분할점수란 각 성취수준을 구분하는 성취율 또는 원점수로, 각 수준에 도달하는 최소한의 능력을 지시하는 기준선을 의미한다. 분할점수를 설정할 때는 여러 학자에 의해 개발된 몇 가지 방법이 있으나 공통적으로 다수의 전문가가 각 성취수준에 도달하는 최소한의 능력을 가진 학생들의 특성에 대한 논의를 통해 각 수준의 최소능력자의 개념에 대한 합의를 도출하고, 각 수준의 최소능력자로 일컬어지는 학생들의 예상 정답률을 산출함으로써 결정하는 과정을 거친다. 이와 같은 일련의 과정은 대단히 전문적이고 고도화되어 있으며 반복적이고 교정적인 과정을 포함한다.

(3) 학습과 평가의 관계에 따른 구분

학습과 평가의 관계 측면에서 볼 때 평가는 학습의 평가(assessment ***of*** learning), 학습을 위한 평가(assessment ***for*** learning), 그리고 학습으로서 평가(assessment ***as*** learning)의 3가지로 구분할 수 있다(Earl, 2013: McMillan, 2018).

학습의 평가는 배치, 진급 등의 자격에 대한 판단을 목적으로 하는 평가로서 다른 학생들의 성취와의 비교가 주요한 기준이 되는 평가를 가리키는 용어로(Earl, 2013), 곧 학습 결과에 대한 평가를 의미한다. 따라서 학습 단위가 종료된 시점에 시행하고, 학습 자료로부터 도출된 질문으로 구성된 총합 평가 및 주로 학생들의 성취를 서열화하는 규준 참조 평가를 활용한다. 따라서 효율적이지만 동시에 학생의 성취에 대한 깊이 있는 평가가 이루어지기보다는 요약적이고 집합적인 평가 결과가 산출되기 때문에 다소 피상적인 특징을 드러내며 평가의 신뢰도에 자연스레 초점이 맞추어진다. 그리고 학습 결과에 대한 평가의 피드백은 다른 유형의 평가에 비해 지연되어 제공된다.

학습을 위한 평가는 학생들에게 피드백을 제공하는 것에 초점을 맞추므로 일회적이거나 산발적이 아닌 수업 중간에 지속적으로 시행하는 유형의 평가이다. 또한 이후 학습을 이어가기 위해 학생들의 학습에 필요한 사항을 파악할 수 있어 교사로 하여금 수업을 개선할 수 있도록 한다.

학습으로서 평가는 곧 학습 과정으로서의 평가이며, 학생의 자기 점검을 강조한다. 학생 스스로가 평가자가 되어 개인적 목표나 기준에 비추어 보아 자기 평가, 메타 평가를 수행하는 것을 평가의 본질로 여기는 입장이다(Earl, 2013). 학습의 평가와 학습을 위한 평가가 총괄평가와 형성평가의 스펙트럼에서 각각 양극단을 차지하며 평가의 중요한 유형으로 간주되어 왔으나, 학습 과정으로서의 평가는 평가의 본질을 일련의 학습 과정에 학생들을 참여시키는 것으로 본다는 점에서 나름의 중요성을 가진다고 할 수 있다. 표 6.4에 학습과 평가의 관계 측면에서 3가지 유형의 평가에 대한 특징과 차이점이 요약되어 있다.

표 6.4 학습과 평가의 관계에 따른 학습 유형의 특징(McMillan, 2018)

학습의 평가 (assessment *of* learning)	학습을 위한 평가 (assessment *for* learning)	학습으로서 평가 (assessment *as* learning)
총합적	형성적	평가의 본질은 학습에 학생들을 참여시키는 것
학습을 보증	이후 학습에 대한 요구를 기술	학습에 대한 학생들의 자기 점검 능력을 향상
수업 후에 실시, 산발적	수업 중에 실시, 지속적	수업 중에 실시
보통 규준 참조적 기준을 사용함	교사들에게 수업을 수정할 수 있도록 함	학습 평가에 사용되는 준거에 대한 학생들의 이해를 강조함
수업했던 자료로부터 도출된 질문	수업의 수정에 대한 제안	수업의 수정에 대한 학생들의 선택
일반적	구체적	구체적
학부모에게 성적표를 제공하기 위함	학생들에게 피드백을 제공하기 위함	학생들의 자기 점검 능력을 향상하기 위함
학생의 동기를 감소시킬 수 있음	학생의 동기를 향상시킴	학생의 동기를 향상시킴
대단히 효율적임, 피상적인 평가	심층 평가	학생들을 가르치는 평가
신뢰도에 초점	타당도에 초점	타당도에 초점
지연된 피드백	즉각적 피드백	즉각적 피드백
요약적 판단	진단적	진단적

(4) 평가 패러다임의 확장에 따른 구분

평가의 목적에 따라 형성평가를 실시하든 총괄평가를 실시하든 그 어떤 유형의 평가에서도 학습자에게 제공되는 교육과정, 즉 성취기준과 밀접하게 연결되어야 한다. 이는 평가에서 수업에서 제시되었던 것과 똑같은 자료나 형태를 사용해야 한다는 의미가 아니라, 학생들이 노출되었던 개념 또는 탐구와 직접적으로 관련된 평가 과제가 제시되어야 한다는 의미이다(NRC, 2014). 전통적으로 학습 결과의 평가가 중요하게 여겨졌다면 최근에는 평가 패러다임이 확장되어 학습을 위한 평가 및 학습으로서의 평가에 더욱 주목하고 있다.

이와 같은 평가 패러다임의 변화를 반영하여 2015 개정 교육과정에서는 "학습의 과정을 중시하는 평가를 강화하여 학생이 자신의 학습을 성찰하도록 하고, 평가 결과를 활용하여 교수-학습의 질을 개선"하는 것을 교육과정 구성의 중점에서 명시적으로 밝히고 있다(교육부, 2015b). 이를 반영하는 용어가 과정 중심 평가이며, 교육과정의 성취기준에 기반한 평가 계획에 따라 교수-학습 과정에서 학생의 변화와 성장에 대한 자료를 다각도로 수집하여 적절한 피드백을 제공하는 평가를 의미한다(교육부와 한국교육과정평가원, 2017). 과정 중심 평가는 기존에 시행되었던 평가의 운영이 학생이 지식을 알고 있는지에 대한 여부에 암묵적으로 치우쳤던 관행을 결과 중심 평가로 규정하고 이에 대비되는 것으로 도입한 평가이다. 따라서 기존의 결과 중심 평가의 패러다임을 개선하고자 하는 방향성을 담은 정책적인 용어이며, 특정 평가 방법을 지칭한다기 보다는 평가 방법 전반에 걸친 운영 방식에 적용하고자 하는 패러다임의 변화 방향을 나타내는 용어라 할 수 있는 것이다(한국교육과정평가원, 2018b).

과정 중심 평가는 성취기준에 기반을 둔 평가, 수업 중에 이루어지는 평가, 수행 과정의 평가, 인지적 영역과 비인지적 영역을 아우르는 종합적인 평가, 다양한 방법이 활용되는 평가, 그리고 학습자의 발달을 위해 그 결과를 활용하는 평가를 특징으로 한다(교육부와 한국교육과정평가원, 2017).

2) 지구과학 교육 평가의 영역

(1) 지구과학 지식 평가

과학의 지식은 과학의 기초를 이루는 주요 사실, 개념 및 설명적 이론에 대한 이해를 의미한다(OECD, 2019). 2015 개정 과학과 교육과정에서는 지구과학에서 '일반화된 지식'과 '내용 요소'를 표 6.5와 같이 제시하고 있다(교육부, 2015a). 일반화된 지식은 학생들이 지구과학에서 알아야 할 보편적인 지식을 문장 형태로 진술한 것이며, 내용 요소는 일반화된 지식과 관련되어 배워야 할 필수 학습 내용을 제시한 것이다. 지구과학과 관련한 내용 요소는 초등학교 3-4학년군부터 중학교 1-3학년군까지 편성되는 과학 과목 및 고등학교의 지구과학I과 지구과학II까지 계열성을 드러내고 있다. 따라서 교육과정에 기반한 지구과학 지식의 평가 영역으로 이해할 수 있다.

표 6.5 지구과학의 학교급별 내용 체계표 일부

영역	핵심 개념	일반화된 지식	내용 요소				
			초등학교		중학교	고등학교	
			3~4학년	5~6학년	1~3학년	지구과학Ⅰ	지구과학Ⅱ
고체 지구	지구계와 역장	지구계는 지권, 수권, 기권, 생물권, 외권으로 구성되고, 각 권은 상호작용한다.	• 지구의 환경		• 지구계의 구성 요소		• 원시 지구의 형성 • 지구 내부 에너지
		지구 내부의 구조와 상태는 지진파, 중력, 자기장 연구를 통해 알아낸다.			• 지권의 층상 구조 • 지각 • 맨틀 • 핵		• 지진파, 지구 내부 구조 • 지구 중력 분포 • 지구 자기장
	판구조론	지구의 표면은 여러 개의 판으로 구성되어 있고 판의 경계에서 화산과 지진 등 다양한 지각 변동이 발생한다.	• 화산 활동 • 지진 • 지진 대처 방법		• 지진대 • 화산대 • 진도와 규모 • 판 • 베게너의 대륙이동설	• 대륙 이동과 판구조론 • 지질 시대와 대륙 분포	• 지질도의 기본요소 • 한반도의 지사 • 한반도의 판 구조 환경
		지구 내부 에너지의 순환이 판을 움직이는 원동력이다.				• 맨틀 대류와 플룸구조론	

한편 과학의 지식이 비단 과학 내용에 대한 지식만을 의미하는 것은 아니다. 지구과학 영역의 인지적 성취를 포함하여 시행되며 우리나라에서도 참여하고 있는 주요 국제 학업성취도 평가 중 하나인 PISA(Programme for International Student Assessment)를 주관하는 OECD(Organization for Economic Co-operation and Development, 2019)에서는 실생활에 필요한 문제를 해결하기 위하여 요구되는 과학 관련 지식으로 다음과 같은 3가지를 제시하고 있다.

- 내용 지식(content knowledge): 자연 세계와 과학 기술의 산물에 대한 지식
- 절차적 지식(procedural knowledge): 과학 지식을 확립하는데 활용되는 다양한 방법 및 실천을 뒷받침하는 표준화된 절차에 대한 지식, 과학 아이디어가 어떻게 생산되는지의 방법에 대한 지식
- 인식론적 지식(epistemic knowledge): 과학 탐구의 일반적 통상적 실천의 근거, 생성된 주장의 위상 및 이론, 가설 및 데이터와 같은 기초 용어들의 의미에 대한 이해, 절차와 절차 활용의 정당화를 뒷받침하는 근거에 대한 이해를 포함

지식을 포함하는 과학의 인지적 영역에 대한 PISA의 평가틀은 그림 6.2와 같다.

그림 6.2 PISA 과학의 인지적 영역 평가틀

우리나라가 참여하는 국제 학업성취도 평가의 다른 종류인 TIMSS(Trends in International Mathematics and Science Study)에서도 지구과학을 내용 영역 중 하나로 설정하여 학생의 성취도를 평가하고 있으며, 인지 영역으로 알기, 적용하기, 추론하기의

3가지 요소를 포함하는 평가틀을 바탕으로 하고 있다. 지구과학과 관련된 평가틀의 영역과 하위 요소는 표 6.6과 같다(Jones et al., 2013).

표 6.6 TIMSS 지구과학 관련 인지적 영역 평가틀

영역		하위 요소
내용 영역	지구과학(Earth Science)	지구의 구조와 물리적 특징 지구의 변화, 순환과 역사 지구의 자원, 이용과 보존 태양계와 우주에서의 지구
인지 영역	알기(Knowing)	회상/인식하기 기술하기 예 제시하기
	적용하기(Applying)	비교/대조/분류하기 관련짓기 모형 사용하기 정보 해석하기 설명하기
	추론하기(Reasoning)	분석하기 종합하기 질문과 가설 설정/예상하기 탐구 설계하기 평가하기 결론 도출하기 일반화하기 정당화하기

PISA와 TIMSS의 평가틀을 대학수학능력시험과 비교한 연구 중에서는 수능의 평가틀을 기준으로 지식과 탐구로 구분하고, PISA의 역량 중 '현상에 대한 과학적 설명' 및 TIMSS의 인지 영역 중 '알기'와 '적용하기'를 지식의 범주로, 나머지는 탐구의 범주에 대응하는 것으로 보기도 한다(김현정 외, 2016). 그러나 이 경우에도 개념의 적용과 탐구 영역 사이의 구분이 모호하다는 점을 언급하고 있다. 이러한 논의를 바탕으로 우리는 과학 지식의 범주가 더 이상 내용 지식의 좁은 의미에 국한되지 않고 과학의 과정 또는 탐구에 필요한 지식의 영역까지 확장되어 역량의 개념으로 맞닿고 있으며, 이러한 요소

모두가 인지적 영역을 구성하는 것으로 규정하고 있음을 확인할 수 있다. 예를 들어 PISA에서 과학적 소양은 그림 6.2의 3가지 역량으로 정의하는데, 이 모든 역량에는 지식이 필요하다고 보는 것이다. 과학 현상에 대한 설명을 하기 위해서는 과학 내용에 대한 지식이 반드시 요구되며, 과학 탐구의 평가 및 설계와 같은 역량에는 내용 지식 이상의 지식, 즉 절차적 지식과 인식론적 지식이 필요하다. 탐구 능력이 영역 특수적인 지식의 영향을 받는다는 관점에서 과학 지식과 역량은 불가분의 관계로 배타적이거나 독립적인 영역이 아니다. 지구과학의 실제적인 문제를 해결하는 일련의 과정에서 해당 영역의 내용 지식이 필수불가결하다는 의미이다. 그러나 탐구를 과학 내용이 서로 다른 경우에도 공통적으로 적용될 수 있는 영역 일반적인 수행으로 보는 관점도 있으므로(Baker et al., 1996), 평가 영역으로서의 탐구 능력을 뒤이어 따로 소개하기로 한다.

(2) 지구과학 탐구 평가

탐구는 다른 학문 및 교과와는 뚜렷하게 구분되는 과학의 핵심적인 활동이며, 그 의미는 연구자의 견해나 탐구가 이루어지는 맥락에 따라 다양하게 이해되어 왔다. 그럼에도 불구하고 탐구는 대체로 과학자들이 사용하는 방법과 과정, 학생들로 하여금 개발하도록 해야 할 인지적 능력의 집합, 과학 탐구에 대한 학습을 촉진할 수 있는 교수 전략, 그리고 탐구 능력을 개발하고 과학 개념과 원리를 이해하기 위한 수단으로 정리할 수 있다(권재술 외, 2012). 특히 과학교육의 견지에서 탐구는 과학 지식과 더불어 가장 중요한 핵심 축으로 여겨진다(Sund와 Trowbridge, 1973). 이에 탐구의 평가라는 관점에서 권재술 외(2012)는 탐구 기능, 문제 해결과 추론의 과정, 탐구에 대한 이해 등의 측면에서 이루어질 수 있다고 보았다.

실제로 탐구의 장면에서 활용되는 평가의 영역은 다양한 측면을 가리키고 있다. 우선 과학 탐구 기능(skills)은 주로 관찰, 분류, 가설 설정, 변인 통제 등과 같이 과학 탐구 과정에서 사용되는 낱낱의 기술이나 기법을 일컫는데, 1960년대에 미국에서 개발된 학문 중심 교육과정 중의 하나인 'Science-A Process Approach(SAPA)'에서 기원한 것으로, 우리나라 교육과정에서는 이를 '과정' 또는 '탐구 과정'이라는 이름으로 제시하여 왔다(오필석, 2020).

그러나 탐구는 학생들이 관찰, 측정, 추론 등과 같은 기능을 배우는 과정으로서의 과학

이상을 의미하며, 학생들이 과정과 지식을 결합하여 과학적으로 추론하고 비판적으로 사고함으로써 과학에 대한 이해를 함양하는 과학의 과정들을 포괄하는 것이다(NRC, 1996). 이에 과학 탐구 수행에 필요한 중학교와 고등학교급 학생들의 능력으로 다음과 같은 요소들을 제시하고 있다.

- 과학 탐구로 이끄는 문제와 개념의 확인
- 과학 탐구의 설계와 수행
- 탐구의 개선과 원활한 의사소통을 위한 기술 및 수학의 사용
- 논리와 증거를 이용한 과학적 설명 및 모형의 구성과 수정
- 대안적인 설명 및 모형에 대한 인식과 분석
- 과학적 주장의 전달과 변론

또한 학생들은 이와 같은 탐구를 수행함으로써 과학 개념의 이해뿐만 아니라, 과학 지식을 알게 된 과정에 대한 이해, 과학의 본성에 대한 이해, 스스로 자연 세계에 대한 탐구를 수행하는 데 필요한 기능, 그리고 과학과 관련된 기능과 능력 및 태도를 사용하려는 성향을 얻을 수 있다(NRC, 1996)

마찬가지로 기능이나 과정이라는 용어만으로는 과학 탐구의 폭넓은 범위와 실제를 충분히 담아내지 못하며, 과학 탐구에는 기능뿐만 아니라 그 실천에 필요한 지식도 필요하다는 측면을 더욱 강조하여 실천(practice)이라는 용어로 대체, 확장하여 이해하기도 한다(NRC, 2013). 미국의 차세대 과학교육 표준(NGSS, Next Generation Science Standards)에서 제시하는 8가지 과학적 실천은 다음과 같다.

- 질문하기 및 문제 정의하기
- 모형 개발 및 사용하기
- 탐구 조사 계획 및 수행하기
- 자료 분석 및 해석하기
- 수학 및 전산적 사고 사용하기
- 설명 구성하기 및 해결책 설계하기

- 증거 기반 논증하기
- 정보 수집, 평가 및 소통하기

2015 개정 교육과정에서도 NGSS와 유사한 요소에 대하여 기능이라는 명칭을 사용하여 전체 과학 교과에 공통적으로 적용되는 8가지가 있다(교육부, 2015a). 이때 기능은 수업 후 학생들이 할 수 있거나 할 수 있기를 기대하는 능력을 의미하며, 과학 교과 고유의 탐구 과정 및 사고 기능을 포함하는 것으로 다음과 같다.

- 문제 인식
- 탐구 설계와 수행
- 자료의 수집·분석 및 해석
- 수학적 사고와 컴퓨터 활용
- 모형의 개발과 사용
- 증거에 기초한 토론과 논증
- 결론 도출 및 평가
- 의사소통

(3) 지구과학 태도 평가

과학 학습은 사실과 개념의 축적에 의해서만이 아니라 과학과 기술에 대한 관심, 더욱 배우고자 하는 동기와 흥미가 더해지는 경우에 성공으로 연결될 가능성이 커지고 이후에 전공이나 직업 선택과도 연결될 수 있다. 특히 과학 학습에 대한 동기는 학습에 대한 참여와 성취를 끌어올리는 요소이며, 학습에 있어 적절한 자율성과 적당한 경쟁, 그리고 긍정적 피드백을 제공하는 환경에서 학생들의 내재적 동기가 촉진된다고 알려져 있다(Martin et al., 2013).

동기를 북돋우기 위해서는 과제를 성공적으로 수행할 수 있는 자신의 능력에 대한 자신감이 중요한데, 자신의 신체적, 사회적, 지적 능력에 대한 인지적 평가를 자아 개념(self-concept)이라고 한다(Pintrich와 Schunk, 2002). 예를 들어 '나는 지구과학을 잘 해'라고 생각한다면 이 학생의 지적 자아 개념이 긍정적이라고 말할 수 있는 것이다. 자아 개념과 흔히 혼용하여 사용되는 자아 존중감(self-esteem)은 자아 개념의 평가적 측면으로 스스로 가치롭다고 평가하는 자신에 대한 정의적 반응이며, 자신의 가치와 능력을 긍정적으로 평가한다면 자아 존중감이 높다고 할 수 있다(한국교육심리학회, 2000; Pintrich와 Schunk, 2002).

자아 효능감(self efficacy)은 특정한 과제를 수행할 때 개인이 상황을 스스로 극복할 수 있고 자신에게 주어진 과제를 성공적으로 수행할 수 있다는 신념이나 기대를 의미한다(한국교육심리학회, 2000). 자아 효능감은 지구과학과 같이 특정 영역과 연관된 자아 개념과 비슷한 점도 있지만, 행동의 과정을 조직하고 완성하는 데 초점이 맞추어져 있고 학습 동기에 대한 구체적이고 상황적인 관점을 나타낸다는 점에서 자아 개념과는 차이가 있다(Bandura, 1986; Bong과 Clark, 1999). '나는 어떤 지역에서 지진이 다른 지역보다 자주 발생하는 이유를 설명할 수 있어'라고 생각하는 것은 해당 과제에 대해 높은 자아 효능감을 가졌다고 볼 수 있다. 이처럼 구체적인 과제와 관련되어 다른 영역에 걸쳐 일반화되지 않는다고 여겨지는 자아 효능감의 특수성(Smith와 Fouad, 1999)에 기인하여 자아 효능감이 적용될 수 있는 범위가 매우 좁다는 점을 고려할 때 대단히 구체적인 맥락에서 평가되어야 할 것이다.

한편 Gardner(1975)는 과학에서의 태도를 2가지의 범주로 구분하였다. 과학에 대한 우호적 또는 비우호적인 느낌이나 흥미, 과학자에 대한 태도, 과학의 사회적 책임에 대한 태도 등을 '과학에 대한 태도(attitude towards science)'로, 개방성, 정직함, 회의적인 성향 등은 '과학적 태도(scientific attitude)'로 구분할 수 있다고 보았다. 특히 과학에 대한 태도는 뚜렷하게 정의적 측면을 드러내는 반면에 과학적 태도는 과학의 본성에 대한 이해 등을 포함하여 인지적 측면과도 흡사한 것으로(Gogolin과 Swartz, 1992: Moore와 Foy, 1998: Mulliken, 1937) 두 범주는 서로 다른 측면을 평가하는 것이다.

이와 마찬가지로 PISA의 평가틀에서도 비인지적 차원에 해당하는 태도를 다시 '과학에 대한 태도'와 '과학적 태도'로 구분하는데 전자의 예로는 과학의 다른 내용 영역에 대한 관심이, 후자는 학생들이 과학적 접근에 대한 가치를 인식하는 것과 같은 과학 지식에 대한 인식론적 신념 등이 해당한다고 설명한다(OECD, 2016).

2 지구과학 지필평가의 특징과 방법

2.1 지필평가 문항 유형

선택형 문항은 복수의 선택지를 제공하고, 그중 하나 또는 그 이상의 개수를 답으로 고르는 방식의 평가를 통틀어서 지칭하는 것이다. 선택형 문항은 진위형, 연결형, 선다형의 하위 유형으로 다시 나눌 수 있다.

1) 선택형 문항

(1) 진위형(양자택일형)

진술문을 제시하고 해당 진술의 참 또는 거짓을 판단하도록 하는 것이 이 유형의 문항에서 가장 일반적인 형태인 까닭에 흔히 진위형 문항으로 불리기도 한다. 그러나 2개의 선택지 중에서 하나를 선택한다는 점에서는 같으나 문항에서 평가하고자 하는 바에 따라 찬성 또는 반대, 옳음 또는 그름, 관찰 또는 추론 등으로 대비되는 2개의 선택지를 다양하게 구성할 수도 있으므로 양자택일형 문항이라고 일컫는 것이 더욱 합리적이다.

진위형 문항의 특징은 다음과 같다. 이와 같은 형태의 문항은 교실에서 교사가 학생들에게 묻는 방식과 유사하여 문항에 답하기 위한 사고 과정에 매우 익숙하다는 특징을 지니며, 다른 방식의 평가 도구에 비해 현저하게 짧은 시간에 많은 문항을 해결하도록 설계할 수 있어서 많은 양의 지식에 대한 평가 결과를 도출할 수 있다(McMillan, 2018). 뿐만 아니라 문항 제작에도 시간이 비교적 적게 소요되며, 채점도 객관적이고 빠른 시간에 완수할 수 있다는 장점이 있다. 그러나 2개의 선택지 중에서 하나를 선택하도록 하는 구조적인 문제로 인해 추측에 의한 정답의 확률이 비교적 높아 실제 학생들의 이해보다 다소 높은 수준으로 해석되는 등 부정확한 평가 결과가 산출될 수 있으며, 고차원적 사고 능력을 측정하기 어렵다는 단점이 있다.

인지적 영역의 평가에 있어서 진위형 문항이 갖는 한계에도 불구하고 찬성 또는 반대, 동의 또는 동의하지 않음의 선택지를 활용하면 학생의 신념이나 태도와 같은 정의적 영역의 평가가 가능하다. 또한 어떠한 선택지를 활용하는지에 따라 추론과 같은 고차원적 사고 능력을 평가할 수 있기도 하다. 예를 들어 학생들에게 야외 지질 조사를 실시하면서 도출된 어떤 진술이 관찰을 나타내는지 아니면 추론을 나타내는지 고르도록 할 수 있다.

(2) 연결형

연결형 문항은 2가지의 범주 각각의 특징과 관계 등에 대해서 학생들이 이해하고 있는 정도를 평가하는 데 효율적인 방식이다. 진위형 문항과 마찬가지로 효율적으로 많은 양의 지식을 평가할 수 있으며, 문항의 제작과 채점이 용이하다는 특징이 있다.

연결형 문항의 두 범주 중에서 왼쪽 부분에 제시하는 항목을 전제(premise)라고 하고, 오른쪽 부분을 응답(response)이라고 하는데, 학생들은 각각의 전제를 적절한 반응에 연결한다(McMillan, 2018). 연결형 문항의 전제와 반응에 있어 다음과 같은 점을 고려하여 제작할 필요가 있다. 전제와 응답은 각각 일정한 특징을 공유하는 항목으로 구성하고, 전제의 개수를 너무 많이 설정하는 것은 좋지 않다. 또한 전제보다 응답의 수가 더 많고 전제와 반응은 같은 지면에 배치해야 한다.

(3) 선다형

선다형 문항은 여러 개의 선택지 중에서 문항에서 요구하는 적절한 답을 고르도록 하는 방식을 채택한다. 학교 수준 또는 국가 수준의 평가에서 널리 활용되고 있는데, 이는 많은 수의 학생을 대상으로 다양한 영역의 지식을 평가할 수 있으며, 신속한 채점이 가능하고, 객관적인 결과의 보고와 각각의 선택지에 응답한 비율을 분석함으로써 학생들이 잘못 이해하고 있는 부분이 무엇인지 구체적인 파악이 가능하기 때문이다. 또한 진위형 문항에 비해 선택지의 개수가 많기 때문에 추측으로 답을 맞출 수 있는 확률이 낮아져 신뢰도를 높일 수 있고, 대학수학능력시험과 같은 고부담 시험에서 출제되는 문항 형식을 연습하도록 한다는 점에서 실제적으로 유용하다. 반면에 선다형 문항은 진위형 문항이나 연결형 문항보다 제작하기가 다소 까다로운데 의미 있으면서도 매력적으로 여겨지는 여러 개의 선택지를 구성하는 것이 쉽지 않기 때문이다. 보통 1-2개의 적절한 선택지를 만들기는 쉬우나 3개 이상의 선택지에서는 매력이 떨어지거나 앞서 만든 선택지와 유사한 평가 내용 및 요소가 중복되는 경향이 발생하기도 한다.

지구과학의 선다형 문항은 보통 문두(問頭), 자료, 발문(물음), 그리고 4-5개 정도의 답지로 구성되어 있다. 주로 활용되는 선다형 문항의 하위 유형에는 최선답형, 정답형, 합답형, 부정형이 있다. 각 유형에 해당하는 문항의 예시는 그림 6.3과 같다.

① 최선답형

최선답형은 여러 가지 답지 중에서 정답에 가장 가까운 것을 선택하도록 하는 유형이다. 따라서 발문에 '가장' 적절한 것을 고르도록 요구한다. 그림 6.3의 예시와 같이 문항에서 요구하는 A와 B에 해당하는 암석의 종류를 정확하게 특정하기 보다는 답지 중에서 정답의 정도가 가장 큰 것을 요구하는 것이다.

② 정답형

정답형은 답지 중 한 개만 정답이고 나머지는 완전히 오답인 유형으로, 최선답형과 형식적인 차이는 없으나 물음에 '가장'이 없고, 주로 '옳은 것'을 고르도록 한다. 원리나 법칙의 적용을 다루는 문제나 공식에 의한 값의 계산과 같은 문제는 보통 하나의 정답만 있으므로 이와 같은 유형의 제작이 가능하다. 그림 6.3과 같이 색지수, 질량, 절대 등급 등의 별의 물리량이나 진화 경로에 대한 비교는 각각의 정의와 조건에 의해 상대적 크기가 분명하므로 정답형으로 제작할 수 있다.

③ 합답형

합답형은 보기에 주어진 조건들 중 문두의 요구에 부합하는 조건을 모두 선택한 답지가 정답이 되는 문항 유형이다. 평가 요소가 독립적으로 작용하면서도 매력도를 가지는 답지를 여러 개 구성하기 쉽지 않을 때 흔히 채택하는 유형으로 학생이 내용을 완전히 이해해야 정답을 찾을 수 있지만, 간혹 묶여 있는 답지군에서 정답의 단서를 얻을 수 있는 단점이 있으므로 유의해야 한다.

④ 부정형

부정형은 답지 중 '옳지 않은' 답지를 하나 선택하게 하는 방법이다. 이때 반드시 부정적 표현에 대해 밑줄을 긋는 등의 방법으로 수험자의 주의를 환기시켜야 한다.

5. 그림은 화성암의 분류 기준에 암석 A와 B의 상대적인 위치를 나타낸 것이다.

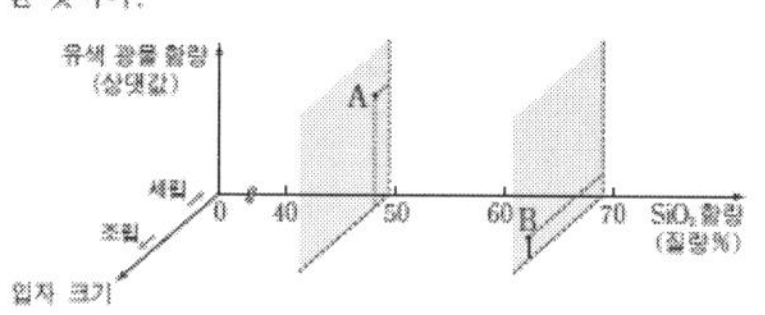

A와 B에 해당하는 화성암으로 가장 적절한 것은?

	A	B
①	현무암	반려암
②	현무암	화강암
③	화강암	반려암
④	화강암	유문암
⑤	화강암	현무암

최선답형 문항(2016학년도 수능 지구과학II)

5. 그림은 주계열성 A와 B가 각각 거성 C와 D로 진화하는 경로를 H-R도에 나타낸 것이다.

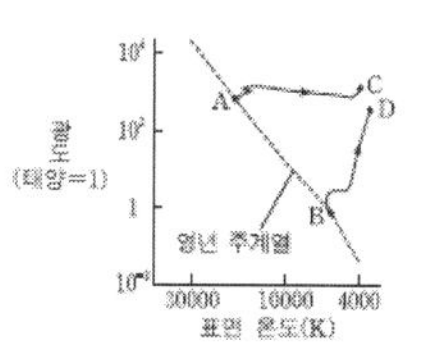

이에 대한 설명으로 옳은 것은? [3점]

① 색지수는 A가 C보다 크다.
② 질량은 B가 A보다 크다.
③ 절대 등급은 D가 B보다 크다.
④ 주계열에 머무는 기간은 B가 A보다 길다.
⑤ B의 중심핵에서는 헬륨 핵융합 반응이 일어난다.

정답형 문항(2018학년도 수능 지구과학II)

2. 그림 (가)는 태평양의 해역 A, B, C를, (나)는 이 세 해역에서 관측한 수온과 염분을 수온-염분도에 ㉠, ㉡, ㉢으로 순서 없이 나타낸 것이다.

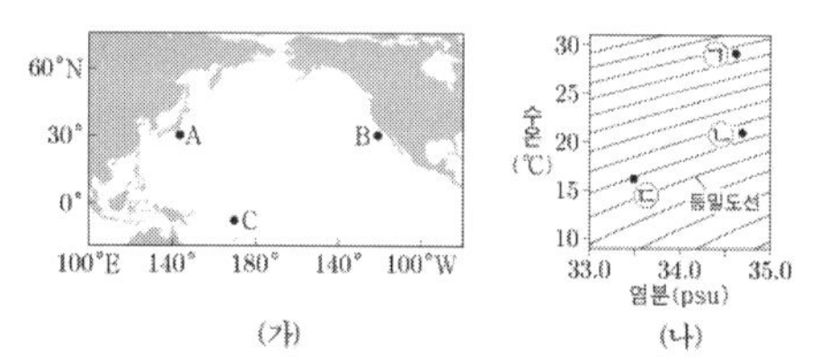

이에 대한 설명으로 옳은 것만을 <보기>에서 있는 대로 고른 것은?

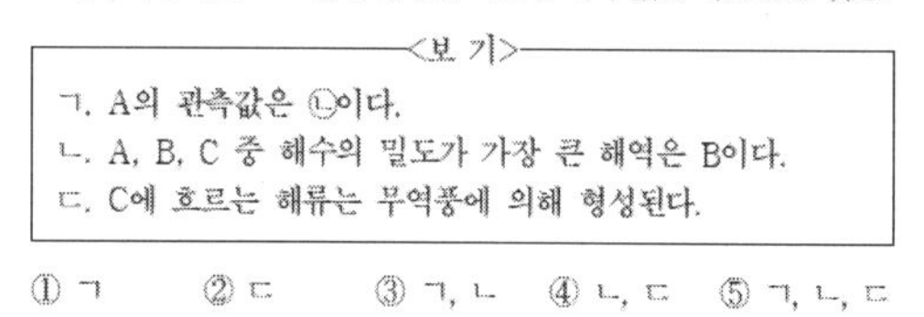

<보 기>

ㄱ. A의 관측값은 ㉡이다.
ㄴ. A, B, C 중 해수의 밀도가 가장 큰 해역은 B이다.
ㄷ. C에 흐르는 해류는 무역풍에 의해 형성된다.

① ㄱ ② ㄷ ③ ㄱ, ㄴ ④ ㄴ, ㄷ ⑤ ㄱ, ㄴ, ㄷ

합답형 문항(2021학년도 수능 지구과학I)

9. 그림은 우리나라 국가 지질 공원에서 볼 수 있는 지질 구조를 나타낸 것이다.

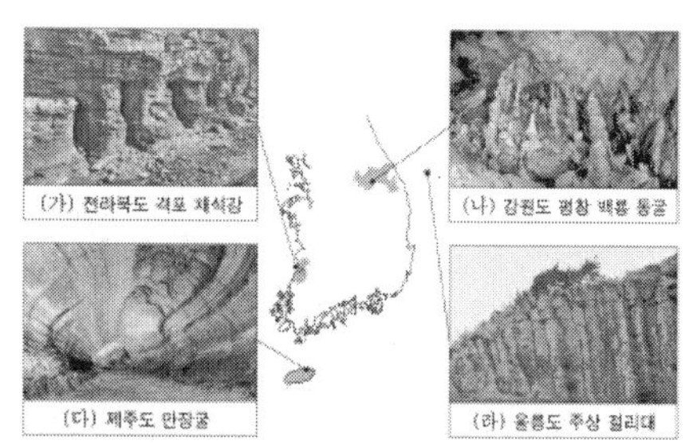

이에 대한 설명으로 옳지 <u>않은</u> 것은? [3점]

① (가)에서는 층리가 관찰된다.
② (나)는 석회암 지대에서 형성되었다.
③ (나)와 (다)는 모두 지하수의 용해 작용으로 형성되었다.
④ (다)와 (라)를 구성하는 암석은 모두 신생대에 생성되었다.
⑤ (라)의 주상 절리는 용암이 급격히 냉각 수축하는 과정에서 형성되었다.

부정형 문항(2019학년도 수능 지구과학I)

그림 6.3 선다형 문항의 하위 유형별 예시

2) 서답형(구성형) 문항

서답형(구성형) 문항은 선택형 문항과 달리 선택이 가능한 답지를 제공하지 않고 문항에서 요구하는 바를 학생이 스스로 구성하여 답안을 작성하도록 하는 형태이다. 서답형 평가 문항은 학생의 응답 방식에 따라서 완성형, 단답형, 서술형, 논술형 문항으로 나눌 수 있다.

(1) 완성형과 단답형 문항

완성형과 단답형 문항은 모두 질문에서 요구하는 답안으로 단어, 구, 숫자, 기호 등을 간단하게 쓰도록 요구하는 유형이다. 다만 완성형은 질문을 위한 문장의 일부분에 여백을 두고 제시된 빈칸에 알맞은 답안을 기입하도록 요구한다. 이에 비해 단답형은 제시된 질문에 적절한 단어나 구, 숫자, 수식, 그림 등 제한된 형태로 작성하며, 용어나 개념을 직접 묻거나 계산한 답을 적는 문제에 자주 사용된다.

(2) 서술형과 논술형 문항

서술형 문항은 지식이나 개념, 원리, 의견 등을 간략하게 설명하여 작성하도록 하는 유형의 문항으로 학생들이 알고 있는 내용을 설명하거나, 주어진 자료를 요약하거나, 풀이 과정을 나열하거나, 주어진 자료를 분석하는 등의 문항이 이에 해당한다(한국교육과정평가원, 2020).

논술형 문항은 학생이 자신의 주장과 근거를 논리적으로 작성하도록 하는 유형의 문항으로 제시한 자료를 평가 및 해석하거나, 근거를 들어 주장하거나, 타당한 해결책을 제시하는 등의 문항이 해당한다(한국교육과정평가원, 2020).

서·논술형 문항은 응답의 자유도에 따라 응답 제한형과 응답 자유형으로 구분하기도 한다(표 6.7). 응답 제한형은 답안 내용의 범위와 서술 방식, 답안의 길이 등에 제한을 가하는 형태이며, 응답에 제한을 하는 방식에 따라 응답 제한형 문항의 하위 유형을 각각 내용 제한형, 분량 제한형, 서술 방식 제한형으로 구분하기도 한다. 서술형 문항은 논술형 문항에 비해 응답 자유형으로 주로 출제되어 대개 한두 개 정도의 짧은 문장 등으로 답할 것을 요구한다.

표 6.7 서·논술형 문항의 구분

서·논술형 문항의 구분		설명
응답 제한형	내용 제한형	응답에 제한(응답의 내용, 분량, 형식을 구체적으로 지시)을 하는 방식에 따른 분류
	분량 제한형	
	서술 방식 제한형	
응답 자유형	범 교과형	내용의 특성에 따른 분류
	특정 교과형	
	단독 과제형	자료나 정보의 제시 방식에 따른 분류
	자료 제시형	

2.2 평가 영역별 평가틀과 평가 도구

1) 지구과학 지식 평가

우리나라 교육과정을 바탕으로 지구과학 내용 영역을 대상으로 하며 학생들의 학업 성취를 파악하고자 하는 대표적인 평가로 국가수준 학업성취도 평가가 있다. 국가수준 학업성취도 평가는 매년 중학교 3학년 학생을 표집하여 과학을 비롯한 몇몇 교과의 성취도를 평가하고, 그 결과를 교수-학습 방법 및 교육과정 개선의 기초 자료로 삼는다. 국가수준 학업성취도 평가는 준거 참조 평가로서 학생에게 교과별 성취수준을 1수준부터 4수준까지로 구분하여 제공하며, 과학의 평가틀은 표 6.8과 같이 내용, 역량, 맥락의 3차원으로 구성되어 있다(한국교육과정평가원, 2018a).

표 6.8 국가수준 학업성취도 평가틀

차원		설명
영역 / 역량 / 맥락	영역	2015 개정 교육과정의 과학과 내용 영역을 재구성한 것으로 과학의 내용을 평가하기 위한 것
	역량	2015 개정 교육과정의 과학과 핵심역량을 재구성한 것으로 과학에서 중점적으로 기르고자 하는 능력을 평가하기 위한 것
	맥락	문항 해결에 필요한 상황을 설정한 것

지구과학의 내용 영역은 과학과 교육과정 과학의 '지구와 우주' 영역 중 평가 범위에 해당하는 성취기준 자체이며, 국가수준 학업성취도 평가에서는 교육과정에 제시된 과학 개념, 원리, 법칙 등에 대한 학생들의 이해를 평가할 필요가 있고, 학생의 수행에 대한 지속적인 평가가 아닌 일제식 지필평가의 형태로 주로 시행되어 왔다는 점을 고려하여 교육과정에 제시된 5개 과학과 핵심역량을 3가지로 재구성하여 제시하고 있다.

- 과학 원리의 이해 및 적용: 자연 현상에 나타난 과학 원리를 인식하고 이와 관련된 과학 개념을 이해하며, 일상생활에 과학 개념과 원리를 적용하는 능력
- 과학적 탐구 및 문제 해결력: 실험, 조사, 토론 등 다양한 방법으로 증거를 수집, 해석, 평가하고, 과학적 지식과 과학적 사고를 활용하여 일상생활의 문제를 해결하는 능력
- 과학적 의사소통 능력: 과학적 증거와 추론에 근거하여 다양한 형태로 자신의 생각을 주장하고 타인의 생각을 이해하여 합리적으로 의견을 주고받는 능력

이는 교육과정에서 제시하는 과학과 핵심역량이 대체로 포괄적이면서도 일반적인 진술이고 각각의 역량이 평가 요소에 있어 중복되는 부분도 있다는 점을 고려한 것이다. 평가틀의 나머지 한 축인 맥락은 문항 해결에 필요한 상황을 설정한 것으로 실생활과 순수과학의 맥락으로 구분하고 있다.

대학수학능력시험에서는 지구과학I과 지구과학II 과목을 포함하여 고등학교 교육과정의 내용과 수준에 기반한 과학 개념에 대한 이해와 적용 능력 및 과학적 탐구 능력, 과학적 사고력을 다양한 탐구 상황에서 평가하고 있다(한국교육과정평가원, 2021). 그림 6.5와

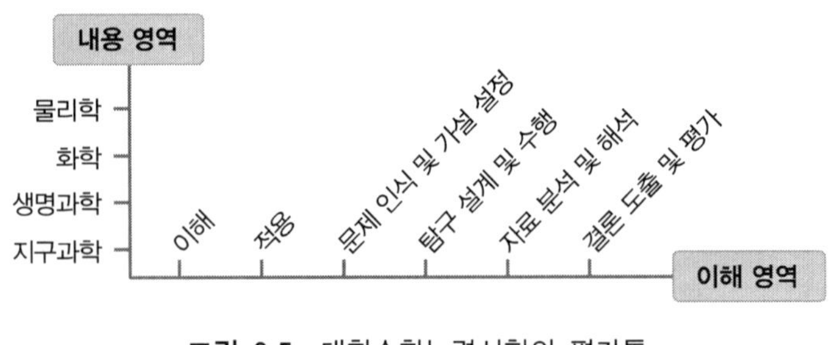

그림 6.5 대학수학능력시험의 평가틀

같이 내용 영역과 행동 영역의 2차원으로 구조화된 평가틀을 설정하고, 문항의 소재로 순수 과학적 소재와 실생활 소재를 사용한다.

교실 또는 학교 수준에서 지구과학 지식을 평가하는 데 있어 교육과정 및 평가 목표에 근거하여 타당한 평가를 시행하고자 통상 문항 정보표를 작성한다. 문항 정보표는 평가 도구를 제작하기에 앞서 평가 내용 및 평가 요소, 성취기준, 역량, 난이도, 정답 및 채점 기준, 배점 등의 정보를 포함하는 출제 계획표이자 평가틀의 작동 결과이기도 하다. 그러나 문항 정보표는 평가 도구 개발의 계획 단계에서만 활용되는 것이 아니라 문항의 검토 과정 및 최종 문항이 완성되고 난 이후에도 문항의 편향이나 정답 또는 채점 기준의 이상 여부, 답지의 패턴 유무 등을 한눈에 확인할 수 있어 유용하므로 형식적 작성에 그치지 않도록 해야 한다. 그림 6.6은 문항 정보표의 예시이다.

문항번호	평가 요소	성취기준	역량						난이도			배점	정답
			개념 및 원리 이해	개념 및 원리 적용	문제 인식 및 가설 설정	탐구 설계 및 수행	자료 분석 및 해석	결론 도출 및 평가	상	중	하		
1	지질 시대 각 누대의 생물 특징과 환경 변화에 대해 이해하기	[12지과 I 02-05] 지질 시대를 기(紀) 수준에서 구분하고, 화석 자료를 통해 지질 시대의 생물 환경과 기후 변화를 해석할 수 있다.	○							○		3	⑤
2	해수의 염분에 영향을 미치는 요인을 알아보기 위한 실험 설계하기	[12지과 I 03-04] 해수의 물리적, 화학적 성질을 이해하고, 실측 자료를 활용하여 해수의 온도, 염분, 밀도, 용존 산소량 등의 분포를 설명할 수 있다.				○					○	4	②

그림 6.6 문항 정보표 예시

2) 지구과학 탐구 능력 평가

탐구 능력을 평가하기 위해서는 주로 실험 등의 활동을 바탕으로 하여 관찰 평가, 보고서 평가 등의 방법이 활용될 수 있으나, 전통적으로 TIPS(Test of Integrated Science Process Skills, Dillashaw와 Okey, 1980), MIPT(Middle Grades Integrated Science Process Skills Test, Padilia와 Cronin, 1986), POPS(Performance of Process Skills, Matteis와 Genzo, 1988) 등의 지필평가 문항이 개발되어 학생들의 과학 탐구 능력을 측정하는 도구로 사용되었다. 우종옥과 이항로(1995)는 외국에서 개발된 이와 같은 평가 도구를 참고하여 11개의 탐구 과정 요소를 설정하고, 33개의 문항으로 구성된 5지 선다형의 지구과학 탐구 능력 평가 도구(TESIS, Test of Earth Science Inquiry Skill)를 개발하였다. 각각의 탐구 요소와 평가 목표는 표 6.9와 같다. 다만 TESIS를 개발한 연구자들도 전제하였듯이 지필평가로 탐구 능력을 평가하는 것은 학생들이 학습하기 어려운 탐구 능력 요소들을 진단하고 탐구 능력의 발달 정도를 부분적으로나마 추적하기 위한 것이다. 즉, 탐구 능력의 지필평가는 실험 과정 평가의 보완으로 이용하는 것이 바람직하다(권재술 외, 1998).

표 6.9 지구과학 탐구 능력 하위 요소별 평가 목표

탐구 과정 요소	평가 목표
가설 설정	종속 변인과 독립 변인이 구체적으로 제시된 실험, 관찰, 관측 자료가 주어지면, 이로부터 검증 가능한 가설을 제안하거나 확인할 수 있다
변인 통제	연구 문제나 가설이 주어지면, 주어진 문제나 가설을 검증하기 위해서 반드시 통제되어야 할 변인들을 확인하거나 통제할 수 있다.
실험 설계	연구 문제나 가설이 주어지면, 그 문제나 가설의 타당성을 검증하기 위해서 적절한 실험 설계를 할 수 있다.
자료 변형 중 숫자 계산	실험, 관찰, 관측 데이터가 주어지면, 그 데이터를 실험, 관찰, 관측 문제를 해결하기 위해 간단한 계산을 통해서 좀더 유용하고 쉽게 설명할 수 있는 물리량으로 변형시킬 수 있다.
실험값을 그래프로 나타내기	실험, 관찰, 관측 데이터가 표로 제시되면, 이것을 보다 명확하고 조직화된 자료 제시 형태인 그래프로 나타낼 수 있다.

추리	실험, 관찰, 관측이나 자연 현상에서 관찰 가능한 사실이 표, 그래프, 그림, 언어 등으로 제시되면, 그 사실로부터 직접 관찰이 안되는 새로운 사실이나 성질을 유도할 수 있다.
상관관계 결정	과학적 사실에 대한 결과가 표, 그래프, 그림, 언어 등으로 주어지면, 이들로부터 변인들 사이의 관계를 발견하여 언어나 수식으로 설명할 수 있다,
인과관계 결정	실험적 또는 자연적 결과가 표, 그래프, 언어, 그림 등으로 주어지면, 이들 현상이 발생한 원인이나 증거들을 유추하여 설명할 수 있다.
예상(내삽, 외삽 포함)	다양한 실험, 관찰, 관측이나 자연 현상에서 관찰 가능한 데이터가 표, 그래프, 그림, 언어 등으로 분석될 경우, 데이터가 없는 중간 부분이나 밖의 영역까지 유추하여 설명할 수 있다. 또는 특정한 실험, 관찰, 관측에 대한 결과나 사건 발생을 예상하여 기술할 수 있다.
결론	실험, 관찰, 관측 내용이나 결과가 표, 그래프, 언어, 그림 등으로 주어지면, 실험 결과만을 근거로 이들을 종합하여 결론을 내릴 수 있다.
일반화와 모형 형성	특정한 실험, 관찰, 관측으로부터 얻은 결론을 좀더 폭넓은 상황에 적용할 수 있는지에 관한 실험, 관찰, 관측 내용과 결과가 주어지면, 이들 실험, 관찰, 관측 결과를 토대로 좀 더 일반화된 설명 체계로 제안할 수 있다.

한편, 탐구에 대한 학생들의 올바른 이해가 과학교육의 중요한 목표 중 하나로 여겨짐에 따라 과학 탐구에 대한 학생의 인식을 알아보기 위한 도구로 VASI(View About Scientific Inquiry, Lederman et al., 2014) 검사지는 비교적 최근에 개발되어 널리 활용되고 있다. 그림 6.7과 같이 VASI 검사지는 7개의 개방형 질문으로 구성되어 있으며, 하위 문항을 포함하면 모두 10개이다. 각각의 문항과 관련된 과학 탐구의 특징은 표 6.10에 제시된 바와 같다(Lederman et al., 2014).

과학 탐구에 대한 질문

아래에 있는 문제들은 과학 탐구에 대한 여러분의 생각을 알아보기 위한 것입니다. 정답이나 오답은 없으니 자신이 믿거나 생각한대로 답변해 보세요. 반드시 각각의 문제들을 신중히 읽고, 문제에 대한 자신의 생각을 최대한 자세히 설명해 주시길 바랍니다.

1. 새에 관심 있는 A군은 어느 날 새를 보다가 비슷한 종류의 음식을 먹는 새는 부리의 모양이 비슷하다는 것을 알게 되었다. A군은 딱딱한 견과류를 먹는 새는 짧은 부리를 가지고 있고, 웅덩이에서 곤충을 먹는 새는 길고 날씬한 부리를 가지고 있다는 것을 알아냈습니다. 그는 이렇게 새의 부리 모양이 새가 먹는 음식의 종류와 관련이 있는지 궁금하여 자료를 수집했고 자료로부터 모양과 새가 먹는 음식의 종류 사이에는 관계가 있다고 결론을 내렸습니다.

   a) A군의 활동이 과학적이라고 생각합니까? 왜 그런지 또는 왜 아닌지 설명해 보세요.

   b) A군의 활동이 실험이라고 생각합니까? 왜 그런지 또는 왜 아닌지 설명해 보세요.

   c) 과학자들이 과학 탐구를 할 때 여러 가지 방법을 사용할 수 있다고 생각합니까?
   - 만약 그렇지 않다면, 과학 탐구를 할 때 왜 한 가지 방법만을 사용하는지 설명해 보세요.
   - 만약 그렇다면, 과학 탐구를 할 때 사용할 수 있는 탐구 방법 두 가지를 적어보세요. 또, 방법이 어떻게 다른지 비교하고, 두 가지 방법이 각각 왜 과학적인지를 써 보세요.

2. 학생 두 명에게 과학 탐구는 반드시 과학적 질문으로부터 시작해야 하는지 물었습니다. 학생 A는 "예"라고 말했고, 학생 B는 "아니오"라고 말했습니다. 누구의 생각에 동의하는지, 왜 그렇게 생각하는지에 대해 예를 들어 설명해 보세요.

3. a) 같은 질문에 대하여 과학자들 몇몇이 각각 자료를 수집하고 결론을 내렸습니다. 만약 과학자들이 사용한 자료 수집 과장이 같다면, 그들은 항상 같은 결론을 내릴까요? 왜 그런지 또는 왜 그렇지 않은지 설명해 보세요.

   b) 같은 질문에 대하여 과학자들 몇몇이 각각 자료를 수집하고 결론을 내렸습니다. 과학자들이 사용한 자료 수집 과정이 서로 다를 때, 그들이 내린 결론은 서로 같을까요? 왜 그런지 또는 왜 그렇지 않은지 설명해 보세요.

4. '자료(data)'와 '증거(evidence)'가 서로 같은지 또는 어떻게 다른지를 예를 들어 설명해 보세요.

5. 어느 날 두 팀의 과학자들이 실험실로 걸어가다가 타이어가 펑크 난 채로 길가에 대어진 차를 보았습니다. 그들은 모두 "어떤 회사의 타이어가 펑크 나기 쉬운가?"라는 궁금증을 갖게 되었습니다.

   - 실험실로 돌아온 A팀은 세 종류의 도로 표면에서 다양한 회사의 타이어를 굴려 그 반응을 조사했습니다.
   - 실험실로 돌아온 B팀은 세 종류의 도로 표면에서 한 회사의 타이어를 굴려 그 반응을 조사했습니다.

   두 팀의 실험 과정 중 어떤 팀의 과정이 더 좋은지, 왜 더 좋은지를 설명해 보세요.

6. 아래에 있는 자료는 식물이 하루 동안 빛을 받은 시간과 일주일 동안 생장과의 관계를 나타낸 표입니다.

하루 동안 빛을 받은 시간 (분)	식물이 일주일 동안 자란 길이 (cm)
0	25
5	20
10	15
15	5
20	10
25	0

a) 이 자료로부터 어떤 결론을 내릴 수 있는지 선택해 보세요.

① 햇빛을 더 많이 받은 식물의 키가 크다.
② 햇빛을 더 적게 받은 식물의 키가 크다.
③ 식물의 생장은 빛과 관련이 없다.

b) 왜 그런 결론을 선택했는지 설명해 보세요.

7. 화석화된 공룡의 뼈가 과학자들에 의해 발견되었습니다. 과학자들은 뼈들을 다음과 같이 두개의 형태로 배열하였습니다.

a) 과학자의 대부분은 골격 1과 같은 형태가 가장 적절하다고 말합니다. 과학자들은 왜 그렇게 생각했을지 2개 이상의 이유를 써 보세요.

b) a의 질문에 답했던 것을 생각하면서, 과학자들이 골격 1이 가장 적절한 배열이라고 결론을 내릴 때는 어떤 종류의 정보를 사용하는지 써 보세요.

그림 6.7 VASI 검사지

표 6.10 VASI 검사지에 포함된 과학 탐구의 측면

과학 탐구의 특징	VASI 문항 번호
모든 과학 탐구는 질문으로부터 시작하지만, 반드시 가설을 검증하는 것은 아니다.	1a, 1b, 2
모든 과학 탐구가 한 가지 방법만을 따르는 것은 아니다. (즉, 탐구 방법은 다양할 수 있다.)	1b, 1c
탐구 과정은 탐구 질문에 따라서 달라진다.	5
모든 과학자가 같은 과정을 수행한다 해도 같은 결론을 얻게 되는 것은 아니다.	3a
탐구 과정은 그 결과에 영향을 미칠 수 있다.	3b
연구 결론은 수집된 자료와 일치해야 한다.	6
자료와 증거는 다르다.	4
설명은 자료와 선행 지식을 종합하여 구성된다.	7

3) 지구과학 태도 평가

과학 관련 태도를 측정하기 위한 지필형 평가 도구로는 TOSRA(Test of Science-Related Attitudes, Fraser, 1978)가 대표적이다. TOSRA는 과학의 사회적 의미, 과학자의 평범성, 과학 탐구에 대한 태도, 과학적 태도의 수용, 과학 수업의 즐거움, 과학에 대한 취미적 관심, 과학에 대한 직업적 관심의 7개 하위 영역에 대해 각각 10개씩 총 70개의 문항을 5점 척도로 묻고 있으며, 표 6.11에서와 같이 긍정과 부정의 질문이 무작위로 섞여 있다.

표 6.11 TOSRA 문항 일부

번호	하위 영역	질문
1	과학의 사회적 의미	과학에 돈을 투자하는 것은 가치로운 일이다.
2	과학자의 평범성	과학자들은 대개 쉬는 날에도 실험실에서 일하기를 좋아한다.
3	과학 탐구에 대한 태도	나는 어떤 일이 일어난 이유를 말보다는 실험을 통해서 알아내는 것을 좋아한다.
4	과학적 태도의 수용	나는 내가 원래 가지고 있던 생각과 다른 것들에 대한 것도 읽기를 좋아한다.
5	과학 수업의 즐거움	과학 수업은 재미있다.
6	과학에 대한 취미적 관심	나는 과학 동아리에서 활동하고 싶다.
7	과학에 대한 직업적 관심	나는 과학자가 되고 싶지 않다.
	(생략)	
64	과학의 사회적 의미	과학 프로젝트에 돈을 쓰는 것은 낭비이다.
65	과학자의 평범성	과학자는 내가 여태 만났던 보통 사람의 모습과 비슷할 것이다.
66	과학 탐구에 대한 태도	과학적 사실들은 실험을 통해 아는 것보다 다른 사람에게 들어서 아는 것이 좋다.
67	과학적 태도의 수용	나는 다른 사람들의 의견을 듣기를 싫어한다.
68	과학 수업의 즐거움	과학 수업이 없다면 학교가 더 즐거워질 것이다.
69	과학에 대한 취미적 관심	나는 과학에 대한 기사를 읽기를 싫어한다.
70	과학에 대한 직업적 관심	나는 과학자가 되고 싶다.

표 6.12와 표 6.13은 각각 PISA 2015와 TIMSS 2019에서 과학에 대한 정의적 특성을 평가하기 위한 지표로 사용되었던 학생용 설문 문항의 일부이다. 대부분의 문항이 4점 척도의 리커트형 질문을 활용하고 있다.

표 6.12 PISA의 과학에 대한 태도 설문 문항(https://www.oecd.org/pisa/data/2015database/)

범주	질문
과학에 대한 흥미	**다음의 과학 관련 주제에 어느 정도 흥미가 있습니까?**
	생물권(예: 생태계 서비스, 지속가능성)
	운동과 힘(예: 속도, 마찰, 자기력과 중력)
	에너지와 에너지의 전환(예: 보존, 화학 반응)
	우주와 우주의 역사
	과학이 질병을 예방하도록 도울 수 있는 방법
과학의 즐거움	**다음 내용에 얼마나 동의합니까?**
	나는 과학을 배우는 것을 재미있어 하는 편이다.
	나는 과학에 관한 책을 읽는 것을 즐긴다.
	나는 과학 주제를 다루는 것이 즐겁다.
	나는 새로운 과학 지식을 알게 되는 것을 즐긴다.
	나는 과학 공부에 흥미가 있다.
과학 학습에 대한 도구적 동기	**다음 내용에 대하여 얼마나 동의합니까?**
	과학 과목은 내가 나중에 하고 싶은 일을 하는 데 도움이 될 것이므로 노력할 가치가 있다.
	과학 과목에서 배우는 내용은 나중에 내가 하고 싶은 일에 필요하기 때문에 나에게 중요하다.
	과학 과목은 나의 진로 전망을 더욱 밝게 할 것이므로 공부할 가치가 있다.
	내가 과학 과목에서 배운 많은 것은 취업에 도움이 될 것이다.
과학에서의 자아 효능감	**다음 과제를 혼자 힘으로 얼마나 쉽게 해낼 수 있다고 생각합니까?**
	어떤 지역에서 지진이 다른 지역보다 더 자주 발생하는 이유 설명하기
	화성에 생물이 살고 있을 가능성에 대한 자신의 이해가 새로운 증거에 따라서 어떻게 변할 수 있는지 논의하기
	산성비 형성에 대한 두 가지 설명 중 더 나은 것을 식별하기
	건강 문제를 다룬 신문 기사에서 그 기사가 기초로 하고 있는 과학 문제 파악하기
	병을 치료할 때 항생제가 하는 역할 설명하기
	쓰레기 처리와 관련된 과학 문제 파악하기
	환경의 변화가 특정 생물종의 생존에 어떤 영향을 미칠지 예측하기
	식품의 겉면에 적힌 과학 정보 해석하기
과학의 인식론적 신념	**다음 내용에 얼마나 동의합니까?**
	어떤 것이 사실인지를 알기 위한 좋은 방법은 실험을 해보는 것이다.
	과학의 아이디어는 때로는 바뀐다.
	좋은 답변은 다양한 실험을 통해 얻은 증거에 기초한 것이다.
	당신의 결과를 확인하기 위해서는 두 번 이상의 실험을 시도하는 것이 좋다.
	과학자들도 때때로 과학에서 무엇이 옳은 것인지에 대한 생각을 바꾼다.
	과학 서적의 아이디어들은 종종 변한다.

표 6.13 TIMSS의 과학에 대한 태도 설문 문항
(https://timssandpirls.bc.edu/timss2019/questionnaires/index.html)

범주	질문
과학 학습에 대한 흥미	나는 과학을 공부하는 것이 즐겁다.
	나는 과학을 공부하지 않아도 되면 좋겠다.
	과학은 지루하다.
	나는 과학 과목에서 흥미로운 것을 많이 배운다.
	나는 과학을 좋아한다.
	나는 과학 수업이 기다려진다.
	과학은 세계의 여러 현상들이 어떻게 일어나는지 나에게 가르쳐준다.
	나는 과학 실험을 좋아한다.
	과학은 내가 좋아하는 과목 중 하나이다.
과학에 대한 자신감	나는 대체로 과학을 잘한다.
	나는 우리 반 친구들에 비해 과학을 더 어려워한다.
	나는 과학 내용을 빨리 배운다.
	선생님은 내가 과학을 잘한다고 말씀하신다.
	나는 다른 과목보다 과학이 더 어렵다.
	과학은 나를 헷갈리게 한다.
	나는 과학을 잘하는 것은 아니다.
	과학은 내가 잘하는 과목이 아니다.
	나는 어려운 과학 문제를 잘 해결한다.
과학에 대한 가치 인식	과학을 배우는 것이 일상생활에 도움이 된다고 생각한다.
	다른 과목을 배우는 데 과학이 필요하다.
	원하는 대학에 들어가기 위해 과학을 잘 할 필요가 있다.
	원하는 직업을 갖기 위해 과학을 잘 할 필요가 있다.
	과학을 활용하는 직업을 갖고 싶다.
	과학을 배우는 것은 세계에서 앞서 가기 위해 중요하다.
	과학을 배우는 것은 내가 어른이 되었을 때 더 많은 직업 선택의 기회를 줄 것이다.
	부모님은 내가 과학을 잘하는 것을 중요하게 생각하신다.
	과학을 잘하는 것은 중요하다.

2.3 지필평가의 문항 개발 및 결과의 활용

1) 평가 문항의 개발 및 검토

지필평가 문항의 개발은 교육과정에서 제시하는 성취기준 및 평가기준을 확인하고 분석하는 것으로부터 시작된다. 성취기준이 포함하는 평가 요소를 선정해야 하는데, 평가 요소는 성취기준과 마찬가지로 내용과 기대하는 능력이 결합된 형태이며, 이를 고려하여 평가 목표를 상세화하여야 한다. 뿐만 아니라 평가 목표에 부합하는 평가 방법이 결정되어야 한다. 이러한 과정이 평가 문항 제작에서 첫걸음이 되는 평가틀에 따른 평가 계획 단계에 해당한다. 앞서 분석했던 사항들을 바탕으로 문항의 내용과 구조를 구상하여 문항 초안을 작성하고, 문항 초안에 대해 전문적이고 객관적인 검토 및 수정을 거쳐 최종 문항을 완성하게 된다.

(1) 선다형 문항 개발 절차

다른 종류의 평가 도구 개발에서도 마찬가지지만 선다형 문항은 개발 과정에서 다음과 같이 3가지 측면에서 특히 유의하여 제작 및 수정을 거칠 필요가 있다. 첫째, 평가 목표를 제대로 구현할 수 있어야 한다. 평가에서 중요하게 다루어져야 하는 내용을 묻고 있는지, 학생이 교수-학습 이후에 할 수 있기를 기대했던 능력이 평가 문항의 해결 과정에서 적절하게 관련되는지 등의 관점이 문항 개발 과정 내내 견지되어야 한다. 둘째, 지구과학의 이론 및 실제 현상에 부합해야 한다. 문항 자체에 이론적으로 오류가 있지는 않은지, 해결에 필요한 조건이나 단서가 적절하게 제시되어 있는지, 또한 이것이 실제 자연에서 일어날 수 있는 현상이며 이론과 불일치하는 부분이 있는지 등에 대해서 철저한 검증이 요구된다. 셋째, 정확하고 간명한 언어적 표현을 사용하여야 한다. 평가 문항에 사용된 문장이 지나치게 어렵거나 불분명하고 중의적인 표현으로 학생이 평가 문항에서 묻는 바를 제대로 이해하지 못한다면 타당도에 부정적 영향을 미칠 뿐만 아니라 정답의 시비가 발생할 여지가 있다.

선다형 문항 개발의 실제에 대해 예시를 통해 확인해 보자. 표 6.14는 2015 개정 교육과정 성취기준 '[9과01-02]지각을 이루는 암석을 생성 과정에 따라 분류할 수 있으며, 암석의 순환 과정을 설명할 수 있다.'의 평가기준이다(한국교육과정평가원, 2016). 교육과정 성취

표 6.14 성취기준과 평가기준 확인

교육과정 성취기준	평가준거 성취기준	평가기준	
[9과01-02] 지각을 이루는 암석을 생성 과정에 따라 분류할 수 있으며, 암석의 순환 과정을 설명할 수 있다.	[9과01-02-00] 지각을 이루는 암석을 생성 과정에 따라 분류할 수 있으며, 암석의 순환 과정을 설명할 수 있다.	상	지각을 이루는 암석을 생성 과정에 따라 분류할 수 있고 이를 순환 과정과 관련지어 설명할 수 있다.
		중	암석의 특성을 알고 생성 과정에 따라 분류할 수 있다.
		하	암석의 생성 과정이 서로 다름을 설명할 수 있다.

기준은 국가 교육과정에 진술되어 있는 성취기준이고, 평가준거 성취기준이란 교육과정 성취기준을 평가의 준거로 사용하기에 적합하도록 재구성한 것이다. 평가기준은 평가 활동에서 학생들이 어느 정도의 수준에 도달했는지를 판단하기 위한 실질적인 기준 역할을 할 수 있도록 각 성취기준에 도달한 정도를 상/중/하로 구분하고, 각 도달 정도에 속한 학생들이 무엇을 알고 있고, 할 수 있는지를 기술한 것을 의미한다(한국교육과정평가원, 2016). 그러나 하나의 성취기준이 포괄하는 내용 요소가 많아 2개로 나누어 설정한 중학교 과정의 몇 개 평가준거 성취기준을 제외하고는 교육과정과 평가준거 성취기준이 대체로 일치하므로 거의 유사하게 기능하고 있다고 볼 수 있다.

이로부터 평가기준 '중'을 바탕으로 개발한 문항의 예시는 그림 6.8과 같다. 이 문항은 화성암의 특징을 알고 분류 기준에 따라 나눌 수 있는지를 묻고 있으므로, 암석의 생성 과정이 서로 다름을 아는 것으로 설정된 '하'의 평가기준을 포괄하지만 이를 암석의 순환 과정과 관련지어 설명할 것을 요구하지는 않으므로 '상'의 평가기준에 도달했는지의 여부는 평가할 수 없다. 가령 동일한 성취기준에 대해 '상'의 평가기준에 대한 도달 여부를 평가하고자 하였다면, 이에 더욱 부합하는 문항의 예시는 그림 6.9와 같을 것이다. 이 문항은 화성암, 퇴적암, 변성암의 예시로서 각각 화강암, 역암, 대리암 등의 암석 이름을 제시하고, 이중에서 역암의 생성 과정을 암석의 순환 과정과 관련지어 찾도록 하였으므로 평가기준 '상'의 도달 여부를 확인하는 데 더욱 적절하다고 할 수 있다. 평가기준의 상/중/하는 성취기준을 도달 정도를 판단할 수 있는 준거로서 기능하며, 각각의 도달 정도를 바탕으로 개발한 문항의 정답률과 정적 상관이 있는 것은 아니다. 즉, 평가기준 '상'을 그림 (가)는 화성암의 생성 과정을, (나)는 기준에 따라 화성암을 분류하는 과정을 나타낸 것이다.

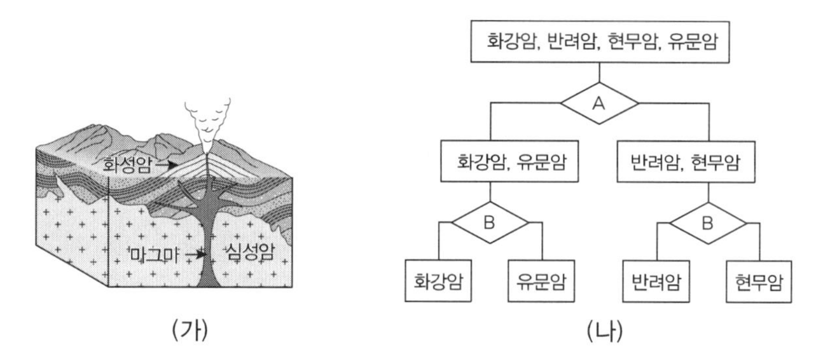

A와 B에 해당하는 화성암의 분류 기준을 제시한 것으로 가장 적절한 것은?

	A	B
①	색	광물 결정 크기
②	광물 결정 크기	색
③	색	포함 광물의 종류
④	포함 광물의 종류	색
⑤	만들어지는 위치	냉각 속도 차이

그림 6.8 평가기준 '중'의 도달 여부를 평가할 수 있는 선다형 문항 예시(한국교육과정평가원, 2016)

31. 다음은 암석의 순환을 게임으로 학습하는 모습이다.

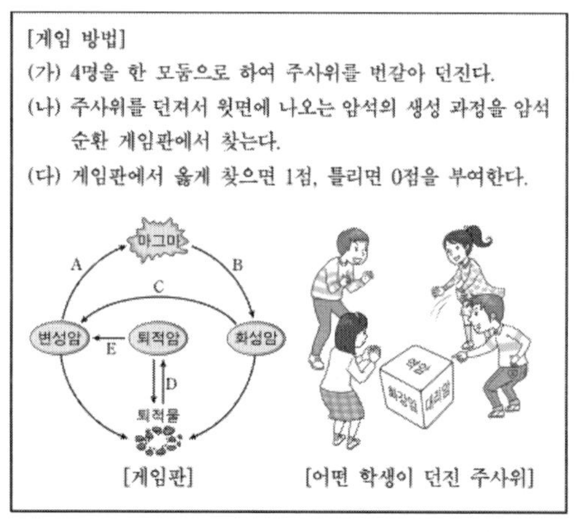

그림과 같이 주사위 윗면에 역암이 나왔을 때, 1점을 받기 위해 게임판에서 찾아야 할 과정으로 옳은 것은?

① A ② B ③ C ④ D ⑤ E

그림 6.9 평가기준 '상'의 도달 여부를 평가할 수 있는 선다형 문항 예시(2015학년도 국가수준 학업성취도 평가)

기반으로 하는 평가 문항이 '하'를 기반으로 하는 것보다 내용의 복합성이나 평가 요소의 범위가 넓어 통상 더 어렵게 제작될 여지가 높지만, 반드시 그렇지는 않을 수 있다는 것이다.

한편 문항 초안이 작성되면 그것으로 완성되는 것이 아니라 반드시 검토를 하여 이에 따른 수정 과정을 거쳐야 한다. 앞서 설명한 문항 제작의 3가지 기본 지침에 어긋남이 없는지를 포함하여 더욱 상세하고 다양한 측면에서 문항의 완성도를 제고할 수 있는 방향으로 점검할 필요가 있다. 이때 동료 교사 등 문항에 대한 이해와 전문성이 있되 문항 제작 과정에 직접 관여하지 않은 전문가와 함께 문항을 검토하는 것이 좋다. 출제자가 암묵적으로 가정하였던 전제나 주관적인 언어 표현 등에 대해 객관적이면서도 새로운 시각으로 문항을 다시금 바라볼 수 있기 때문이다. 문항을 검토할 때는 표 6.15와 같은 예시의 체크리스트를 활용할 수 있다.

표 6.15 선다형 문항의 검토 체크리스트 예시

범주	검토 항목
전반적 구성	• 평가하고자 하는 성취기준에 부합하는가? • 평가하고자 하는 역량에 부합하는가? • 성취기준에 대한 학생의 도달 정도를 판단할 수 있는가? • 난이도와 소요 시간이 의도한 바에 부합하는가? • 문항의 내용이 지나치게 특수하거나 지엽적인 지식을 평가하지는 않는가? • 학생들에게 지나치게 어려운 용어를 사용하지는 않았는가? • 자주 반복되는 문장이나 단어가 있는가? • 문장의 주술 관계가 일치하는가? • 문장이 중의적으로 해석될 수 있는 여지가 없는가?
문두 및 발문	• 문두에 제시된 문자나 내용(또는 기호, 부호)이 자료나 보기 속에 빠짐없이 나타나며, 이들이 각각 일치하는가? • 문제 해결에 필요한 조건이나 단서가 누락 되거나 불필요한 단서가 있지는 않은가? • 묻고자 하는 내용을 간단명료하게 묻고 있는가? • 부정문으로 표현된 경우, 긍정문으로 바꿀 수 있는가?
자료	• 과학적인 설명이 가능하고, 신뢰할만한 자료인가? • 자료의 참신성이 높은가? • 이론적으로도 타당하며, 실제 자연현상에 있어서 모순이 없는 자료인가?

보기 및 답지	• ‘모두 정답’ 또는 ‘정답 없음’이란 답지가 있지 않은가? • 각각 독립적인 내용으로 구성되었으며, 상호관련(또는 상호위배) 되는 것은 없는가? • 제시 방식의 일관성(논리적 순서, 길이 등)이 있는가? • 제시된 자료가 2개 이상일 때, 자료 사이의 관련을 적절하게 드러내는 보기나 답지가 있는가? • 정답지(오답지)가 관점에 따라 오답(정답)이 될 가능성이 있는가? • 묻는 내용을 잘 모르는 학생도 금방 정답을 찾을 수 있는 너무 분명한 답지가 있지 않은가? • 제시된 자료나 발문에 모두 직접적으로 관련이 있는가?

(2) 서술형 문항 개발 절차

서술형 평가 문항의 제작 원리는 선다형 문항과 유사하지만 정답이 분명하고 기계적으로 채점하는 선다형 문항에 비해 채점의 신뢰도 확보에 더욱 유의하여야 한다. 통상 서술형 문항을 개발하는 절차는 성취기준 및 평가기준 확인하기→성취기준 및 평가기준 분석하여 평가 요소 선정하기→평가 요소를 고려하여 문항의 내용과 구조 계획하기→평가 문항 초안 및 채점 기준 초안 개발하기→평가 문항 및 채점 기준 검토하기→평가 문항 및 채점 기준 수정하기 단계를 거친다(교육부 외, 2020).

서술형 평가의 신뢰도를 확보하기 위해서는 정확한 채점 기준을 마련하는 것이 특히 중요한데, 채점 기준에는 채점 요소, 채점 요소별 척도, 척도별 응답 특성 등의 요소가 포함되어야 한다(교육부 외, 2020).

- 채점 요소: 평가 요소를 바탕으로 하되 문항에서 제시한 <조건> 등을 고려하여 구체화하여 제시
- 채점 요소별 척도: 학생이 응답한 내용을 질적 특성에 따라 구분·분류하기 위해서 숫자나 명칭을 부여한 것, 흔히 점수, 상중하, P/F 등의 방식을 사용
- 척도별 응답 특성: 학생이 응답한 내용이 어떠한 척도에 해당하는가를 판단하기 위한 기준, 해당 척도에서 보일 수 있는 일반적인 정보를 진술

2) 문항 분석 및 결과의 활용

개발한 지필평가 문항을 이용하여 학생에게 평가를 실시한 것만으로는 평가의 전체 과정이 종료되었다고 볼 수 없다. 평가를 실시한 후에는 반드시 문항 분석의 과정이 뒤따라야 하며, 이 결과를 평가의 목적에 맞도록 활용할 필요가 있다.

문항 분석의 필요성은 다음과 같은 이유에서 설명할 수 있다(김찬종 외, 2008). 첫째, 문항 자체를 개선하기 위해서 실시한다. 이러한 측면에서 볼 때 문항 분석 역시 문항 개발 과정의 일부가 된다. 둘째, 분석 결과를 교수-학습 및 평가에 환류시킴으로써 교수-학습의 개선을 꾀할 수 있다. 이를테면 예상보다 낮은 정답률은 학생들의 부족한 지구과학적 이해에 기인하는 것인지 또는 부적절한 교과서 진술로 인한 것인지 또는 불분명한 문항의 문장 기술 때문인지 등에 따라 각각 교수-학습 과정 및 평가에 적절한 처치와 개선의 자료가 될 수 있다. 셋째, 문항 분석은 교사의 평가 전문성을 키우는 데 도움이 된다. 이를 통해 양질의 문항을 개발할 수 있는 능력이 신장될 수 있다.

대체로 지필평가보다는 수행평가가, 지필평가 중에서도 선다형 평가보다는 서술형 평가 문항이 대체로 개별 학생에 대한 구체적인 자료를 산출하는 데 도움이 되지만, 잘 설계된 선다형 평가는 그렇지 않은 여타의 대안적 평가보다 문항 분석에서 오히려 가치 있는 자료를 얻을 수 있다. 여기서는 선다형 문항 분석에 자주 활용되는 대표적인 지표 및 해석에 대해 설명한다.

문항의 쉽고 어려운 정도를 나타내는 지수로서 문항의 정답률이 있다. 고전검사이론에서 총 학생 수에서 정답을 선택한 학생의 수에 대한 비율, 즉 정답률로 계산하는 문항 곤란도(item difficulty)를 일컫는 것으로 문항 곤란도가 높다는 것은 정답률이 높다는 것이다. 다시 말하면 문항 곤란도가 높으면 문항이 쉽다는 것을 의미하는데 의미상 혼란이 발생하여 보통 정답률이라고 직접 표기한다. 정답률에 따라 문항을 평가하는 절대적인 기준은 없으나 보통 5개 답지를 제공하는 선다형 문항에서는 20% 구간마다를 기준으로 20% 미만이면 매우 어려운 문항, 20% 이상-40% 미만이면 어려운 문항, 40% 이상-60% 미만이면 보통 수준의 문항, 60% 이상-80% 미만이면 쉬운 문항, 80% 이상의 정답률을 나타내는 문항은 매우 쉬운 문항으로 분석하기도 한다.

문항의 변별도(item discrimination)는 해당 문항이 학생들의 능력에 따른 구별을 얼마나 잘 했는지의 정도를 나타내는 지수이다. 예를 들어 20개의 선다형 문항의 총점이 50점으로 구성된 평가에서 48점을 받은 학생은 틀리고 25점을 맞은 학생은 받은 문항이 있다면 학생들의 능력을 제대로 변별하는 문항으로 작동하였다고 보기 어려운 것이다. 고전검사 이론에서 변별도를 추정하는 상관계수 공식은 다음과 같다(성태제, 2010).

$$R = \frac{N\sum XY - \sum X \sum Y}{\sqrt{N\sum X^2 - \left(\sum X\right)^2}\sqrt{N\sum Y^2 - \left(\sum Y\right)^2}}$$

N: 총 학생 수, X: 각 학생의 해당 문항 점수, Y: 각 학생의 총점

산출된 변별도의 값에 따라 문항을 변별하는 절대적 기준 역시 없으나 통상 Ebel(1965)의 기준을 활용하여 분석한다(표 6.16).

표 6.16 Ebel의 문항 변별도 평가 기준

변별도 지수	문항 평가
0.10 미만	변별력이 없는 문항
0.10 이상-0.20 미만	변별력이 매우 낮은 문항
0.20 이상-0.30 미만	변별력이 낮은 문항
0.30 이상-0.40 미만	변별력이 있는 문항
0.40 이상	변별력이 높은 문항

마지막으로 답지 반응률은 하나의 문항을 구성하는 각 답지에 대해 학생들이 응답한 비율의 분포를 나타내는 것으로 출제자가 의도했던 바대로 각 답지가 제대로 역할을 하고 있는지를 분석할 수 있는 지표이다. 예를 들어 오답 중 하나의 답지에 대한 응답이 전혀 없다면 오답의 매력이 너무 적다는 것으로 해석할 수 있고, 반대로 특정 오답에 대한 반응률이 정답보다 높다면 정답지의 진술이 모호하거나 오답지에 정답의 여지가 있는 것은 아닌지 점검할 필요가 있다.

그림 6.10의 문항 및 문항 분석 자료를 살펴보자(한국교육과정평가원, 2021). 이 문항은 중학생을 대상으로 지각을 이루는 주요 암석의 생성 과정 및 관찰상의 특징 등을 설명할 수 있는지를 묻고 있으며, 정답률이 58.19%, 변별도는 0.35로 보통 수준의 변별력이 있는 문항이다. 정답인 ⑤번 답지에 대한 반응률은 정답률과 같게 되며, 오답 중 ②번

16. 다음은 암석의 특징과 생성 과정을 학습하기 위한 게임 활동이다.

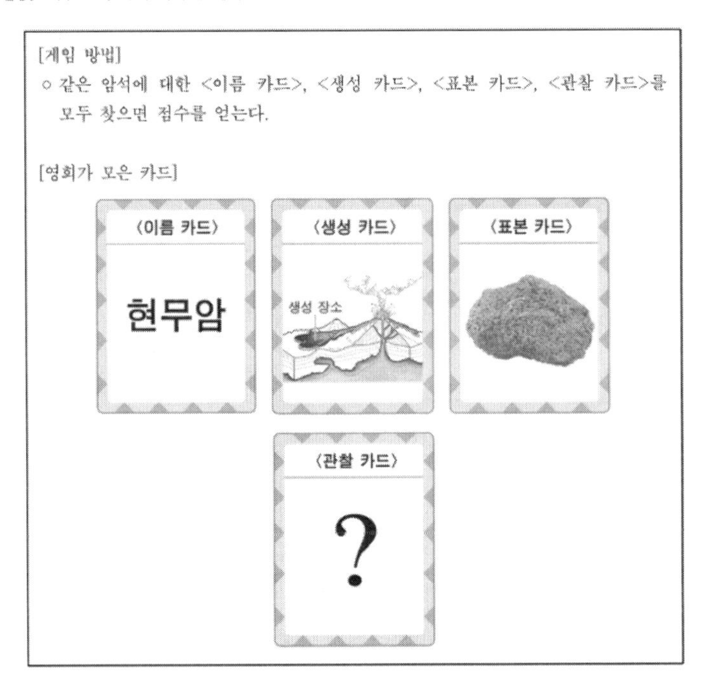

영희가 게임에서 점수를 얻었을 때, <관찰 카드>에 들어갈 내용으로 옳은 것은?

① 맨눈으로 보았을 때 암석을 이루는 광물의 크기가 크다.
② 암석이 모래 크기의 알갱이와 자갈 등으로 이루어져 있다.
③ 암석에 밝은 색과 어두운 색의 줄무늬가 반복적으로 나타난다.
④ 암석에서 과거에 살았던 생물의 유해나 흔적인 화석이 발견된다.
⑤ 어두운 색을 띠는 광물을 많이 포함하고 있어 암석의 색이 어둡다.

정답률과 변별도

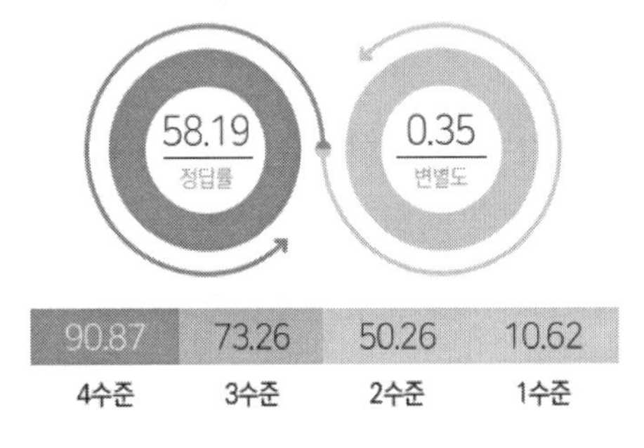

답지 반응률 분포

①	②	③	④	정답 ⑤
9.54	12.65	9.36	9.84	58.19

답지 반응률 분포 곡선

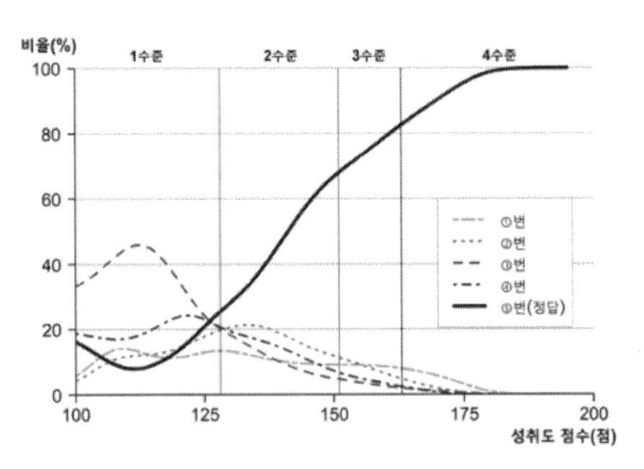

그림 6.10 문항 분석 자료 예시

답지에 대한 반응률이 12.65%로 가장 높다. 이것을 답으로 선택한 학생들은 사암이나 역암 등 퇴적암과 현무암의 모양을 혼동하고 있는 것으로 볼 수 있다. 특히 답지 반응률 분포 곡선을 보면 성취도가 낮은 1수준 학생들은 ③번 답지를 가장 높은 비율로 선택하였는데, 이것은 엽리의 특징을 가지는 변성암과 화성암의 구분에 어려움을 겪고 있음을 시사한다. 또한 ①번을 선택한 학생들이 전체 수준에 비교적 골고루 분포하고 있음을 확인할 수 있는데, 이를 선택한 학생들은 천천히 냉각되어 암석을 이루는 광물의 크기가 큰 화강암의 특징을 화성암에 속하는 다른 종류의 암석에도 적용되는 특징으로 받아들이고 있는 것으로 분석할 수 있다. 따라서 이러한 문항 분석 결과를 바탕으로 학생들에게 화강암과 현무암 생성 시 마그마가 식는 속도와 광물 결정의 크기를 결정하는 이유 등에 대해 구체적으로 지도할 필요가 있음을 이끌어낼 수 있다.

3 지구과학 수행평가의 특징과 방법

3.1 수행평가의 이해

1) 수행평가의 필요성

과학교육의 평가 패러다임이 변하고 있다. 학습 이론은 행동주의에서 나아가 인지이론과 사회문화적 이론으로 변화하고 있지만 평가는 여전히 행동주의 방식을 고수하고 있다(James, 2005)는 비판과 함께, 전통적인 평가는 수업과 평가의 연계를 어렵게 하고 효율적인 수업을 방해하므로 교수-학습과정에서 교수-학습과 평가를 연계시키려는 노력이 다양하게 나타나고 있다(Clark, 2005; Heritage, 2010; Popham, 2008).

우리나라의 과학교육 현장에서도 새로운 사회가 요구하는 창의·융합적 역량을 증진시키기 위해 배움 중심 교육, 학생 중심 수업을 통해 학생 역량 강화를 추진하고 있으며(박정, 2017), 구성주의적 수업을 하면서 행동주의적 평가를 하는 모순을 보이고 있다(이형빈, 2015)는 지적과 함께, 수업과 평가를 연계하는 노력을 진행하고 있다(신혜진 외, 2017). 즉 등급이나 성적표를 제공하기 위한 지식 위주의 학습 결과에 대한 평가에서 벗어나 교수-학습 과정에서 지속적으로 진행하여 학습자의 학습에 도움을 주기 위한 평가로의 변화를 추진하고 있다. 이를 위해 교육부는 교수-학습의 과정에서 학습 성과를 확인하여 피드백을 제공함으로써 학생의 성장과 발전을 돕기 위한 목적을 가지는 평가인 과정 중심 평가를 제시하였다(교육부와 한국교육과정평가원, 2017).

과정 중심 평가는 총합적 평가에서 진단 및 형성 평가로, 결과 중심 평가에서 결과 및 과정 중심 평가로, 교사에 의한 평가에서 학습자의 자기 평가와 동료 평가로의 전환이다. 상대적 서열에 따라 누가 더 잘했는지 평가하는 것이 아니라 학생이 어느 정도 성취하였는지를 평가하는 것이며, 교육과정의 성취기준에 기반을 둔 평가 계획에 따라 교수-학습 과정에서 학생의 변화와 성장에 대한 자료를 다각도로 수집하여 적절한 피드백을 제공하는 평가이다(교육부와 한국교육과정평가원, 2017). 과정 중심 평가는 학습자가 지식을 알고 있는 지에 대한 여부를 평가하는 결과 중심적인 평가와 대비되어 학생의 해결 과정에 중심을 두는 평가이다. 그리고 지식, 기능, 태도의 인지적, 정의적 영역까지 포함하여 종합적으로 평가하는 것이 중요하며, 지식, 기능, 태도가 학습자에게서 어떻게 발달하고 있는지를 파악하기 위해 학습자의 수행 과정을 평가 대상으로 한다. 또한 평가의 목적이나 내용을 고려하고 다양한 평가 방법을 활용하여 학생에 대한 다양한 측면을 파악하는 것이 중요하며, 학습자의 성장과 발달 과정을 관찰함으로써 학습자의 부족한 점을 채워주고 우수한 점을 심화·발전시킬 수 있도록 돕는 데 기여한다. 과정 중심 평가는 평가를 학습의 도구로 사용하여 수업과 평가를 연계하고자 한다. 그리하여 교사와 학생이 함께 학생의 학습 상태를 파악하고 학습 진행이 어디를 향하며 어떻게 학습을 계속할 것인지를 결정하기 위해 평가 결과를 해석하고 활용(Clark, 2005; Heritage, 2010; Popham, 2008; Shepard, 2009)하는 과정을 거침으로서 학습을 위한 평가(AFL: assessment for learning), 학생의 성장과 발달을 돕는 평가, 형성평가의 역할을 하는 것이다.

이러한 맥락에서 수업과 평가의 일체화를 위해 선택형 지필평가를 지양하고 수행평가를 지향하는 교육 현장의 지침들이 제시되고 있다(박정, 2017). 구성주의 교수-학습 이론에 따르면 과학교육에서의 평가 방법은 선다형보다는 수행평가(performance assessment) 방법이 더 실제적이고 효과적이다(Doran, Chan과 Tamir, 1998). 과학 교과 수업에서는 과학지식뿐만 아니라 문제해결 과정에서 요구되는 탐구 기능 및 과학적 사고력, 의사소통 능력 등 다양한 핵심역량 및 과학적 소양의 함양을 목표로 한다. 그렇지만 이러한 탐구 기능과 정의적 영역의 역량들은 전통적인 객관식 문항으로는 평가하기 어렵다. 따라서 우리나라 과학 교육 현장에서는 제7차 과학과 교육과정 발표 이후 수행평가의 중요성을 강조하였다.

2) 수행평가의 특성

수행평가란 학생이 가지고 있는 지식, 기능, 태도 등의 능력을 직접 수행으로 나타내 보이는 방식의 평가를 의미한다(교육부와 한국교육과정평가원, 2017). 수행평가는 학생들의 과학 학습 성과를 평가하기 위해서는 지필 검사만으로는 충분하지 못하며, 학습자의 고등 사고 능력을 제한한다는 선택형 지필평가의 대안으로 우리나라에 1990년대에 도입하였다. 수행평가는 학습자를 수업에 능동적으로 참여하게 하고, 지식뿐만 아니라 탐구 기능, 태도, 역량 등의 다양한 학습 목표에 대한 평가를 통하여 전인교육을 하려는 목적을 가진다. 그리고 학생이 답안을 작성(구성)하거나 행동으로 나타내는 것을 통해 지식이나 기능을 직접적으로 측정, 평가하는 평가 방법이 수행평가이다.

수행평가는 참평가, 대안 평가, 수행 기반 평가 등으로 불리기도 한다. 참평가는 과학 지식과 과학적 탐구의 기능을 실제의 삶과 생활에 응용하는 방법 또는 과학자처럼 연구하는 방법과 과정을 따르는 평가를, 대안 평가는 전통적인 객관식 선다형 지필 검사 이외의 모든 검사를, 수행 기반 평가는 학생들이 자료와 도구를 조작하여 학습하는 과정과 그 결과로 이해한 정도를 검사하는 평가를 말한다.

수행평가는 과학 지식의 진위를 평가하는 것보다 과학 지식을 설명하거나 문제를 해결할 수 있는 정도, 과학 지식이 형성된 상황에 대한 적절성 등을 평가하는 것을 강조하며, 수행의 결과 못지않게 그 결과가 얻어진 과정도 중요시한다.

따라서 수행평가는 대안적 평가, 실제적 평가, 직접 평가, 과정 평가 등이 가지는 특성을 모두 포괄하는 의미로 사용하고 있다. 대안적 평가란 선택형 문항 중심의 지필 평가에 대한 대안적인 평가, 일회성 정기 고사에 대한 대안적인 평가, 결과 중심의 평가에 대한 대안적인 평가를 의미하며, 실제적인 평가란 실제 상황에서 발휘할 수 있는 능력 평가, 평가 상황이 실제 상황과 유사한 평가를 의미한다. 그리고 직접 평가란 간접적인 평가 방법보다는 직접적인 평가 방법을 중시하고 답을 선택하는 것 보다는 직접 답을 서술하거나 구성할 수 있는 것을 중시하는 것이며, 과정 평가란 학습의 과정 또는 수행의 과정을 평가하고, 수업과 연계하여 수업 중에 평가하며, 평가가 학습의 일환이 되기를 기대하는 것이다.

3.2 수행평가 과제 작성과 채점

수행평가는 평가 과제(assessment task), 반응 형식(response format), 채점 방법(scoring method) 또는 채점표(rubric or scoring rubric)로 구성되어 있으며(Ruiz-Primo와 Shavelson, 1996), 이들은 각각 객관식 평가 문항의 문두, 답지, 정답표에 대응된다.

평가 과제는 실제 상황에서 이루어지는 개방적 평가의 한 가지 수단으로서(Hibbard, 2000), 학생들이 실제 도구와 자료를 사용하여 과학 탐구, 조사, 실험, 연구 등을 통해 해결할 문제나 수행할 과제이다. 평가 과제에는 문제의 상황을 기술하며, 학생들이 나타낼 반응도 제시해야 한다. 그리고 조사나 실험 과정 및 결과를 평가하는 방법도 제시한다

(Brown과 Shavelson, 1996).

반응 형식은 탐구, 조사, 실험, 학습 등을 통해서 습득한 기능과 그 과정에서 획득한 지식(McMillan, 2004), 문제의 해결책 또는 해결하여 얻은 답이다. 그리고 반응 형식은 탐구, 실험, 조사, 학습에서 수집한 자료를 표, 그래프, 사진으로 정리한 것, 통계적으로 분석하여 얻은 결과, 정리하거나 분석한 자료를 바탕으로 도출한 결론, 그리고 그런 결과들을 모아 작성한 보고서, 또는 발표한 여러 가지 논문, 연구 조사 실험을 통해 수집한 온갖 자료를 포함한다(Brown과 Shavelson, 1996).

수행평가 과제는 과학 지식뿐만 아니라 탐구 기능, 과학적 태도, 과학 교과 핵심역량도 평가할 수 있도록 개발한다. 수행평가에서는 실제 상황과 자료를 활용하며, 수행 결과뿐만 아니라 해결 방법과 그 과정도 평가할 수 있도록 과제를 작성하여야 한다. 그리고 수행평가 과제는 교수-학습 자료로 활용할 수 있도록 관련 정보를 포함하며, 학생이 과제를 수행할 방법과 과정, 최종 산물, 도달 기준 또는 평가 준거를 포함한다(McMillan, 2004).

채점 체계(scoring system)로 부르기도 하는 채점표는 채점 준거(scoring criteria)와 평정 척도(rating scale)로 구성된 채점 지침(scoring guideline)을 가리킨다(McMillan, 2004). 채점 준거는 학생들의 반응에 점수를 매기기 위한 평가 기준(assessment standard) 또는 수행 기준(performance standard)으로서 학습 목표 진술 형식으로 작성한다. 평정 척도는 채점 준거에 수행 수준, 또는 도달한 수준에 따라 점수를 부여하는 체계로서 채점 척도(scoring scale)(Hibbard, 2000), 점수 척도로 부르기도 한다.

1) 수행평가 과제 개발

수행평가 과제는 짧은 과제(short task), 사건 과제(event task), 확장형 과제(extended task)로 나뉜다(Hart, 1994).

짧은 과제는 비교적 간단한 과학지식 획득과 단순한 탐구 과정 수행 및 기능 습득에 대한 평가를 목적으로 한다. 짧은 과제는 목적에 따라 다양한 암석의 박편 관찰을 위한 편광 현미경 등 간단한 실험 장치가 설치된 테이블을 순회하면서 실험을 하거나, 질문에 대한 짧은 서술형 글쓰기 기술을 요구하는 형태로 제시한다(McMillan, 2004).

사건 과제는 지식 그 자체뿐만 아니라 지식을 적용할 수 있는 능력에 대한 평가나 과학탐구 능력, 문제 해결력, 의사 결정력 등과 같이 포괄적이고 종합적인 능력의 평가에 적절하다. 사건 과제는 보통 2-3일 동안 수행하는 실험이나 탐구 활동으로 해결할 수 있는 문제 형태로 제시하며, 개인뿐만 아니라 집단으로 해결할 수 있도록 구성할 수 있다. 며칠 동안의 해수면의 높이 변화 탐구, 미세 먼지 측정 등이 사건 과제에 해당한다.

확장형 과제는 복합적 목적을 가지며, 비교적 장기간에 걸쳐 수행할 수 있는 문제와 상황으로 제시한다. 보통 단원의 시작 무렵이나 학기 초에 제시하는 것이 바람직하다. 확장형 과제는 실험실뿐만 아니라 야외에서도 수행 가능하며, 해결하기 어렵고 복잡하여 긴 시간이 소요된다(McMillan, 2004). 과제 연구(research & education), 야외 지질 조사, 장기간의 기상 요소 관측, 달의 위상 변화, 흑점 등 천체 관측 활동이 확장형 과제에 해당한다.

수행평가 과제는 실생활에서 반영할 수 있는 문제 상황을 반영하여야 하며, 다양한 지식, 기능, 태도를 통합적으로 활용하는 사고 능력을 요구해야 하며, 수행평가 과정에서 학습자에게 학습과 성장 기회를 제공하여 가치 있는 경험을 할 수 있어야 하고, 문제해결을 위하여 다양한 시도와 노력을 할 수 있는 비구조화된 문제 형태여야 한다(교육부와 한국교육과정평가원, 2017).

수행평가 과제는 설계, 검토 및 수정, 확정의 단계를 거쳐 개발하는데, 먼저 교과 협의회나 학년 협의회에서 교육과정 내용과 성취기준, 학생 수준 및 특성, 성취수준 등을 분석한다. 그리고 실제적인 맥락, 통합적인 사고 능력, 가치 있는 경험, 비구조화된 문제 등의 수행평가 과제의 특성을 고려하여 문제 상황을 결정한다. 또한 토의토론 수업, 협동학습, 프로젝트 수업 등 교수-학습 방법을 참고하여, 과제 수행에 필요한 시간, 참여 방법, 산출물의 형태 등을 고려한 세부 과제를 작성한다. 수행 과제 개발 후에는 교과 협의회나 학년 협의회를 통하여 성취기준 적합성, 평가 방법의 타당성, 평가 시행 가능성 등을 검토하고 문제점을 수정하여 최종 확정한다.

수행평가 과제를 작성할 때 참고해야 할 점검 사항은 표 6.17과 같다(교육부와 한국교육과정평가원, 2017).

수행평가는 수업 시간 중에 해결하는 것을 원칙으로 한다. 수업 중에 수행평가를 시행해야 학습자 개인의 사회 경제적 맥락이나 조건들이 과제 수행 결과에 영향을 미칠 수 있는 여지가 줄어들어 보다 공정한 평가가 가능하다.

표 6.17 수행평가 과제(문항) 검토를 위한 점검표

구분	점검 사항	확인
성취 기준 적합성	선정된 성취기준이 수행평가로 평가하기에 적합한가?	
	개발된 과제는 선정된 학습 목표(성취기준)을 평가할 수 있는 과제인가?	
	성취기준과 수행 과정이 교육과정의 범위를 넘어서는 것을 요구하지 않는가?	
평가 방법의 타당성	학생들이 어떻게 학습하는가에 관심을 두고 학습 과정을 평가하는가?	
	학생이 직접 구성한 반응으로 산출되는 결과물과 행동에 기초하여 평가하는가?	
	학생들이 이해하기 쉽게 과제의 수행 방법 및 산출물(반응)의 형식을 제시하는가?	
	단발적인 평가가 아닌 학습과 연계된 평가인가?	
시행 가능성	평가 시행에 시간, 공간, 환경 등이 큰 부담으로 작용하지 않는가?	
	평가 시행 시간이 다른 수업 및 교육과정 운영에 부정적 영향을 주지 않는가?	
	평가 환경이 학생의 성별, 지역 등의 특성이나 자원의 영향을 받지 않는가?	
채점 기준의 적절성	채점 기준이 수행의 과정과 결과, 참여도 등을 종합적으로 평가할 수 있는가?	
	채점 기준이 학생의 결과 산출 또는 응답 수준을 적절히 변별할 수 있는가?	
	평가 방법 및 도구 유형에 적절한 채점 및 평정 체제가 설정되었는가?	

2) 수행평가의 채점

수행평가를 채점하기 위해서는 객관식의 정답표에 해당하는 채점표가 필수적이다. 채점표는 채점 준거와 점수 척도로 구성되는데 채점 준거는 수행의 기준 또는 도달 기준으로 교수-학습 목표를 바탕으로 설정하며, 점수 척도는 채점 준거에 점수를 부여하는 방법이다. 채점(평가) 준거는 점수 체계(point system), 비율 척도(rating scale), 점검표(checklist)의 세 가지 점수 척도에 따라 점수를 매길 수 있다(Ebenezer와 Haggerty, 1999). 점수 체계는 반응이나 수행 과정의 중요한 부분에 점수를 부여할 때 일반적으로 사용되는 척도다. 점수 체계로 평가할 때 무반응에만 0점을 주고 가장 낮은 수준의 반응에도 최소한 1점을 부여하는 것이 수행평가의 원리에 부합한다. 평정 척도로 불리기도 하는 비율 척도는 숫자 대신에 수우미양가 또는 상중하와 같은 기술적 용어로 표현한다. 점검표는 분석적 점검표로서 각 특성을 채점 준거로 나열하고, 각 채점 준거마다 같은 점수를 부여한다. 각 채점표는 세 가지 점수 척도 가운데 어느 것으로도 구성할 수 있다(김희경 외, 2020).

채점표는 총체적 채점표(holistic rubric)와 분석적 채점표(analytical rubric)로 분류하며 (Colbum, 2003; Hibbard, 2000; Ruiz-Primo와 Shavelson, 1996), 기본적 특성 채점표 (primary trait rubric)가 더해지기도 한다.

총체적 채점표는 과제 반응을 전체적으로 판단하는 방법이다. 한 문제를 해결하거나 한 과제를 수행한 과정과 결과를 몇 개의 포괄적인 영역으로 나눈 다음 모든 영역을 하나의 평가 기준(채점 준거)으로 묶어 동시에 평가한다(Ruiz-Primo와 Shavelson, 1996). 즉 총체적 채점표는 반응 전체를 보고(읽고) 첫인상에 따라 채점하도록 구성한다(Doran et al., 1998). 총체적 채점표는 흔히 점수 체계 또는 점검표로 구성되며, 총체적 채점표에 이용되는 비율 척도는 초점총체평정척도(focused holistic rating scale)로 부르기도 한다 (Ebenezer와 Haggerty, 1999). 총체적 채점표는 개방적 질문이나 보고서, 포트폴리오의 평가에 적절하다. 표 6.18은 각각 탐구 보고서를 점수 체계를 적용하여 구성한 총체적 채점표의 예다.

표 6.18 점수 체계로 구성한 총체적 채점표의 예

채점 준거	점수
가설 설정, 실험 설계, 실험 수행, 자료 분석, 결론 도출 단계를 완전하게 작성했다.	5
각 단계를 작성했지만 약간의 오류가 있다.	4
전반적으로 탐구의 절차가 정확하지만 결론 도출이 옳지 않다.	3
탐구의 절차는 비교적 적절하게 제시하였지만 단계마다 오류를 포함하고 있다.	2
각 단계의 내용을 자세하게 작성하지 않았다.	1

분석적 채점표는 수행평가 과제를 수행한 과정의 핵심 구성 요소에 평가의 주안점을 두고(Ruiz-Primo와 Shavelson, 1996), 구성 요소를 몇 개의 요점으로 나누어 채점 준거를 세부적으로 나열하여 각 채점 준거마다 점수가 매겨지도록 구성한다. 예를 들어 탐구 보고서의 평가 요소를 가설 설정, 실험 설계, 실험 수행, 자료 분석, 결론 도출 등으로 나누고 각 요소마다 세부적인 채점 준거를 나열한다. 각 채점 준거마다 다른 점수를 부여하려면 비율 척도를 적용하고(Ebenezer와 Haggerty, 1999), 같은 점수를 부여하려면 점검표를 사용한다. 표 6.19는 비율 척도로 구성한 분석적 채점표의 예다.

표 6.19 비율 척도로 구성한 분석적 채점표의 예

채점 준거	매우 그렇다	그렇다	그렇지 않다	매우 그렇지 않다
일기도를 분석하여 현재 날씨를 말할 수 있는가?				
일기도를 분석하여 앞으로의 날씨를 예측할 수 있는가?				
일기예보 방송을 위한 자료를 제작할 수 있는가?				
토의 및 산출물 제작 활동에 적극적으로 참여하였는가?				
수업에 흥미를 가지고 친구들의 발표를 주의 깊게 경청하였는가?				

기본 특성 점검표는 평가하려는 보고서나 학생들의 반응 중에서 관련이 있는 교수-학습 또는 실험 조사에서 강조한 한두 가지의 중요한 특성만을 중심으로 구성한다. 예를 들어 과학 실험을 수행하는 과정이나 실험 과제를 몇 개의 기본적 특성으로 나누고, 평가의 목적에 부합하는 영역의 평가 준거만을 점수 체계, 평정 척도, 또는 점검표로 작성한다(Doran et al., 1998). 표 6.20은 탐구 보고서에서 실험 설계 단계만 평가하기 위해 수행의 구성 요소를 채점 준거로 세분하여 양적 점수를 부여하는 점수 체계 채점표의 예다.

표 6.20 기본 특성 점검을 위해 점수 체계로 구성한 채점표의 예

채점 준거	점수
독립 변인과 종속 변인을 포함하고, 문제의 잠정적인 답의 형식으로 진술하였다.	3
독립 변인과 종속 변인을 포함하고 있으나, 문제와 관계없는 내용으로 진술하였다.	2
문제와 관계없이 진술하였다.	1

수행평가의 채점표는 평가 대상이 되는 학생이 알고 있거나 할 수 있는 것에 관하여 교사와 학생 및 학부모 사이의 의사소통을 가능하게 한다(Chiappetta와 Koballa, 2010). 채점(평가) 준거는 과제와 관련 있는 학습 목표와 일치해야 하며, 채점하는 교사는 물론이고 시험을 치르는 학생들과 학부모도 모두 명확하게 이해할 수 있도록 논리적이고 체계적으로 작성해야 한다. 그래서 기계적인 절차에 따라 객관적으로 성적을 매길 수 있는 근거가 될 수 있어야 한다. 더욱 객관적인 채점을 위해서는 채점 기준표, 수행 예시표를

따로 작성하여 이용하는 것도 바람직하다(Hart, 1994).

그러나 총체적 채점표는 반응에 대한 전반적인 평가에 목적을 두고 이루어지기 때문에 무엇을 평가 항목으로 또는 평가 요소로 선정할 것인지 분명하게 말해주지 못한다. 그리고 기본 특성 채점표는 각 평가 영역 내의 평가 항목이 인위적이라는 문제점이 있다. 또한 분석적 채점표는 사소한 내용도 평가 항목에 포함될 수 있는 단점이 있다. 그리고 평가에 긴 시간이 소요된다.

수행평가 과제에 따른 채점 방법으로는 짧은 과제의 평가에서 적용된 기능의 습득 여부 확인은 체크리스트를 이용하며, 그 숙련도를 측정하기 위해서는 점수 체계나 분석적 평정 척도 채점표를 이용한다. 사건 과제 평가에는 관찰, 자기평가, 동료평가 방법이 효과적이며, 평가 목적에 따라 체크리스트, 점수 체계를 포함한 다양한 채점 준거와 채점 체계를 이용할 수 있다. 확장형 과제에 대한 평가는 보고서나 포트폴리오가 적절하다.

채점의 주관성을 배제하여 채점의 일관성을 확보하기 위해서는 채점 기준이 반드시 필요하다. 채점 기준에 반영하여야 할 요소로는 수행평가 과제 수행의 판단 준거인 지식, 기능, 태도의 구체적인 평가 요소와 성취기준의 준거를 평정하기 위한 평가 요소별 척도(배점), 그리고 평가 요소에 근거하여 학생의 수행 수준을 구별할 수 있는 세부적인 내용이 있다. 채점 기준과 함께 예시 답안을 작성해 보면 평가 도구의 적절성을 검토할 수 있고, 이후 실제 채점 과정에서도 보다 신뢰가 높게 효율적으로 채점을 진행할 수 있다. 예시 답안 작성이 어려운 경우 채점 기준을 최대한 상세하게 작성하면 수행평가의 타당성과 신뢰성을 확보할 수 있다. 교수-학습과 연계한 수행평가를 실시하기 전 교사는 사전에 학생들에게 수업의 흐름과 내용, 수행평가 과제, 채점 기준 등을 안내한다. 사전 안내를 받은 학생은 성취기준을 인식하여 수행평가 준비를 할 수 있다. 수행평가를 실시하면서 교사는 학생의 수행 과정을 관찰하고 평가할 수 있도록 한다. 이때 교사의 평가뿐만 아니라 학생도 자기평가나 동료평가를 실시할 수 있다.

평가의 신뢰성과 공정을 높이기 위해 교과 협의회나 학년 협의회를 통해 채점 기준에 대한 공유와 합의 과정이 필요하다. 그리고 동일한 과제에 대해 여러 명의 교사가 채점할 수 있는 방안을 고려하는 것이 좋으며, 교사뿐 아니라 학생을 평가자로 투입하여 채점의 공정성을 높일 수 있다. 교사 여러 명이 채점할 때는 일관성을 유지하기 위한 노력을 하여야 한다. 이와 더불어 동일한 수행평가 과제를 여러 명의 교사가 채점하는 경우 사전에 채점 기준에 대한 충분한 공유를 통해 채점자 간 차이를 줄여야 한다.

3.3 수행평가 유형

수행평가의 유형은 분류 기준에 따라 다양하다. 산출물(product)에 따라 구분하면 논술형(essay), 연구 논문(research paper), 연구 과제(project), 실험 보고서(lab report), 포트폴리오(portfolio) 등이 있으며, 과제 수행(performance) 방법에 따라 구분하면 구두 발표, 읽기, 토론, 과학 실험 수행, 야외 조사, 프로젝트 수행 등이 있다. 수행평가 유형은 수행평가 본질의 구현 정도에 따라 표 6.21과 같이 구분하기도 하는데(백순근, 1998), 보편적으로 사용하는 지필평가 방법은 엄밀하게 보자면 수행평가 방법은 아니다.

표 6.21 수행평가 본질의 구현 정도에 따른 분류

평가 방법	본질의 구현 정도	비고
실제 상황에서의 평가	매우 높음 ↑	널리 사용하고 있는 수행평가 방법
실기 시험, 실험/실습법, 관찰법		
면접법, 구두시험, 토론법		
자기평가 및 동료평가		
포트폴리오		
연구보고서		
논술형		
서술형		보편적으로 사용하고 있는 수행평가 방법
단답형		
완성형(괄호 넣기형)		
선다형		
연결형		
진위형	↓ 매우 낮음	

수행평가의 유형은 성취기준의 도달 여부를 타당하게 평가할 수 있는지, 창의성이나 문제 해결력 등과 같은 고등 사고 기능을 평가할 수 있는지를 고려하여 선택한다. 그리고

수행평가는 교수-학습과 평가가 상호 통합적으로 진행되므로 다양한 교수-학습 방법이 곧 수행평가를 위한 좋은 평가 유형이 된다.

지구과학 교과에서 사용 가능한 수행평가의 유형은 표 6.22와 같다.

표 6.22 수행평가의 유형(교육부와 한국교육과정평가원, 2017)

유형	정의	특징 및 방법
프로젝트	• 특정한 연구 과제나 산출물 개발 과제 등을 수행하도록 한 다음 프로젝트의 전 과정과 결과물(연구 보고서나 산출물)을 종합적으로 평가하는 방법	• 계획서를 작성하는 단계부터 결과물을 완성하는 단계에 이르는 전 과정과 결과물을 함께 평가함
실험·실습	• 학생들이 직접 실험·실습을 하고 그 과정이나 결과를 보고서로 쓰게 하고, 제출한 보고서와 교사가 관찰한 실험·실습 과정을 종합적으로 평가하는 방법	• 실험·실습을 위한 기자재의 조작 능력이나 태도, 지식을 적용하는 능력, 협력적 문제 해결 능력 등을 종합적으로 평가함
포트폴리오	• 학생이 산출한 작품을 체계적으로 누적하여 수집한 작품집 또는 서류철을 이용한 평가 방법	• 학생의 강점이나 약점, 성실성, 잠재 가능성 등을 종합적으로 파악할 수 있고, 학생의 성장 과정을 한눈에 볼 수 있어서 학생에게 유용한 피드백을 제공할 수 있음 • 일회적인 평가가 아니라 학생 개개인의 변화와 발전 과정을 종합적으로 평가하기 위해 전체적이면서도 지속적으로 평가하는 것을 강조함
논술	• 한 편의 완성된 글로 답을 작성하는 방법 • 자기 생각이나 주장을 논리적으로 작성해야 하므로 학생이 제시한 아이디어뿐만 아니라 조직이나 표현의 적절성 등을 함께 평가함	• 학생이 답을 선택하는 것이 아니라 학생의 생각이나 의견을 직접 기술하기 때문에 창의성, 문제해결력, 비판력, 통합력, 정보 수집 및 분석력 등의 고등 사고 능력을 평가하기에 적합함
구술	• 특정 내용이나 주제에 관해 자신의 의견이나 생각을 발표하게 하여 준비도, 이해력, 표현력, 판단력, 의사소통 능력 등을 직접 평가할 때 활용하는 방법	• 학생들에게 특정 주제를 발표하는 것을 준비하도록 한 다음 발표를 평가함 • 평가 범위만 미리 제시하고 구술 평가를 시행할 때 교사가 관련된 주제나 질문을 제시하고 학생이 답변하게 하여 평가함

토의·토론	• 특정 주제를 학생들이 서로 토의하고 토론하는 것을 관찰하여 평가하는 방법	• 서로 다른 의견을 제시할 수 있는 주제를 개인별 혹은 소집단별로 토의나 토론을 하게 한 다음, 학생들이 사전에 준비한 자료의 다양성이나 적절성, 내용의 논리성, 상대방의 의견을 존중하는 태도, 진행 방법 등을 종합적으로 평가하는 방법
관찰법	• 관찰로 일련의 정보를 수집하는 측정 방법	• 어느 특정한 장면이나 상황에서 발생하는 행동 체계를 가능한 한 상세하고 정밀하게 탐구하기 위해 모든 신체적 기능과 측정 도구를 이용할 필요가 있음 • 일화 기록법, 체크리스트, 평정 척도, 비디오 녹화 후 분석 등이 있음
자기평가·동료평가	• 수행 과정이나 학습 과정을 학생이 스스로 평가하거나 동료 학생들이 상대방을 서로 평가하는 방법	• 학생들이 자신의 학습 준비도, 학습 동기, 성실성, 만족도, 다른 학습자들과의 관계, 성취 수준 등을 스스로 생각하고 반성할 기회를 제공함 • 교사가 학생을 관찰하고 기록한 내용과 시행한 평가가 타당하였는지 수시로 비교하고 분석해 볼 수 있는 기회를 제공함 • 학생 수가 많아서 교사 혼자의 힘으로 모든 학생을 제대로 평가하기 어렵다고 판단될 때, 동료 평가 결과와 합하여 학생의 최종 성적으로 사용하면 교사의 주관성을 배제할 수 있을 뿐만 아니라 성적을 처리하는 방식에 공정성도 높일 수 있음

3.4 수행평가 운영의 실제

수행평가 운영 단계를 1학기 기준으로 나타내 보면 그림 6.11과 같다(교육부와 한국교육과정평가원, 2017).

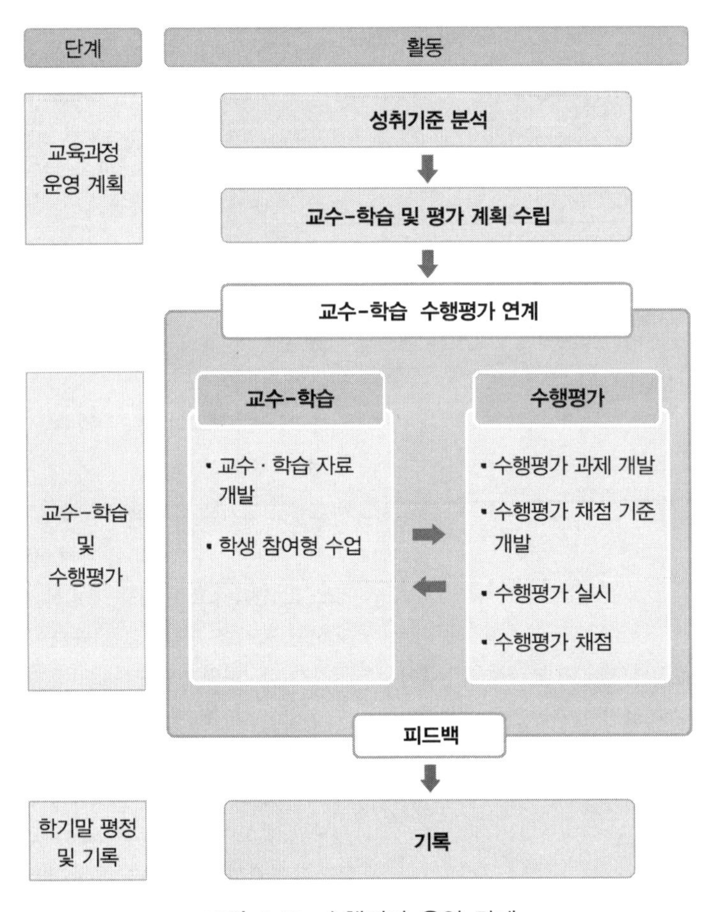

그림 6.11 수행평가 운영 단계

수행평가 운영 단계는 교육과정 운영 계획 단계와 교수-학습 및 수행평가 단계, 그리고 학기말 평정과 기록 단계로 나눈다.

2월말에서 3월 초에 이루어지는 교육과정 운영 계획 단계에서는 성취기준을 분석하여 교수-학습 및 평가 계획을 수립한다. 이 단계는 한 학기 동안의 교수-학습과 평가를 설계해야 하므로 신중을 기해야 하며, 지필평가 계획과 수행평가 계획을 함께 수립한다.

교수-학습과 연계한 수행평가를 위해서는 교육과정의 성취기준에 기반을 두어야 하므로 성취기준 분석이 첫 단계이다. 이는 교육과정과 교수-학습, 그리고 평가의 일관성을 유지하기 위한 것이다. 성취기준은 과학 교과에서 학생들이 성취해야 할 지식, 기능, 태도 등의 특성을 진술한 것으로, 이는 교수-학습 및 평가의 실질적인 근거가 된다. 그러므로 성취기준을 분석하여 평가 전략을 세우고, 수업 전략을 결정한다.

표 6.23 지구과학 성취기준의 예시

- **성취기준**

  [9과14-02] 해수의 연직 수온 분포와 염분비 일정 법칙을 통해 해수의 특성을 설명할 수 있다.

- **성취기준 해설**

  [9과14-03] 우리나라 주변 해류의 종류와 특성은 표층의 수온 특성만 다룬다. 조석 현상의 발생 원인은 다루지 않는다.

- 교육부에서 제시한 성취기준 및 평가기준

<table>
<tr><td rowspan="3">[9과14-02] 해수의 연직 수온 분포와 염분비 일정 법칙을 통해 해수의 특성을 설명할 수 있다.
<탐구 활동> 해수의 연직 수온 분포 실험하기</td><td rowspan="3">[평가기준 성취기준①]
해수의 연직 수온 분포를 통해 해수의 특성을 설명할 수 있다.</td><td>상</td><td>해수의 연직 수온 분포 그래프를 해석하여 해수의 특성을 설명할 수 있다.</td></tr>
<tr><td>중</td><td>해수의 연직 수온 분포 그래프를 해석할 수 있다.</td></tr>
<tr><td>하</td><td>해수가 깊어짐에 따라 수온이 낮아진다는 것을 말할 수 있다.</td></tr>
</table>

수행평가 계획을 수립할 때 하나의 수행평가에 대해서 반드시 하나의 성취기준만 고려할 필요는 없다. 비슷한 수행 능력을 요구하는 성취기준끼리 통합하거나 재구성하여 수행평가를 계획하면 보다 유의미한 수행평가를 운영할 수 있다. 수행평가 계획은 학기 초에 수립하는데 교과 협의회의 논의를 통하여 결정하며, 수행평가의 영역, 방법, 횟수, 기준, 반영 비율 등과 성적 처리 방법 및 결과의 활용 방법 등을 포함한다. 수립된 평가 계획은 학기 초에 공시하고, 학생 및 학부모에게 다양한 방법을 통하여 적극적으로 안내한다.

학기 중에 이루어지는 교수-학습 및 수행평가 단계에서는 교수-학습과 연계하여 수행평가 과제를 개발하고, 학생 참여형 수업을 통해 수행평가를 실시하고 채점한다. 이때 학생의 성장과 발달을 촉진하기 위하여 학생의 수행과정에 대한 피드백을 제공하는 것이 매우 중요하다.

수행평가 피드백은 학생의 현재 수준과 학생이 도달해야할 수행 수준 간의 차이를 자세하게 알려 줌으로써, 학생의 학습과 성장을 지원하고 교사의 수업과 평가의 질을 개선하는 과정이다. 수행결과의 피드백뿐만 아니라 수행 과정에 대한 피드백을 함께 제공해야 한다. 인지적 측면뿐만 아니라 정의적 측면에 대해서도 피드백한다.

수행의 결과에 영향을 미친 영향을 제대로 파악할 수 있어야 학생의 추후 학습에 대한 피드백을 제공할 수 있다.

수행 과정에서 어떤 문제가 있었는지, 발생한 문제점에 대해서 학생이 문제를 적극적으로 해결하였는지, 동기나 효능감이 낮지는 않았는지 등 다양한 측면에서 피드백을 제공하여야 한다. 과정에 대한 피드백은 학생이 학습 전략을 수립하는 데 효과적이다.

학기말에 실시하는 학기말 평정과 기록 단계에서는 한 학기 동안의 성적을 평정하며, 과정을 중시하는 수행평가의 결과를 기록한다. 이 단계는 학생의 수행 과정을 통해 드러난 학생의 특성을 종합적으로 기록한다.

평가를 시행한 후에는 수행의 최종 결과를 학생에게 제공하고 함께 의사소통하는 과정이 필요하다. 이는 평가 결과와 학습을 연결하는 역할을 한다. 평가 결과의 기록은 학생의 학습과 성장을 돕는 방향으로 제공해야 하며, 학생의 학습 동기를 긍정적으로 신장시킬 수 있어야 한다.

수행평가에서는 교사가 평가의 주체가 될 뿐만 아니라, 학생도 평가의 주체가 되어 관찰, 자기평가, 동료평가 등 다양한 평가 방법을 활용하여 수행 과정을 기록으로 남긴다면 학생의 성장과 변화를 더욱 잘 관찰할 수 있으며, 수행평가의 신뢰도 또한 높일 수 있다.

3.5 수행평가의 예시

표 6.24는 수행평가를 적용하여 설계한 지구과학 교수-학습 지도안의 예이고, 표 6.25-표 6.26은 이 수업에 사용하기 위해 작성한 수행평가용 채점표의 일부이다.

표 6.24 수행평가를 적용하여 설계한 지구과학 교수-학습 지도안의 예

학습 주제	해수 온도의 연직 분포			
학습 목표	• 해수의 깊이에 따른 수온 분포의 특징을 설명할 수 있다. • 실험을 통해 작성된 수온 변화 그래프를 해석할 수 있다. • 탐구 활동 과정에서 맡은 역할을 수행하며 배려를 바탕으로 협력할 수 있다.			
학습 내용	• 해수 온도의 연직 분포 실험 • 해수의 깊이에 따른 수온 분포의 특징을 생성 원인과 관련지어 설명하기			
학습 단계	**교수-학습 활동**	**과정중심평가 & 수행평가**	**시간**	**유의점**
도입	**<해수 온도의 연직 분포>** • (전체 활동) - 동기 유발을 위한 자료 • (전체 활동) - 학습목표안내 • (모둠 활동) - 해수 온도의 연직 분포에 대한 학습자 논의/교사 설명	• (전체 활동) - 평가/피드백에 대한 안내 포함	5분	• 심해어 사진(?) • 읽기 자료 ①, 영상 • 해수 온도의 연직 분포 사진
전개	**<해수온도의 연직 분포 실험1>** • 탐구 활동 유의 사항 • (모둠 활동) - 광원/온도계 설치 - 온도 측정/보정	**과정중심평가** • 참여도, 협력 수준, 의사소통(관찰평가) • 광원/온도계 설치: (자기평가), (동료평가) ▷ 피드백① • 온도 측정/보정: (자기평가), (동료평가) ▷ 피드백② **수행평가** • (보고서 평가) ▷ 활동지①	40분	• 수업 활동 전체에 적용 • 이 단계의 활동 미흡은 실험 결과에 큰 영향을 미치므로 반드시 점검 후 피드백 필요 • 탐구 활동지 ①
	<해수온도의 연직 분포 실험2> • (모둠 활동) - 자료 변환 및 자료 해석 • (모둠 활동) - 결과 발표 • (개별 활동) - 해수 층상 구조의 특징	**과정중심평가** • 자료 변환: (자기평가), (동료평가) ▷ 피드백③ • 자료 해석: (자기평가), (동료평가) ▷ 피드백④ • 결과발표: 동료평가, 관찰평가 • (보고서 평가) ▷ 활동지① **수행평가** • 해수 층상 구조의 특징: (보고서 평가) ▷ 활동지①	40분	• 보고서 평가는 수업 종료 후에 실시하되 결과는 학생의 성장 정도를 평가하는 기초 자료로 활용한다. • 동료평가지 • 발표평가지 • 탐구 활동지 ①

정리	• 자기평가, 동료평가 • 정리 및 차시 예고	• 참여도, 협력 수준, 의사소통 학습 성과: (자기평가), (동료평가)	5분	• 자기평가표 • 동료평가표 • 자기평가/동료평가 결과는 학생의 성장 정도를 평가하는 데 기초 자료로 활용하고 개별 피드백 및 보충학습 자료를 제공한다.

표 6.25 수행평가용 채점 기준표의 예

평가영역	상	중	하
탐구 기능 - 실험 수행	실험 기구를 바르게 설치하였으며, 수조의 물이 교란되지 않도록 실험 기구들을 다루며 실험을 수행하였다.	실험 기구를 바르게 설치하였으나, 수조의 물이 교란되는 것에 주의를 기울이지 않고 실험 기구들을 다루며 실험을 수행하였다.	실험 기구를 바르게 설치하지 못하였으며, 수조의 물이 교란되는 것에 주의를 기울이지 않고 실험 기구들을 다루며 실험을 수행하였다.
[점검 주안점]	• 온도계가 흔들리지 않도록 고정하였는가? • 수심 측정시 온도계 구부의 중앙까지의 거리를 측정하는가?		
[피드백]	실험 전 보여주었던 실험 설계 과정의 동영상을 다시 보여주면서 지키지 못했던 부분이나 유의 사항을 언급하여 실험 기구들을 재설치하도록 지시한다.		
[평가 방법]	자기평가, 동료평가 후 교사의 점검		

평가영역	평가요소	점수				
		5	4	3	2	1
탐구 기능 - 측정	온도계를 읽는 방법이 적절하고, 온도 보정을 바르게 하였다.					
[점검 주안점]	• 눈높이를 온도계 알콜 기둥의 끝 부분과 일치하여 온도를 측정하는가? • 온도 측정시 반복 측정하는가? • 여러 온도계를 실온의 물이 담긴 비커에 넣어 측정한 온도 값들이 다르게 나올 경우 온도 보정을 하는가? (어느 하나의 온도계의 값과 같도록 차이가 나는 만큼 값을 더하거나 빼 준다.)					
[피드백]	• 온도계 눈금 읽는 방법에 대한 영상 자료를 시청하도록 한다. • 가열하기 전 측정한 깊이에 따른 온도 분포를 살펴보고 위의 점검 주안점을 강조한다. 온도 보정을 하는가? (어느 하나의 온도계의 값과 같도록 차이가 나는 만큼 값을 더하거나 빼 준다.)					
[평가 방법]	자기평가, 동료평가 후 교사의 점검					

표 6.26 수행평가를 위한 자기평가표의 예

나의 탐구 활동에 대해 스스로 평가하여 봅시다.			
2학년 ( )반 ( )번 이름 ( )	활동일	2022년 0월 00일	
일련 번호	**평가 항목**	**그렇다**	**그렇지 않다**
1	실험 기구를 바르게 설치하였으며, 수조의 물이 교란되지 않도록 실험 기구들을 다루며 실험을 수행하였는가? • 온도계가 흔들리지 않도록 고정하였는가? • 수심 측정시 온도계 구부의 중앙까지의 거리를 측정하는가?		
2	온도계를 읽는 방법이 적절하고, 온도 보정을 바르게 하였는가? • 눈높이를 알콜 기둥의 끝 부분과 일치하여 온도를 측정하였는가? • 온도 측정시 반복 측정하였는가? • 온도 보정을 하였는가?		
3	그래프 종류를 적절하게 선택하여, 가로축·세로축의 물리량과 단위, 데이터를 정확하게 그래프로 나타내었는가? • 그래프의 종류는 꺾은선 그래프를 선택하였는가? • 가로축을 온도, 세로축을 깊이로 설정하였는가? • 최대값, 최소값을 반영하여 축의 눈금을 정하였는가?		
4	그래프에서 깊이에 따른 온도 변화율의 차이를 해석하여 각 층의 해수 특징을 설명할 수 있었는가? • 수면에서부터 혼합층, 수온약층, 심해층으로 구분할 수 있었는가? • 혼합층은 수면 위의 바람에 의해 강제 혼합된 것이며, 수온약층은 깊이에 따른 온도 변화가 커서 매우 안정한 상태라는 것을 설명하였는가?		

나의 탐구 활동에 대해 스스로 평가하여 봅시다.					
2학년 ( )반 ( )번 이름 ( )	활동일	2022년 0월 00일			
일련 번호	평가 항목	매우 그렇다	그렇다	그렇지 않다	매우 그렇지 않다
5	탐구 활동 과정에서 토의/토론에 적극적으로 참여하였는가?				
6	탐구 활동의 토의/토론 과정에서 긍정적이고 수용적인 자세로 상대방과 의견을 교류하였는가?				
7	탐구 활동의 토의/토론 과정에서 자신의 의견을 논리적으로 표현하였는가?				
8	탐구 활동 과정에서 민주적이며 합리적으로 역할을 분담하였는가?				
9	탐구 활동 과정에서 맡은 역할을 충실하게 수행하였는가?				
10	탐구 활동 수행과정에서 상대방을 배려하고 협력하였는가?				

<느낀 점>

생각해보기

1. 다음은 2015 개정 교육과정의 '[12지과II 04-02] 에크만 수송과 연계하여 지형류의 발생 원리를 이해하고, 서안 경계류와 동안 경계류의 특징을 비교하여 설명할 수 있다.'의 평가기준과 전 세계 해양의 해수면 높이를 나타낸 자료이다.

교육과정 성취기준	평가준거 성취기준	평가기준	
[12지과II04-02] 에크만 수송과 연계하여 지형류의 발생 원리를 이해하고, 서안 경계류와 동안 경계류의 특징을 비교하여 설명할 수 있다.	[12지과II04-02-00] 에크만 수송과 연계하여 지형류의 발생 원리를 이해하고, 서안 경계류와 동안 경계류의 특징을 비교하여 설명할 수 있다	상	지형류의 발생 원리를 에크만 수송과 관련지어 설명할 수 있고, 서안 경계류와 동안 경계류의 특징을 지구 자전 효과와 관련지어 설명할 수 있다.
		중	에크만 수송 방향과 지형류의 방향을 설명할 수 있고, 서안 경계류와 동안 경계류의 특징을 설명할 수 있다.
		하	서안 경계류와 동안 경계류의 특징을 설명할 수 있다.

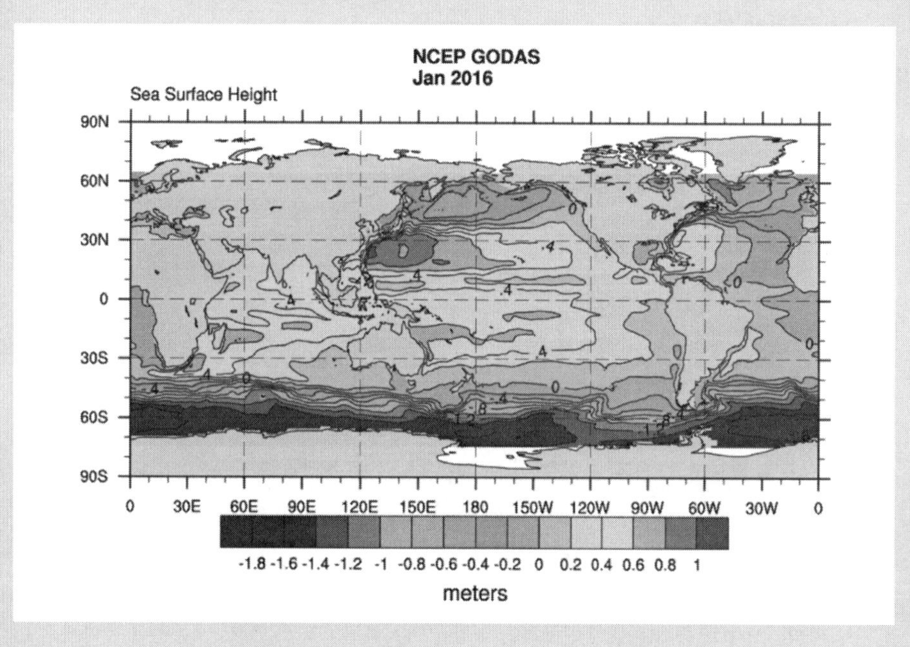

(출처: https://www.psl.noaa.gov/data/writ/ocean.example.map.html)

이 자료 및 필요한 경우 추가의 자료를 활용하여 (1) 평가기준 '상'과 '하'의 도달 여부를 각각 평가할 수 있는 선다형 문항을 제작하고, (2) 제작한 문항에서 평가할 수 있는 탐구 기능을 설명하시오.

2. 다음은 2015 개정 교육과정의 '[10통과04-01] 지구 시스템은 태양계라는 시스템의 구성요소이면서 그 자체로 수많은 생명체를 포함하는 시스템임을 추론하고, 지구 시스템을 구성하는 하위 요소를 분석할 수 있다.'를 기준으로 개발된 서술형 문항과 채점 기준 초안이다.

(가)는 좋은 오존과 나쁜 오존에 대한 자료이며, (나)는 기권의 연직 구조를 나타낸 것이다.

(가) 좋은 오존과 나쁜 오존

오존(O_3)은 '좋은 오존'과 '나쁜 오존' 이렇게 2가지로 나뉜다.

좋은 오존은 대기 중 특정 고도에 층으로 분포하며, [㉠].

나쁜 오존은 대기 중 배출된 대기 오염 물질이 햇빛을 받아 광화학 반응을 일으켜 생기는 2차 오염 물질이다. 주로 지표 근처에 생기는 나쁜 오존의 자극성과 산화력이 강해 감각기, 호흡기 등에 영향을 주고, 고농도 오존에 노출되면 기침이나 숨이 차는 등의 증상이 나타날 수 있고 기도나 폐에 나쁜 영향을 줄 수도 있다. 인간과 생태계에 좋지 않은 영향을 미친다. 나쁜 오존 피해를 줄이기 위해서는 오존 예보가 '나쁨' 이상이면 오후 2~5시의 야외 활동은 자제하는 것이 좋다. 특히 눈, 기관지에 피해를 줄 수 있기 때문에 호흡기 질환자, 어린이, 노약자는 오존 농도가 높은 날을 조심해야 한다. 또한 오존 경보(주의보, 경보)가 발령된 경우 오존 경보 발령 상황을 인터넷, 방송, 앱 등으로 확인하고 야외활동을 자제하는 것이 좋다.

(나) 기권의 연직 구조

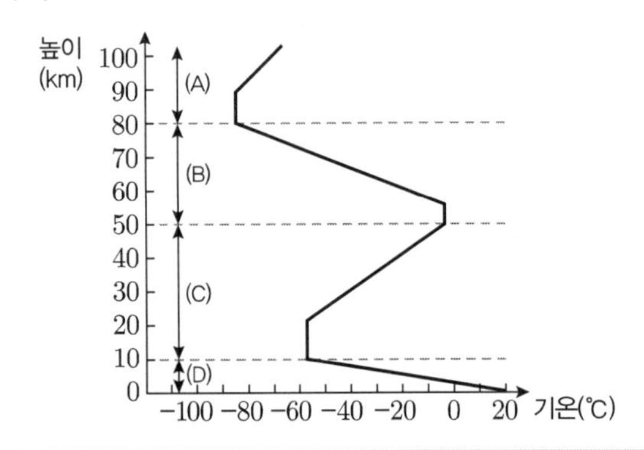

(가)와 (나)를 활용하여 ㉠에 들어갈 '좋은 오존'에 대한 설명을 다음 조건에 따라 작성하시오. (6점)

〈조 건〉

- (나)의 (A)~(D) 중 오존층이 분포하는 공간을 제시하고, 그 공간에서 오존층이 높이에 따른 기온 변화에 미치는 영향을 설명하되, '지구 복사 에너지'라는 용어를 사용할 것. (4점)
- 오존층의 역할을 설명하고, 오존층이 파괴될 시 발생할 수 있는 피해에 대해 함께 논할 것. (2점)

채점 요소	점수	채점 기준
오존층의 위치	2점	오존층의 위치를 정량적으로 정확하게 제시하였다.
	1점	오존층의 위치를 정성적으로 개략하여 제시하였다.
	0점	오존층의 위치를 제시하지 못하였다.
오존층의 특징 이해	2점	오존층이 해당 고도의 기온 변화에 미치는 영향을 주어진 용어를 사용하여 올바르게 설명하였다.
	1점	오존층이 해당 고도의 기온 변화에 미치는 영향을 바르게 설명하였으나 주어진 용어를 활용하지 못하였다.
	0점	오존층이 해당 고도의 기온 변화에 미치는 영향을 설명할 때에 주어진 용어를 활용하지 못하고 설명도 적절하지 못하였다.
오존층의 역할	2점	오존층의 역할 및 파괴 시 발생할 피해에 대해 적절하게 설명하였다.
	1점	오존층의 역할과 파괴 시 발생할 피해 중 한 가지만 적절하게 설명하였다.
	0점	오존층의 역할과 파괴 시 발생할 피해에 대하여 모두 적절하게 설명하지 못하였다.

(교육부 외, 2020)

이 문항의 채점 기준에 대하여 다음과 같은 검토 의견이 개진되었다고 가정했을 때, 이를 반영하여 채점 기준을 수정하여 제시하시오.

[검토 의견]

첫째, '오존층의 위치' 채점 요소에 대한 채점 기준 중에서 '정량적으로', '정성적으로'의 기준이 한 번에 이해되지 않으며, 문항에서 기권의 연직 구조가 그래프로 제시되었으므로 바르게 제시하였는지의 여부로 채점할 수 있다.

둘째, '오존층의 특징 이해' 채점 요소와 관련된 조건에서의 채점에서 ① 용어 활용과 설명이 모두 올바른 경우, ② 용어 활용은 미흡하나 설명이 올바른 경우, ③ 용어는 올바르게 활용하였으나 설명이 부족한 경우, ④ 용어 활용 및 설명이 모두 미흡한 경우의 4가지로 크게 나뉠 수 있다고 볼 때, ③에 대한 채점 기준이 누락되어 있다.

셋째, '오존층의 역할' 채점 요소에 대한 채점 기준 중에서 적절하게'의 기준이 다소 애매할 수 있어 과학적으로 올바른지 여부에 대한 표현으로 수정하는 것이 좋겠다.

3. 본문에 제시한 '해수 온도의 연직 분포 실험' 교수-학습 지도안에 제시한 학습 활동 중 '자료 변환' 및 '자료 해석' 탐구 기능에 대한 수행평가를 위한 채점표와 피드백 자료를 작성하시오.

참고 문헌

CHAPTER 01

곽영순(2019). 교사를 위한 과학 논술. 서울: 교육과학사.

김경렬(2009). 노벨상과 함께하는 지구환경의 이해. 서울: 자유아카데미.

김영식(2008). 과학, 역사 그리고 과학사. 서울: 생각의 나무.

박세기, 이기영, 이면우(2011). 과학 교과서의 과학사 자료 분석을 위한 삼원 분석틀 개발 및 적용: 지구과학사를 중심으로. 한국지구과학회지, 32(1), 99-112.

박영욱(1990). William Buckland(1784-1856)의 geology and mineralogy: 자연 신학과 지사학적 배경을 중심으로. 서울대학교 대학원 석사학위논문.

박원미(2020). 지구과학의 본성에 대한 연구방법 제안-현상학적 접근 및 과학의 본성(NOS)에 대한 가족 유사성 접근의 활용-. 한국과학교육학회지, 40(1), 51-60.

브리태니커 백과(2021). https://www.britannica.com/science/Earth-sciences.

송호장(1995). 동일과정설 비판 연구. 서울대학교 대학원 석사학위논문.

송호장(2011). 자연주의 과학철학 토대의 교수-학습 설계가 예비교사들의 인식론적 관점에 미치는 효과: 판구조론을 중심으로. 서울대학교 대학원 박사학위논문.

양승훈, 송진웅, 김인환, 조정일, 정원우(1996). 과학사와 과학교육. 서울: 민음사.

이미애(2019). 고등학교 과학 교사의 모델링 적용 수업에 대한 실천 분석 - 현장 실행 기반 연수를 중심으로. 서울대학교 박사학위논문.

이상욱(2016). 과학자이자 철학자인 그들, 쿤과 포퍼. 아트앤스터디 강의록.

장하석(2015). 장하석의 과학, 철학을 만나다. 서울: EBS 미디어.

Becker, B.(2000). Mind works: Making scientific concepts come alive. Science and Education, 9, 269-278.

Duschl, R. A.(1990). Restructuring science education: The importance of theories and their development. New York: Teacher College Press.

Galili, I.와 Hazan, A.(2001). Experts' Views on Using History and Philosophy of Science in the Practice of Physics Instruction. Science & Education, 10(4), 345-367.

Imbrie, J.(2015). 빙하기: 그 비밀을 푼다(김인수 역). 아카넷.

Jonas, A. R.(1998). 즐거움과 상상력을 주는 과학. (김옥수 역). 사계절.

Kilborn, B.(1980). World view and science teaching. In H. Mundy, G. Orpwood, & T. Russell (eds.), Seeing curriculum in a new light, Essay from science education. Tronto: OISE Press/ The Ontario Institute for Studies in Education.

Koponen, I. T.(2006). Generative rolle of experiments in physics and in teaching physics: A suggestion for epistemological reconstruction. Science & Education, 15, 31-54.

Ladyman, J.(2002). 과학 철학의 이해(박영태 역). 서울: 이학사.

Macinnis, P.(2011). 인류의 역사를 바꾼 위대한 과학적 발견들: 100 디스커버리(이수연 역). 서울: 생각의 날개.

Mattews, M. R.(1990). History, philosophy and science teaching: A rapprochement. Studies in Science Education, 18, 25-51.

Mattews, M. R.(1994). 과학교육: 과학사와 과학철학의 역할(권성기 등 역). 서울: 북스힐.

Meheut, M.(2005). Teaching-learning sequences tools for learning and/or research. In K. Boersma et al. (eds.), Research and the Quality of Science Education, 195-207. Springer.

Meissner, R.(2006). 지구에 관한 작은 책(이기화, 민동주 역). 시그마프레스.

Monk, M.와 Osborne, J.(1997). Placing the history and philosophy of science on the curriculum: A model for the development of pedagogy. Science Education, 81(4), 405-424.

National Curriculum Council (1989). Science in the national curriculum. London: National Curriculum Council.

Nielson, H.와 Thomson, P.V.(1990). History and philosophy of science in physics education. Interdisciplinary aspects of physics education: Proceedings of a Europhysics Study Conference. ed. H. Kuhnelt. Singapore: World Scientific Pub.

Rutherford, J.(2001). Fostering the History of Science in American Science Education. Science and Education, 10(6), 569-580.

Schwarz, C. V., Reiser, B. J., Davis, E. A., Kenyon, L., O., Archer, A., Fortus, D., Shwartz, Y., Hug, B.와 Krajcik, J.(2009). Developing a learning progression for scientific modeling: Making scientific modeling accessible and meaningful for learners. Journal of Research in Science Teaching, 46(6), 632-654.

Seker, H.(2007), Levels of connecting pedagogical content knowledge with pedagogical knowledge of history of science. Proceedings of The Ninth International History,

Philosophy, and Science Teaching Conference, Calgary.
Seker, H.와 Welsh, L. C.(2006). The Use of History of Mechanics in Teaching Motion and Force units. Science & Education, 15, 55-89.
Wandersee, J. H.(1992). The historicality of cognition: Implications for science education research. Journal of Research in Science Teaching, 29(4), 423-34.
Wang, H. A.와 Cox-Petersen, A. M.(2002). A Comparison of Elementary, Secondary and Student Teachers' Perceptions and Practices Related to HOS Instruction. Science & Education, 11(1), 69-81.
Wang, H. A.(1998). Science in historical perspectives: A content analysis the history of science in secondary school physics textbooks. Doctoral Dissertation, University of Southern California.

CHAPTER 02

곽영순(2013). 과학과 교육과정 개정에 대비한 핵심역량 재구조화 방안. 한국지구과학회지, 34(4), 368－377.
교육과학기술부(2009). 2009 개정 교육과정(초·중등학교 교육과정). 교육과학기술부.
교육과학기술부(2009). 과학과 교육과정. 교육과학기술부.
교육과학기술부(2009, 2015). 과학과 교육과정. 고시 제 2011-361호
교육부(1988). 제5차 고등학교 과학과 교육과정 해설서. 교육부.
교육부(1992). 고등학교 교육과정 (I). 교육부.
교육부(1997). 과학과 교육과정. 교육부.
교육부(2015a). 과학과 교육과정. 교육부 고시 제2015-74호. [별책 9]
교육부(2015b). 초 중등학교 교육과정 총론. 교육부 고시 제2015-74호. [별책 1]
교육인적자원부(2007). 과학과 교육과정 [별책 9]. 교육인적자원부.
김지현, 정아준(2017). 과학과 교육과정의 핵심 개념 국제 비교: 미국, 캐나다, 호주, 영국을 중심으로. 한국과학교육학회지, 37(1), 215-223.
김찬종(2014). 지구과학교육의 발전과 전망, 한국지구과학회 추계학술대회.
김헌수(2006). 과학과 교육과정 교과서의 변천과 발전. 교과서연구, 48, 12~19.
김현경 외(2016). 2015 개정 교육과정에 따른 초중학교 과학과 평가기준 개발 연구. 한국교육과

정평가원.

문교부(1974). 인문계 고등학교 교육과정. 문교부.

소경희(2019). 한국의 국가교육과정의 변천과 최근의 개혁 동향. SNU Journal of Education Research, 28(1), 87-103.

송희석(1983). 한국 지구과학 교육과정의 변천에 대한 분석. 한국지구과학회지, 4(1). 23-30.

이광우, 민용성, 전제철, 김미영, 김혜진(2008). 미래 한국인의 핵심역량 증진을 위한 초·중등학교교육과정 비전 연구(II) - 핵심역량 영역별 하위 요소 설정을 중심으로. 한국교육과정평가원 연구보고 RRC 2008-7-1.

이규석(2015). 우리나라 과학과 교육과정의 변천. 교육과학사.

이근호, 이병천, 가은아, 이주연(2015). 국제비교를 통한 국가 교육과정 적용체제 개선 방안. 한국교육과정 평가원 보고서. 연구자료 ORM 2015-50-13.

이명제(2014). 과학적 소양. 한국과학교육학회지.

임용우, 김영수(2013). 우리나라 초 중등학교 과학과 교육과정의 변천. 생물교육, 41(3), 483-503.

조희형, 김희경, 윤희숙, 이기영(2014). 과학교육론. 교육과학사.

조희형, 김희경, 윤희숙, 이기영, 하민수(2018). 과학교육론. 교육과학사.

최승언, 신명경(1994). 지구과학교육과 목표와 발전에 관한 연구. 서울대학교 사범대학 소식지, 49호.

AGI https://www.americangeosciences.org/education/ec/edg/eq/act1

National Research Council(1996). National Science Education Standards. Washington, D.C., US: National Academy.

National Science Teachers Association(1990). The NSTA position statement on science/technology/society. Washington, D.C., US: the Author.

NGSS Lead States(2013). Next Generation Science Standards: For States, By States. Washington, DC: The National Academies Press.

Roberts, D. A.(2011). Competing visions of scientific literacy. In C. Linder, L. Ostman, D.A. Roberts, P. Wickman, G. Erickson, & A. MacKinnon (Eds.) *Exploring the landscape of scientific literacy*, (pp. 11-27). New York: Routledge.

Rychen D.S.와 Salganik L.H. (Eds.) (2003). Key competencies for a successful life and a well-functioning society. Göttingen: Hogrefe & Huber Publishers.

Sjöström, J.와 Eilks, I.(2017). Reconsidering different visions of scientific literacy and science education based on the concept of Bildung. Cognition, Metacognition, and Culture in STEM Education: Learning, *Teaching and Assessment, 24*, 65.

CHAPTER 03

권난주, 권재술(1998). 인지갈등을 통한 개념학습 절차 모형의 적용. 한국과학교육학회지, 18, 261-272.

권재술, 김범기, 최병순, 김효남, 백성혜, 양일호, 권용주, 차희영, 우종옥, 정진우(2012). 과학교육론. 교육과학사.

박주신(1999). 브루너(J. S. Bruner)의 교육이론 연구. 인하교육연구, 5, 403-435.

변영계(2005). 교수-학습 이론의 이해(개정판). 서울: 학지사.

심재호(2017). 생물 교수-학습지도안 개발 수업에서 브이도의 사용에 대한 예비 생물 교사의 인식. 교사교육연구, 56(4), 385-400.

이성호(1999). 교수 방법론. 학지사.

이홍우 역(1973). 브루너 교육의 과정, 배영사.

장언효(1987). 학습심리학에서의 인지 이론. 교육심리연구, 창간호, 131-149. 한국교육학회 교육심리연구회.

정세화(1982). 교육철학에의 구조주의적 접근. 한국교육학회 교육사·교육철학연구회 편, 현대 교육철학의 문제점, 서울: 세영사.

진보교육연구소(2019). 관계의 교육학, 비고츠키. 살림터, p.293

최병순(1988). 인지발달과 탐구학습. 화학교육, 15(1), 54-59.

Albert, E.(1978). Development of the concept of heat in children. Science Education, 62(3), 389-399.

Ausubel, D.P.(1963). The psychology of meaningful verbal learning. Orlando, FL: Grine & Startto.

Ausubel, D.P.(2000). The acquistion and retention of knowledge. Dordrecht, The Netherlands, Kluer Academic Publishers.

Barnett, M., Wagner, H., Gatling, A., Anderson, J., Houle, M.와 Kafka, A.(2006). The impact of science fiction film on student understanding of science. Journal of Science

Education and Technology, 15(2), 179-191.

Bringuier, J.C.(1980). Conservation with Jean Piaget. Chicago: University of Chicago Press.

Bruner, J.S.(1963). Needed: A theory of instruction, Edcuational Leadership, 20.

Bruner, J.S.(1966). Toward a theory of instruction. Cambridge, Massachusetts: Harvard University Press.

Bruner, J.S.(1984). Vygotsky's zone of proximal development: The hidden agenda, in B. Rogoff & J.V. Wertsch, eds., Children's learning in the "zone of proximal development", pp. 93-97. San Francisco, CA: Jossey-Bass.

Dodick, J.와 Orion, N. (2003). Measuring student understanding of geologic time. Science Education, 87, 708-731.

Dove, J.(1998). Students' alternative conceptions in Earth science: A review of research and implications for teaching and learning. Research Papers in Education, 13(2), 183-201.

Feldman, H.R.와 Wilson, J.(1998). The Godzilla syndrome-scientific inaccuracies of prehistoric animals in movies. Journal of Geoscience Education, 46(5), 456-459.

Foltz, B.V.(2000). Inhabitation and orientation: Science beyond disenchantment, in Frodeman, R., eds., Earth Matters: The Earth Sciences, Philosophy, and the Claims of Community: Upper Saddle River, New Jersey, Prentice-Hall, p. 25-34.

Francek, M.(2013). A compilation and review of over 500 geoscience misconceptions. International Journal of Science Education, 35(1), 31-64.

Gredler, M.E.(2012). Understanding vygotsky for the classroom: Is it too late? Educational Psychology Review, 24, 113-131.

Joyce, B.와 Weil, M.(1972). Model of teaching. N.Y.: Prentice Hall, Inc.

Kastens, K.A.와 Manduca, C.A.(2012a). Mapping the domain of time in the geosciences, in Kastens, K.A., and Manduca, C.A., eds., Earth and Mind II: A Synthesis of Research on Thinking and Learning in the Geoscience: Geological Society of America Special Paper 486, p.1-12.

Kastens, K.A.와 Manduca, C.A.(2012b). Mapping the domain of field-based teaching and learning in the geosciences, in Kastens, K.A., and Manduca, C.A., eds., Earth and Mind II: A Synthesis of Research on Thinking and Learning in the Geoscience: Geological Society of America Special Paper 486, p.125-130.

King, C.(2008). Geoscience education: an overview. Studies in Science Education, 44(2), 187-222.

King, C.(2010). An analysis of misconceptions in science textbooks: Earth science in England and Wales. International Journal of Science Education, 32(5), 565-601.

Liben, L.(2006). Education for spatial thinking, in Renninger, K.A., and Siegel, I.E., eds., Handbook of Child Psychology(6th ed.): Volume 4. Child Psychology in Practice: Hoboken, New Jersey, Wiley, p. 197-247.

Manduca, C.A.와 Kastens, K.A.(2012a). Geoscience and geoscientists: Uniquely equipped to study Earth, in Kastens, K.A., and Manduca, C.A., eds., Earth and Mind II: A Synthesis of Research on Thinking and Learning in the Geoscience: Geological Society of America Special Paper 486, p.13-18.

Manduca, C.A.와 Kastens, K.A.(2012b). Mapping the domain of complex earth systems in the geosciences, in Kastens, K.A., and Manduca, C.A., eds., Earth and Mind II: A Synthesis of Research on Thinking and Learning in the Geoscience: Geological Society of America Special Paper 486, p.91-96.

Maskall, J.와 Stokes, A.(2008). Designing Effective Fieldwork for the Environmental and Natural Sciences: Geography, Environmental and Earth Sciences Subject Centre, Learning and Teaching Guide: http://www.gees.ac.uk/pubs/guides/fw2/GEESfwGuide.pdf.

Mogk, D.W.와 Goodwin, C.(2012). Learning in the field: Synthesis of research on thinking and learning in the geosciences, in Kastens, K.A., and Manduca, C.A., eds., Earth and Mind II: A Synthesis of Research on Thinking and Learning in the Geoscience: Geological Society of America Special Paper 486, p.131-163.

Novak, J.D.(1979). The perception learning paradigm. Journal of Research in Science Teaching, 16(6), 481-488.

Novak, J.D.(1998). The pursuit of a dream: Education can be improved. In J.J. Mintzes, J.H., Wandersee, and J.D. Novak, (Eds). Teaching Science for Understanding: A Human Constructvist View, San Diego, CA: Academic Press.

Novak, J.D.와 Gowin, D.B.(1984). Learning how to learn. Cambridge University Press.

Osborne, R.J.와 Greyberg, P. (Eds.) (1985). Learning in science: The implications of children's sciecne. Auckland: Heinmann.

Piaget, J.(1968). Piaget's point of view. International Journal of Psychology, 3(4), 281-299.

Piaget, J.(1975/1985). The equilibrium of cognitive structures. Chicago, IL: University of Chicago Press.

Piaget, J.와 Inhelder, B.(1958). The growth of logical thinking: From childhood to adolescence. New York: Basic Books, Inc., Publishers.

Stillings, N.(2012). Complex systems in the geosciences and in geoscience learning, in Kastens, K.A., and Manduca, C.A., eds., Earth and Mind II: A Synthesis of Research on Thinking and Learning in the Geoscience: Geological Society of America Special Paper 486, p.97-111.

Trend, R.D.(2001). Deep time framework: A preliminary study of UK primary teachers' conceptions of geological time and perceptions of geoscience. Journal of Research in Science Teaching, 38, 191-221.

Trowbridge, J.E.와 Wandersee, J.H.(1998). Theory-driven graphic organizers, In J.J. Mintzes, J.H., Wandersee, and J.D. Novak, (Eds). Teaching Science for Understanding: A Human Constructvist View, San Diego, CA: Academic Press.

Tudge, J.R.H.와 Scrimsher, S.(2003). Lev S. Vygotsky on education: A cultural-historical, interpersonal, and individual approach to development, in B.J. Zimmerman & D.H. Schunk, eds., Educational Psychology: A century of contributions, 207-228. Mahwah, NJ: Erlbaum.

Vygotsky, L.(1978). Mind in society: The development of higher psychological process. Cambridge, MA: Havard University Press.

Wampler, J.(1996). Misconceptions-a column about errors in geoscience textbooks 5: Mythical influences of crystallization temperature and pressure on the susceptibility of minerals to weathering. Journal of Geological Education, 45(1), 74-76.

Wampler, J.(1997). Misconceptions-a column about errors in geoscience textbooks: Misconception of energy release in earthquakes. Journal of Geoscience Education, 50(5), 620-623.

White, R.T.와 Tisher, R.P.(1986). Research on natural sciences. In M.C. Wittrock (Ed.), Handbook of research on teaching (3rd Ed., pp. 874-905). New York: McMillan.

Wood, D.J., Bruner, J.S.와 Ross, G.(1976). The role of tutoring in problem solving. Journal of Child Psychology and Psychiatry, 17, 89-100.

CHAPTER 04

교육부(2020) 수학·과학 성취도 추이변화 국제비교 연구(TIMSS) 2019 결과 발표. 교육부 보도자료(2020.12.8).

권용주, 양일호, 정원우(2000). 예비 과학교사들의 가설 창안 과정에 대한 탐색적 분석. 한국과학교육학회지, 20(1), 29-42.

권용주, 이혜정, 신동훈, 정진수(2004). 귀추적 과학 지식의 생성에서 나타나는 감성의 유형. 한국생물교육학회지, 32(3), 204-212.

김찬종 외(2008). 지구과학 교재 연구 및 지도. 자유아카데미.

박현정, 손윤희, 홍유정(2018) 과학 수업에서의 탐구 활동 및 교사 피드백에 대한 학생 인식유형: 학생-학교수준 영향요인 및 정의적 특성 분석. 교육평가연구, 31(3), 557-582.

송진웅, 강석진, 곽영순, 김동건, 김수환, 나지연, 도종훈, 민병곤, 박성춘, 배성문, 손연아, 손정우, 오필석, 이준기, 이현정, 임혁, 정대홍, 정종훈, 김진희, 정용재(2019) 미래세대를 위한 '과학교육표준'의 주요 내용과 특징. 한국과학교육학회지, 39(3), 457-750.

오필석, 김찬종(2005). 지구과학의 한 탐구 방법으로서 귀추법에 대한 이론적 고찰. 한국과학교육학회지, 25(5), 610-623.

이은항(2014) SSI 프로그램이 고등학생들의 의사결정능력과 도덕성에 미치는 영향. 이화여자대학교 대학원 박사학위논문.

이현주(2018) SSI 교육이란 무엇인가. 박영스토리, p.334.

이현주, 최윤희, 고연주(2015) 집단지성을 강조한 과학기술 관련 사회쟁점 수업이 중학교 영재학급 학생들의 역량 함양에 미치는 효과. 한국과학교육학회지, 35(3), 431-442.

정용재, 송진웅(2006). Peirce의 귀추법에 관한 이론적 고찰을 통한 과학교육적 함의 탐색. 한국과학교육학회지, 26(6), 703-722.

조희형, 김희경, 윤희숙, 이기영(2017). 과학 교재 연구 및 지도법. 파주: 교육과학사.

조희형, 최경희(1998) 과학의 윤리적 특성 교육의 필요성과 그 실태. 한국과학교육학회지, 18(4), 559-570.

한국과학창의재단(2016) SSI(Socio-Scientific Issues) 교수·학습프로그램 개발 연구(BD17030001).

한국과학창의재단(2019). 미래세대 과학교육표준. 미래세대 과학교육표준(KSES) 개발 보고서(2019.7).

한국교육과정평가원(2020). OECD 국제 학업성취도 평가 연구 PISA 2018 결과 보고서 (2020.12.24.).

Abell, S.K &, Siegel, M.A.(2011) Assessment Literacy: What Science Teachers Need to Know and Be Able to Do. In D. Corrigan. J. Dillon, & R. Gunstone (Eds.), The Professional Knowledge Base of Science Teaching. Dordrecht: Springer.

Aikenhead, G.S.(2006) Science education for everyday life: Evidence-based practice. New York: Teachers College Press.

Anderson, R. C.(1977). The notion of schemata and the educational enterprise: general discussion of the conference. In R. C. Anderson, R. J. Spiro, & W. E. Montague (Eds.), Schooling and the Acquisition of Knowledge, New Jersey, USA: Lawrence Erlbaum, Hillsdale.

Birgit, V.와 Lawson, A.(1999). Effects of learning cycle and traditional text on comprehension of science concepts by students at differing reasoning levels. Journal of Research in Science Teaching, 36(1), 23-37.

Brown, P. L.와 Abell, S. K.(2007). Project-based science. Science and Children; Washington, 45(4), 60-61.

Bybee, J.L.(1985) Morphology: A study of the relation between meaning and form. John Benjamins Publishing.

Bybee, R.(1997). Achieving scientific literacy: From purposes to practices. Portsmouth, NH: Heinemann Publications.

Bybee, R. W.(2015). The BSCS 5E instructional model: Creating teachable moments. Virginia: NSTA Press.

Bybee, R. W., Powell, J. C.와 Trowbridge, W.(2008). Teaching Secondary School Science: Strategies for Developing Scientific Literacy(9th eds.). New Jersey, USA: Pearson Education Inc.

Bybee, R. W., Taylor, J. A., Gardner, A., Van Scotter, P., Powell, J. C., Westbrook, A., & Landes, N.(2006). The BSCS 5E instructional model: Origins and effectiveness. Colorado: BSCS.

Champagne, A. B., Klopfer, L. E.와 Gunstone, R. F.(1982). Cognitive research and the design of science instruction. Educational Psychologist, 17, 31-53.

Chan, C., Burtis, J.와 Bereiter, C.(1997). Knowledge building as a mediator of conflict in conceptual change. Cognition and Instruction, 15, 1-40.

Chinn, C. A.와 Brewer, W. F.(1993). The Role of Anomalous Data in Knowledge Acquisition:

A Theoretical Framework and Implications for Science Instruction. Review of Educational Research, 63(1), 1-49.

Chinn, C. A.와 Brewer, W. F.(1998). An empirical test of a taxonomy of responses to anomalous data in science. Journal of Research in Science Teaching, 35(6), 623-654.

Chitman-Booker, L.와 Kopp, K.(2013). The 5Es of inquiry-based science. CA: Shell Education Publishing.

Driver, R.(1989). Changing conceptions. In P. Adey, J. Bliss, J. Head, & M. Shayer (Eds.), Adolescent development and school science. London, UK: Falmer Press.

Driver, R.와 Bell, B. F.(1986). Student's thinking and the learning of science: a constructivist view. School Science Review, 67, 443-456.

Driver, R.와 Oldham, V.(1986). A constructivist approach to curriculum development in science. Studies in Science Education, 13, 105-122.

Driver, R., Leach, J., Millar, R.와 Scott, P.(1996). Young people's images of science (Buckingham, Open University Press).

Driver, R., Squires, A., Rushworth, P.와 Wood-Robinson, V.(1994). Making sense of secondary science. London, BK: Routledge.

Duit, R.(1996). The constructivist view in science education-what it has to offer and what should not be expected from it. Investigacoes Ensino de Ciencias, 1(1), 40-75.

Duit, R.(1999). Conceptual change approaches in science education. In W. Schnotz, S. Vosniadou, & M. Carretero (Eds.), New Perspectives on Conceptual Change. Oxford, BK: Pergamon.

Duit, R.와 Treagust, D. F.(1998). Learning in science: From behaviourism towards social constructivism and beyond. In B. J. Fraser, & K. Tobin (Eds.), International handbook of science education, Part 1. Dordrecht, The Netherlands: Kluwer Academic Publishers.

Ebenezer, J.V.와 Haggerty, S.(1999). Becoming secondary school science teachers: Preserviceteachers as researchers. New Jersey: Prentice-Hall, Inc.

Engelhardt, P., Gray, K.와 Rebello, N.(2004). How many students does it take before we see the light? The Physics Teacher, 42(4), 216-221.

Escalada, L., Rebello, N.와 Zollman, D.(2004). Student explorations of quantum effects in LEDs and luminescent devices. The Physics Teacher, 42(3), 173-179.

Hanson, N. R.(1958). Patterns of discovery. London, UK: Cambridge University Press.

Hanson, N. R.(1961). Is there a logic of scientific discovery? In B. A. Brody & R. E. Grandy(1989) (Eds.), Readings in the philosophy of science. Englewood Cliffs, NJ: Prentice Hall.

Hashweh, M.(1986). Toward an explanation of conceptual change. International Journal of Science Education, 8(3), 229-249.

Haysom, J.와 Bowen, M.(2010). Predict, observe, explain: Activities enhancing scientific understanding. Virginia: NSTA Press.

Herman, B. C.(2018) Students' environmental NOS views, compassion, intent, and action: Impact of place-based socioscientific issues instruction. Journal of Research in Science Teaching, 55(4), 600–638.

Karplus, R.(1974). The learning cycle. In the SCIS teacher's handbook. Berkely, USA: Regents of the University of California.

Karplus, R.(1977). Science teaching and the development of reasoning. Journal of Research in Science Teaching, 14(2), 169–175.

Kearney, M.와 Treagust, D. F.(2000, April). An investigation of the classroom use of prediction-observation-explanation computer tasks designed to elicit and promote discussion of students' conceptions of force and motion. In annual meeting of the National Association for Research in Science Teaching, New Orleans, USA.

Kose, S.(2008). Diagnosing Student Misconceptions: Using Drawings as a Research Method. World Applied Sciences Journal, 3(2), 283-293.

Kuhn, T.S.(1962) The structure of scientific revolutions. University of Chicago Press: Chicago.

Languis, M. L.와 Miller, D. C.(1992). Luria's theory of brain functioning: A model for research in cognitive psychophysiology. Educational Psychologist, 27(4), 493-511.

Lawson, A. E.(1995). Science Teaching and the Development of Thinking. Belmont, USA: Wadsworth.

Lawson, A. E.(1995). Science Teaching and the Development of Thinking. Belmont, CA: Wadsworth Publishing Company.

Lawson, A. E., Abraham, M.와 Renner, J.(1989). A theory of instruction: Using the Learning Cycle to teach science concepts and thinking skills (NARST Monograph Number One). Cincinnati, OH: National Association for Research in Science Teaching.

Lee, H. W., Lim, K. Y.와 Grabowski, B. L.(2008). "Generative learning: Principles and implications for making meaning", In M. J. Spector, M. D. Merrill, J. V. Merrienboer, & M. P. Driscol (Eds.), Handbook of research on educational communications and technology. New York, USA: Lawrence Erlbaum Associates.

Liew, C. W.와 Treagust, D. F.(1995). A predict-observe-explain teaching sequence for learning about students' understanding of heat and expansion of liquids. Australian Science Teachers' Journal, 41(1), 68-71.

Limon, M.와 Carretero, M.(1999). Conflicting data and conceptual change in history experts. In W. Schnotz, S. Vosniadou, & M. Carretero (Eds.), New perspective on conceptual change. Oxford, UK: Pergamon.

Maier, S. J.와 Marek, E. A.(2005). The learning cycle: A re-introduction. The Physics Teacher, 44(2), 109-113.

Martin, R. E., Sexton, C. M.와 Gerlovich, J. A.(2002). Teaching science for all children: Methods for constructing understanding (2nd ed.). Massachusetts: Allyn and Bacon.

Martin, R., Sexton, C., Franklin, T., Gerlovich, J.와 McElroy, D.(2009). Teaching Science for All Children: An Inquiry Approach. Boston, USA: Pearson.

Marzano, R. J.와 Pickering, D. J.(2011). The highly engaged classroom. Indiana: olution Tree Press.

Mason, L.(2001). Responses to anomalous data on controversial topics and theory change. Learning and Instruction, 11, 453-484.

NSTA(2003) Academic Content Standards: K-12 science. National Science Teachers Association.

Nussbaum, J.와 Novick, S.(1981). Brainstorming in the classroom to invent a model: a case study. School Science Review, 62, 771-778.

Peirce, C. S. Collected Papers of Charles Sanders Peirce [ab. CP], 8 vols. C. Hartshorne and P. Weiss(1931-1958) (Eds.), vols. 1-6; A. W. Burks(1931-1958) (Ed.), vols. 7-8, Cambridge, MA: Harvard University Press.

Piaget, J.(1970). Genetic epistemology. (Trans. E. Duckworth). New York, USA: Columbia University Press.

Posner, G. J., Strike, K. A., Hewson, P. W. and Gertzog, W. A.(1982). Accommodation of a scientific conception: Toward a theory of conceptual change. Science Education, 66, 211-227.

Riegel, K. F.(1973). Dialectic operations: the final period of cognitive development. Human Development, 16, 346-370.

Rowell, J. A.와 Dawson, C. J.(1983). Laboratory counter-examples and the growth of understanding in science. European Journal of Science Education, 5, 203-215.

Sadler, T.D.와 Zeidler, D.L.(2005) Patterns of informal reasoning in the context of socioscientific decision making. Journal of Research in Science Teaching, 42(1), 112-138.

Sadler, T.D., Barab, S.A.와 Scott, B.(2006) What do students gain by engaging in socio-scientific inquiry? Research in Science Teaching. 37(4), 371-391.

Sadler, T.D., Klosterman, M.L.와 Topcu, M.S.(2011) Learning science content and socio-scientific reasoning through classroom explorations of global climate change. In Socio-scientific Issues in the Classroom (pp. 45-77).

Scott, P. H., Asoko, H. M.와 Driver, R.(1992). Teaching for conceptual change: A review of strategies. In R. Duit, F. Goldberg, & H. Niedderer (Eds.), Research in physics learning: Theoretical issues and empirical studies. Kiel; Germany: IPN–Institute for Science Education.

Solomon, J.(1980) The SISCON-in-schools project, Physics Education, 15(3), 155-158.

Treagust, D. F.(2007). General instructional methods and strategies. in Handbook of research on science education(Eds. Sandra K. Abell, Ken Appleton, Deborah L. Hanuscin), 1, 373-391.

White, R.와 Gunstone, R.(1992). Probing Understanding (1st ed.). London: Routledge.

Wittrock, M. C.(1974). Learning as a generative process. Educational Psychologist, 11(2), 87–95.

Wittrock, M. C.(1992). An empowering conception of educational psychology. Educational Psychologist, 27(2), 129–141.

Woodhouse, E.(2014) Science Technology and Society (1st ed.). San Diego: University Readers

Yager. R.(1984) Defining the discipline of science education. Science Education, 68(1), 35-37.

Zeidler, D.L.(2014) Socioscientific Issues as a Curriculum Emphasis: Theory, Research and Practice. In Handbook of Research on Science Education; Lederman N. G., Abell S. K. eds.; Routledge: New York.

Zeidler, D.L.와 Kahn, S.(2014) It's debatable!: Using socioscientific issues to develop scientific literacy K-12. Arlington, VA: National Science Teachers Association Press.

Zeidler, D.L.와 Keefer, M.(2003) The role of moral reasoning and the status of socioscientific issues in science education. In The role of moral reasoning on socioscientific issues and discourse in science education (pp. 7-38).

Zeidler, D.L.와 Nichols, B.H.(2009) Socioscientific issues: Theory and practice. Journal of Elementary Science Education, 21(2), 49-58.

Zeidler, D.L., Sadler, T.D., Simmons, M.L.와 Howes, E.V.(2005) Beyond STS: A research-based framework for socioscientific issues education. Science Education, 89(3), 357-377.

Zeidler, D.L.; Herman, B.C.와 Sadler, T.D.(2019) New directions in socioscientific issues research. Disciplinary and Interdisciplinary Science Education Research V. 1 (11). https://doi.org/10.1186/s43031-019-0008-7.

Ziman, J.(1980) Teaching and learning about science and society. New York: Cambridge University Press.

CHAPTER 05

강석진, 김창민, 노태희(2000). 소집단 토론 과정에서의 언어적 상호작용 분석. 한국과학교육학회지, 20, 353-363.

곽영순(2001). 구성주의 인식론의 이론적 배경. 한국지구과학회지, 22(5), 427-447.

교육과학기술부(2010). 창의와 배려의 조화를 통한 인재 육성-창의 인성 교육 기본 방향. 서울: 교육과학기술부.

교육과학기술부, 한국과학창의재단(2012). 손에 잡히는 STEAM 교육.

교육부(2015). 과학과 교육과정, 교육부 고시 제2015-74호[별책 9]. 세종: 교육부.

교육부(2015). 초등학교 과학과 교육과정. 교육부 고시 제2015-74호. [별책 9]

교육부(2017). 과학 · 수학 · 정보 교육 진흥법. [법률 제14903호]

권문호, 박종석(2020). 2015 개정 과학과 교육과정의 '기능'에 대한 비판적 검토. 한국과학교육학회지, 40(2), 151-161.

권용인, 손정주(2015). 초등과학영재를 위한 스마트 교수-학습 프로그램 개발 및 적용: '지구와 달의 운동' 주제를 중심으로. 현장과학교육, 9(1), 1-10.

김갑수, 박하나(2013). 초등학생들을 위한 속력 측정 어플리케이션의 학습 모듈 개발. 정보교육학회논문지 17(1), 23-31.

김미용, 배영권(2013). 스마트교육 수업 설계 모형 개발. 한국콘텐츠학회논문지, 13(1), 467-481.

김성기, 배지혜(2012). IT 교육에서 분산인지를 지원하는 학습몰입모형. 융합보안논문지, 12(6), 51-59.

김성미(2013). PBL (Project-Based Learning) 에 근거한 공학 설계 교과의 교수-학습 전략. 대한기계학회 춘추학술대회, 123-127.

김성욱(2016). 모바일 탐구학습을 위한 수업설계 모형 개발 연구. 서울대학교 대학원 박사학위 논문.

김영록, 정미현, 김재현(2013). 스마트기기의 교육적 이용 실태 및 활용 방안 연구. 인터넷정보학회논문지, 14(3), 47-55.

김영채(2007). 창의력의 이론과 개발. 서울: 교육과학사.

김윤정, 김민정(2015). 프로젝트기반 학습에서 강점 활용 피드백 유형이 학업성취도와 학습만족도에 미치는 영향. 교육방법연구, 27(2), 229-252.

김진경(2014) 종묘에서 이루어지는 과학 현장 학습 프로그램 개발 및 적용. 이화여자대학교 대학원 석사학위 논문.

김찬종, 채동현, 임채성(1999). 과학교육학개론. 도서출판 북스힐.

김현주, 임정훈(2014). 스마트러닝 기반 협력적 문제해결 수업모형 개발: 설계기반연구. 교육공학연구, 30(4), 651-677.

김현진, 남광우, 한정혜, 윤옥경(2015). 모바일기기 활용 초등학교 협력적 현장학습에서 분산인지 기반 학습과정 분석. 교육정보미디어연구, 21(3), 361-387.

김효정(2014). 태양계와 지구 단원에 대한 스마트 러닝 수업 프로그램 개발과 적용. 한국교원대학교 교육대학원 석사학위 논문.

김희경, 윤희숙, 이기영, 하민수, 조희형(2020). 과학 교육론과 지도법. 교육과학사.

김희수(2014). 적벽강 지역의 가상 야외지질답사 자료 개발 및 적용. 현장과학교육, 8(3), 205-215.

나지연, 장병기(2016). 교육실습에 참여한 예비 초등교사들이 테크놀로지 활용 과학수업 실행에서 느끼는 어려움과 요구. 초등과학교육, 35(1), 98-110.

남세진(1997). 역할 놀이. 서울: 서울대학교 출판부.

남윤경, 이용섭, 김순식(2020). 과학·공학 융합 수업 준거틀 및 공학 설계 수준 제안. 대한지구과학교육학회지, 13(1), 121-133.

노자헌, 김종희(2021). 분산인지 이론에 기반한 테크놀로지 활용 과학 수업 전략의 개발 및 적용. 대한지구과학교육학회 학술발표논문집, p.54.

노태희, 변순화, 전경문, 권혁순(2003). 화학 개념 학습에서 역할놀이 비유 활동의 효과. 한국과학교육학회지, 23(3), 246-253.

박동화, 고연주, 이현주(2018) 플립러닝 기반 SSI 수업이 중학생의 과학기술 사회 시민으로서의 역량 및 인성 함양에 미치는 효과. 한국과학교육학회지, 38(4), 467-480.

박세영, 신동희, 김태양, 신재은(2015). 스마트 기기를 활용한 온라인 토론학습에서 모달리티가 학습자의 상호작용경험에 미치는 영향. 한국콘텐츠학회논문지, 15(2), 507-519.

박수경(2013). 스마트러닝 기반 과학수업에 대한 중학생들의 인식과 학습만족도 분석. 한국지구과학회지, 34(7), 727-737.

박수경(2009). 과학수업에서 문제중심학습의 적용 및 효과 분석. 과학교육연구지, *33*(2), 353-364.

박승재, 조희형(1995). 과학 학습지도: 계획과 방법. 서울: 교육과학사.

박혜진, 박민서, 이성혜(2020). 문제중심학습에서 문제의 특성이 학습자의 흥미와 도전감에 미치는 영향: 다층모형을 적용하여. 교육공학연구, *36*(4), 991-1024.

서울시 교육청(2020) 배움과 성장이 있는 블렌디드 수업 도전하기. p.186.

손준호, 김종희(2016). 지구과학 수업에서 진단 및 형성평가 활용을 위한 스마트 맞춤 평가(SPA) 시스템의 개발 및 효과. 대한지구과학교육학회지, 9(1), 1-14.

안정민, 소금현(2020). 스마트기기를 활용한 기후변화교육 프로그램이 초등학생의 기후변화에 대한 지식, 인식 및 태도에 미치는 영향. 에너지기후변화교육, 10(1), 51-60.

양찬호, 조민진, 노태희(2015). 스마트기기를 활용한 과학 교사의 교수 실행과 과학교육에서스마트교육 적용 방안에 대한 의견 조사. 한국과학교육학회지, 35(5), 829-840.

오필석(2017). 분산 인지의 관점에 따른 모델링 중심 초등 과학 수업의 해석. 초등과학교육, 36(1), 16-30.

오현석(2019). 스마트 기기를 이용한 과학적 모형의 사회적 구성 수업 실행 연구: 중학교 기권 단원 수업 사례. 현장과학교육, 13(3), 225-240.

우종옥, 전경원(2001). 창의적인 교사, 창의적인 학생. 서울: 창지사.

유지원(2014). 대학생의 팀 기반 프로젝트 학습에서 학습성과에 대한 협력적 자기효능감, 팀 효능감, 팀 상호작용 간 관계. 학습자중심교과교육연구, 14(10), 89-110.

윤다운(2016). 스마트폰 활용 수업이 중학생의 과학 흥미도와 학업성취도에 미치는 영향. 이화여자대학교 교육대학원 석사학위 논문.

이기영(2013). 플래시 파노라마 기반 가상야외답사의 활용이 중학생의 공간 시각화 능력, 개념 이해와 인식에 미치는 영향. 한국지구과학회지, 34(2), 162-172.

이동원(2011). 창의성교육의 실천적 접근. 경기도: 교육과학사.

이정민, 노지예, 정연화(2016) 중학교 과학수업에 적용된 플립러닝(Flipped Learning)의 효과. 정보교육학회논문지, 20(3). 263-272.

이효진(2020) 공학 설계 기반의 과학 수업 프로그램 개발 및 현장적용을 위한 실행 연구. 부산대학교 석사학위논문.

이효진(2021) 태평양을 지켜라 <오션클린업> 공학 설계활동. 2021 STEM 생각교실 보고서 중 발췌

이효진, 남윤경(2019) 빛과 소리'교육을 위한 과학·공학 융합프로그램 개발 및 적용, 현장과학교육학회지 13(3), 211-224.

장은진, 김찬종, 최승언(2017). 과학적 모형의 사회적 구성에서 스마트기기의 역할 모색. 한국과학교육학회지, 37(5), 813-824.

장혜정, 류완영(2006). 탐구기반학습에서 성찰적 탐구 지원도구의 설계연구. 교육공학연구, 22(2), 27-67.

전영주, 윤마병(2016) 플립러닝 교수-학습 방법을 활용한 예비교사의 과학교육론 수업 적용. 한국과학교육학회지, 36(3), 499-507.

정문성(2002). 협동학습의 이해와 실천. 서울: 교육과학사.

정수정, 임걸, 고유정, 심현애, 김경연(2010). 스마트폰의 교육용 어플리케이션 동향분석 및 발전방향 연구. 한국디지털콘텐츠학회 논문지, 11(2), 203-216.

정영란, 배재희(2002). 질문강화 수업이 중학생들의 질문 수준과 학업성취도에 미치는 영향. 한국과학교육학회지, 22(4), 872-881.

조연순, 체제숙, 백은주, 임현화(2004). 초등학교 수업을 위한 문제중심학습의 교수-학습모형 연구. 교육방법연구, *16*(2), 1-28.

조일현(2010). 대학 프로젝트 수업 환경에서 분업화, 상호작용, 공유정신모형이 팀 수행성과와 개인 학습에 미치는 영향. 교육공학연구, 26(3), 1-20.

조희형, 김희경, 윤희숙, 이기영(2011). 과학교육의 이론과 실제(제4판). 서울 교육과학사.

조희형, 최경희(2006). 과학교육의 이론과 실제. 서울: 교육과학사.

채동현, 최영완(2002). 달의 운동에 대한 역할놀이 학습이 초등예비교사의 개념 변화에 미치는 효과. 초등과학교육, 21(2), 253-261.

채일우(2014). STEAM을 활용한 '나만의 현악기 만들기' 프로그램이 중학생들의 과학 흥미도에 미치는 영향. 경북대학교 대학원 석사학위 논문.

최정임, 장경원(2015). PBL로 수업하기(2판) 서울: (주)학지사.

하명정, 이유진(2017). 스마트폰 앱을 활용한 스마트 러닝 사례연구. 예술 인문 사회 융합 멀티미디어 논문지, 7, 335-343.

한국과학기술기획평가원(2014) Issue analysis and plan establishment of creative science and technology human resource(연구보고서, KISTEP 2014-006).

한국과학창의재단(2013) 유초중등 과학교육의 체계: 실천 관통개념 그리고 핵심 아이디어 (곽영직 번역) 한국과학창의재단(지은이: Committee on Conceptual Framework for the New K-12 Science Education Standards; National Research Council) (원저: A Framework for K-12 Science Education: Practices, Crosscutting Concepts, and Core Ideas).

한국과학창의재단(2021) STEAM 학습준거 (https://steam.kofac.re.kr/?page_id=34).

한신, 정진우(2015). 초등학교 5 학년 '지구와 달' 단원의스마트 교수-학습 프로그램 개발 및 적용. 대한지구과학교육학회지, 8(1), 76-86.

황지현(2009). 구성주의 기반의 학습 이론이 교육용 게임 설계에 주는 시사점 고찰-활동이론, 분산인지, 생태심리학을 기반으로. 한국컴퓨터게임학회 논문지, 18, 145-149.

Ananiadou, K.와 Claro, M.(2009). 21st Century Skills and Competences for New Millennium Learners in OECD Countries. OECD Education Working Papers, No. 41. OECD Publishing (NJ1).

Angeli, C.(2008). Distributed cognition: A framework for understanding the role of computers in classroom teaching and learning. Journal of Research on Technology in Education, 40(3), 271-279.

Apedoe, X., Reynolds, B., Ellefson, M.와 Schunn, C.(2008). Bringing engineering design into high school science classrooms: The heating/cooling unit. Journal of Science Education and Technology, 17(5): 454-465.

Arcand, K. K.와 Watzke, M.(2011). Creating public science with the from Earth to the universe project. Science Communication, 33(3), 398-407.

Arias, A., Scott, R., Peters, O. V., McClain, E.와 Gluskin, A. H.(2016). Educational outcomes of small-group discussion versus traditional lecture format in dental students' learning and skills acquisition. Journal of Dental Education, 80(4), 459-465.

Aronson, E.(1978). The jigsaw classroom. Beverly Hills, CA: Sage.

Aubusson, P. J.와 Fogwill, S.(2006). Roleplay as analogical modeling in science. In: P.J. Aubusson, A. G. Harrison, & S. M. ritchie(Eds.). Metaphor and analogy in science education. (91-102) Dordrecht: springer.

Baer, J.(1993). Creativity and divergent thinking: A task-specific approach. Hillsdale, NJ: Lawrence Erlbaum Associates, Inc.

Bakken, J. P., Uskov, V. L., Penumatsa, A.와 Doddapaneni, A.(2016). Smart universities, smart classrooms and students with disabilities. In Smart Education and e-Learning 2016 (pp. 15-27). Springer, Cham.

Barbour, M. K., Grzebyk, T. Q., Grant, M. M.와 Siko, J.(2017). The Challenges of Integrating Mobile Technology in the Classroom Examining an iPad Professional Development Project. Journal on School Educational Technology, 12(3), 22-33.

Barron, B. J., Schwartz, D. L., Vye, N. J., Moore, A., Petrosino, A., Zech, L., Bransford, J. D.(1998). Doing with understanding: Lessons from research on problem- and project-based learning. The Journal of the Learning Sciences, 7, 271-311.

Barrows, H. S.(1996). Problem-based learning in medicine and beyond: A brief overview. *New directions for teaching and learning, 1996*(68), 3-12.

Bloom, B. S., Engelhart, M. D., Furst, E. J., Hill, W. H.와 Krathwohl, D. R.(1956). Taxonomy of educational objectives: The classification of education goals: Handbook 1: Cognitive domain (Vol. 1). New York, NY: David McKay.

Brandwein (Eds.). The teaching of science. pp. 3-103. Cambridge: Harvard University Press.

Brophy, S., Klein, S., Portsmore, M.와 Rogers, C.(2008). Advancing engineering education in P-12 classrooms. Journal of Engineering Education, 97(3):369-387

Castek, J.와 Beach, R.(2013). Using apps to support disciplinary literacy and science learning. Journal of Adolescent & Adult Literacy, 56(7), 554-564.

cc, S., Näykki, P., Laru, J.와 Luokkanen, T.(2007). Structuring and regulating collaborative learning in higher education with wireless networks and mobile tools. Journal of educational technology & society, 10(4), 71-79.

Cerratto Pargman, T., Nouri, J.와 Milrad, M.(2018). Taking an instrumental genesis lens: New insights into collaborative mobile learning. British Journal of Educational

Technology, 49(2), 219-234.

Chard, S. C.(1992). The project approach: a practical guide for teachers, 지옥정(역), 프로젝트 접근법: 교사를 위한 지침서. 서울: 창지사.

Chen, W., Tan, N. Y. L., Looi, C. K., Zhang, B.와 Seow, P. S. K.(2008). Handheld computers as cognitive tools: Technology-enhanced environmental learning. Research and Practice in Technology Enhanced Learning, 3(03), 231-252.

Chiappetta, E. L., Koballa, T. R.와 Collette, A. T.(1998). Science instruction in the middle and secondary schools (4th ed.). Upper Saddle River, NJ: Merrill/Prentice Hall.

Chin, C., Brown, D. E.와 Bruce.(2002). Student-generated question: a meaningful aspect of leraning in science. International Journal of Science Education, 24(5), 521-549.

Collette, A. T.와 Chiappetta, E. L.(1989). Science instruction in the middle and secondary schools (2nd ed.). Columbus, OH: Charles E. Merrill.

Collins, F. L.(2008). Bridges to learning: international student mobilities, education agencies and inter-personal networks. Global Networks, 8(4), 398-417.

Csikszentmihalyi, M.(1988). Society, culture, and person: A systems view of creativity. In R. J. Sternberg (Ed.), The nature of creativity (pp. 325-339). New York: Cambridge University Press.

Cunningham, C. M.(2017). Engineering in elementary STEM Curriculum design, instruction, learning, and Teachers College Press.

Cunningham, C. M.와 Lachapelle, C. P.(2010). The impact of Engineering is Elementary (EiE) on students' attitudes toward engineering and science. In ASEE Annual Conference and Exposition. Louisville, KY.

Curtis, R. V.와 Reigeluth, C. M.(1983). The effects of analogies on student motivation and performance in an eighth grade science context. (9). Syracuse, NY: Syracuse Univ., N.Y. School of Education.

Daradoumis, T.와 Marques, J. M.(2002). Distributed cognition in the context of virtual collaborative learning. Journal of Interactive Learning Research, 13(1), 135-148.

Davies, R.S., Dean, D.L.와 Ball, N.(2013) Flipping the classroom and instructional technology integration in a college-level information systems spreadsheet course. Educational Technology Research and Development, 61(4), 563-580.

DeVries, D, L.와 Edwards, K.(1973). Learning games and student teams: Their effecton classroom process. American Educational Research Journal. Fall(10). 307-318.

Dewey, J.(1920). How we think. Boston: Heath.

Dillenbourg, P.와 Jermann, P.(2010). Technology for classroom orchestration. In New science of learning (pp. 525-552). Springer, New York, NY.

Dimitracopoulou, A.와 Komis, V.(2005). Design principles for the support of modelling and collaboration in a technology-based learning environment. International Journal of Continuing Engineering Education and Life Long Learning, 15(1-2), 30-55.

Duit, R., Komorek, M. Wilbers, J와 Roth, W.(1997). Conceptual change during a unit on chaos theory induced by means of analogies. Paper presented at the Annual Meeting of the National Association for Research in Science Teaching.

Eliasson, N., Karlsson, K. G.와 Sørensen, H.(2017). The role of questions in the science classroom: how girls and boys respond to teachers' questions. International Journal of Science Education, 1-20.

Elkins, J. T.와 Elkins, N. M.(2007). Teaching Geology in the Field : Significant Geoscience Concept Gains in Entirely Field-based Introductory Geology Courses. Journal of Geoscience Education, 55(2), 126-132.

Enfield, J.(2013) Looking at the impact of the flipped classroom model of instruction on undergraduate multimedia students at CSUN. Tech Trends, 57(6), 14-27.

Engineering is Elementary(2019). Engineering Design Process. Retrieved from https://www.eie.org/overview/engineering-design-process

Findlay-Thompson, S.와 Mombourquette, P.(2014). Evaluation of a flipped classroom in an undergraduate business course. Business Education & Accreditation, 6(1), 63-71.

FitzGerald, E., Ferguson, R., Adams, A., Gaved, M., Mor, Y.와 Thomas, R.(2013). Augmented reality and mobile learning: the state of the art. International Journal of Mobile and Blended Learning, 5(4), 43-58.

Formanack, G.(2008). The Importance of Language: The Partnership for 21st Century Skills and AASL Standards. School Library Media Activities Monthly, 25(1), 28-30.

Garrison, D. R.(2011). E-learning in the 21st century: A framework for research and practice. Routledge.

Gary, K.(2015). Project-Based Learning. Computer, 48(9), 98-100.

Gentner, D.(1983). Structure-mapping: A theoretical framework for analogy. Cognitive Science,

7, 155-170.

Gentner, D.와 Stevens, A. L. (Eds.) (1983). Mental models. Hillsdale, NJ: Lawrence Erlbaum Associates.

Gentner, D.와 Toupin, C.(1986). Systematicity and surface similarity in the development of analogy. Cognitive Science, 10, 277-300.

Glynn, S. M.(1994). Teaching science with analogies: A strategy for teachers and textbook authors (reading research rep. No.15). Athens, GA: National Reading Research Centre.

Guilford, J. P.(1950). Creativity. American Psychologist, 5, 444-454.

Guilford, J. P.(1959). Three faces of intellect. American Psychologist, 14.

Guilford, J. P.(1967). The nature of human intelligence. New York: McGraw-Hill.

Guilford, J. P.(1984). Varieties of divergent production. Journal of Creative Behavior, 18.

Gunter, M. A., Estes, T. H.와 Schwab, J.(1999). Instruction: A models approach (3rd ed.). Boston: Allyn & Bacon.

Guzey, S. S., Tank, K., Wang, H. H., Roehrig, G.와 Moore, T(2014). A high-quality professional development for teachers of grades 3-6 for implementing engineering into classrooms. School science and mathematics, 114(3): 139-149.

Ha, I.와 Kim, C.(2014). The research trends and the effectiveness of smart learning. International Journal of Distributed Sensor Networks, 10(5), 537346.

Henderson-Rosser, A.와 Sauers, N. J.(2017). Analyzing the effects of one-to-one learning on inquiry-based instruction. Computers in the Schools, 34(1-2), 107-123.

Herrington, A., Herrington, J.와 Mantei, J.(2009). Design principles for mobile learning. In J. Herrington, A. Herrington, J. Mantei, I. Olney, & B. Ferry (Eds.), New technologies, new pedagogies: Mobile learning in higher education (pp. 129-138). Wollongong: University of Wollongong. Retrieved from http://ro.uow.edu.au/

Herron, M. D.(1971). The nature of scientific enquiry. The school review, 79(2), 171-212.

Hmelo-Silver CE(2004) Problem-based learning: What and how do students learn? Educational Psychology Review 16(3): 235-266.

Horn, M.B.와 Fisher, J.F.(2017) New faces of blended learning. Educational Leadership, 74(6), 59-63.

Isaksen, S. G.와 Treffinger, D. J.(1985). Creative Problem Solving: The basic course. Buffalo.

NY: Bearly Ltd.

Isaksen, S. G., Puccio, G. J.와 Treffinger, D. J.(1993). An Ecological Approach to creativity research: profiling for creative problem solving. Journal of Creative Behavior, 27(3). 149-170.

Johnson, D. W.와 Johnson, R. T.(2002). Learning together and alone: Overview and meta-analysis. Asia Pacific Journal of Education, 22(1), 95-105.

Jonassen, D. H.(1996) Computers as cognitive tools: Mindtools for critical thinking. Columbus, OH: Merrill/Prentice-Hall.

Joyce, B. R.와 Weil, M.(1980). Models of teaching. Englewood Cliffs, NJ: Prentice Hall.

Kagan, S.(1998). Multiple intelligences: The complete MI Book. San Clemente, CA: Kagan Cooperative Learning.

Katz, L. G와 Chard, S. C.(1993). The project approach. In J. L. Roopnarine & J. E. Johnson(Eds), Approaches to early childhood education, early childhood Research Quarterly, 6(2).

Keating, D. P.(1986). Four faces of creativity, the continuing plight of the intellectually underserved. Gifted Child Quart., 24(2): 56-61.

Kelly, M. M.와 Riggs, N. R.(2006). Use of Virtual Environment in the Geowall to Increase Student Confidence and Performance During Field Mapping: An Example from an Introductory-level Field Class. Journal of Geoscience Education, 54(2), 158-164.

Kennedy, T.와 Odell, M.(2014). Engaging students in STEM education. Science Education International, 25(3), 246-258.

Kim, M. C., Hannafin, M. J.와 Bryan, L. A.(2007). Technology-enhanced inquiry tools in science education: An emerging pedagogical framework for classroom practice. Science education, 91(6), 1010-1030.

Kolodner, J. L., Gray, J.와 Fasse, B. B.(2003). Promoting transfer through case-based reasoning: Rituals and practices in learning by design classrooms. Cognitive Science Quarterly, 3(2), 183-232.

Krajcik, J.와 Blumenfeld, P.(2006). Project-based learning. In R. K. Sawyer (Ed.), The Cambridge handbook of the learning sciences, (pp.317-334). Cambridge, England: Cambridge University Press.

Kuhn, J.와 Vogt, P.(2013). Smartphones as experimental tools: Different methods to determine the gravitational acceleration in classroom physics by using everyday devices. European Journal of Physics Education, 4(1), 16-27.

Kukulska-Hulme, A.와 Traxler, J.(2005). Mobile learning: A handbook for educators and trainers. Oxford, UK: Routledge.

Larmer, J.와 Mergendoller, J.R.(2010). Seven essentials for project-based learning. Educational Leadership, 68, 34-37.

Ligorio, M. B., Cesareni, D.와 Schwartz, N.(2008). Collaborative virtual environments as means to increase the level of intersubjectivity in a distributed cognition system. Journal of Research on Technology in Education, 40(3), 339-357.

Linn, M. C., Clark, D.와 Slotta, J. D.(2003). WISE design for knowledge integration. Science education, 87(4), 517-538.

Llewellyn, D.(2013). Inquire within: Implementing inquiry-and argument-based science standards in grades 3-8. Corwin press.

Madeira, R. N., Correia, N., Dias, A. C., Guerra, M., Postolache, O.와 Postolache, G.(2011, November). Designing personalized therapeutic serious games for a pervasive assistive environment. In 2011 IEEE 1st International Conference on Serious Games and Applications for Health (SeGAH) (pp. 1-10). IEEE.

Mahmood, N.와 Ahmad, Z.(2010). Effects of cooperative learning vs. traditional instruction on prospective teachers' learning experience and achievement. Ankara University, Journal of Faculty of Educational Sciences. 43(1):151-64.

Markham, T., Larmer, J.와 Ravitz, J.(2003). Project-based Learning Handbook: A Guide to Standardsfocused Project-based Learning for Middle and High School Teachers. Novato, CA: Buck Institute for Education.

Martin, J.와 VanLehn, K.(1995). Student assessment using Bayesian nets. International Journal of Human-Computer Studies, 42(6), 575-591.

Martin, L.(2012). Connection, translation, off-loading, and monitoring: A framework for characterizing the pedagogical functions of educational technologies. Technology, Knowledge and Learning, 17(3), 87-107.

Martin, R., Sexton, C.와 Franklin, T.(2009). Teaching science for all children: An inquiry approach, 5th ed. Boston: Pearson.

Mason, L.(1994). Analogy, metaconceptual awareness and conceptual change: A classroom study. Educational Studies, 20, 267-292.

Mayer, R. E.와 Moreno, R.(1998). A split-attention effect in multimedia learning: Evidence for dual processing systems in working memory. Journal of educational psychology, 90(2), 312.

Méndez-Coca, D.와 Slisko, J.(2013). Software Socrative and smartphones as tools for implementation of basic processes of active physics learning in classroom: An initial feasibility study with prospective teachers. European Journal of Physics Education, 4(2), 17-24.

Minshew, L.와 Anderson, J.(2015). Teacher self-efficacy in 1: 1 iPad integration in middle school science and math classrooms. Contemporary Issues in Technology and Teacher Education, 15(3), 334-367.

Montangero M(2015) Determining the amount of copper(II)ions in a solution using a smartphone. J. Chem. Educ. 92(10): 1759-1762.

Moore, T. J., Tank, K. M., Glacy, A. W.와 Kersten, J. A.(2015). NGSS and the landscape of engineering in K-12 state science standards. Journal of Research in Science Teaching, 52(3): 296-318.

Moss, E.와 Cervato, C.(2016). Quantifying the level of inquiry in a reformed introductory geology lab course. Journal of Geoscience Education, 64(2), 125-137.

Narciss, S.와 Koerndle, H.(2008). Benefits and constraints of distributed cognition in foreign language learning: Creating a web-based tourist guide for London. Journal of Research on Technology in Education, 40(3), 281-307.

National Research Council(2009). Engineering in K-12education: Under standing the status and improving the prospects. Washington, DC: The National Academies.

National Research Council.(2000). Inquiry and the national science education standards: A guide for teaching and learning. National Academies Press.

National Research Council.(2010). Standards for K-12 engineering education?. Washington, DC: National Academies Press.

Nersessian, N. J.(2006). Model-based reasoning in distributed cognitive systems. Philosophy of science, 73(5), 699-709.

NGSS Lead States(2013). Next Generation Science Standards: For States, By States. Washington, DC: The National Academies Press.

Oliver, B.와 Goerke, V.(2007). Australian undergraduates' use and ownership of emerging technologies: Implications and opportunities for creating engaging learning experiences for the Net Generation. Australasian Journal of Educational Technology, 23(2).

Orion, N.(1993). A practical model for the development and implementation of field trips as an integral part of the science curriculum. School Science and Mathematics, 93(6), 325-331.

Orion, N.와 Hofstein, A.(1994). Factors that influence learning during a scientific field trip in a natural environment. Journal of Research in Science Teaching, 31, 1097-1119.

Paivio, A.(2006). Mind and its evolution; A dual coding

Parnes, S. J.(1966). Programming creative behavior. Buffalo, NY: State University of New York at Buffalo.

Pociask, F. D.와 Morrison, G. R.(2008). Controlling split attention and redundancy in physical therapy instruction. Educational Technology Research and Development, 56(4), 379-399.

Purba, S. W. D.와 Hwang, W. Y.(2017). Investigation of learning behaviors and achievement of vocational high school students using an ubiquitous physics tablet PC app. Journal of Science Education and Technology, 26(3), 322-331.

Putnam, J.(1997). Cooperative learning in diverse classrooms (pp. 135-139). Upper Saddle River, NJ: Merrill, Prentice-Hall.

Ratcliffe. M.(1997). Pupil decision-making about socio-scientific issues within the science curriculum. International Journal of Science Education. 19(2). 167-182.

Roehrig. H.(2017, January). A Curricular Framework for Integrated STEM. In chairperson Nam. Y. Science and Engineering Integrated STEM Education. Workshop conducted at the Pusan National University. Pusan, South Korea.

Rogers, C.(1962). Towards theory of creativity. In S. J. parnes & H. F. Harding (Eds.), A source book for creativity thinking. New York: Scribner's.

Ruddell와 N. J. Unrau (Eds.), Theoretical models and processes of reading (5ed., pp. 1329-1362). Newark, DE: International Reading Association.

Runco, M. A.와 Chand, I.(1995). Cognition and creativity. Educational Psychology Review, 7, 243-267.

Sadeh, I.와 Zion, M.(2009). The development of dynamic inquiry performances within an open inquiry setting: A comparison to guided inquiry setting. Journal of Research in Science Teaching, 46(10), 1137-1136.

Sadoski, M.와 Paivio, A.(2004). A dual coding theoretical model of reading. In R. B.

Saini, M. K.와 Goel, N.(2019). How smart are smart classrooms? A review of smart classroom technologies. ACM Computing Surveys (CSUR), 52(6), 1-28.

Sampson, V.와 Clark, D. B.(2008). Assessment of the ways students generate arguments in science education: Current perspectives and recommendations for future directions. Science education, 92(3), 447-472.

Sams, A.와 Bergmann, J.(2013) Flip your students' learning. Technology-Rich Learning, 70(6), 16-20.

Schneps, M. H., Ruel, J., Sonnert, G., Dussault, M., Griffin, M.와 Sadler, P. M.(2014). Conceptualizing astronomical scale: Virtual simulations on handheld tablet computers reverse misconceptions. Computers & Education, 70, 269-280.

Schwab, J. J.(1962). The teaching of science as enquiry. In J.J.Schwab & P.F.

Sciaraffa, N., Borghini, G.와 Aricó, P.(2017). Brain interaction during cooperation: evaluating local properties of multiple-brain network. Brain Sciences, 7(12), 90.

Seow, P., Zhang, B., Chen, W., Looi, C. K.와 Tan, N.(2009). Designing a seamless learning environment to learn reduce, reuse and recycle in environmental education. International Journal of Mobile Learning and Organization, 3(1), 60-83.

Shaharanee, I. N. M., Jamil, J. M.와 Rodzi, S. S. M.(2016). The application of Google Classroom as a tool for teaching and learning. Journal of Telecommunication, Electronic and Computer Engineering (JTEC), 8(10), 5-8.

Sharan, Y.와 Sharan, S.(1990). Group investigation expand cooperative learning. Educational Leadership, 47, 17.

Sharp, H., Robinson, H., Segal, J.와 Furniss, D.(2006, July). The Role of Story Cards and the Wall in XP teams: a distributed cognition perspective. In AGILE 2006 (AGILE'06) (pp. 11-pp). IEEE.

Sharples, M.와 Anastopoulou, S.(2012). Designing orchestration for inquiry learning: Mike Sharples and Stamatina Anastopoulou. In Orchestrating inquiry learning (pp. 78-94). Routledge.

Siiman, L. A., Pedaste, M., Mäeots, M., Leijen, Ä., Rannikmäe, M., Zacharia, Z. C., &

de Jong, T.(2017). Design and evaluation of a smart device science lesson to improve students' inquiry skills. In International Conference on Web-Based Learning (pp. 23-32). Springer, Cham.

Siiman, L. A., Rannastu-Avalos, M.와 Mäeots, M.(2020). Developing smart device friendly asymmetric simulations for teaching collaborative scientific inquiry. In 2020 IEEE 20th International Conference on Advanced Learning Technologies (ICALT) (pp. 130-131). IEEE.

Silva, M.J., Gomes, C. A., Pestana, B., Lopes, J. C., Marcelino, M. J., Gouveia, C.와 Fonseca, A.(2009). Adding space and senses to mobile world exploration. In A. Druin (Ed.), Mobile technologies for children: Designing for interaction and learning (pp.147-169). Boston: MorganKaufmann.

Slavin, R. E.(1990). Cooperative learning: Theory, research, and practice. 2nd ed. Boston : Allyn and Bacon.

Slavin, R. E.(1990). Research on cooperative learning: Consensus and controversy. Educational Leadership, 47(4), 52-54.

Slotta, J. D.(2013). The web-based inquiry science environment (WISE): Scaffolding knowledge integration in the science classroom. In Internet environments for science education (pp. 231-260). Routledge.

Smart, J. B.와 Marshall, J. C.(2013). Interactions between classroom discourse, teacher questioning, and student cognitive engagement in middle school science. Journal of Science Teacher Education, 24(2), 249-267.

Solomon. J.(1993). Teaching science, technology, society. Buckingham: Open University Press.

Song, Y.(2014). "Bring Your Own Device (BYOD)" for seamless science inquiry in a primary school. Computers & Education, 74, 50-60.

Songer, N. B.(2007) Digital resources versus cognitive tools: A discussion of learning science with technology. In S. K. Abell & N. G. Lederman (Eds.), Handbook of research on science education (pp. 471-491). Mahwah, NJ: Erlbaum.

Sormunen, K., Lavonen, J.와 Juuti, K.(2014). Crossing classroom boundaries in science teaching and learning through the use of smartphones. Crossing boundaries for learning-through technology and human efforts.

Taylor, C. W.(1959). The nature of the creative press. In P. Smith (Ed.), Creativity: An examination of the creative press. New York: Handbook House.

Thagard, P.(1992). Analogy, explanation, and education. Journal of Research in Science Teaching, 29(6), 537-544.

Thiele, R. B.와 Treagust, D. F.(1994). The nature and extent of analogies in secondary chemistry textbooks. Instructional Science, 22, 61-74.

Tissenbaum, M.와 Slotta, J. D.(2019). Developing a smart classroom infrastructure to support real-time student collaboration and inquiry: a 4-year design study. Instructional Science, 47(4), 423-462.

Torrance, E. P.(1979). The search for satori and creativity. New York: Creative Education Foundation, Inc.

Toulmin, S.(1958). The uses of argument. New York: Cambridge University Press.

Treagust, D. F.(1993). The evolution of an approach for using analogies in teaching and learning science. Research in Science Education, 23, 293-301.

Treffinger, D. J., Isaksen, S. G.와 Dorval, K. B.(2000). Creative problem solving: an introduction (3rd ed.). Waco, TX: Prufrock Press.

Treffinger, D. J., Isaksen, S. G.와 Firestein, R. L.(1982). Handbook of Creative Learning(eds.). New York: Center for Creative Learning.

Valanides, N.와 Angeli, C.(2008). Distributed cognition in a sixth-grade classroom: An attempt to overcome alternative conceptions about light and color. Journal of Research on Technology in Education, 40(3), 309-336.

Vasiliou, C., Ioannou, A.와 Zaphiris, P.(2015). An artifact ecology in a nutshell: A distributed cognition perspective for collaboration and coordination. In IFIP Conference on Human-Computer Interaction (pp. 55-72). Springer, Cham.

Vasiliou, C., Ioannou, A., Stylianou-Georgiou, A.와 Zaphiris, P.(2017). A glance into social and evolutionary aspects of an artifact ecology for collaborative learning through the lens of distributed cognition. International Journal of Human–Computer Interaction, 33(8), 642-654.

Vieyra, R.E., Vieyra, C., Jeanjacquot, P., Marti, A.C.와 Monteiro, M.(2015). Turn Your Smartphone into a Science Laboratory: Five Challenges That Use Mobile Devices to Collect and Analyze Data in Physics. The Science Teacher, 82, 32-39.

Wallace, D. B.와 Gruber, H. E.(1989). Creative people at work. New York: Oxford University Press.

Walling, D. R.(2014). Designing learning for tablet classrooms: Innovations in instruction. Springer Science & Business Media.

Wan, Ng.(2014). Flipping the Science classroom: exploring merits, issues and pedagogy. Teaching Science.

Wang, J. Y., Wu, H. K., Chien, S. P., Hwang, F. K.와 Hsu, Y. S.(2015). Designing applications for physics learning: Facilitating high school students' conceptual understanding by using tablet pcs. Journal of educational computing research, 51(4), 441-458.

Weisberg, R. W.(1988). Problem solving and creativity. In R. J. Sternberg (Ed.), The nature of creativity: contemporary psychologist perspectives (pp.148-176). University of Cambridge Press.

Wilen, W. W.(1987). Improving teachers' questions and questioning: Research informs practice. In W. W. wilen (Ed.), Questions, questioning techniques and effective teaching (pp.173-197). Washington, DC: National Education Association.

Wolk, S.(2008). School as inquiry. Phi Delta Kappan, 90(2), 115-122.

Xu, L.와 Clarke, D.(2012). Student difficulties in learning density: A distributed cognition perspective. Research in science education, 42(4), 769-789.

Zeitoun. H. H.(1984). Teaching scientific analogies: A proposed model. Research in Science and Technology Education, 2, 107-125.

Zydney, J. M.와 Warner, Z.(2016). Mobile apps for science learning: Review of research. Computers & Education, 94, 1-17.

CHAPTER 06

교육부(2015a). 과학과 교육과정. 교육부 고시 제2015-74호 [별책 9].

교육부(2015b). 초중등 교육과정 총론. 교육부 고시 제2015-74호 [별책 1].

교육부, 17개 시도교육청, 한국교육과정평가원(2020). 서논술형 평가 도구 개발 안내 자료-고등학교 과학-. 충북: 한국교육과정평가원(연구자료 ORM 2020-108-4).

교육부, 한국교육과정평가원(2017). 과정을 중시하는 수행평가 어떻게 할까요?: 중등. 서울:

한국교육과정평가원(연구자료 ORM 2017-19-2).

권재술, 김범기, 강남화, 최병순, 김효남, 백성혜, 양일호, 권용주, 차희영, 우종옥, 정진우(2012). 과학교육론. 경기도: 교육과학사.

권재술, 김범기, 우종옥, 정완호, 정진우, 최병순(1998). 과학교육론. 서울: 교육과학사.

김영민, 박윤배, 박현주, 신동희, 정진수, 송성수(2016). 과학교육학의 세계. 서울: 북스힐.

김찬종, 구자옥, 김경진, 김상달, 김종희, 김희수, 명전옥, 박영신, 박정웅, 신동희, 신명경, 오필석, 이기영, 이양락, 이은아, 이효녕, 정진우, 정철, 최승언(2008). 지구과학 교재 연구 및 지도. 경기도: 자유아카데미.

김현정, 김동영, 이창훈, 동효관, 이재봉, 이신영(2016). 대학수학능력시험 과학탐구 영역 평가 틀의 행동 영역에 대한 고찰. 현장과학교육, 10(1), 83-94.

김희경, 윤희숙, 이기영, 하민수, 조희형(2020). 과학교육론과 지도법. 교육과학사. p.562.

박 정(2014). 형성평가와 교사교육. 교육평가연구, 27(4), 987-1007.

박 정(2017). 수업에서 학생 평가 의미 탐색. 교육과정 평가 연구, 30(3), 397-413.

박도순, 홍후조(2006). 교육과정과 교육평가. 서울: 문음사.

백순근(1998). 수행평가의 이론과 실제. 서울: 원미사. p.654.

성태제(2010). 현대교육평가. 서울: 학지사.

신혜진, 안소연, 김유원(2017). 과정 중심 평가 활용의 정책적 분석. 교육과정평가연구, 20(2), 135-162.

오필석(2020). 과학 교육에서 기능 중심의 과학 탐구에 대한 비판적 고찰. 한국과학교육학회지, 40(2), 141-150.

우종옥, 이항로(1995). 고등학생의 지구과학 탐구능력 측정을 위한 평가도구 개발. 한국과학교육학회지, 15(1), 92-103.

이형빈(2015). 교육과정-수업-평가 어떻게 혁신할 것인가. 서울: 맘에 드림.

한국교육과정평가원(2016). 2015 개정 교육과정에 따른 초·중학교 과학과 평가기준 개발 연구. 서울: 한국교육과정평가원(연구보고 CRC 2016-2-7).

한국교육과정평가원(2018a). 2015 개정 교육과정에 따른 국가수준 학업성취도 평가 출제 방안 연구. 충북: 한국교육과정평가원(연구보고 RRE 2018-4).

한국교육과정평가원(2018b). 과정 중심 평가 적용에 따른 학교수준 학생평가 체제 개선 방안. 서울: 한국교육과정평가원(연구자료 ORM 2018-39-7).

한국교육과정평가원(2020). 서논술형 평가도구 개발 안내자료: 고등학교 과학, 충북: 한국교육과정평가원(연구자료 ORM 2020-108-4).

한국교육과정평가원(2021). 2020년 국가수준 학업성취도 평가 결과 분석. 충북: 한국교육과정평가원(연구자료 ORM 2021-52).

한국교육과정평가원(2021). 2022학년도 대학수학능력시험 학습 방법 안내. 충북: 한국교육과정평가원(수능 CAT 2021-2-1).

한국교육심리학회(2000). 교육심리학 용어사전. 서울: 학지사.

Abell, S.K &, Siegel, M.A.(2011) Assessment Literacy: What Science Teachers Need to Know and Be Able to Do. In D. Corrigan. J. Dillon, & R. Gunstone (Eds.), The Professional Knowledge Base of Science Teaching. Dordrecht: Springer.

Baker, E., Abedi, J., Linn, R., & Niemi, D. (1996). Dimensionality and Generalizability of Domain-Independent Performance Assessments. The Journal of Educational Research, 89(4), 197-205.

Bandura, A.(1986). Social foundations of thought and action. New Jersey: Prentice-Hall.

Bell, B.(2000). Formative assessment and science education: a model and theorizing. In R. Millar, J.T. Leach, & J. Osborne (Eds.), Improving science education : The contribution of research. Buckingham: Open University Press.

Bong, M.와 Clark, R.E.(1999). Comparison between self-concept and self-efficacy in academic motivation research. Educational psychologist, 34(3), 139-153.

Brown, J. H.와 Shavelson, R. J., 1996, Assessing Hands-On Science: A Teacher's Guide to Performance Assessment. CA: Corwin Press, Inc.

Brown, Janet Harley; Shavelson, Richard J.(1996). Assessing Hands-On Science: A Teacher's Guide to Performance Assessment. Corwin Press, Inc., p.156.

Chiappetta, E. I.와 Koballa, T. R., 2010, Science instruction in the middle ans secondary schools, 7th ed. Upper Saddle River, New Jersey: Merill.

Cizek, G.J.와 Bunch, M.B.(2007). Standard setting (성태제 역, 2011, 준거설정, 서울: 학지사). Sage.

Clark, S.(2005). Formative Assessment in the secondary classroom. London: Hodder Education.

Colbum, A.(2003). The lingo of learning. Arlington, Virginia: NSTA Press.

Cowie, B.와 Bell, B.(1996) Validity and formative assessment in the science classroom. Department of Science Education, University of Georgia, Athens, GA.

Dillashaw, F.G.와 Okey, J.R.(1980). Test of the Integrated Science Process Skills for secondary Science Students. Science education, 64(5), 601-608.

Doran R., Chan, F.와 Tamir P.(1998). Science educator's guide to assessment. Arlington, Virgina: National Science Teachers Association.

Earl, L.M.(2013). Assessment as learning. California: Corwin Press.

Ebel, R.L.(1965). Measuring educational achievement. New Jersey: Prentice-Hall.

Ebenezer, J. V.와 Haggerty, S. M.(1999). Becoming a secondary school science teacher. Upper Saddle River, New Jersey: Merill.

Fraser, B.J.(1978). Development of a test of science-related attitudes. Science Education, 62(4), 509-515.

Gardner, P. L.(1975). Attitudes to science: A review. Studies in Science Education, 2(-), 1-41.

Gogolin, L.와 Swartz, F.(1992), A quantitative and qualitative inquiry into the attitudes toward science of nonscience college students. Journal of Research in Science Teaching, 29(5), 487-504.

Harritage, M.(2010). Formative Assessment: Making it happen in the classroom. Thousands Oaks. CA: Corwin.

Hart, D.(1994). Authentic Assessment: A Handbook for Educators. Assessment Bookshelf Series. NY: Dale Seymour Publications.

Hibbard, K. M.(2000). Performance based learning and assessment in middle school science. Larchmont, NY: Eye On Education.

James, M.(2005). Assessment, teaching and theories of learning. In J. Gardner (Ed.). Assessment and Learning (pp. 47-60). Los Angeles. SAGE.

Jones, L.R, Wheeler, G와 Centurino, V.A S.(2013). TIMSS 2015 Science Frameworks. In I. V. S, Mullis & M. O. Martin (Eds). TIMSS 2015 Assessment Frameworks. MA: TIMSS & PIRLS International Study Center.

Lederman, J.S., Lederman, N.G., Bartos, S A., Bartels, S.L., Meyer, A.A.와 Schwartz, R.S.(2014). Meaningful assessment of learners' understandings about scientific inquiry—the views about scientific inquiry (VASI) questionnaire. Journal of Research in Science Teaching, 51(1), 65-83.

Martin, H, Mullis, I. V. S와 Martin, M. O.(2013). TIMSS 2015 Questionnaire Framework.

MA: TIMSS & PIRLS International Study Center.

Mattheis, F.E.와 Genzo, N.(1988). Development of the Performancc of Proccss Skills(POPS) Test for Middle Grades Students. ED305252. 15pp.

McMillan, J. H.(2004). Classroom assessment: Principles and practics for effective instruction, 3rd ed. Boston: Pearson Education, Inc.

McMillan, J.H.(2018). Classroom assessment. Massachusetts: Pearson Education.

Moore, R.W.와 Foy, R.(1998). The Scientific Attitude Inventory: A Revision (SAI II). Journal of Research in Science Teaching, 34(4), 327-336.

Mulliken, R.(1937). Science and the scientific attitude. Science, 86(2221), 65-68.

National Research Council(1996). National Science Education Standards. Washington, DC: The National Academies Press.

National Research Council(1999). The Assessment of Science Meets the Science of Assessment: Summary of a Workshop. Washington, DC: The National Academies Press.

National Research Council(2013). Next Generation Science Standards: For States, By States. Washington, DC: The National Academies Press.

National Research Council.(2014). Developing Assessments for the Next Generation Science Standards. Washington, DC: The National Academies Press.

OECD(2016). PISA 2015 Results (Volume I): Excellence and Equity in Education. Paris: PISA, OECD Publishing.

OECD(2019). PISA 2018 Assessment and Analytical Framework. OECD Publishing.

Padilla, M.J.와 Cronin, L.L.(1986). Middle Grades Integrated Science Process Skills Test(MIPT). Paper presented to the Symposium on Validity in Educational Assessment. Dunedin, New Zealand.

Pintrich, P.R.와 Schunk, D.H.(2002). Motivation in education. New Jersey: Merrill.

Popham, W.(2008). Transformative Assessment. Alexandria, VA: ASCD.

Popham, W.J.(2003). Test better, teach better. Virginia: Association for Supervision and Curriculum Development.

Ruiz-Primo, Maria Araceli; Shavelson, Richard J.(1996). Problems and Issues in the Use of Concept Maps in Science Assessment. Journal of Research in Science Teaching, 33(6) p.569-600.

Shepard, L. A.(2009). Commentary: Evaluating the Validity of Formative and Intrim Assessment. Educational Measurement: Issue and Practice. 28(3), 32-37.

Smith, P.L.와 Fouad, N. A.(1999). Subject-matter specificity of self-efficacy, outcome expectancies, interests, and goals: Implications for the social-cognitive model. Journal of Counseling Psychology, 46(4), 461-471.

Sund, R.와 Trowbridge, L.(1973). Teaching science by inquiry in the secondary schoo. Columbus, OH: Merrill.

찾아보기

ㄱ

ㅂ

ㅅ

ㅇ

ㅈ

ㅊ

ㅋ

ㅌ

A–Z

기타

지구과학교육론

초판 1쇄 발행 | 2022년 3월 5일
초판 2쇄 발행 | 2023년 2월 5일

지은이 | 김찬종 · 곽영순 · 김종희 · 김형범
남윤경 · 박영신 · 신동희 · 안유민
윤마병 · 이기영 · 이효녕 · 정덕호
정 철

펴낸이 | 조승식
펴낸곳 | (주)도서출판 북스힐

등 록 | 1998년 7월 28일 제22-457호
주 소 | 서울시 강북구 한천로 153길 17
전 화 | (02) 994-0071
팩 스 | (02) 994-0073

홈페이지 | www.bookshill.com
이메일 | bookshill@bookshill.com

정가 28,000원

ISBN 979-11-5971-416-0

Published by bookshill, Inc. Printed in Korea.